새로운 지역지리학과 지리교육

새로운 지역지리학과 지리교육

초판 1쇄 발행 2019년 12월 31일

엮은이 한국지역지리학회
지은이 이철우 외

펴낸이 김선기
펴낸곳 (주)푸른길
출판등록 1996년 4월 12일 제16-1292호
주소 (08377) 서울시 구로구 디지털로 33길 48 대륭포스트타워 제7차 1008호
전화 02-523-2907, 6942-9570-2
팩스 02-523-2951
이메일 purungilbook@naver.com
홈페이지 www.purungil.co.kr

ISBN 978-89-6291-849-6 93980

• 이 도서의 국립중앙도서관 출판예정도서목록(CIP)은 서지정보유통지원시스템 홈페이지(http://seoji.nl.go.kr)와 국가자료공동목록시스템(http://www.nl.go.kr/kolisnet)에서 이용하실 수 있습니다.(CIP제어번호: CIP2019051960)

새로운 지역지리학과 지리교육

발간사

이 책은 실증주의 패러다임과 학문중심 교육과정의 도입 이후 지역지리학의 위기 속에서 우리나라 지역지리학 및 지역지리교육의 발전에 큰 버팀목이 되어 온 한국지역지리학회가 최근 새로운 지역지리학과 지역지리교육의 연구 동향 및 성과를 확산하고자 기획한 것이다.

2017년 1월 1일 새롭게 출범한 제12대 한국지역지리학회 회장(경북대 이철우 교수)과 상임이사진을 중심으로 지역지리학의 새로운 르네상스를 실현하기 위한 작업의 첫 시도로 지리교육에 있어서 지역지리학의 활성화를 위한 단행본 출간을 결정하고, 편찬위원회를 꾸린 후 본격적인 출판 작업에 돌입하였다. 편찬위원회는 새로운 지역지리학과 지역지리교육에 대한 세부 주제를 설정한 후 이에 적합한 해당 분야 전문가를 섭외하여 25편에 걸친 옥고를 수합할 수 있었다.

이 책은 새로운 지역지리학과 지역지리교육의 최신 연구 내용과 방향을 제시하는 데 중점을 두었다. 지역지리학의 위기 속에서 새로운 지역지리학의 패러다임에 대한 성찰과, 이에 기반한 새로운 지역지리교육의 방향을 설정한 첫 시도이자 성과물이라고 자부한다. 이 책은 새로운 지역지리학과 지리교육에 대한 이론과 실제를 다루고 있으며 크게 3부로 구성되어 있다.

제1부 '지역지리학과 지역지리교육의 이론적 접근'에서는 새로운 지역지리학의 필요성과 지리교육의 역할(이철우), 새로운 지역지리학(최병두), 지리교육에서 장소 이해에 대한 관계적 전환(황규덕·박배균), 신지역지리학과 지리교육(손명철), 지역지리교육에서 논의점과 교육과정 구성 방법(조성욱), 지역 학습의 논리와 교과핵심 역량(심광택), 위치지식과 지역학습(김다원), 들뢰즈와 지리교육(김병연) 등에 대한 논의와 새로운 지역 지리교육에 대한 이론적 논의를 다루고 있다.

제2부 '우리나라는 지역지리를 어떻게 교육하는가?'에서는 한국의 지역지리교육을 초등과 중고등으로 나누어 살펴보았다. 먼저 초등 지리교육과정과 지역학습(김다원)을 파악하고 다중스케일적 접근을 통한 초등 지역학습(이동민·최재영·권은주)을 살펴본다. 또한 사회(지리) 교과서에 반영된 지역 인식과 지역 기술(심광택), 초등 사회과 지역화 교과서 개발에 대해 대안적 접근(송언근) 방

법을 제시한다. 중고등 지역지리교육에서는 중학교 지역지리 교육내용 조직의 특징과 문제점(박선미)을 분석하였고, 국토지리 교육의 정향(전종한), 지역 이해(김병연), 세계지리의 내용체계와 권역 단원(전종한), 세계화 시대의 세계지리 교육(조철기·이종호), 국제계열 교육과정에서 「지역 이해」 과목의 위상과 정체성 확립 방안(김대훈), 개념 중심의 지역지리 강의(황진태·박지연·신수현·이현주) 등에 대한 논의를 다루었다.

마지막으로 제3부 '세계는 지역지리를 어떻게 교육하는가?'에서는 미국 대학의 세계지리 수업 탐색(김민성), 영국 지역지리 교육과정(김갑철), 오스트레일리아 지리교육과정과 지역지리의 위치(조철기·김현미), 독일 지리교육의 발달(안영진), 20세기 이래 중국 지역지리 과정의 변화(동위지·김석주), 프랑스 지리 교육과정 내용구성 방식의 변천사(이상균·김병연)를 다루었다.

이 책의 집필을 위해 많은 지리학자와 지리교육학자가 자발적으로 참여하였다. 그리고 이 책의 출간은 한국지역지리학회 학술부장이면서 편찬위원장을 맡아주신 조철기 교수를 비롯한 편찬위원의 노고에 힘입은 바가 크다. 이뿐만 아니라 출판 시장의 어려움에도 불구하고 푸른길 김선기 사장님은 흔쾌히 이 책의 출판을 허락해 주셨다. 이 자리를 빌려 모두에게 다시 한 번 감사드린다.

모쪼록 이 책이 지리학과 지리교육을 공부하는 학부생 및 대학원생, 교육현장에서 부단한 노력을 경주하고 계시는 지리교사, 그리고 지리연구자 모두에게 지역지리학의 중요성을 이해하는 데 도움이 되기를 기대해 본다.

2019년 12월

한국지역지리학회 제12대 회장 이철우

차례

제3부
세계는 지역지리를 어떻게 교육하는가?

제1부

지역지리학과 지역지리교육의 이론적 접근

제1장

새로운 지역지리학과 지리교육

1.

새로운 지역지리학의 필요성과 지리교육의 역할

이철우(경북대학교)

1. 시작하며

지난 반세기 동안 우리나라는 산업화·도시화에 기반한, 이른바 성공적인 근대화 과정을 통하여 세계에서 일곱 번째로 '2050클럽(인구 5000만 명, 1인당 국민소득 2만 달러)'에 진입하였다. 그러나 고도성장 과정에서 야기된 극심한 계층 간, 지역 간 격차에 따른 상대적 박탈감이 커짐에 따라 다양한 국면에서의 갈등은 심화되었다. 이뿐만 아니라 점차 악화되고 있는 미세먼지의 피해를 비롯한 환경오염과 커뮤니티의 해체 등으로 생활환경도 개선되었다고 단언할 수 없다. 우리들의 삶의 질이 2050클럽 국가 수준에 도달하기 위해서는 이상에서 지적한 사회·환경적 문제점들을 해결하여야 한다. 다른 한편으로는 글로벌화의 진전으로 '지구촌 시대' 혹은 '지구촌 문화'라는 용어가 등장할 정도로 우리의 일상생활에서 동질성이 확대되는 흐름 속에서 역설적으로 우리들의 '삶의 터전'인 개별 '장소'와 '지역'에 대한 관심이 확대되고 각자의 삶의 터전의 정체성을 강화하고자 노력하고 있다.

이러한 시대적 상황에 맞게 우리의 생활공간인 국토 및 지역 문제도 지금까지의 수도권과 지방이라는 이분법적인 사고와 '균형발전'이라는 개발연대적인 사고에서 탈피하여 지역주민의 '삶의 터전', 즉 삶터의 시각에서 접근할 필요가 있다.

삶터의 사전적 의미는 "사람이나 동물이 활동하며 살아가는 터전"이다. 삶의 터전이라는 생활공간은 본질적으로 지리적이다. 따라서 삶터는 지리학의 연구 대상인 동시에, 이에 대한 연구는 지리학의 존립 기반이기도 하다. 왜냐하면 지리학은 특정 지역의 자연환경과 이에 기반을 둔 인간 집단의 생활양식(mode of living)의 총합인 동시에 인간의 집합적 창작물(human collective creation)이기도 한 '삶터'인 지역의 다양성에 대하여 탐구해 온 가장 오랜 전통을 가진 학문이다(이철우 외, 2014). 그렇다고 '삶터'에 대한 연구는 지리학의 전유물이 아니다. 지리학뿐만 아니라 국토개발, 도시계획, 도시공학 등 여타 분야도 우리의 생활공간을 연구대상으로 한다. 지리학과 이들 분야와의 공통점은 연구대상인 지역 사물이나 현상의 이치를 설명하거나 설명하기 위한 개념과 이론을 개발하는 것에 초점을 두고 있다. 반면에 차별성은 지리학 이외의 이들 분야가 상대적으로 삶터를 보다 살 만한 곳으로 만들기 위한 노력에 대한 비중이 상대적으로 크다는 점에서 찾을 수 있다. 이러한 차별성이 직접적인 원인이라고 잘라 말할 수는 없지만, 이들 학문에 대한 사회적 수요가 크다는 것을 인정하지 않을 수 없다.

"지리학자들은 간혹 그들이 하는 연구가 사회에서 올바르게 또는 마땅하게 받아들여지지 않고 있는 것으로 자탄한다. 이는 지리학자들이 나름대로 진지하게 해내는 일에 대해 갖는 자부심에 비해 그 대중적인 이미지가 엷다는 말이 된다(유우익, 1986)"는 선배 학자의 지적에 유념할 필요가 있다. 왜냐하면 현재 한국지리학의 위상은 근대지리학이 우리나라에 도입된 이후 그 어느 시기보다 낮아지고 있기 때문이다. 굳이 지리학과 및 지리교육과의 폐과 및 축소, 중등학교에서 지리교육의 비중 축소와 같은 구체적인 실례를 들지 않더라도 지리학과 지리교육에 대한 사회적 수요와 인식은 줄어들고 있다는 것을 인정하지 않을 수 없다. 물론 이러한 경향은 지리학에만 한정된 것도 아니며, 모든 학문 분야는 자기 비판적 성찰을 통하여 발전하여 왔고, 우리 지리학, 특히 지리학의 본래 목표인 지역지리학(유우익, 1986)도 예외는 아니었다. 이에 (사)한국지역지리학회는 지리학 전문학회로서의 정체성 강화와 우리나라 지리학의 위상제고를 위한 노력의 일환으로 '기존 지역지리학의 연구와 교육에 대한 비판적 성찰과 새로운 방향모색'이라는 프로젝트를 추진하였다.

본 장에서는 우리 지리학자들의 많은 연구 성과와 자부심에도 불구하고 사회로부터 제대로 평가받지 못한 원인과 대응 방향을 지리학 및 지역지리학의 학문적 속성과 지리교육의 실태파악을 통해 검토하고자 한다.

2. 지리학의 사회적 인지도가 낮은 원인과 대안

1) 지리학 본연의 다원적 성격에 의한 정체성의 혼란

앞에서 언급한 바와 같이 지리학의 연구대상인 생활공간인 지역은 기후, 지형, 식생, 토양 등 자연환경적 요소와 사회경제적 및 인문환경적 요소로 구성된다. 즉 지리학의 존립기반은 지표환경과 그에 기초한 인간 집단의 생활양식의 다양성이다. 따라서 지리학의 본질적 역할은 그 다양성을 체계적으로 설명하고, 이를 위한 개념과 이론을 개발하는 것이다. 따라서 지리학은 자연적 요소와 인문적 요소를 함께 다루지 않을 수 없다. 그에 따라 자연과 인문이라는 분석대상과 방법의 차이에 의한 자연지리와 인문지리라는 이원성이라는 속성은 지리학의 정체성 이 가질 수밖에 없는 태생적 한계이기도하다. 더욱이 20세기 이후 현대학문의 전문화, 세분화로 자연지리학와 인문지리학은 간극은 더욱 커짐에 따라 지리학의 정체성에 대한 혼란스러움은 더욱 가중되었다. 뿐만 아니라 지리학은 계통지리학(systematic geography) 또는 일반지리학(general geography)과 지역지리학(regional geography) 또는 특수지리학(special geography)이라는 이원성을 가진다. 계통지리학은 공간(분석)적(spatial)의 접근을 통해 지리적 사상의 공간적 배열과 그 유형의 분석에, 지역지리학은 지지적(chorological) 접근방법으로 고유한 장소나 지역의 종합적 속성과 의미에 찾아내는데 초점을 둔다(류우익, 1986). 이와 같이 연구대상의 이원성과 접근방법의 이원성의 중첩에 의한 다중적 성격으로 지리학은 타 학문에 비해 정체성에 대한 자기비판적 논쟁이 끊임없이 지속되었다. 이로 인해 지리학의 정체성에 회의적인 지리학 전공자들도 적지 않다는 점에서 지리학에 대한 분명한 사회적 수요를 기대할 수도, 나아가서 그 수요를 충족시킬 수도 없다. 이러한 한계를 극복하기 위해서는 최우선적으로 이상의 다원성을 극복하고 통합학문(integrating discipline)으로의 지리학의 정체성을 재정립하여야 한다. 그리고 확고한 정체성에 기초한 지리학에 대한 사회적 수요는 무엇인가에 천착하고, 이를 충족할 수 있을 때 한국 지리학의 위상을 어느 정도라도 회복할 수 있을 것이고, 그렇게 하는 것이 지리학도에게 부여된 과업이기도 하다.

2) 통합학문으로서의 지리학의 정체성은 지역지리학에서 찾을 수는 없을까?

지리학은 당초 지역지리학으로 출발하였다. 그러나 근대지리학의 성립이후 지리학이 가장 지속적이고 열성적으로 추구해온 과제는 분석적 과학화를 통한 지지적(chorological) 접근방법의 극복이었다고 해도 과언이 아닐 것이나. 이러한 노력은 큰 성과가 있었던 것도 부인할 수 없다. 그 결과 1950년대 이후 지리학의 본류는 지역지리학에서 계통지리학으로 대체되었다. 이러한 과정에서 자연지리학과 인문지리학의 간극은 더욱 확대되어 통합학문으로서의 정체성은 희석되었다. 지난 반세기 동안 한국의 지리학자들은 컴퓨터를 비롯한 디지털기술의 발달에 편승하여 모델과 이론화에 몰입하여 왔고, 이에 대해 나름대로의 자부심을 가지게 되었다. 그럼에도 불구하고 현재까지도 각 학문별로 사회적 수요를 창출하는 데 결정적인 영향력을 가지는 정치가, 기업인, 고급관료를 비롯한 사회지도자급 인사를 비롯한 사회구성원들의 절대다수는 지리학 정체성을 지역지리학에 두고 있다. 이는 일반 대중을 대상으로 하는 각종 퀴즈에서 지리 문제가 단골메뉴이기는 하지만 그 성격은 지리적 사상의 위치에 대한 정보가 중심이라는 사실이 반증한다. 즉 어느 나라의 수도는 어디인가? 세계에서 가장 긴 강과 높은 산은? 무엇으로 유명한 국가와 도시는? 세계에서 커피가 가장 많이 생산되는 국가는? 아직도 이러한 정보를 많이 암기할수록 지리학을 잘 공부한 것으로 인식하는 것은 일반인뿐만 아니라 사회지도자급 인사나 지식인들 사이에서도 있는 일이다. 나 자신도 지리학이란 그러한 학문이 아니라고 항변하면서 오히려 지리학에 관해서 공부 좀 하라고 충고하기도 한다. 심지어 지리학 비전공자에게 나의 전공분야는 이러한 것이고, 사회발전에는 이렇게 공헌하고 있다고 열을 내가면서 설명하지만 그들의 지리학 일반에 대한 인식에는 큰 변화가 없다.

결론적으로 지리학에 대한 우리 사회의 인식은 과거에 비해 크게 바뀌지 않았다. 물론 이에 동의하지 않거나 항변하는 지리학자도 있을 수 있다. 그러나 자신이 전공한 학문의 정체성에 대한 사회적의 인식과 수요에 상관하지 않고, "지리학자가 연구하는 것이 곧 지리학이다"라는 생각이 현재 우리나라 지리학의 위상 제고에 있어서 가장 큰 걸림돌이라고 본다. 그런데 대부분의 지리학자들은 소위 계통지리학 전공자들로 지리학 일반의 정체성에는 별로 관심을 두지 않았다. 그럼에도 불구하고 일반 사회인들은 자연지리 혹은 인문지리, 계통지리와 지역지리 간의 차별성에 대해서는 관심이 없다. 그냥 지리학은 지리학일 뿐이며, 자신이 살아가는 데 왜 필요하고 어떻게 도움이 되는가를 기준으로 그 가치를 판단하고 인식할 뿐이다. 그들의 지리학에 대한 인식은 초등학교에서 고등학교까지의 교과과정을 통해 형성되었다고 할 수 있다. 왜냐하면 그들은 대학에서 지리학을 전공한 적이 없기 때문이다. 그렇다면 지리학에 대한 일반인들의 인식은 초중등학교의 지리교육을 바꾸는 것이 가장 이상적일 수도 있다. 더군다나 초중등학교의 지리교과는 지역지리가 중심되고 있다는 점에서 그 대안을 지역지리학에서 찾을 수 있지 않을까? 물론 그동안 종전의 개성기술적 지역지리학에 대한 비판과 동시에 그 대안적 방안에 대한 연구는 계통지리학의 황금기에도 꾸준히 지속되어 왔다. 특히 1980년대 지리학계 내부의 지역지리학 중심의 통합과학화의 필요성에 대한 인식의 확대와 1990년대 이후 본격화된 자본주의 경제의 지구화 과정에 따른 지역의 변화와 이에 대한 국가 및 지역 차원의 대응이라는 사회적 요구로 지역지리학의 실용성이 부각되었다. 이러한 시대적 요구에 부응하여 지리학계에서도 거시적 사회이론들에 대한 관심의 증대와 더불어 지역의 의미를 강조하는 이른바 '신지역지리학'이 등장하였다. 1990년대 이후 한국의 지리학에서도 서구의 '신지역지리학'을 소개하고, 지역의 재개념화와 접근방법의 재구성을 강조하게 되었다. 또한 각 분야별로도 새로운 이론들을 원용하여 관심 지역을 경험적으로 분석하려는 연구들이 늘어났다. 이러한 '신지역지리학' 연구들은 공간적 패턴의 일반 법칙만을 강조하면서 구체적 지역연구를 간과했던 실증주의적 연구와 개성기술적 구체성만 강조하고 일반적 과정을 무시한 전통적 지역지리학을 동시에 비판하고 그 대안으로 신지역지리학을 강조하였다.

신지역지리학은 지역연구를 중시하지만 "사회이론에 이론적 기반을 두고서 사회과학으로서 공헌하려고 한다"는 점에서 전통적 지역연구와는 차별성을 가진다(이희연·최재헌, 1998). 이러한 점에서 "신지역지리학에 관한 논의는 지리학자들과 사회이론가들 간 활발한 지적 교류를 계기로 이루어졌다"는 사실이 강조되기도 했다(손명철, 2002). 그렇지만 우리나라의 경우 아직까지는 신지역지리학이 전통적 지역지리학을 대체하였다고는 할 수 없다. 왜냐하면 한국의 신지역지리학 연구의 경우 초기에는 거시적 이론들에 바탕을 둔 신지역지리학 방법론에 관한 논의가 상대적으로 다소 활발했지만 그 후 국가단위의 하위지역에 대한 경험적 신지역지리학 연구들은 전무하다고 해도 과언이 아니다.

세계화와 지방화라는 메가트렌드 속에서 특정 지역에 대한 정보의 병렬적 종합적 기술이 아니라 철저한 분석적 지식에 대한 사회적 수요가 늘어남에 따라 지역지리학적 연구는 다시 기운을 얻고 있는 것이 분명하다. 그럼에도 불구하고, 기존의 지역지리학의 한계를 극복할 수 있는 신지역지리학의 연구 축적과 이를 통한 지리학의 정체성 확립 및 사회적 인지도를 높이려는 노력은 여전히 동력을 확보하지 못하고 있는 것이 현실이다.

3. 지리교육을 통한 지리학의 사회적 인지도 제고 방안

우리나라의 경우 영국을 비롯해서 과거 식민지 경영한 경험한 유럽 국가와는 달리, 지리학과 그 전공자에 대한 사회적 수요는 크지 않았다. 그럼에도 불구하고 학교교육에 있어서는 일찍부터 교과목으로 자리 잡았고, 이것이 대학에서의 지리학 연구와 교육의 초석이 되어 왔다. 따라서 초기 한국 지리학에 대한 사회적 수요는 초중등학교 교사양성이 중심이었다. 그 결과 교사양성 이외의 지리학에 대한 사회적 수요 창출과 이에 대해서는 안일하게 대응하였다. 그러나 학교교육도 궁극적으로는 사회적 수요에 따라 재편될 수 없다는 평범한 사실을 인지하고 지리학에 대한 사회적 수요에 대처하지 못한 결과 초중등교육에서의 지리교육의 위상이 저하됨에 따라 대학에서 지리교육의 위축, 나아가서는 폐과라는 위기상황을 맞게 되었다.

이러한 위기에 대한 책임은 고스란히 우리 지리학계 구성원 모두의 몫이다. 왜냐하면 우리 지리학자들은 나름대로 자부심을 가질 만한 연구 성과는 사회적 수요뿐만 아니라 지리학의 정체성 확립 그리고 지리교과서를 비롯한 교육과정에 제대로 반영되지 못하였다. 때문에 여전히 과거 수준에 머물러 있는 일반인들의 지리학에 대한 인식이 오늘날 지리학의 위상저하라는 악순환 고리를 형성하게 되었다.

따라서 '결자해지'의 차원에서 지역지리학 중심으로 한국지리학의 정체성을 확립하고, 이에 기초한 지리교육의 강화를 통해, 왜곡된 지리학에 대한 사회적 인식을 바로잡을 수 있는 방안을 모색하고자 한다.

1) 교과교육에서 지역지리학의 한계와 개선방안

지리학자들이 연구의 대상인 동시에 분석 단위인 삶터, 즉 지역(地域, region)은 자연과 인간의 상호작용의 산물이다. 따라서 특정지역을 이해하기 위해서는 서로 다른 지역을 구분해내고, 그들 각각의 특성(地域性)과 그들 간의 관계를 제대로 밝혀내야만 한다. 이를 위해서는 물론 과학적인 방법과 이론, 그리고 현지의 특수성이 함께 구명되어야 한다. 바꾸어 말하면, 수학의 미분(계통지리학)과 적분법(지역지리학)을 동시에 그리고 적절히 활용해야만 삶의 공간을 제대로 설명할 수 있다. 그런데 지리교과과정에서는 이것들이 화학적으로 융합되지 못하고 물리적으로 통합된 수준을 벗어나지 못하고 있다. 예를 들면 '한국지리'라는 교과에는 계통지리내용과 지역지리내용이 서로 분리된 채 하나로 묶어져 있다. 이러한 상태로는 학생들에게 지리학의 정체성을 제대로 교육을 할 수가 없다.

계량혁명을 계기로 계통지리학의 융성은 여러 방면에서 많은 성과를 올렸다고 볼 수 있다. 계통지리학의 경우에는 관련 인접분야의 지식을 적극적으로 도입함에 따라 지리학 전문분야 간의 간극이 확대되어 지리학의 정체적은 더욱 모호해지게 되었다. 따라서 계통지리학의 연구 성과는 일정한 정제과정을 거치지 않고는 초중등학교 교과교육에 담아낼 수가 없다. 그 정제용 필터로 사용할 수 있는 용기가 바로 지역지리학이다. 물론 지역지리학은 계통지리학적 연구성과를 통합하는 이상의 의미를 갖는다. 왜냐하면 나름대로의 패러다임과 분석틀을 갖추어야 하기 때문이다. 그러나 이에 대한 내용은 다음 장에서 다루기 때문에 생략하기로 한다.

우리가 어떤 것을 아끼고 사랑하고 가꾸기 위해서는 그것에 대한 이해가 전제되어야 한다. 우리의 삶의 터전인 지역을 이해하지 않고서는 '삶터'를 가꾸고 보존하기 위한 노력을 담보할 수 없다. 바꾸어 말하면 사람들은 '삶터'를 가꾸고 보존하는 데 기여할 수 있는 학문에 대한 수요가 크다. 따라서 지리학도 이러한 수요를 우선은 지리교육을 통해 충족할 수 있어야 한다.

2) 현 지리교과교육의 실태와 문제점

학교 지리는 모학문인 지리학의 학문적 성과를 바탕으로 우리 사회가 지향하는 교육적 가치를 실현시킬 수 있는 중요한 교과의 하나이다. 학생들은 지리 교과교육을 통해 자신들이 살고, 또 살아갈 삶터로서 세계를 보다 올바르게 이해할 기회를 가진다. 나아가 시민으로서 보다 나은 세계 건설을 위해 참여하는 데 필요한 다양한 역량들도 함양할 수 있다(조철기·이종호, 2017), 요컨대 학교 지리교육은 삶터로서 지역사회, 국가, 그리고 세계의 발전에 있어 요구되는 시민의 자질과 역량을 성장시키는 중요한 토대가 된다. 나아가 종국적으로는 지리에 대한 시민 사회의 인식 변화를 통해 모학문인 지리학의 발전에도 긍정적으로 기여할 수 있다. 하지만 현 지리교과교육 실태를 살펴보면, 과연 전술한 목표와 가치를 실현하는 데 학교 지리가 충분한 역할을 해 왔는지에 대해서는 확신이 서지 않는다. 물론 학문으로서 지리교육학적 발전과 진보는 괄목할 만하다. 하지만 구체적으로 실현되고 있는 교육과정 측면에서는 여러 한계를 보인다. 내적 내용 측면에서는 여전히 전통적인 지리 지식에 매몰되어 있고, 지리교육과정의 외적 목적 측면에서는 시대적 요구 및 맥락과는 거리를 두고 있는 모양새다.

우선, 내적 내용 측면에서 지리교과교육은 계통지리를 중심축으로 한 기존의 학문중심주의적 전통에서 크게 벗어나고 있지 못하고 있다. 1946년 교수 요목기 이후, 학교지리는 1970년대 계량 혁명 및 학문중심 교육과정 사조의 영향을 강하게 받았다. 그 결과 지리교육과정을 구성하는 대부분의 내용 영역을 계량화된 지리 지식, 개념, 법칙, 이론 등으로 채워 왔다. 이 과정에서 객관적이고 일반화된 지리 지식들로 간주된 계통지리학적 성과들은 교과교육과정의 중핵을 차지한 반면, 전통적인 개성 기술적 방식으로 지리적 사상을 소개했던 지역지리는 지리교육과정 내에서 점차 소외되어 갔다(박선미, 2018). 비록 최근 2015 개정 교육과정에서 다양한 지리적 주제를 통해 삶의 터전으로서 지역을 보다 더 잘 이해할 수 있는 요소들이 일부 소개되고 있다(교육부, 2015). 하지만 일반적이고 보편적인 지식 교육이라는 기존의 교육철학을 고수함으로써, 학교 지리는 학생들이 살고, 살아갈 세계를 올바르게 이해하는 데 제한적인 지식을 제공하는 교과라는 비판에서 자유롭지 못한 것이 사실이다.

다음으로, 외적 목적 측면에서 학교 지리교육은 교육의 외적 목적이라고 말할 수 있는 시대적, 사회적 요구에 대해 비탄력적인 대응을 보인 측면이 있다. 20세기 후반 이후 한국 사회는 네트워크화, 세방화, 4차 산업혁명 등으로 대변되는 급격한 사회변화를 경험하고 있다. 2000년대 이후 정치권과 교육 당국, 시민사회는 불확실성으로 대변되는 미래사회에 빠르게 대응하기 위해 새로운 교육 의제 및 가치들을 제안해 오고 있다. 다문화교육, 시민교육, 세계시민교육, 지속가능교육, 역량중심교육, 융합교육 등은 대표적인 사례들 중 하나이다. 사회과를 구성하는 역사교육, 일반사회교육 등은 차치하고서라도, 이러한 시대적, 사회적 요구에 대해 지리 공동체 구성원들, 특히 학교지리교육 구성원들은 이러한 이슈들에 대해 얼마나 깊이 있게 고민하고 연대해 왔는지 모르겠다. 많은 부분에서 국가지리교육과정에서 제시하고 있는 전통적인 지리 인식론을 무비판적으로 수용해온 측면이 있다. 대학입시나 학교평가라는 한국적 성과주의 교육 시스템에 매몰되어 시대적 요구에 기민하게 대처하기보다는 정량화, 계량화할 수 있는 제한적인 지리 지식에 더욱 가치를 둔 측면도 있다. 이 과정에서 학교 지리는 학생들의 삶, 삶터와 긴밀하게 관련되기보다 더욱더 멀어지는 존재로 남아 있다.

인간의 삶, 세계와 괴리된 지리교과교육의 내·외적 지체현상은 단순히 한 교과의 내부적 문제로만 치부할 수 없다. 전술한 바와 같이, 지리교육은 세계를 바라보는 인식의 틀에 영향을 미칠 뿐만 아니라 보다 나은 세계에 기여할 존재론적 틀을 제공한다. 나아가 지리학에 대한 시민사회의 인식 형성에도 매우 중대한 영향을 미친다. 실제로 대부분의 성인들이 세계에 대한 지식과 이해 방식을 초·중등 교육을 통해 주로 명료화한다는 현실에서 학교 지리교육의 역할과 중요성은 재차 강조된다. 여전히 많은 시민들이 지리라고 하면 국가명, 하천명, 산의 높이, 하천의 길이 등과 같은 단편적인 지리적 사상을 떠올린다. 지역사회, 국가, 국제 사회에서 등장하는 정치적, 윤리적, 역사적 현안과 의제와 관련해서 지리학을 떠올리는 사람은 많지 않은 것이 현실이다. 고차원적인 인지적, 정의적 활동에서 지리는 늘 고려의 대상에서 밀려난다. 지리는 단순히 기억되는 사실과 지역의 통계라고 생각하는 경우가 많기 때문이다. 이러한 현실에서 보다 나은 삶터, 책임감 있는 시민의 활동 무대로서 장소와 공간을 이해하는 학문이 곧 지리라는 점을 인식하고 경험할 수 있기란 무척 힘들어 보인다. 지리에 대해 우리 사회 안에 만연해 있는 이러한 부정적 평가와 관련하여, 앞서 논의한 지리교과교육의 실태와 특징이 다시 한 번 겹쳐 보인다는 점은 우리들에게 많은 시사점을 준다. 그렇다면, 지리학이 갖고 있는 진정한 의미를 제대로 되살려 가치 있는 지리교과교육으로 거듭날 수 있는 방법은 없는 것인가? 필자는 학교 지역지리교육에서 그 단서를 찾고자 한다.

3) 지역지리학 중심의 교과서 집필의 방향

평소 지리교과서가 현재의 체계나 내용이 개선되어야 한다는 생각을 해 왔던 것에 비추어 (지역) 지리교과서에서 의도적으로 담지 않으려고 노력했으면 하는 것을 지적하면 다음과 같다.

첫째, 지리교과서는 급변하는 시대상황을 반영할 수 있어야 한다. 이를 위해서는 최근의 계통지리학뿐만 아니라 신지역지리학의 연구 성과가 교과서에 반영되어야 한다. 예를 들면 우리나라 산맥에 관한 내용은 여전히 일제강점기 일본 학자의 연구결과가 그대로 담겨 있다. 그렇다면 해방 후 우리 지형학계는 이에 대해서 아무런 반론을 제기하지 않았는가? 그렇지 않다. 구체적으로 우리나라 산맥은 크게 한국방향, 중국방향 그리고 랴오둥 방향으로 구분, 설명되고 있는데, 라오둥도 중국의 일부이고 한국 산맥의 일부를 한국방향으로 칭하는 것도 적절하지 않다고 판단된다. 또한 우리나라 지역구분을 북부, 중부 그리고 남부로 구분하여 그 특성을 비교, 설명하는 것이 적절한지에 대한 재검토가 필요하다. 이제는 기술발달과 생활양식의 보편화로 중부와 남부 간의 차별성과 특성이 거의 희석되었다. 그렇다면 새로운 지역구분 방법에 대한 연구와 그 성과를 담아낼 수 있어야 지리학에 대한 인식도 바꿀 수 있고, 사회적 수요도 늘어날 수 있을 것이다.

둘째, 기존의 지리학에 대한 일반인들의 인식은 지리적 사상에 대한 이해보다는 그저 그것을 외어야 하는 '암기과목'으로 요약될 수 있다. IT의 발달로 이러한 사실적 정보를 굳이 학교교육을 통해 배워야 하나라는 생각들이 일반화되고 있다. 따라서 이제 지리교과서와 지역지리책에서는 특정 지역(삶터)에 대해 통계적이고 사실적인 정보를 제공하는 소개서가 되지 않아야 할 것이다. 이러한 유형의 책들로는 지리학에 대한 인식을 바꾸는 데 결코 도움이 될 수 없기 때문이다.

셋째, 관점도 기존의 교과서와는 달라져야 할 것이다. 삶터는 자연환경과 이에 기반을 둔 주민들의 생활양식이라는 집합적 창작물인 삶터의 지역성에 대한 설명을 넘어서서 어떻게 하면 이들이 사회에 진출했을 때 학교에서 배운 지리학이 정말 필요한 교과라고 생각하도록 할 것인가에 대한 고민을 담아낼 수 있어야 할 것이다.

마지막으로 지리학은 삶터에 대한 지식의 습득을 넘어서 삶터를 가꾸고 발전시키는 데 도움이 되는 교과목 내지 학문이라는 인식을 가질 수 있도록 채워져야 할 것이다. 왜냐하면 삶터는 단순한 이용과 설명의 대상이 아니라 아끼고 가꾸어야 하는 대상이기 때문이다. 그래서 특정지역에 대한 발전 계획 또는 보전 계획을 수립하려면 우선 어느 지역 어느 부문에 어떤 변화의 시동을 걸고 어떻게 관리하는 것이 가장 효과적일 것인가를 제시할 수 있어야 한다. 이것이 지리학이 지역의 발전을 위해 기여할 수 있는 큰 역할이다.

4. 바람직한 지역지리교육을 위한 지역지리학회의 역할

한국지역지리학회는 학회 차원에서 최근 지역지리학 관련하여 다양한 접근과 논의 방향에 대해 학회 구성원들과 논의를 진행해 왔다. 예를 들어 2018년 '지역지리학과 지리교육'을 주제로 지리학대회 특별 세션을 마련했고, 2018년부터 2019년에 걸쳐 한국지역지리학회지 특별호를 출판하였다. 이러한 노력의 기저에는 지역지리학은 지리학의 주요 개념일 뿐만 아니라 지리학의 미래 방향을 가늠하는 일종의 방향타 역할을 하는 핵심적인 지리학 내 연구 분야라는 중요한 전제가 있기 때문이다. 더욱이 '지역'과 '지리'를 한국 사회에서 가장 먼저 실천적으로 경험하는 장소는 학교이다. 학교 교육에서 지역과 지리를 어떻게 바라보고, 가르치고, 실천할 것인가는 한국 사회에서 지역지리의 발전에 필수적인 고려 사항이다. 비록 때늦은 감은 있지만, 한국지역지리학회의 최근 행보는 보다 바람직한 지역지리교육을 위해서 값진 것으로 평가할 만하다. 다음은 본 소고를 마무리하면서 필자가 생각하는 학회 차원의 역할에 대한 것이다.

첫째, 새로운 지역지리의 방향성 및 지역지리교육 실천에 대한 연구를 활성화할 학회 차원의 관심과 지원이 필요하다. 최근 급변하는 세계에 발맞춰 새로운 미래 교육 관련 논의가 활발히 진행되고 있다(성태제, 2017). 학교 현장에서는 이러한 시대 분위기에 맞춰 전통적인 학교지리를 넘어 새로운 지리의 의미와 방향에 대해 많은 관심을 표하고 있다. 다시 말해, 그 어느 때보다도, '지역' 지리에 대한 새로운 시각과 접근에 대해 궁금해하고 있다. 교사들은 나아가, 초·중등 교육 현장에서 '지역'에 대한 새로운 접근들과 이들에 대한 효과적인 교수학습 방법에 대해 많은 관심을 가지고 있다. 하지만, 안타깝게도 현장의 이러한 요구에 응대할 수 있는 교재나 출판물은 찾아보기 힘든 실정이다. 현장의 요구에 부응한다는 측면에서, 한국지역지리학회 차원에서 '지역지리'와 '지리교육'에 대한 다양한 출판물이 생산될 수 있도록 아낌없는 지원이 필요할 때이다. 이번 단행본은 이러한 지원을 위한 마중물이 될 것이다.

둘째, 지역지리교육과정 개발을 위한 공동 연구를 지원할 필요가 있다. 지리학계에서는 이미 오래전부터 신지역지리학 및 인접 학문의 연구 성과들을 참고하여 지역지리의 의미와 방향성에 대한 이론적 논의를 진행해 왔다. 이번 단행본의 1장은 이러한 소중한 성과들로 구성되어 있다. 하지만, 학교 지역지리교육은 이러한 성과를 단순히 학교 현장에 전달 적용하는 차원이 아니다. 소위 '지역지리교육론'의 관점에서 기존의 연구 성과를 교육학적으로 재해석·재구성하는 과정이 반드시 수반되어야 한다는 의미이다. 예를 들어, 교육과정학적 측면에서, 새로운 지역지리 개념을 어떻게 'sequence'와 'scope'를 고려하여 조직할 것인지 심도 깊은 연구가 필요하다(박선미, 2019). 당연히, 지역지리 및 지리교육 연구자들은 지역지리 교육과정, 지역지리 교육내용, 지리 교과서 내용 체계 등과 관련하여 상호 공동 연구를 수행해야 한다. 한 걸음 더 나아가, 지역지리교육을 주제로 한 다양한 연구들, 예를 들어 지역지리교육과 관련된 연구 방법론이나 지역 구분 등 지금까지 크게 관심을 기울이지 못했던 분야에 대한 연구에도 지리학자들과 지리교육학자들이 함께 관심을 가져야 할 것이다. 가능하다면 관련 학회가 공동으로 연구과제를 제안 수행하는 것도 의미가 있어 보인다. 지리학과 지리교육 연구자들의 협업은 지리학 및 지리교육의 미래를 위해서라도 매우 필요하다 하겠다.

셋째, 현장의 지리교사들을 직·간접적으로 지원할 지역지리교육 플랫폼 개발이 필요하다. 이와 관련하여 우선, 지리학 및 지리교육학 공동 학술대회를 제안한다. 한 해 국내에서 개최되는 지리학 관련 전문 학술대회는 많다. 하지만 안타깝게도 학술대회에서 초·중등 교사를 찾기란 쉽지 않다. 전문 학술대회에서 발표되는 지리학적 성과들이 대부분 아카데믹한 측면이 강조되는 측면도 있지만, 학교 현장의 지리교사들이 참여할 만한 세션이 없는 것이 주된 이유일 것이다. 해외의 경우, 지리학회 및 지리교육학회가 공동으로 학술대회를 개최하여 지리학의 최신 성과 및 아이디어가 지리교육과 관련하여 어떤 의미가 있는지 논의하는 장을 마련한다. 모든 학술대회를 이런 방식으로 운영하기란 어렵겠지만 일 년에 한 번이라도 공동 학술대회를 개최한다면 두 분야의 상생과 발전에 큰 도움이 될 것이다. 다음으로, 지리교사들이 지리학적 성과와 아이디어를 쉽게 접근하고 활용할 수 있는 플랫폼이 필요하다. 영국이나 독일의 경우, 지리학 관련 전문학회 차원에서 초·중등 지리교육에서 바로 활용할 수 있는 교수학습자료를 지속적으로 개발하여, 이를 학회 홈페이지의 교육 관련 메뉴에 탑재하여 지리를 가르치고 배우는 사람이라면 누구나 이용할 수 있다. 학교 현장에서 지역지리교육을 위해 필요한 자료나 문의사항이 있을 때, 관련 학회 홈페이지를 방문하면 문제는 쉽게 해결될 수 있다. 자연히, 이러한 자료를 개발하는 과정에서 지리학자와 지리교육학자 및 지리교사들 간의 협업은 기본적인 조건이었을 것이다. 하지만 우리의 경우, 초·중등학교와 대학교를 연결하는 중간 매개가 거의 전무한 상황에서 지리교육의 모든 책임을 교사 개인의 역량에 맡겨두고 있다. 보다 나은 지역지리교육을 위한 학계의 고민과 노력이 결실을 맺기 위해서라도 현장 교사들의 짊을 나눠 질 수 있는 플랫폼을 학회 차원에서 개발해야 할 것이다.

• 요약 및 핵심어

요약: 현재 우리나라 지리학과 지리교육에 대한 사회적 수요가 감소함으로써 그 위상은 근대지리학이 도입된 이후 그 어느 시기보다 낮다고 해도 과언이 아니다. 이에 (사)한국지역지리학회는 지리학 전문학회로서의 정체성 강화와 우리나라 지리학의 위상 제고를 위한 노력의 일환으로 기존 지역지리학의 연구와 교육에 대한 비판적 성찰과 새로운 방향 모색을 위한 프로젝트를 추진하고 있다. 이를 위해서는 먼저 지리학의 다원성을 극복하고 통합학문(integrating discipline)으로의 정체성 재정립이 요구된다. 그리고 그 정체성에 기초하여 지리학에 대한 사회적 수요는 무엇인가를 구체화하고, 이를 충족시키기 위한 노력은 지리학계에 부여된 과업이기도 하다. 지리학에 대한 사회적 수요의 기반은 지역지리 중심의 초중등학교의 지리교과교육이다. 따라서 지역지리학회와 지리교육담당자가 지속적으로 이러한 문제의식을 공유하고 구체적인 대안을 제시하고, 나아가서 그 대안이 실제 교육현장에서 실현되기를 기대한다.
핵심어: 지리학(geography), 지역지리학(regional geography), 한국지역지리학회(The Korean Association of Regional Geographers), 지리교과교육(geography teaching education), 지역지리교육(regional geographic education), 통합학문(integrating discipline)

• 더 읽을 거리

류우익, 1986, 현대지리학의 이론과 실제–지역지리학의 르네상스를 위한 소고–, 현대사회,6(4), 246–263.

박선미, 2019, 신지역지리학의 관점으로 읽는 러시아 톰스크 지역의 결핵 문제, 한국지리환경교육학회지, 27(3), 91–103.

이철우 외, 2014, 삶터 대구의 이해, 경북대학교 출판부.

황규덕 · 박배균, 2019, 지리교육에서 장소 이해에 대한 관계적 전환의 필요성에 대한 소고, 한국지역지리학회, 25(1), 20–37.

참고문헌

교육부, 2015, 사회과 교육과정, 교육부 고시 제2015–74호 [별책7], 세종: 교육부.

류우익, 1986, 현대지리학의 이론과 실제–지역지리학의 르네상스를 위한 소고–, 현대사회, 6(4), 246–263.

박선미, 2018, 한국 지리교육과정의 쟁점과 전망, 용인: 문음사.

박선미, 2019, 신지역지리학의 관점으로 읽는 러시아 톰스크 지역의 결핵 문제, 한국지리환경교육학회지, 27(3), 91–103.

성태제, 2017, 제 4차 산업혁명시대의 인간상과 교육의 방향 및 제언, 교육학연구, 55, 1–21.

손명철, 2002, 근대사회이론의 접합을 통한 지역지리학의 새로운 방법론, 한국지역지리학회지, 8(2), 150–160.

이철우 외, 2014, 삶터 대구의 이해, 경북대학교 출판부.

이희연 · 최재헌, 1998, 지리학에서의 지역연구 방법론의 학문적 동향과 발전 방향 모색, 대한지리학회지, 33(4), 557–574.

조철기 · 이종호, 2017, 세계화 시대의 세계지리 교육, 어떻게 할 것인가?, 한국지역지리학회지, 23(4), 665–678.

황규덕 · 박배균, 2019, 지리교육에서 장소 이해에 대한 관계적 전환의 필요성에 대한 소고, 한국지역지리학회, 25(1), 20–37.

2. 새로운 지역지리학의 재구성과 전망

최병두(대구대학교)

1. 신지역지리학의 등장과 발달

지역은 인간 삶의 기본 바탕이며, 지리학의 핵심 연구 주제이다. 그러나 지역을 연구 주제로 설정하는 지리학자들조차 지역이란 무엇이며, 어떻게 사유하고 연구해야 하는가에 대해 명확히 설명하지 못한다. 왜냐하면, 지리학에 관한 개념 정의와 더불어 그 연구 주제에 대한 개념 규정도 변해 왔기 때문이다. 전통적으로 지리학은 지역을 연구하는 학문 분야로 정의되어 왔으며, 특히 19세기 말부터 20세기 전반부 지리학은 헤트너(Hettner, 안영진 역, 2014)의 지역학 또는 핫숀(Hartshonre, 한국지리연구회 역, 1998)의 지역지리학 개념으로 정의되었다. 그러나 1960~1970년대 실증주의적 지리학의 발달로, '공간조직'에 관한 법칙추구적 연구, 즉 공간적 분포의 유형과 과정에 관한 분석이 지리학의 주류를 이루면서, 지역에 대한 관심은 위축되었다. 그러나 뒤이어 실증주의적 공간분석이 퇴조하면서, 다양한 거시적 사회이론들에 대한 관심 증대와 더불어 지역을 새롭게 부각시키는 이른바 '신지역지리학'이 등장하였다.

신(또는 새로운)지역지리학의 등장과 발달은 물론 지리학에서 거시적 사회이론의 도입과 지역지리에 관한 학문적 연구를 위한 새로운 방법론의 모색뿐만 아니라 1990년대 이후 본격화된 자본주의 경제의 지구화 과정에 따른 지역의 변화와 이에 대한 국가 및 지역 차원의 대응을 전제로 하고 있다. 즉 자본주의 경제의 지구지방화(glocalization), 국가 기능 및 거버넌스 체제의 다규모화,

사회문화적 정체성의 전환, 교통통신기술의 발달과 초공간적 이동성 등은 지역의 개념적 및 경험적 특성의 변화를 직·간접적으로 유발하였다. 이에 따라 급격하게 변화하고 있는 지역을 개념적으로 재구성하고 경험적으로 재고찰해야 할 필요성이 증대되었으며, 이와 관련된 문제들을 둘러싼 논쟁들이 전개되기도 했다.

1990년대 이후 한국의 지리학에서도 서구의 '신지역지리학'을 소개하고, 지역의 재개념화와 접근방법의 재구성을 강조하게 되었다. 또한 각 분야별로도 새로운 이론들을 원용하여 관심 지역을 경험적으로 분석하고자 하는 연구들이 활발해졌다. 그럼에도 불구하고, 그 이후 한국의 지역지리학 연구 동향을 살펴보면, 거시적 이론들에 바탕을 둔 신지역지리학 방법론에 관한 논의는 초기에 다소 활발했지만 점차 줄어들었고, 지역에 관한 종합적 경험 연구들은 활발하게 전개되지 못했을 뿐만 아니라 신지역지리학의 새로운 연구방법론을 거의 반영하지 못했다. 다른 한편 지리학의 세부 전공분야들에서는 관련된 (중범위) 이론들을 원용한 지역 분석들이 상당히 이루어졌지만, 신지역지리학의 연구방법론과는 내적 연계성을 가지지 못했다.

인간은 지표상의 일부로서 지역을 벗어나서 살아갈 수 없고, 지리학 역시 지역에 관한 연구라는 가장 기본적 개념정의를 버리기 어렵다. 뿐만 아니라 현실 세계는 가속적으로 변화할 것이고, 이를 반영한 지역 역시 역동적으로 변해 갈 것이다. 이러한 변화과정에 조응하여 지역에 대한 개념의 재구성과 더불어 이에 바탕을 두고 지역에 관한 경험적 분석도 활발하게 추진되어야 할 것이다. 이러한 점에서 새로운 지역지리학의 연구와 발전을 위하여 신지역지리학 방법론에 관한 논의와 현실적 배경을 살펴보고, 이에 관한 국내 연구 동향에 근거하여 앞으로 지역지리학의 발전 전망과 과제를 설정하는 것은 매우 중요한 의미를 가진다고 하겠다.

2. 지역지리학 연구방법론의 변화

한국에서 지역지리학의 발달과정은 한편으로 지리학 내 연구방법론에 대한 성찰, 다른 한편으로 지역과 관련된 현실 세계의 변화를 배경으로 한다. 이러한 양 측면의 변화는 대체로 서구 사회의 현실적 및 학문적 변화에 따른 외적 영향에 크게 의존하지만 또한 서구 사회의 변화에 대한 한국 사회 및 국내 지리학계의 주체적 대응의 결과라고 할 수도 있다. 즉 한국의 지역지리학은 학술적 연구에 대한 성찰과 현실 세계의 변화 간 관계, 그리고 서구 사회와 서구의 지리학 및 한국 사회와 한국의 지리학 간 관계 속에서 변화, 발전한 것으로 이해되어야 할 것이다.

한국의 근대 지리학은 서구 지리학의 도입과 원용 과정이라고 할 수 있다. 이러한 상황은 일제 식민통치에 의한 단절로 독자적인 학문 발전을 경험하지 못한 다른 모든 분야들에서도 마찬가지라고 할 수 있다. 특히 지리학의 경우 조선시대 후기 발달한 전통적 및 실학적 지역연구가 단절된 상태에서, 해방 이후 한국의 지리학은 독자적인 지역연구 및 연구 방법론을 발전시키기 어려웠다. 이로 인해 1960년대까지 한국의 지리학은 연구방법론이 미발달한 상태에서 지역에 관한 백과사전식 서술로 이루어졌다. 1970년대 이후 한국의 지리학에 법칙추구적 공간분석을 위한 실증주의적 연구방법론이 도입되어, 유의성에 대한 깊이 있는 논의 없이 지리학 전반에 확산되었다(이기석, 1982; 김인, 1983).

그러나 1980년대 중반 이후 기존의 실증주의적 지리학에 대한 성찰이 이루어지면서, 이에 대한 다양한 대안적 방법론들이 제시되었고(최병두, 1988), 이 과정에서 지역에 대한 새로운 관심과 논의가 활발하게 이루어지면서, 그레고리(Gregory, 1978)와 존스턴(Johnston, 1979)의 저서 등이 국내에서 널리 읽히게 되었다. 이에 따라 실증주의적 지리학에 대한 비판과 대안으로 인간주의 지리학, 구조주의 지리학, 정치경제학적 방법론(마르크스주의 이론) 등이 제시되었고, 또한 새로운 방법론적, 이론적 대안으로 구조화이론과 실재론, 비판이론, 포스트모던 이론 등이 도입되어 활발하게 논의되게 되었다. 물론 이러한 대안적 연구방법론들은 사실 지리학뿐 아니라 사회과학 전반에 적용될 수 있는 거대이론들이었다.

신지역지리학이란 이러한 새로운 방법론이나 이론들에 바탕을 두고 지역을 고찰하고자 하는 새로운 연구 동향을 의미한다. 이러한 신지역지리학의 등장은 또한 자본주의의 지구지방화에 따른 지역의 현실적 변화를 반영한 것이기도 하다. 한국에서 이러한 신지역지리학에 관한 논의는 서구의 지리학 나아가 사회과학 전반에서 이루어진 방법론적 전환을 지역지리학에 대한 관심의 부활과 관련시키면서 시작되었다. 물론 실증주의적 지리학에 대한 비판과 대안의 모색을 위해 새롭게 제시된 지역지리학에 대한 관심은 한편으로 전통적 지역지리학에 대한 복고운동을 가져오기도 했다. 그러나 다른 한편 과거로의 회귀가 아니라 다양한 사회과학방법론에 의해 재구성된 '신지역지리학'에 대한 연구가 부각되었고 지역연구의 새로운 경향으로 자리 잡게 되었다(서태열, 1989). 이러한 점에서 신지역지리학에 대한 관심은 현실 세계에서 지역의 변화 및 이와 관련된 지역 개념의 재구성뿐만 아니라 다양한 사회과학방법론(또는 사회이론)들을 배경으로 발달한 것이라고 할 수 있다.

신지역지리학의 등장과 그 이론적 배경에 대한 관심은 1990년대 중반 이후 본격화되어, 관련된 주요 개념들이나 이슈들에 관한 논의를 활성화시키게 되었다. 즉 신지역지리학을 옹호하는 입장이 광범위하게 확산되면서, 공간적 패턴의 일반 법칙만을 강조하면서 구체적 지역연구를 간과했던 실증주의적 연구와 개성기술적 구체성만 강조하고 일반적 과정을 무시한 전통적 지역지리학은 동시에 비판되고, 그 대안으로 신지역지리학이 제시되었다. 즉 신지역지리학은 지역연구를 중시하지만 "사회이론에 이론적 기반을 두고서 사회과학으로서 공헌하려고 한다"는 점에서 전통적 지역연구와는 상당히 다른 것으로 인식되었다(이희연·최재헌, 1998). 이러한 점에서 "신지역지리학에 관한 논의는 지리학자들과 사회이론가들 간 활발한 지적 교류를 계기로 이루어졌다"는 사실이 강조되기도 했다(손명철, 2002).

신지역지리학의 등장, 즉 지역을 이해하거나 설명하는 새로운 관점으로 이들이 제시한 다양한 사회과학방법론 또는 사회이론들은 자본주의 발달과정에 대한 국지적 반응체로서 지역을 보는 관점(정치경제적 접근), 사회적 동질감(정체성) 확인의 초점으로서 지역을 보는 관점(인간주의적 및 구조주의적 접근), 그리고 사회적 상호작용의 매개체로서 지역을 보는 관점(구조화이론 등)으로 구분되거나(서태열, 1989), 또는 비슷한 맥락에서 구조주의적 관점, 인본주의적 관점, 실재론적 관점으로 구분되기도 한다(이희연·최재헌, 1998). 이러한 이론들에 더하여 세계체제론을 공간적 관점에서 재해석하려는 연구(이재하, 1997), 탈후기구조주의(또는 포스트모더니즘) 인간 주체를 강조하려는 연구 등이 포함되기도 하지만(손명철, 2002), 대체로 이들에 공통된 유형 구분이 유지되고 있다(임병조·류제헌, 2007).

이와 같이 신지역지리학의 등장과 발달은 새로운 사회이론들과 밀접한 관계를 가진다. 물론 신지역지리학에 관한 개념적 논의들에서, 관련된 사회이론이나 접근방법에 대한 유형 구분은 약간 달라졌다고 하지만, 대체로 인간주의, 구조주의, 정치경제학적 관점과 구조화이론, 실재론, 포스트모더니즘 등을 포함하며, 그 외 세계체계론 등도 거론되었다. 그러나 신지역지리학의 등장을 가능하게 한 이러한 이론들은 지역을 연구하기 위한 새로운 방법론이라기보다는 사회현상 일반 및 사회과학 전반에 적용될 수 있는 거시이론 또는 거대담론들이라는 점에서 유의성과 동시에 한계를 가진다. 이로 인해 신지역지리학의 연구방법론으로 도입된 다양한 이론들을 적용하여 국내 지역을 경험적으로 고찰한 사례들은 거의 찾아보기 어렵다.

또 다른 문제점은 신지역지리학의 등장과 관련된 국내 논의에서 제시된 사회이론들은 대체로 1980년대 서구 사회에서 발달한 이론들이었고(Gilbert, 1988; Pudup, 1988; 최병두, 1988 참조), 그 이후 새로운 이론이나 방법론이 부각되지 못했다는 점이다. 신지역지리학의 방법론에 관한 국내 논의들이 1990년대 거론된 사회이론들에 머물러 있다는 사실은 서구에서도 그 이후 괄목할 새로운 거대 이론들이 등장하지 못했기 때문이라고 할 수 있다. 그러나 서구에서 신지역지리학에 관한 이론적 논의에 아무런 진척이 없었던 것은 결코 아니다. 서구 지리학에서 지역지리학의 내적 구성을 둘러싼 새로운 여러 논쟁들(예로, 실체론과 구성론, 영역론과 관계론 등)이 꾸준히 이어져 왔지만, 국내에서는 거의 논의되지 않았다.

다른 한편, 신지역지리학과 관련된 사회이론들은 단지 '지역' 개념의 재구성과 좁은 의미의 신지역지리학의 발달에만 기여한 것은 아니다. 사실 새로운 사회이론들은 지역 외에도 다양한 공간적 개념들(예로 장소, 경관, 영역, 네트워크, 스케일, 환경 등)에 관한 재고찰을 요구하고 있으며, 이에 따라 지역의 재개념화와 지역 연구방법의 재구성에 직·간접적으로 영향을 미치고 있다. 이러한 상황은 지역을 포함하여 다양한 공간적 개념들에 대한 이해를 복잡하고 어렵게 만들고 있지만, 궁극적으로 신지역지리학의 발달에 기여하고 있다. 예로 헤트너와 핫숀의 지역지리학과 대립했던 사우어(Sauer)의 경관론이 지역연구를 위한 새로운 방안으로 제시되기도 했다. 예로 '지역을 심층적으로 이해하고 설명하기 위한 중요한 소재'로서 경관의 가치가 재확인되어야 한다는 주장이 제기되기도 했다(홍금수, 2009). 이와 같이 경관 가치의 재확인과 실제 역사경관의 복원은 과거 지역지리의 재구성뿐만 아니라 현재와 미래의 지역지리를 이해하고 전망하는 데 기여할 것이라는 점이 강조되기도 한다(최병두, 2012b).

신지역지리학의 발달에 기여한 또 다른 방법론적 논의는 박배균(2012)에서 찾아볼 수 있다. 그는 한국학(국가 영역을 대상으로 한 지역연구)이 '방법론적 영역주의의 함정'에 빠져 있다고 지적하고, 공간과 사회 사이의 내재적 연관성을 강조하는 사회공간론적 관점을 도입해야 한다고 주장한다. 이를 위해 그는 사회공간적 관계의 4가지 차원으로 장소, 영역, 네트워크, 스케일에 주목하여, 이들이 어떻게 서로 중첩되고 결합되며 역동적으로 상호작용하는지를 '다중스케일의 네트워크적 영역성'이라는 관점에서 논의하고자 한다. 이러한 그의 주장은 제솝 등(Jessop et al, 2008)의 제안에 바탕을 둔 것이지만, 여기서 영역주의와 이에 대한 대안으로 제시된 네트워크론(또는 네트워크적 영역성)에 관한 논의는 사실 서구 지리학에서 신지역지리학 등장 이후 발달한 영역으로서의 지역과 네트워크(또는 관계)로서 지역을 보는 관점 간 대립과 절충을 반영한 것이다. 박배균·김동완(2013)은 이러한 다중스케일적 관점에서 국가와 지역 간 관계를 고찰하면서, 특히 "지역을 사회적 관계들이 특정한 장소를 중심으로 공간적으로 구체화되고 물화되어 구성된 것"으로 이해한다.

한국의 신지역지리학 발달과 관련된 또 다른 측면은 지리학의 각 분야별 지역연구를 위하여 새로운 이론들이 도입되었다는 점이다. 이러한 측면에서 박규택(2005)은 한국 사회에서 "(탈)근대 지역의 형성, 유지, 변화를 이론적으로 설명하고 현재 지역이 당면하고 있는 문제를 해결하는 데 도움을 줄 수 있는 개념적 틀"을 제시하고자 한다. 그는 지역의 발전을 종합적으로(?) 이해하기 위한 개념적 또는 이론적 틀로서 식민지-탈식민지론, 지방자치론, 사회적 자본론, 지역 정치생태학 등 4가지 유형의 이론 또는 개념들을 논의하고 있다. 이 이론들은 신지역지리학의 등장 및 발전 배경으로 제시된 거시적 이론들과는 달리, 지역에 대한 종합적 이해라기보다는 각 분야별 계통적 분석을 위한 것이라고 하겠다. 이러한 이론들은 지리학의 세부 분야별(예로 각각 문화역사지리, 정치지리, 사회지리, 환경지리 등) 지역연구에서 원용될 수 있는 중범위 이론들이라고 할 수 있다.

지리학의 각 분야에서 계통적 경험 연구를 위해 도입된 이론들은 이러한 4가지 유형 외에도 더 많이 찾아볼 수 있다(그림 1 참조). 예로, 경제지리학에서 지역혁신론이나 클러스터론은 지역을 경제적으로 분석하기 위한 주요한 틀이 되고 있으며, 문화지리학에서 장소마케팅론이나 지역정체성 이론, 환경지리학에서 생태적 근대화론이나 정치생태학도 주요하게 부각시킬 수 있을 것이다. 지리학의 각 분야들에서 논의되고 있는 이러한 이론들은 해당 분야의 측면에서 지역을 새롭게 연

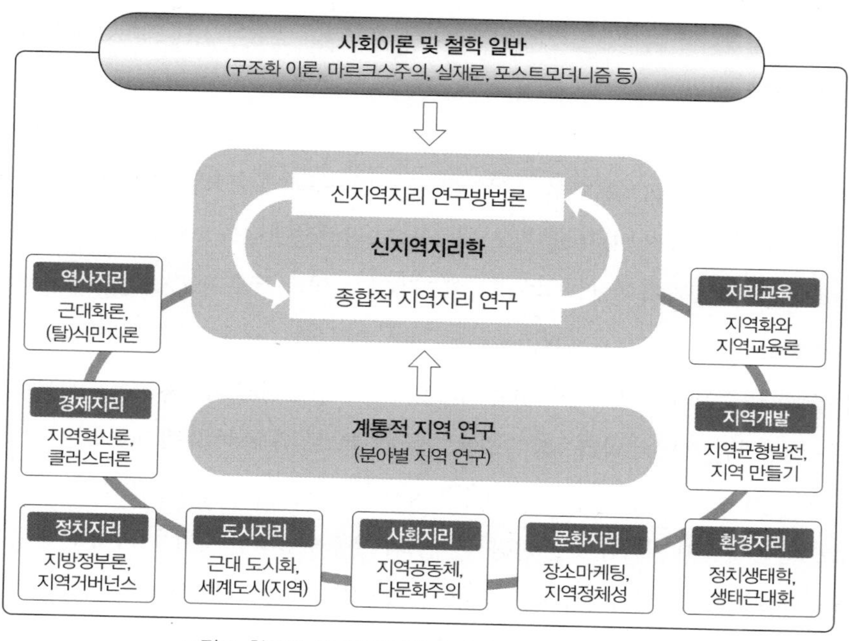

그림 1. 한국의 신지역지리학과 지역연구의 이론적 배경

구하기 위한 주요한 접근방법이나 분석 틀을 제시한 것으로 평가된다. 특히 이 이론들은 위에서 논의한 거시적 이론들과는 달리 그 자체로 지역을 함의하거나 지역의 가치를 강조하면서 지역을 연구 주제로 설정한 것들이라는 점에서 의의를 가진다. 하지만 이러한 이론들에 바탕을 둔 지리학 분야별 지역연구와 관련하여 여기서 지적되어야 할 점은 이 이론들이 지역에 대한 종합적 이해를 위한 틀이 아니라는 점이다. 따라서 계통적 지역연구의 결과들을 어떻게 종합할 것인가, 또는 최소한 지역의 특정 분야에 관한 연구가 지역 내/외 다른 분야들과 어떤 관계성을 가지고 있는가에 대한 문제는 여전히 남아 있다고 할 수 있다.

끝으로, 신지역지리학의 등장 및 발달의 이론적 배경에 대한 관심을 더욱 확대시키려는 노력도 있었다. 이러한 노력은 근대 이후 모든 사회이론과 철학적 전통을 총망라하여 이들에 함의된 공간적 개념들(지역을 포함)을 찾아내고 명시적으로 논의함으로써, 그동안 사회이론에서 간과되어 온 공간적 차원을 부각시키고자 한다. 예로, 크랭과 트리프트(최병두 역, 2013)는 벤야민의 도시사상이나 바흐친의 공간 대화론에서부터 들뢰즈, 라캉, 푸코 등의 포스트모던 이론들 그리고 부르디외의 사회적 자본론, 파농과 사이드의 탈식민주의, 비릴리오의 지정학적 공간론에 이르기까지 다양한 거대 이론들을 지리학적으로 고찰하고 있다. 이 연구는 "공간과 이론 사이의 관계에 관한 연구로, 지리학 내에서 그리고 이를 넘어서 이루어진 학문적 발전"을 담아내고자 한다.

이러한 거대이론들을 직접 지역지리학적 연구에 응용하여 연구한 사례로, 라투즈의 '행위자-네트워크'이론이나 들뢰즈의 '차이 존재론'에 근거를 두고 지역을 이해하려는 시도를 들 수 있다. 예로 행위자-네트워크이론에서 거론되는 '아상블라주'의 개념은 지역을 포함하여 인간 및 비인간 사물들로 구성된 사회공간적 집합체의 특성을 관계론적으로 이해하는 데 주요한 근거가 될 수 있다(최병두, 2015; 김숙진, 2016). 이용균(2017)은 이러한 아상블라주의 관점에서 이주의 관계적 사고와 이주자들이 구성하는 공간에 관한 경험적 논의의 가능성을 고찰하였으며, 한주성(2018)은 지역에 관한 관계론적 접근방법들 가운데 하나로 다양한 연결과 관계시스템의 집합인 아상블라주 개념을 원용한 지역지리 연구를 제시하고 있다. 다른 한편 김병연(2018)에 의하면, 들뢰즈의 사건 개념에 통해 지역(성)을 바라보면, "지역(성)은 하나의 동일성으로만 수렴되어 표현되거나 재현될 수 없는 차이를 가지는 결정불가능성의 존재"로 규정된다. 김병연(2019)은 이러한 '차이 존재론'의 관점에서 슬로시티 담론을 이용해 지역지리 교육의 의미를 제시하고 대안적 방향을 모색하고 있다.

이와 같이 거대 이론 또는 담론들이 신지역지리학이나 지역연구 방법론에 어떤 영향을 미칠 수 있는가에 대해서는 앞으로 더 많은 연구가 필요하다고 하겠다. 그러나 분명한 점은 이러한 거대 담론들에 관한 지리학적 또는 공간적 연구는 사회과학 및 인문학 전반에서 지역이나 공간의 개념에 더많은 관심을 가지도록 자극하고 있다는 점이다. 사회이론 일반에서 '공간적 전환'이라고 불리는 이러한 관심의 증대는 한국에서도 사회과학과 인문학의 다른 분야들에서 이른바 '로컬리티' 연구와 같은 공간적 연구를 촉진하고 있으며, 이러한 연구들은 한국의 지리학 내에서 이루어지는 신지역지리학의 발달에도 분명 큰 영향을 미칠 것으로 추정된다.

3. 지역을 둘러싼 현실 세계의 변화

한국의 신지역지리학의 등장과 발달은 지역 내에서 그리고 지역을 둘러싸고 전개되는 현실의 변화를 반영한 것이다. 인간의 지식이나 이를 체계화한 학문은 기본적으로 그 내적 논리의 정교화와 더불어 경험적 외부 세계의 현실 변화를 반영하여 발전한다. 신지역지리학 역시 지역 현실의 변화가 없었다면, 등장 또는 발전하지 않았을 것이다. 특히 1990년대 본격화된 신지역지리학의 발달은 어떤 지역-내적 변화보다는 지역-외적 조건들의 변화, 즉 자본주의 경제의 지구화과정과 이를 뒷받침한 신자유주의, 이러한 과정에서 발달한 기술혁신과 포스트포드주의 경제체제, 교통통신기술의 발달과 시공간적 압축, 그리고 사회문화적 이동성과 정체성의 변화 등을 직·간접적으로 반영한 것이라고 할 수 있다.

신지역지리학 등장의 현실적 배경으로 가장 우선 논의될 점은 물론 1990년대 이후 본격화된 지구화(세계화) 또는 지구지방화 과정이다. 지구화란 다양한 지리적 규모로 전개되는 상호작용 또는 상호통합의 실제 과정이며 또한 이와 관련된 이데올로기 및 담론을 포괄하는 개념이라고 할 수 있다. 실제 또는 물질적 측면에서 지구화는 개별 지역이나 국가의 경계를 초월한 생산과 교역, 투자와 소비 활동 등과 이를 작동시키는 메커니즘 그리고 이러한 활동의 행위체로서 초국적기업의 역할 등을 포괄한다. 이러한 지구화 과정을 통해 경제적 상호작용이 개별 지역이나 국가의 경계를 넘어서 지구적 규모로 확대됨에 따라, 지역의 개념은 전통적인 지역 개념과는 다르게 되었다. 즉 "전통적인 지역 개념이 경계설정에 바탕을 둔 지역화에 따라 명확한 지역 구분을 바탕으로 한 폐쇄적 개념이라면, 세계화와 함께 등장한 지역 개념에서는 개방성이 강조되고 지방적인 것과 세계적인 것과의 관계 설정이 중요"하게 되었다(최재헌, 2005).

이러한 지구화 과정이 지역에 미친 영향에 관한 초기 설명에서는 각 지역이나 국가들의 고유한 역할과 특성이 점차 약화되고 동질화될 것으로 추정되었다. 그러나 지구화 과정이 심화되면서, 이러한 추정과는 달리, 실제 개별 지역이나 국가가 사회공간적으로 재편되고 있지만 이들의 역할이 상실되거나 또는 동질화되기보다는 오히려 차별화되는 것으로 이해되게 되었다. 즉 자본주의 경제의 지구화 과정은 지역 간 경제적 및 사회적 상호의존성을 증대시키고 지역들을 통합시키고 있지만, 또한 동시에 지역 간 차별성(또는 격차)을 확대시키면서 새로운 지역들을 만들어내고 있으며, 이러한 지역의 새로운 특성은 다시 국가, 세계의 변화 과정에 영향을 미치는 것으로 이해된다(이희연·최재헌, 1998). 이와 같이 동전의 양면처럼 결합된 지구적 과정과 지역적 과정 간의 관계 또는 상호작용은 흔히 지구지방화라고 불린다. 그러나 여기서 주의할 점은 지역 격차의 확대와 지역 특성의 생성이나 변화는 구분되어야 한다는 점이다. 왜냐하면 지역 격차는 양적 차이에 우선적으로 기인하면, 지역 특성은 질적 차이로 이해되어야 하기 때문이다.

또한 여기서 유의할 점은 지구지방화 과정에서 '지구적인 것'과 '지방적인 것'이 대칭적으로 작용하는 것처럼 인식해서는 안 된다는 점이다. 지구지방화 과정에서 도시나 지역의 재구성이 어떻게 이루어지는가에 대한 이해나 분석은 4가지 관점으로 구분될 수 있다(최병두, 2012, 255). 첫째는 세계도시체계론으로, 생산체계와 기술, 지구적 금융시장과 지구적 분업의 발달로 형성된 흐름의 공간 속에서 개별 지역이나 도시는 경제체계의 주요 결절로 이해된다. 둘째는 다규모적 지구지방화론으로, 지구화는 신자유주의적 이데올로기이며 실제 도시나 지역은 자본 축적을 위하여 국가에 의해 다규모적으로, 즉 초국가적 및 아(sub)국가적 공간으로 재편되는 과정으로 이해된다. 셋째는 지구지방적 상호작용론으로, 지구화는 강력한 거시적 경제력으로 지구 공간을 획일화하는 방향으로 작동하지만, 지역의 특이성들은 지구화의 힘을 타협적으로 매개하여 지방적인 것을 만들어내는 것으로 이해된다. 넷째는 신지역주의론으로, 도시나 지역은 지구화에 단순히 종속되는 것이 아니라 지역의 정치·경제적, 사회문화적 제도들을 혁신하여 전략적으로 지구화 과정에 적극 편입하여 이 과정을 선도할 수 있음을 강조한다.

지구지방화 과정에 대한 이러한 논의는 이 과정 속에서 지역의 변화가 다양한 방법으로 이루어지고 있으며, 또한 다양한 관점에서 분석될 수 있음을 의미한다. 따라서 지구지방화 과정 속에서 지역의 변화는 획일적으로 이루어지는 것이 아니라 경로의존적으로 각기 상이하게 전개되고 있다. 그러나 이와 같이 지역의 고유한 경로의존적 변화 과정을 관통하는 일반적 경향이 있다. 즉 오늘날 지역의 변화를 추동하는 지구지방화 과정은 전반적으로 개인의 자유와 시장 메커니즘을 전제로 한 신자유주의에 바탕을 두고 있다는 점이다. 신자유주의는 자유시장의 원칙과 이를 위한 규제완화(또는 탈규제), 사회복지 지출의 축소와 민영화 등을 지향하지만, 궁극적으로 지배집단의 이해관계를 정당화하기 위한 이데올로기이며 또한 이를 실현하기 위한 현실 메커니즘으로 간주된다. 이러한 신자유주의는 하비(Harvey, 최병두 역, 2007)가 주장한 바와 같이 자본주의 경제의 지구화 과정에 함의되어 있으며, 경제위기에 처했던 영국이나 미국에서부터 경제성장을 새롭게 추동하고자 하는 중국에 이르기까지 다양한 국가들에서 적용되어 왔다. 또한 대도시의 기업주의적 프로젝트(최병두, 2012)에서부터 도시 속의 소규모 촌락이나 경관(홍금수 외, 2012; 지명인, 2012)에 이르기까지 관철되고 있다.

첨단기술의 발달과 포스트포드주의(또는 유연적 축적체제)로의 전환은 자본주의 경제의 신자유주의적 지구지방화 과정과 궤적을 같이 하지만, 특히 지역 산업구조 및 입지의 변화에 지대한 영향을 미쳤다는 점에서 신지역지리학의 등장 및 발전의 배경으로 간주된다. 예로 김덕현(2002)은 "포디즘에서 유연적 축적으로 자본주의 체제가 이행하면서, 지역이 다시 그 정체성과 진정성을 획득"하게 되었다고 주장한다. 즉 그에 의하면, 포드주의하에서 지역은 '계량화를 위한 분류 수단'이며 또한 단순히 '국가의 경제·정치적 통합의 대상'이었지만, 포스트포드주의로의 전환 이후 지역은 국지적 자율성과 정체성을 가지면서 구체화된 장소이며 미학적 경관을 가지게 된 것으로 해석된다.

신지역지리학의 현실적 배경으로서 포스트포드주의로의 전환 및 지역경제의 재구조화와 더불어 도시 기업가주의, 장소마케팅, 유연적 전문화, 적기생산체제, 새로운 형태의 생산의 국지화 등은 도시 및 지역의 특징에 대한 이론적 고찰의 바탕이 된다(류연택, 2012). 특히 지역경제 재구조화와 관련된 지역 연구는 신산업지구 또는 산업클러스터의 구축이나 지역혁신과 공동학습 전략을 통해 더 잘 확인될 수 있다. 이러한 용어나 전략들은 물론 이론적 또는 정책적 개념들이지만 또한 동시에 변화하는 지역의 현실을 반영한다. 신제도학파가 주도한 신산업지구론과 포터(Porter)가 제안한 산업클러스터 이론, 그리고 네오슘페터주의자들이 주축을 이룬 지역혁신론과 학습경제론은 '신지역주의'(new regionalism)이라고 불리면서 새로운 지역연구의 발달 과정에서 주요한 논쟁을 유발했다. 이러한 신지역주의가 2000년대 중반 중앙정부(당시 참여정부)에 의해 지역산업정책의 핵심 전략으로 도입됨에 따라, 국내에서도 이에 대한 긍정적 입장과 비판적 입장 간 논쟁이 제기되기도 했다(권오혁, 2006).

신지역지리학의 등장과 발달을 추동한 또 다른 현실적 배경으로 교통통신기술의 발달과 정보화 과정을 들 수 있다. 고속도로 및 고속철도, 항공노선의 지구적 확장은 지역 간 거리마찰을 급감시키면서 이른바 '시공간적 압축'효과를 가져오게 되었다. 뿐만 아니라 컴퓨터를 통한 인터넷의 발달과 휴대폰 등 다양한 전자통신기술의 발달 및 관련기기의 보급 확대는 실시간에 지역 간 물리적 거리를 초월하는 초공간적 상호소통을 가능하게 한다. 이러한 교통통신기술의 발달은 상품과 노동력, 자본과 기술의 이동성을 가속적으로 증대시킴으로써 개별 지역이 가지는 고유한 특성을 소멸시키고 '지리학의 종말'을 가져올 것으로 추정되었다. 그러나 교통통신기술의 발달은 실제 지역의 소멸보다는 지역의 특성과 지역 간 관계성을 근본적으로 변화시킨 것으로 이해될 수 있다. 뿐만 아니라 예로 노동력의 국제적 이동 증대는 인종 및 문화가 혼합된 새로운 다문화 지역사회의 형성을 가져왔다.

카스텔(Castells, 최병두 역, 2002)이 주장한 바와 같이, 교통통신기술의 발달은 우선 지역의 개념을 '장소의 공간'에서 '흐름의 공간'으로 전환시켰다. 과거 교통통신기술이 미발달한 시대의 지역은 고유한 지리적 특성을 가진 고립된 장소로서 존재했지만, 오늘날 지역(특히 도시)은 교통과 통신의 네트워크화와 그 속에서 이루어지는 흐름으로 존재한다. 물론 지역이나 장소는 사라지는 것이 아니라 네트워크 내로 흡수되어 하나의 결절이 되며, 이러한 결절과 허브는 네트워크에서의 상대적 중요성에 따라 위계적으로 조직된다. 이러한 교통통신기술과 물리적 하부시설의 발달은 이에 포섭된 지역과 그렇지 않은 지역 간을 새롭게 구획화하는 결과를 초래한다. 특히 정보통신기술에의 접근성 여부에 따라 '디지털 격차'라고 불리는 새로운 지역적 격차가 초래되게 되었다. 다른 한편, 비릴리오(Vilio)나 오제(Auge)의 주장에 의하면 교통통신기술의 발달과 이에 따른 기계적 이동성의 증대 및 이를 위한 기계공간의 확장은 지역의 공간과 경관을 추상적, 무(탈)장소적인 것으로 전환시킨 것으로 이해된다(이희상, 2009).

정보통신기술의 발달은 지역에 관한 정보 처리 및 전달 능력의 가속적 발전을 통해 지역연구의 새로운 경향을 가져올 수 있다. 1960년대 컴퓨터의 발명과 계량혁명이 실증주의적 지리학과 법칙추구적 지역과학(regional science)의 등장을 가져왔다면, 1990년대 이후 인터넷의 활용을 통한 정보 수집과 처리 능력의 발달은 지역에 관한 새로운 분석방법을 가능하게 할 것으로 추정된다(이희연·최재헌, 1998). 정보처리능력의 발달, 특히 지리정보시스템의 발달은 지역에 관한 정보의 누적과 분석을 가능하게 했으며, 또한 지식의 생성과 전달 방식의 변화를 초래하면서 지식의 양식을 형식적 지식과 암묵적 지식으로 분화되도록 했다. 이에 따라 전자통신기기를 통해 처리·전달되는 형식적 지식보다는 지역(국지적 장소)에서의 대면적 접촉을 통해 생성·소통되는 암묵적 지식이 더 중요한 의미를 가지는 것으로 이해되고 있다.

끝으로 앞서 제시한 지역 외적 변화 요인들 외에도 지역 내적으로 촉진된 변화들, 즉 지방자치제 시행과 지역 거버넌스의 변화, 지역 정체성의 재구성과 지역(마을) 만들기 운동 등은 신지역지리학의 등장과 발달을 촉진하는 주요 요인이었다. 이러한 지역 내적 요인들은 어떤 측면에서는 위에서 논의한 외적 변화에 병행된 결과 또는 상호작용의 산물이라고 할 수 있다. 예로 지방자치제 시행과 지역 거버넌스의 발달은 사실 신자유주의적 지구지방화 과정에서 국가의 다규모화 과정에 동반된 것이라고 할 수 있다. 국내에서 지방자치제가 본격적으로 시행된 시기는 당시 정부에 의해 '세계화' 전략이 추진된 것과 같은 시기, 즉 1990년대 중반이었다는 사실은 이들이 암묵적으로 국가의 다규모화 과정에서 도입된 정책이었음을 이해할 수 있다. 지역에 관한 이와 같은 정책적 (또는 전략적) 관심의 증대는 지자체 단위의 부설 연구원과 이에 의해 수행된 지역연구(즉 서울학 등 지자체 명칭을 가진 지역학)의 발달을 가져왔으며, 또한 지자체 단위의 지역지 발간을 촉진했다(전종한, 2012).

지방자치제의 시행과 이에 따른 지역 거버넌스의 발달은 지역 주민의 참여와 지역 여건을 고려한 지역 정책과 정치가 이루어질 것을 전제로 했다. 달리 말해, 지방자치제와 지역 거버넌스는 지역의 풀뿌리 민주주의에 바탕을 두고 지역 경제와 사회를 활성화시킬 수 있는 규범적 제도로 이해되었다. 그러나 실제 지방정부의 역할은 지역주민의 복지와 안전보다는 지역경제의 활성화에 우선적인 관심을 두었고, 지역의 정치는 중앙정치의 연장 또는 대리 역할을 한 것으로 평가된다. 이러한 상황에서 구축된 지역 거버넌스 체제는 지역 주민들의 의견 수렴과 참여에 근거를 둔 사회적 합의보다는 전문성과 효율성을 강조하는 시장의 논리와 전문가와 지역경제 엘리트들의 이해관계를 우선적으로 반영하는 경향을 보였다. 이러한 지역 거버넌스는 지역사회의 다양한 구성원들의 참여에 바탕을 둔 민주주의를 오히려 위협하고, 지역경제의 활성화를 명분으로 신자유주의적(기업주의적) 전략을 촉진함으로써 지역 간 경쟁을 심화시키는 한편 지역 내 계층적 불평등을 심화시키는 결과를 초래하게 되었다(최병두, 2012a).

비슷한 맥락에서 지역 정체성의 형성과 변화 과정도 지역의 개념 전환과 더불어 신지역지리학의 주요한 배경으로 이해된다. 임병조 · 류제헌(2007)에 의하면, "지역의 구성은 지역과 관련된 주체들이 다양한 지역 특성을 자신의 것으로 통합하는 과정, 즉 지역 동일성(identity)을 형성하는 과정을 필요"로 하며, 이에 따라 구축된 "지역은 객관적, 고정적 실체이기보다는 이와 관련된 다양한 주체들에 의해 '구성'되는 것"으로 인식된다. 이러한 지역정체성에 대한 관심의 증대는 지구지방화 담론의 일부를 구성하면서 신지역지리학의 발달을 촉진한 것으로 이해된다. 그러나 지역 정체성의 함양을 전제로 하는 대부분의 지자체 정책, 특히 장소마케팅 정책은 지역 고유의 문화와 정체성을 활용하여 지역을 매력 있는 장소로 만들기 위한 것이라고 하지만 궁극적으로는 도시 이미지의 제고를 통해 역외 자본을 유치하고 지역경제를 촉진하기 위한 것이라고 할 수 있다.

4. 신지역지리학의 재개념화

전통적 지역지리학에서 지역은 비교적 이해하기 쉬운 개념이었다. 물론 헤트너나 핫숀은 지역 및 지역지리학의 개념 규정을 위하여 지대한 노력을 기울였으며, 이에 따라 이들에 의해 체계화된 지역 및 (지역)지리학의 개념은 지리학사에서 그 나름대로 매우 중요한 의미를 가진다고 하겠다. 그러나 전통적 지역지리학에서 지역은 기본적으로 이웃, 도시, 취락, 행정구역, 국가 등과 같은 서술적 용어 또는 열대우림지역, 상업적 미작지역 등과 같이 일정한 기준(기후, 지형, 동식물이나 생태계, 경관이나 생활양식 등)으로 구분된 기술적인 용어로 사용되었다. 이러한 용어들로 표현된 지역의 개념은 일정하게 한정된 공간에서 특정한 현상들의 독특한 성질과 연계성을 표현하기 위해 사용되었다. 이렇게 구분된 지역들은 고정된 경계를 가지는 폐쇄된 범위 내에서 구성 부문들 간의 상호관계로 이루어진 고유한 특성을 가지는 것으로 이해되었다.

전통적 지역지리학에서 신지역지리학으로 전환하면서, 지역의 개념은 매우 복잡하고, 다중적이며, 때로 매우 진부하고 번잡스럽다는 점에서 다른 용어들(그러나 더욱 모호한 개념들, 예로, 로컬리티, 클러스터 등)로 대체되어야 한다고 주장되기도 한다. 이로 인해 신지역지리학의 등장·발달 이후 과거 전통적 의미에서 지역에 관한 종합적 연구는 방법론적으로만 가능하고 실제 어떤 한 지역에 관한 종합적 경험연구는 불가능한 것처럼 보이기도 한다. 이와 같이 지역의 개념이 모호하고 규정하기 어려운 개념으로 전환하고, 종합적 지역연구가 거의 불가능한 것처럼 보이게 된 것은 단지 지역에 관한 연구자들의 개념화와 연구방법론의 한계에 기인한 것은 아니라고 할 수 있다. 즉 이러한 어려움은 사실 현실 세계에서 지역을 둘러싸고 전개되고 있는 세계적 규모의 변화 때문이라고 할 수 있으며, 따라서 지역의 개념 및 지역 연구방법론을 더욱 확장시키고 정교하게 재구성해야 한다고 주장될 수 있다.

사실 이러한 점에서 최근 지역의 개념과 지역 연구방법론이 크게 확장되고 있다(그림 2). 예로, 지역의 개념은 제솝 등(Jessop et al., 2008; 박배균·김동완, 2013 참조)에 의해 제시된 바와 같이 4가지 유형의 공간개념 즉 장소, 영역, 네트워크, 스케일 등의 개념으로 확장될 수 있다. 이와 같이 4가지 공간적 개념들은 그 동안 지역 연구에서 흔히 혼용되기도 했지만, 모두 나름대로 고유한 의미를 가지고 있으며, 지역 개념의 확장을 위한 일정한 방향성을 가진다. 즉 장소는 위치, 현장, 장소감 등을 함의하며, 접근성, 이동성, 생활과 경험의 무대, 공간적 뿌리내림 등으로 표현된다. 영역은 개인이나 집단이 상호관계에서 경계를 설정하여 공간을 구획하고, 그에 대한 통제권을 주장하면서, 다른 사람이나 사건, 사물들에 영향을 행사하는 과정과 관련된다. 네트워크는 직접적 상호행동뿐만 아니라 정보통신망 등 다양한 방식들을 활용하여 형성된 공간적 연계를 의미하며, 사람들 간 또는 사물들과의 수평적 관계성을 함의한다. 그리고 스케일은 지구적, 국가적, 국지적 범위 등으로 다양하게 구분되며, 현실적으로 어떤 활동이나 관계들은 이러한 수직적 범위들을 가로지르는 '다중 스케일' 과정으로 이해된다.

이러한 4가지 공간적 차원들은 현대 사회에서 작동하는 사회공간적 과정들에 관한 연구를 위한 기본적인 틀로 제시된 것으로, 사회공간적 관계들이 상호 구성적으로 복잡하게 얽혀 있음을 드러내기 위해 제시된 것이다. 그러나 이러한 4가지 공간적 개념들을 지역에서 발생하는 특정 현상을 설명하는 데 적용할 경우, 특정한 개념들과 우선적으로 관련될 수 있다. 이러한 점은 실제 지리학의 세부 영역별 지역 연구에서 우선적으로 관련된 공간적 개념이 다소 다르게 나타난다는 점에서도 확인된다. 예로, 역사문화지리학에서 지역은 기본적으로 장소 및 영역의 개념과 관련된다. 지역의 역사적 변화과정은 장소성 또는 지역 정체성의 상실 또는 변화라는 점에서 해석되며, 지역을 둘러싼 권력 관계는 흔히 영역과 관련된 사건들(예로 행정구역의 중심지 유치 등)을 통해 분석된다. 반면 경제지리학과 지역정책에 관한 많은 연구들은 지역혁신을 위한 기업 및 관련 기관들

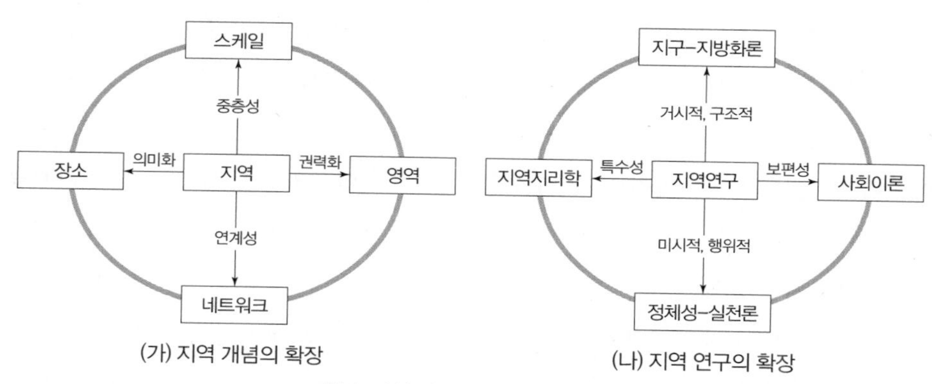

그림 2. 지역 개념 및 지역 연구의 확장

의 집적과 내외적 네트워크의 특성에 초점을 둔다. 이러한 연구들에서 지역은 기본적으로 지리적 집적지역이지만 개방되고 내외적 네트워크들이 발달하여 제도적 밀집과 학습(지역), 사회적 자본, 벤처 생태계, 혁신 거버넌스 등 특정한 제도적 환경을 구축한 것으로 이해된다.

최근 (특히 지리학 내에서 이루어진) 지역 연구에서 네트워크와 스케일의 개념이 많이 거론되고 있지만, 실제 국내에서 이러한 4가지 유형의 공간 개념들에 관한 이론적 논의는 매우 제한적이며, 이들이 가지는 한계에 대해서는 제대로 거론되지 않고 있다. 예로, 4가지 유형으로의 공간개념의 정형화에 바탕을 둔 지역 연구는 전통적으로 지역연구에서 사용되어 온 환경의 개념(또는 정확히 말해 인간과 환경 간 관계에 관한 개념)을 포괄하기는 어렵다. 또한 이러한 공간개념은 르페브르(Lefeb-vre, 양영란 역, 2011)의 공간론에 바탕을 둔다고 하지만 르페브르에 의해 제시된 공간 개념화의 3가지 유형(즉 공간적 실천, 공간의 재현, 재현의 공간)과 어떻게 관련을 가지는지 알기 어렵다. 뿐만 아니라 이러한 공간 개념의 정형화가 하비가 제시하는 3가지 공간 개념(즉 절대적, 상대적, 관계적 공간)의 관점에서 어떻게 해석될 수 있는지도 의문이다.

사실 지역 개념의 재구성을 위해 전제가 되는 신지역지리학의 방법론에 관한 국내 연구는 1980년대 이후 서구에서 전개된 많은 논의와 논쟁들 가운데 아직 초기 단계를 크게 벗어나지 못하고 있다. 1980년대 기든스(Giddens)의 로케일(locale) 개념과 영국 지리학자들에 의해 수행된 일련의 로컬리티 연구들을 둘러싼 논쟁들은 국내 지리학에서는 신중하게 논의되지 않았다(그러나 구동회, 2010; 김용철·안영진, 2014). 또한 지역혁신론 및 산업집적지(클러스터)이론과 관련된 신'지역주의'와 이에 함의된 지역의 영역성 개념, 그리고 이에 개념적으로 대립되는 '관계적 전환'(relational turn)과 이에 따른 지역의 연계성(네트워크) 개념을 둘러싼 논쟁들은 국내 (지역)지리학자들의 주요 관심 밖에 있다. 그러나 영역적 지역 개념과 관계적 지역 개념 간 논쟁은 매우 모호하면서도 중요하다. 지역에 관한 국내 지리학자들의 논의에서 이러한 논쟁들은 간혹 스쳐 지나가듯이 언급되었고, 최근에는 박배균에 의해 제시된 것처럼 '다중스케일의 네트워크적 영역성'의 개념으로 건너뛰고 있다. 이 개념은 영역성/관계성이라는 이분법에 바탕을 둔 지역의 개념화와 논쟁을 넘어선다는 점에서 의의가 있지만, 사회적 관계의 4가지 공간 개념들을 단순히 절충한 것이 아니라 실질적으로 (또는 변증법적으로) 통합한 개념으로 정형화되기 위해서는 더 많은 관심과 논의가 필요하다.

다른 한편, 지역 개념의 재구성과 새로운 연구방법론의 모색에서 나아가서 지역연구를 위해 적합한 이론들에 관한 관심과 노력도 더욱 확장되어야 할 것이다. 그 동안 국내 신지역지리학에 관한 논의에서 방법론에 관한 주장들은 대체로 거대 사회이론이나 철학에 근거를 두고 있었다. 이러한 이론적 거대 담론들은 물론 지리학을 위해 시사하는 바가 매우 크며, 특히 신지역지리학의 등장과 발전에 지대한 영향을 미쳤다. 그러나 문제는 이러한 거대 담론을 반영한 경험적 지역 연구는 거의 없었다는 점이다. 거대 담론들이 신지역지리학의 부활에 기여한 것은 '지역' 개념과 지역연구의 필요성을 이론적으로 내재하고 있었기 때문이라고 할 수 있다. 따라서 신지역지리학의 연구자들은 거대 담론 그 자체에 대한 관심뿐만 아니라 거대 담론에 내재된 지역 개념과 지역지리학 방법론을 더욱 구체화하여 경험적 연구에 원용될 수 있도록 분석틀을 정형화해 나가야 한다. 즉 지역지리학은 보편성을 추구하는 사회이론을 이론적 배경으로 지역의 특수성을 고찰하게 되며, 또한 그 역으로 보편적 사회이론들은 사회적 현상들의 지역적 특수성을 반영할 수 있어야 한다.

지역연구는 또한 경험적 고찰에서 지표상의 모든 사회공간적 현상들을 지구지방화 과정 속에서 다규모적으로 발생한 것으로 파악해야 할 것이다. 물론 특정 현상이나 과정이 어떤 스케일에서 더 강하게 규정되거나 작동하는가를 고려할 필요가 있으며, 특히 지역에 관한 연구는 특정 현상의 특수성이 해당 지역의 개별적 특성의 영향 또는 조건에 의해 우선적으로 발생한 것으로 간주할 수 있다. 그러나 만약 어떤 지역이 주어진 경계로 한정된 것이 아니라 현상들의 특성에 의해 사후적으로 결정되는 것이라면, 사전적으로 설정된 지역의 내적 특성에 의해 발생한 현상이란 존재할 수 없다. 그럼에도 불구하고, 지역 연구에서 중요한 점은 인간의 실천은 지역에 특정한 정체성을 가지도록 하며, 이러한 실천과 정체성은 지역 만들기의 내적 기반이 된다는 점이다. 지역은 자본주의의 역동성에 의해 추동되는 지구지방화 과정에서 끊임없이 변화하지만 또한 동시에 지역 주민들의 삶의 실천과 정체성이 쉼 없이 표출되면서 생산되고 재생산되게 된다. 요컨대 지역은 자본주의적 지구지방화 과정의 구조적 배경과 지역 주민들의 실천과 정체성 간 부단한 상호관계 속에서 역동적으로 변화해 나간다.

신지역지리학에 관한 방법론적 논의들은 그 자체로서 의의를 가지겠지만, 이러한 방법론 논의에 바탕을 둔 경험적 연구를 통해 그 의미가 확인된다면 더 큰 의의를 가질 것이다. 그러나 1990년대 중반 이후 국내에서도 신지역지리학 연구방법론이 전반적으로 인정·확산되었지만, 실제 이에 기반을 둔 경험적 연구는 찾아보기 어렵다. 이 점에 대한 지적은 신지역지리학이 전통적 지역지리학과 마찬가지로 특정 지역에 대한 '종합적' 연구, 즉 대상 지역의 거의 모든 부문들을 망라한 (그리고 부문들 간 상호관계를 명시적 또는 암묵적으로 포괄하는) 연구라는 점을 전제로 한다. 이러한 점에서, 1990년대 중반 이후 일관된 사회공간적 이론체계나 분석틀에 바탕을 두고 특정 지역을 경험적으로 고찰한 종합적 연구, 즉 '엄격한' 의미의 신지역지리학적 연구는 없었다고 할 수 있다.

그러나 이 시기에 지역에 관한 경험적 연구가 전혀 없지는 않았다. 이들은 완전한 신지역지리학적 연구라고 하기는 어렵지만, 전통적 지역지리학적 연구에서 흔히 찾아볼 수 있었던 나열적 서술체계를 상당 정도 벗어나 있었다. 이러한 점에서, 이 연구들을 종합적 연구에 좀 더 가까운 경우 '준종합적' 연구로, 그리고 계통적 연구에 더 가까운 '준계통적' 연구로 분류할 수 있을 것이다. 〈그림 3〉은 이러한 연구방법론적 관점에서 지역지리학적 경험 연구들을 다수의 지역들과 다수의 연구 분야들(즉 지역을 구성하는 세부 부문들)을 어떻게 조합했는가에 따라 분류한 것이다. 이러한 분류방식은 오늘날 신지역지리학에서는 종합적 연구와 계통적 연구 간 구분이 모호하게 되었을 뿐만 아니라 이러한 구분 자체가 불필요하게 되었음을 의미한다고 하겠다.

이러한 유형구분에 따라, 국내에서 지난 20여 년간 발표된 지역 관련 경험연구들(특수지역 연구 제외)의 유형을 분류해 보면, 5가지 유형으로 구분된다. 즉 ① 상위 지역(예로 국가)을 구성하는 지역 전체를 대상으로 모든 분야들을 고찰한 종합적 연구(예, 국토지리정보원, 2003~2008), 또는 ② 개별 지역을 대상으로 모든 분야들을 분석한 종합적 연구(예, 최병두 외, 2010), 그리고 ③ 개별 지역을 대상으로 선정된 특정 분야(부문)들을 중심으로 한 준종합적 연구(정건화 외, 2005; 이정록, 2006), ④ 특정 이론이나 개념(또는 관점)에 근거를 두고 선별된 여러 지역들에 관한 (준)계통적 연구(최병두, 2012; 박배균·김동완, 2013), ⑤ 개별 지역에 관한 특정 분야(주제) 중심의 계통적 연구(심승희, 2004; 홍금수, 2013) 등으로 구분될 수 있다. 이러한 구분에서 지역을 세부적으로 구분하고 있는가에 따라 유형이 달라질 수 있을 것이다(예로, 박양춘 외, 2003 참조. '영남지역연구'라는 부제를 가지지만, 영남지역의 여러

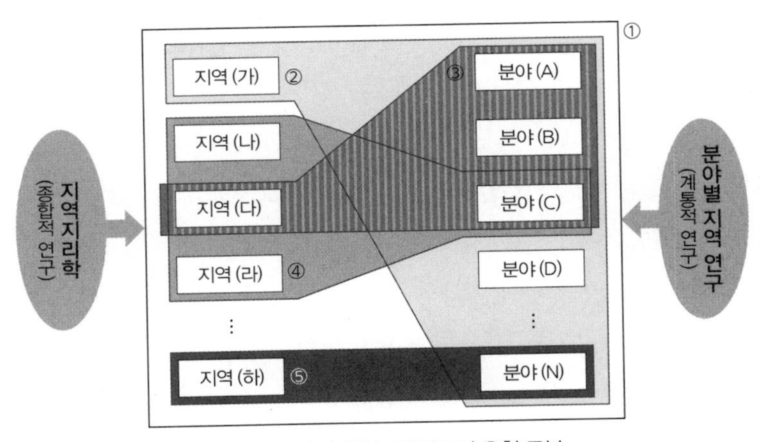

그림 3. 지역지리학/지역연구의 유형 구분

도시들을 특정 분야의 관점에서 연구하였다는 점에서 ④ 또는 ⑤로 분류될 수 있음).

이러한 구분은 지역(들)에 관한 경험적 연구들을 분류하기 위한 외형적 기준에 따른 것이다. 전통적 의미에서 보면, ①유형과 ②유형만이 지역지리학적 연구로 분류될 수 있다. 후자의 3가지 유형의 연구, 즉 준종합적, 준계통적 또는 계통적 연구라고 칭해질 수 있는 연구들도 지역지리학적 연구라고 할 수 있다면, 종합적/계통적 지역연구의 구분은 더 이상 유의하지 않다고 할 수 있다. 물론 연구 유형의 스펙트럼에서 ①유형에서 ⑤유형으로 갈수록 전통적 의미의 지역지리학적 성향은 사라지고 계통지리학적 성향이 강하게 나타나는 것으로 볼 수 있다. 그리고 종합적 지역연구와 계통적 지역연구의 구분이 이제 더 이상 유의하지 않다고 주장하더라도, 이는 거시적 사회이론에 기반을 둔 (전통적 의미의) 종합적 지역연구가 불가능하다고 주장하는 것은 아니다. 오히려 이 점은 (과거 아날학파의 지역연구처럼) 거대 사회이론 또는 통합된 관점과 이에 따라 재구성된 지역개념에 근거하여 지역의 다양한 측면들을 분석·종합한 연구가 가능할 뿐만 아니라 절실히 요구된다고 하겠다(예로, 한국공간환경학회, 1994).

5. 신지역지리학의 전망과 과제

이른바 신지역지리학이 지리학의 새로운 연구 방법론 또는 연구 경향으로 등장한지도 20년이 넘게 되었다. 따라서 이제 더 이상 '새롭다'는 의미의 '신'지역지리학이라는 용어를 사용할 필요가 없어졌다고 할 수 있다. 뿐만 아니라 전통적 의미에서 지표면의 일부로서 지역에 관한 종합적 연구와 사회 각 부문의 공간적 측면에 관한 계통적 연구 간 구분이 모호해진 상황에서 '지역'지리학이라는 용어 자체가 무의미해졌다고 할 수 있다. 그러나 지표면에서 인간 삶이 영위되는 한, 그 삶의 터전으로서 지역에 관한 연구는 결코 사라지지 않을 것이다. 물론 (지역)지리학은 거시적 사회이론의 발달에 기반을 둔 학문의 내적 발전과 지구지방화 과정 속에서 사회의 외적 변화에 조응하여 역동적으로 재개념화되어야 할 것이다.

국내에서 이러한 신지역지리학에 관한 논의는 기본적으로 서구 지리학의 영향, 특히 실증주의적 지리학의 퇴조와 새로운 거시적 사회이론들 또는 거대 담론들의 도입을 배경으로 부각된 지역지리학에 관한 주장들에 바탕을 두고 있다. 즉 국내의 신지역지리학의 등장은 연구대상인 지역의 변화보다는 다양한 사회이론들과 이들에 관한 지리학적 해석과 원용에 대한 관심 때문이라고 할 수 있다. 그러나 서구 지리학과 마찬가지로 국내 지리학에서 이러한 논의는 현실 세계의 변화 즉, 자본주의 경제의 신자유주의적 지구지방화 과정 및 이에 동반되었던 기술혁신과 포스트포드주의 경제체제로의 전환, 정보통신기술의 발달과 시공간적 압축, 그리고 사회문화적 이동성 증대와 정체성의 변화 등과 밀접하게 관련되어 있다.

이와 같이 신지역지리학의 등장과 발전은 거시적 사회이론들에 관한 지리학자들의 학문적 관심의 증대와 현실 세계의 변화에 조응하는 지역의 재구조화에 기인한다고 할 수 있다. 이러한 배경하에서 시작된 신지역지리학에 관한 국내 논의들은 2000년대 중반까지는 상당히 활발하게 전개되었다. 신지역지리학의 연구방법론에 관한 논의들은 거시적 사회이론들에 내포된 (지역)지리학적 함의들을 별 거부감 없이 받아들일 수 있도록 했다. 그러나 2000년대 중반 이후 지역지리학에 관한 국내 지리학자들의 관심과 논의는 다소 침체된 분위기를 보이고 있다. 이 시기 신지역지리학에 관한 국내 논의들은 양적으로 적을 뿐만 아니라 논의 수준도 서구 지리학에서 이에 관한 연구가 시작되었던 1990년대 상황을 크게 벗어나지 못하고 있다. 사실 서구 여러 국가들과는 달리, 우리나라의 지역지리연구 목적과 방법론에 관한 연구는 거의 공백으로 남아 있다고 할 수 있다(손명철, 2017). 그러나 이러한 점은 2000년대 중반 이후 지역 연구를 둘러싼 새로운 개념적 논의들이 없었음을 의미하는 것은 아니다. (신)지역지리학을 지칭하거나 또는 그렇지 않든지 간에, 지역과 관련된 다양한 개념적 용어들이 재해석되거나(예로 장소, 경관, 영역 등) 또는 새롭게 도입되기도 했다(예로, 네트워크, 스케일, 로컬리티 등).

국내 신지역지리학의 등장과 발달에 있어 또 다른 문제점은 연구방법론에 관한 논의들이 지역에 관한 새로운 경험적 연구로 이어지질 못했다는 점이다. 지난 20년간 지역에 관한 '종합적' 경험 연구는 수적으로 적었을 뿐만 아니라 원용된 연구방법론도 전통적 방법론에서부터 '준'종합적 또는 '준'계통적 방법론이라고 할 수 있을 정도로 다양하다. 그러나 지역지리학적 방법론에 바탕을 둔 경험적 연구가 수적으로 적었다는 점은 지역에 관한 경험적 연구가 제대로 이루어지지 않았음을 의미하는 것은 아니다. 지리학의 세부 분야별 전공영역들에서는 그 분야에 적합한 지역 개념들과 중범위 이론들을 배경으로 지역에 관한 경험적 연구들을 활발하게 전개해 왔다. 그리고 동원된 연구방법론이 다양하다는 사실은 일관된 체계적 지역연구방법론이 발달하지 못했음을 의미하기보다는 오히려 지역지리학 또는 지역 연구에서 종합적 연구와 계통적 연구가 더 이상 의미를 가지지 않게 되었다고 해석될 수 있을 것이다.

이와 같이 국내에서 1990년대 신지역지리학이 부각된 이후, 이에 관한 연구는 방법론에 관한 논의뿐만 아니라 경험적 고찰에 있어서도 다소 혼란스러운 모습을 보여 왔다. 그러나 앞으로도 지리학은 지역에 관한 학문이라는 전통적 개념을 버릴 수 없을 것이며, 따라서 지역지리학은 항상 지리학 연구방법론이나 지역에 관한 경험적 연구에서 명시적 또는 암묵적으로 전제될 것이다. 물론 이러한 전제는 지리학이 '지역'에 관한 전통적 의미나 진부한 연구방법론을 그대로 유지할 것임을 뜻하는 것이 아니다. 지역의 개념은 장소, 영역, 네트워크, 스케일, 나아가 공간, 경관, 환경 등 다양한 공간적 용어들과 긴밀한 관계를 가지고 그 성격(예로 실체성/구성물, 영역성/관계성 등)을 명확히 해 나가야 할 것이다. 또한 지리학에서 지역에 경험적 연구는 종합적 연구/계통적 연구의 이원론을 벗어나서 더욱 적합한 사회공간적 이론들을 발전시키는 한편, 이를 원용하여 지구지방화 과정에 관한 구조적 분석과 이에 대응할 수 있는 지역적 주체들의 실천적 행동 전략을 모색해 나가야 할 것이다.

• 요약 및 핵심어

요약: 새로운 지역지리학에 대한 관심은 지리학 전반의 패러다임 전환, 즉 실증주의적 지리학의 퇴조와 거시적 사회이론들의 도입에 바탕을 둔 지리학의 발달을 전제로 한다. 이러한 신지역지리학의 등장은 또한 현실 세계의 변화, 즉 자본주의의 지구지방화 과정 및 이에 동반되었던 기술혁신과 포스트포드주의 경제체제로의 전환, 교통통신기술의 발달과 시공간적 압축, 그리고 사회문화적 이동성 증대와 정체성의 변화 등을 배경으로 했다. 신지역지리학의 발달은 국내에서도 사회이론들에 바탕을 둔 지역에 관한 새로운 연구방법론에 대한 관심을 증대시켰다. 지역지리학의 연구방법론에 관한 국내 논의는 2000년대 이후 다소 침체되었지만, 지역 개념 그 자체보다는 관련된 다른 개념들 예로 장소, 영역, 네트워크, 스케일 등과 관련된 연구방법론에 관한 관심, 그리고 지리학의 개별 전공 분야들에서 지역에 관한 경험적 연구들이 촉진되었다. 이로 인해 지역 연구에서 종합적 접근과 계통적 접근 간 구분은 더 이상 유의하지 않을 것으로 추정된다. 앞으로 지리학은 다양한 공간적 용어들과 관련한 지역 개념의 확장과 더불어 지역에 관한 이론적 연구와 경험적 고찰을 통합하고 또한 지구지방화과정에 관한 구조적 분석과 이에 대응하는 실천적 전략의 모색을 동시에 추구해 나가야 할 것이다.
핵심어: 한국의 신지역지리학 발달(development of new regional geography in Korea), 신지역지리학 방법론(methodology for new regional geography), 지구지방화와 지역의 변화(glocalization and regional change), 종합적/계통적 지역연구(synthetic/systematic regional study).

• 더 읽을거리

손명철, 2017, 한국 지역지리학의 개념 정립과 발전 방향 모색, 한국지역지리학회지, 23(4), 653-664.
한주성, 2018, 지역 관련 학문의 맥락적 이해와 관계론적 접근방법, 한국지역지리학회지, 24(1), 32-50.

참고문헌

구동회, 2010, 로컬리티 연구에 관한 방법론적 논쟁, 44(4), 509–523.

국토지리정보원, 2003–8, 한국지리지: 총론 및 각 지역 편.

권오혁, 2006, 신지역주의 비판에 대한 반론, 국토계획, 41(1), 21–40.

김덕현, 2002, 지역개발론과 지역지리학, 한국지역지리학회지, 8(2), 170–183.

김병연, 2018, 들뢰즈의 '사건'으로 지역지리 교육 읽기, 국토지리학회지, 52(4), 537–552.

김병연, 2019, 슬로시티 담론을 통한 지역의 '차이 존재론'적 이해, 한국지역지리학회지, 25(1), 56–71.

김숙진, 2016, 아상블라주의 개념과 지리학적 함의, 대한지리학회지, 51, 311–326.

김용철·안영진, 2014, 로컬리티 재구성 과정에 대한 이론적 분석틀, 한국경제지리학회지, 17(2), 420–436.

김인, 1983, 지리학에서의 패러다임 이해와 쟁점, 지리학논총, 10.

류연택, 2012, 글로벌 시장에서의 도시와 지역에 관한 이론적 고찰, 한국도시지리학회지, 15(1), 125–139.

박규택, 2005, (탈)근대 지역과 사회경제발전의 종합적 이해를 위한 이론 고찰, 지리학논구, 24, 181–196.

박배균, 2012, 한국학 연구에서 사회–공간론적 관점의 필요성에 대한 소고, 대한지리학회지, 47(1), 37–59.

박배균·김동완, 2013, 국가와 지역: 다중스케일 관점에서 본 한국의 지역, 알트.

박양춘 외, 2003, 지역경제의 재구조화와 도시 산업공간의 재편: 영남지역 연구, 한울.

서태열, 1989, 지역지리학 쟁점의 재조명, 지리교육논집, 22, 80–91.

손명철, 2002, 근대 사회이론의 접합을 통한 지역지리학의 새로운 방법론, 한국지역지리학회지, 8(2), 150–160.

손명철, 2017, 한국 지역지리학의 개념 정립과 발전 방향 모색, 한국지역지리학회지, 23(4), 653–664.

심승희, 2004, 서울 시간을 기억하는 공간, 나노미디어.

안영진 역, 2013, 지리학 1, 2 – 역사 본질, 방법, 아카넷 (Hettner, A., 1927, (Die) Geographie: ihre Geschichte, ihr Wesen und ihre Methoden, Breslau).

양영란 역, 2011, 공간의 생산, 에코리브르 (Lefebvre, H., 1974, *La production de l'espace*, ECONOMICA, Paris).

이기석, 1982, 계량혁명과 공간조직론, 현상과 인식, 4, 157–177.

이용균, 2017, 이주의 관계적 사고와 이주자 공간의 위기읽기 –관계, 위상 및 아상블라주의 관점을 중심으로–, 한국도시지리학회지, 20(2), 113–128.

이재하, 1997, 세계화시대에 적실한 지역연구방법론 모색, 한국지역지리학회지, 3(1), 115–134.

이정록, 2006, 광양만권 잠재력과 비전, 한울.

이희상, 2009, (비)장소로서 도시 기계공간: 대구 지하철 공간의 기호적 재현에 대한 해석, 대한지리학회지, 44(3), 301–322.

이희연·최재헌, 1998, 지리학에서의 지역연구 방법론의 학문적 동향과 발전 방향 모색, 대한지리학회지, 33(4), 557–574.

임병조·류제헌, 2007, 포스트모던 시대에 적합한 지역 개념의 모색: 동일성(identity) 개념을 중심으로, 대한지리학회지, 42(4), 582–600.

전종한, 2012, '소규모 지역'에 있어서 지역정체성의 재현과 지역지의 서술체재에 관한 연구, 문화역사지리, 23(1), 13–26.

정건화 외, 2015, 근대 안산의 형성과 발전, 한울.

지명인, 2012, 신자유주의적 공간 재편의 맥락에서 본 구룡마을 경관에 대한 비판적 해석, 문화역사지리, 24(2), 186–207.

최병두 역, 2002a, 정보도시, 한울 (Castells, M., 1989, *The Informational city*, Blackwell, London).

최병두 역, 2007, 신자유주의: 간략한 역사, 한울 (Harvey, D., 2005, *A Brief History of Neoliberalism*, Oxford Univ. Press, Oxford).

최병두 역, 2013, 공간적 사유, 에코리브르 (Crang, N. and Thrift, N., 2000, *Thinking Space*, Routledge, London).

최병두 외, 2010, 고령군 지역연구: 대도시 근교지역의 특성과 발전 과제, 푸른길.

최병두, 1988, 인문지리학 방법론의 새로운 지평, 지리학, 38, 37–60.

최병두, 2012a, 자본의 도시: 신자유주의 도시화와 도시 정책, 한울.

최병두, 2012b, 역사적 경관의 복원과 장소 정체성의 재구성, 공간과 사회, 42, 92–133.

최병두, 2015, 행위자–네트워크이론과 위상학적 공간개념, 공간과 사회, 25(3), 125–172.

최재헌, 2005, 세계화시대의 지역과 지역정체성에 대한 개념적 이해, 한국도시지리학회지, 8(2), 1–17.

한국공간환경학회 편, 1994, 서울연구, 한울.

한국지리연구회 역, 1998, 지리학의 본질, 민음사 (Hartshorne, R., 1939, *The Nature of Geography*, AAG, Lancaster).

한주성, 2018, 지역 관련 학문의 맥락적 이해와 관계론적 접근방법, 한국지역지리학회지, 24(1), 32–50.

홍금수, 2009, 경관과 기억에 투영된 지역의 심층적 이해와 해석, 문화역사지리, 21(1), 46–94.

홍금수, 2014, 탄광의 기억과 풍경: 충남 최대의 탄광 취락 성주리의 문화역사지리적 회상, 푸른길.

홍금수·김수진·김태형, 2012, 도시 공간 속의 촌락: 중계본동 '104마을' 서민 경관의 퇴락, 문화역사지리, 24(1), 50–75.

Gilbert, A., 1988, The new regional geography in English and French-speaking countries, *Progress in Human Geography*, 12, 208-228.

Gregory, D., 1978, *Ideology, Science, and Human Geography*, St. Martin's Press, New York.

Jessop, B., Brenner, N., and Jones, M., 2008, Theorizing socio-spatial relations, *Environment and Planning D: Society and Space*, 26(3), 389-401.

Johnston, R. J., 1979, *Geography and Geographers: Anglo-American Human Geography since 1945*. London: Edward Arnold.

Pudup, M.B., 1988, Arguments within regional geography, *Progress in Human Geography*, 12, 369-390.

3.
지리교육에서 장소 이해에 대한 관계적 전환의 필요성

황규덕(경기 안성고등학교)·박배균(서울대학교)

1. 서론

장소(place)는 공간(space)과 더불어 지리학의 가장 중요한 개념으로(Cresswell, 2012), 지리교육에서도 핵심적인 개념 중의 하나이다(Lambert and Morgan, 2010). 1960년대 이전까지 지리학은 세계를 서로 구별되는 장소들의 집합으로 바라보면서 저마다의 지역이 지닌 독특한 성격을 기술하면서 발달해 왔다. 비록 1960~1970대는 실증주의 지리학에서 제안한 공간과학(spatial science)이 지리학의 주류를 이루게 됨에 따라 장소의 특별함에 대한 관심이 위축되기도 했으나, 세계화가 추동하는 정치·경제적 재편과 사회·문화적 변동이 장소의 의미를 새롭게 규정하면서 장소는 다시 지리학의 심장부로 제 위치를 찾아가고 있다. 오늘날 장소는 지리학의 영토를 넘어 다른 학문 분야에서도 관심을 기울이는 학제적 개념으로 부상하였다(Rawling, 2018).

그러나 우리나라의 중등 학교현장에서는 지리교과가 장소를 가르칠 수 있는 특권을 유지하고 있음에도 불구하고, 세계를 구성하는 다양한 장소들이 지리교육의 전면에 나서지 못하고 계통적 주제와 원리의 이면에 숨겨진 상태로 오랫동안 방치되어 있다. 중학교 '사회'의 지리 영역은 2007 개정 교육과정부터 주제 중심의 접근 방식을 고수하고 있으며, 고등학교 선택과목인 '한국지리'와 '세계지리'는 계통적 접근과 지역적 접근을 절충하여 내용을 조직해 왔으나 지역지리를 표방한 과목명의 정체성이 의심스러울 정도로 계통적 접근이 주를 이루고 있다. 장소가 지리교육의 출발점이 되지 못하고 계통적 주제와 원리를 적용하기 위한 수단으로 전락한 이유는 지역지리에 대한 부정적인 인식에서 비롯된 바가 크다. 지역지리는 단순한 지리적 사실들을 나열하기 때문에 과도한 학습량에 비해 의미 있는 학습을 어렵게 한다는 것이 지역지리교육에 대한 지배적인 인식이다(조철기·이종호, 2017). 그동안 사실 중심의 지역지리교육에 대한 지속적인 비판이 제기되어 왔음에도 불구하고 지리교과는 그 어떤 대안적인 내용조직 원리도 가지지 못한 채 기존의 접근 방식을 답습해 오고 있다(김정아·남상준, 2005).

그런데, 우리나라에서 지역지리교육이 외면 받고 있는 상황은 지리교육 내용조직 차원에서의 어려움 이전에 지리교육계가 변화한 장소 개념을 시의적절하게 학교현장에 안착시키지 못했기 때문이기도 하다. 장소는 세계에 존재하는 사물일 뿐만 아니라 그것을 바라보는 방식이기도 하다(Cresswell, 2004). 따라서 세계를 구성하는 장소들을 '어떻게 선택해서 배열할 것인가?'라는 내용조직의 문제는 그러한 장소들을 '어떻게 바라보고 있는가?'라는 인식론적 선험에 의해 이미 많은 부분이 틀지어질 수밖에 없다. 지리교과서에 담긴 세계의 모습은 실재의 세계가 그대로 '제시된(presented)' 것이 아니라 장소라는 개념을 통해 선택되고 굴절되고 질서 지어진 '재현된(re-presented)'된 세계이다. 그리고 재현된 세계에는 항상 특정한 관점이 반영되어 있으며(Taylor, 2004), 그것은 다시 사람들의 사고와 행위를 일정한 방향으로 유도하거나 제약한다. 즉, 상이한 장소 개념은 상이한 재현을 넘어 상이한 교육적 결과로까지 이어질 수 있는 것이다.

따라서 지리교육의 관성을 극복하기 위한 노력들이 지리교과의 경계를 강화하는 것을 넘어 학습자들의 삶과 사회의 질을 개선하는 지점으로까지 연결되기 위해서는, 지리교육 내용의 내용 조직 원리를 탐색하기 전에 지리교과가 공유한 장소 개념이 현시대의 교육적 요구에 부응하는 개념인지 면밀한 검토가 선행되어야 한다. 지리교과는 지리교육을 통해 가르치고자 하는 장소가 무엇이며, 그것을 통해 세계를 이해하는 것이 21세기를 살아가는 학습자들의 삶과 관련하여 왜 중요한지 일관된 대답을 할 수 있어야 한다.

이 글은 이러한 성찰과 문제의식에 토대를 둔다. 이 글은 현시대의 교육적 요구에 부응하는 지리교육의 방향을 모색하는 데 필요한 초석을 다지기 위한 노력의 일환으로, 현재 지리교육계가 장소를 이해하는 방식을 검토하고, 장소를 관계적으로 이해했을 때 기대되는 교육적 효과를 제안하는 데 목적을 둔다. 이러한 지점에 도달하기 위해, 먼저 지리학에서 장소를 이해해 온 방식을 본질주의적 접근과 비(非)본질주의 접근이라는 틀 안에서 고찰한 후, 이를 바탕으로 2015 개정 교육과정에서 제시한 지리과의 '내용 체계표'에 진술된 장소 개념을 비판적으로 분석할 것이다. 그리고 장소를 관계적으로 이해했을 때 기대되는 교육적 효과를 지리교과에게 지속적으로 제기될 교육적 과제인 시민성 차원에서 제안하고, 장소 이해에 대한 관계적 전환을 촉구하면서 지리교육의 관성을 극복할 수 있는 내용구성 방안에 대해 논의할 것이다.

2. 장소의 인식

장소는 일상생활에서의 용례만큼이나 매우 자명한 개념처럼 보이지만, 사실 가장 복잡하고 난해한 지리 개념 중의 하나이다(Cresswell, 2004; Castree, 2009). 지리교육에서도 장소는 제대로 검토되지 않은 채 상황과 맥락에 따라 다양한 의미로 전용되는 유동적인 개념 중의 하나이다. 학교현장에서 장소는 지역(region), 영역(territory), 위치(position), 입지(location), 경관(landscape), 환경(environment) 등 공간의 특정한 양상을 나타내는 다른 용어와 자주 혼용되어 사용되고 있으며, 추상화된 물리적 공간과 구별되는 무언가로 설명되다가도 경우에 따라서는 사회적 공간에 완전히 융해되기도 한다. '의미 있는 곳'으로서의 장소는 방안의 안락의자에서부터 지구 전체 사이에 있는 모든 공간을 포괄할 수 있을 정도로 개방성과 광범위성을 자랑한다.

크레스웰(Cresswell, 2004)은 장소라는 용어가 지닌 혼란스러움이 장소가 존재론적 사물인 동시에 인식론적 이해의 대상이기 때문에 비롯된 것으로 설명한다. 세계를 서로 구별되는 장소들의 집합으로 이해하는 것은 존재하는 것을 정의하는 행위이자 그것을 특정한 방식으로 바라보고자 하는 인식과 관련된 문제이기도 하다(Cresswell, 2004). 장소는 세계에 실재하는 사물인 동시에 세계를 지각하고 해석하기 위해 지리적 상상력이 만들어 낸 관념적 구성물로, 인간이 존재하는 곳이자 세계를 바라보는 인식론적 렌즈인 것이다. 이 절에서는 개념어로서의 장소가 지닌 인식론적 속성에 주목하여 지리학이란 학문의 발달과정을 통해 생성 및 변화를 거듭한 장소 개념을 '본질주의적 장소 인식'과 '비(非)본질주의적 장소 인식'이라는 틀 안에서 고찰해 나갈 것이다.

1) 본질주의적 장소 인식

지리학의 오랜 역사에서 장소가 개념어로 자리 잡은 것은 비교적 최근의 일이지만, 하트션이 『지리학의 본질에 관한 관점(Perspective on the Nature of Geography)』에서 "지리학이 분석하고자 하는 통합은 장소마다 다르게 나타나는 통합이다(The integrations which geography is concerned to analyse are those which vary from place to place)"(Hartshorne, 1959, 159)라고 주장한 것처럼 지리학은 줄곧 장소가 지닌 중심성에 기대어 우리가 사는 세계를 이해해 왔다. 1960년대 이전까지 지리학은 세계를 서로 구별되는 장소들의 집합으로 바라보면서 저마다의 지역이 지닌 독특한 성격을 기술하는 지역지리학(regional geography)을 중심으로 발달해 왔다. 지역지리학은 '이곳'과 '저곳'에서 경험되는 사실과 현상이 다르다는 사실에 주목하여 지표면에 선을 긋고 이러한 차이와 분포를 '지역(region)'이라는 개념을 중심으로 설명하였다. 비록 지역지리학자들은 장소를 개념어로 명시적으로 표방하지는 않았지만, 세계를 구성하고 있는 고유한 '장소들(places)'을 발견하고 이 장소들 내에서 통합되어 있는 여러 현상과 사건들을 총체적인 관점에서 이해하고자 하였다.

그러나 1960년대로 접어들면서 지리학의 관심이 개성기술적인 지역지리로부터 법칙추구적인 공간과학으로 급격한 선회를 이루게 됨에 따라 장소의 특이성에 대한 관심 또한 사라져 갔다. 이 시기에 지리학은 인문지리와 자연지리 및 이들을 구성하는 세부 분야들의 분리가 심화되는 가운데 장소 없이도 행복하게 생존할 수 있었다(Castree, 2009). 실증주의 지리학자들은 지리학에 '공간(space)'이라는 개념을 도입하면서 기하학적인 방법으로 지리학을 이론화시키며 공간계획가로서 자신들의 역할을 주장하였다. 그런데 실증주의 지리학에서 제안한 공간은 추상화된 물리적 형태의 공간으로, 인간이 경험하고 인식하는 공간이 아니었다. 실증주의 지리학은 공간이 지닌 과학적 법칙을 발견하기 위해 세계를 구성하는 다양한 장소들을 규모와 거리의 함수로 정돈하면서 지리정보를 수집하고 관리하기 위한 지도 위의 점이나 구획으로 축소시켜 버렸다. 그런데, 이 시기의 모든 지리학자들이 공간과학의 비현실적인 객관성과 엄정성에 동의한 것은 아니었다. 1970년대로 접어들면서 실증주의 지리학의 방법론을 보완하고 바꾸기 위한 다양한 시도들이 나타났는데, 이 중에서 인간주의 지리학은 공간과학의 '사람 없는' 지리학을 실존주의와 현상학 철학에 기반한 새로운 방향으로 변화시키기 위해 노력하였다(Holloway and Hubbard, 2001).

투안(Tuan)은 실증주의 지리학의 추상화된 공간으로부터 인간의 주관과 감정이 녹아 있는 해석적인 장소를 구출하기 위해 노력하였다. 투안(구동회·심승희 역, 1995)은 『공간과 장소(Space and Place)』를 통해 공간과 장소가 각자의 개념 정의를 위해 서로를 필요로 한다고 주장하였다. 특히, 공간이 움직임, 개방, 자유, 위협과 관련된 것이라면 장소는 멈춤, 안정, 애착, 소속과 관련된 것으로, 광활한 공간에서의 '멈춤'을 통해 그 공간에 의미가 부여될 때 공간이 비로소 장소가 된다고 보았다. 투안에게 있어서 장소란 인간이 의미 있게 만들어 온 공간으로 인간의 주관성이 강조된 세계에 대한 태도이기도 하였다(Cresswell, 2004). 한편, 렐프(김덕현 외 역, 2005)는 『장소와 장소상실

(Place and Placelessness)』에서 개인이 서로 다른 장소에 대해 감정적으로 반응하는 단순한 인식에서부터 인간 존재와 개인의 정체성의 기저가 되는 특정한 장소와의 뿌리 깊은 관련성에 이르기까지 다양한 '장소감(a sense of place)'의 사례를 고찰하였다. 그는 어떤 장소에서는 사람들과 장소 사이의 결속이 매우 뿌리 깊어 '진정한(authentic)' 장소 경험을 할 수 있다고 주장하면서 산업화와 대중문화로 인해 이러한 진정한 장소들이 사라질 위기에 처해 있는 상황을 안타까워했다.

오늘날 장소가 지리학의 중요한 개념어로 자리 잡은 것은 투안과 렐프와 같은 인간주의 지리학자들의 노력에 의해서이다. 그런데 인간주의 지리학에서 관심을 기울인 장소는 지역지리학에서 관심을 기울인 세계를 구성하는 다양한 '장소들(places)'이 아니라 세계 내에 존재하는 방식으로서의 '장소(place)' 그 자체였다(Cresswell, 2004; Rawling, 2018). 인간주의 지리학자들은 장소의 차이보다는 인간의 존재 조건으로서 장소가 지닌 공통된 속성을 도출하는 데 더 많은 관심을 기울였다. 그럼에도 불구하고 지역지리학과 인간주의 지리학은 모두 본질주의적 관점에 토대하여 장소를 이해하려 했다는 점에서 동일한 노선을 견지해 왔다고 볼 수 있다. 지역지리학과 인간주의 지리학의 장소 개념은 장소가 그것을 둘러싼 주변과는 본질적으로 다르며 역사적으로 깊이 뿌리내린 장소감을 표방하고 있음을 강조한다는 점에서 공통된 특징을 보이고 있다(Cresswell, 2012). 즉, 이들의 주요 관심사는 외부로부터 분리된 내부를 발견하여 그것의 본질을 설명하는 것이었다.

애그뉴(Agnew, 1987)는 '위치(location)', '현장(locale)', '장소감(a sense of place)'이라는 장소를 구성하는 세 요소를 통해 장소 개념을 규정한 바 있다. 위치란 인간 활동이 영위되는 지표상의 특정한 지점이며, 현장은 다양한 사회적 관계가 발생하고 또한 이를 일어나게 할 수 있는 물질적 환경을 의미하고, 장소감은 사람들이 특정 장소에 대해 가지고 있는 주관적인 정서 상태를 말한다. 즉, 장소란 특정한 위치를 점유하고 있는 현장을 바탕으로 사람들의 다양한 사회적 관계와 실천을 통해 의미가 부여된 공간이라고 할 수 있다. 카스트리(Castree, 2009)는 이러한 애그뉴의 장소 개념을 토대로 지리학사를 통해 변화를 거듭한 장소 개념을 추적하여 지역지리학자들은 주로 '위치로서의 장소'에 인간주의 지리학자들은 '장소감'에 초점을 두고 장소를 제한적으로 이해해 왔다고 비판하였다. 즉, 지역지리학과 인간주의 지리학의 장소 개념에는 장소의 내부와 외부를 관통하는 다양한 관계를 바탕으로 사람들의 일상적인 행위와 상호작용이 이루어지는 '현장으로서의 장소'에 대한 관심이 결여되어 있었던 것이다.

2) 비(非)본질주의적 장소 인식

인간주의 지리학자들이 실증주의 지리학의 균질한 공간으로부터 의미를 지닌 장소를 구출하기 위해 노력하고 있을 때, 다른 한편에서는 실증주의 지리학의 물리적 공간을 거부하고 지리학의 공간을 사회적 관계와 연계된 것으로 재개념화시키려는 일련의 움직임이 있었다. 이러한 움직임은 마르크스주의 철학자인 르페브르(Lefebvre)의 공간관에 영향을 받은 비판적 관점을 견지한 지리학자들 사이에서 활발했다. 특히 소자(Soja, 1980)는 '사회−공간 변증법(socio−spatial dialectics)'이란 개념을 통해 공간은 사회적 과정에 의해 생산되지만, 그렇게 생산된 공간이 다시 사회적 과정을 매개한다고 주장하면서 공간과 사회를 분리해서 바라보던 기존의 관점을 해체한다. 이러한 공간관의 변화는 장소를 사유하는 방식에도 영향을 미쳐, 1980년대 중후반 이래로 영미 지리학계를 중심으로 본질주의적 장소 개념에 대한 비판이 강하게 제기된다.

프레드(Pred, 1984)는 시간지리학(time−geography)과 구조화이론(structuration theory)에 천착하여 장소 자체가 과정이 되는 새로운 지역지리학의 이론적 토대를 제공하기 위해 변화와 과정을 강조하는 장소 개념을 제안하였다. 그는 장소는 완성된 것이 아니라 항상 '되어가고 있는 것(becoming)'이라고 주장한다. 즉, 장소는 고유한 속성을 지닌 미리 주어져 있는 안정된 대상이 아니라 특정한 시·공간적 맥락에서 장소 만들기에 참여한 행위자들의 지속적인 상호작용과 수행을 통해 만들어지는 역동적인 산물인 것이다(Pred, 1984). 한편, 페미니스트 지리학자인 로즈(Rose, 1993)는 친밀함과 안식처로서의 장소감의 원형을 집과 가정에서 찾은 인간주의 지리학들의 남성 중심주의적인 시각을 비판하였다. 그녀는 인간주의 지리학자들이 남성적인 합리성에 경도되어 장소를 여성적으로 재현하고 있다고 비판하면서 집으로서의 장소 개념이 논의되는 방식에 이의를 제기하였다. 특히, 그녀는 집과 가정이 돌봄과 양육으로 대표되는 이상적인 장소가 아니라 권력관계, 이데올로기, 문화적 제약 등으로 가득한 갈등의 장소이기도 하다는 사실을 이해할 필요가 있다고 역설하였다(Rose, 1993).

매시(Massey, 1997)는 인간주의 지리학자들의 장소 개념을 반동적인 것이라고 비판하면서 진보적이면서도 외향적인 장소 개념인 '지구적 장소감(a global sense of place)'을 제안하였다. 그녀는 장소를 뿌리내림, 고착성과 같은 범주를 중심으로 바라보기보다는 흐름, 이동, 연결과 같은 속성을 중심으로 관계적으로 바라볼 필요가 있음을 당부하였다. 매시는 장소에 본래부터 뿌리를 내리고 있는 선험적인 정체성을 완강하게 부정하면서 장소를 오랜 기간의 역사 동안 그 장소를 짧게 혹은 길게 머물다 지나간 사람들의 이동과 흐름에 의해 만들어지고 변화하는 것으로 이해한다. 장소를 특정한 사회적 관계의 조합으로 인식한 매시의 사유는 인간의 유한성과 극명한 대조를 이루는 자연으로도 확장된다. 매시(Massey, 2005)는 『공간을 위해(For space)』에 포함된 「장소의 난해함(The elusiveness of place)」이라는 글에서 잉글랜드 북서부의 스키도(Skiddaw)에 있는 바위들이 본래부터 그 자리에 있었던 것이 아니라 남반부로부터 기원하였다는 사실을 지적하면서 장소를 인간과 비인간이 제각기 다른 속도로 만나고 흩어지는 과정들의 묶음으로 이해할 것을 주장한다. 장소란 항상 변화 중에 있는 이질적인 것들의 연합으로, 다양한 공간적 서사가 만나는 일종의 '사건(event)'인 것이다(Massey, 2005).

이처럼 장소를 다양한 사회적 관계를 바탕으로 실천되고 수행되면서 만들어지는 과정적인 산물로 이해하면, 장소에 대한 비본질주의적 인식에 도달하게 된다. 장소에 대한 비본질주의적 접근은 박배균(2010)이 제안한 대안적 장소 인식론인 '관계론적 장소관'이라는 개념을 통해 보다 구체적으로 이해된다. 〈그림 1〉은 본질주의적 장소관과 관계론적 장소관을 모식적으로 표현한 것이다. 본질주의적 장소관은 장소를 뚜렷하게 울타리 쳐진 경계를 중심으로 내부와 외부가 확연하게 구분되는 공간으로 인식하며, 장소 내부에 뿌리를 내린 행위자들만 그 장소에 대해 진정한 소속감과 정체성을 지니는 것으로 이해한다. 이에 반해 관계론적 장소관은 장소의 경계성이 상대적으로 약해 장소 내부와 외부에 위치한 행위자들의 출입과 이동이 자유로운 편이다. 그리고 장소의 정체성은 그곳에 뿌리를 내린 내부자들에 의해서만 구성되는 것이 아니라, 장소 내부와 외부

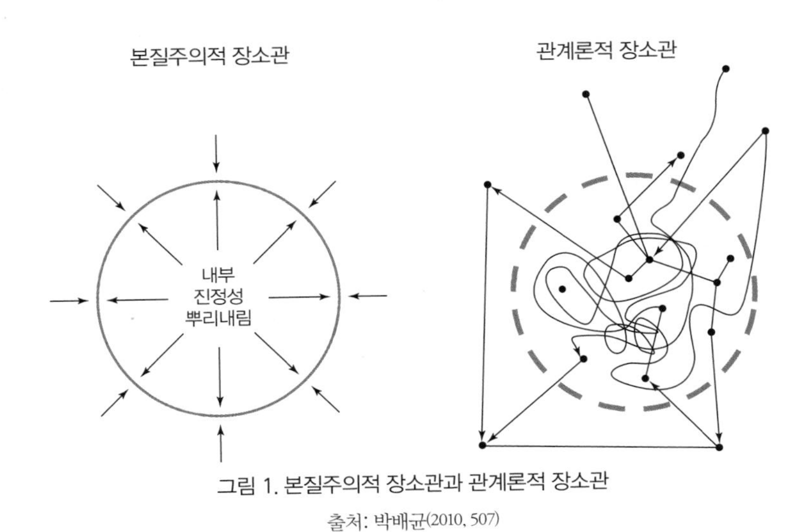

그림 1. 본질주의적 장소관과 관계론적 장소관

출처: 박배균(2010, 507)

에 위치한 다양한 행위자들의 상호작용을 통해 만들어지는 것으로 이해된다. 즉, 관계론적 장소관의 핵심적 논점은 장소성이란 것이 본래부터 주어진 고정된 것이 아니라, 장소의 내부와 외부에 존재하는 여러 이질적인 요소들의 관계와 조합을 통해 정치·사회적으로 구성된다는 것이다. 즉, 장소에 그어진 선은 변함없이 그 자리에 존재하는 '자연적'인 것이 아니라, 그 장소를 기반으로 교차하는 다양한 관계들의 조합에 따라 얼마든지 지워지거나 새롭게 그려질 수 있는 '사회적'인 것이다.

3. 지리교육과정 '내용 체계'에 드러난 장소 이해에 대한 단상

2015 개정 교육과정은 '핵심 역량(key competence)'과 '핵심 개념(key concept)'을 공식적으로 고려하여 설계한 첫 번째 교육과정이다. 2015 개정 교육과정은 지식정보사회가 요구하는 역량을 갖춘 창의융합형의 인재상을 기르기 위해 교육과정 총론에서는 핵심역량을 그리고 이를 근거로 각 교과군별로 교과의 특성을 반영한 교과역량을 제시하였다(교육부, 2015a). 역량은 다양한 관점에서 해석되고 정의되지만 주어진 과제를 수행, 적용 및 활용하는 데 있어 학습자가 가지고 있는 지식, 기능, 태도를 총체적으로 활용함을 견지하고 있다(이광우 외, 2017). 즉, 역량은 지식을 많이 습득하기보다는 그러한 지식을 가지고 무언가를 할 수 있는 수행 능력을 강조하는 개념이라고 할 수 있다. 이로 인해 학교 교육과정에 편성된 각 교과목들은 기존의 단편적인 지식 위주의 내용 요소들을 점검하고 이를 핵심 개념을 중심으로 태도나 행동과 관련된 내용들로 수렴해야 하는 교육적 요구에 직면하게 되었는데, 그동안 시민성 교육이나 가치교육에 미온적인 태도를 취해 왔던 지리교과에는 이러한 변화가 커다란 부담으로 다가오고 있다.

우리나라를 비롯한 세계 각국의 교육과정에서 중요시되는 역량들의 대부분이 '민주시민의 자질'과 중복되는 경향을 보이고 있으며(전자배·이수진, 2017), 2015 개정 교육과정에서 제시한 사회과의 교과역량인 '비판적 사고력', '문제 해결력 및 의사 결정력', '의사소통 및 협업 능력' 등은 일반 사회의 트레이드마크인 민주시민교육에서 지속적으로 강조해 왔던 역량들이다. 이에 반해 지리교육계는 그동안 다른 사회과 교과목과 구별되는 지리만의 정체성을 확보하기 위해 의도적으로 시민성 개념을 기피해 왔다(조철기, 2005). 이로 인해 많은 지리교육자와 지리교사들이 지리를 가치중립적인 교과로 규정하면서 지리가 시민성 교육에 적극적으로 뛰어드는 순간 교과로서의 정체성이 위태로워질 것을 걱정하기도 한다. 이러한 양상이 지속된 결과, 학교현장에서 지리는 사회과에 속한 교과목임에도 불구하고 학습자의 마음을 움직이지 못하는 기능적인 과목으로 인식되는 경향이 강하다.

그러나 지리는 학습자들에게 '어떤 생각을 하고 무엇을 해야 된다'고 명시적으로 제시하지는 않지만, 세계와 장소에 대한 재현을 통해 학습자들이 그들을 둘러싼 세상과 관계를 맺는 방식에 암묵적으로 간여하면서 학습자들의 시민성이 형성되고 발달하는 과정에 지속적인 영향을 미쳐 왔다. 지리는 시민성이 무엇이고 그것이 어떤 역할을 하고 있으며 미래의 시민권에 수반되거나 그렇지 않을 의미와 맥락성에 대해 탐구할 수 있는 지적인 공간을 제공한다(Cook, 2008). 학습자들은 지리가 재현한 세계를 마주하면서 자신들을 세계와 연결된 존재로 자각하기도 하고 세계와 분리된 관찰자로 위치시키기도 한다. 지리교과서에 담긴 세계의 모습은 비활성적인 피사체가 아니라 학습자들을 그들이 사는 사회와 가까워지게도 하고 또는 멀어지게도 하는 행위자(actor)인 것이다. 그리고 이러한 과정에는 그것이 지도 위의 점이나 구획이든, 아니면 학습자들을 둘러싸고 그들과 함께 움직이는 관계적 공간이든지 간에 항상 장소라는 개념이 개입된다.

본 절에서는 이러한 성찰을 바탕으로, 앞 절을 통해 고찰한 장소 인식론에 토대하여 2015 개정 교육과정 지리과의 '내용 체계표'에 기술된 장소 개념을 분석하고자 한다. 2015 개정 교육과정 각론 개발과정에서 각 교과에게 할당된 중요한 과업 중 하나였던 교과별 내용 체계표는 초·중·고등학교에서 교과별로 학습해야 할 핵심적인 내용들의 수평적·수직적 연계 상황을 담은 구조적 틀로, 교과별로 '영역', '핵심 개념', '일반화된 지식', '내용 요소', '기능'이 제시되어 있다.[1] 지리과는 내용 체계표를 개발하는 과정에서 많은 부침이 있었지만(이간용, 2016; 박선미, 2016; 전종한, 2016 참조), '지리인식', '장소와 지역', '자연환경과 인간생활', '인문환경과 인간생활', '지속가능한 세계'라는 5개의 영역을 설정하고, 영역별로 3~4개씩의 핵심 개념을 추출하여 총 16개의 핵심 개념을 담은 내용 체계표를 완성하였다. 내용 체계표에 기술된 내용들은 총론에서의 요구와 달리 핵심 개념에 기존의 내용소들을 대입한 것에 불과할 수도 있으며, 학교현장에서는 교사들의 가치관과 지식수준에 따라 이를 극복할 수 있는 다양한 수업실천이 이루어질 수 있다. 그럼에도 불구하고 2015 개

1 한국교육과정평가원에서 시행한 『개정교과 교육과정 시안 개발 연구 I – 국가 교육과정 각론 조정 연구(이광우 외, 2015)』에 의하면, 영역은 교과의 성격을 가장 잘 드러내면서도 학습내용을 조직화 및 범주화하는 최상위 틀 혹은 체계이며, 핵심 개념은 교과가 기반하는 학문의 가장 기초적인 개념이나 원리를 말한다. 그리고 일반화된 지식은 학년 및 학교급을 통해 학생들이 알아야 할 학습 내용의 일반 원리이며, 내용 요소는 일반화된 지식에 근거하여 학년별 학교급별로 배워야 할 핵심적인 내용이나 지식이며, 기능은 내용이나 지식을 가지고 할 수 있거나 또는 기대되는 능력에 해당한다.

표 1. '장소와 지역' 영역의 핵심 개념별 일반화된 지식과 내용 요소

영역	핵심 개념	일반화된 지식	내용 요소			
			초등학교		중학교	고등학교
			3-4학년	5-6학년	1-3학년	
장소와 지역	장소	모든 장소들은 다른 장소와 차별되는 자연적, 인문적 성격을 지니며, 어떤 장소에 대한 장소감은 개인이나 집단에 따라 다양하다	• 마을(고장) 모습과 장소감		• 우리나라 영역 • 국토애	• 장소감과 행복도시 • 상징 경관 • (종교적) 성지
	지역	지표 세계는 장소적 성격의 동질성, 기능적 상호 관련성, 지역민의 인지 등의 측면에서 다양하게 구분되며, 이렇게 구분된 지역마다 고유한 지역성이 나타난다.	• 지역 중심지의 위치, 기능, 경관 특성	• 국토의 지역 구분과 지역성 • 우리와 관계 밀접 국가의 지리적 특성 • 우리 인접 국가의 지리 정보 및 상호 의존 관계	• 세계화와 지역화	• 지역의 의미와 우리나라의 지역 구분 • 북한 지역의 특성과 통일 국토의 미래 • 수도권, 강원권, 충청권, 호남권, 영남권, 제주권 • 세계의 대지역(권역) • 유럽과 앵글로 아메리카 • 몬순 아시아와 오세아니아 • 건조 아시아와 북부 아프리카 • 중·남부 아프리카와 라틴아메리카
	공간 관계	장소와 지역은 인구, 물자, 정보의 이동 및 흐름을 통해 네트워크를 형성하고 상호작용한다.	• 촌락과 도시의 상호 의존 관계	• 우리 인접 국가의 지리 정보 및 상호 의존 관계	• 인구 및 자원의 이동 • 지역 간 상호작용	• 교통수단과 이동 • 지역 간 상호작용 • 지리 정보의 분석 • 공간적 상호 의존성 • 세계화와 지역화

출처: 교육부(2015b, 277-278)를 참고하여 재구성함

정 교육과정을 통해 처음으로 만들어진 지리과의 내용 체계표는 현재 지리교과공동체가 지리학의 주요 개념과 원리를 이해하는 방식을 보여줌과 동시에 향후 지리교육의 방향을 예견할 수 있다는 점에서 결코 간과할 수 없는 문서라고 할 수 있다.

내용 체계표에 기술된 장소 개념과 관련하여 가장 주목할 만한 부분은 장소와 지역의 개념적 경계가 흐릿해졌다는 점이다. '장소'와 '지역'은 모두 '장소와 지역'이라는 영역 아래 각각 지리교과의 핵심 개념으로 선정되었는데, '지리 사상', '공간 관계', '문화의 공간적 다양성' 등 다른 핵심 개념의 일반화된 지식을 기술하는 과정에서도 "주변의 장소와 지역", "장소와 지역은", "장소나

지역에 따라"와 같은 형태로 함께 등장하고 있다(교육부, 2015b, 277-281). 우리나라와 비슷한 시기에 개정된 영국의 2014 개정 교육과정에서도 이와 유사한 양상이 발견된다. 2014 영국의 개정 교육과정에서는 학생들의 지식과 이해 및 기능의 발달을 촉진할 수 있는 교수·학습의 토대가 될 '핵심지식(core knowledge)'을 선정한 것이 중요한 특징이었는데(DfE, 2013), 영국의 지리교과는 핵심지식으로 '위치 지식(locational knowledge)'과 '장소 지식(place knowledge)'을 선정하여 지역이라는 개념을 따로 명시하지 않은 채 지역지리 교육을 강화하는 방향으로 선회하였다(심승희·권정화, 2013 참조). 이러한 양상은 장소와 지역이 지리학사를 통해 개념적 확장을 거듭하여 많은 부분에서 중첩된 개념이 된 결과이기도 하거니와, 세계화와 지방화가 동시적으로 진행되면서 상호의존적으로 긴밀하게 결합된 세계에서 더 이상 장소와 지역을 구분하여 사용하는 것이 큰 의미가 없어진 현실을 반영한 것으로 판단된다. 실제로 1980년대 이후 많은 지리학자들은 장소와 지역을 동의어로 사용하고 있으며(최재헌, 2005), 지역연구 또한 방법론적 측면에서 전통적인 지역 개념보다는 장소, 영역, 네트워크, 스케일 등 공간과 관련된 다른 개념들을 중심으로 수행되는 경향이 강하다(최병두, 2014; 2016 참조).

그러나 지리교과의 핵심 개념으로 선정된 '장소'의 일반화된 지식이 초·중·고등학교의 내용요소와 연계되는 방식을 보면, 여전히 학교지리가 본질주의적 장소관에 기대어 장소와 지역의 의미를 제한하고 있는 양상이 발견되어 아쉬움이 크다. 핵심 개념인 '장소'에 대한 일반화된 지식은 "모든 장소들은 다른 장소와 차별되는 자연적, 인문적 성격을 지니며, 어떤 장소에 대한 장소감은 개인이나 집단에 따라 다양하다."라고 기술되어 있으며 이와 관련된 내용 요소로 '장소감'이 '우리나라 영역' 및 '국토애'와 병존하고 있는 것을 확인할 수 있다(교육부, 2015b, 277-278). 이는 그동안 학교현장에서 주로 학습자들의 생활공간에 초점을 두고 좁은 공간 범위 내에서만 가르쳐 오던 장소감을 국토 공간 전체로까지 확장했다는 면에서 고무적인 일이기도 하지만, 장소와 영역을 동일선상에 위치시키는 것이 세계화 시대에 부합하는 개방적인 장소감을 기르는 데 적합한지 의구심을 가지게 한다. 정치지리학에서는 '영역(territory)'을 경계를 통해 내부와 외부가 분명하게 구분되는 지리적 공간으로 정의한다(Storey, 2001). 영역은 개인이나 집단이 특정 공간에 경계를 만들고 그에 대한 통제권을 주장하는 과정에서 만들어지는데, 근대 국민국가의 영토 공간, 높은 담장에 둘러싸여 출입이 통제된 고급주택가, 님비적 담론을 바탕으로 형성된 배타적 지역공동체 등은 모두 영역화된 장소들이다. 즉, 영역은 특정한 정치·경제적 조건 아래 사회적으로 구성되는 장소의 특수한 한 형태에 불과하며(박배균, 2010), 실제로 세상에 존재하는 수많은 장소들은 영역적 장소에 국한되지 않는 훨씬 더 다양하고 복잡한 특성을 보여 준다. 따라서 지금과 같이 장소와 영역을 동일한 것으로 간주한다면, 지리교육을 통해 가르치고자 하는 장소감 또한 특정 장소에 묶인 고립된 감정이나 국토 공간 내부에 갇힌 내향적인 정서로 이해될 우려가 있다.

지리교과 내용 체계표에는 '지역'에 대한 일반화된 지식을 "지표 세계는 장소적 성격의 동질성, 기능적 상호 관련성, 지역민의 인지 등의 측면에서 다양하게 구분되며, 이렇게 구분된 지역마다 고유한 지역성이 나타난다."(교육부, 2015a, 278)라고 기술하고 있다. '장소적 성격의 동질성'은 등질 지역(a formal region or a homogeneous region)을, '기능적 상호 관련성'은 기능 지역(a functional region or a nodal region)을, '지역민의 인지'는 인지 지역(a vernacular region or perceptual region)을 나타내는 개념으로 지리교과는 내용 체계표에 다양한 유형의 지역 개념을 명시하여 개념어로서의 지역에 대한 종합적인 이해를 도모하고 있다. 그러나 "이렇게 구분된 지역마다 고유한 지역성이 나타난다."(교육부, 2015b, 278)라는 진술은 일선 학교현장의 교사들로 하여금 지역성과 지역경계 설정 간의 복잡한 관계를 단순한 선후 관계로 오해하게 만들 우려가 있다. 지역을 구분한다고 고유한 지역성이 저절로 나타나는 것은 아니다. 만약 지역마다 본래부터 지니고 있는 고유한 속성이 존재한다면 그것이 지역의 경계를 설정하는 원인이 되어야 할 것이다. 우리가 사는 세계를 지역이란 범주로 구분했을 때, 각 지역마다 나타나는 특성은 그 지역 내부에 존재하는 요소들 간의 내적 결합에 의해서만 형성되는 것이 아니라 다른 지역들과의 관계를 통해서도 드러나는 것으로 이해되어야 한다.

지리교과는 '장소와 지역' 영역에 '공간 관계'라는 다른 핵심 개념을 선정하여 "장소와 지역은 인구, 물자, 정보의 이동 및 흐름을 통해 네트워크를 형성하고 상호작용 한다."(교육부, 2015b, 278)라고 일반화된 지식을 기술하여 장소·지역 간의 상호작용과 의존 관계에 주목하도록 하였다. 그러나 여기서 공간은 인간의 사회적 삶을 주조하고 반영하는 사회적 공간이라기보다는 실증주의 지리학의 유산인 물리적 공간의 성격이 강하다. 특히 핵심 개념으로 제시한 '장소'와 '공간' 관계에 대한 고등학교의 내용 요소를 살펴보면, 실증주의 지리학의 추상화된 공간으로부터 인간의 해석과 주관이 녹아 있는 장소를 구출하기 위해 분투했던 투안의 노력이 느껴지기도 한다. 이러한 공간과 장소의 이분법적인 해석이 지속된다면, 지리교육에서의 공간은 점점 사회와의 관계를 상실하면서 미리 주어져 있는 물리적 구조물, 기하학적 공간관계, 자연환경적 조건 정도로 축소되어 인식될 것이다. 그리고 이는 지리가 사회과를 형성하고 있는 다른 교과목들과 달리 시민성 교육에 깊이 개입하지 못하는 근원적인 원인으로 작용할 것이다.

4. 시민성 차원에서 탐색한 관계론적 장소관의 지리교육적 함의

'역량 기반 교육과정(competency-based curriculum)'이 추동하는 교육적 변화 속에서 시민성의 육성이라는 사회과의 본원적인 교육목표는 앞으로 더욱 강조될 전망이다. 그러나 현재 우리나라 지리교육계가 개념화한 장소를 매개로 재현한 세계가 학습자들의 심층에 파고들어 그들의 마음과 몸을 움직일 수 있을지에 관해서는 의문이 든다. 지리는 오랫동안 세계를 분절된 모자이크로 재현해 왔다. 이는 복잡하게 변화하는 어지러운 세상을 선택적으로 가시화해서 의미 있는 질서를 부여한다는 점에서 유익한 표상이 될 수 있다. 그리고 학습자들은 그렇게 질서 지어진 세상을 관찰자의 입장에서 바라보면서 세계에 관한 다양한 정보를 획득할 수 있다. 그러나 세계에 관한 정보를 수평적으로 확장한다고 저절로 행동하게 되는 것은 아니다.

따라서 지리가 사회적으로 적실한 교과로 거듭나기 위한 변화의 방향을 모색하기 위해서는 무엇보다도 지리교과공동체 안에서 장소를 관계적으로 사고하는 인식의 전환이 수반될 필요가 있을 것으로 판단된다. 지리교육의 관성을 극복하기 위한 노력들은 우리가 가르치는 학습자들을 지리만의 안전한 참호 속을 불러들이는 내향적인 방향이 아니라, 그들을 둘러싼 세계와 적극적으로 관계를 맺어 가는 외향적인 방향에서 이루어져야 할 것이다. 이 절에서는 이러한 문제의식을 바탕으로 관계론적 장소관에 내포된 지리교육적 함의를 시민성 차원에서 탐색해 나갈 것이다.

1) '닫힌 시민성'에서 '열린 시민성'으로

국가가 부여한 멤버십적인 지위에 해당하는 시민성 개념이 지리교과와 밀접한 관계를 지닌 것은 시민으로서의 권리와 의무가 국가의 영토적 이해와 연결되기 때문이다. 시민성은 일반적으로 국가의 경계에 묶여 있는 개인의 정체성으로 이해된다(Williams, 2001). 국토라는 명확한 경계를 지닌 영역 안에서 내국인이 경험하는 시민성과 외국인이 경험하는 시민성 간에는 엄연한 차이가 존재한다. 이주자와 난민들에게는 시민성이 주어진 권리가 아니라 획득하고 승인받아야 하는 투쟁의 대상이다. 결국 완전한 시민이 된다는 것은 어느 특정한 공간 안에서의 권리와 지위를 획득해 가는 과정으로, 시민으로서의 정체성과 소속감은 사회적, 공간적 포섭(inclusion)과 배제(exclusion)에 의해 결정된다(Jones, 2001; Cook, 2008). 근대 국민국가가 시행한 시민성 교육은 이러한 영역적인 이해를 바탕으로 이루어졌다. 근대 국민국가는 법률적인 권리와 의무의 관계에 초점을 둔 국가시민성을 학교교육을 통해 가르침으로써 자국의 영토 안에 있는 사람들을 하나로 결집시키기 위해 노력하였다.

장소를 뚜렷한 경계와 선험적인 정체성을 지닌 안정된 사물로 간주하는 본질주의적 장소관은 국가시민성을 지지하는 이데올로기로 활용될 수 있다. 투안(Tuan, 2004)은 애국심을 가장 뜨거운 장소감이라 주장한 바 있다. 특히, 그는 애국심이 분명한 이미지와 의례 등을 통해 자신의 집에서 느끼는 불분명한 감정 이상의 구체적이고 열정적인 장소감이 될 수 있다고 주장하였다. 근대 국민국가가 시행한 지리교육은 이러한 투안의 주장과 공유하는 바가 크다. 근대 국민국가의 태동기부터 지리교과는 국토 공간의 가치와 의미를 가르침으로써 로컬 스케일에 뿌리내린 향토애를 국가 스케일에서 작동하는 국토애로 확장시키면서 국가가 시민을 만드는 데 필요한 교과라는 것을 증명해 왔다(권정화, 2015). 국가시민성은 근대 국민국가가 자신의 영토에 거주하는 사람들의 공동의 정체성을 창출하기 위해 동화주의적인 관점에서 시행한 여러 가지 노력에 기반하여 성립되었다(O'Byrne, 2005).

그러나 급속한 세계화로 초국가적인 이주가 증가하고 세계가 상호의존적으로 긴밀하게 결합됨에 따라 그동안 국가시민성 중심으로 논의되던 시민성 개념에 대한 반성이 제기되면서 단일 국가의 경계를 초월한 보편적인 시민성인 '다중시민성(multiple citizenship)' 또는 '세계시민성(global citizenship)'에 대한 관심이 증가하고 있다. 다중시민성은 한 개인이 로컬, 국가, 글로벌 등 상이한 공간적 스케일에서 다중적이고 차별적인 시민적 지위와 정체성을 지니고 있다는 개념이며(김왕근, 1999), 세계시민성은 현대 사회의 시민이 지니고 있는 다중적인 정체성 중에 세계시민으로서의 지위와 역할에 강조점을 둔 개념이다(박선희, 2009). 특히 이 중에서도 세계시민성은 UN에서 채택한 '지속가능발전목표(Sustainable Development Goals)'에 세계시민교육이 글로벌 교육의제로 포함됨에 따라 개별 국가 단위의 교육과정을 넘어 국제사회가 연대와 협력을 통해 공동으로 추구해야 할 교육적 과제로 부상하였다(황규덕, 2017).

이처럼 세계시민성에 대한 관심이 점증하고 있는 현실은 지리교과의 목적과 성격을 고려할 때, 지리가 사회과 내에서 시민성 교육의 영토를 확보할 수 있는 유용한 기회로 작용할 수 있을 것으로 판단된다. 국제 수준에서 지리교육의 목적에 대한 공통의 준거를 마련하기 위해 만들어진 '국제지리교육헌장(International Charter for Geography Education)'은 일찌감치 세계시민성의 관점에서 지리교육의 목적을 천명한 바 있으며(IGU, 1992; 조철기, 2014), 우리나라 고등학교 선택과목인 '세계지리' 또한 과목의 성격에 "세계화 시대와 다문화 사회에 대처할 수 있는, 세계시민으로서의 보다 개방적이고 민주적인 가치 및 태도 함양에 기여할 것"(교육부a, 2015, 174)이라고 과목의 가치를 명시하여 지리가 세계시민교육에 적합한 교과임을 주장하고 있다.

그런데, 세계시민성은 아직 학술적으로 완전히 합의에 도달한 개념이 아니며, 국가시민성과 달리 법률적인 구속력이 있는 권리와 의무도 아니다.[2] 오히려 세계시민성은 국민국가가 제공하는 법률적 테두리 안에서 우선적으로 규정되는 인간으로서의 권리와 책임을 지구촌이라는 보다 큰 공동체로 확장하려는 도덕적 지향에 가깝다. 세계시민교육의 선도기구인 유네스코는 세계시민성을 "광범위한 공동체와 보편적인 인류에 대한 소속감(a sense of belonging to a broader community and common humanity)"(UNESCO, 2014, 14)으로 정의하고 있는데, 이는 개인의 정체성과 소속감이 국가가 규정한 법률적 지위로부터 전적으로 규정될 수 없다는 이해를 근간으로 하고 있다. 세계시민성은 국가에 대한 의무와 권리의 관점에서만 바라보던 기존의 영역화된 시민성이 주목하지 않았던 소속감, 정체성, 참여 등의 다른 요소들에 관심을 기울이도록 하여 시민성이 국가의 경계를 뛰어넘어 더 큰 세계와 연결될 수 있음을 보여 주고 있다(O'Byrne, 2005).

장소를 관계적으로 사고하면, 특정한 장소에서의 경험을 그 장소를 넘어서는 보다 큰 맥락 속에 위치시켜 경계를 초월해 작동하는 세계시민성의 의미를 이해하도록 한다. 시민성을 보다 개방적인 개념으로 이해하기 위해서는 장소를 관계적으로 바라볼 필요가 있다. 매시(Massey, 1997)가 제안한 '지구적 장소감'은 우리의 정체성과 소속감이 경계와 분리가 아닌 관계와 마주침을 통해 구성되고 있음을 분명하게 보여 준다. 매시는 자신이 살고 있는 런던의 킬번(Kilburn)에서의 경험을 토대로 장소가 고정된 경계를 지닌 단 하나의 정체성으로 규정될 수 있는 정적인 대상이 아니라, 투과적인 경계를 지닌 다수의 정체성이 혼재하는 역동적인 대상이라고 주장한다. 그녀는 장소를 보다 큰 스케일에서 지역적인 것과 지구적인 것의 상호작용 속에서 만들어져 가는 과정적인 산물로 바라볼 때, 장소를 그 장소 너머의 다른 장소들과 연결할 수 있는 진보적인 장소감이 길러

2 Morais and Ogden(2011)은 세계시민성 개념을 정의한 여러 학자들의 논의를 바탕으로 세계시민성을 세계의 상호 의존성에 대한 인식으로부터 비롯되는 '사회적 책임(social responsibility)', 타문화 및 외부 환경과 소통할 수 있는 지식과 기능을 의미하는 '글로벌 역량(global competence)', 자신의 정치적 목소리를 실현하기 위해 공동체에 참여할 수 있는 능력을 강조하는 '세계시민으로서의 참여(global civic engagement)'라는 세 가지 요소가 상호 연관된 다차원적인 구조로 제안하였다. 한편, 국제 구호단체인 옥스팜은 세계시민을 '글로벌화된 세계를 인식하고 세계시민으로서 자신의 역할을 이해하는 사람', '다양성을 존중하고 가치 있게 여기는 사람', '세계가 어떻게 작동하는지를 이해하는 사람', '사회정의를 위해 헌신하는 사람', '보다 평등하고 지속가능한 세계를 만들기 위해 공동체에 참여하는 사람', '자신의 행동에 책임을 가지는 사람'으로 제시하면서 세계시민교육을 통해 학습자들이 세계가 작동하는 방법을 이해하는 것을 넘어 더 공정하고 지속가능한 세계를 만들기 위해 로컬에서 글로벌 차원에 이르는 다양한 공동체에 참여할 것을 요구하고 있다(Oxfam, 2015).

질 수 있음을 강조한다. 이처럼 장소를 관계적으로 사고하는 것은 시민성의 개념을 일련의 영역을 중심으로 규정하는 닫힌 개념으로부터 로컬과 글로벌을 가로지르는 다수의 관계들에 의해 구성되는 열린 개념으로 이행하도록 한다(Cook, 2008; Lambert and Morgan, 2010). 그리고 그것은 우리가 왜 한 번 본 적도, 만난 적도 없는 타자들에 대해 연민과 책임의 감정을 느끼고, 그에 따른 행동을 해야 하는지 성찰하도록 한다.

관계론적 장소관은 장소감이 특정한 장소에 고착된 감정이 아니라 다양한 궤적들의 엮임과 마주침을 통해 협상적으로 구성되는 정치·사회적인 산물임을 이해하게 한다. 장소에 대해 우리가 느끼는 소속감은 단순히 하나로 고착된 감정이 아니다(Anderson, 이영민·이종희 역, 2013). 장소가 의미를 부여받은 공간이라는 주장이 반드시 울타리 쳐진 영역 안에서 확인될 필요는 없다. 장소를 분리된 곳이 아니라 마주치는 곳으로 바라보고, 관계적으로 사고한다면 장소감 또한 개방적이고 관계적인 대상으로 새롭게 개념화시킬 수 있다. 앤더슨(서지원 역, 2018)은 애국심과 같은 국가 수준의 장소감이 자연스럽게 처음부터 존재하였던 당연한 것이 아니라, 국가라는 관념적 공동체에 의해 기획된 상상의 산물이라고 주장한다. 국가시민성을 강화하는 대표적인 정서인 애국심은 공기나 물처럼 자연스러운 현상이 아니다. 일본이라는 타자를 설정하지 않고서는 독도라는 작은 섬에 그토록 강렬한 감정을 느끼기는 힘들 것이며, 북한처럼 오랫동안 외부 세계와 단절을 추구해 온 국가일지라도 그들의 정체성은 반드시 외부 세계와의 관계를 통해 규정되기 마련이다.

조철기(2007)는 국내 지리교육에서의 장소 학습이 인간주의 지리학의 장소 개념에 의존한 개인 반응의 차원에 머물러 있음을 비판하면서 장소정체성 교육이 학습자들의 책임과 행동에 초점을 둔 실천 지향적 방향으로 전환될 필요가 있음을 주장한 바 있다. 이희상(2012)도 인간주의 지리학의 장소 개념이 외부로부터 분리된 고립된 정체성을 추구하기 때문에 사회적 변화에 적실한 장소교육을 저해하고 있다고 비판하면서 장소 인식에 대한 변화를 통해 장소감이 '글로컬 정체성'으로 새롭게 인식될 필요가 있음을 제안하였다. 이들의 주장이 학교현장에 안착되기 위해서는 장소를 관계적으로 사고할 필요가 있다. 우리의 소속감과 정체성은 특정한 장소에서 시작되지만, 그 장소를 넘어설 수 있다. 그리고 그 장소에는 이미 다른 장소들이 포함되어 있다.

장소감은 사회과에서 지리가 시민성 교육에 기여할 수 있게 해 주는 훌륭한 소재가 될 수 있다. 그러나 장소감이 지리교과만의 독특한 감정에서 머문다면, 그 가치가 널리 확산되기 힘들 것이다. 장소감은 고정관념과 편견의 도구가 될 수도 있으며, 경우에 따라서는 배타적인 정서로 돌변하기도 한다. 따라서 장소감이 학습자의 성장과 사회의 발전에 기여할 수 있는 지점으로 연결되기 위해서는 개인의 심리적 반응의 차원을 넘어서는 개념이 되어야 할 것이다. 지금 우리에게 필요한 장소감은 장소에 '묶인(bound)' 고립된 장소감이 아니라, 장소를 '기반하여(based)' 확장되는 개방적인 장소감이다.

2) '관찰의 지리'에서 '관여의 지리'로

그동안 지리가 다른 사회과 과목에 비해 시민성 교육에 깊이 개입하지 못했던 것은 계통적 접근 일변도로 내용을 조직해 오면서 실증주의 지리학에서 제안한 공간과학 모델에 의존해 왔던 것에서 비롯된 바가 크다. 중·고등학교의 지리교과서에는 공간과학의 유산들이 많이 담겨 있다. 그러나 공간과학의 공간은 인간이 살아가는 공간이 아니라 측정하고 법칙을 도출하기 위해 그 안을 채우고 있는 사건과 현상이 제거된 추상화된 공간이다. 즉, '인간이 없는' 공간에서 가치와 쟁점을 다루기가 처음부터 힘들었던 것이다. 이러한 양상은 현재 지리교육계가 장소와 지역을 이해하고 있는 방식을 고려할 때, 지역적 접근법으로 내용을 조직방법을 변화시켜도 그대로 답습될 우려가 있다. 전통적 지역지리에서의 지역 개념은 공간을 그것을 채우고 있는 대상들과 무관하게 존재하고 있다는 절대적 공간관에 바탕을 두고 있다(박배균, 2015). '절대적 공간(a absolute conception of space)'은 고정된 위치와 명확한 실체를 지닌 물리적 형태의 공간으로(Johnston et al. 1994), 사건과 현상이 발생할 뿐 그것에 영향을 미치지 않는 '용기(container)'로 간주된다. 이러한 절대적 공간에는 시민성 개념과 관련된 가치와 책임과 권리와 소속감 등이 개입할 여지가 없다. 공간은 사회적 실천과 무관하게 그냥 거기에 존재하는 물리적 배경일 뿐이다.

그렇다고, 절대적 공간관에 토대하여 지리가 세계를 재현해 온 방식마저 가치중립적인 것은 아니다. 존스톤(Johnston, 1986)은 실증주의에 토대한 지리지식이 기존의 사회구조를 그대로 받아들이기 때문에 정치적으로 보수적인 성향을 지닐 수밖에 없다고 주장한다. 예를 들어 인구변천모형, 도시구조모형 등 지리수업에서 자주 등장하는 진화론적인 모델은 학습자들에게 사회가 한 방향으로 움직이고 있다는 믿음을 심어준다(조철기 역, 2012). 이러한 모델들은 다양한 미래를 인정하지 않고 단 하나의 미래에만 초점을 맞추기 때문에 주어진 체제에 순응하는 수동적인 학습자들을 길러낼 가능성이 크다. 앞으로 펼쳐질 세계가 미리 정해져 있다면, 정치는 사라지고 적응만이 남게 되기 때문이다. 이처럼 지리지식은 중립적이지 않으며(Harvey, 2001), 지리가 재현한 세계에는 항상 특정한 관점이 반영되기 마련이다(Taylor, 2004). 세계에 대해 기술하고 설명하는 과정은 세계에 대한 정교한 묘사나 이를 중립적으로 전달하는 것이 아니라 우리가 가진 개념을 통해 이 세계가 구성되는 과정에 참여하는 정치적인 기획이자, 가치 지향적인 행위인 것이다.

쇠더스트롬(Söderström, 2005)은 지리학자들은 항상 특정한 사항들을 선택적으로 가시화하며 이를 통해 세상의 변화에 기여해 왔다고 단언한 바 있다. 그러나 그의 주장은 조금 수정이 필요해 보인다. 물론 저자의 표현에는 지리에서의 재현이 마땅히 그래야 한다는 당위적인 차원에서의 열망을 담고 있지만, '변화'가 늘 좋은 것이며, 지리학에서의 재현이 항상 세상에 '기여'해 왔는지에 관해서는 판단을 유보할 필요가 있다. 본질주의적 장소관은 저마다의 장소에 내재된 선험적인 정체성을 발견하는 데 관심을 기울인다. 이로 인해 처음부터 학습자들을 장소 외부에 위치한 관찰자로 규정하기 때문에 장소는 발견되기를 기다리는 객관적 사물로 인식될 뿐 관여의 대상이 되지 못한다. 물론, 인간주의 지리학은 세계 내 존재 기반으로서 학습자들의 장소에 관심을 기울인다. 그리고 이는 학습자들의 경험과 감정이 존중받을 수 있는 공간을 마련하여 지리교육이 가치교육에 가담할 수 있는 길을 열어 준다. 그러나 현상학적 접근은 일상적 경험과 실천을 구체적으로 기술하지만 이러한 경험과 실천을 만드는 힘들에 관해서는 질문하지 않는다(Cresswell, 2012). '지금 여기'를 만들어가는 실재에 대한 관심의 결여는 주어진 환경을 자명한 것으로 받아들이게 하여 결과적으로 보수를 지향하게 된다.

이에 반해 관계론적 장소관은 보다 좋은 장소를 만들어가는 과정에 학생들을 참여시킬 수 있는 실천의 힘을 내포하고 있다. 관계론적 장소관은 시민으로서의 권리와 책임을 보다 넓은 공간으로 확장하는 것에 그치지 않고, 학습자들을 글로벌 네트워크 속에 연결된 존재임을 자각하도록 하여 장소를 만들어가는 과정에 참여하는 행위주체자로 호명한다. 장소를 인간의 행위와 권력관계와 문화적 제약 등이 끊임없이 상호작용하면서 지속적으로 구성되는 비본질주의적인 대상으로 인식하면, 장소가 특정한 정체성을 선험적으로 제공하는 곳이 아니라 새로운 정체성을 생산하는 원료이자 창조적인 사회적 실천을 가능하게 하는 조건임을 이해하게 된다(Cresswell, 2004; 박배균 2010).

매시(Massey, 2005)는 장소가 '함께 내던져져 있음(thrown-togetherness)'으로 인해 발생할 수밖에 없는 불가피한 협상이기 때문에 책임과 실천을 요구한다고 주장한다. 장소는 우리가 어떻게 함께 살아가야 하는지에 관한 문제를 지속적으로 제기한다. '지금 여기'라는 장소에서의 생각과 실천은 '그때 거기'에서 발생한 일들과 관련되어 있으며, '앞으로 저기'에서 발생할 일들과도 연결되고 있다. 관계론적 장소관은 학습자들로 하여금 그들의 장소에서의 사고와 행위가 보다 넓은 세계와의 관계 속에서 구성되고 있다는 사실을 이해하게 하여 더 많은 권력과 책임을 부여한다. 그리고 그것은 '관찰의 지리'에서 '관여의 지리'로 이행하도록 한다.

5. 결론 및 논의

이 글에서 필자들은 지리교육계가 본질주의적인 장소관에 토대하여 장소를 개념화했기 때문에 시민성 교육에 제대로 기여하지 못했다고 비판하면서 장소를 관계적으로 이해하는 인식론적 전환을 촉구하였다. 관계론적 장소관은 지리교과가 다양한 방식으로 시민성 교육에 기여할 수 있는 교육적 잠재력을 지니고 있다. 본질주의적 장소관이 영역화된 시민성을 지지할 우려가 있다면, 관계론적 장소관은 시민성의 개념을 특정 장소에 대한 영토화된 소속감에 기댄 닫힌 개념으로부터 로컬과 글로벌을 가로지르는 열린 개념으로 이행하도록 하여 단일 국가의 경계를 초월하여 작동하는 세계시민성의 의미를 성찰하도록 한다. 본질주의적 장소관이 장소에 고착된 고립된 장소감에 주목하는 것에 비해 관계론적 장소관은 장소감이 장소를 기반으로 작동하는 다양한 사회적 관계와 실천을 통해 만들어지는 정치·사회적인 산물임을 이해하도록 하여 보다 개방적이고 확장적인 장소감을 상상할 수 있게 한다. 또한 본질주의적 장소관은 세계를 주어진 것으로 간주하여 기존의 질서에 순응하는 수동적인 학습자들을 길러낼 우려가 있다면, 관계론적 장소관은 학습자들을 글로벌 네트워크 속에 포함된 행위주체자로 호명하여 지리가 보다 나은 세계를 만들어 가는 변혁적인 과정에 참여할 수 있게 하는 실천적 잠재력을 내포하고 있다.

지리를 포함한 사회과 교육의 중요한 교육목표 중의 하나는 개인의 발전뿐만 아니라 사회와 인류의 발전에 기여할 수 있는 책임 있는 시민을 기르는 것이다(교육부, 2015a). 그리고 시민성의 육성이라는 사회과의 교육목표는 역량 기반 교육과정이 추동하는 교육적 변화 속에서 점점 강조되고 있는 추세이다. 따라서 지리교육은 관계론적 장소관을 수용하여 세계와 분리된 관찰자로서의 학습자들을 세계와 연결된 행위주체자로 새롭게 위치시켜 시민성 교육에 적극적으로 가담할 필요가 있다. 그렇다면, 교과의 경계를 단속하면서도 현시대의 교육적 요구에 부응해야 하는 긴장 사이에서 지리교과를 변화시키기 위한 움직임은 어떤 방향에서 이루어져야 할까?

오랫동안 계통적 주제와 원리 이면에 방치된 장소들을 새로이 조직하여 다시 지리교육의 전면으로 이동시키는 과정이 이에 대한 유용한 출발점이 될 수 있을 것으로 판단된다. 장소는 지리학의 서로 다른 세부 부분과 분야들의 이질적인 관심의 기저에 놓여 있는 공통분모로, 점점 심화되어 가는 학문으로서의 지리와 교과로서의 지리 사이의 간극을 좁힐 수 있는 유용한 연결고리가 될 수 있으며, 지역적 접근법으로 내용을 조직하면 '일반사회'와 '지구과학'과 같이 지리교과와 많은 내용 요소를 공유하고 있는 타교과들과의 차별성을 확보할 수 있기 때문에 교과통합의 논리에 저항할 수 있는 실제적인 방어막이 될 수 있다. 그러나 장소를 중심으로 한 지역지리교육을 강화하는 것을 타교과와의 경쟁 속에서 지리교과를 어떻게 지킬 수 있을 것인가 하는 교과 정치의 논리만으로 접근해서는 안 된다. 새로운 지리는 반드시 새로운 개념을 가지고 새로운 형태로 쓰여져야 할 것이다.

필자들은 이에 대한 한 가지 대안으로 현행 고등학교 선택과목인 '한국지리'를 대체하여 '동아시아지리' 혹은 '동아시아와 한국의 관계지리'라는 새로운 교과목의 도입을 제안한다. 5차 교육과정부터 몇 차례의 교육과정 개정이 있었음에도 불구하고 고등학교 지리과 선택과목은 '한국지리'와 '세계지리'의 체제를 유지해 오고 있다(조철기·이종호, 2017). 이러한 한국 대 세계라는 위계적인 스케일에 토대한 교과목의 편성은 학생들로 하여금 세계를 분절적인 모자이크로 이해하게 할 우려가 있다. '한국지리'와 '세계지리'라는 과목명이 영역의 매끄러운 접합을 강요하고 있는 셈이다. 그러나 우리가 살아가는 '지금 여기'를 만드는 힘들은 국지적–지역적–국가적–지구적 스케일로 이어지는 수직적 차원에서만 발생하는 것이 아니라 글로벌 연계를 포함한 다양한 장소들 간의 네트워크로 구성된 수평적 차원에서도 발생한다(박배균, 2012). 따라서 세계 속에서 분리된 한국만을 다루어서는 관계적 사고를 촉진할 수 있는 내용을 구성하는 데 한계를 지닐 수밖에 없다.

가칭 '동아시아지리' 혹은 '동아시아와 한국의 관계지리'라고 명명한 '한국지리'를 대신하는 새로운 고등학교 선택과목은 북한, 중국, 일본, 러시아 등 우리나라 주변 국가들의 사실적인 지리 정보를 더 많이 배우기 위해서 제안하는 것이 아니다. 이 과목에도 중심에는 한국이 있다. 그러나 한국에 닫힌 지리가 아니라 한국을 기반으로 하는 열린 지리이다. 한국의 영토적 경계를 넘어 인접 동아시아 국가와 도시들과의 관계성을 바라보는 지리이다. 새로운 과목은 우리나라의 장소들을 만들어가는 힘들을 한국의 영토적 경계 안에서만 바라보지 않는다. 우리나라의 장소들이 생성되고 변화하는 동적인 과정에 주목하면서 우리나라 장소들 간의 혹은 우리나라와 동아시아 장소들의 간의 상호 연계와 의존성을 다층적이고 중층적인 스케일에서 접근한다. 동아시아의 지정학적 변화를 예고하는 남북 간의 관계 변화와 초국가적인 이주자의 증가와 함께 점점 심화되고 있는 국내의 다문화적인 현실을 감안할 때, 한국이라는 분리된 공간보다는 동아시아라는 마주치는 공간이 우리나라의 장소들을 의미 있게 이해할 수 있는 더 유용한 틀이 될 것이다. 그리고 동아시아는 국내 지리학계에서 세계의 다른 지역보다 상대적으로 더 많은 연구 성과들을 축적하고 있다. 새로운 교과목의 도입은 학교지리가 근래에 이룩한 지리학계의 성과들에 관심을 기울이도록 하여 지리교육이 현대 지리학의 흐름에 조응할 수 있는 전환의 계기를 마련할 수 있는 기회를 제공할 것으로도 기대된다.

물론, 한편에서는 이러한 주장에 대해 지리교육이 위기에 처했을 때마다 나오는 상아탑 속에 안주한 자들의 사견으로 간단하게 치부할 수도 있다. 그러나 이 글의 논점은 지금 당장 '한국지리'를 폐기하자는 것이 아니라, 관계론적 장소관에 토대하여 지리교육의 관성을 극복할 수 있는 방안들에 대해 함께 고민해 보자는 것이다. 이견은 언제나 존재할 수 있다. 이견의 존재를 인정해야 한다. 우리가 정녕 경계해야 할 것은 우리 안에 다른 생각이 있다는 것이 아니라, 그것이 마주치지 않고 흩어지는 상황이다. 논쟁이 없다면 움직임도 없을 것이다. 우리는 관계적 장소 개념이 향후 교육과정 논쟁의 중심에 서기를 감히 기대한다. 그리고 이러한 논쟁을 통해 지리교과가 움직일 수 있기를 희망한다.

• **요약 및 핵심어**

요약: 이 글은 현시대의 교육적 요구에 부응하는 장소 개념을 도출하고, 그것이 지닌 교육적 함의를 탐색하는 데 목적을 둔다. 이 글에서 필자들은 그동안 지리교육이 본질주의적 장소관에 기초하여 장소를 개념화하였기 때문에 시민성 교육에 제대로 기여하지 못했다고 비판하면서, 장소를 관계적으로 사고하는 인식론적 전환이 필요함을 주장한다. 관계론적 장소관은 시민성 개념을 영역에 기반하여 규정되는 닫힌 개념으로부터 로컬과 글로벌을 가로지르는 열린 개념으로 이행하도록 하며, 장소에 묶인 고립된 장소감을 장소에 기반한 개방적인 장소감으로 확장시켜 시민성 교육의 소재로서 장소감이 지닌 교육적 잠재력에 관심을 기울이도록 한다. 또한 관계론적 장소관은 보다 좋은 장소를 만들어가는 과정에 참여하는 실천적 과정을 강조하여 능동적 시민성 함양에 기여할 수 있다. 관계론적 장소관에 토대한 지역지리교육은 역량 기반 교육과정이 추동하는 교육적 변화 속에서 지리교과의 정체성을 확보하면서도 시민성의 육성이라는 사회과의 요구에 부응할 수 있는 유용한 방편이 될 것이다.

핵심어: 장소(place), 관계론적 장소관(a relational conception of place), 지리교육(geography education), 시민성(citizenship), 재현(representation)

• 더 읽을거리

심승희(역), 2012, 짧은 지리학 개론 시리즈: 장소, ㈜시그마프레스, 서울(Cresswell, T., 2004, *Place: a short introduction*, Blackwell, Malden).

Lambert, D., and Machon, P.(eds.), 2001, *Citizenship through secondary geography*, Routledge Falmer, London.

Massey D., and Jess P.(eds.), 1995, *A Place in the World?: Places, Cultures and Globalization*, Oxford University Press, Oxford.

참고문헌

교육부, 2015, 2015 개정 교육과정 초중등학교 교육과정 총론, 교육부 고시 제2015-04호 [별책 1].

교육부, 2015, 2015 개정 교육과정 사회과 교육과정, 교육부 고시 제2015-74호 [별책 7].

구동회·심승희(역), 1995, 공간과 장소, 대윤, 서울(Tuan, Y. F., 1977, *Space and place: The perspective of experience*, University of Minnesota Press, Minneapolis).

권정화, 2015, 지리교육학 강의노트, 푸른길, 서울.

김덕현·김현주·심승희(역), 2005, 장소와 장소상실, 논형, 서울(Relph, E., 1976, *Place and Placelessness*, Pion Ltd., London).

김왕근, 1999, 세계화와 다중 시민성 교육의 관계에 관한 연구, 시민교육연구, 28, 45-68.

김정아·남상준, 2005, 장소 중심 지리교육내용 구성원리의 탐색, 한국지리환경교육학회지, 13(1), 85-96.

모경환·임정수, 2010, 글로벌 사회 청소년 시민교육의 전략과 방법, 시민청소년학연구, 1, 37-57.

모경환·임정수, 2014, 사회과 글로벌 시티즌십 교육의 동향과 과제, 시민교육연구, 46(2), 73-108.

박배균, 2010, 장소마케팅과 장소의 영역화: 본질주의적 장소관에 대한 비판을 중심으로, 한국경제지리학회지, 13(3), 498-513.

박배균, 2012, 한국학 연구에서 사회-공간론적 관점의 필요성에 대한 소고. 대한지리학회지, 47(1), 37-59.

박배균, 2013, 영토교육 비판과 동아시아 평화를 지향하는 대안적 지리교육의 방향성 모색, 공간과 사회, 44, 163-198.

박배균, 2015, 도시-지역 연구에서 관계론적 사고를 둘러싼 논쟁, 허우긍·손정렬·박배균(편), 네트워크의 지리학, 푸른길, 서울, 261-279.

박선미, 2016, 2015 개정 중학교 사회과교육과정개발 과정의 의사결정 구조에 대한 비판적 고찰, 한국지리환경교육학회지, 24(1), 33-45.

박선희, 2009, 다문화사회에서 세계시민성과 지역정체성의 지리교육적 함의, 한국지역지리학회지, 15(4), 478-493.

서지원(역), 2018, 상상된 공동체: 민족주의의 기원과 보급에 대한 고찰, 길, 서울(Anderson, B., 2006, *Imagined communities: Reflections on the origin and spread of nationalism*, Verso, London).

심승희·권정화, 2013, 21 세기 핵심역량과 지리 교육과정 (1); 영국의 2014 개정 지리교육과정의 특징과 그 시사점, 한국지리환경교육학회지, 21(3), 17−31.

이간용, 2016, 2015 개정 초등 사회과 지리 영역 교육과정 개발에 대한 반성적 고찰, 한국지리환경교육학회지, 24(1), 15−32.

이광우·백경선·이수정, 2017, 2015 개정 교육과정에서의 핵심역량 관련 이슈 고찰: 인간상, 교육 목표, 교과 역량과의 관계. 교육과정연구, 35(2), 67−94.

이광우·정영근·이근호·백경선·온정덕·소경희·양일모·김경숙·이미숙·김창원·박병기·모경환·구정화·진재관·박경미·곽영순·진의남·서지영·이경언·박소영·임찬빈, 2015, 국가교육과정 각론 조정 연구 − 2015 개정 교과 교육과정 시안 개발연구 I, 한국교육과정평가원 연구보고 CRC 2015−9.

이영민·이종희(역), 2013, 문화·장소·흔적, 한울아카데미, 파주(Anderson, J. 2010, *Understanding cultural geography: places and traces,* Routledge, Oxford).

이희상, 2012, 글로벌푸드/로컬푸드 담론을 통한 장소의 관계적 이해, 한국지리환경교육학회지, 20(1), 45−61.

전자배·이수진, 2017, 역량 함양을 위한 사회과 교육과정 설계 방향 탐색, 시민교육연구, 49(4), 171−196.

전종한, 2016, 2015 개정 [세계지리] 교육과정의 개발 과정과 내용, 한국지리환경교육학회지, 24(1), 71−85.

조철기·이종호, 2017, 세계화 시대의 세계지리 교육, 어떻게 할 것인가?, 한국지역지리학회지, 23(4), 665−678.

조철기(역), 2012, 지리교육의 새 지평, 논형, 서울(Morgan, J., and Lambert, D., 2005, *Teaching school subjects 11-19: Geography*, Routlege, Oxford).

조철기, 2005, 지리교과를 통한 시민성 교육의 내재적 정당화, 대한지리학회지, 40(4), 454−472.

조철기, 2007, 인간주의 장소정체성 교육의 한계와 급진적 전환 모색. 한국지리환경교육학회지, 15(1), 51−64.

조철기, 2014, 지리교육학, 푸른길, 서울.

최병두, 2014, 한국의 신지역지리학: (1) 발달 배경, 연구 동향과 전망, 한국지역지리학회지, 20(4), 357−378.

최병두, 2016, 한국의 신지역지리학: (2) 지리학 분야별 지역 연구 동향과 과제, 한국지역지리학회지, 22(1), 1−24.

최재헌, 2005, 지역정체성과 장소 마케팅; 세계화시대의 지역과 지역정체성에 대한 개념적 이해, 한국도시지리학회지, 8(2), 1−17.

황규덕, 2017, 상호의존성의 인식수준이 글로벌 문제의 참여의도에 미치는 영향: 공정무역에 대한 심리적 거리감의 매개 역할을 중심으로, 서울대학교 대학원 석사학위논문.

Agnew, J., 1987, *Place and Politics: The Geographical Mediation of State and Society*, Allen & Unwin, Boston.

Castree, N., 2009, Place: connections and boundaries in an interdependent world, in Holloway, S., Rice, S. P., and Valentine, G.(eds.), *Key concepts in geography(2nd Edition)*, Sage, London, 153-172.

Cook, I., 2008, What is geography's contribution to making citizens?, *Geography*, 93(1), 34-39.

Cresswell, T., 2004, *Place: a short introduction*, Blackwell, Malden.

Cresswell, T., 2012, *Geographic thought: a critical introduction*, John Wiley & Sons Ltd., New York.

Dfe, 2013, *National Curriculum in England: framework for key stages 1 to 4*, https://www.gov.uk/government/

publications/national-curriculum-in-england-framework-for-key-stages-1-to-4/the-national-curriculum-in-england-framework-for-key-stages-1-to-4.

Hartshorne, R., 1959, *Perspective on the Nature of Geography*, Association of American Geographers, Chicago.

Harvey, D., 2001, *Spaces of capital: Towards a critical geography*, Edinburgh University Press, Edinburgh.

Holloway, L., and Hubbard, P, 2001, *People and place: the extraordinary geographies of everyday life*, Prentice Hall, Harlow.

IGU, 1992, *International Charter on Geographical Education*, IGU.

Johnston, R. J., Gregory, D., and Smith. D. M., 1994, *The Dictionary of Human Geography(3rd Edition)*, Blackwell, Oxford.

Johnston, R. J., 1986, *On human geography*, Blackwell, New York.

Jones, C., 2001, Where shall I draw the line, Miss?: The geography of exclusion, in Lambert, D., and Machon, P.(eds.), *Citizenship through secondary geography*, Routledge Falmer, London, 98-108.

Lambert, D., and Machon, P., 2001, Introduction: Setting the scene for geography and citizenship education, in Lambert, D., and Machon, P.(eds.), *Citizenship through secondary geography*, Routledge Falmer, London, 1-8.

Lambert, D., and Morgan, J., 2010, *Teaching Geography 11-18: A Conceptual Approach*, McGraw-Hill Education, Maidenhead.

Massey, D., 1997, A Global Sense of Place, in Barnes, T. and Gregory, D.(eds.), *Reading Human Geography*, Arnold, London, 315-323.

Massey, D., 2005, *For space*, Sage, London.

Morais, D. B., and Ogden, A. C., 2011, Initial development and validation of the global citizenship scale, *Journal of studies in international education*, 15(5), 445-466.

O'Byrne, D., 2005, Citizenship, in Atkinson, D., Jackson, P., Sibley, D., and Washbourne, N.(eds.), *Cultural geography: A critical dictionary of key ideas*, I.B.Tauris & Co Ltd, New York, 135-140.

Oxfam, 2015, *Education for global citizenship: A guide for schools*, Oxfam, Oxford.

Pred, A., 1984, Place as historically contingent process: Structuration and the time-geography of becoming places, *Annals of the association of american geographers*, 74(2), 279-297.

Rawling, 2018, Place in geography, in Jones, M. and Lambert, D.(eds.), *Debates in geography education(2nd Edition)*, Routledge, Oxford, 49-61.

Rose, G., 1993, *Feminism and Geography: The Limits of Geographical Knowledge*, Polity Press, Cambridge.

Söderström, A., 2005, Representation, in Atkinson, D., Jackson, P., Sibley, D., and Washbourne, N.(eds.), *Cultural geography: A critical dictionary of key ideas*, I.B.Tauris & Co Ltd, New York, 11-15.

Soja, E. W., 1980, The socio-spatial dialectic, *Annals of the Association of American geographers*, 70(2), 207-225.

Storey, D., 2001, *Territory: the Claiming of Space*, Prentice Hall, London.

Taylor, L., 2004, *Re-presenting geography*, Chris Kington Publishing, Cambridge.

Tuan, Y. F., 2004, Sense of place: Its relationship to self and time, in Mels, T.(ed.), *Reanimating places: a geography of rhythms*, Routledge, London, 45-55.

UNESCO, 2014, *Global Citizenship Education: Preparing Learners for the Challenges of the 21st Century*, UNESCO, Paris.

Williams, M., 2001, Citizenship and democracy education: Geography's place - an international perspective, in Lambert, D., and Machon, P.(eds.), *Citizenship through secondary geography*, Routledge Falmer, London, 31-41.

4.
신지역지리학과 지리교육[1]

손명철(제주대학교)

… 지역은 영원하지도 독립적이지도 않다. 각 지역을 분석해야만 세계를 제대로 이해할 수 있다. 또한 지역을 올바로 이해하기 위해서는 세계경제 속에서 그 지역이 차지하는 위치를 알아야 하며, 세계경제를 제대로 이해하기 위해서는 세계를 구성하고 있는 각 장소를 알아야 한다. −Taylor(1988)

신지역지리학의 가장 중요한 목표는 주관성과 주체가 설 자리가 마련된 설명 틀을 구축하는 것, 다시 말하면 인간 주체에 대한 충분히 맥락화된 설명 틀과 맥락에 대한 충분히 주체화된 설명 틀을 구축하는 것이어야 한다. −Thrift(1993)

1. 머리말

지리학은 역사학과 함께 꽤 오랜 역사를 가진 학문에 속한다. 고대 그리스의 헤로도토스는 이미 기원전 5세기경에 페르시아 전쟁사를 집필하고 이집트의 자연환경과 주민들의 일상생활을 상

1 이 글은 손명철(1994, 1995, 2017)을 수정·보완한 것임.

세하게 관찰하여 기록함으로써 역사학과 지리학의 아버지로 불린다. 헤로도토스 이래로 지리학은 여러 지역들이 얼마나 독특하며, 그런 독특성이 어떻게 형성되었는지에 관심을 가지는 지역지리(regional geography)와 세계를 어떻게 측정할 것인지, 그리고 특정 주제를 중심으로 세계의 보편성을 찾아내려는 계통지리(systematic geography)가 서로 경쟁하고 조화를 이루면서 발전되어 왔다(Cresswell/박경환 외, 2015). 따라서 지리학은 지역지리와 계통지리가 균형을 이룰 때 비로소 학문적 정체성과 사회적 적실성을 담보할 수 있을 것이다.

1945년 광복 이후 주로 일본과 북미에서 유입된 한국의 근대 지리학 연구는 지역지리와 계통지리가 균형 있게 발전하지 못하고 계통지리에 치우쳐 연구되어 왔다. 지역지리는 각 지역의 잡다한 사실을 종합적으로 나열한 상식의 묶음에 불과하다는 그릇된 인식이 지리학자들 사이에 팽배하였기 때문이다. 이러한 인식은 기본적으로 제2차 세계대전 이후 영국과 미국에서 등장한 실증주의 지리학 사조를 거의 무비판적으로 수용한데 기인한 것으로 보인다. 계통지리 중심의 지리학 연구 추이는 지금도 지속되고 있다.

본 글은 지역지리에 대한 부정적 선입견이 해소되지 않고 있는 오늘날 한국의 지리학 연구 풍토를 문제의식으로 삼아 시작되었다. 우선 전통지역지리학의 취약점과 한계는 무엇인지 살펴보고, 실증주의 지리학을 비판하면서 등장한 신지역지리학은 어떤 지향과 갈래를 가지고 있는지 검토한다. 마지막으로 신지역지리학이 지리교육에 주는 시사점을 제시하면서 마무리하고자 한다.

2. 전통지역지리학의 한계와 신지역지리학의 등장

20세기 중반 지리학 연구에서 실증주의 철학에 기반한 계량분석과 이론혁명이 본격적으로 논의되기 이전까지, 지리학(주로 지역지리학)은 어떤 개념적 준거에 적합한 지식이나 구조화된 개념에 의해 정의되는 독자적인 분과학문으로 인정받지 못하였다. 20세기 중반 이전까지 지리학은 일반적으로 알려진 독립된 과학(science)의 하나라기보다는 반복된 훈련이나 야외조사를 통해 학습될 수 있는 하위 분과로 인식되었다. 따라서 유능한 지리학자가 되기 위해서는 지도 읽는 법을 배우고, 야외 경관 즉 지표면의 기복과 농업적 토지 이용패턴의 주요 특징들을 파악하며, 특정 지역 현지 주민의 생활방식을 조사하고 이를 이해하는 것이 필수적이었다. 어떤 이는 이를 숙련된 장인으로서 지리학자가 가진 기술(geographer's craft)이라 부르기도 하였다.

1950년대 이후 영·미권에서 이와 같은 모습의 전통지역지리학은 쇠퇴의 길을 걷기 시작하였다. 그 당시 지역지리학의 위기는 지역지리 자체에 대한 실망이라기보다는, 서구 사회 대다수 사람들의 생활이 현대화되면서 생겨난 현실세계(reality)의 변화를 반영한 것이라 볼 수 있다. 삶의 터전을 이루었던 전근대적인 농촌지역이 급속히 산업화되면서 과거와는 매우 색다른 경관을 형성하게 되고, 도시와 농촌 간 인구 분포도 급격한 변동을 겪게 되었다. 이에 따라 이전까지의 단선적인 역사적 접근방법은 당시의 지역변화를 설명하는 데 더 이상 유용한 도구가 될 수 없었다. 지역지리학은 지역 변화를 설명하는 데 무기력해지고, 현실세계는 과거를 토대로 한 설명보다는 현재의 기능에 의한 설명이 더욱 설득력을 얻게 되었다. 전통적인 지역지리 방법론은 생산수단이 고도로 발달하고 사회적 관계가 복잡해져서 형태(form)와 기능(function) 사이의 관계가 가시적으로 분명하게 드러나지 않는 근대화된 지역에서보다는, 주민의 생활이 단순하고 사회적 활동이 경관 상에 직접적으로 표출되는 전근대적인 지역에 더욱 의미 있고 적절하게 적용될 수 있는 것으로 간주되었다. 리글리(Wrigley, 1965)는 산업혁명 이후 현실 세계가 이전 시대와는 완전히 달라지면서 지역지리의 생명력도 쇠퇴할 수밖에 없었다고 진단한다. 그는 농민, 농촌사회, 그리고 운송수단으로서의 말(馬)과 마찬가지로 지역지리도 산업혁명의 희생물로 보고 있다.

그러나 전통지역지리의 쇠퇴를 단순히 현실 세계의 변화에 따른 학문적 적실성의 결여만으로 모두 설명하기는 어렵다. 학문 내적인 취약성도 전통지역지리의 지속적인 발전에 중대한 장애요인이 되었다. 전통지역지리가 지니고 있던 내적 취약성은 어떤 점을 말하는 것인가? 우선 각 지역이 가지는 고유성(the unique)과 특이성(the singular)만을 지나치게 강조하거나, 지식의 일반화를 소홀히 함으로써 어떤 한 지역에 대한 연구결과와 그것으로부터 얻어진 통찰력이 다른 새로운 지역을 연구할 때 큰 도움이 되지 못한다는 점, 그리고 정치학, 사회학, 인류학, 경제학 등 지리학 이외의 여타 사회과학 분야에서 새롭게 발전해 온 방법론과 분석기법을 충분히 수용하지 못하고 있다는 점이 그런 것이다. 뿐만 아니라 연구자 개인의 편의에 따라 자의적이고 과도한 절충주의적인 면모를 보이거나, 연구 주제(themes)와 문제(problems)를 선정할 때 드러나는 무원칙한 선택, 표면적이고 가시적인 경관 연구에만 편중되어 있을 뿐 사회적으로 의미 있는 문제와 사회현상에 대한 연구는 상대적으로 빈약하다는 점 등도 전통지역지리가 지닌 학문적 취약점으로 거론되었다. 이처럼 도시화, 산업화의 진전으로 인한 현실 세계의 급속하고 근본적인 변화와 전통지역지리 연구 자체가 지닌 여러 가지 학문 내적인 취약성 등의 요인들이 복합적으로 작용함으로써, 1950년대 이후 지역지리 연구는 빠르게 위축되어 갔다.

전통지역지리가 쇠퇴했다고 해서 지리학에서 지역을 연구해야 할 필요성이 사라진 것은 아니다. 산업화의 진전으로 인해 지역의 다양성이나 고유성이 완전히 없어진 것도 아니다. 계량혁명을 통해 전통지역지리를 비판하면서 등장한 실증적 공간분석론이 방법론적으로 많은 문제를 드러냄에 따라 1980년대 이후 새로운 지역지리, 즉 신지역지리(new regional geography)에 대한 논의가 활발히 진행되었다. 이는 전통지역지리를 과거의 모습 그대로 부활하자는 것이 아니라, 지역차(areal differentiation)에 민감하게 대응할 뿐만 아니라 이것이 현대 세계가 작동하는 데 있어서 어떻게 중심적 역할을 하는가를 보여 줄 수 있는 새로운 지역지리를 발전시키자는 것이다.

신지역지리를 주장하는 사람들은 지역을 바라보는 관점이 과거와는 매우 다르다. 이들은 우선 지역을 사회적 행위의 산물로 본다. 지역이 서로 다른 것은 사람들의 행위를 통해 다르게 만들어지기 때문이라는 것이다. 동시에 지역은 자기재생산적 실체(self-reproducing entities)이기도 하다. 지역은 곧 그곳에 사는 사람들의 학습이 이루어지는 맥락이기 때문이다. 지역은 사회화의 역할모델을 제공하며 특정한 가치와 태도를 심어준다. 사람은 특정 장소 속에서 만들어지고, 장소가 달라지면 사람도 달라진다는 것이다(Johnston, 1991).

이러한 신지역지리는 몇 가지 측면에서 전통지역지리와 확연한 차이를 보여 준다. 먼저 전통지역지리와 신지역지리는 서로 다른 철학적 기반을 배경으로 한다. 전자가 경험주의(empiricism) 철학을 토대로 하고 있는 데 비해 후자는 실재론(realism)에 기초하고 있다. 특히 신지역지리는 포스트모더니스트들의 인식론적 지향을 보이기도 하는데, 그것은 반정초주의(anti-foundationalism) 입장에서 통일적이고 단선적인 인식체계를 거부한다. 전통지역지리 연구가 사물이나 현상에 대한 단순한, 피상적인 기술(thin description) 위주의 방법이었던데 반해, 신지역지리는 현상을 설명하고 해석하려 하며 나아가 그것의 의미와 상징까지 따져 묻는 심층기술(thick description)을 추구한다. 설명의 대상 시점에서도 양자는 분명한 차이를 보인다. 전자에서의 시간은 대체로 과거 혹은 과거시점이었으나, 후자는 과거에 비추어 이해되는 현재, 즉 현재를 대상으로 하는 학문이며 동시에 미래에 대한 과학이라 할 수 있다. 그러나 무엇보다 이들의 차이를 의미 있게 드러내 주는 것은 지역 고유성(regional uniqueness)이 형성되는 메커니즘을 서로 다르게 본다는 점이다. 양자 모두 지역의 고유성은 존재하며 그것은 지리학 연구에서 매우 중시되어야 한다는 점에 동의한다. 하지만 전통지역지리에서는 지역고유성이 지역이라는 폐쇄체계 속에서 지역 내 자연 및 인문적 제 요소들의 다양한 결합방식에 의해 형성된다고 인식하였던 데 반해, 신지역지리에서는 지역 고유성이 현대와 같은 개방체계 속에서 활발하게 진행되는 지역 간 상호작용에 의해 형성되는 것으로 본다. 전통지역지리와 신지역지리는 연구이면에 지니고 있는 함의도 상이한데, 전자가 세계를 이해하고 알기 위한 지적 도구라면 후자는 세계를 변화시키기 위한 실천적 행위도구라고 할 수 있다.

한편 와프(Warf, 1988)의 지역고유성에 대한 논의는 신지역지리가 지향하는 바를 보다 명료하게 보여 준다. 그의 주장에 따르면, 신지역지리는 설명의 보편적 법칙을 거부하며, 지역의 개별적 특성에 대한 기술(the idiographic)을 부활하려 한다. 더불어 장소의 국지적 고유성을 인정하고 그것을 이론적 개념들을 동원하여 역사적으로 상세하고 풍요롭게 기술하려는 방법론적 특징을 지닌다. 결국 신지역지리란 기존의 지리학 연구에서 소홀히 다루어졌던 공간, 지역, 장소의 의미와 역할을 적극적으로 파악하고 해석하려는 것이며, 공간이 가지는 의미의 풍요성을 제대로 드러내려는 지적 시도라 할 수 있다. 이러한 관점의 근본적인 변화는 인문지리학과 사회이론의 방법론적 만남이 중요한 계기가 되었다.

3. 공간과 사회: 지역지리와 사회이론의 만남

전통지역지리학자들이 자의적으로 지역 경계를 설정하고 지역의 개성을 단순히 기술하는 수준에 머물러 왔다고 비판받고 있지만, 지리학 연구의 핵심 대상은 예나 지금이나 지역(region), 공간(space), 혹은 장소(place)였음을 부인하기 어렵다. 다만 전통지역지리에서는 지역이라는 용어가 주로 사용되었으나, 신지역지리에서는 지역과 함께 공간, 장소, 로컬리티(locality), 현장(locale) 등 보다 많은 용어와 개념들이 등장하여 사용되고 있다. 이들은 지금도 다양한 형태로 논의되고 개념화되고 있지만, 대체로 객관적 기준 없이 한 두 개의 관찰시점을 선정하여 제한된 구역의 측정 가능하고 가시적인 속성들을 선별적으로 강조하는 방식을 취하고 있다. 그것이 공간적 분포를 구성하는 개별요소들로 표현되건, 물리적 사실과 인공물이 결합하여 형성된 고유한 합성체로 표현되건, 혹은 하나의 체계 속에서 서로 상호작용하는 단위로 표현되건 간에 지역과 공간은 그 위에서 인간 활동이 펼쳐지는 단순한 무대에 불과한 것으로 인식되고 묘사되어 왔다. 새로운 인간주의를 주창하는 지리학자들, 이를테면 장소를 주체에 대한 객체로 보고 장소란 곧 개별 인간이 느끼는 가치와 의미의 중심이며 정서적 연계와 유의미성이 구축되는 지점이라고 보는 사람들조차도, 장소란 본질적으로 스스로는 꼼짝도 못하는 비활성체적인 것으로 인식하는 경향이 있었다.

이처럼 전통지역지리 연구에서는 공간과 지역의 의미가 매우 소극적으로 해석되었을 뿐만 아니라 공간과 사회와의 관계, 그리고 사회 속에서 공간의 역할도 편협하거나 경직되게 파악되었다.

1980년대 이후 지역지리를 새롭게 구축하려 시도하는 학자들은 이들과는 아주 다른 공간 인식을 보여 주고 있다. 우선 매시(Massey, 1984b)의 주장에 따르면, 전통지역지리에서 공간 혹은 공간적인 것이라는 의미 속에는 '장소'라는 개념과 '자연'세계에 대한 관심, 그리고 풍요성과 특이성에 대한 인식이 내포되어 있다. 그런데 계량혁명 이후 공간분석학파가 등장하면서 이 모든 것들을 '거리'(distance)라고 하는 단순한, 그러나 계량화가 가능한 개념으로 환원하여 버렸다. 이들에 의해 공간은 하나의 단일 차원으로 환원되어 버린 것이다. 본래 '공간적'이라는 용어의 의미 속에는 사회세계의 전반적인 양상들이 모두 포함된다. 그것은 거리 그 자체뿐만 아니라 측정치에서의 차이, 거리 개념이 가지는 내포와 거리에 대한 감상(appreciation) 모두를 포함한다. 그것은 이동(movement)의 의미도 가진다. 지리적 차이, 장소 개념, 특이성, 장소들 사이의 차이도 포함하며, 상이한 사회들과 주어진 특정 사회의 상이한 부문들이 이들 모두에게 부여하는 상징과 의미까지도 포함한다는 것이 매시의 견해이다. 이처럼 매시는 공간 혹은 공간적인 것의 의미를 지리학 내의 주요 패러다임을 모두 수용하여 매우 광범하고 포괄적인 의미로 규정하고 있다.

한편 프레드(Pred, 1985)는 '공간'이나 '공간적인 것'이라는 용어보다 장소와 지역이라는 용어를 자주 사용하면서, 장소란 안정적으로 고정된 존재(being)가 아니라 끊임없이 역동적으로 변화하면서 생성(becoming)되는 과정(process)으로 인식하고 개념화한다. 그의 주장에 따르면, 장소는 항상 인간 활동의 산물을 드러내 보여 준다. 장소는 늘 공간과 자연을 전유(專有)하고 변형시키는 것과 밀접한 연관을 가지며, 여기서 말하는 공간과 자연이란 시간 및 공간상에서 사회가 재생산되고 변형되는 것과 따로 떼어서 생각할 수 없는 성질의 것이다. 장소란 시간 및 공간상에서의 지속적인 인간 활동과 그것으로 인한 인간의 경험에 의해 특성이 부여된다. 그러므로 장소는 인간 활동과 사회적 상호작용이 펼쳐지는 단순한 무대(scene)나 현장(locale), 혹은 환경(setting)이 아니다. 장소는 끊임없이 생성되는 것이며, 현재의 무대를 장소로 창출하고 이용함으로써 특정한 맥락 속에서 역사 형성에 기여하는 어떤 것이라는 것이다. 매시와 프레드 같은 신지역지리학 주창자들의 견해에 따르면, 공간은 그 속에 온갖 사상(things)을 담고 있는 단순한 용기(containers)가 아니다. 공간은 한낱 어떤 존재의 외부환경에 불과한 것이 아니라 특정 존재를 존재이게 하는 본질적 차원이다.

신지역지리학을 주창하는 사람들은 공간이 수행하는 역할에 대해서도 보다 적극적인 의미를 부여한다. 공간은 사회적 프로세스의 산물 이상의 중요한 역할을 수행한다는 것이다. 물론 공간적 분포와 지리적 차이를 사회적 프로세스의 산물로 볼 수도 있다. 그러나 이들은 동시에 사회적 프로세스가 어떻게 작동하는가에 영향을 미친다. 공간적인 것은 단순히 사회적 프로세스의 결과물에 불과한 것이 아니다. 그것은 설명력의 일부이기도 하다. 따라서 지리학자들이 자신들이 연구하는 공간적 틀을 만드는 사회적 동인이 무엇인가를 인식하는 것이 중요한 것만큼이나, 여타 사회과학자들이 자신들이 연구하는 프로세스들은 필연적으로 거리나 이동, 공간적 차이와 관련되는 방식에 따라 다르게 구축되고 재생산되며 변화한다는 사실을 아는 것 역시 중요한 일이다. 요컨대 공간적인 것만이 사회적으로 구축되는 것은 아니다. 사회적인 것 역시 공간적으로 구축된다는 것이다.

이와 같은 공간과 사회와의 관계, 혹은 공간적인 것과 사회적인 것 사이의 관계에 대한 관심과 인식의 전환은, 1980년대 들어와 지리학자와 특히 사회학자들의 학문적 교류가 빈번해지면서 본격적으로 시작되었다. 사회학자 기든스(Giddens, 1984)는 이제 인문지리학과 사회학 사이에는 아무런 논리적, 방법론적 차이가 없다고 주장하면서, 사회이론가들에게 지리학으로부터 유용한 아이디어와 개념들을 좀 더 많이 수용할 것을 권유하였다. 어리(Urry, 1981) 역시 사회과학자들, 특히 사회학자들은 사회적 현상의 공간적 변이(spatial variation)에 대해 제대로 관심을 기울이지 않았다고 진단하고, 사회계급을 공간적 차이의 관점에서 분석하였다. 지리학계에서는 특히 그레고리(Gregory, 1988)가 사회이론가들과의 대화와 논쟁에 활발하게 참여하였다. 그는 기든스의 구조와 행위에 관한 이론을 구조화 이론(structuration theory)이라 칭하기도 하였다. 이러한 지적 교류의 성과가 지리학 내에서는 특히 지역지리 분야에 큰 영향을 미쳤을 뿐 아니라, 신지역지리 연구는 대부분 사회학을 비롯한 여타 사회과학 분야와의 활발한 교류를 통해 얻어진 지적 성과를 이론적 토대로 삼고 있다.

공간과 사회와의 관계, 또는 인문지리학과 사회학과의 방법론적 만남의 성과를 신지역지리 연구로 가장 적극적이고 구체적으로 수용한 지리학자로는 프레드(Pred, 1985)를 들 수 있다. 그는 '장소의 생성'(becoming of place)이라는 개념을 핵심축으로 하여, '사회적인 것이 공간적인 것이 되고, 공간적인 것이 사회적인 것이 된다'는 주장을 실제 경험적 사례 연구를 통해 실증적으로 제시하고 있다. 그의 견해에 따르면, 모든 장소는 역사적이고 우연적으로 생성되며, 이는 바로 그 장소에서 일어나는 구조화 과정의 물질적-연속적 전개과정과 불가분의 관계를 가진다. 모든 장소는 계속 진행되고 있는 과정(process)이라 할 수 있는데, 이 과정 속에서 사회형태와 문화형태의 재생산,

삶의 궤적, 자연과 공간의 변동이 서로서로를 형성하며, 동시에 시-공간적으로 특이한 경로-기획의 교차와 권력관계도 끊임없이 서로서로를 형성한다. 그리고 이들이 서로를 형성하는 방식은 어떤 보편적 법칙에 따르는 것이 아니라 역사적 상황에 따라 달라진다는 것이다. 요컨대 공간구조가 형성되는 것은 곧 사회적 재생산, 그리고 전반적인 구조화 과정이 이루어지는 바로 그 순간이며, 사회적 재생산은 곧 공간구조가 형성되는 바로 그 순간이라 강조한다.

한편 이처럼 복잡하고 중층적으로 형성되는 공간과 사회와의 관계를 실재론적 관점에서 재정립하려는 시도가 이루어졌다. 실재론에 기반한 학자들은 우선 실증주의나 정치경제학적 관점과는 다른 새로운 공간관을 제시하고 있는데, 이들은 사회와 공간과의 관계에서 '공간의 상대적 자율성'(relative autonomy of space)을 주장한다(이상일, 1991). 실재론자들의 주장에 따르면, 공간과 사회는 동일한 차원에서 논의될 수 없는, 존재론적으로 서로 다른 층위에 있는 존재이다. 공간과 사회는 서로 다른 속성을 지닌 대상이며, 따라서 공간이 사회와 동일한 인과력을 가지는 어떤 것으로 간주되어서는 안된다는 것이다. 그런데 학자에 따라 공간에 대한 사회적 인과력의 상대적 우월성을 주장하거나 역으로 공간의 우월성을 강조하기도 하며, 사회와 공간 간에는 어느 한 쪽이 결정론적으로 우위에 있는 것이 아니라 이들의 관계는 비결정론적이며 서로 동시적인 관계에 있다고 주장하기도 한다. 여기서 세이어(Sayer, 1989)는 공간이 가지는 상대적 자율성을 '공간이 만드는 차이'라고 설명한다. 공간이 만드는 차이란 공간이 그것을 구축하는 사회구조에 완전히 환원될 수 없는 궁극적인 구체성을 가진다는 의미이다. 그는 더 나아가 공간이 구체성을 획득하면서 차이를 만드는 것은 로컬리티, 혹은 locale로 통칭되는 지역사회의 고유성에 기인하는 것으로 본다. 로컬리티는 바로 공간이 만드는 차이의 내용을 구성하기 때문이다. 이렇게 볼 때 모든 사회구조적 과정(socio-structural process)은 국지적으로 고유성이 획득된 장소들 혹은 로컬리티들에 의해 차별적으로 매개되며, 이와 같은 로컬리티의 지속적인 매개과정은 공간현상의 구체성을 더욱 강화한다. 따라서 공간의 상대적 자율성은 바로 공간이 가지는 이러한 매개적 속성에 의거하여 정의되어야 한다는 것이 신지역지리학자들의 견해이다.

4. 신지역지리 연구의 주요 갈래

신지역지리 연구는 크게 네 갈래로 논의가 전개되었다. 구조화이론(structuration theory)에서 출발하여 시간지리학으로 연결되는 연구흐름, 공간분업이론(spatial division of labour theory)을 기반으로 하여 지역문제에 포괄적으로 접근하는 연구들, 세계체제론(world-system theory)을 공간적 관점에서 재해석하려는 연구들, 그리고 탈-후기구조주의(post-poststructuralism) 시대에 인간주체를 강조하는 연구들이 그것이다. 여기서는 이들 네 가지 연구 흐름들을 대표적인 학자의 주장과 경험적 연구 성과들을 중심으로 먼저 간략하게 살펴보고 종합적으로 정리하고자 한다.

1) 구조화 이론적 접근

이는 기든스의 구조화이론과 헤게스트란드의 시간지리학(time geography)을 주요 아이디어로 하는 연구들이다. 구조화이론은 구조주의 맑시즘의 과도한 결정론과 현상학의 비역사적, 비맥락적 접근 사이의 결함을 극복함으로써, 다양한 하위분야로 파편화된 지리학을 통합할 수 있는 종합적 도구로 수용되었다. 이는 능동적이고 의식 있는 인간주체를 상정하며 사회구조를 의식적 행위의 비의도적 산물로 파악함으로써, 사회구조는 이를 창출하는 인간의 의도적 행위로 환원될 수도 없고 이와 독립적일 수도 없다는 입장이다. 이러한 견해에 따르면, 현실 세계에 대한 연구는 통상 세 가지 분석수준이 존재하는데, 구조(structure)와 제도(institutions), 행위자(agents)가 그것이다. 구조란 사회적 실천에 깊이 내재되어 있으며 상대적으로 불변적이고 인간의 생활을 지배한다. 노동과 자본 간의 관계, 사회적 성 관계(gender relations), 국가 등은 모두 구조의 차원에 속한다. 제도란 구조가 실제로 표출된 것이며 시공간상에 伸張되어 있다. 예컨대, 국가의 각 기관이나 다국적 기업, 노동조합, 지방정부, 그리고 가족 등을 들 수 있다. 끝으로 행위자란 인간 행위자를 말하는 것으로 이들은 행위수행을 통해 사회적 과정의 결과를 조형한다.

구조화 이론적 접근을 통해 그레고리(Gregory, 1982)는 영국 요크셔 지방의 양모공업의 지리를, 프레드는 스웨덴 남부 스케인 지방의 엔클로저 운동과 장소의 생성을, 디어와 무스(Dear & Moos, 1986)는 캐나다 온타리오 주 해밀턴 지역에서 정신질환자들의 게토형성을 연구하였다. 특히 그레고리는 요크셔 지방 양모공업의 역사지리를 연구하면서 지역변동의 지리를 세 가지 스케일에서 파악하고 있는데, 지방스케일(local scale), 지역스케일(regional scale), 국가스케일(national scale)이 그것이다. 그는 이러한 세 가지 공간 스케일을 고립적으로 나누어서 접근하는 것이 아니라, 하나의 스케일에서의 시-공간 리듬이 다른 스케일의 그것과 어떻게 연관되는가를 밝히고자 한다. 여기서 그의 주요 연구초점은 경제지리이지만 이는 정치지리 및 이데올로기 지리와도 밀접하게 중첩되어 있다.

구조화 이론적 접근은 인간행위의 의식적이고 의도적인 특성에 상당한 관심을 기울이는 반면, 이와 동등하게 중요한 다른 한쪽, 곧 일상생활의 의식적 행위가 사회구조를 비의도적으로 생산하고 재생산한다는 사실을 소홀히 한다는 비판을 받는다.

2) 공간분업론적 접근

이는 매시(Massey, 1984a;1984b;1993)의 공간분업이론을 토대로 하여 지역의 고유성과 그것의 변화 메커니즘을 밝히려는 이른바 '로컬리티 연구들'이다. 매시의 주장에 따르면, 지역의 사회적·공간적 구조는 그 지역의 역할, 곧 국가 및 국제적 분업체제 속에서의 비교우위에 기반해서 파악될 수 있다. 시간이 경과함에 따라 지역의 역할이 변하기 때문에, 각 시기별 투자 특성과 일치하는 '투자의 층'(layers of investment)이 지역마다 마치 지층과 같이 한 층씩 누적되어 간다. 이처럼 각각 새로운 생산의 층위(rounds)가 지역 내에 침적되기 때문에, 지역의 모습은 항상 이전 투자층의 잔여에 의해 영향을 받고 계속 변형된다. 따라서 개별 지역은 광범한 경제적 프로세스 속에서도 고유한 정체성을 획득할 수 있다는 것이다.

공간분업론적 접근은 매시의 연구들이 주류를 이루며, 어리(Urry, 1986)와 마쿠센(Markusen, 1987)의 연구도 포함된다. 쿡(Cooke, 1989)을 중심으로 영국에서는 7개 소도시(로컬리티)를 사례로 경제재구조화라는 보편적 프로세스가 각 로컬리티에 어떤 상이한 영향을 미치며, 이들 로컬리티는 이러한 프로세스에 어떻게 대응하는가를 경험적으로 분석한 연구성과가 발표되기도 하였다.

매시의 공간분업이론은 구조화 이론이 가지는 오류, 즉 생산이론의 부재를 비판하면서 등장하였지만, 이것 역시 사회적 재생산과 정치, 그리고 지역 주민의 일상생활과 같은 생생한 이슈에 대해 침묵함으로써 비판받고 있다. 특히 스미스(Smith, 1987)는 로컬리티 연구가 전통적인 地誌(chorology)로 대표되는 비이론적 경험주의로 매몰될 가능성과 위험성을 날카롭게 지적하였다. 로컬리티 연구는 로컬리티 자체를 위한 연구가 되어서는 안 되며, 좀 더 광범한 법칙과 일반화를 추구하려는 맥락 속에서 연구되어야 한다는 것이다. 하비(Harvey, 1984) 역시 로컬리티 연구에 비판적인 입장을 취하고 있는데, '이론을 내팽개치고, 장소와 순간의 특이성으로 퇴행하여 소박한 경험주의에 탐닉하면서, 사례와 동일한 수의 이론을 양산하는 유혹'에 대해 경고하였다.

3) 세계체제론적 접근

이는 월러스타인(Wallerstein, 1974; 1979)의 세계체제론을 공간적 관점에서 재해석하려는 접근이다. 월러스타인의 주장에 따르면, 이제 세계는 국가 간 연계성이 대단히 밀접하기 때문에 어떤 한 지역의 사회·경제적, 정치적 동인을 올바로 분석하기 위해서는 세계를 총체적인 하나의 단위로 간주하지 않으면 안 된다. 세계체제는 그 자신만의 동인을 가질 뿐만 아니라 세계체제를 구성하는 각 지역의 동인에 결정적인 영향력을 행사한다. 자본주의 세계체제는 기본적으로 핵심부와 주변부, 그리고 반주변부로 구성되어 있다. 그런데 반주변부는 핵심부와 주변부를 제외한 단순한 나머지 지역이 아니다. 그것은 세계경제에 중요하고도 지속적인 영향을 미치며, 핵심부와 주변부 사이의 관계가 양극화되는 것을 완화시켜준다. 여기서 한 가지 주목해야 할 것은, 세계체제의 구조는 결코 고정불변의 것이 아니라는 점이다. 그것은 끊임없이 변화한다. 무엇보다 핵심부 국가들 사이의 경쟁정도가 시간이 경과함에 따라 달라진다. 하나의 핵심국가가 다른 모든 국가들을 지배하기도 하고, 세계체제 내에서 특정국가의 지위가 상승 혹은 하강하기도 하는데, 이는 세계체제의 정치적·경제적 순환주기가 특정국가에 유리하게 혹은 불리하게 작용할 때 이 기회를 어떻게 활용하느냐에 따라 달라진다. 결국 세계체제는 매우 역동적인 것으로서 이는 한 국가의 발전을 제한하기도 하고 촉진하기도 한다.

지역지리연구 측면에서 볼 때 세계체제론은 다음과 같은 시사점을 제공한다. 비록 세계는 우리의 봉(oyster)이지만 동시에 그 세계는 끊임없이 변화하는 맥락이다. 한 지역이 외부와 맺는 연계는 어느 정도 그 지역의 내부구조를 결정한다. 그러나 동시에 외부적 연계는 한 지역이 자신의 내부구조를 개선할 수 있는 기회를 부여하기도 한다. 세계체제 내에서의 국가별 지위 변동에 대한 논의는, 세계체제가 자신의 구성인자들을 제약할 뿐만 아니라 동시에 자신의 지위를 향상시킬 수 있도록 도와주기도 한다는 사실을 보여 준다.

테일러(Taylor, 1988)는 세계체제론적 맥락에서 로컬리티와 범세계경제를 연계시켜 특정 국가 내 특정 지역의 변화를 구명하려는 연구를 시도하였다. 그의 주장에 따르면, 지역은 영원하지도 독립적이지도 않다. 각 지역을 분석해야만 세계를 제대로 이해할 수 있다. 한 지역을 올바로 이해하기 위해서는 세계경제 속에서 그 지역이 차지하는 위치를 알아야 하며, 세계경제를 제대로 이해하기 위해서는 세계를 구성하고 있는 각 장소를 알아야 한다는 것이다. 이처럼 테일러는 개별 로컬리티와 세계체제는 두 개의 분리된, 상호 무관한 현상이 아니라 하나의 동전의 양면과 같은 것으로 보고 있다. 또한 브래드쇼(Bradshaw, 1990)와 하우슬라덴(Hausladen, 1989)은 자본주의 사회가 아니라 사회주의 사회에서의 지역변화에 대해 세계체제론적 접근을 시도하였다. 이들은 모두 구소련을 연구대상으로 하고 있는데, 전자는 페레스트로이카 정책이 공간변화에 미친 영향을, 후자는 시베리아 개발이 소련 연방 내 러시아의 발전과 16~20세기 초까지 세계경제 발전에 어떤 역할을 하였는가를 추적하여 분석하였다.

4) 탈-후기구조주의적 접근

이는 20세기 후반 인문-사회과학계에서 이루어지고 있는 다양한 이론적 논의들을 기반으로 하여, 인간의 주관성과 주체가 충분히 고려되는 새로운 지역 설명 틀을 구축하려는 시도이다. 이 접근은 거의 전적으로 드리프트(Thrift, 1983; 1990; 1991; 1993)에 의해 주도되고 있다. 그는 1980년대 초반에 이미 '시공간 속에서 사회적 행위를 규정하는 힘은 과연 무엇인가'라는 문제를 제기하면서, 구조화 학파의 주요 관심사들을 엄밀하게 검토한 바 있다. 즉 구조화 학파는 비기능주의적 사회이론을 표방하고 있지만 구조화 이론 속에도 여전히 결정론적 요소가 온존해 있다고 비판하고, 좀 더 소규모 공간 스케일에서 고유한 사건을 고려할 때 사회이론은 어떠해야 하는가를 논의하였다. 이 논의는 이후 인문지리학, 특히 지역지리학을 새롭게 구축하려는 많은 학자들에게 커다란 영향을 미쳤으며, 신지역지리 연구의 중요한 흐름을 형성하는 단초가 되었다.

1980년대 중후반을 거치면서 드리프트는 자신이 이전에 제기한 문제의식을 확대 발전시킨 새로운 지역지리 연구방향을 제시하였다. 그는 '탈-후기구조주의의 맥락 속에서 어떻게 지역지리 연구를 수행할 것인가'라는 질문을 던지고, 당시 지역지리 논의의 다양한 변종들, 즉 지역적 분포를 지도화하기, 로컬리티 연구, 장소에 대한 인간주의적 접근 등에 대해 예리한 비판을 가한다. 첫 번째 것은 지도를 곧 텍스트로 간주한다는 점, 두 번째 것은 그 속에 구조주의가 은밀히 숨겨져 있다는 점, 그리고 세 번째 것은 본질로서의 장소에 애착을 가진다는 점에서 모두 문제점을 안고 있다는 것이다. 특히 로컬리티 연구에 대한 그의 비판은 매우 구체적이며 신랄하다.

> 1980년대 영국에서 일어난 경제적, 사회적, 문화적, 정치적 변화를 이해해야 할 특별한 필요에서 비롯된 로컬리티 개념은, 점차 탈맥락화, 일시적 구경거리화, 포스트모던화하고 있다. 이 용어는 그 자체로서 수많은 이론가들의 논쟁거리가 되었으며, 어떤 특별한 해결책이 있는가에 대해 충

분한 검토도 없이 많은 사람들을 열광케 하였다. 아마도 로컬리티 논쟁의 주요 장점은 이런 것이 아닐까: 아무나 집적거릴 수 있다는 것. … 그러나 여기서 한 가지만은 분명해졌다. 기존의 로컬리티 논쟁에서 언급된 로컬리티는 주체와 주관성이 결여된 로컬리티라는 것. 1980년대 중반에 활발하게 진행된 구조–행위 논쟁은 구조 쪽의 승리로 결판이 났다.

그러면 드리프트가 주장하는 새로운 지역지리는 어떤 모습인가? 그는 '어떤 한 지역의 총체적인 생활방식을 충분히 이론화된 방식으로 발견해내고 재현하는 것'을 신지역지리학의 궁극적인 목표로 상정하였다. 그리고 이러한 목표에 이르기 위해 해결해야 할 세 가지 과제를 지적하였다. 첫째, 당시 만연하고 있던 비판적 실재론이 어떤 결과를 가져올 것인가 하는 점이다. 실재론이 신지역지리의 연구방법과 목적을 명료하게 밝히는 데는 크게 공헌하였으나, 이는 동시에 학문의 객관성에만 집착하게 하거나 생생한 경험세계를 애매하게 다루는 등의 문제점을 안고 있다는 것이다. 둘째, 지리학에서 활발하게 진행된 구조와 행위수행의 논쟁은 구조의 승리로 끝났다. 따라서 인간의 행위수행은 신지역지리에서도 여전히 이론화되지 못한 채 방치되어 있으며, 어떤 맥락 속에서 주관성을 이론화하려는 연구도 거의 손을 놓고 있는 상태이다. 셋째, 맥락(context)은 분명히 존재하며, 지역지리는 맥락의 중요성을 포착하는 것을 자신의 목적 가운데 하나로 삼아야 함에도 불구하고 지금까지 맥락은 거의 무시되어 왔다는 점이다. 요컨대, 신지역지리학의 가장 중요한 목표는 주관성과 주체가 설 자리가 마련된 설명 틀을 구축하는 것, 다시 말하면 인간 주체에 대한 충분히 맥락화된 설명 틀과 맥락에 대한 충분히 주체화된 설명 틀을 구축하는 것이어야 한다는 것이 드리프트의 일관된 주장이다.

5) 통합적 논의: 한국의 신지역지리 설명 틀을 모색하며

지금까지 살펴본 바와 같이 신지역지리 연구는 다양한 지적 흐름 속에서 논의가 진행되었다. 이들 접근법은 각각 상이한 인식론적 토대 위에서 서로 다른 설명 틀로 지역의 고유성과 장소의 생성·변화 메커니즘을 밝히려 한다. 그러면 이들 접근법 사이의 관련성은 무엇이며, 오늘날 급격하게 변화하는 한국의 지역을 연구하는 데 이들 접근법이 가지는 적실성과 한계는 무엇인가? 여기서는 이러한 문제의식을 가지고 앞에서 살펴본 접근법들을 어떻게 통합할 것인지, 그리고 한국의 신지역지리 연구에 적실한 접근법은 어떤 것인지를 모색해 보고자 한다.

다양한 신지역지리 논의들을 통합하고자 시도한 대표적인 지리학자는 와프(Warf, 1989)이다. 그는 구조화 이론(와프는 이를 '아래로부터의 접근'이라 부른다)과 공간분업론(이것은 '위로부터의 접근'이라 부른다)을 통합하여 장소에 대한 핵심이론으로 구축하는 것이 가능하다고 보고, 이를 '신지역론'(new regionalism)이라 칭하였다.

와프는 먼저 '국가적·범세계적인 공간경제 수준의 프로세스나 이에 대한 풍부한 정보를 무시하는 관념론적 접근(idealist approaches)과, 반대로 지방 수준에서 활동하는 행위자(local agents)의 중요성을 무시하는 법칙추구적 입장 가운데 어느 것을 선택해야 하는가'를 묻는다. 그는 이러한 난제에서 벗어날 수 있는 한 가지 길은 공간 스케일이 달라짐에 따라 의식적 행위가 가지는 중요성도 달라진다는 점에 주목한다. 이러한 접근은 생생한 경험과 사회-공간적 구조를 동시에 모두 고려하면서, 의식적 행위가 가지는 '한계성'이 연구의 공간적 스케일에 따라 각각 다른 함의와 분석적 유용성을 지닌다는 사실을 깨닫는 것이다. 요컨대, 구조화 이론은 방법론적으로 몇 가지 문제를 안고 있지만 로컬리티와 생생한 경험의 수준에서 진행되어야 할 연구에는 가장 적절하고 성공적인 이론이라는 것이다. 그러나 이보다 공간 스케일이 더 클 경우 개별 행위자의 의식을 다루는 것은 별 의미가 없으며, 이때에는 국가나 자본의 흐름, 시장행태, 자원배분과 같은 '구조적 규정력'(structural determinants)에 토대를 둔 연구가 좀 더 충실한 설명력을 가질 수 있다는 것이 와프의 주장이다.

이처럼 와프는 기본적으로 지역 혹은 로컬리티를 연구하는 데는 구조화 이론적인 접근이 가장 적절하다고 본다. 다만 공간 스케일이 커질수록 개별 행위자의 중요성이 감소하기 때문에 다양한 구조적 규정력을 설명의 기반으로 삼아야 한다는 것이다. 공간 스케일에 따라 의식적 행위가 지니는 중요성이 달라진다고 한 그의 지적은 탁견이라 할 수 있다. 그러나 이런 견해와 설명만으로는 충분치 않다는 점 또한 지적되어야 할 것이다. 특정한 공간 스케일에서 행위 주체인 인간의 의식적 행위가 가지는 중요성은 시대에 따라, 그리고 국가와 지역에 따라 각각 다르다고 하는 점이 동시에 언급되어야 할 것이다. 그것은 시-공간적으로 의식적 행위의 주체인 개별 인간이 다르기 때문인데, 여기서 특별히 주목해야 할 행위주체들 사이의 상이점은 바로 세계가 어떻게 작동하고 있는가를 아는 능력(knowledgeability)과, 그것을 앎으로 인해 상황변화에 맞추어 자신의 행위를 적절하게 변경할 수 있는 능력(capability)이 다르다고 하는 점이다.

그렇다면 행위주체가 가지는 이러한 능력의 차이는 어디에 기인하는 것인가? 그것은 우선 지역자치의 활성화 여부에 기인한다고 볼 수 있다(손명철, 1995). 자신이 살고 있는 지역사회의 문제를 명확하게 인식하고 이를 공론화하여 정치적 과정을 통해 해결하려는 의지와 경험을 얼마나 가지고 있으며, 이러한 제반 여건이 어느 정도 제도적으로 뒷받침되고 있느냐에 따라 개별 행위자의 능력은 차이를 지닐 수밖에 없을 것이다. 이런 측면에서 볼 때 한국 사회의 경우 서구 선진 사회와 비교하여 상대적으로 행위주체의 능력이 다소 제한적일 개연성이 높다. 따라서 한국의 신지역지리 연구에서는 지역변화의 주요 동인으로서 개별 행위자의 의식과 동기를 강조하는 구조화 이론적 접근보다는 거시적인 규정력을 중시하는 공간분업론적 접근이 보다 적실성을 가질 수도 있을 것이다. 특히 역사적으로 볼 때 한국의 공간구조를 조형하는 데 가장 큰 영향을 미친 것은 개인이나 지역 혹은 어떤 특정 집단이라기보다 국가였으며, 이러한 국가의 영향력은 지금도 여전히 크게 변하지 않고 있다는 점에서 더욱 그러하다.

5. 신지역지리학이 지리교육에 주는 시사점

신지역지리 연구는 중등학교 지역지리 단원 학습에 어떤 시사점을 줄 수 있는가? 신지역지리 연구가 한국의 중등학교 지역지리 단원 학습에 주는 시사점은 크게 세 가지로 요약할 수 있다(손명철, 1995). 첫째, 지역은 이전과는 또 다른 의미에서 고유성을 가진다는 것, 둘째, 지역 혹은 장소는 안정된 평형상태가 아니라 외부와의 상호작용 속에서 끊임없이 생성·변화하는 과정으로 인식되어야 한다는 것, 셋째, 따라서 지역변화의 메커니즘을 올바로 이해하기 위해서는 중층적이고 구조적인 접근이 필요하다는 점이 그것이다. 신지역지리학의 이러한 교육적 함의와 시사점이 한국의 초·중등학교 현장 교육에서 경험적으로 다양하게 실천되고 구현될 때, 한국의 지역지리 단원 학습은 보다 흥미롭고 의미 있게 학습자들에게 다가갈 수 있을 것이다.

앞에서 살펴본 신지역지리학의 주요 특징들을 현행 중등학교 교과서에 게재된 지역지리 단원의 내용 및 목표 등과 비교하여 보면 다음과 같이 정리할 수 있다.

먼저 현행 중등학교 지역지리 단원에서 지향하는 주요 목적이 학습자에게 특정 지역에 대한 다양한 사실적인 지식과 정보를 제공하는 것이라면, 신지역지리 연구의 주요 목적은 특정 지역이 어떻게 생성·변화하고 있으며, 그러한 변화의 주요 동인은 무엇인가를 이해하고 그 프로세스를 설명하려는 것이다. 따라서 이들 양자는 핵심적으로 다루는 주요 주제도 상이하다. 전자가 각 지역의 생활 모습을 살펴보는 것을 핵심주제로 설정하고 있는 데 반하여, 후자는 지역 정체성의 변화 메커니즘을 구조적으로 밝히는 것을 핵심주제로 삼고 있다.

지역지리 단원을 구성하고 있는 주요 내용요소를 보면, 현행 중등학교 교과서에는 단위 지역별로 자연환경, 산업, 도시 등에 관한 내용이 공통적으로 포함되어 있는 데 비하여, 신지역지리 연구에서는 경제, 특히 산업 및 고용구조, 노동시장의 특성 등을 중심으로 하여 지역정치와 지방문화 등 사회·경제적 내용을 근간으로 하고 있다. 내용요소들을 조직하는 방식, 곧 내용구조 면에서도 양자는 확연한 차이를 나타낸다. 전자가 자연환경 – 산업 – 도시로 이어지는 대체로 정형화된 조직 틀을 유지하고 있는 반면, 후자는 상이한 공간 스케일 혹은 연속적인 경제변동 시기별로 지역의 변화 모습을 살피는 틀을 가지고 있으며, 사례 지역의 특성에 따라 조직 틀이 조금씩 변화하는 유연성을 보이고 있다.

양자는 내용 서술방식에서도 명료한 차이를 드러낸다. 현행 중등학교 교과서 지역지리 단원 서술방식이 상대적으로 평면적 서술과 사실에 대한 단순한 기술에 비중을 크게 두고 있는 데 비해, 신지역지리 연구에서는 현상에 대한 심층적 기술과 상징해석을 강조한다. 서술방식의 차이는 양자의 개별적인 내용들을 논리적, 유기적으로 연결 지어주는 주요 개념들의 차이를 유발한다. 전자의 경우 평면적인 사실 기술을 중심으로 내용이 서술되고 있기 때문에 이들 내용을 엮어주는 핵심개념이 명확하게 드러나지 않는다. 그러나 후자의 경우 몇 가지 핵심적인 개념을 중심으로 내용이 조직되고 있는데, 예컨대 공간성(spatiality), 노동시장(labour market), 일상경로(daily path), 투자의 층(layers of investment), 공간적 분업(spatial division of labour) 등이 그것이다. 요컨대 전자를 주제–분산적 접근(thematic–disintegrated approach)이라 한다면, 후자는 영역–통합적 접근(territorial–integrated approach)이라 할 수 있다.

이들은 지역을 바라보는 관점에서도 차이를 보인다. 전자가 지역을 안정적이고 고정적이며 정태적인 존재로 파악하고 있는 데 반해, 후자는 지역과 장소를 보다 생성적이고 가변적이며 통태적인 것으로 인식한다. 따라서 전자는 변화의 속도가 상대적으로 보다 완만한 전근대적인 농업사회에서의 지역을 설명하는 데 적실한 반면, 후자는 변화의 속도가 빠르고 그 폭과 깊이가 큰 산업사회 혹은 정보화 사회에서의 지역과 장소를 이해하고 설명하는 데 유용하다고 할 수 있다.

끝으로, 전자는 지역을 외부와의 상호작용이 미미한 폐쇄체계(closed system)로 상정하고 지역의 경계설정 기준도 행정구역이나 문화적, 자연적 경계를 중시한다. 그러나 후자는 기본적으로 지역을 개방체계(open system)로 보고 지역의 경계설정 기준도 행정구역이나 문화적, 자연적 경계 외에 국지적 노동시장(local labour market) 등 보다 역동적이고 사회·경제적인 경계를 기준으로 설정한다는 점에서 차이를 보인다고 하겠다.

6. 맺는말

헤로도토스 이래 오랫동안 지속되어 온 지리학, 특히 지역지리학은 20세기 들어오면서 도시화, 산업화의 진전으로 인한 현실 세계의 급속하고 근본적인 변화와, 지역지리 연구 자체가 지닌 학문 내적인 취약성 등의 요인들로 인하여 제2차 세계대전 이후 쇠퇴의 길을 걷게 되었다. 그러나 계량혁명을 통해 지역지리를 비판하면서 등장한 공간분석론이 방법론적으로 많은 문제를 드러냄에 따라 1980년대 이후 신지역지리에 대한 논의가 활발히 진행되었다. 이는 이전의 전통지역지리를 과거의 모습 그대로 부활하자는 것이 아니라, 지역차와 지역의 고유성에 민감하게 대응할 뿐만 아니라 이것이 현대 세계가 작동하는데 어떻게 중심적 역할을 하는가를 보여 줄 수 있는 새로운 지역지리를 발전시키자는 것이다. 다시 말하면 기존의 전통지역지리 연구에서 소홀히 다루어졌던 공간, 지역, 장소의 의미와 역할을 적극적으로 파악하고 해석하려는 것이며, 공간이 가지는 의미의 풍요성을 제대로 드러내려는 지적 시도라 할 수 있다. 신지역지리학 주창자들의 견해에 따르면, 공간은 그 속에 온갖 사상을 담고 있는 단순한 용기가 아니다. 공간은 한낱 어떤 존재의 외부환경에 불과한 것이 아니라 특정 존재를 존재이게 하는 본질적 차원이다.

공간과 사회와의 관계, 혹은 공간적인 것과 사회적인 것 사이의 관계에 대한 관심과 인식의 전환은, 1980년대 들어와 그레고리, 매시, 프레드, 테일러 같은 지리학자와 기든스, 어리, 월러스타인 같은 사회학자들의 학문적 교류가 빈번해지면서 본격적으로 시작되었다. 이러한 신지역지리 연구는 크게 네 갈래로 논의가 진행되었는데, 구조화 이론에서 출발하여 시간지리학으로 연결되는 연구흐름, 공간분업이론을 기반으로 하여 지역문제에 포괄적으로 접근하는 연구들, 세계체제론을 공간적 관점에서 재해석하려는 연구들, 그리고 탈-후기구조주의 시대에 인간주체를 강조하는 연구들이 그것이다. 이들 접근법들이 지니는 한국 사회에서의 적실성을 살펴보면, 한국 사회의 경우 서구 선진 사회와 비교하여 상대적으로 행위주체의 능력이 다소 제한적일 개연성이 높다. 따라서 한국의 신지역지리 연구에서는 지역변화의 주요 동인으로서 개별 행위자의 의식과 동기를 강조하는 구조화 이론적 접근보다는 거시적인 규정력을 중시하는 공간분업론적 접근이 보다 적실성을 가질 수 있을 것이다.

이와 같은 신지역지리 연구가 한국의 중등학교 지역지리 단원 학습에 주는 시사점은 크게 세 가지로 요약할 수 있다: 지역은 이전과는 또 다른 의미에서 고유성을 가진다는 것, 지역 혹은 장소는 안정된 평형상태가 아니라 외부와의 상호작용 속에서 끊임없이 생성·변화하는 과정으로 인식되어야 한다는 것, 따라서 지역변화의 메커니즘을 올바로 이해하기 위해서는 중층적이고 구조적인 접근이 필요하다는 점이 그것이다. 신지역지리학의 이러한 교육적 함의와 시사점이 한국의 초·중등학교 현장 교육에서 경험적으로 다양하게 실천되고 구현된다면, 한국의 지역지리 단원 학습은 보다 흥미롭고 의미 있게 학습자들에게 다가갈 수 있을 것으로 기대된다.

최근에는 사회공간적 관계론의 관점에서 다중스케일의 네트워크적 영역성을 중심으로 신지역지리학의 이론적 갈래들을 통합하고 새로운 논의의 장을 마련하려는 시도들도 등장하고 있으며(Jessop et al., 2008; 박배균, 2012; 박배균·김동완, 2013), 영역적 관점(territorial viewpoint)과 관계적 관점(relational viewpoint)을 통합하여 새로운 지역론(New Regionalism)으로 발전시키려는 연구도 진행되고 있다(Jonas, 2012). 이에 대한 상세한 논의는 다른 기회로 넘긴다.

• 요약 및 핵심어

요약: 20세기 중반 지역지리학을 비판하면서 등장한 실증주의 지리학이 방법론적 한계에 봉착하면서 1980년대부터 신지역지리학에 대한 논의가 활발히 진행되었다. 구조화 이론, 공간분업론, 세계체제론, 탈-후기구조의 등을 이론적 토대로 하여 이들은 지역, 공간, 장소의 의미와 역할을 보다 적극적으로 파악하고 해석하려 한다. 이들의 견해에 따르면 공간은 그 속에 온갖 事象을 담고 있는 단순한 容器가 아니다. 공간은 한낱 어떤 존재의 외부환경에 불과한 것이 아니라 특정 존재를 존재에게 하는 본질적 차원이라는 것이다. 이들 논의는 한국의 중등학교 지역지리 학습에 몇 가지 시사점을 제공하고 있는데, 지역은 이전과는 또 다른 의미에서 고유성을 가진다는 점, 지역 혹은 장소는 안정된 평형상태가 아니라 외부와의 상호작용 속에서 끊임없이 생성·변화하는 과정으로 인식되어야 한다는 점, 따라서 지역변화의 메커니즘을 올바로 이해하기 위해서는 중층적이고 구조적인 접근이 필요하다는 점이 그것이다.

핵심어: 신지역지리(new regional geography), 구조화이론(structuration theory), 공간분업론(spatial division of labour theory), 세계체제론(world-system theory), 탈-후기구조주의(post-poststructuralism)

• 더 읽을거리

박배균, 2012, 한국학 연구에서 사회-공간론적 관점의 필요성에 대한 소고, 대한지리학회지, 47(1), 37-59.

Johnston, R.J., Hauer, Joost and Hoekveld, Gerard A., eds., 1990, *Regional Geography: Current Development*

and Future Prospects, Routledge.
Jonas, Andrew E. G., 2012, Region and Place: Regionalism in question, *Progress in Human Geography*, 36(2), 263-272.

참고문헌

구동회, 2010, 로컬리티 연구에 관한 방법론적 논쟁, 국토지리학회지, 44(4), 509−523.
박배균, 2012, 한국학 연구에서 사회−공간론적 관점의 필요성에 대한 소고, 대한지리학회지, 47(1), 37−59.
박배균 · 김동완, 2013, 국가와 지역: 다중스케일 관점에서 본 한국의 지역, 알트.
박배균 · 이승욱 · 조성찬 엮음, 2017, 특구: 국가의 영토성과 동아시아의 예외공간, 알트.
박선미, 2017, 우리나라 중학교 지리교육과정의 지역학습 내용과 그 조직방법의 변화, 대한지리학회지, 52(6), 797−811.
손명철 편역, 1994, 지역지리와 현대사회이론: 새로운 지역지리 논의를 위하여, 명보문화사.
손명철, 1995, 산업화의 진전에 따른 지역변화에 관한 연구 −경기도 이천 지방노동시장의 공간성을 중심으로−, 서울대학교 대학원 박사학위논문.
손명철, 2017, 한국 지역지리학의 개념 정립과 발전 방향 모색, 한국지역지리학회지, 23(4), 653−664.
이상일, 1991, 실재론의 지리학적 함의와 공간의 상대적 자율성에 관한 연구, 서울대학교 대학원 석사학위논문.
최병두, 2014, 한국의 신지역지리학: (1) 발달 배경, 연구 동향과 전망, 한국지역지리학회지, 20(4), 357−378.
최병두, 2016, 한국의 신지역지리학: (2) 지리학 분야별 지역 연구 동향과 과제, 한국지역지리학회지, 22(1), 1−24.
Bradshaw, M. J., 1990, New regional geography, foreign-area studies and Perestroika, *Area*, 22(4), 315-322.
Cresswell, Tim/박경환 외 옮김, 2015, 지리사상사, 시그마프레스.
Cooke, Philip, ed., 1989, *Localities: The Changing Face of Urban Britain*, Unwin Hyman.
Dear, M. and Moos, A. I., 1986, Structuration theory in urban analysis: 2. empirical application, *Environment and Planning A*, 18(3), 351-373.
Giddens, Anthony, 1984, *The Constitution of Society*, Polity Press.
Gilbert, Anne, 1988, The new regional geography in English and French-speaking countries, *Progress in Human Geography*, 12(2), 208-228.
Gregory, Derek, 1982, *Regional Transformation and Industrial Revolution: A Geography of the Yorkshire Woollen Industry*, University of Minnesota Press.
Gregory, Derek, 1988, The production of regions in England's Industrial Revolution, *Journal of Historical Geography*, 14(1), 50-58.
Harvey, D., 1984, On the history and present condition of geography: An historical materialist manifesto, *The*

Professional Geographer, 36(1), 1-11.

Hausladen, G., 1989, Russian Siberia: an integrative approach, *Soviet Geography*, 30(3), 231-246.

Jessop, B., Brenner, N., Jones, M., 2008, Theorizing Sociospatial Relations, *Environment and Planning D*, 26(3), 389-401.

Johnston, R. J., 1991, *A Question of Place: Exploring the Practice of Human Geography*, Blackwell.

Johnston, R. J., Hauer, Joost and Hoekveld, Gerard A., eds., 1990, *Regional Geography: Current Development and Future Prospects*, Routledge.

Johnston, Ron, Sidaway, James D., 2016, *Geography & Geographers: Anglo-American Human Geography since 1945*, 7th Edition, Routledge.

Jonas, Andrew E. G., 1988, A new regional geography of localities, *Area*, 20(2), 101-110.

Jonas, Andrew E. G., 2012, Region and Place: Regionalism in question, *Progress in Human Geography*, 36(2), 263-272.

Markusen, Ann, 1987, *Regions: The Economics and Politics of Territory*, Rowman and Littlefield.

Massey, D., 1984a, *Spatial Division of Labour*, Macmillan.

Massey, D., 1984b, Introduction: Geography matters, in Massey, D. and Allen, J., eds., *Geography matters! A reader*, Cambridge University Press.

Massey, D., 1993, Questions of locality, *Geography*, 78(2), 142-149.

Pred, Allan, 1985, The social becomes the spatial, the spatial becomes the social: Enclosure, social change and the becoming of the places in Skane, in Gregory, D. and Urry, J., eds., *Social Relations and Spatial Structures*, Macmillan.

Pudup, Mary Beth, 1988, Arguments within regional geography, *Progress in Human Geography*, 12(3), 369-390.

Sayer, Andrew, 1989, The new regional geography and the problem of narrative, *Environment and Planning D*, 7, 253-276.

Smith, Neil, 1987, Dangers of the empirical turn: some comments on the CURS initiative, *Antipode*, 19(1), 59-68.

Taylor, P. J., 1988, World-systems analysis and regional geography, *Professional Geographer*, 40(3), 264.

Thrift, Nigel J., 1983, On the determination of social action in space and time, *Environment and Planning D*, 1(1), 23-57.

Thrift, Nigel J., 1990, For a new regional geography 1, *Progress in Human Geography*, 14(2), 272-279.

Thrift, Nigel J., 1991, For a new regional geography 2, *Progress in Human Geography*, 15(4), 456-465.

Thrift, Nigel J., 1993, For a new regional geography 3, *Progress in Human Geography*, 17(1), 92-100.

Urry, John, 1981, Localities, regions and social class, *International Journal of Urban and Regional Research*, 5(4), 457-474.

Urry, John, 1986, Locality research: the case of Lancaster, *Regional Studies*, 20(3), 233-242.

Wallerstein, I., 1974, *The Modern World-System: Capitalist Agriculture and the Origins of the European World-Economy in the Sixteenth Century*, Academic Press.

Wallerstein, I., 1979, *The Capitalist World-Economy*, Cambridge University Press.

Warf, Barney, 1988, The resurrection of local uniqueness, in Golledge, R., Couclelis, H. and Gould, P., eds., *A Ground for Common Search*, Santa Barbara Geographical Press.

Warf, Barney, 1989, Locality studies, *Urban Geography*, 10(2), 178-185.

Winder, Gordon and Lewis, Nick, 2010, Performing a new regional geography, *New Zealand Geographer*, 66(2), 97-104.

Wrigley, E. A., 1965, Changes in the philosophy of geography, in Chorley, R. J. and Haggett, P., eds., *Frontiers in Geographical Teaching*, Methuen & Co. Ltd.

제2장

새로운 지역지리교육을 위한 방향 설정

5.
지역지리교육에서 논의점과 교육과정 구성 방법[1]

조성욱(전북대학교)

1. 들어가며

지리교육에서 가장 대표적인 교육내용 선정과 조직 방법은 지역적 방법과 계통적 방법이다. 우리나라 교육과정상에서는 지역적 방법이 주로 사용되다가, 2007 개정 교육과정 시기부터는 계통적 방법이 주로 사용되고 있다. 이와 함께 지역적 방법으로 지역을 직접 학습 대상으로 하는 지역지리교육은 과거에 비해 중요도나 비중이 감소하였다.

지역지리교육의 비중 감소는 지리학에서의 위상 변화에 따른 것이기도 하지만, 지역지리교육의 위상과 역할을 재정립하기 위해서는 몇 가지 점에서 논의가 필요하다.

첫째, 지역지리와 지역연구, 지역지리와 지역지리교육, 향토교육과 지역학습, 지역학습과 지역지리교육 등과 같이 지리학과 지리교육, 연구와 교육의 차이에 의해 발생하는 용어 사용의 혼란을 명확하게 할 필요가 있다.

둘째, 지역에 대한 개념과 정의가 혼란스럽게 사용되고 있다. 지리교육에서 지역에 대한 정의와 개념은 과거 전통 지역지리에서의 정의와 최근 신 지역지리에서의 정의가 혼용되어 사용되고 있다. 이러한 현상으로 교과서에 따라 지역에 대한 개념과 정의가 다르고, 이러한 혼란은 교사와 학습자 간의 의사소통에 어려움을 주고 있다.

---

1 이 글은 조성욱(2018)을 수정·보완한 것임.

셋째, 지역은 규모(scale)에 따라 구분할 수 있지만, 고정된 것이 아니고 변동성과 중첩성이 존재한다. 지역 규모의 유연성과 변동가능성은 학습을 위한 지역 규모와 지역 구분에 혼란을 주고, 학습자들이 지역을 정의하고 인식하는 데에 어려움을 주고 있다.

지역지리교육에서 나타나는 이러한 혼란의 근본적인 원인은 지역지리교육의 바탕이 되는 모학문인 지리학에서 지역에 대한 정의와 개념의 변화가 지속적으로 이루어져 왔기 때문이다. 또한 지리학과 지리교육 간에 존재하는 학문 내용에서의 지체현상과 지역을 대상으로 하는 지리학과 학습자를 대상으로 하는 지리교육의 차이 때문에 나타나는 혼란으로 보인다.

여기에서는 지역지리교육을 재정립하기 위해서 용어상의 혼란, 지역에 대한 정의와 개념의 혼란, 학습대상으로서 지역 규모와 지역 구분 방법의 문제를 논의해 보고자 한다. 그리고 지역지리교육의 역할을 재정립하기 위하여 지역지리교육의 교육내용 선정 및 조직 측면에서 대안을 모색해 본다.

2. 지역지리교육 관련 용어 사용의 혼란

여기에서는 '지역지리'와 '지역지리교육' 그리고 '향토교육', '지역학습' 용어의 차이를 살펴본다.

1) '지역지리'와 '지역지리교육'의 차이

'지역지리(regional geography)'는 특정 지역의 유의미한 지리적 사실들의 연계 관계를 파악하여 지역의 특징을 밝히는 지리학의 학문 분야인데(손명철, 2017, 662), 지역의 특성 파악을 통해서 지역을 보는 안목과 통찰력 그리고 다양한 측면에서의 활용을 가능하게 한다. 그리고 특정 지역의 자연환경과 주민의 생활양식 등의 인문환경을 결합한 지역의 특성을 파악하는 지리학의 연구 방법을 '지역연구(regional study)'라고 하는데, 이것은 인문사회학계에서 일반적으로 거론되는 해당 지역의 특정 요소를 파악하는 지역사회연구 방법론인 '지역연구(area studies)'와는 차이가 있다(이전, 1998, 380).

'지역연구(area studies)'는 일정 지역의 자연조건과 인문조건 그리고 그곳을 삶터로 하는 주민들의 생활양식과의 연관 관계를 종합적으로 이해하여 지역의 특성을 파악하려는 지리학의 방법론을 의미하고, 이를 통해 얻어진 지역에 대한 지식을 바탕으로 지역의 특성을 종합적으로 파악하려는 학문 분야가 '지역지리(regional geography)'이다. 즉, 지리학에서 이루어지는 '지역연구'의 연구 성과를 지역을 중심으로 통합하여 지역의 특성을 이해하려고 하는 것이 '지역지리'이고, '지역지리교육(regional geography education)'은 이러한 지역지리의 학문적 성과를 활용하여 학습자에게 지역을 인식시키고 이해시키는 교육활동이다.

즉, 지리학에서 지역연구를 통하여 축적한 지역에 대한 연구 성과의 총합체가 '지역지리'라고 한다면, '지역지리교육'은 지역지리의 학문적 성과를 학습자를 기준으로 재구성하여 학습자에게 지역을 이해시키고 활용하게 하는 교육활동을 의미한다. 따라서 '지역지리'와 '지역지리교육'은 연구와 교육이라는 목적에서 차이가 있는 용어이며, '지역지리교육'이 교육활동을 제공하는 입장에서의 용어라면, 학습자의 입장에서는 '지역지리학습'이 될 것이다.

2) 향토교육, 지역학습, 지역지리교육의 차이

'향토교육(Heimaterziehung, local education)'은 1870년대 독일 페스탈로치(Pestalozzi, 1746–1827)의 직관교수이론과 헤르바르트(Herbart, 1776–1841) 학파의 종합학습사상(남호엽, 2019, 7–8) 그리고 리터(Ritter, 1779–1859)의 향토지지의 영향을 받아 탄생한 것으로, 학습자가 직접 체험이 가능한 향토지역에서 교육이 이루어지는 것을 의미한다. 이것이 미국을 거쳐 일본에 도입되어 '향토교육(鄕土教育)'으로 정착되었다. 일본에 도입된 향토교육은 1929년 세계적 대공황 당시 고향을 사랑하는 마음을 교육하여 이촌향도를 막아보려는 의도로 활용되었고, 1941년 태평양 전쟁 이후로는 향토애를 국가를 사랑하는 마음으로 확대 해석하면서 악용되었다(조성욱, 1997, 67–68).

1968년 일본에서는 이러한 나쁜 이미지를 지닌 향토교육이라는 용어를 '지역학습(地域學習)'으로 대체해서 사용하고 있다. '향토교육'은 향토에 대한 이해의 최종 목적을 향토에 대한 애정을 기르는 데 두었다면, '지역학습'은 학습자가 생활하고 있는 학습자의 주변 지역을 지리학습에 활용하는 것, 즉 지역을 지리교육의 수단으로 이용하는 것을 의미한다(조성욱, 2002, 27). 정의적인 측면이 강한 '향토'라는 용어가 개관적인 의미의 '지역'으로 바뀌었고, 공급자의 입장인 '교육'이라는 용어가 학습자의 입장인 '학습'으로 바뀌었다.

즉, 지역학습은 학습자가 직접 경험할 수 있는 학습자의 생활지역에서 이루어지는 교육활동으로, 지리적 연구대상으로서 지역과 교육적 의미로서 학습이라는 두 가지 단어를 혼합한 것으로 지리적 의미와 교육적 의미를 동시에 포함하고 있는 용어이다(조성욱, 2002, 28).

그러나 '지역학습(local learning)'은 학습자가 살고 있는 지역을 지리학습에 활용하는 수단이라는 인식과 함께, 지역을 연구하는 '지역연구(regional study)'로 정의되기도 하였다(구연무, 1984; 이양우, 1987). 학습자를 중심으로 지역에 대해 학습하는 '지역학습'과 지역을 연구하는 '지역연구'가 혼동되고 있는데, 지역학습과 지역연구는 교육과 연구 방법론이라는 측면에서 차이가 있다. 지역을 학습하는 과정에서 학습자가 지리학자의 지식 탐구 과정을 경험해 보는 교육적 활동인 '지역학습'은 지리학자에 의해 이루어지는 '지역연구'와는 다르다. 이와 같이 '지역연구'와 '지역학습'은 분명 다른 의미를 지니고 있기 때문에 구분해서 사용할 필요가 있다.

또한 '지역지리교육'과 '지역학습'은 학습 대상의 지역 규모에서 차이가 있다. 즉, '지역지리교육'은 학습자 주변 지역의 소규모 지역과 함께, 우리나라 또는 세계 지역 규모에 대한 학습을 의미한다. 그러나 '지역학습'은 학습자가 직접 경험이 가능한 학습자의 주변 지역에 대한 학습을 의미한다. 즉, '지역학습'은 학습자가 직접 경험하면서 학습이 가능한 좁은 지역의 범위에서 이루어지는 교육활동이라면, '지역지리교육'은 다양한 모든 지역 규모에 대한 교육을 포함하는 의미로 구분할 수 있다.

'지역학습'과 '지역지리교육'의 차이점은, 첫째, 직접 경험의 가능성 여부라는 측면에서 전제 조건이 다르다. '지역학습'은 학습자를 중심으로 학습자가 경험 가능한 지역의 범위인 학습자의 주변지역을 학습 교재로 활용한다는 측면에 초점이 주어져 있다. 그러나 '지역지리교육'은 우리나라 또는 세계 지역에 대한 학습의 의미가 강하다. 둘째, 학습 대상으로 하는 지역 규모가 다르다. '지역학습'은 학습자의 직접 경험이 가능한 범위로서 최대 시군지역까지를 상정할 수 있다. 이에 비하여 '지역지리교육'은 최소 시도단위 이상의 큰 지역 규모를 상정할 수 있다. 셋째, 교육의 목적이 다르다. '지역학습'은 학습자의 직접 활동에 기반을 두기 때문에 학습자의 활동 중심이라면, '지역지리교육'은 지역에 대한 간접적인 학습이고 객관적이고 종합적인 이해를 중시한다. 넷째, '지역학습'이 저학년을 대상으로 한다면, '지역지리교육'은 지역학습을 통하여 지역에 대한 인식이 형성된 이후 이루어지는 다양한 규모의 지역에 대한 학습이다. 다섯째, '지역학습'은 더 큰 규모의 지역 이해를 위한 학습자의 지역인식을 형성하는 데에 초점이 주어지는 반면, '지역지리교육'은 각 지역의 지역적 특성을 파악하는 데 초점이 주어진다. 여섯째, '지역학습'이 지역 이해를 위한 방법론에 초점이 주어진다면, '지역지리교육'은 지역의 이해라는 지식 측면에 초점이 주어진다는 점에서 차이가 있다.

또한 지리교육에서 지역 이해를 위한 접근방법은 지역의 존재와 범위 및 지역 규모를 인식시키는 '지역인식', 학습자의 직접 체험에 의해 지역을 인식하고, 지역의 특성을 이해하게 하는 '지역학습', 다양한 규모의 지역에 대한 지식을 습득하여 지역에 대한 이해를 깊게 하는 '지역지리교육', 주제별로 다양한 사례 지역을 학습하게 하는 '계통적 방법'으로 분류할 수도 있다(조성욱, 2005a, 141).

이상과 같이 지금까지 지리교육에서 사용하고 있는 지역지리교육 관련 용어 중에서 지역연구와 지역지리, 지역지리와 지역지리교육, 향토교육과 지역학습, 지역학습과 지역연구, 지역학습과 지역지리교육 등의 용어에 대한 정의를 분명히 하여 사용할 필요가 있다(표 1, 표 2).

표 1. 지역지리교육 관련 용어의 정의

관련 용어	정의
1. 지역연구(regional study)	지역의 특성을 밝히는 지리학의 연구 방법론
2. 지역지리(regional geography)	지역의 특성을 밝히는 지리학의 분야
3. 향토교육(local education)	향토에 대한 애정 육성을 목표로 하는 교육활동
4. 지역학습(local learning)	학습자의 주변 지역을 지리학습의 수단으로 활용하는 학습활동
5. 지역지리교육 (regional geography education)	지역지리학의 학문내용을 학습내용으로 활용하여 학습자에게 지역을 이해시키는 교육활동
6. 지역지리학습 (regional geography learning)	학습자의 입장에서 지역지리학의 학문내용을 활용하여 지역을 이해하는 학습활동

표 2. 지역연구와 지역지리교육의 위치

<table>
<tr><th>분류방법</th><th>방향</th><th>분야</th><th>방향</th><th>분류</th><th>특징</th></tr>
<tr><td rowspan="5">지역지리</td><td rowspan="2">⇦</td><td rowspan="2">지역연구</td><td>⇦</td><td>regional study</td><td rowspan="2">지역에 대한 연구</td></tr>
<tr><td>⇦</td><td>area studies</td></tr>
<tr><td colspan="5"></td></tr>
<tr><td rowspan="2">➡</td><td rowspan="2">지역지리교육</td><td>➡</td><td>지역학습(향토교육)</td><td rowspan="2">지역에 대한 교육</td></tr>
<tr><td>➡</td><td>지역지리교육(학습)</td></tr>
</table>

3. 지역지리교육에서 지역의 정의와 개념 문제

1) 지리학에서의 지역 개념

지역은 주민들의 생활공간이며(김종욱, 1994, 4), 그 범위와 규모를 인식할 수 있는 개념인 지역과 잠재적으로 인식할 수 있는 공간, 장소, 환경이 결합되어 나타나는 것이 인간의 삶터이다(심광택, 2006, 363). 또한 지역은 영역성이 형성되는 과정으로 인식되어야 하며(권정화, 2001, 25), 특정 지역에 대한 부정적인 지역인식의 형성은 지역을 고정적이고 정적으로 볼 때에 나타나는 현상이기 때문에 다중스케일적 접근방법이 필요하다(이동민·최재영, 2015, 2).

지리학에서 정의되는 지역은 동질성에 의해 경계가 지워지고, 외부와 단절된 정적인 존재가 아니라, 지역 내부 및 외부 간에 항상 흐름과 이동이 이루어지고, 상호작용과 변화가 발생하는 가변적 성격을 지닌 네트워크의 형태로 존재한다(김병연, 2018, 231). 지역의 특성인 지역성은 다양한 사회적 관계망들의 교차 및 상호작용에 의해 만들어지는 구성물로서 가변적이고 역동적인 연결을 통하여 변화한다(Massey, 1993; 김병연, 2018, 231 재인용). 즉, 지역은 지역 규모에 따른 수직적이고 위계적인 관계나 일정한 경계에 의해서 한정하여 영역화된 지역의 차이와 구분을 강조하는 '모자이크' 방식이 아니라, 흐름과 이동 그리고 연결과 변화를 통하여 역동적으로 변화하는 '네트워크' 방식으로 인식되어야 한다(김병연, 2018, 231).

이와 같이 지리학에서 정의되는 지역은 고정된 하나의 모습이 아니라 다양한 모습으로 나타날 수 있으며, 다양한 사회적 관계의 힘들이 특정한 장소를 중심으로 공간적으로 구체화된 모습이며, 절대적이고 영구적인 실체가 아니라 항상 변화하는 존재이며, 닫혀 있고 고정된 정적인 존재가 아닌 지속적으로 변화하고 열려 있는 동적인 존재이며, 지역 간에는 수직적이고 위계적인 관계가 아니라 수평적으로 네트워크 형태의 관계가 이루어지고 있는 존재로 정의되고 있다.

2) 지역지리교육에서의 지역 개념

지리학에서의 지역 개념은 학문적으로 다양한 해석과 구분이 가능한데, 이것을 초중등 학습자에게 그대로 제공하면 혼란이 발생한다(권정화, 2001, 21). 즉, 지리학에서 정의되는 유연적이고 유동적인 지역의 개념을 그대로 학교교육에 적용하면, 아직 지역에 대한 인식이 형성되지 못한 학습자들에게 혼란을 준다. 따라서 지리교육에서는 지리학에서의 지역 개념을 학습자가 단계적으로 인식하여 지역의 본질에 접근할 수 있도록 교수학적 변환 과정을 거쳐 제시하여야 한다.

지역을 보는 관점으로는 먼저 지역 내에서의 자연과 인문적 요소의 결합에 의해 나타나는 지역의 고유성과 개별성 즉, 사실 기술적 방법을 사용하여 지역성에 초점을 두는 전통 지역지리적 관점이 있다(손명철, 2017, 654). 그리고 지역 내에서 제요소의 결합과 함께 지역 간의 상호작용 등에 의해 나타나는 지역의 구조 변화에 초점을 두는 신 지역지리적 관점이 있다. 또한 인간과 자연, 지역과 지역의 상호작용을 통해 지속적으로 변화되고 있는 존재로 보는 생태적 관점이 있다(김병연, 2018, 226).

현행 교과서 속에서의 지역 개념은 자연환경과 인문환경의 결합을 통하여 지역성을 지니는 지표의 일정 구역을 강조하는 전통적인 지역지리학의 관점이 지배적이다(김병연, 2018, 230). 즉, 특정 구역으로 지역을 설정하고 지역 내의 자연과 인간의 상호작용에 의해서 형성되는 지역의 독특한 특성, 즉 지역성을 강조하는 전통 지역지리 관점에 근거하고 있다. 그러나 이러한 지역 개념은, 지역을 일정 경계로 구획될 수 있는 존재로 인식하게 만든다는 점, 지역을 고립되고 한정적으로 규정지어 지역의 변화나 지역 간 상호작용을 제대로 반영하지 못하는 점, 다양한 규모의 지역을 모자이크 형식으로 합하게 되면 더 큰 지역이 된다고 인식하게 하는 점 등의 문제점이 있다.

지역성을 강조하는 전통적인 지역지리학 관점의 한계를 극복하고 지역 구조의 변화, 지역 간 상호작용, 다양한 측면에서의 상호작용을 강조하는 신 지역지리에 기반한 지역 개념이 도입되었으나, 교과서에 따라서는 아직도 전통적인 관점과 신 지역지리의 관점이 혼재된 형태로 나타나 학문과 교과서 간의 시간적 지체현상이 나타나기도 한다.

지리학에서 논의되고 있는 지역의 개념과 교육과정과 교과서에서 제시되는 지역의 개념은 일치하지만 제시하는 방법은 다를 수 있다. 교육적 측면에서는 학습자의 수준에 맞게 교수학적 변환 과정을 거쳐 각 단계의 학습자가 구체적이고 일상적인 수준에서 지역을 인식할 수 있도록 재구성하여 제시할 필요가 있다.

지역지리교육에서는 학습자가 지역의 존재를 인식하고, 지역 규모의 계층성과 중첩성 그리고 변동성과 상호작용성을 인식하는 것이 선행되어야 한다(조성욱, 2005a, 144). 학습자가 지역이 무엇인가에 대한 인식이 형성되지 못한 상태에서 지역에 대해 학습하는 것은 학습 대상이 불분명하여 교사와 학습자 사이의 의사소통을 어렵게 한다. 따라서 학교급별에 따라 학습자의 수준을 고려한 지역 개념으로 재구성하여 제시할 필요가 있다.

학습자가 지역을 인식한다는 것은 다양한 지리적 현상들을 지역이라는 개념으로 파악하는 사유의 질서를 안다는 의미이다(권정화, 2001, 22). 이를 위해서는 지역의 개념과 정의를 지리학에서 논의되는 추상적인 개념의 수준이 아니라 구체적이고 일상생활에서 인식이 가능한 수준과 형태로 제시하여야 한다(조성욱, 2005a, 142). 즉, 지리교육에서 제시되는 지역의 개념은 가능한 구체적이고 일상적으로 확인 가능한 수준이 되어야 하며, 일상생활에서 쉽게 인식할 수 있어야 한다. 학습자가 지역이라는 존재를 인식함으로써, 지역지리 학습뿐만이 아니라 일상생활에서 학습자가 접하는 지역에 관련된 많은 사실들을 인식하고 분류하여 범주화할 수 있는 도구로 사용될 수 있기 때문이다.

지역 개념의 교수학적 변환 과정에서 전통적인 지역지리 관점과 신 지역지리의 관점은 학습자의 발달과정에 유용하게 활용할 수 있으며, 지역의 개념을 계속성과 계열성의 원리에 의해서 학교급별로 지역의 정의를 단계적으로 정교화시키는 방법으로 활용할 수 있다.

즉, 초등학교 수준에서는 구체적이고 시각적인 수준에서 지역을 인식할 수 있도록 하기 위하여, 그것이 비록 지리학에서 논의되는 지역의 본질은 아니더라도 행정구역에 기반한 지역의 개념을 제시하고, 다른 지역과의 차이를 중시하는 지역성을 핵심 개념으로 제시하는 방법이다. 즉, 지역성을 중시하는 전통적인 지역지리 관점에 기반하여 지역을 인식할 수 있도록 하는 것이다.

그리고 중학교 단계에서는 신 지역지리 관점에 기반하여 지역구조의 변화, 지역 범위의 변화 가능성을 도입하고 지역 내에서의 상호작용과 지역 간의 상호작용 개념을 도입하는 것이다. 즉, 중학교 단계에서 학습자들이 인식하는 지역은 정적인 존재가 아니라 동적인 존재이며, 고립된 존재가 아니라 상호작용을 통하여 변화가 지속되는 존재라는 것을 인식하게 하는 것이다.

고등학교 단계에서는 지리학에서 논의되는 지역의 개념을 그대로 인식할 수 있도록, 네트워크 체제로서 지역의 특징과 변동가능성, 지역 간의 관계성 그리고 다중스케일적 접근을 통한 지역의

표 3. 학교급별 지역 개념의 계층화

학교급별(핵심 개념)	지역의 주요 개념 요소
초등학교 (지역성)	구체적이고 시각적이며, 일상적인 수준에서의 지역 인식, 지역 내 요인들 간의 상호작용에 의한 지역성(지역성의 차이)
중학교 (지역구조 변화)	지역 범위의 변화 가능성, 지역 구조의 변화, 지역 내 그리고 지역 간 상호작용(지역의 변용성)
고등학교 (지역 간 연계)	네트워크 체제로서의 지역, 지역의 변동성, 지역 간 관계성, 다중스케일적 접근(지역의 연계성과 다층성)

다양성 등의 특성을 이해하도록 하는 방법이다.

4. 지역지리교육에서 지역 규모와 지역 구분 문제

1) 학습과 지역 규모 인식

지역 규모는 다양한 인문 및 사회적 요인들의 상호작용에 의해 생산되고 규정되어 인식되는 공간적·지리적 단위이다(이동민·최재영, 2015, 3). 지역 규모는 경계를 지닌 지리적 범위로서, 인간에 의해 인위적으로 만들어진 인식의 틀인 사회적 구성물이다. 따라서 지역 규모는 절대적이고 고정적인 존재가 아니라 인간에 의해 인식되고 정의되는 크기와 범위가 유동적이며 변화가 가능한 지리적 범위이다. 구체적인 수준에서 인간에 의한 지역 규모의 변화 가능성을 가장 잘 보여 주는 것이 바로 행정구역의 변화이다.

지역 규모는 절대적이고 고정적이라는 '영역적 함정(territorial trap)'이 아닌 다양한 스케일에서의 상호작용 및 연관성을 중시하는 다중스케일적 접근(multiscalar approach)의 인식이 필요하다(이동민·최재영, 2015, 4). 즉, 지역 규모는 경계를 가진 다양한 크기의 지리적 단위이지만, 인간에 의해 인식되고 만들어진 사회적 구성물이기 때문에 변화가 가능하며, 대륙이나 문화권 등 거시적 규모와 미시적 규모 간의 관계는 수직적이고 계층적인 관계가 아니라 다양한 측면에서 상호작용이 이루어지는 수평적인 존재이다.

학습자의 측면에서 지역 규모를 인식하는 것은 지역 규모 간의 계층성과 포함관계에 따른 중첩성, 그리고 지역 규모의 변동성, 지역 규모 간의 상호작용에 대한 이해가 총합된 개념이다(조성욱, 2005a, 144). 학습자는 지역에 대한 인식이 먼저 이루어지고 난 다음에 지역 규모의 인식과 지역 규모 간의 상호작용과 변동성을 인식하게 된다(조성욱, 2005a, 143). 또한 지리교육에서 지역 규모는 지역의 개념과 함께 가능한 구체적이고 시각적으로 제시하여야 하며, 지역 규모 간의 계층성, 중첩성, 변동성, 상호작용 등의 특성을 단계적으로 제시하여야 한다.

지리학에서의 지역 규모 개념은 수평적이고 네트워크적인 특성으로 이해되고, 다양한 규모에서의 지역 간 상호작용이 계층 관계가 아닌 네트워크 방법으로 이루어지는 것으로 이해되고 있다. 그러나 지리교육에서 학습자에게 지역과 지역의 규모를 인식시키는 방법으로 활용될 수 있는 구체적인 방법은 행정구역인 시군과 시도 단위의 지역 규모와 국가 단위의 지역 규모 그리고 대륙단위의 지역 규모 인식이다. 학습자들은 초등학교 4학년 이후부터는 이러한 지역 규모 간의 계층성과 중첩성을 이해하는 수준에 도달하지만(서태열, 2005, 127), 지역의 인식과 마찬가지로 학교급별로 단계적이면서 나선형 방법에 의해서 지역 규모의 특성을 이해시킬 필요가 있다. 즉, 초등학교 단계에서는 지역의 인식과 지역 규모 인식을 위하여 행정구역이나 국가 단위의 지역 간 계층성을 사례로 활용하여, 지역 규모의 계층성과 중첩성을 이해시킬 필요가 있다. 그리고 중학교 단계에서는 지역 규모의 다양성 인식과 함께 지역 및 다양한 지역 규모에서 나타나는 지역 구조의 변화를 인식할 수 있도록 한다. 그리고 고등학교 단계에서는 이러한 지역의 규모가 고정되어 있지 않고 유동적이며 인위적이라는 것을 이해시키는 과정으로 단계적 접근 방법이 필요하다.

지역 규모의 특성을 이해함으로써, 학습자들은 하나의 국가나 대륙이라는 지역 규모라 하더라도 지역 내에서도 부분별로 다양한 특징(지형, 기후, 인구분포 등)이 있다는 점을 인식할 수 있을 것이고, 지역 규모가 고정적이지 않고 유동적이고, 계층적으로 존재하지 않고 수평적이라는 점을 인식할 수 있을 것이다. 즉, 다양한 지역 규모의 인식을 통하여 아프리카가 하나의 기후 조건만을 가지고 있지 않다는 점, 사막이라 하더라도 모래로만 이루어진 것이 아니라는 점 등 지역 규모의 변화에 따른 지역 규모의 특성을 인식할 수 있을 것이다. 이와 같이 지역 규모의 특성을 이해하는 과정은 단순성에서 복잡성으로, 고정적인 것에서 유동적인 것으로, 영역화되고 닫힌 것에서 열려있고 네트워크로 연결되어 있는 존재로, 계층적인 것에서 수평적인 관계로 지역 규모의 특성을 이해하는 과정으로 이루어져야 한다.

2) 학습을 위한 지역 구분 방법

중학교 지리교육과정은 교수요목기에서 4차 교육과정까지는 지역지리 중심으로 내용이 구성되다가, 5차 교육과정 때부터는 지역지리와 계통지리 구성 방법이 혼합되고, 2007 개정 교육과정부터는 계통지리 중심으로 교육내용이 구성되고 있다(박선미, 2018, 149). 즉, 중학교 지리교육과정은 교육내용 조직 방법에 따라 교수요목기~4차 교육과정, 5차 교육과정~제7차 교육과정, 2007 개정 교육과정~2015 개정 교육과정의 3개 시기로 구분할 수 있으며, 각 단계별로 지역지리 중심, 지역지리와 계통지리 혼합, 계통지리 중심의 3단계 변화 과정으로 구분할 수 있다(표 4). 그리고 지역지리와 계통지리의 혼합이 이루어지는 5차 교육과정~7차 교육과정의 시기에는 1~2학년 과정에서는 지역지리 중심으로 구성하고, 3학년 과정에서는 계통지리 중심으로 교육내용을 조직하였다.

고등학교의 한국지리 과목은 교수요목기부터 현재까지 계통적 방법과 지역적 방법을 혼합하여 조직하고 있는데, 유일하게 4차 교육과정('지리 II' 과목)에서는 지역적 방법으로 구성하였다(김병연, 2017, 681). 한국지리 과목에서는 중학교의 3분법(중부, 남부, 북부)보다 지역을 더 세분하고 각 지역의 특성을 중심으로 하는 주제중심 방법을 채택하고 있다. 4차 교육과정에서는 6개 지역, 5차 교육과정에서는 5개 지역, 6차 교육과정에서는 4개 지역, 제7차 교육과정에서는 5개 지역, 2007 개정 교육과정에서는 7개 지역, 2009 개정 교육과정에서는 2015 개정 교육과정에서는 7개 지역으로 구분하고 있다(표 5). 즉 중학교 과정에 비해서 다양한 지역구분 방법을 사용하고 있다.

고등학교 세계지리 과목의 경우 위치 중심 방법, 문화 중심 방법, 경제 중심 방법, 정치 중심 방법 등 다양한 세계 지역의 구분 방법이 시도되어 왔다(표 6). 그리고 지역구분에서 가장 특징적인 것은 아시아의 지역 분류 방법이다. 아시아 지역의 지역 구분 방법은 아시아(4차), 몬순아시아+건조아시아와 아프리카(5차), 서태평양 연안 국가+동남 및 남부 아시아+서남아시아와 아프리카(6차), 몬순아시아와 오세아니아+건조 아시아와 아프리카(2015 개정)와 같이 아시아를 몬순아시아(서

표 4. 중학교 지리교육과정의 지역 구분 방법 변화

교육과정별	우리나라 지역 구분 방법	세계 지역 구분 방법
교수요목기(1945)	우리나라 생활	이웃 나라(아시아), 먼나라(아시아 이외 대륙)
1차 교육과정(1955)	우리나라 지리	아시아, 유럽과 아프리카, 아메리카와 태평양
2차 교육과정(1963)	향토, 우리나라 제 지역	동부 및 남부아시아, 서남아시아 및 아프리카, 서부 유럽, 동부 유럽, 아메리카 및 오세아니아
3차 교육과정(1973)	향토, 우리나라 각 지역	아시아, 아프리카, 유럽, 오세아니아
4차 교육과정(1981)	향토, 중부, 남부, 북부 지방	아시아 및 아프리카, 유럽 및 아메리카 및 오세아니아
5차 교육과정(1987)	향토, 중부, 남부, 북부 지방 +계통지리(3학년)	아시아 및 아프리카, 유럽 및 아메리카 및 오세아니아+계통지리
6차 교육과정(1992)	중부, 남부, 북부 지방 +계통지리(3학년)	동부 및 동남아시아, 남부 및 서남아시아와 아프리카, 유럽, 아메리카 및 오세아니아+계통지리
7차 교육과정(1997)	중부, 남부, 북부 지방 +계통지리(3학년)	아시아 및 아프리카, 유럽, 아메리카 및 오세아니아+계통지리
2007 개정 교육과정	계통지리 중심	계통지리 중심
2009 개정 교육과정	계통지리 중심	계통지리 중심
2015 개정 교육과정	계통지리 중심	계통지리 중심

출처: 박선미, 2018, 152-153 재정리; 국가교육과정 정보센터.

표 5. 고등학교 '한국지리' 과목의 지역 구분 방법

교육과정별	분류지역
4차 교육과정(지리 II)	수도권/남서지역/태백산지역/낙동강지역/도서지역/대동강유역
5차 교육과정	수도권/태백산 지역/남서 지역/남동 지역/북부 지방
6차 교육과정	서울-인천 지역/군산-장항 지역/영남북부 산지 지역/평양-남포 지역
7차 교육과정	수도권/평야지역/산지지역/해안지역/북부지역
2007 개정 교육과정	북한지역/수도권/충청지방/영동과 영서지역/호남지방/영남지방/제주도
2009 개정 교육과정	북한지역/수도권/충청지방/영동과 영서지역/호남지방/영남지방/제주도
2015 개정 교육과정	북한지역/수도권/강원지방/충청지방/호남지방/영남지방/제주도

출처: 김병연, 2018, 224; 국가교육과정 정보센터.

태평양 연안, 동남 및 남부 아시아, 몬순아시아와 오세아니아)와 건조아시아(건조아시아와 아프리카)로 대별하는 방법을 전통적으로 사용하여 왔다.

특히 2015 개정 교육과정에서는 몬순아시아와 오세아니아를 연계시킨 점이 특징적이다. 또한, 전통적으로 서남아시아는 사하라 이북의 아프리카 지역을 하나로 묶는 방법을 사용하여 왔는데, 2015 개정 교육과정에서는 중앙아시아까지를 건조 아시아로 묶는 방법을 사용하고 있다. 위치적 특성과 자연환경적 특성을 중심으로 하고 문화적 특성을 결합한 지역 분류 방법이다. 세계지리 과목에서 시도하였던 지역 구분 방법은 제7차 교육과정에서 경제적 기준에 의해 구분한 것 이외에는 대륙별 구분 방법을 주로 사용했다. 세계지리 과목의 교육과정 구성 방법은 주제적 접근+지역적 접근(5차, 6차), 지역적 접근(1997, 제7차), 주제적 접근(2009, 개정)의 3가지 유형으로 분류할 수 있다(전종한, 2015, 194).

우리나라의 지역 구분 방법은 중학교의 경우 중부지방, 남부지방, 북부지방으로 구분하는 방법이 가장 전통적으로 사용되어 왔다. 그리고 세계지역은 아시아, 아프리카, 유럽, 아메리카, 오세아니아 지역의 다양한 조합으로 이루어지다가, 6차 교육과정 시기에 아시아 지역을 동부 및 동남아시아, 남부 및 서남아시아로 더 세분하고, 유럽과 아메리카를 분리하는 등, 가장 세분화된 지역 구분 방법을 사용했다.

세계지리의 지역 구분 방법의 대안으로, 전종한(2015, 203)은 5개의 필수 내용 요소(자연, 문화, 취락, 산업, 지구적 쟁점)를 제시하고 세계지리의 지역을 4개로 통합하여(몬순 아시아, 건조 아시아와 아프리카, 유럽과 러시아 권역, 아메리카와 오세아니아) 각 지역의 특성에 맞게 필수 내용 요소를 선별적으로 제공하는 방법을 제안하고 있다. 그리고 조성욱(2005b, 360)은 세계지리 학습에서 학습 대상 지역의

표 6. 고등학교 '세계지리' 과목의 지역 구분 방법

교육과정별	분류지역
4차 교육과정(지리 II)	아시아/유럽 및 아프리카/아메리카 및 오세아니아
5차 교육과정	몬순 아시아/건조아시아와 아프리카/유럽/아메리카 및 오세아니아
6차 교육과정	서태평양 연안 국가/동남 및 남부 아시아/서남아시아와 아프리카/유럽/아메리카
7차 교육과정	우리와 가까운 나라들/일찍 산업화된 국가들/지역개발에 활기를 띠는 국가들/사회주의 붕괴 이후 변화를 겪는 국가들
2007 개정 교육과정	아시아/유럽/아프리카/오세아니아/아메리카
2009 개정 교육과정	아시아/유럽/아프리카/오세아니아/아메리카
2015 개정 교육과정	몬순아시아와 오세아니아/건조 아시아와 아프리카/유럽과 북부 아메리카/사하라 이남 아프리카와 중남부 아메리카

출처: 조성욱, 2005b, 354; 국가교육과정 정보센터.

지역규모가 너무 커서 깊이 있는 학습과 학습자의 자기주도적인 탐구학습이 어렵다고 지적하고, 학습 단위 지역의 규모를 대륙규모가 아닌 국가 단위의 지역규모로 하는 거점국가 중심의 세계지리 교육내용 구성 방안을 제시하고 있다.

이와 같이 교육과정 상에 나타나는 지역 구분 방법은 중학교 과정에서는 지역지리 중심에서 계통지리 중심으로 교육내용 조직 방법이 변화하여 지역 구분의 의미가 약해지고 있다. 그리고 한국지리 과목에서는 교육과정에 따라 다양한 방법을 시도해 왔는데, 2007 개정 교육과정 이후에는 우리나라를 7개 지역으로 구분하는 방법을 사용하고 있다. 세계지리 과목에서는 다양한 지역 구분 방법을 모색해 왔는데, 특히 아시아 지역의 지역 구분 방법에 많은 변화를 보여 왔다.

5. 지역지리교육에서 교육내용 선정 및 조직 방법

1) 지역, 주제, 쟁점 중심 방법

지리교육에서 활용되는 교육내용 선정 및 조직 방법에는 지역 중심 방법과 주제 중심 방법 그리고 쟁점 중심 방법이 있다. 이 중 지역 중심 방법은 동질성을 가지는 일정한 지리적 범위를 지역으로 정의하고, 다른 지역과의 차이점을 중심으로 기술하는 방법이다. 이때 지역 구분의 기준으로는 정치 지역, 자연 지역, 문화 지역, 경제 지역 등이 활용되었다.

그러나 이 방법은 임의적으로 지역을 구분하여 지역만 달리 했을 뿐 같은 주제의 지식을 반복적으로 나열하는 점, 지역에 관한 지식을 백과사전적으로 나열하는 점, 경계선을 강조하여 분절되고 닫힌 지역으로 인식하게 하는 점, 정적인 관점으로 지역을 설정한다는 점, 일반성이나 보편성 보다는 지역의 고유성과 예외성에 치중한다는 점, 외부 지역과의 관계보다는 영역화된 지역의 합으로 인식하는 '모자이크' 방식의 지역 인식이라는 비판을 받아 왔다(서태열, 2005, 325; 조성욱, 2005b, 354; 김병연, 2018, 231). 이러한 비판은 전통 지역지리학의 관점에서 지역의 경계를 설정하여 영역화하고, 영역 내에서의 동질성과 영역 외부와의 차이점을 중심으로 지역의 특성을 기술하는 지역성 중심 방법에 연유한다.

그리고 신 지역지리학의 지역 개념을 도입한 지역구조의 변화에서도 경제적 측면(나중에는 문화적 측면까지 포함)에 중점을 둔 지역구조 및 변화, 지역성 규정에서 특정요소만을 기반으로 이해하는 지나친 단순화, 특정 요소만을 강조하는 고정관점 만들기, 불변하는 특성으로 규정해 버리는 라벨 부여하기 등이 문제점으로 지적되었다(Shields, 1991; 김병연, 2018, 228 재인용)

지리학에서의 지역 개념은 영역 내에서의 차이보다는 외부 지역과의 관계성, 지역 내부에서의 상호작용과 함께 지역 간 상호작용, 영역화되고 고정되어 있는 지역이 아니라 변동적이며 네트워크로 연계되어 있다는 점, 그리고 지역은 불변의 형태가 아니라 인간에 의해 만들어지고 인식되는 사회적 구성물로 정의하고 있다.

지리교육과정에서는 제7차 교육과정 이후부터 지역을 인간과 자연, 지역과 지역 간의 상호 연결과 관계를 통하여 끊임없이 변화되는 존재로 제시하고 있다. 즉, 교육과정에서의 지역은 지역성을 강조하는 전통 지역지리에서 지역 구조의 변화에 초점을 두는 신 지역지리, 그리고 상호 관련성을 강조하는 생태적 관점으로 변화해 오고 있다(김병연, 2018, 226).

주제 중심 접근 방법은 지역 중심 방법의 문제점을 해결하는 대안으로 등장했는데, 토픽 중심 접근법과 주제 중심 접근법으로 구분할 수 있다. 토픽 중심 접근법(topic approach)은 특정 토픽을 중심으로 기술하는 방법이며, 주제 중심 접근법(thematic approach)은 두 개 이상의 지리적 현상들을 연관시켜 지리적 현상들 사이의 상호관계를 살펴보는 방법이다(전종한, 2015, 199). 주제 중심 방법은 지역성보다는 일반성에 초점을 두고 지식을 백과사전식으로 나열하지 않는다는 장점을 가지고 있다.

그러나 지역 중심과 주제 중심 방법은 접근 방법은 다르지만, 지리적 관점에서 특정 지역의 지리적 이해를 목표로 한다는 점에서는 공통점이 있다. 지역 중심 방법은 지역을 설정하고 모든 요소를 깊지는 않지만 넓게 다루는 방법이라면, 주제 중심 방법은 특정 요소를 중심으로 좁고 깊게 다루는 방법이다. 이와 같은 이 두 가지 방법은 접근 방법에 따라 장단점은 있지만 지역을 이해한다는 목표와 지리학의 지역지식을 기반으로 한다는 점에서 지리학 중심 방법이라고 할 수 있다.

이에 비하여 쟁점 중심 접근 방법은 선택된 지역의 이해가 주목표가 아니라, 이해하고자 하는 쟁점을 인식하고 해결하기 위한 수단으로서 지역이 도입되는 방법으로, 학습자의 역량을 키우는 데 초점을 둔 교육적 접근 방법이라고 할 수 있다. 그러나 이 방법은 실제 세계와의 일치성이 높아 학생들의 관심을 집중시킬 수 있다는 장점이 있지만, 특정 지역이 문제 지역으로 인식이 굳어질 가능성 즉, 부정적 지역 인식을 심어 줄 가능성과 문제가 되는 쟁점이 수시로 변할 수 있어서 지속 가능성과 안정성이 떨어진다는 한계가 있다(전종한, 2015, 200).

이와 같이 지역 중심, 주제 중심, 쟁점 중심 방법 중에서, 지역 중심과 주제 중심 방법은 지리학의 학문적 방법을 활용한 것이라면, 쟁점 중심 방법은 교육적 방법을 활용했다는 측면에서 차이가 있다. 그러나 3가지 방법 모두 각각 장단점이 있기 때문에, 각 방법의 적합성 여부에 대한 논의보다는 지역지리교육에서 각 방법의 장점을 최대한 활용할 수 있는 교육내용 선정 및 조직 방법에 관한 논의가 더 의미가 있다. 즉, 지역을 인식하고 지역에 대한 개념을 형성해야 하는 초등학교 단계에서는 지식은 깊지 않지만 지역성을 살필 수 있는 지역 중심 방법, 중학교 단계에서는 지역 인식을 기반으로 좀 더 깊이 있는 학습과 지역 변화를 살필 수 있는 주제 중심 방법, 그리고 고등학교 단계에서는 지역에 대한 개념과 기본 지식을 바탕으로 현재 논의 되고 있는 지역의 쟁점을 중심으로 하는 쟁점 중심 방법을 교육내용 선정 및 조직 방법으로 활용할 수 있다.

지역지리교육에서는 학교급별에 따라 단계적으로 단순에서 복잡으로, 단일성에서 다층성으로, 구체적인 것에서 추상적인 것으로, 지역 인식에서 지역 이해로, 정적인 지역에서 동적인 지역으로와 같이 단계적 이해가 가능하도록 해 주어야 한다. 즉, 지역인식(지역이란 무엇인가, 지역 규모, 지역 구분의 의미), 지역이해(지역성, 지역구조 변화, 지역 간 상호작용), 지역활용(태도, 가치관, 활용)의 단계로 교육내용을 선정할 필요가 있다. 그리고 전 학년에 걸쳐 적용되는 기본개념을 설정하고, 각 학교급별에 적합한 조직개념으로 분해하여 제시할 필요가 있다.

2) 교육내용 조직 방법

지리교육의 교육내용 선정 및 조직 방법은 지역을 구분하여 지역별로 지역성을 중심으로 기술하는 지역적 방법, 주제를 중심으로 교육내용을 재구성하는 계통적 방법, 특정 패러다임을 중심으로 내용을 재구성하는 패러다임 방법, 학습자를 기준으로 주변지역에서 넓은 지역으로 학습 범위를 확장하는 동심원적 방법으로 분류할 수도 있다(서태열, 2005, 351).

지리교육과정에서는 지역적 방법 중심에서 지역적 방법과 계통적 방법의 혼합, 그리고 2007 개정 교육과정 시기부터는 계통적 방법 중심으로 내용 구성이 변화하고 있다. 지역적 방법의 한계점을 해결하기 위해서 6차와 제7차 교육과정에서는 대륙별 지역 구분 방법보다는 지역-주제 방법으로 변화를 모색했으나, 이 방법도 지역의 역동적인 측면을 파악하기는 어렵다는 한계점이 있었다. 또한 중학교 과정에서 계통적 방법에 의한 교육과정 구성은 주제를 중심으로 한다는 측면에서 일반사회과와의 통합의 빌미를 제공할 가능성이 있다는 점이 문제로 지적되기도 했다(박선미, 2018, 165).

중학교 과정에서는 2007 개정 교육과정 이후 계통적 방법으로 내용을 구성하면서 주제를 중심으로 지역의 규모를 유연하게 적용하면서 한국지리와 세계지리의 내용이 통합되었다. 그 결과 우리나라에 대한 내용이 급격히 감소하게 되어, 2007 개정 교육과정 이전에는 반복학습이 문제였다면, 이후에는 학습 기회가 사라졌다는 점이 문제가 되고 있다(박선미, 2018, 158). 또한 지역-주제 방법은 제시된 지역에 대해서 특정한 주제를 중심으로 내용이 구성되기 때문에 다양한 측면을 살펴보지 못하고 해당 지역에 대한 지역적 편견을 심어 주는 부정적인 효과가 나타나기도 했다.

이러한 문제를 해결하기 위해서는 지역지리학습의 계열성을 체계화할 필요가 있다. 학교급별로 접근 방법을 달리함으로써 같은 방법이 반복되는 문제점을 해결할 수 있고, 각 단계에 따라 학습에 적합하도록 지역 구분 방법을 다르게 할 수 있으며, 백과사전식 학습내용 나열 방식을 해결할 수 있고, 같은 지역 규모의 반복적 학습과 지역만 다를 뿐 내용이 반복되는 문제를 해결할 수 있다. 또한 학교급별로 다른 내용 조직 방법의 적용으로 각 방법의 장점을 살릴 수 있으며, 학습자의 수준에 맞게 교육내용을 조직할 수 있다.

지역지리교육의 학습 확대 과정은 지역 인식 ⇨ 지역 구분과 지역 규모 이해 ⇨ 지역성 이해(자연환경, 인문환경, 주민과의 상호작용, 지역 내 요인 간의 상호작용) ⇨ 지역 구조의 변화 이해 ⇨ 지역 간의 상호작용 이해(지역의 네트워크적 성격 이해)의 과정으로 이루어져야 한다. 그 결과 최종적으로는 지리학에서 논의되고 있는 지역의 주요 특성인 동적인 측면(변화), 다층성(다양성), 네트워크적 특성(상호작용)에 대한 이해가 이루어질 수 있다.

그러나 현실적으로 학교급별로 지역의 개념을 달리해서 제시할 경우, 고등학교 과정에서 통합

표 7. 학교급별 교육내용 선정 및 조직 방법

학교급별	내용선정	조직방법(사례)
초등학교	지역 인식, 지역 구분, 지역성 (전통적 지역지리 관점)	• 지역 간 지역성의 차이를 중심으로 (수도권의 지역 설정과 지역 특성)
중학교	지역 구조 및 변화적 측면 (신지역지리 관점– 지역 구조 변화)	• 지역 구조의 특성과 변화를 중심으로 (중국 해안 지역의 변화)
고등학교	통합사회: 관계적 측면	• 관계적 측면을 중심으로 (생활공간의 변화가 삶에 미치는 영향)
	지역성+변화적 측면+관계적 측면 (생태적 관점– 네트워크적 측면)	• 지역의 특성과 변화, 관계 중심으로 (실리콘 밸리의 형성과 변화, 지역 연계)

사회 과목까지는 모든 학생이 공통적으로 학습이 이루어지지만, 한국지리나 세계지리 과목은 선택과목으로 선택하지 않는 학습자의 경우는 지역에 대한 완성된 지리적 개념을 형성시켜 줄 수 없다는 문제점이 있다. 따라서 고등학교의 공통과정인 통합사회의 구성에서 이러한 측면을 고려하여, 통합사회 과목 수준에서 1차적으로 지역 개념이 완성될 수 있도록 할 필요가 있다(표 7).

6. 마치며

지리학의 학문 변화와 함께 지역에 대한 개념과 지역지리교육의 역할 변화가 있었다. 특히 지역지리교육에서 나타났던 문제점과 지역지리교육의 위상과 비중 감소, 지역지리교육 관련 용어 사용의 혼란, 지역 개념의 혼란, 지역 규모 및 지역 구분 방법에 대한 논란 등으로 지역지리교육의 방향 정립에 어려움이 있었다. 논의된 내용을 정리하면 다음과 같다.

첫째, 지역지리교육 관련 용어 사용에서는, 학문으로서의 '지역지리'와 이것을 교수학적 변환에 의해 학습자에게 제시하는 '지역지리교육'은 연구와 교육이라는 측면에서 구분되어 사용될 필요가 있다. 또한 '향토교육'은 향토애라는 정의적인 측면에 초점을 둔다면, '지역학습'은 지역을 학습의 수단으로 고려한다는 점에서 차이가 있다. 그리고 '지역학습'과 '지역지리교육'은 학습대상의 규모가 다르다는 점에서 차이가 있다.

둘째, 지리학에서의 지역은 정적인 존재가 아닌 동적인 개념이고, 경계를 한정하기보다는 흐름과 이동 그리고 상호작용, 그리고 네트워크 형태로 인식하고 있다. 그러나 지리교육에서는 이러한 지역 개념을 학습자를 고려한 지역 개념으로 재구조화하여 제시할 필요가 있는데, 지역 개념의 변화 과정을 조직개념으로 단계화하여 나선형 방식으로 활용할 수 있다.

셋째, 지리교육에서의 지역 규모는 지역의 개념과 함께 가능한 구체적이고 시각적으로 제시되어야 하며, 지역 규모 간의 계층성, 중첩성, 변동성, 상호작용 등의 특성을 단계적으로 제시해야 한다. 또한 지역 구분 방법의 변동성과 사회적 구성 측면을 이해할 수 있도록 해야 한다.

넷째, 교육내용 선정 및 조직 측면에서는 학교급별로 초등학교 단계에서는 지역에 대한 인식과 지역성 이해에 주안점을 두는 지역 중심 방법, 중학교 단계에서는 지역의 변화와 지역 간의 상호작용을 중심으로 좀 더 깊이 있는 학습이 가능한 주제 중심 방법, 고등학교 단계에서는 지역에 대한 기본 지식을 바탕으로 현재 논의되고 있는 지역의 쟁점을 중심으로 교육내용을 선정하여 조직하는 방법이 있다. 학교급별로 다르게 할 경우 같은 방법이 반복되는 문제점과 나열식 제시의 문제점을 해결할 수 있으며, 각 단계에 적합한 지역구분 방법을 사용할 수 있다.

• 요약 및 핵심어

요약: 지역지리교육에서의 논의점을 살펴보고, 교육내용 선정 및 조직 방법을 중심으로 대안을 모색했다. 첫째, '지역지리'와 '지역지리교육'은 연구와 교육이라는 측면에서, '향토교육'과 '지역학습'은 정의적인 측면과 지역을 학습의 수단으로 고려한다는 점에서 차이가 있다. '지역학습'과 '지역지리교육'은 학습대상의 지역 규모가 다르다. 둘째, 지리교육에서는 학습을 고려한 지역 개념으로 재구조화하여, 지리학에서의 지역 개념 변화 과정을 조직개념으로 활용할 수 있다. 셋째, 지역 규모의 개념은 가능한 구체적이고 시각적이며 단계적으로 제시되어야 한다. 넷째, 지역지리교육의 교육내용 선정 및 조직에서는 지역의 인식, 지역의 이해, 그리고 지역의 활용으로 구분하여 선정할 필요가 있다. 그리고 초등학교 단계에서는 지역 중심 방법, 중학교 단계에서는 주제 중심 방법, 고등학교 단계에서는 지역의 쟁점을 중심으로 선정하고 조직하는 방법이 있다.
핵심어: 지역지리교육(regional geography education), 지역지리(regional geography), 향토교육(local education), 지역학습(local learning), 지역규모(regional scale), 교육내용 선정 및 조직(selection and organization of educational contents)

• 더 읽을거리

손명철 편역, 1994, 지역지리와 현대 사회이론, 명보출판사.

Cresswell, T., 2013, *Geographic Thought: A Critical Introduction*, Oxford, UK: Wiley-Blackwell(박경환 외 옮김, 2015, 지리사상사, 시그마프레스).

참고문헌

구연무, 1984, 사회과 교육과정 운영의 지역화와 그 문제점, 사회과교육(17), 22-25.

권정화, 2001, 부분과 경계를 넘어서: 지역지리교육의 내용구성을 위한 논의, 한국교육과정평가원, 연구자료 ORM 2001-5, 21-29.

김병연, 2017, 한국지리에서 '지역지리'의 위상에 대한 고찰, 한국지역지리학회지, 23(4), 679-693.

김병연, 2018, 지역지리 교육에서 '지역' 이해의 한계와 대안 탐색, 한국지역지리학회지, 24(1), 222-236.

김종욱, 1994, 세계화를 위한 지역 연구와 지역 교육, 지리교육논집(31), 1-15.

남호엽, 2019, 근대교육사상에 비추어 본 환경확대법의 아이디어, 한국지리환경교육학회지, 27(1), 1-13.

박선미, 2018, 한국 지리교육과정의 쟁점과 전망, 문음사.

서태열, 2005, 지리교육학의 이해, 한울.

손명철, 2017, 한국 지역지리학의 개념 정립과 발전 방향 모색, 한국지역지리학회지, 23(4), 653-664.

심광택, 2006, 지역인식과 지리교과서의 지역기술, 한국지리환경교육학회지, 14(4), 359-371.

이동민 · 최재영, 2015, 다중스케일적 접근의 지리교육적 의의와 가능성, 한국지리환경교육학회지, 23(2), 1-17.

이양우, 1987, 사회과 교육과정 운영의 지역화 방안과 그 문제점 -경남지역의 지역학습을 중심으로-, 사회과교육연구, 81-126.

이 전, 1998, '지리학과 해외지역연구', 한국의 지역연구, 379-401(이상섭 · 권태환 편, 1998, 한국의 지역연구, 서울대학교 출판부).

전종한, 2015, 세계지리에서 권역 단원의 조직 방안과 필수 내용 요소의 탐구, 한국지역지리학회지, 21(1), 192-205.

조성욱, 1997, 일본의 '지역학습'에 관한 고찰, 지리 · 환경 교육, 5(1), 65-80.

조성욱, 2002, 지리교육에서 주변지역학습의 교육적 의의, 한국지리환경교육학회, 10(2), 25-39.

조성욱, 2005a, 지리 교육에서 지역 규모 인식, 한국지리환경교육학회지, 13(1), 139-149.

조성욱, 2005b, 거점국가 중심의 세계지리 교육내용 구성방법, 한국지리환경교육학회지, 13(3), 349-362.

조성욱, 2018, 지역지리 교육의 개념 논의와 방향 모색, 한국지역지리학회지, 24(4), 542-556.

Massey, D, 1993, Questions of locality, *Geography*, 78(2), 142-149.

Shields, R., 1991, *Places on the Margin: Alternative Geographies of Modernity*, London, Routledge.

국가교육과정 정보센터(http://nice.go.kr/)

6.

지역 학습의 논리와 교과핵심 역량[1]

심광택(진주교육대학교)

1. 들어가며

실재하는 삶터는 현실적 차원과 잠재적 차원으로 구분하여 이해하고 개념화할 수 있다. 인간의 삶에서 지역은 주소 체계처럼 현실적으로 그 범위와 규모를 인식할 수 있는 반면, 공간, 장소, 환경은 그 위상과 속성을 잠재적으로 인식할 수 있는 개념이기 때문이다. 이는 우리가 실재하는 태양 광선을 현실에서 무색으로 인식하고 있지만, 잠재적으로 비가시광선을 포함하여 다양한 분광(스펙트럼)으로 인식할 수 있는 것과 유사하다. 즉, 인간의 삶터(실재적임)=지역(현실적 차원)+공간, 장소, 환경(잠재적 차원)이다(심광택, 2011, 103).

모간과 램버트에 의하면 실제로 학교 지리에 반영된 지리 지식은 첫째, 세계를 예견하고 제어할 수 있는 학습자의 능력을 향상시키는 데 도움을 줄 수 있다. 이러한 지식의 배경은 실증주의적 접근으로 경험 과학에서 경험의 세계를 다루고 중립적인 외부 관찰자가 자료를 수집한다. 실증주의 학문에서는 수집한 자료를 분석하여 일반 법칙으로 체계화한다. 또한, 설명을 목표로 하며 이러한 유형의 지식은 기술적 통제 이데올로기와 관련된다. 법칙은 사건을 예측하는 데 활용될 수 있다. 둘째, 세계를 상호 인식하고 이해할 수 있는 학습자의 능력을 향상시킬 수 있다. 이러한 지

---

1 이 글은 심광택(2018b)을 전재함.

식의 배경은 인간주의적 접근으로 사건과 인간의 행위 너머에 있는 생각의 이해를 목표로 한다. 인간주의 학문에서는 무엇에 의해 현재의 모습이 되었는가를 평가하고자 한다. 그러한 이해의 목표는 자아 인식과 상호이해에 있다. 셋째, 세계를 체계화하는 영향력에 대한 학습자의 비판적 이해 능력을 향상시킬 수 있다. 이러한 지식의 배경은 실재적 접근으로서 세계를 체계화하는 기제 및 영향력을 이해하고자 한다. 비판적 인식을 목표로 사람들의 삶을 제약하는 기제를 확인하여, 이를 제거하고 대안을 제시하면서 사람들이 그릇된 이데올로기로부터 해방되기를 추구한다. 사회의 변화를 목표로 한다(Morgan and Lambert, 2005, 42–51; 조철기 옮김, 2012, 63–95).

이와 같이 학교 지리에 반영된 지역 개념과 지식의 성격을 고려하여 지역 학습의 방법을 유형화하면 다음과 같다. 첫째, 경험–분석적 내용 지식을 설명의 논리에 근거하여 사회 공간성을 파악하는 공간분석 학습이다. 지역의 사회공간성은 사회(시대적 조건)와 공간(입지적 조건) 간의 상호관련성을 분석하여 파악할 수 있다. 둘째, 역사–해석적 내용 지식을 이해의 논리에 근거하여 장소 정체성에 공감하는 장소이해 학습이다. 지역의 장소정체성은 기호와 경관으로 드러난 사람들의 장소적 경험 및 의미를 통해 해석할 수 있다. 셋째, 비판적 내용 지식을 가치 판단의 논리에 근거하여 환경적 특성을 평가하는 환경가치판단 학습이다. 지역의 환경적 특성은 지속가능성과 환경정의 및 사회적 형평성 관점에서 그 가치를 판단할 수 있다(심광택, 2011, 27).

이 글에서는 선행 연구(심광택, 2011)를 발전시켜 초·중등 사회과 지역 학습에서 개정된 역량중심 교육과정을 실천할 수 있도록, 생태적 다중시민성을 추구하는 지역(장소, 공간, 환경) 학습의 논리를 전개하고, 유형별 지역 학습의 논리에 따라 학습자에게 기대되는 교과핵심 역량과 연관된 하위 역량을 제시해 본다.

이를 위해 2장에서는 초등 지역화 학습과 중등 지역 학습의 계보 및 성격을 살펴 각각의 한계를 드러낸다. 이를 극복하기 위한 대안으로서 생태적 다중시민성에 토대하여 지역 학습의 논리를 구상한 다음, 학교급별 지역 학습의 연속성 및 연계성을 유지하기 위한 방안을 예시하여 초·중등 사회과 지역 학습의 일관성을 유지한다.

3장에서는 유형별 지역 학습의 논리를 전개하면서 예상되는 교과핵심 하위 역량을 제시한다. 구체적으로 장소 학습의 장소 이해 과정에서 공감, 의사소통 능력, 공간 학습의 공간 분석 과정에서 공간 정향, 방법활용 인식 능력, 환경 학습의 환경가치 판단 과정에서 환경 평가, 개선실천 능력 등의 하위 역량의 함양 가능성을 살펴본다.

2. 사회과 지역 학습의 한계와 대안 논리 구상

1) 지역화 학습과 지역 학습의 계보 및 성격

미국에서 성립된 사회과 지역화 교육의 전통에서 강조되는 내용 요소와 구성 방법은 다음과 같다. 향토교육의 전통에서는 지역의 사상(事象)을 보여 주는 여러 가지 교재들 자체가 내용으로 설정되지만, 지역사회학교 전통에서는 지역의 문제, 자원, 기능 등이 학습자의 문제해결 능력을 기르는 도구가 된다. 신사회과 전통에서는 지역의 전체상을 보여 주기보다는 이론이나 개념이 적용될 수 있는 사례나 설명을 기다리는 사례들을 중심으로 내용이 구성된다(권오정·김영석, 2003, 340-341). 한편, 일본의 사회과 지역화 학습은 학습거점설, 도구설, 수단설 등이 계보를 형성하고 있다. 학습거점설에서 학습자는 지역을 향토라는 생활 거점으로 파악한다. 도구설에서 지역은 학습자가 새로운 환경에 직면하기 위한 소재 제공의 장(場) 가운데 하나이다. 수단설에서 지역은 학습자가 사회의 기본 구조와 일반 원리를 인식하기 위한 수단에 지나지 않는다(池野範男, 2005, 19-31).

향토교육 전통은 학습거점설, 지역사회학교 전통은 도구설, 신사회과 전통은 수단설에 각각 조응한다. 학습거점설에서는 고장의 과거, 현재, 미래에 대해 생각하는 동안 학습자의 사회 인식력이 향상될 것으로 가정한다. 도구설에서는 학습자가 사회 속에서 한 인간으로서 어떻게 살아가야만 할 것인가에 대해 반성적으로 사고하는 동안 사회 판단력이 향상될 것으로 가정한다. 수단설에서는 사회과학자처럼 사회가 어떻게 조직되었는가를 객관적으로 인식하는 동안 사회 인식력이 길러지며, 객관적(과학적) 사회 인식력이 학습자의 시민성 형성에 핵심이 된다고 가정한다(심광택, 2011, 147).

이러한 지역화 학습의 계보는 시민성 전수, 사회과학 탐구, 반성적 탐구로서 미국, 한국, 일본 사회과 교육의 전통에서 민주적 시민성을 사회 인식력 및 판단력으로 등치시킨 결과 지속될 수 있었다. 초등학교 사회과 교육에서 지역화 학습은 민주적 시민성을 기르고자 지식, 기능, 가치·태도, 참여·실천 목표 가운데 특정 목표에 주안점을 두면서 계보가 형성되었다. 반면에 중등학교 지리 교육에서 지역 학습은 지리적 사고와 지리 조사 방법에 기초하여 지역의 성격(일반적 공통성 및 지방적 특수성)을 파악하면서 장소감수성 및 문화다양성을 존중하고 지역의 과제를 해결하는 과정을 통해 지역·국가·세계 시민성 교육과 지속가능성 교육을 동시에 추구한다.

중등학교 지리 교육에서 지역 학습의 논리가 2015 개정 교육과정에서 교과 역량 함양에 결정적인 역할을 하는 기능을 '지식을 습득할 때 활용되는 교과 고유의 탐구 과정 및 사고 기능'으로 규정하는(교육부, 2016, 135; 한혜정 외, 2018, 15) 것과 일치함을 알 수 있다. 지리적 관점 및 사고방식의 체계성, 종합성, 관계성에도 불구하고, 중등학교에서 지역 학습은 과목별 계통성의 칸막이로부터 자유롭지 못하다. 지리 교육과정 개정에서 지역 학습은 지식중심과 방법중심[2] 양 극단 사이에서 지역적, 계통적 또는 주제적, 주제-지역적 방법에 따라 내용 선정과 조직 방식이 나라마다 다르게 구성되고 있다.

예를 들면, 지역적 방법중심의 일본 중학교 지역 학습에서는 지리교육국제헌장(1992)의 중심 개념인 위치와 분포, 장소, 인간과 자연환경 간 상호의존 관계, 공간적 상호작용, 지역에 착안하여 지리적 사상의 의미, 특색, 상호 관련성을 다면적·다각적으로 고찰하고, 지리적 과제 해결을 위해 바르게 선택하고 판단할 수 있는 능력, 사고·판단한 내용을 설명하고 토론할 수 있는 능력을 기르고자 한다(文部科学省, 2018, 32-36).

한국의 2007 개정 교육과정에서는 중학교 교육과정의 지역적 방법중심 학습의 틀(지역탐구 방법→한국의 여러 지방→세계 여러 지역→세계와 우리나라)이 해체되고, 계통적 개념과 주제를 중심으로 학습 내용이 조직되었다. 2009 개정과 2015 개정 교육과정은 주제나 쟁점을 중심으로 지역 간 상호작용과 지역 변화를 적극적으로 다루었으나, 지역이 전면에 부각되지 못한 채 주제와 쟁점 이면에 숨겨졌다(박선미, 2017, 810).

동태 지리 방법의 중핵 사상으로 제시된 자연환경, 인구·도시·촌락, 산업, 교통·통신, 기타(지역 산업과 문화의 역사적 배경, 지역의 환경 문제 및 보전, 지역의 전통생활 문화) 등 5개의 창을 통해 학습하도록 구성한(文部科学省, 2018, 64-71; 강창숙, 2018, 28) 일본의 지역 학습도, 지역 추출법의 사례 지역을 도입하여 지리 인식, 장소와 지역, 자연환경과 인간 생활, 인문환경과 인간 생활, 지속가능한 세계 등 5대 영역의 핵심 개념을 중심으로 학습하도록 구성한(교육부, 2015, 7-10) 한국의 계통적 주제중

2 지식중심 지역 학습에서는 국가와 세계를 여러 지역으로 구분한 다음, 각 지역의 상황을 이해하도록 지리적 지식을 나열하고 모으는 암기 학습이 우려된다. 방법중심 지역 학습에서는 일반적 공통성과 지방적 특수성을 파악하기 위해 정태(靜態) 지리, 지역추출법(범례 학습 또는 사례 학습), 동태(動態) 지리 방법을 적용한다. 정태 지리 방법에서는 지역을 구성하는 다양한 지리적 사상(事象)을 설명하고, 다른 지역과 비교·대조하면서 지역성을 파악한다. 지역추출법에서는 학습대상 지역에 속하는 일부 지역을 구체적으로 분석하여 지역 전체를 이해하고자 한다. 동태 지리 방법에서는 지역을 구성하는 다양한 사상 가운데 중요하다고 여겨지는 사상(중핵 사상)을 다른 사상과 연결시켜 설명하고자 한다. 방법중심 지역 학습에서는 지역지리 연구에서 활용하는 지역연구 방법을 응용하거나, 지역 구분법을 적용하여 학습대상 지역을 선정할 수 있다(秋本弘章, 2012, 29-31). 동태적 지역 학습에서는 중핵 사상이 결과로서 '왜' 발문으로 형성 원인을 탐구하거나, 중핵 사상이 원인으로서 '어떻게' 발문으로 초래한 결과를 탐구하는 방법을 고려할 수 있다(下池克哉, 2016, 398).

심 지역 학습도 공통적으로 지리적 지식과 기능을 바탕으로 사고력, 판단력, 표현력 등을 강조한다. "무엇을 알고 있는가"에서 "무엇을 할 수 있는가"에, 즉 지식중심 교육에서 역량중심 교육으로 변화를 모색하고 있다.

하지만, 이처럼 지리적 관점 및 사고방식에 갇힌 지역 학습의 논리는 학습자가 지역의 과제를 해결하는 과정에서 역사적(일본의 교육과정에서는 제시됨), 정치경제적, 사회문화적, 윤리적 관점 및 사고방식을 고려할 수 없는 한계를 지닌다. 이러한 한계를 극복하기 위한 대안으로서 역사지리적, 정치경제적, 사회문화적, 윤리적 차원(스케일)을 고려하는 생태적 다중시민성에 토대하여 지역(장소, 공간, 환경) 학습을 구상할 수 있다.

2) 생태적 다중시민성에 기반한 지역 학습의 논리

2015 개정 교육과정 총론에서 제시한 공통핵심 역량은 자기 관리, 지식정보 처리, 창의적 사고, 심미적 감성, 의사소통, 공동체 역량 등이며, 공통핵심 역량과 관련지어 사회과 교육과정에서 제시한 교과핵심 역량은 창의적 사고력, 비판적 사고력, 문제 해결력 및 의사 결정력, 의사소통 및 협업 능력, 정보 활용 능력 등이다(교육부, 2015, 3) 그러나 제시된 교과핵심 역량은 사회과에 특정된 교과핵심 역량이라기보다 교과교육 전반에 걸쳐 추구해야 할 공통핵심 역량으로 볼 수 있다.

그러므로 사회과 교육에서 지역·국가·세계 시민성 교육과 지속가능발전 교육을 실천하려면, 공통핵심 역량과 관련지어 남북분단 시대 다문화 사회, 네트워크 시대 지구적 위험사회에 걸맞은 교과 고유의 핵심 역량을 명확하게 구체화할 필요가 있다. 이때, 지역·국가·세계시민성 교육 및 지속가능발전 교육과 정합성을 유지하는 생태적 다중시민성기반 사회과 교육이 의의를 갖는다.

생태적 다중시민성 기반 사회과에서 교과핵심 역량은 장소감수성 및 정체성 인식 능력, 비지배 자유[3] 보장 능력, 사회적 상호관계성 인정 능력, 환경 정의 및 사회적 형평성 실천 능력 등이다. 구체적으로 개인과 공동체 구성원으로서 자존감 및 책임 의식, 타인과 제도의 자의적 지배로부터 해방, 개인·집단 간 차이와 다름을 존중, 그리고 개인의 안녕과 공공복리 추구 등의 역량(심광택, 2014, 25-26)을 가리키기 때문이다.

3 비지배 자유 원칙이란 '타인의 간섭으로부터의 자유'가 아니라, '타인의 자의적인 지배로부터 자유'를 말하며, 이러한 자유를 향유할 수 있는 조건의 보장을 우선 과제로 제시하는 고전적 공화주의 전통에서 나온 정치적 원칙이다(곽준혁, 2004, 38).

생태적 다중시민성 함양을 추구하는 사회과 지역 학습에서는 초등 지역화 학습의 민주적 시민성 교육과 중등 지역 학습의 지리적 관점 및 사고방식을 넘어서, 학습자가 역사지리, 정치경제, 사회문화, 윤리적 관점 및 사고방식을 적용하여 지역의 성격과 과제를 파악할 수 있다. 학습자는 지역 주민의 장소감 및 정체성을 이해하고(역사지리적), 타인과 제도의 자의적 지배로부터 적극적 자유를 추구하며(정치경제적), 생활문화의 다양성을 존중하면서(사회문화적), 이웃과 더불어 지속가능한 삶터 만들기에 참여하고 실천(윤리적)할 수 있는 교과핵심 역량을 길러갈 수 있다.

아비코에 의하면 학교 교육에서 지구의 유한성(에너지·자원 문제), 환경 파괴 및 오염(공해·온난화·방사능 문제), 환경 보전 및 개선(녹화·생물다양성 보호)을 고려한다면, 지속가능발전 교육과 관련하여 호혜성, 인내성, 자기상대화를 통한 능력(자기) 제어형 교육이 필요하다. 다시 말해, 호혜성은 해를 입히지 않고 서로에게 도움을 주며, 인내성은 부자유, 불안, 두려움, 걱정 등 활동 과정에서 생기는 다양한 심리적 문제를 견딜 수 있는 능력으로서 결과가 나올 때까지 누군가의 권위에 의지하지 않고 자신의 힘으로 주체적으로 해결하며, 자기상대화는 상대방의 입장 및 생각을 이해하여 자신의 입장 및 생각을 조율하는 역량과 사고방식이다(安彦忠彦, 2014, 189-190).

갑작스런 자연재해에 의해 도시 전체에 전기 공급이 끊어진 상태를 가정해 보자. 전기 기구를 활용하지 않고 일하던 사람을 제외하고는 모든 사람이 각자 하던 일을 계속할 수 없으며 부자유, 불안, 두려움, 걱정에 휩싸일 수 있다. 식수, 화장실, 엘리베이터, 식량, 주거, 물류, 교통, 정보 등 일상생활의 대부분이 곤란해진다. 우리 모두는 산업화 시대 이전처럼 이웃과 함께 정보를 구하여 물을 길어오고, 취사와 난방을 위해 스스로 식량과 에너지를 확보하고, 걷거나 자전거를 타고 이동하며, 어두워지면 잠자리에 들고 밝아지면 일어날 수밖에 없는 상황에 처하게 된다. 이처럼 전기 에너지는 물, 식량, 주거, 교통, 정보 등 일상생활을 떠받치는 중대한 역할을 하지만, 지구적 위험 사회[4]에서는 한 순간에 그 기능을 잃어버릴 수도 있다. 그제야 많은 사람이 네트워크 시대, 위험 사회, 이웃의 존재, 구성원 간 상호 관계성, 인간과 자연환경 간의 상호 의존성에 대해 깨닫게 된다.

인공 지능, 고령화, 지방 재편, 기본 소득, 위험 사회 등이 예견되는 지구적 위험 사회에서 지역

4 글로벌 위험 사회란 모든 것이 결과를 예측할 수 없는 결정으로 변하는 사회나 리스크-관리 사회 또는 리스크-담론 사회만을 의미하는 것은 아니다. 위험 사회는 현대를 주도한 통제의 이념 즉, 결정에서 비롯된 부작용과 위험을 통제할 수 있다는 이념이 흔들리게 된 정황을 의미한다. 글로벌 리스크는 세 가지 특징을 보인다. 위치와 장소를 규정할 수 없고(탈 장소화), 계산할 수 없고(계산 불가능성), 보상할 수 없다(보상 불가능성)(Beck, 2007; 박미애·이진우 옮김, 2010, 39, 101).

사회·국가·세계, 이웃, 상호 관계성, 환경 등의 개념은 학습자가 자신의 삶을 지속하기 위해서 존중하고 보전해야 할 가치(핵심 개념)로 자리매김할 수 있다. 학습자는 생태적 다중시민성에 기반한 지역 학습의 핵심 과정[5] 단계에서 지역사회·국가·세계, 이웃, 상호 관계성, 환경 등의 핵심 개념을 사고하는 과정을 통해 교과핵심 역량을 익힐 수 있다.

3) 생태적 다중시민성기반 지역 학습의 학교급별 연속성 및 연계성

영국의 신지식기반 국가교육과정에 지속가능발전을 포함시키려는 논쟁에 영향을 준 화두는 바로 인류세, 경제적 변화의 영향, 생활세계 변화 등이다. 첫째, 학계에서 인류세(Anthropocene) 개념 즉, 지질 시대의 새로운 세(世)를 형성할 정도로 인류가 지구에 중대한 충격을 주고 있음을 인식하였다. 지리학계에서 인류세 관점은 학습자와 환경 간의 관계 및 영향에 대한 새로운 교육적 관심을 불러왔다(Castree, 2015). 둘째, 경제적 변화에 따른 영향이다. 경제적 위기가 교육의 재정적 지원뿐만 아니라, 인간과 환경 간의 관계성 및 책무성에 영향을 미치고 있다. 2008년 경제 위기를 전후하여 영국에서는 환경에 대한 영향을 고려하던 소비자의 지출 습관이 가격 인하에 대한 관심으로 바뀌고 있는 사례를 들 수 있다. 셋째, 학습자의 생활세계가 변화하고 있다. 기술(technology)을 활용하면서 학습자와 환경 간의 관계, 학습자가 세계를 바라보는 방법이 달라지고 있다. 영국의 어린이들은 실외에서 놀거나 자전거를 타기보다는 실내에서 인터넷을 통해 사회적 연결망을 활용하는 데 익숙하다(Brooks, 2017, 241-242).

이러한 인류세, 경제적 변화의 영향, 생활세계의 변화는 학습자의 공간인식 발달 단계, 공간적 규모, 국가주의 및 사회 체제 등에 따라 학습 내용을 선정하고 조직하던 지역 학습의 구성 논리가 달라져야 함을 암시한다.

한편, 인류세 개념은 초·중·고에 걸쳐 지역 학습의 목표와 방향을 제시하는 데 결정적 역할을 할 수 있다. 인류세 관점에서 자연환경과 사회 활동 간의 관계 및 영향을 파악하여 지역 문제를 해결하려면, 생태적 다중시민성기반 사회과에서의 교과핵심 역량 함양을 궁극적 목적으로 설정하고, 지역·국가·세계 시민성 함양과 지역사회의 지속가능성 강화를 지역 학습의 목표로 제시할 수 있다. 지역 학습의 내용은 경제적 번영, 사회적 통합과 화합, 환경의 지속가능성, 정부와 기업

5 이하 교과핵심 역량으로서 생태적 다중시민성 및 핵심 과정에서 인지 행동, 사고 기능, 수업 설계에 관한 내용은 심광택(2018a)의 논문 참조.

을 포함한 사회 주역들의 좋은 조직관리(거버넌스) 차원6에서 선정하여 조직할 수 있다.

경제적 변화에 따른 영향을 고려할 때, 환경 정의 및 사회적 형평성 개념과 관련된 가치·태도 및 사회참여 문제를 지역 학습에 적극적으로 도입할 수 있다. 학습자의 생활 세계의 변화를 고려한다면, 학습자의 공간인식 발달 단계 및 공간적 규모에 따라 학습 내용을 선정하고 조직하던 기존의 지역 학습의 구성 논리를 보완할 필요가 있다. 즉, 공간 규모(scale)를 가로지르면서 기술(technology)을 활용하여, 장소를 정서적으로 이해하고, 공간을 객관적으로 분석하며, 환경을 체계적으로 계획하는 순으로 지역 학습을 구상할 수 있다.

초등학교에서 이미지(사실)에 토대한 장소 이해, 중학교에서 분석(이론)에 근거한 공간 분석, 고등학교에서 평가(쟁점)에 기초한 환경 계획에 각각 무게 중심을 두고 지역 학습의 학교급별 연속성 및 연계성을 유지할 수 있다. 예를 들면, 생태적 다중시민성을 추구하는 지역 학습에서 지역 조사와 관련하여 초·중·고를 거치면서 학습 목표(지역·국가·세계 시민성 함양과 지역사회의 지속가능성 강화)에 도달하기 위해 다음과 같이 지식, 기능, 가치·태도, 참여·실천 측면에서 사고력·판단력·표현력을 고도화하면서 초·중등 지역 학습의 일관성[연속성 및 연계성]을 유지할 수 있다(표 1).

초등학교 중학년(3-4학년)에서는 학습자가 고장의 생활 모습을 야외 관찰하고 면담 및 조사하여 백지도에 표현하고 토론하는 활동을 통해, 초등학교 고학년(5-6학년)에서는 고장의 업체를 견학하여 고장에서 생산한 상품 사슬을 조사하고 토론하는 활동을 통해, 학습자와 연결된 이웃과 자연을 생각하면서 지역의 생활 모습 및 과제를 파악하고 지역과 자신의 미래 모습을 상상한다. 중학교에서는 계통적 개념과 주제를 중심으로 사례 지역을 선정하여 자료를 수집하여 조사하고 분석 및 토론 활동을 통해 지리적 핵심 개념을 이해하고 기능을 습득한다. 고등학교에서는 지역성과 공간 구조 및 생활 모습을 파악하기 위해 수집한 지역 정보를 GIS기법을 활용하여 지도에 중첩하여 표현하고 분석 및 토론하는 과정에서 지역의 문제 또는 쟁점, 체제와 제도의 모순을 발견하고 해결책을 찾아본다.

6 2016~2030년 UN이 추진 중인 지속가능한 발전 목표(Sustainable Development Goals)는 사회를 통합해 주는 성장, 환경적으로 지속가능한 성장을 희구한다. 지속가능한 발전의 규범적 측면은 좋은 사회를 위한 네 가지 기본 목표를 그리고 있다. 경제적 번영, 사회적 통합과 화합, 환경의 지속가능성, 정부와 기업을 포함한 사회 주역들의 좋은 거버넌스(governance)다. 즉, 지속가능한 발전은 세계를 경제, 사회, 환경, 정치 시스템의 복잡한 상호작용으로 이해하는 하나의 방법이다. 동시에 세상을 보는 규범적 혹은 윤리적 관점이고, 제대로 기능하는 사회의 목적을 정의하는 방법이며, 오늘날의 시민과 미래 세대에 웰빙을 가져다주는 것이기도 하다(Sachs, 2015; 홍성완 옮김, 26-34).

표 1. 생태적 다중시민성기반 지역 학습에서 지역 조사의 연속성 및 연계성(예시)

학교급별	초등 중학년	초등 고학년	중학교	고등학교
교과목표	생태적 다중시민성기반 사회과 교과핵심 역량 함양			
학습목표	지역·국가·세계 시민성 함양과 지역사회의 지속가능성 강화			
학습내용	고장의 생활 모습 이해	고장의 업체 견학	계통적 개념과 주제	지역성, 공간 구조, 생활 모습 파악
학습활동	야외관찰·면담· 조사 및 백지도 표현·토론	생산된 상품 사슬에 관한 관찰·면담·조사·토론	사례지역 선정, 개념 및 주제 관련 자료 수집·조사·분석·토론	지역 정보를 GIS활용하여 지도에 중첩 표현·분석·토론
학습중점	지역의 생활 모습 및 과제 파악, 지역과 자신의 미래 모습 상상하기		지리적 개념 이해 및 기능 습득	지역문제·체제와 제도의 모순 발견 및 해결
지역개념	학습자 경험관련 장소 이해		사례 지역 공간 분석	학습 지역 환경 계획

3. 유형별 지역 학습의 논리와 교과핵심 하위 역량

1) 장소 학습에서 장소 이해와 공감, 의사소통 능력

장소[7]로서 지역 학습에서는 사람들의 장소적 경험 및 의미가 상징적인 의미 체계(기호와 경관)로 기록되어 재현된 장소의 내러티브 및 경관 그리고 정체성을 이해(understanding)하고자 한다. 학습자는 내러티브 사고를 통해 자신의 정체성 및 장소감을 인식하며, 타인의 삶과 행위를 정서적으로 이해하고 공감하면서 지역주민(향토) 의식, 도(시)민 의식, 국민(민족) 의식, 세계시민 의식 등 다중시민성을 길러갈 수 있다(심광택, 2011, 151).

의사소통의 기호체계로서 내러티브는 이야기(story)와 담론(discourse)으로 구성된다. 이야기는 내러티브를 구성하는 사건·인물·환경 등을 포함하며, 담론은 이야기를 말하고 표현하거나 제시하고 내레이션하는 것 등을 포함한다. 담론은 말하고 쓰거나 드라마, 영화, 무언극, 춤 등으로 나타낼 수 있다(Gudmundsdottir, 1995, 25). 내러티브를 분석하기 위해서는 사람들이 왜 말하는가(동

7 애그뉴에 따르면 장소는 위치(location), 현장(locale), 장소감(sense of place)으로 구성된다. 장소는 지표상 한 지점에 묶여 있거나 여러 곳을 떠다닐 수 있지만 언제나 위치성을 전제로 한다. 현장은 사회적 관계가 형성되고 이를 일어나게 하는 물질적 배경을, 장소감은 사람들이 장소에 대해 갖는 주관적이고 정서적인 유대감을 말한다. 이러한 세 가지 기본적 요소를 바탕으로 특정한 위치에 놓여있는 공간적 배경 위에서 사람들의 활동과 사회적 관계가 이루어지고, 이 과정에서 특정한 의미가 그 공간적 위치에 부여되며 장소가 만들어진다(Agnew, 1987; 박배균, 2009, 624에서 재인용).

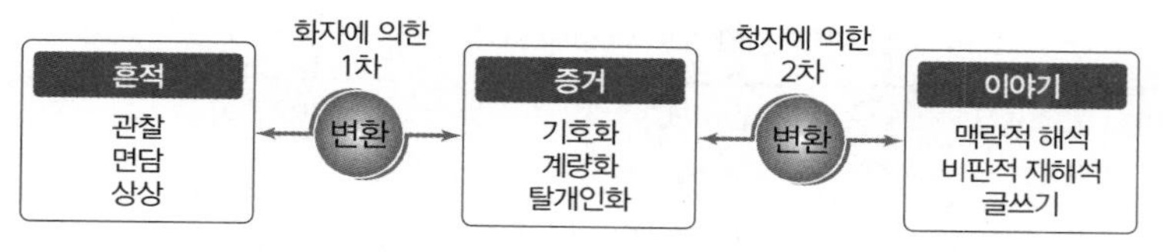

그림 1. 이야기 전달과 장소 해석

기·목적), 무엇을 말하는가(내용), 어떻게 말하는가(방법)에 대해 살펴보아야 한다. 분석 과정에서 이야기의 평가적 속성, 다차원적 속성, 맥락적 속성, 집단별 이야기 방법과 해석, 이야기 분위기(고저·쉼·속도)를 고려해야 한다(Wiles et al., 2005, 91–94).

우리는 삶터를 답사하는 과정에서 과거의 흔적을 찾아 관찰하고, 그 흔적에 대한 기억을 갖고 있는 사람들을 찾아 면담하고, 없어진 흔적을 자신의 상상으로 복원하여 새로운 증거를 끊임없이 만들어 간다. 증거를 만들기 위해 흔적을 기호화하거나 계량화하며 그 과정에서 자신의 주관으로부터 될 수 있는 한 멀리 벗어나고자 노력하지만, 결국 흔적은 화자에 의해 1차적으로 변환될 수밖에 없다. 이러한 과정을 거쳐 변환된 이야기는 타인에게 전달되는 과정에서조차도 흔적이 2차적으로 독자들에 의해 매 순간마다 맥락적으로 해석되기도 하고 비판적으로 재해석되기도 한다. 증거 역시 청자에 의해 다시 2차적으로 변환될 수밖에 없다. 이처럼 텍스트로서 이야기를 전달하고 해석하는 과정은 다음과 같이 도식화할 수 있다(그림 1; 심광택, 2011, 170).

다음의 장소 해석 관련 텍스트를 살펴보면, 1951년 2월 7일 경남 함양군 서주리 일대 양민학살사건[8]에 대해 7개월 후 경찰 두 사람이 장소, 개인, 집단, 일상경험의 배경과 규모에 따라 각각 이야기를 다르게 전달하고 있음을 확인할 수 있다(사례 1).

사례 1. 장소 해석관련 텍스트(한인섭 편, 2003, 136–141)

○ 신문일자 – 1951년 9월 27일 09시

○ 신문장소 – 육군본부 법무감실

○ 신문내용1 – 함양경찰서 유림지서 경사 송호상(31세) – 현재의 여론은 법치국가로서 국가가 민족을 살해함이 경솔한 처사라고하며 군을 원망하고 있습니다.

8 산청–함양 양민학살사건은 국군 제11사단 9연대 3대대가 중심이 되어 1951년 2월 7일(음력 1월 2일) 지리산 공비토벌 작전의 명목으로 산청군 금서면, 함양군 휴천면과 유림면 일원에서 양민 705명을 학살한 사건을 말한다. 같은 작전에 의해 이틀 뒤인 1951년 2월 9일부터 11일까지 3일간 거창군 신원면에서도 양민 719명이 학살되었다(강희근, 2004, 83).

○ 신문내용2 – 함양경찰서 순경 배사순(31세) – 그 지방의 여론이 사건 발생 당시는 군인이 주민을 즉결처분하여서야 어떻게 살 수 있는가 하고 공포에 싸여 있었으나, 현재는 시간이 경과된 관계인지 그러한 여론은 없어졌습니다.

장소 학습에서 학습자가 장소를 지표면의 특정한 곳, 개인 및 집단 정체성의 중심, 일상경험의 배경과 규모로서 인식하고, 장소의 특이성 관점에서 내러티브 및 경관 자료를 살펴보는 과정에서, 교사는 학습자가 자료 이면에 있는 사건·인물·환경을 고려할 수 있도록 안내해야 한다. 역사지리적 관점에서 사건·인물·환경의 특이성 및 계열성을 추적하다보면, '그곳에서 왜 그러한 기호와 경관이 나타나고 이야기가 전달되고 있는가'를 맥락적으로 해석하고 비판적으로 재해석할 수 있는 여지가 생기기 때문이다. 역으로, 새롭게 이야기를 재구성하기 위해서는 기호화, 계량화, 탈개인화된 증거를 수집하고, 증거 이전의 흔적을 찾아 관찰과 면담 그리고 상상을 통해 지역주민과 의사소통하는 과정이 필요하다(심광택, 2011, 171–172).

장소 학습의 이야기 전달과 장소 해석 과정에서 학습자는 역사적으로 사고하는 방법[9]을 활용하여, 삶터에서 기호와 경관으로 드러난 지역주민의 장소 경험의 의도성 및 우연성과 그 의미를 이해할 수 있다. 장소 학습 과정에서 학습자는 지역주민의 삶과 행위를 이해(의사소통)하고, 장소의 고유한 의미와 가치에 정서적으로 공감할 수 있는 학습 기회를 갖게 된다. 이러한 하위 역량을 바탕으로 학습자는 장소감 및 정체성 인식 능력과 사회적 상호관계성 인정 능력 즉, 자존감 및 책임의식 역량, 개인·집단 간 차이와 다름을 존중하는 역량을 기를 수 있다.

2) 공간 학습에서 공간 분석과 공간 정향, 방법활용 인식 능력

공간으로서 지역 학습에서는 공간을 구성하는 사상(事象)과 지리적 요인을 과학적, 체계적(관계 구조적) 관점에서 분석(analysis)하여, 다양한 스케일에서 자연환경과 사회 활동 간의 관계를 통찰하고 공간적 책무성을 지니는 공간행동 역량(DGfG, 2014, 5)을 기르고자 한다. 구체적으로 지역과 국

9 출처 확인(sourcing)은 역사가가 사료를 읽을 때, '누가 그리고 왜 그것을 작성하였는가?'와 같은 사료의 출처를 검토하여 신뢰성을 판단하는 행위이다. 확증(corroboration)은 하나의 연구 주제에 관련된 여러 자료의 내용을 비교·대조하여 해석에 도달하는 방법이다. 맥락화(contextualization)는 텍스트가 작성된 역사적 상황 속에서 텍스트를 이해하는 행위이거나, 텍스트 속에 등장하는 언행과 행동을 당시의 역사적 배경을 바탕으로 이해하는 행위이다(Wineburg, 1991: 77; 윤종필, 2017: 88).

가의 사상 간 관련성을 과학적으로 분석하는 지역 분석, 지역과 국가의 과제를 중점적으로 분석하는 공간과제 분석, 주변 지역의 과제를 다루고자 자료 수집 및 지도를 주로 활용하는 주변지역 공간 분석 등 세 가지 유형의 공간분석 학습이 가능하다(Frank, 2013; 山本隆太, 2017, 35에서 재인용).

독일의 지리교육과정표준에서는 지리 교육의 목표를 공간행동 역량 함양으로 설정하고, 공간을 구체적·물질적 관점, 주제적/시스템적 관점, 개인적·지각적 관점, 사회구성적 관점에서 관찰하고 살펴본다(DGfG, 2006, 4; 山本隆太, 2017, 40). 바르덴가(2002)가 지리학사에 근거하여 구분한 공간 개념[10]을 호프만(2011)이 공간분석 학습에 적용한 사례를 예시하면 다음과 같다(표 2).

독일의 니더작센주 지리교육과정에서는 네 가지(컨테이너, 공간 구조, 인식 범주, 사회적·기술적·정치적 구성체로서 공간) 공간 개념을 활용하여 공간을 관찰하고 살펴서, 지구상의 다양한 공간에서 자연적 조건과 사회적 활동 간의 관계를 인식한다. 공간과 관련된 행동 역량을 다음과 같이 제시하고 있다(표 3).

공간 학습의 지역 분석·공간과제 분석·주변지역 공간 분석 과정에서 학습자는 학습대상 공간

표 2. 공간 개념 구분과 학습 사례

공간 개념의 지리학사적 구분 (Wardenga, 2002)	공간 개념 명칭 (Wardenga, 2002)	학습사례–엘베강의 홍수 (Jenaer Geographiedidaktik, 2008)	학습사례–뉘르부르크링* (Hoffmann, 2011)
지지학, 경관론 (1970년대 이전)	컨테이너	어떠한 지리적 요인에 의해 홍수가 발생하는가?	뉘르부르크의 기후, 인구, 관광 상황을 조사해 본다.
공간 구조 (1970년대)	위치관계 시스템	드레스덴에서 홍수 피해 지역의 공간 구조는 어떠한 모습인가?	루르 공업지대와의 거리, F1에 관한 뉴스 및 개최 시기를 조사해 본다.
인지, 행동 지리학 (1980년대)	인식 범주	홍수 위험 및 피해는 어떻게 인식되고 평가되고 있는가?	뉘르브르크에 대해 여러 지역에서 사람들의 의견을 들어본다.
사회 지리학 (1990년대)	사회적·기술적·정치적 구성체	홍수는 누구에게 어떻게 대재앙이 되며, 그 결과는 어떠한 모습인가?	뉘르부르크를 무대로 한 드라마 또는 원형 경주코스에 대한 이야기를 찾아본다.

주: Nürburgring은 독일 중서부 라인란트팔트주 뉘르부르크에 위치한 장거리 원형 자동차 경주 코스임.
출처: Wardenga, 2002; 山本隆太, 2017, 37에서 재인용

10 컨테이너는 물리적·물질적 사상으로 채워진 공간을 뜻한다. 지지학과 경관론에서 공간은 실재하며, 현실 공간은 자연적 요소(기후, 지형 등)와 인문적 요소(사회, 경제 등)간 작용 구조로서 경관형성 과정 및 인간 활동을 연구한다. 공간 구조 연구에서 위치 관계, 거리 및 분포에 대해, 인지·행동 지리에서 개인과 집단이 주관적으로 어떻게 지각·인지하여 행동하는가를, 사회 지리에서 누가 어떠한 상황에서 어떠한 관심을 갖고 공간에 관여하는가, 그 공간은 어떠한 일상 행동에 의해 생산, 재생산되는가에 주목한다. 사회지리에서 공간은 개인 및 사회에 의해 사회적·기술적·정치적으로 구성된다(Wardenga, 2002; 山本隆太, 2017, 37–38에서 재인용).

표 3. 니더작센주 지리교육과정의 역량 영역 및 중심 역량

구분	역량 영역	중심 역량
내용 관련 역량	전문 지식	다양한 성격 및 스케일의 공간을 자연지리적, 인문지리적 시스템으로 이해하고, 인간과 자연 간 상호 관계를 분석하는 능력
	공간 정향	공간상에서 자신의 위치를 파악하는 능력(지역지리적 위치 관계 지식, 공간적 순서 체계, 지도 역량, 현실 공간에서 자신의 위치 관계를 파악하는 능력, 공간 인지에 대한 성찰)
과정 관련 역량	방법을 활용한 인식	지리적 인식 방법을 활용하여 현실 공간과 미디어로부터 정보 수집, 이해, 인식하는 과정을 비판적으로 성찰하는 능력
	의사소통	지리적 상황을 이해, 언어화, 표현(문장, 사진, 도표 등)하여 토론하고, 사실 및 상황에 근거하여 의견을 제시하는 능력
	판단 및 평가	공간 관련 상황 및 문제, 미디어 정보, 지리적 인식을 비판적으로 판단하고 평가하는 능력

출처: Niedersächsisches Kultusministerium, 2015, 9; 阪上弘彬, 2018, 95에서 재인용

을 물리적 공간(컨테이너로서 공간, 위치관계 시스템으로서 공간)과 지각적 공간(인식범주로서 공간, 사회적·기술적·정치적 구성체로서 공간)으로 구분할 수 있다. 나아가 공간에 대해 과학(객관)적·체계적으로 사고하여 분석한 결과들을 관련지어 지역의 성격(일반적 공통성+지방적 특수성) 및 과제를 파악하고 그 해결 방안을 찾아볼 수 있다. 공간 학습에서 학습자는 공간을 분석하는 과정에서 전문 지식, 공간 정향, 방법을 활용한 인식, 의사소통 능력을 기르며, 심화 과정 단계에서 공간적 행동 선택을 검토하여 판단하고 평가하면서 공간행동 역량을 기르는 학습 기회를 갖게 된다. 이러한 하위 역량을 바탕으로 학습자는 비지배 자유 보장 능력과 (공간적) 환경 및 사회적 형평성 실천 능력 즉, 타인과 제도의 자의적 지배로부터 해방 추구 역량과 개인의 안녕 및 공공복리 추구 역량을 기를 수 있다.

3) 환경 학습에서 환경가치 판단과 환경 평가, 개선실천 능력

환경으로서 지역 학습에서는 지속가능성과 환경 정의 및 사회적 형평성 관점에서 지역의 환경적 특성이 균형 상태를 이루고 있는가를 평가하고 그 가치를 판단(judgement)하고자 한다. 학습자는 2016~2030년 UN이 추진 중인 지구촌 사회의 경제 성장, 사회 복지, 환경 보전, 민주 정치의 조화를 통한 지속가능한 발전을 도모하기 위해, 다양한 규모의 지역사회에서 정치적·경제적·사회통합적·환경적 문제 및 쟁점을 파악하여 해결하는 과정에서 지역의 환경을 다시 평가하고 개선할 수 있는 능력을 기를 수 있다.

현대적 삶의 방식은 정치적, 경제적, 사회통합적, 환경적 위기 속에서 더 이상 지속가능하지 않

을 수 있다. 학습자는 이러한 위기를 누가, 언제, 어디서, 어떻게, 왜 심화시키는가를 살펴보는 과정에서 해결의 실마리를 찾아내어 지역사회 (정치·경제·사회문화·자연적)환경의 개선 방법을 모색할 수 있다. 국가주의와 금융 자본주의가 결합된 네트워크 시대, 소비중심 국가 사회가 세계 도처에서 정치적, 경제적, 사회통합적, 환경적 위기를 해결하려는 정책을 펼치고 있지만, 여전히 미래의 기술을 통해서만 환수될 수 있는 부채의 형태로 반가치를 체계적으로 끊임없이 재생산하고 있기 때문이다(심광택, 2017, 12).

예를 들면, 세계 경제를 자유무역과 보호주의 중 하나를 선택하는 문제로 생각하는 학습자는 거래 대상 및 방법을 결정하는 힘의 중심적 역할을 간과한다. 국가마다 시장 조직 방식을 놓고 어떤 정치적 결정을 내리느냐에 따라 시장이 달라지므로 실제로 자유무역 협정을 맺을 때는 다른 시장 체제를 통합하는 방식을 둘러싸고 복잡한 협상이 필요하다(Reich, 2015; 안기순 옮김, 2016, 36-37).

이처럼 다양한 규모 및 차원에서 발생하는 지역사회의 정치적, 경제적, 사회통합적, 환경적 문제 및 쟁점은 민주 정치, 경제 성장, 사회 복지, 환경 보전 간 불균형에서 비롯한다. 지역사회의 정치·경제·사회·환경 간의 조화를 통한 지속가능한 발전을 추구하기 위해서는 자연-인문지리학의 이분법을 넘어 '사회적 자연'에 관한 융복합 연구(황진태, 2018) 또는, 인문-자연 관계적 관점에서 '공유재'에 대한 연구(김권호·권상철, 2016; 박규택, 2017) 등을 교재화하여 순환과 은혜, 유한성과 인간사회의 지나친 개입, 조정과 공생의 관점에서 사고하는 방법(宮崎沙織, 2018, 38)이나, 시스템적 접근(관련된 사상을 9개 관점 영역에 배치 연결→원인·중간항목·결과 과정 탐구→문제 해결 및 미래 예측; 山本隆太외, 2018, 107) 방법을 응용할 수 있다.

미국, 영국, 독일, 일본 등에서 시스템적 접근 방법을 도입한 배경은 첫째, 세계화에 의해 사회가 고도로 복잡해지면서 미래 예측이 곤란해지고, 둘째, 환경 문제 등 지구적 차원의 여러 가지 과제가 심각해지고 논쟁 문제로 비화되어, 다양한 관점에서 원인을 규명하고 해결책을 제시할 필요가 있기 때문이다. 복잡한 미래 사회를 예측하기 어려운 현대 사회에서 학습자는 미래를 예견하고 대응할 수 있는 힘을 활용하여 지속가능한 사회를 만들어갈 수 있는 역량을 길러가야 한다(梅村松秀외, 2018, 109). 실제로 아랄해의 고갈을 시스템적 접근 방법으로 파악한 관계 구조도를 제시하면 다음과 같다(그림 2; 정치 영역은 사회 영역에 포함됨).

환경 학습에서는 지속가능성과 환경 정의 및 사회적 형평성 관점에서 시스템적 접근 방법을 적용하여 지역사회의 환경적 특성을 파악하면서 지역사회의 과제를 도출할 수 있다. 학습자는 지역

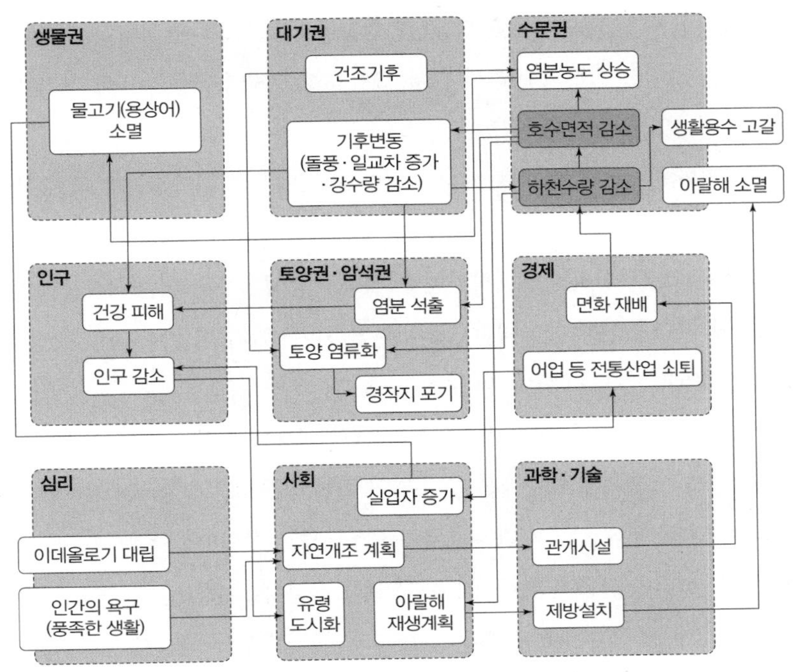

그림 2. 아랄해 고갈을 시스템으로서 파악한 관계 구조도

출처: 梅村松秀외, 2018, 107

사회의 과제 해결이 다른 지역사회·국가·세계 및 미래 사회에 새로운 문제가 될 수 있음에 유의하면서, 정치·경제·사회·환경 간의 조화와 균형을 유지하기 위한 실천 방안을 찾아본다. 환경학습에서 학습자는 지속가능성 관점에서 지역, 국가, 세계의 환경적 특성 및 그 가치를 판단하는 과정을 통해 지역의 환경을 재평가하고 개선하기 위한 실천 능력을 기르는 학습 기회를 갖게 된다. 이러한 하위 역량을 바탕으로 학습자는 사회적 상호관계성 인정 능력과 환경 정의 및 사회적 형평성 실천 능력, 즉 개인·집단 간 차이와 다름을 존중하는 역량과 개인의 안녕 및 공공복리 추구 역량을 기를 수 있다.

4. 마치며

이 글에서는 선행 연구(심광택, 2011)를 발전시켜 초·중등 사회과 지역 학습에서 개정된 역량중심 교육과정을 실천할 수 있도록, 생태적 다중시민성기반 사회과 교육에서의 교과핵심 역량을 추구하는 지역(장소, 공간, 환경) 학습의 논리를 전개하고, 유형별 지역 학습 논리에 따라 학습자에게 기대되는 교과핵심 하위 역량을 제시하였다.

초등 사회과 지역화 학습 및 수업 계보에 따른 학습 논리, 중등 사회과 교과 계통에 따른 역사지리적, 정치경제적, 사회문화적, 윤리적 차원(스케일)을 종합하는 생태적 다중시민성기반 지역(장소, 공간, 환경) 학습의 논리를 구상하여 전개하였다. 생태적 다중시민성을 추구하는 지역 학습에서는 학습자가 장소로서 지역을 이해하고, 공간으로서 지역을 분석하며, 환경으로서 지역의 가치를 판단하는 과정에서 지역의 과제를 해결해 나아가고자 한다.

이와 같은 지역 학습에서 학습자는 지역의 성격(일반적 공통성+지방적 특수성)을 체계적, 종합적, 관계적으로 파악하면서, 과목별 계통성을 넘어 지역 주민의 장소감 및 정체성을 인식하고, 타인과 제도의 자의적 지배로부터 적극적 자유를 추구하며, 생활문화의 다양성을 존중하면서 이웃과 더불어 지속가능한 삶터를 만들기 위한 활동에 참여하고 실천할 수 있는 교과핵심 역량을 기를 수 있다. 학습자는 과목별 칸막이를 해체하며 넘나드는 모둠별 탐구 활동을 통해 서로 도와가며 과제를 주체적으로 해결하고, 타인을 이해하면서 자신의 입장과 생각을 조율할 수 있는 인격을 지니게 될 것으로 기대된다.

사회과 교육에서 공통핵심 역량과 관련지어 지역·국가·세계 시민성 교육과 지속가능발전 교육을 실천하려면, 남북분단 시대 다문화 사회, 네트워크 시대 지구적 위험 사회에 걸맞은 교과핵심 역량(장소감 및 정체성 인식, 비지배 자유 보장, 사회적 상호관계성 인정, 환경 정의 및 사회적 형평성 실천)을 추구할 필요가 있다.

이를 위해 초등 지역화 학습과 중등 지역 학습의 틀을 재구성하여 학습하고자 할 때, 「통합사회」에서 사례 지역을 도입하여 핵심 개념을 학습하고자 할 때, 이 글에서 제안한 생태적 다중시민성기반 지역(장소, 공간, 환경) 학습의 논리를 적용할 수 있다. 이 글에서 제시한 교과핵심 역량과 연관된 하위 역량은 교실수업의 실제에서 학습자가 사고하는 과정을 통해 길러질 것으로 예상된다.

• 요약 및 핵심어

요약: 이 글에서는 기존 지역 학습 논리의 한계를 넘기 위해, 생태적 다중시민성을 추구하는 세 가지 유형의 지역 학습을 제안하였다. 나아가, 유형별 지역 학습 논리와 학습자에게 기대되는 교과핵심 역량에 대해 논의하였다. 지구적 위험 사회에 대처하기 위해, 지역 학습의 방향은 지역·국가·세계 시민성 교육과 지속

가능발전 교육 그리고 교과핵심 역량을 강화하는 쪽으로 바뀌어야 한다. 이를 위해 학교 지리에 반영된 지역(공간, 장소, 환경) 개념과 지식의 성격을 고려하여, 유형별 지역 학습의 논리를 구상하고, 예상되는 교과핵심 역량관련 하위 역량을 다음과 같이 각각 제시하였다. 학습자는 지역 학습의 장소 이해 과정에서 공감, 의사소통 능력, 공간 분석 과정에서 공간 정향, 방법활용 인식 능력, 그리고 환경가치 판단 과정에서 환경평가, 개선실천 능력 등의 하위 역량을 함양할 수 있다.

핵심어: 지역·국가·세계 시민성 교육(regional national and global citizenship education), 지속가능발전 교육(education for sustainable development), 생태적 다중시민성(ecological multiple citizenship), 교과핵심 역량(subject key competencies), 장소 이해(understanding of place), 공간 분석(analysis of space), 환경가치 판단(judgement of environmental value).

• 더 읽을거리

박배균·김기남·김대훈·박병석·엄은희·윤신원·윤정현·임미영·조해수·최영진·황규덕·황진태, 2018, 통합사회를 위한 첫걸음– 공간의 눈으로 사회를 읽다, 폭스코너, 서울.

조철기, 2017, 일곱 가지 상품으로 읽는 종횡무진 세계지리, 서해문집, 파주.

碓井照子編, 2018,「地理総合」ではじまる地理教育−持続可能な社会づくりをめざして−, 古今書院, 東京.

Demirci, A., de Miguel González, R. & Bednarz, S.W.(Eds.), 2018, *Geography Education for Global Understanding*, Springer, Cham.

Ellis, E.C., 2018, *Anthropocene: A Very Short Introduction*, Oxford University Press, Oxford.

참고문헌

강창숙, 2018, 일본 중학교 사회과 지리분야「학습지도요령」의 주요 변화와 2017년 개정 내용의 특징, 한국지리환경교육학회지, 26(3), 19−37.

강희근, 2004, 산청−함양사건의 전말과 명예 회복, 열매, 서울.

곽준혁, 2004, 민족적 정체성과 민주적 시민성: 세계화 시대 비지배 자유 원칙, 사회과학연구, 12(2), 34−66.

교육부, 2015, 사회과 교육과정, 교육부 고시 제2015−74호[별책].

교육부, 2016, 2015 개정 교육과정 총론 해설: 초등학교.

권오정·김영석, 2003, 사회과교육학의 구조와 쟁점, 교육과학사, 파주.

김권호·권상철, 2016, 공동체 기반 자연환경의 지속가능한 이용 방안– 제주 해녀의 공유자원 관리 사례, 한국지역지리학회지, 22(1), 49−63.

박규택, 2017, Elinor Ostrom의 사회−생태 체계와 다중심성에 근거한 지역중심의 혼합적 전기체계 이해를 개념적 틀, 한국지역지리학회지, 23(3), 543−558.

박미애·이진우 옮김, 2010, 글로벌 위험사회, 도서출판 길, 서울(Beck, U. 2007, *Weltrisikogesellschaft*, Suhrkamp,

Frankfurt am Main).
박배균, 2009, 초국가적 이주와 정착을 바라보는 공간적 관점에 대한 연구: 장소, 영역, 네트워크, 스케일의 4 가지 공간적 차원을 중심으로, 한국지역지리학회지, 15(5), 616-634.
박선미, 2017, 우리나라 중학교 지리교육과정의 지역 학습 내용과 그 조직 방법의 변화, 대한지리학회지, 52(6), 797-811.
심광택, 2011, 사회과 지리 교실수업과 지역 학습(개정판), 교육과학사, 파주.
심광택, 2014, 생태적 다중시민성 기반 사회과의 핵심 개념 및 핵심 과정, 사회과교육, 53(1), 21-39.
심광택, 2017, 생태적 다중시민성과 교과 계통에 근거한 초등 사회과 교실수업 설계, 사회과교육, 56(3), 1-17.
심광택, 2018a, 핵심 역량으로서 생태적 다중시민성, 한국지리환경교육학회 엮음, 현대 지리교육학의 이해, 푸른길, 서울, 104-121.
심광택, 2018b, 지역 학습의 논리와 교과핵심 역량, 사회과교육, 57(4), 23-37.
안기순 옮김, 2016, 로버트 라이시의 자본주의를 구하라, 김영사, 파주(Reich, R.B., 2015, *Saving Capitalism: For the Many, Not the Few*. Vintage Books, NY).
윤종필, 2017, 역사적 사고에 대한 메타인지적 접근- 수업설계 연구, 사회과교육연구, 24(1), 87-103.
조철기 옮김, 2012, 지리교육의 새 지평- 포스트모더니즘과 비판지리교육, 논형, 서울(Morgan, J. and Lambert, D., 2005, *Geography: Teaching School Subjects 11-19*, Routledge, London).
한인섭 편, 2003, 거창양민학살사건 자료집(III): 재판자료편, 서울대학교 법학연구소, 서울.
한혜정·김기철·이주연·장경숙, 2018, 역량기반 교육과정에 대한 국내 선행연구의 이론적 논의 분석 및 쟁점 탐색, 교육과정평가연구, 21(3), 1-24.
홍성완 옮김, 2015, 지속가능한 발전의 시대, 21세기북스, 파주(Sachs, J.D., 2015, *The Age of Sustainable Development*, Columbia University Press, NY).
황진태, 2018, 자연-인문 지리학의 이분법을 넘어선 융복합 연구를 위한 시론(I), 대한지리학회지, 53(3), 283-303.
文部科学省, 2018, 中学校学習指導要領(平成29年告示) 解說 社會編, 東洋館出版社, 東京.
宮崎沙織, 2018, 環境教育における社会的見方·考え方の育成-自然環境との関係づくりを考えるフレームワークの提案, 江口勇治·井田仁康·唐木清志·國分麻里·村井大介編, 21世紀の教育に求められる「社会的見方·考え方」, 帝国書院, 東京, 34-43.
阪上弘彬, 2018, ドイツ地理教育改革とESDの展開, 古今書院, 東京.
下池克哉, 2016, 動態的地誌学習の課題克服に向けた一考察, *E-journal GEO*, 11(2), 390-400(http://www.ajg.or.jp/archives/ejgeo/).
安彦忠彦, 2014,「コンピテンシー·ベース」を超える授業づくり, 図書文化, 東京.
秋本弘章, 2012, 地誌学習再考, *E-journal GEO*, 7(1), 27-34(http://www.ajg.or.jp/archives/ejgeo/).
山本隆太, 2017, 空間コンセプト(Raumkonzepte)を軸としたドイツの新たな地誌学習の展開, 新地理, 65(3), 34-50.

山本隆太・梅村松秀・宮崎沙織・泉貴久, 2018, 英米独の地理教育におけるシステムアプローチ, 地理, 63(3), 104−109.

梅村松秀・泉貴久・山本隆太・宮崎沙織, 2018, システムアプローチとは, 地理, 63(2), 106−110.

池野範男, 2005, 日本における代表的な地域学習論, 경상대교육연구원, 한일지역화교육의 이론과 실제, 19−31.

Agnew, J., 1987, *Place and Politics: The Geographical Mediation of State and Society*, Allen & Unwin, Boston.

Brooks, C., 2017, Teaching Geography in England "in this day and age"-Geography Education and ESD in England, 井田仁康編, 教科教育におけるESDの実践と課題−地理・歴史・公民・社会科−, 古今書院, 東京, 235−247.

Castree, N., 2015, The Anthropocene: a primer for geographers, *Geography*, 100(2), 66-75.

DGfG(Deutsche Gesellschaft für Geographie) Hrsg., 2014, *Bildungsstandards im Fach Geographie für den Mittleren Schulabschuluss mit Aufgabenbeispielen (8Auflage).*

Frank, F., 2013, Raumanalyse (Strukturanalyse eines Raumes), Böhn, D., Obermaier, G.(ed.), *Wörterbuch der Geographiedidatik, Begriffe von A-Z*, 229-230.

Gudmundsdottir, S., 1995, The Narrative Nature of Pedagogical Content Knowledge, McEwan, H. and Egan, K.(eds.), *Narrative in Teaching, Learning and Research*, Teachers College Press, NY, 24-38.

Hoffman, K.W., 2011, Raumanalyse. Vier Blicke auf den Nürburgring, *Terrasse Klett-Magazin*, 2011(2), 3-7.

Niedersächsisches Kultusministerium Hrsg, 2015, *Kerncurriculum für das Gymnasium Schuljahrgänge 5-10 Erdkunde*, Unidruck, Hannover.

Wardenga, U., 2002, Räume der Geographie und zu Raumbegriffen im Geographieunterricht, *Wissenschaftliche Nachrichten*, 120, 47-52.

Wiles, J.L., Rosenberg, M.W., and Kearns, R.A., 2005, Narrative analysis as a strategy for understanding interview talk in geographic research, *Area*, 37(1), 89-99.

Wineburg, S., 1991, Historical Problem Solving: A Study of the Cognitive Processes Used in the Evaluation of Documentary and Pictorial Evidence. *Journal of Educational Psychology*. 83(1). 73-87.

7. 위치지식과 지역학습[1]

김다원(광주교육대학교)

1. 들어가며

맨들러(Mandler, 2012)는 공간과 정적인 공간 정보를 통한 감정은 이미지 스키마 형태로 재현되는데 이는 과거의 사건을 회상하고, 구체적으로 대면할 수 없는 대상과 사건들에 대한 추론에 활용되며, 이미지 스키마 수준에서 발생하는 과정들은 아동의 어휘발달과 관련되어 있다고 하였다. 아이들의 초기 언어는 위치, 이동 경로, 연결 등과 같은 공간적인 이미지 스키마에 의해 형성된다는 것이며, 초기 공간 체계는 언어발달을 위한 충분한 개념적 자원 역할을 한다는 것이다.

위치는 지리 학습에서 지역과 공간을 설명하기 위한 기초지식이다. 그래서 지리학은 위치에 관한 학문이라고 말한다(박승규, 2003, 15). 그러나 지리교육에서 위치에 대한 학습은 '암기식 산물 지식', '암기식 지명 지식'을 유발한다는 비판을 받으며 지리 학습에서는 중요하게 관심을 받지 못하였다. 즉 '어디에 무엇이(어떤 지역이) 있느냐?'는 지리 학습에서 의미가 없다는 것이다. 하지만 1980년대 세계화의 흐름을 타면서 신항로 개척 때와 마찬가지로 세계 지역에 대한 관심이 고조되었다. 여기서 위치는 지리학의 태동기에서의 지명 학습과는 다른 위치 학습으로 변화되기 시작하였다. 즉, 위치 학습은 과거의 '어디에 어떤 지역이(무엇이) 있느냐?'라는 지명 학습과는 달리 '어

1 이 글은 김다원(2018)을 전재함.

떤 지역(무엇이)이 어디에?' 라는 질문을 통해 '거기에 있어서?' 라는 확장적인 사고를 유도하여 지역 이해의 기초 지식으로 인식되기 시작했다. 더욱이 세계화 시대에는 지역 간 상호교류가 활발해지고, 다문화 사회화하면서 타자, 타문화, 타지역에 대한 이해의 필요성이 고조되면서 세계의 다양한 지역에 대한 관심이 증가하였다.

그리하여 미국에서는 Global 2000 세계화 실현을 위해 미국의 교육법에 지리가 핵심 교과로 포함되었고 1984년 NCGE와 AAG에서 발간한 「초·중등 지리 교육 지침서」에서는 초·중등학교에서 학습해야 할 5개 개념 중에 위치를 포함하여 위치를 장소와 지역 이해의 기본 개념으로 제시하였다(Joint Committee on Geographic Education, 1984). 영국에서도 국가 지리교육과정에서 위치 학습을 지리적 탐구를 위한 필수 요소로 설정하여 위치지식은 장소 학습을 위한 기초 학습 요소로서 위치의 지도화와 지도상의 위치를 다양한 말하기, 글쓰기 등의 방법을 활용하여 표현해 내도록 하고 있다(Rawling, 1996, 13-14; Department for education, 2013). 일본에서는 2002년 신학습지도요령에서부터 중학교 지리 교육의 목표로 '일본과 세계 각 지역의 제 사상을 위치와 공간적인 확대와의 관계로 포착하고, 지역적 특색을 포착하기 위한 방법을 갖추게 한다'(文部科学省, 1998), '지리적 사건의 의미와 의의를 위치와 관련하여 판단하고 설명한다'(文部科学省, 2017)라고 하여 위치를 지역 이해, 지리적 현상의 분석과 설명을 위한 중요한 요소로 제시하였다.

세계화는 지방화를 이끌었고, 오늘날에는 글로컬리즘에 기반한 교육의 필요성을 요청한다(김다원 외, 2018). 이는 오늘날의 글로벌 문제는 지리적이어서 지리적 사고에 기반해서 심층적 복잡성을 풀어야 하는 경우가 많다는 것이다(Kerski, 2015). 이를 위해서는 지리적 지식기반을 확장해야 하며 학생들의 공간적 사고를 풍요롭게 해 주어야 한다. 관련하여 최근 지리교육에서는 지리적 사고력과 책임감 있는 글로벌시민을 기르기 위해서 지역지리가 강화되어야 한다는 주장이 제기되고 있다(Standish, 2018; 박선미, 2017; 조철기·이종호, 2017). 그 이유는 여러 가지일 수 있지만 무엇보다도 모든 지리적 현상과 쟁점은 지역에서 발생하는 것이기 때문에 지역에 대한 이해 없이 특정 주제를 이해하는 것은 어렵다는 것이다. 그리고 지리적 정체성을 강화할 필요가 있다. 지역을 배제한 계통적 주제 중심의 접근은 다른 학문에서의 접근과 특별함을 찾기 어렵고 지리적 관점과 지리적 통찰력을 살리기 어렵다. 이는 향후 지리교육을 통해 해결해야 할 중요한 과제라고 할 수 있다.

2. 위치지식과 지역이해

1) 지리적 문해력의 구성요소로서 위치지식

지리적 문해력(Geographic Literacy)은 1990년대 UN에서 제시한 34개 문해력 분야들 중의 하나이다(Snavely & Cooper, 1997; Dikmenli, 2014; Zhu et al., 2016, 72에서 재인용). 여기에는 장소의 공간적 위치지식과 지도 읽기 기술 그리고 인간 삶의 사회적 환경과 물리적 환경 이해 등이 포함된다. Turner & Leydon(2012)은 지리적 문해력을 지리적 지식(geographic knowledge)과 지리공간 인식(geospatial recognition)으로 구분하였으며 이들은 상호보완적이라고 하였다. 지리지식은 다양한 스케일에서 지리적 위치를 명명하고 그 속성을 불러올 수 있는 능력이며, 지리공간 인식은 지도상에 장소와 속성을 위치화할 수 있는 능력이다. 또한, 오이가라(Oigara, 2006)는 지리적 문해력을 다음의 3 수준으로 설명하였다. 낮은 수준의 지리적 문해력은 지명과 위치지식으로 이뤄지며, 중급 수준의 지리적 문해력은 인간과 자연환경 간 관계를 이해할 수 있는 능력을 포함하여, 고급수준의 지리적 문해력은 지리적 관점으로 일상의 문제해결 및 의사결정을 위해 비판적으로 지리적 지식을 활용할 수 있는 능력이다(Zhu et al., 2016, 72에서 재인용). 지리학자들에 따라 지리적 문해력을 구성하는 요소들에 대해서는 다소 다른 의견을 가지고 있기도 하지만 대부분의 지리학자들은 위치지식을 지리적 문해력의 주요 요소로 보고 있다. 도노반(Donovan, 1993)은 장소의 위치지식은 필수적인 지리적 문해력의 지표이며 부분적으로 개인의 지리적 문해력 수준을 결정하는 요소라고 주장하였다. 저클리와 엘리스(Zirkli & Ellis, 2010)는 위치인식은 지리학의 이해를 깊게 하는 데 기초가 되며, 적어도 위치지식은 지리적 문해력을 향한 긴 장정의 출발점 역할을 한다고 하였다. 위치지식은 개인의 지리적 문해력을 측정하는 출발점이며, 지리적 지식과 지리공간 인식 능력을 키우기 위한 기초지식이라고 할 수 있다(Torrens, 2001).

2) 지역이해의 기초지식으로서 위치지식

지역은 같은 지리적 속성을 지닌 지표상의 한 영역이며, 주변 영역과는 다른 고유성을 지닌 곳이라는 면에서 장소와 같은 유형에 속한다(Standish, 2018, 62; Cresswell, 2013, 58). 사람들은 지역을 삶의 터전으로 삼고 현실적인 삶을 영위하면서 자신의 생각, 가치관, 정체성을 형성한다(Clavel,

1998; 최병두, 2014). 그럼에도 불구하고 지역을 무엇으로 개념정의 할 수 있는지에 대해서는 명확한 설명이 어렵다. 전통지역지리, 지역지리, 신지역지리 라는 명칭에서 보는 바와 같이 지역을 보는 학자들의 시각은 계속 변화하고 있다(손명철, 2017, 654). 전통지역지리에서는 영토에 관한 지리적 정보 제공에 목적을 두고 사실기술에 기반한 지역 내 다양한 자연 및 인문요소를 학습하는 데 초점을 두었다. 지역지리에서는 장소, 공간에 대한 이해, 공감, 애정 고취에 목적을 두고, 지역의 사실을 기술하고 설명하고 이해, 해석하려 하며 지역을 알고 이해하고 개선하는 데 초점을 두었다. 신지역지리는 지역성의 생성과 변화를 명료하게 설명하는 데 목적을 두며, 지역성의 현상을 설명하고 이론화하며 지역을 알고 변화시키는 데 초점을 둔다. 그럼에도 불구하고 전통지역지리, 지역지리, 신지역지리 연구자들은 다소 차이는 있지만 지역은 지역 내 다양한 자연적 요소와 인문적 요소들이 서로 결합하여 그리고 지역 간 상호작용에 의해 고유성을 형성한다는 점에서 공통점을 보인다(손명철, 2017, 655). 지역은 자연환경, 생활 모습, 경관, 역사 등의 내적인 개별적 요소들 간 분리할 수 없는 복합물 또는 상호 통합 형성된 결과물이면서 지역 간 사회적 상호작용의 결과로 고유성이 형성된다고 볼 수 있다.

자연환경은 인간이 다양한 생활양식을 만들고, 생산활동을 하는 데 많은 영향을 준다(이경한, 2018, 58). 그 결과 지역마다 지역적 고유성, 즉 지역성이 만들어진다. 인류는 탄생이후 지속적으로 자연환경과의 상호작용을 통해 삶을 영위해 오고 있는데 특히 자연환경에의 적응과 이용이 그 대표적인 방법이다. 그러므로 자연환경의 차이는 인간 생활 모습의 차이를 가져와서 현재 지역의 모습을 유지한 사례가 대부분이라고 볼 수 있을 것이다. 어떤 지형, 어떤 기후 환경 지역에서 생활하느냐에 따라 형성된 인문환경도 다양성을 지닌다. 그런데 위치는 기본적으로 자연지리 정보를 담고 있다(이경한, 2018, 58). 위치에 따라서 지형, 기후, 식생, 토양 등 중요한 자연환경 요소들이 결정된다. 지구상에 나타나는 문화는 그 지역의 자연환경의 영향을 지대하게 받는다. 위치에 따른 기온의 높고 낮음, 강수량의 많고 적음, 지형 조건 등의 영향을 받으며 독특한 문화를 형성하게 된다. 그리고 어디에 위치해 있느냐에 따라 지정학적 중요성, 경제적 중요성, 교통의 중요성 등의 영향을 받으며 독특한 생활 양식을 발달시키게 된다. 즉, 각각의 다른 위치는 다른 요소들의 상호작용으로 각각 다른 독특한 지역의 특성을 만들어 내며 비슷한 위치에 있는 장소들은 비슷해지는 경향이 있다(Gersmehl, 2005, 66). 위치에 의해 결정되는 지리적 환경이 인간의 삶과 밀접하게 연계되어 궁극적으로 인간의 생활 모습과 습관, 가치 등 문화를 형성한다. 지역은 단순히 현재의 자연환경과 상호작용을 통하여 파악될 수 있는 것은 아니며 그 이상으로 과거의 역사적 사실들을 알고 현상들의 변화과정을 알아야 한다. 그리고 지역의 역사와 지역 사람들의 생각과 가치, 지역의 활용 목적이 만들어 낸 표상인 경관에 대한 관심도 필요하다. 절대적 위치는 내재적 특성이나 자원들을 가지고 있는 주어진 장소의 위치를 말하는 것으로 자연환경을 파악하는 데 도움을 준다(기근도, 2017, 146). 위치 지식은 지역(또는 장소)의 문화와 자연환경이 어우러져 만들어 내는 지역 생활 모습 이해의 실마리를 제공하여 '그곳은 어떤 곳?'에 대한 답을 주게 되고 해당 지역의 문화에 대한 이해, 그런 문화를 만들어 낸 사람들에 대한 이해로 연결된다.

지역의 고유성과 개별성의 형성에는 그 지역에 있는 자연환경의 영향도 지대하지만 다른 지역과의 상호작용 및 연계성도 중요하다. 특히 교통, 통신 수단의 발달과 산업화 시대가 되면서 다양한 스케일의 지역 간 교류가 활발해졌으며, 지역 간 교류와 상호작용이 지역성 형성에 미치는 영향이 커지고 있다. 불균등했던 자연자원의 분배와 자연자원 획득과 이용의 기회 증가 등으로 더 평평한 세계가 형성되고 있다. 또한, 이동인의 증가로 인해 다양한 문화와 경험, 기술이 공유되면서 닫힌 세계였던 지역들이 열린 세계로 변화하고 있는 것이다. 열린 사회로의 변화는 긍정적인 측면도 있지만 환경에의 위험성, 상호 관계의 위험성, 지역성의 훼손, 글로벌 이슈 등 부정적 문제도 나타날 수 있다. 그래서 전통지역지리에서 간과하였던 지역 간 상호작용을 지역지리와 신지역지리에서는 중요한 지역성 형성 요인으로 보고 있다(손명철, 2017, 655). 그래서 지역은 이미 만들어진 고정된 사물이라기보다는 다양한 사회적 관계를 통해 형성되는 과정, 즉 사회적으로 구성되는 공간이다. 사람들이 생활하는 지역에서는 사람들에 의해 꾸준히 새로운 지역이 만들어지는 것이다. 이처럼 사회적 구성체로서 지역 형성의 동인으로 상호작용을 주목한다. 지역의 역동성은 지역 내에서 일어나는 상호작용 외에도 지역 간 상호작용을 통해서도 영향을 받고 이러한 과정에서 지역성이 형성된다. 그래서 지역학습에서는 지역 간 상호작용에 대한 학습이 포함되는데, 무역, 이주, 문화 및 기술 교류, 기후변화, 자연재해로 인한 영향 등이 모두 포함된다(Standish, 2018, 66). 상대적 위치는 장소 간, 지역 간 이뤄지는 상호작용을 관찰하고 공간에서 지역이 갖는 입지적 특성을 파악하는 데 기초 지식을 제공한다(기근도, 2017).

위치지식은 학습자에게 일상의 장소 경험을 명료하게 해 줄 배경역할을 해 준다(Reynolds & Vinterek, 2016, 68). 이는 인간의 인지를 연구하는 거의 모든 연구자들이 1차 인지능력과 공간은 밀접한 관련이 있다는 주장(마이클 토마셀로, 2016, 109)과도 관련된다. 지역의 위치지식은 공간에서 장소들을 회상하는 데도 필요하며(Mandler, 2012, 431), 공간적인 맥락에서 지역을 바라보는 시각을 제공한다.

그러나 교육에서 중시되어야 할 것은 장소에 관해 사실들을 암기하는 것은 지리적 사고의 단지 한 부분이어야만 한다(Gersmehl, 2008; Dunn, 2011, 82). 일차적인 사실 정보보다는 이해를 도와주는 틀이 필요하다. 이해는 바로 관련성을 파악하는 것으로 한 지역의 지역성을 각기 독립적인 요소들에 의해서는 이해될 수 없는 것으로 지역에 대한 이해는 벽돌쌓기처럼 이루어지기보다는 요소들 간 상호 관계를 바탕으로 만들어진 산출물이다. 이러한 지역을 구성하는 요소들을 상호 연계하여 지역을 바라볼 수 있게 해 주는 것이 위치 지식이다. 절대적 위치는 지역의 내재적 특성 그리고 과거와 현재의 상호작용을 관찰하는 데 기초지식을 제공하며, 위치지식은 지역에 대한 진정한 호기심을 충족시켜 나갈 수 있게 하는 촉매제와 같다(Metz, 1990: 김다원 2008에서 재인용).

3. 초등 사회과 지리영역 지역학습 내용 분석

1) 영국(잉글랜드) 지리교육과정에서 지역학습 내용 분석

영국의 지리교육과정 분석은 우리나라 초등학교 영역에 해당하는 Key Stage 1,2 지리 내용을 분석하였다(표 2). 잉글랜드 지리교육은 세계와 사람들에 대해 호기심을 불러일으키는 데 주력하며, 학생들은 다양한 장소, 사람, 자원, 자연 및 인문환경에 대해 배운다. 지리교육의 핵심 대주제로 위치지식, 장소지식, 자연 및 인문지리, 지리적 기술과 야외 답사를 설정하여 Key Stage 1, 2, 3까지 단계적으로 반복 심화할 수 있는 나선형교육과정 원리를 적용하고 있다. 초등학교 영역인 Key Stage 1, 2 단계에서 지리교육의 세부적인 목표로는 다음의 세 가지가 포함되어 있다. 첫째, 지구적으로 중요한 장소들의 위치에 대한 맥락적 지식을 함양한다. 여기에는 지리적 여건이 인간과 환경 간 상호작용에 미치는 영향을 포함한다. 둘째, 세계의 자연 및 인문환경에 나타나는 과정들을 이해한다. 여기에는 이러한 과정들이 공간 변이에 어떤 영향을 미치는지를 포함한다. 셋째, 지리적 과정 이해를 도와줄 야외답사의 경험을 활용하여 자료 수집, 분석, 소통 능력을 기른다. Key Stage 1, 2 지리교육에서는 위치지식의 습득과 위치에 따른 인간과 환경 간 상호작용의 차이, 실제적인 지리적 과정 이해를 토대로 장소지식을 갖추게 하는 교육임을 보여 준다. 다음에서는 세부적인 학습 내용을 살펴본다(표 2). Key Stage 1은 우리나라의 유치원과 초등 1, 2학년 단계에 해당한다. 이 단계에서는 세계의 5대양 7대륙의 위치를 확인하고, 영국과 로컬 지역들의 위치 확인 및 위치적 특성을 파악하는 학습을 한다. 그리고 주요 자연환경 및 인문환경 요소들을 활용하여 장소들 간 지리적 환경의 차이를 파악한다. 특히 위치학습에서는 위치 확인, 위치 묘사, 주요 지형지물을 담은 간단한 위치지도 만들기 학습을 한다. 위치를 포함한 자연환경 요소와 인문환경 요소를 파악하고, 지리적 환경의 결합물로서 장소를 인식하게 하는 내용구성이다. Key Stage 2는 우리나라의 초등 3, 4, 5, 6학년에 해당한다. 이 단계에서는 Key Stage 1에서 학습한 5대양 7대륙의 위치를 토대로 주요 국가의 위치, 주요 자연지리 및 인문지리 영역의 지형지물의 위치, 그리고 경위도 좌표 체계를 활용하여 절대적 위치를 학습한다. 또한 Key Stage 1에서 배웠던 자연지리, 인문지리 요소들을 더 확장하여 학습한다. 그리고 다양한 지리정보 자료를 활용하여 위치를 파악하고 스케치 지도만들기를 학습한다.

표 1. 영국(잉글랜드) 지리교육과정에서 지역학습 내용 분석

시기	위치지식	장소지식	인문, 자연지리	지리기술과 야외답사
Key Stage 1	• 5대양 7대륙 이름과 위치 • 영국의 4개 영역과 주변 바다 이름과 위치, 특성	• 영국의 작은 지역(area)과 대조적인 비유럽권 지역을 사례로 인문, 자연지리를 학습하여 지리적 공통점과 차이점 이해함.	• 영국의 기후 패턴, 세계의 기후 지역의 위치를 적도, 남북극과 연계하여 이해함. • 기초 지리용어 활용 –자연지형: 해변, 절벽, 해안, 삼림, 구릉지, 산지, 바다, –대양, 강, 토양, 계곡, 식생, 계절과 기후 –인문환경: 도시, 타운, 마을, 공장, 농장, 집, 사무실, 항구, 가게 등	• 세계지도, 아틀라스, 지구본 활용하여 영국, 세계 주요 대륙, 대양, 주요 나라 위치 파악함. • 간단한 나침반, 위치 및 방향어 활용하여 지도에서 지형지물, 도로의 위치 묘사함. • 주요 지형지물 인식을 위해 항공사진 활용, 간단한 지도 만들기
Key Stage 2	• 유럽과 아메리카 중심의 세계 주요 나라들의 위치, 그리고 주요 자연 및 인문환경적 특징, 도시들의 위치 파악 • 영국의 주요 지리적 지역, 인문 및 지리적 특성, 토지이용 패턴 지역의 위치 파악, 그리고 이러한 모습들의 변화상 이해 • 경도, 위도, 적도, 북반구, 남반구, 남북회귀선, 표준자오선 등의 위치와 중요성 파악	• 영국 내 지역(region)과 유럽권 국가 내 지역, 아메리카 내 한 지역 간 인문 및 자연지리의 공통점과 차이점 이해함.	• 다음의 지형지물을 묘사하고 이해함. –자연지리: 기후지역, 식생, 강, 산지, 화산과 지진, 물 순환 –인문지리: 취락과 토지이용 유형, 경제활동, 에너지, 식량, 미네랄과 물 등 자연자원의 분포	• 국가들의 위치 파악을 위해 지도, 아틀라스, 지구본, 디지털 지도 활용함. • 영국과 더 넓은 세계에 대한 지식을 얻기 위해 나침반, 경위도 좌표, 주요 상징기호 활용함. • 스케치 지도, 그래프, 디지털 기술을 활용하여 로컬 지역의 인문 및 자연지형을 조사, 측정, 기록, 제시하기 위해 야외답사를 실시함.

출처: Department for education, 2013, 1–4.

영국(잉글랜드) 교육과정에서는 Key Stage1 에서부터 지구본, 세계지도 등을 활용하여 글로벌 공간 안에서 특정 장소나 지역의 위치를 파악하고 관련 위치지식을 갖추게 한다. 또한, 위치지식에 기반하여 지역의 자연환경, 인문환경을 종합적으로 상호 관련지어 지역을 살펴보게 한다. 장소(지역) 간 공간적인 연계성을 파악하고 장소(지역) 내 환경 간의 내적 연계성에 기반한 장소(지역) 학습을 추구한다고 볼 수 있다.

2) 캘리포니아주 지리교육과정에서 지역학습 내용 분석

캘리포니아주 지리교육에서는 공간적 사고력 함양에 목적을 둔다. 세부적인 목표에는 역사적인 사건과 사람들의 장소학습하기, 지도와 관련 기술을 활용하여 장소의 절대적 위치를 학습하고 지도를 활용하여 관련 정보를 파악하기, 장소의 상대적 위치의 중요성을 파악하고 상대적 이점과 손해가 어떻게 변화하는지 분석하기 등이 포함되어 있다. 다음에서는 학년급에 따른 세부적인 지역학습 내용을 살펴본다(표 3).

유치원 단계인 Kindergarten에서는 오늘날과 과거 세계 지역의 지리적, 역사적 연계성을 강조하면서 기초적인 공간적, 시간적, 인과적 관계에 대한 학습을 시작한다. 지리관련 학습에서는 사람, 장소, 환경의 위치를 비교하고 대조하며 대상의 특성을 묘사하는 학습을 한다. 여기에는 앞뒤좌우 원근에 따른 대상의 상대적 위치를 살펴보고, 고장의 주요 건물, 장소들을 통합하여 지도 만들기 학습을 한다. 유치원 단계의 지리영역 첫 수업에서 위치 파악하기와 위치를 활용하여 장소와 대상의 특성을 찾아보는 학습활동을 한다. 이후 1학년에서부터 5학년에 이르기까지 장소(지역), 환경의 절대적, 상대적 위치를 묘사하는 학습과 지도활용 방법 학습을 통해서 장소(지역)와 환경의 형성과 모습을 절대적, 상대적 위치를 활용하여 살펴보는 학습을 한다. 특히, 3학년부터는 지역의 변화와 삶의 방식의 변화를 살펴보기 시작하는데 변화의 요인으로 위치, 기후 환경을 활용한다.

캘리포니아 지리교육에서 지역학습은 위치학습으로 시작한다. 지역의 위치를 익히고, 위치에 따른 차이를 살피고, 지역의 자연환경 및 인문환경적 특성을 파악하며, 지리적 환경 변화에 따른 지역의 변화를 탐색하는 학습을 한다.

표 2. 미국(캘리포니아주) 사회과교육과정 지리영역의 지역학습 내용 분석

시기	지리영역에서 지역학습 내용
Kindergarten	• 사람, 장소, 환경의 위치를 비교, 대조하기 • 위치를 토대로 사람, 장소, 환경의 특성들을 묘사하기
Grade 1	• 장소의 절대적, 상대적 위치를 비교, 대조하고 장소의 자연 및 인문환경적 특성 묘사하기 -지도와 지구본에 로컬 공동체, 캘리포니아, 미국을 위치화하기 -방위와 상징기호 활용하여 간단한 지도 만들기 -위치, 기후, 자연환경이 사람들의 삶에 미치는 영향 묘사하기(의식주, 교통, 여가 생활 포함)
Grade 2	• 사람, 장소, 그리고 환경의 절대적, 상대적 위치를 묘사하면서 지도 기술 익히기 -참조체계 활용하여 주요 장소 위치화하기 -주요 대륙, 대양, 국가들의 위치 표시하기
Grade 3	• 자연 및 인문지리를 묘사하고 사람, 장소, 환경에 관한 자료를 공간적 맥락에서 조직하기 위해 지도 등 자료 활용하기 -로컬 지역의 지리적 환경 살펴보기 -로컬 지역의 자원 활용 방법과 자연환경 변화 살펴보기
Grade 4	• 자연 및 인문지리적 특성을 이해하고 캘리포니아 주요 장소와 지역 살펴보기 - 캘리포니아 장소들의 절대적 위치를 살펴보기 위해 경위도 참조표 활용하기 - 남극과 북극, 적도와 표준자오선, 열대 그리고 북반구와 남반구 구분하기 - 주의 수도를 확인하고 물, 지형, 식생, 기후 등이 인간활동에 미친 영향을 포함하여 캘리포니아 여러 지역들 묘사하기 - 태평양, 강, 계곡 그리고 산지 등의 위치를 확인하고 타운 성장에 미친 영향을 설명하기 - 캘리포니아 내 공동체의 토지이용, 식생, 야생, 기후, 인구밀도, 건축물, 서비스 그리고 교통 등에서 어떤 다양성이 있는지 지도 등을 활용하여 묘사하기
Grade 5	• 콜럼버스 정착 이전 거주지에 대해 학습하기 -지리와 기후가 다양한 민족들의 삶의 방식과 자연환경에 끼친 영향 묘사하기: 마을의 위치, 독특한 가옥 구조, 의식주, 도구 등의 획득 방법 등 포함. -다양한 관습과 전통 묘사하기

출처: California State Board of Education, 2016, 4-14.

3) 호주 지리교육과정에서 지역학습 내용 분석

호주에서 지리교육은 '인문사회과학' 영역 안에서 이뤄진다. 지리영역의 학습에서는 장소의 형성에 미치는 문화, 인간의 환경 이용, 장소에 대한 사람들의 인지와 다른 장소와 연결에 미치는 영향, 인간과 자연체계가 어떻게 연결, 상호의존적인지, 호주 장소들은 세계의 다른 장소들과 어떻게 연결되는지 등을 세부 목표로 담고 있다. 다음에서는 학년급에 따라 구체적인 지역학습 내용을 살펴본다(표 3).

유치원 과정에 해당하는 Foundation부터 5학년까지가 초등학교에 해당한다. 초등 지리영역에서는 장소에 대한 학습이 주로 이뤄진다. 학습자 개인에게 익숙한 장소에서부터 호주 내 주요 지

표 3. 호주 지리교육과정에서 지역학습 내용 분석

시기	대주제	지리영역에서 지역학습내용
Foundation	나의 세계	• 간단한 지도위에 장소와 장소 내 주요 지형지물의 위치 표현하기 • 사람들이 살고 있고 그들이 속한 장소들과 그 장소들이 사람들에게 중요한 이유 알아보기 • 어떤 장소가 사람들에게 특별한 이유 그리고 다뤄지는 방법
Year 1	과거와 미래의 세계	• 장소의 자연적, 인문적 모습, 위치 그리고 변화 • 로컬에서 이뤄지는 주요 활동과 그곳에 입지한 이유
Year 2	사람과 장소와의 관계	• 세계의 지리적 구분 방식과 이러한 지역과 호주와의 관계 • 장소는 지표면의 부분들이며 사람에 의해 명명되고 다양한 스케일로 이뤄지는 방식
Year 3	장소만들기	• 호주 이웃 국가들과 주요 지형지물들의 위치 • 세계 기후유형과 지역 간 기후 유형들의 공통점과 차이점 • 취락, 인구적 특성 그리고 사람의 방식에 따른 차이점과 공통점 그리고 사람들의 장소에 대한 지각
Year 4	사람, 장소 그리고 환경의 상호작용 방식	• 아프리카와 남미 대륙의 특징과 호주와 관련하여 주요 국가들의 위치 • 사람에게 자연환경의 중요성
Year 5	호주 공동체-과거, 현재, 미래	• 유럽과 북미 지역 주요 장소들의 환경적 특성에 대한 인간의 영향, 그리고 호주와 관련하여 주요 국가들의 위치 • 호주 장소들의 환경적 특성에 대한 사람들의 영향 • 장소의 특성과 위치에 대한 환경과 인간의 영향

출처: Acara, 2015, 5-7.

역, 호주, 세계 주요 국가들에 이르기까지 스케일을 확장하면서 장소에 대한 학습 내용으로 이뤄져 있다. Foundation 단계에서 장소를 구성하는 주요 지형지물들을 살펴보고 이들의 위치 파악하기, 사람들과 장소와의 관계 알아보기 학습을 통해 이후 더 큰 규모 장소 학습을 위한 기초 지식을 갖추게 하는 내용구성이다. 1학년에서 5학년까지 장소의 규모를 확대하면서 장소의 위치와 장소를 구성하는 자연환경과 인문환경 그리고 장소의 변화를 다루며 더불어서 장소 내 활동들의 위치적 특성을 학습한다. 이외에 위치의 중요성과 영향, 그리고 장소의 변화를 다룬다. 위치에 따른 장소의 특성과 다른 지역과의 관계적 상호작용을 통한 장소의 변화도 다룬다. 4~5학년 과정에서는 호주를 중심으로 세계 주요 국가들의 위치를 파악하고 지리적 환경의 차이점을 학습하며, 호주와의 상호관계를 학습한다.

4) 2015 개정사회과교육과정 지리영역에서 지역학습 내용 분석

2015 개정사회과교육과정 지리영역에서 지역학습은 3학년에서 우리고장, 4학년에서 우리 지

역, 5학년에서 우리나라 주요 지역, 6학년에서 세계의 국가들에 대한 학습으로 이뤄진다(표 5). 세부적으로 살펴보면, 3학년에서는 고장에서 가졌던 학습자의 경험에 기반한 장소감과 고장의 주요 지형지물들의 위치를 중심으로 고장의 실제모습과 지리적 특성을 통한 고장 사람들의 생활 모습을 살펴보는 고장에 대한 지역학습을 한다. 4학년에서는 우리고장 중심지(위치, 기능, 경관)에 대한 지역학습과 촌락과 도시의 특징, 문제점, 상호의존 관계에 대한 지역학습을 한다. 5학년에서는 우리 국토, 우리나라 행정구역 및 주요도시들의 위치 특성, 기후환경 및 지형환경의 특성을 중심으로 지역학습을 한다. 6학년에서는 주요 대륙, 대양의 위치, 주요 나라의 위치와 영토 특징, 그리고 이웃 나라들의 자연적, 인문적 특성과 우리나라와의 교류를 중심으로 이웃 나라에 대한 학습을 한다.

전체적으로 볼 때, 초등 지리영역의 지역학습에서는 위치, 지형, 기후를 중심으로 하는 자연환경이 주요 학습 내용으로 구성된다. 특히, 3학년 1학기에는 단순히 고장 내 주요 지형지물의 위치를 확인하는 수준의 학습이지만, 3학년 2학기에서는 자연환경과 생활 모습을 연계하여 살펴보면서 고장의 지역성을 살펴보는 학습을 한다는 특성이 있다. 4학년 2학기 촌락과 도시에서는 자

표 4. 2015 개정사회과교육과정에서 지역학습 내용 분석

시기	교육과정 대주제	사회교과서 중주제(단원명)	지역학습 내용
3학년 1학기	우리가 살아가는 곳	우리 고장의 모습	• 학습자 개인의 경험에 기반한 장소감 • 고장의 주요 지형지물들의 위치를 통한 실제 모습
3학년 2학기	우리가 살아가는 모습	환경에 따른 다른 삶의 모습	• 고장의 지리적 특성과 고장 사람들의 생활 모습에 미치는 영향
4학년 1학기	우리 지역의 어제와 오늘	지역의 위치와 특성	• 우리 지역의 지리정보 • 지역 내 다양한 중심지(행정, 교통, 상업, 산업, 관광 등)
4학년 2학기	다양한 삶의 모습과 변화	촌락과 도시의 생활 모습	• 촌락과 도시의 생활 모습의 공통점과 차이점, 문제점. • 촌락과 도시 간 교류 및 상호의존 관계
5학년 1학기	국토와 우리생활	국토의 위치와 영역 국토의 자연환경 국토의 인문환경	• 우리나라의 위치와 영역 특성 • 시·도 단위 행정구역 및 주요 도시들의 위치 특성 • 우리나라의 기후 환경 및 지형 환경에서 나타나는 특성
6학년 2학기	세계의 여러 나라들	지구, 대륙 그리고 국가들 세계의 다양한 삶의 모습 우리와 가까운 나라들	• 세계 주요 대륙과 대양의 위치 및 범위, 주요 나라의 위치와 영토의 특징 • 우리나라와 관계 깊은 나라들의 기초적인 지리 정보, 상호 의존 관계 • 이웃 나라들(중국, 일본, 러시아)의 자연적, 인문적 특성과 교류

출처: 교육부, 2015, 14-53.

연환경, 인문환경, 그리고 촌락과 도시 간 상호교류를 통해 지역의 특성을 살펴보는 학습을 한다. 5~6학년에서도 지역들의 기본적인 위치를 확인하고 자연환경, 인문환경, 상호교류의 3가지 요소에 기반하여 지역학습을 행하는 구성이다.

5) 지역학습 내용의 분석 결과 및 비판적 논의

위에서 살펴본 국내외 지리영역 교육과정에서 지역학습의 특성을 지역구성 원리, 지역학습 내용, 지역학습 내용조직을 중심으로 정리하면 다음과 같다(표 6). 먼저, 지역구성 원리를 보면, 영국은 역 환경확대, 캘리포니아와 호주는 탄력적 환경확대, 우리나라는 환경확대적 접근이다. 지역학습 내용 구성을 보면, 모든 국가의 지리교육과정에서는 지역학습에서 지역과 지역 내 주요 지형지물의 위치학습, 자연환경 및 인문환경을 포함한다. 그런데 위치학습의 방식과 지역의 자연환경 및 인문환경과의 연계방식에서 차이가 있다. 잉글랜드 지리교육에서는 경위도 좌표체계, 지도, 지구본 등을 활용하여 절대적 위치와 상대적 위치 파악, 그리고 간단한 지도 만들기, 스케치 맵 만들기 등을 통해 위치학습을 한다. 캘리포니아에서는 장소의 절대적, 상대적 위치 파악, 위치 묘사 등의 위치학습을 한다. 반면, 우리나라에서는 지역과 지역 내 주요 지형지물의 위치파악하기에 한정되어 있다. 위치가 무엇인지, 어떻게 위치를 파악하는지 등의 과정이 생략되어 있으며, 절대적 위치와 상대적 위치 등 구체적인 위치학습과 위치지식으로 이어지지 못하는 한계를 지닌다. 이는 지역학습 내용조직에서의 차이로 이어진다. 잉글랜드, 캘리포니아, 호주의 경우, 지역의 자연환경과 인문환경을 위치와 연계하고 지역 간 관계를 위치에 기반하여 살펴보는 방식이다. 이는 우리나라에서도 부분적으로 나타난다. 즉, 지리적 환경과 생활 모습 간의 관계 파악, 우리나라와 이웃국가 간의 관계 등 상호작용의 관점에서 지역을 바라보는 내용구성이다. 그럼에도불구하고 위치지식-지역의 자연환경 및 인문환경-지역이해의 연결구도를 형성하지는 못하고 있다. 부분적 연계성을 유지하면서도 종합적으로 지역이해 관점으로의 통합에서는 한계가 있다.

다음에서는 위에서 살펴본 결과에 의거해서, 우리나라 지리교육에서 지역학습의 특성을 찾고, 개선 방향을 논의해 보고자 한다. 우선, 우리나라 지역학습은 다른 국가에서의 지역학습과는 달리 고장, 지역, 국가, 세계 순으로 학습자에게 가까운 지역에서 먼 지역으로, 작은 지역에서 큰 규모의 지역으로 확대하는 지역학습 내용조직 방식이다. 이는 학습자의 인지발달을 고려한 학습자 중심 교육의 실천면에서 긍정적인 효과를 기대할 수 있다. 그러나 공간적인 맥락에서 장소나 지

표 5. 국가별 지역학습 내용과 내용조직

교육과정	지역구성 원리	지역학습 내용	지역학습 내용조직
잉글랜드 교육과정	• 역 환경확대: 5대양 7대륙 →영국의 4개 지역과 주변 바다→유럽과 아메리카 주요 나라 및 도시→영국의 주요 지역	• 지역의 위치파악 • 경위도 좌표체계, 나침반, 지도, 지구본 등 활용 • 간단한 지도 만들기, 위치묘사하기, 스케치 지도 만들기 등 • 자연환경 요소와 인문환경 요소 학습 • 지역의 자연환경과 인문환경 파악, 다른 지역과 비교, 대조	• 위치-자연환경-인문환경에 기반한 지역이해 • 지역에 담겨진 자연환경-인문환경 요소 학습 • 지역 간 비교, 대조 • 위치지식-장소지식 연계, 자연지리-인문지리-장소지식의 연계
캘리포니아주 교육과정	• 탄력적 환경확대: 미국, 캘리포니아주 위치→주요 대륙, 대양, 국가 위치→로컬 지역 지리적 환경→캘리포니아 지역 특성	• 위치 기반 장소, 환경 특성 묘사하기 • 장소의 절대적, 상대적 위치, 자연 및 인문 환경 특성 파악 • 로컬지역, 캘리포니아의 지리적 환경과 변화 고찰	• 위치기반 장소성 파악 -절대적, 공간적 맥락에서 장소 파악 • 위치-자연환경-인문환경-장소성 연계
호주 교육과정	• 탄력적 환경확대: 로컬지역 → 세계의 지역 → 호주 이웃 국가들 → 아프리카와 남미 대륙 → 유럽과 북미 대륙	• 장소의 주요 지형지물 위치 파악 • 장소의 자연, 인문환경의 위치와 변화 • 인간이 장소 환경에 미치는 영향 • 호주와 관련한 이웃국가들의 위치 파악	• 위치-자연환경-인문환경-사람(가치, 환경에의 영향 등)- 장소 간 연계
2015 개정 교육과정	• 환경확대: 우리고장 → 우리 지역 → 우리나라 → 세계	• 고장의 지형지물 위치 • 고장의 지리적 특성과 생활 모습 • 우리나라의 기후환경과 지형환경 • 세계의 대륙, 대양, 주요나라의 위치, 자연환경, 인문환경	• 지리적 환경-생활 모습 연계 • 위치, 자연환경, 인문환경, 지역 간 교류의 개별성

역의 위치를 살펴보는 데는 한계가 있다. 역환경확대적 접근은 학생들의 흥미를 유발할 수 있다는 점, 작은 지역을 더 큰 규모의 공간적 맥락에서 살펴볼 수 있을 뿐 아니라 지역 간의 상호 연계를 살펴볼 수 있다는 장점을 지닌다(김재일, 2008; 류재명, 1998). 그리고 다른 국가의 지리교육과정을 보더라도 영국, 호주, 캘리포니아에서도 로컬지역의 위치를 살펴보기 이전에 대륙, 국가의 위치를 먼저 파악하게 하는 내용구성 방식을 보인다. 특히, 우리나라는 세계지도를 활용하여 세계 대륙 및 대양에 대한 학습을 6학년 2학기에 할 수 있는 내용구성이다. 그러다보니, 초등 3~5학년에서 이뤄지는 지역학습에서는 경위도상의 절대적 위치뿐 아니라 상대적 위치학습도 이뤄지지 않는다. 단지 지도상에서 어디에 있는지를 확인하는 수준에서 마무리되는 학습이 될 수 있다. 그렇다면 위치지식에 기반한 지역학습으로의 연계는 어려운 것이다.

둘째, 우리나라 지역학습에서는 지역이라는 바구니에 위치, 자연환경, 인문환경 요소들이 바구니에 담겨진 형태로 상호연계성을 유지하는 데 보완이 필요하다. 지역을 구성하는 기본적인 자연환경 및 인문환경 요소들이 상호 유기적으로 연계되어 지역이해로 이어질 수 있는 내용조직이라기보다는 낱낱의 사실들이 개별적으로 학습되어 모자이크 형태로 남겨질 가능성이 있다. 이는 지역의 사실들을 많이 학습하는 데는 장점이 있을 수 있지만 학습자의 흥미, 지리적 상상력, 지역성 파악, 지역에 대한 통찰력을 형성하는 데는 한계가 있다(박선미, 2017, 802). 그래서 이러한 구성은 오랫동안 지리교육에서 비판의 대상이 되었다(박선미, 2017; 조성욱, 2005). 그간의 지역지리학에서 논의했던 지역의 개념에서도 지역은 개별적 요소들 간 분리할 수 없는 복합물 또는 상호 통합 형성된 결과물이며, 지역의 여러 구성요소들 간의 상호작용으로 형성된 것(권정화, 2001)이라고 한 점에 비추어 보더라도 이에 대한 개선은 필요하다.

셋째, 지역이해의 기초지식으로서 위치지식의 활용이다. 잉글랜드의 경우 위치 파악하기, 위치 표현하기, 위치 지도 만들기 등의 다양한 활동을 활용하여 위치지식을 갖추게 하고 위치지식에 기반하여 자연환경과 인문환경을 연계적으로 이해하고 궁극적으로 지역을 이해하게 하는 방식이다. 특히, 여기에는 절대적 위치와 공간적인 맥락에서 지역의 상대적 위치를 파악하여 지역이해와 연계한다. 다소 정도의 차이는 있지만 캘리포니아와 호주에서도 마찬가지이다. 그러나 우리나라에서는 위치에 따른 생활 모습의 차이 학습이 3학년 과정에서 일부 이뤄지나 지역이해로 연결되지 못하고 있으며, 이후 학습 과정에서도 위치에 기반한 지역 이해 구성을 찾아보기 어렵다. 또한 위치지식을 갖추게 하는 학습과정이 생략되어 있다. 그러다 보니 위치지식 및 위치지식에 기반한 지역이해를 기대하기 어렵다.

넷째, 지역 간 상호작용에 대한 학습이다. 전통지역지리에서와는 달리 지역지리와 신지역지리에서는 지역의 고유성 형성에서 지역 간 상호작용이 주요 요소로 포함되어야 한다고 하였다. 실제적으로 교통통신수단의 발달은 지역 간 교류를 증가, 확대했으며, 지역에 미치는 영향도 크다. 우리나라에서는 촌락과 도시 학습에서 상호교류와 양 지역에 미치는 영향, 우리나라와 다른 나라들과의 관계에서 관련 내용을 담고 있다. 그러나 교류내용에 치중한 반면, 상대적 위치에 기반하여 교류의 동인을 파악하고 공간적인 맥락에서 교류의 상황을 구체적으로 살펴볼 수 있는 학습은 생략되어 있다. 그리고 우리고장, 우리 지역, 주요 지역 간 상호작용에 대한 학습 영역으로도 확대될 필요가 있다. 특히, 글로벌 시대에 세계화로 인한 지역의 변화와 지역의 대응, 세계와의 상호작용, 발전 방향, 각종 지리적 현상과 사회적 이슈 등을 고찰하는 데 있어서 지역 간 상호작용의 추동 요인과 구체적인 연계성을 살펴보는 것은 필요하다. 다양한 수준에서 상호작용하는 개방적 지역 개념으로 지역의 특성을 파악하고 인식할 수 있는 내용구성이어야 한다(박선미, 2017).

4. 마치며

류재명(1991, 228)은 어떤 지역을 이해하고자 할 때 먼저 그 지역이 어디에 있으며 어떠한 자연적 특성을 가지고 있는가를 알아봐야 하기 때문에 위치는 중요한 지리 교육의 기본 개념이 된다고 하였다. 지역의 위치지식은 지역의 지리적 환경을 파악하고, 공간적 맥락에서 지역의 위치적 특성을 파악하는 데 기초지식이 되어 지역 내 환경요소들 간 유기적 관계와 지역 밖의 지역 간 상호작용을 이해하는 데 도움을 준다.

지역은 세계를 구성하는 부분에 해당한다. 그리고 지역은 사람들의 삶의 터전이며 기본적인 생활 공간으로 지역민들의 정체성과 동일시된다. 그런 면에서 지역이해는 나에 대한 이해, 타자에 대한 이해, 인간다운 삶의 환경에 관심 갖고 삶의 환경 개선을 위한 시민적 자질 함양과도 연계된다. 그리고 지역이해는 지역을 보는 통찰력 형성과 관련되어 지리적 사고력과 연결된다. 지역은 지리학의 태동 이래로 지리학의 핵심 개념이었으며, 지리학습은 지리교육에서 중요한 부분을 차지해 왔다. 이에 본 연구에서는 지역이해를 위한 지역학습에서 위치지식의 활용에 주목하여 우리나라 지역학습의 상황을 비판적으로 살펴보고 개선점을 제안하는 데 목적을 두었다.

본 연구에서는 초등 지역학습에서 다음의 네 가지 사항에 대해 논의 및 개선안을 제안하였다. 첫째, 초등 지역학습은 고장, 지역, 국가, 세계 순으로 환경확대적 접근에 의한 지역내용 구성 방식을 취하고 있다. 이는 학습자의 인지발달을 고려한 학습자 중심 교육의 실천면에서 긍정적인 효과를 기대할 수 있으나 공간적인 맥락에서 장소나 지역의 위치를 살펴보는 데는 한계가 있다. 초등 지역학습에서는 6학년 2학기에 세계지도를 활용하여 세계 대륙 및 대양에 대한 학습을 실시한다. 그러다보니, 초등 3~5학년에서 이뤄지는 지역학습에서는 경위도상의 절대적 위치뿐 아니라 상대적 위치학습이 이뤄질 수 없다. 그러다 보니 지역의 지리적 환경과 지역 간 관계를 위치적 관점에서 위치지식에 기반해서 접근한다기보다는 자리를 확인하는 수준의 학습으로 이어질 가능성이 크다. 위치지식에 기반한 지역학습으로의 연계는 어려운 것이다.

둘째, 우리나라 지역학습에서는 지역이라는 바구니에 위치, 자연환경, 인문환경 요소들이 담겨진 형태로 낱낱의 지식으로 학습될 가능성이 있는 내용조직이다. 지역을 구성하는 기본적인 자연환경 및 인문환경 요소들이 상호 유기적으로 연계되어 지역이해로 이어질 수 있는 내용조직이라기보다는 낱낱의 사실들이 개별적으로 학습되어 모자이크 형태로 남겨질 가능성이 있다. 이는 지역의 사실들을 많이 학습하는 데는 장점이 있을 수 있지만 지역성 파악, 지역에 대한 통찰력을 형성하는 데는 한계가 있다.

셋째, 지역 간 상호작용에 대한 학습이다. 전통지역지리에서와는 달리 지역지리와 신지역지리에서는 지역의 고유성 형성에서 지역 간 상호작용이 주요 요소로 포함되어야 한다고 하였다. 실제적으로 교통통신수단의 발달은 지역 간 교류를 증가, 확대시켰으며, 지역에 미치는 영향도 크다. 글로벌 시대 그리고 글로컬 시대라는 용어에서 인식할 수 있듯이, 글로벌 사회에서 지역 간 상호작용은 일상화되었고, 이로 인해 발생하는 지리적현상들은 지역성 형성에 영향을 미치고 있는 것이 사실이다. 우리나라에서는 촌락과 도시 학습에서 상호교류와 양 지역에 미치는 영향, 우리나라와 다른 나라들과의 관계에서 관련 내용을 담고 있다. 그러나 교류내용에 치중한 반면, 상대적 위치에 기반하여 교류의 동인을 파악하고 공간적인 맥락에서 교류의 상황을 구체적으로 살펴볼 수 있는 학습은 생략되어 있다. 그리고 우리고장, 우리 지역, 주요 지역 간 상호작용에 대한 학습 영역으로도 확대될 필요가 있다.

넷째, 지역이해의 기초지식으로서 위치지식의 활용이다. 이를 위해서는 다음 2가지 사항에 대한 보완이 필요하다. 하나는 위치학습이 더 체계적으로 학습되어야 한다. 잉글랜드의 경우 위치 파악하기, 위치표현하기, 위치 지도 만들기 등의 다양한 활동을 활용하여 위치지식을 갖추게 한다. 다른 하나는 위치지식에 기반하여 자연환경과 인문환경을 연계적으로 이해하고 궁극적으로 지역을 이해하게 하는 방식에서의 보완이 필요하다. 특히, 여기에는 절대적 위치와 공간적인 맥락에서 지역의 상대적 위치를 파악하여 지역이해와 연계되어야 한다. 우리나라에서는 위치에 따른 생활 모습의 차이 학습이 3학년 과정에서 일부 이뤄지나 지역이해로 연결되지 못하고 있으며, 이후 학습 과정에서도 위치에 기반한 지역 이해 구성을 찾아보기 어렵다.

지역은 인간 삶의 터전이며 세계를 볼 수 있는 디딤돌 역할을 한다. 그리고 지역이해에는 타자에 대한 이해와 자신의 정체성 이해가 포함된다. 지역을 제대로 보기 위해서는 지역이해의 기초지식인 위치지식에 기반한 학습이 필요하다. 학교는 모든 학생들에게 지리적 문해력을 지닐 수 있게 위치지식을 갖추게 해야 할 책무를 지니고 있다(Hennerdal, 2016).

• 요약 및 핵심어

요약: 지역은 세계를 구성하는 부분에 해당한다. 지역이해는 나에 대한 이해, 타자에 대한 이해, 인간다운 삶의 환경에 관심 갖고 삶의 환경 개선을 위한 시민적 자질 함양과도 연계된다. 또한, 지역이해는 지역을 보는 통찰력 및 지리적 사고력으로 연결된다. 그래서 지역학습은 지리학의 태동 이래로 지리교육의 핵심

개념으로 다뤄져 왔다. 본 연구에서는 지역적 통찰력과 지리적 사고력으로 연결될 수 있는 지역이해는 위치에 기반한 자연환경 및 인문환경의 파악과 지역 간 상호작용에 대한 학습으로 가능하다는 이론적 논의를 전개하고, 국내외 초등 지리교육과정에서 위치지식과 지역이해와의 관계를 분석하였다.
핵심어: 초등 지리교육(Primary Geography Education), 위치지식(Location Knowledge), 위치학습(Location Learning), 지역학습(Region Learning)

• 더 읽을거리

로버트 D. 카플란(이순호 옮김), 2017, 지리의 복수, 미지북스.
앙리 르페브르(양영란 옮김), 2011, 공간의 생산, 에코리브르.
엘스워스 헌팅턴(한국지역지리학회 옮김), 2013, 문명과 기후, 민속원.
이경한, 2018, 자리의 지리학, 푸른길.

참고문헌

교육부, 2015, 사회과교육과정, 교육부 고시 제2015-74호 별책 7.
권정화, 2001, 부분과 전체: 근대 지역지리 방법론의 고찰, 한국지역지리학회지, 7(4), 81-92.
기근도, 2017, 위치 지식의 개념화를 위한 사례 연구, 한국지형학회지, 24(3), 133-147.
김다원, 2008, 세계 지역에 대한 위치지식과 위치학습 연구, 서울대학교대학원 박사학위논문.
김다원, 2017, 각국 지리교육에서위치학습의 내용과 방법 분석 연구, 한국지리환경교육학회지, 25(1), 49-64.
김다원, 2018, 초등 지역학습에서 위치지식의 활용 필요성 논의, 한국지리환경교육학회지, 26(4), 33-34.
김다원·이경한·김현덕·강순원, 2018, 21세기 국제이해교육을 위한 홀리스틱 페다고지 모형 개발, 국제이해교육연구, 13(1), 1-40.
김재일, 2008, 탈 지평확대의 관점에서 스케일에 따른 초등 지리 내용 구성 방안, 한국지리환경교육학회지, 16(3), 267-280.
류재명, 1998, 지리교육내용의 계열적 조직방안에 대한 연구, 지리·환경교육, 6(2), 1-18.
마이클 토마셀로(이정원 역), 2016, 생각의 기원, 이데아.
박선미, 2017, 우리나라 중학교 지리교육과정의 지역학습 내용과 그 조직 방법의 변화, 대한지리학회지 52(6), 797-811.
박승규, 2003, 일상의 지리학, 책세상.
손명철, 2017, 한국 지역지리학의 개념 정립과 발전 방향 모색, 한국지역지리학회지, 23(4), 653-664.
이경한, 2018, 자리의 지리학, 푸른길.
조성욱, 2005, 거점국가 중심의 세계지리 교육내용 구성방법, 한국지리환경교육학회지, 13(3), 349-362.
조철기·이종호, 2017, 세계화 시대의 세계지리 교육, 어떻게 할 것인가?, 한국지역지리학회지, 23(4), 665-678.

최병두, 2014, 한국의 신지역지리학: 발달배경, 연구동향, 전망, 한국지역지리학회지, 20(4), 357−378.

Clavel, P., 1998, *An Introduction to regional geography*, Mass.: Blackwell Publishers.

Cresswell, T., 2013, *Geographic thought: a critical introduction*, Chichester, West

Sussex: Wiley-Blackwell.

Dunn, J. M., 2011, Location Knowledge: Assessment, Spatial Thinking, and New National Geography Standards, *Journal of Geography*, 11(2), 81-89.

Forsyth, A., 1988, Maps of Errors, Pedagogy of Errors, *Journal of Geography*, 87(2), 79-79.

Gersmehl, P., 2005, *Teaching Geography*, NY: The guilford press.

Gersmehl, J., and Gersmehl, A., 2006, Wanted: A concise list of neurologically defensible and assessable spatial-thinking skills, *Research in Geographic Education*, 8, 5-38.

Hennerdal, P., 2016, Changes in place location knowledge: a follow-up study in Arvika, Sweden, 1968 and 2013, *Geographical and environmental Education,* 25(4), 309-327.

Joint Committee on Geographic Education, 1984, *Guidelines for Geographic Education: Elementary and Secondary Schools, Washington,* D.C.: Association of American Geographers and National Council for Geographic Education.

Kelly, Joseph T., and Kelly, Gwendolyn, N., 1987, Getting in touch with relative location, *Journal of Geography,* 86, 127-129.

Kerski, J., 2015, Geo-awareness, geo-enablement, geotechnologies, citizen science, and storytelling: Geography on the world stage, *Geography Compass*, 9, 14-26.

Lorbeer, C., 2004, *The effect of maps in news stories,* Unpublished PhD thesis, Department of Journalism, University of Alabama.

Mandler, J. M., 2012, On the spatial foundations of the conceptual system and its enrichment, *Cognitive Science,* 36, 421-451.

McDougall, W., 2000, You can't argue with geography, *Foreign Policy Research Institute Newsletter*, from https://www.fpri.org/article/2000/09/you-cant-argue-with-geography/ (accessed October 25, 2018).

McDougall, W., 2003, Why geography matters…But is so little learned, *Orbis*, 47(2), 217-233, from http://fpri.org/orbis/4702/mcdougall.geographymatters.html(accessed October 26, 2018).

Metz, H.M., 1990, Sketch Maps: Helping students get the big picture, *Journal of geography*, 89, 114-118.

Oigara, J., 2006, A multi-method study of background experiences influencing levels of geographic literacy, Ph.D.dissertation, State University of New York, NY, USA.

Porter, M. E., and Schwab, K., 2008, *The Global Competitiveness Report 2008-2009,* Geneva, Switzerland: The World Economic Forum, from http://www3.weforum.org/docs/WEF_GlobalCompetitivenessReport_2008-09.pdf (accessed October 26, 2018).

Rawling, E.M., 1996, A School Geography Curriculum for the twenty-first century? The Experience of the national curriculum in England and Wales, *International Journal of Social Education,* 10, 1-21.

Roberts, M., 2014, Powerful knowledge and geographical education, *Curriculum Journal,* 25(2), 187-209.

Snavely, L., and Cooper, N., 1997, The information literacy debate, *The Journal of Academic Librarianship,* 23(1), 9-14.

Standish, A., 2018, The place of regional geography, In *Debates in Geography Education*(Mark Jones & David Lambert(eds.)), Roultedge, 49-61.

Torrens, P.M., 2001, Where in the world? Exploring the factors driving place location knowledge among secondary level students in Dublin, Ireland, *Journal of geography,* 100, 49-60.

Turner, S., and Leydon, J., 2012, Improving Geographic Literacy among First-Year Undergraduate Students: Testing the Effectiveness of Online Quizzes, *Journal of Geography,* 111, 54-66.

Young, M., 2008, *Bringing knowledge back in: From social constructivism to social realism in the sociology of education,* London: Routledge.

Zhu, L., Pan, X., and Gao, G., 2016, Assessing Place Location Knowledge Using a Virtual Globe, *Journal of Geography,* 115, 72-80.

Zirkle, D. M., and Ellis, A. K., 2010, Effects of spaced repetition on long-term map knowledge recall, *Journal of Geography,* 109(5), 201-206.

[외국의 교육과정 문서]

Acara, 2015, Australian Curriculum V8.1, from www.australiancurriculum.com.

Association of American Geographers & National Council for Geographic Education, 1984, Guidelines for Geographic Education. Elementary and Secondary Schools, Washington, DC.; National Council for Geographic Education.

California State Board of Education, 2016, History-Social Science Framework, from https://www.cde.ca.gov/ci/hs/cf/hssframework.asp

Department for education, 2013, Geography programmes of study: key stages1 and 2 National curriculum in England, from https://www.gov.uk/government/organisations/department-for-education

GENIP, 2012, Geography for life: National Geography Standards, 2nd ed., GENIP Member Organizations.

文部科学省, 1998, 中学校学習指導要領.

文部科学省, 2017, 中学校学習指導要領.

8.
들뢰즈와 지역지리교육[1]

김병연(대구 다사고등학교)

1. 들어가며

지역은 선규정적, 본질적, 자기 동일적인 존재가 아니고 다양한 규모의 내·외적 네트워크의 상호작용의 결과로 인하여 항상 유동적이고, 차이 생성적, 내적 다양성을 가진 존재(Amin, 2003, 2004; Allen et al., 1998; Castree, 2003; Castells, 1996: Massey, 1991, 1993)라고 할 수 있다. 즉, 지역은 경계. 배제, 동질성과 같은 '닫힘'의 논리로 구성되는 것이 아니라 전지구적, 국가적, 로컬적 힘들의 이동, 흐름, 연결 속에서 '열림'의 논리로 구성되는 네트워크와 유동체로서의 공간이다. 이러한 지역 이해의 관점이 반영된 교육과정 상에서는 "각 지역마다 다양한 지역성이 전개되고 있으며, 각 지역의 다양한 지역성이 모여 복합적인 국토의 공간 구조를 형성한다. 이 지역성은 한 번 형성된 뒤 그대로 유지되는 것이 아니라 여러 가지 요인에 의해 변화하기도 한다. 따라서 이를 다각적인 관점에서 파악하고 이해할 수 있도록 한다."와 같이 지역을 지역 내·외부의 다양한 힘들의 상호교차를 통하여 만들어 내는 구성물로서 접근하고 있다. 지역은 모자이크로서의 세계가 아니라 네트워크로서의 세계이다. 다시 말하면 이제 지역은 등질적 장소가 아니라 관계적 장소로 존재한다는 것이다. 이는 지역의 혼종성과 차이성이 강조되고, 선규정되고 미리 주어진 것 이라기보다는

1 이 글은 김병연(2018)을 수정·보완한 것임.

끊임없이 생성되는 존재로 바라보는 것이다.

그러나 교과서 내의 지역과 관련한 교수–학습 내용은 이러한 유동성, 차이 생성, 다양성으로서의 지역 이해와는 거리가 멀다. 지역에 대한 이해는 내부와 외부의 순환적 과정을 통한 지속적 변화의 과정 속에서 이해되어야 한다. 매시(Massey)는 "로컬리티의 원천은 공간적 격리와 절합의 내부적 과정에 의한 창발적 효과 만이 아니라 그 바깥 너머와의 상호작용에도 있다(박경환 외 역, 2016, 130)"라고 설명하고 있다. 하지만 교과서와 교육과정 속의 지역 이해는 화석화된 고정적이고 불변하며 영역화된 지역으로만 드러나고 있다. 즉, 경계의 안과 밖이라는 영역적 사고에 기반한 지역의 이해는 세계/지역, 보편성/특수성, 포섭/배제, 동질성/차이라는 이분법적 틀에 갇혀 있는 것이다.

이로 인하여 여전히 학교 지리에서는 동일성의 논리에 종속되어 특정한 관점만을 단일하게 재현하거나, 타자화되고 주변화된 지역의 의미만이 재현되고 있다. 또한 지역 학습이 학생들의 일상적 삶과 분리되어 지역은 추상적 학습 대상, 하나의 인식되기를 기다리고 있는 '사람의 목소리가 제거된 지리'로서 존재하고 있다. 그래서 지역지리 교육은 학생들에게 지역에 대한 편견과 고정관념을 형성시킬 위험을 내포하고 있고 상호텍스트성을 담보하지 못함으로 인하여 지역을 둘러싸고 생산되고 있는 다양한 서사들과 이와 관련된 주체들이 만들어내는 지역의 다양한 재현 양상들의 복잡성과 모순들을 다층적 관점을 통해 바라볼 수 있는 지리적 경험을 풍부히 제공해 주지 못하고 있다.

지역지리 교육의 목표는 본래 지역과 장소의 의미를 규명하는 탐구를 통하여 학습자가 지역 사회를 종합적으로 이해하고 지역의 현안 문제를 비판적 관점을 통해 바라보고 이를 합리적으로 해결할 수 있는 의사결정능력을 함양하는 데 있다고 할 수 있다(김병연, 2018). 이에 기반하여 학교 지리에서 지역지리 교육의 방향은 각 지역이 가지는 지역성을 파악할 수 있도록 다양한 정보를 제공하는 데 있을 뿐만 아니라 세계화의 흐름 속에서 학생들의 생활 세계인 지역이 가지는 의미를 통합적 안목으로 바라보고 이해할 수 있도록 하는 데 있다. 이에 따라 지역지리 교육과 관련한 논의들이 활발히 이루어져 오고 있는데, 특히 지역지리 교육 방법론, 교수–학습 이론과 관련한 연구가 주를 이루고 있다(권정화, 1997, 2001; 심광택, 2003, 2005, 2007; 박승규·심광택, 1999; 손명철, 2002, 2017; 이지연·조철기, 2008; 전종한, 2002). 하지만 이러한 연구의 흐름들 속에서 전지구적–국가적–지역적 공간 스케일을 가로지르는 다양한 힘들의 상호 관계망을 통하여 형성 및 변화하는 다양체로서의 지역에 대한 사유를 통한 지역지리 교육의 방향 탐색 및 설정과 관련된 연구가 적극적으로 수행되지 않고 있다.

지역지리 교육은 '네트워크', '차이', '생성'으로서의 지역에 대한 인식 관점을 학생들에게 제공함으로써 학생들이 동일성의 사유에 기반한 지역 이해에 접근하는 것이 아니라 항상 차이로서 존재하면서 변화의 가능성으로 열려 있는 지역에 대한 이해의 지평을 확장시키는 데 도움을 제공할 수 있을 것이다. 또한 '차이', '생성', '변화', '다양성'이라는 개념에 기반한 지역 이해는 지역의 현실적 층위에 드러난 다양한 재현 양태들 뿐만 아니라 그 아래 잠재적 층위에 차이로서 존재하고 있는 실재를 열어 젖혀 보여줌으로서 눈에 보이지 않고 인식되지 않아 항상 타자로서 존재하는 수많은 사물들, 사람들과 관련하여 지리적 지식, 공감 및 배려적 이해, 관계적 사고력, 지리적 상상력을 함양시킬 수 있을 것이다.

이를 위해 본 연구에서는 들뢰즈(Deleuze)의 '차이', '사건' 개념에 기대어 현 지역지리 교육의 한계를 재현적 사유와 관련지어 살펴보고, 이이 대한 대안으로 차이와 생성에 기반한 지역지리 교육의 방향을 탐색하고자 한다. 들뢰즈의 철학, 특히 차이, 사건, 기호와 같은 개념을 교육적 실천과 관련시킨 논의들(강선보·최승현, 2011; 김영철, 2007, 2008; 김재춘·배지현, 2011, 2012; 목영해, 2010; 류현종, 2014; Semetsky, 2006, 2008, Masny, 2013, Semetsky and Masny, 2013)이 지속적으로 증가하고 있지만 지리교육 내에서는 들뢰즈의 이러한 개념에 대한 탐색, 또는 교육적으로 어떤 함의를 가지고 있는지에 대한 논의가 이루어지지 않았다. 따라서 본 연구는 들뢰즈의 차이, 사건 개념에 기대어 지역지리 교육의 의미를 탐색해 보는 데 그 의의가 있다.

들뢰즈의 차이, 사건 개념은 지역(성)의 형성 및 변화를 이해하고 해석하는 사고의 틀로서 유용성을 가질 수 있다. 왜냐하면 지역성은 지역을 구성하고 있는 이질적인 물질들(개체들)의 상호 접속하에 끊임없이 생산되는 '차이'이기 때문에 자기 동일성으로 수렴할 수 없는 존재이다. 즉, 지역성은 동일화의 논리로 환원되지 않고 다층적이고 중층적인 차이를 지닌 존재라고 할 수 있다. 따라서 지리교육에서 지역에 대한 이러한 이해 방식은 들뢰즈의 차이, 사건 개념과 조우하는 지점이 될 수 있다. 이러한 측면에서 들뢰즈에게 사건으로서의 시뮬라크르는 지역(성)과 유사한 존재 방식을 가진다.

따라서 본 연구에서는 들뢰즈의 차이, 사건 개념에 기대어 지역 읽기를 시도하기 위해, 먼저 들뢰즈의 차이의 존재로서 '사건'의 의미를 논의해 보고, 다음으로는 교육과정, 교과서에 나타난 지역에 대한 이해를 '재현적 사유'에 기반한 지역지리 교육으로 규정하고 이에 대한 대안으로 들뢰즈의 '차이', '사건' 개념을 전유한 '생성적 사유'에 기반한 지역지리 교육의 방향을 '차이와 다양체로서의 지역(성) 읽기' 차원에서 탐색해 보고자 한다.

2. 들뢰즈의 동일성 비판과 '사건(event)'

1) 차이 존재로서 '사건'

들뢰즈가 전통적인 철학적 사유에 대하여 비판하고자 하는 핵심은 재현의 논리, 재현의 존재론에 있다. 들뢰즈의 존재론은 이 세계에 존재하는 것들에 대한 자기 동일적인 중심으로부터의 이해가 아니라 끊임없이 자신을 차이화해 가면서 그 어떤 것도 규정지을 수 없는 '미결정성'에 대한 이해로부터 나온다. 즉 세상의 모든 존재는 자기 동일성이 아니라 차이를 생성원리로 가지는 존재이다. 그래서 차이 그 자체는 존재론적이라고 할 수 있다. 왜냐하면 존재 그 자체 내에서 우글거리는 환원될수 없고, 긍정적인 차이로 존재 안으로부터 지속적으로 자신과 자신의 차이들을 관련시키고 있기 때문이다(Cockayne et al, 2017).

들뢰즈에게 있어 재현적 사유는 동일성과 유사성의 원리에 기반해 이루어지는 것이다. 동일자로부터 유사성을 갖는 정도에 따라 각각의 개별자들은 위계적 지위를 가짐으로써 모든 존재자들이 동일성에 수렴되는 결과에 놓인다. 원본과의 동일성을 보유한 것들만이 동일성 내에서 차이를 가지고 재현되고 실질적으로 이러한 재현은 실재에 대한 뺄셈이라고 할 수 있다. 이에 대하여 들뢰즈는 "재현의 논리가 동일성과 유사성의 기준에 따라 차이의 긍정된 세계를 놓쳐 버리고 유일한 중심만을 가지게 되었다고 비판하고 있다(김상환, 2004)". 들뢰즈는 원본과의 동일성을 확보하지 못해 동일성 바깥에 놓여 있어 존재하고 있지만 배제되어 보여지지 않고 사유되지 않은 존재들에 가치와 의미를 부여하고자 하였다. 따라서 들뢰즈는 비재현적 사유를 통하여 현실화된 세계의 모습뿐만 아니라 잠재적, 즉자적으로 존재하는 세계를 실재적으로 존재하는 것으로 드러내고자 했다. 들뢰즈에게 즉자적, 잠재적 세계란 차이 그 자체로서 동일성이나 유사성으로 포착되어 재현되지 않는 세계이다.

들뢰즈는 플라톤의 이원론에서 그가 의도한 것이 원본과 복사본을 구분한 것이 아니라 진짜 복사본과 가짜 복사본(시뮬라크르)을 구분하려고 했다는 점을 강조하였다. 시뮬라크르는 플라톤의 핵심 개념인 이데아를 담보하지 않는 것들이어서 이데아와의 동일성을 가지지 않으며, 오직 유사한 것만이 다르다는 재현의 사유에서 배제된 것이다. 시뮬라크르 즉 사건은 물체 표면에 발생하는 하나의 효과이다. 이에 대하여 들뢰즈는 다음과 같이 설명하고 있다. "중요한 것은 이데아들을 파면시키는 것이고, 비물체적인 것이 높은 곳에 있지 않고 표면에 있다는 것, 비물체적인 것은 가장 높은 원인이 아니라 다름 아닌 물체의 표면효과라는 것, 그것은 본질이 아니라 사건이라는 것(김영철, 2008)"이다. 물체로서 존재는 실존하지만, 사건으로서 존재는 존속한다. 존속한다는 것은 잠재적으로 존재한다는 것이다. 잠재적인 방식으로 존재하는 것이 바로 사건이다(류현종, 2014). "칼이 살을 벨 때 칼이 만들어내는 것은 새로운 성질이 아니라 베어진다는 부대물(사건)이다. 부대물은 어떤 실질적 성질도 아니다 … 즉 그것은 존재(물체 또는 사태/성질)가 아니라 존재방식(시간/부대물)이다(이정우 역, 1999)."

들뢰즈에게 있어 사건은 사물이나 사태가 아니라 존재 방식이다. 들뢰즈의 이러한 사건 개념은 스토아 학파의 사유에 기대고 있다. 스토아 학파는 세계를 물질과 비물질로 구분하고 물질을 '원인'으로 설정하여 비물질보다 더 근원적인 것으로 간주하였으며, 비물질은 물질에 의한 부대물, 물질의 효과로 바라보았는데 이것이 바로 '사건'이다. "스토아 학파는 처음으로 존재함의 두 수준을 단호히 구분했다. 하나는 심층적이고 실재하는 존재함의 수준이고, 다른 하나는 표면에서 발생하는 비물체적인 무한한 복수성의 수준이다(이정우 역, 1999). 들뢰즈는 이를 스토아 학파가 플라톤의 이원론적 사유를 전복시키기 위한 의도로서 동일성의 사유 체계 속에서 배제되었던 사건을 복권시킨 것이라고 평가하고 있다. 이데아가 실재이고 실체라는 플라톤적 사유 체계는 물질이 실재이고 근원적인 것으로 바라보는 스토아 학파로 인하여 재평가되었다. 이에 대하여 들뢰즈는 다음과 같이 설명하고 있다. "중요한 것은 이데아들을 파면시키는 것이고, 비물체적인 것이 높은 곳에 있지 않고 표면에 있다는 것, 비물체적인 것은 가장 높은 원인이 아니라 다름 아닌 물체의 표면효과라는 것, 그것은 본질이 아니라 사건이라는 것(이정우 역, 1999)"이다.

그런데 들뢰즈에게 시뮬라크르는 사물들과 명제들의 경계에서 발생하는 것이다. 즉 물체적인 측면인 사물과 비물체적인 측면으로서의 명제들의 경계에서 발생하는 것이다. 명제들의 경계란 결국 언표화의 문제를 의미한다. 그리고 이는 다시 의미의 문제를 수반하게 된다(차윤정, 2015). 들뢰즈에게 있어 사건은 비물체적인 순수 사건이고 계열 속에 존재한다. 순수 사건이란 아직 현실화되지 않은 잠재적인 사건이며 일반적으로 부정법으로 표현되는 사건이자 특이점(singular point)이다. 특이점은 그것이 현실화되는 경우든 아니든 늘 부정법으로 존재하며, 실존하는 것이 아닌 존속/내속한다. 특이점이 존재하는 이런 방식이 '잠재성'이다(류현종, 2014). 따라서 특이점은 잠재적 층위에 실재하고 있는 다질적인 존재들 사이의 다양한 접속을 통하여 현재화된 사건으로 발현되는 점이고 잠재성의 방식으로 존재하고 있다. 계열은 순수 사건으로서의 특이점이 계기적으로 연결된 것이다. A-B-C라는 계열과 D-E-F라는 계열이 있다고 하면, 각 알파벳 A, B, C, D, E, F는 사건의 자리이며, 그 계열은 순수사건이 연결된 어떤 직선으로 드러난다(김영철, 2008).

들뢰즈의 차이는 어떠한 동일성으로도 환원되지 않고 규정되지 않는 존재 그 자체이다. 미규정성으로서의 차이 자체는 플라톤에게 선별하려는 의지라는 측면에서 전적으로 원본과 유사성을 가지지 못해 시뮬라크르로 간주된 것들이다. 시뮬라크르는 순간적인 것, 지속성을 가지지 않는 것, 자기 동일성이 없는 것이다. 따라서 시뮬라크르의 세계 속에서 존재의 드러남은 원본과의 닮음 속에 있는 것이 아니라 차이 그 자체의 생성 가운데 있다. 이와 관련해 들뢰즈는 "시뮬라크르들을 기어오르게 하라. 그리고 도상들이나 복사물들 사이에서의 그들의 권리를 긍정하라. 이제 문제는 더 이상 본질/외관 또는 원본/복사본의 구분이 아니다. 이러한 구분은 표상의 세계 내에서 작동한다. 문제는 이 세계 내에서 전복을 시도하는 것, '우상들의 황혼'을 만들어내는 것이다. 시뮬라크르는 퇴락한 복사물이 아니다. 그것은 원본과 복사본, 모델과 재생산을 동시에 부정하는 긍정적 잠재력을 숨기고 있다."와 같이 언급하면서 플라톤 철학의 전복을 시도하고 있다. 비유사성을 가진 시뮬라크르는 차이 자체이며 사건 그 자체이다.

2) 의미와 사건

무의미로서의 순수사건이 다양한 맥락 속에서 현실화되어 어느 특정 계열 속에 들어가 계열화됨으로써 의미를 가지게 된다. 순수 사건 그 자체로는 무의미하다. 여기서 무의미하다는 뜻은 의미가 없다는 것이 아니다. 무의미는 다양한 의미들을 내포하고 있지만 아직 분화되지 않은 '잠재적 의미들의 층위(이정우, 2003)'이고, 아직 특정한 맥락 속에서 계열화되지 않았다는 것을 말한다. 들뢰즈에게 있어 무의미는 '우발점(aleatorie point)'으로 나타나는데, 이는 어떤 지점에서 기존의 계열화된 코드의 장(field)으로 솟아오름으로 인하여 의미를 가지고 있는 계열화 구조를 변화시키는 경우를 말한다. 우발점은 '빈칸', '구멍 뚫린 장소'라는 뜻을 가지는데, 빈칸은 어떤 특정 위치에 머물지 않고 떠돌면서 현재의 층위에서 형성되어 있는 계열의 구조를 변화시킨다. 이런 측면에서 우발점은 다양한 계열화의 의미들을 내포하고 있는 잠재 사건이고 다양한 계열들이 수렴하는 지점이라고 할 수 있다. 이를 통해 우발점은 계열화된 코드를 재구성하거나 전복시키는 생산적 힘으로 작용하면서 의미 구조를 지속적으로 변화시킨다.

순수 사건은 현실화되면 명제 속에 내속하게 된다. 들뢰즈는 명제 안에 존속하는 순수 사건을 바로 의미라고 본다. 이 순수 사건은 부정법으로 표현되는데 예를 들어, '사랑한다', '사랑할 수 있다', '사랑했다', '사랑할 것이다' 등등은 잠재적으로 존속하는 '사랑하다'라는 부정법의 현실화이다(이정우 역, 1999). "사건은 명사나 형용사가 아니라 '동사'들에 관련된다. … 이들은 살아 있는 현재가 아니라 부정법들에 관련된다. … 그것은 언제나 동사에 의해 표현된다. … 사건들은 표면에서 발생하는 안개보다도 더 일시적인 것이다. 물체들 속에 존재하는 것은 혼합물이다. … 혼합물 일반은 사물들의 양적이고 질적인 상태를 결정한다. 한 사물의 외연, 불의 밝기, 나무가 녹색이 된 정도 등등이 그 예이다. 그러나 우리가 '커지다', '작아지다', '붉어지다', '나뉘다', '자르다' 등등으로 의미하는 것은 전혀 다른 종류의 것이다. 이들은 사물의 상태가 아니며 심층의 혼합물도 아니다. 이들은 이 혼합물들로부터 유래하는 (물체의) 표면에서의 비물체적 사건들이다(이정우 역, 1999)."

사건이 현실화된 장은 형이상학적 차원이 아니라 이질적 계열들의 수렴에 의해 형성된 것이고, 우연적으로 상호 접속함으로써 끊임없이 의미가 해체, 생성, 변화되는 창조적 재구성이 지속적으로 반복되는 공간이라고 할 수 있다. 이처럼 계열화를 통하여 형성된 장을 '배치(agencemant)'라고 할 수 있고, 이러한 배치는 하나의 사건이며, 차이 그 자체이다. 여기서 연결되는 항들은 어떤 것이든 관계없다. 사람과 물건, 동물, 글자 등등 어떤 것도 연결되어 어떤 의미를 만들어 내면 하나의 계열을 만드는 것이라 할 수 있다. 예를 들어, 축구공의 사례를 통하여 살펴본다면 공이 날아가는 자리의 앞이나 뒤에 한국 선수가 있었다고 한다면 이 축구공의 의미는 '패스'이다. 하지만 공의 앞과 뒤에 한국 선수와 일본 선수가 있다고 한다면 축구공의 의미는 '패스 미스'이다. 다음에 축구공의 앞에 한국 선수가 있고, 공의 뒤에 다른 편의 골 그물이 있다고 가정할 때 골 그물 안으로 들어가 있는 축구공의 의미는 '골인'이다. 하지만 공의 앞에 한국 선수가 있고 골 그물 앞에 한국 선수가 장갑을 끼고 서 있을 때 같은 편의 골 그물 안으로 들어가는 축구공의 의미는 '자살골'이다. 여기서 축구공은 이런저런 선수나 골대 등과 더불어 각각의 계열을 형성하게 되며, 하나의 사물이나 사실은 그것이 다른 것과 어떻게 연결되는가 다시 말해, 다른 것과 어떻게 계열화되는가에 따라 다른 의미를, 심지어 상반되는 의미를 가지게 된다. 들뢰즈는 이러한 배치 개념을 통하여 사물의 의미를 지시나 의도, 혹은 기호 작용이 아니라 이웃한 항들과의 이웃 관계에 의해 정의하려고 하였다(이진경, 2002a).

이러한 배치는 기계적 배치와 언표적 배치로 구분해 볼 수 있다. 기계적 배치와 관련해 살펴보면 예를 들어, 김광석 동상, 공연장, 담장, 다양한 매장, 김광석 음악 등과 같은 기계(항)들이 접속해 형성한 하나의 계열과 공연가들, 관광객들, 점포 운영자들 등이 기계들이 접속해 형성한 하나의 계열이 상호 접속하여 형성된 하나의 장, '김광석 길'이라는 기계적 배치가 만들어진다. 이와 동시에 김광석 길이라는 언어와 이를 재현하는 수많은 말들, 기호들, 김광석 길 조성 사업과 관련한 지자체의 정책과 규정 등과 같은 언표적 배치가 존재한다. 이러한 기계적, 언표적 배치는 별개로 존재하는 것이 아니라 일의적으로 존재하면서 하나의 영토화/탈영토화/재영토화 흐름을 만들어 낸다.

이러한 의미에서 배치는 다양체이다. 다양하고 이질적인 물질성을 가진 기계적 배치와 언표적 배치로 구성된 다양체는 배치의 지속적인 변화로 인해 생성 변화하는 존재로서 동일성으로 종속되지 않는 차이 그 자체이다. 세계는 이질적 계열들이 접속하여 구성한 다양체의 체계이다. 다양체는 "현실이며, 어떠한 통일도 전제하지 않으며 결코 총체성으로 들어가지 않으며 절대 주체로 되돌아가지도 않는다. 총체화, 전체화, 통일화는 다양체 속에서 생산되고 출현하는 과정들뿐이다. 다양체들의 주요 특징은 독자성이라는 다양체의 요소들, 되기의 방식인 다양체의 관계들, 〈이것임〉이라는 다양체의 사건들, 매끈한 공간과 시간이라는 다양체의 시-공간, 다양체의 현실화 모델인 리좀, 고원들을 형성하는 다양체의 조성판, 그리고 고원을 가로지르고 영토들과 탈영토화의 단계들을 형성하는 벡터들에 따라서도 달라지는(김재인 역, 2001)" 존재이다. 즉 다양체는 "지속성을 갖는 특정한 성질들의 집합을 의미하는 통상적인 '개별성'과 달리, 어떤 개체에 고유한 것 이지만 시간과 공간은 물론 이웃관계의 조건, 배치, 강밀도 등에 따라 그때마다 달라지는 것이며, 그렇기 때문에 정의될 수 없고 그때마다 직관으로 포착할 수밖에 없는 어떤 감응이라고 정의되는(이진경, 2002b)" 특개성을 가진 존재이다.

이처럼 들뢰즈는 사물의 의미를 사물이 놓이는 배치, 인접 관계를 통해 다루고자 했다. 결국 의미란 계열을 구성하는 기계들의 접속 방식, 장을 구성하는 계열들의 구성 방식에 따라 끊임없이 생성, 변화할 수밖에 없다. 들뢰즈는 의미를 사건과 동일시하며, 사건이 발생할 때 동시적으로 발생하는 것으로 본다. 의미란 대상으로 지시될 수도 없고, 주체 안에서 구성될 수도 없으며, 기호 작용으로 설명될 수도 없는 존재로부터 솟아오르는 것으로 사건이 일정한 방향으로 계열화될 때 발생된다. 여기서 '방향'이란 인간의 삶에서 이미 존재하는 문화-장이며, 통념이다. 사건은 물리적 변화 그 자체로서는 무의미하지만, 문화 세계 내에서 계열화됨으로써 의미로 화하는 것이다. 따라서 사건은 자연과 문화의 경계면에서 발생하는 것으로 이해한다. 사건들이 다양한 접속을 통하여 현실적 구조인 계열화를 생성해 내는데, 이러한 계열화에는 여러 가지의 방식들이 존재한다. 하지만 현재적 층위에서 생성된 계열화가 특정 사회와 시대에 그 의미가 통용되는 방식으로 이루어질 수 있다. 들뢰즈는 이처럼 사회의 통념과 부합되어 구성된 계열화를 '코드' 또는 '독사(Doxa)'라고 하고, 이에 부합되지 않는 방식으로 계열화되는 것을 '탈코드', '파라독사(Para-doxa)'라고 한다.

3. 재현적 사유와 지역지리 교육

1) 동일성과 지역(성)

지역지리 교육에서 지역에 대한 이해는 지역 구조의 형성 및 변화와 이로 인한 지역성의 변화에 초점을 두고 있다. 하지만 이에 대한 접근은 주로 '경제적 관점'에서 이루어지고 있어 지역의 다양성을 보여 주는 것이 아니라 지역의 차이를 '경제'라는 범주에서 큰 비중으로 다루게 되면서 지역의 재현은 동일성의 반복으로 나타난다. 즉, 들뢰즈의 '사건' 관점에서 바라볼 때 지역지리 교육은 재현의 과정에 머무르고 있다고 볼 수 있다. 이러한 상황은 교육과정에서 구체적으로 잘 드러나고 있음을 확인해 볼 수 있다. 2009 개정 한국지리 교육과정에 제시되어 있는 총괄 목표 아래에 설정되어 있는 하위 목표에서는 지역지리 교육과 관련하여 "우리나라 각 지역의 특성과 지역 구조의 변화 과정을 다양한 관점에서 파악하고, 이를 통해 다면적, 복합적인 국토 공간의 특성을 인식한다."와 같이 구체적으로 기술하고 있다. 이와 관련하여 우리나라 각 지역을 '거주와 여가의 공간', '생산과 소비의 공간'으로 설명하면서 각 지역에서는 다양한 지역성이 나타나고 있으며, 이 지역성은 고정적이고 불변적인 것이 아니라 지역을 사이에 두고 이루어지는 다양한 힘들의 경합 속에서 변화하는 실체라고 제시하면서 이를 다양한 관점에서 파악하고 이해하는 것이 중요하다는 점을 강조하고 있다.

하지만 교육과정 상의 지역지리 단원에서 지역에 대한 이해가 어떤 관점에서 이루어지고 있는지를 단원 개관을 살펴보면 '다양한' 관점이 아니라 주로 '경제적' 관점에서 접근되고 있음을 확인할 수 있다. 또한 지역지리 단원에서 지역 이해를 위해 구성하고 있는 내용 요소들을 담고 있는 성취 기준을 살펴보더라도 '경제적 관점'에 큰 비중을 두고 있음을 표 1에서 살펴볼 수 있다.

표 1. 2009 개정 교육과정 한국지리에서 지역지리 단원 개관 및 성취 기준

단원	단원 개관	성취 기준
Ⅶ.우리나라의 지역 이해	수도권은 **지식 기반 산업** 및 세계화를 중심으로 하고, 충청권은 수도권과의 높은 **산업적 연계**를, 강원권은 영동과 영서의지역차 및 핵심 산업의 변화를 중심으로 이해하도록 한다. 호남권은 문화에 초점을 두지만 **최근 산업 변화를 중심**으로, 영남은 **공업상의 비중과 특성**을, 제주권은 특별자치도가 상징하는 지방화, 세계화를 중심으로 이해하도록 한다.	① 수도권의 지역 특성 및 구조를 **지식 기반 산업** 및 세계화와 관련하여 파악한다. ② **교통의 발달로 수도권과의 연계성**이 높아지고 있는 충청 지방의 지역 구조를 이해한다. ③ 영동·영서 지역의 지역차가 나타나는 원인을 다양한 자료를 바탕으로 추론하고, **산업화 이후 지역 핵심 산업의 변화상**을 탐구한다. ④ 호남 지방을 문화적 측면에서 이해하고, **최근의 산업 변화**가 이 지역에 끼친 영향을 조사한다. ⑤ **우리나라 공업에서 영남 지방이 차지하는 역할**을 파악하고, 광복 이후 이 지역의 도시 발달 요인 및 과정을 종합적으로 고찰한다. ⑥ 제주특별자치도의 지역적 의미를 지방 자치 확대 및 세계화와 관련하여 이해한다.

학교 지리에서의 지역지리 교육은 교사들마다 차이가 있겠지만 일반적으로 교육과정 상의 내용 체계에서 제시하고 있는 내용 요소와 성취 기준을 중심으로 구성된 교과서를 통해 실천되고 있다. 예를 들어, 5종의 한국 지리 교과서에서 지역지리 대단원의 중단원으로 제시하고 있는 영남 지방에서 다루고 있는 '대구 지역'이 어떻게 재현되고 있는지를 살펴보면 표 2와 같다.

'대구'의 모습은 과거 1960년대 노동 집약적 경공업이 발달했지만 1980년대 이후 제조업 경쟁력 약화되었고, 이를 극복하기 위해 최근에는 패션과 문화 콘텐츠 산업, 첨단 의료 및 정보 통신 기술(IT) 산업을 중심으로 산업 클러스터가 조성되어 있는 것으로 재현되어 있다. 또한 외국인 투자 촉진을 위하여 경제 자유 구역으로 지정되었고 산업구조 변화 속에서 대구·경북권 광역 클러스터가 조성되어 지역 경쟁력을 갖추기 위해 노력하고 있는 것으로 그려지고 있다. 대구라는 지역 공간에서 나타나는 산업 구조의 특성과 변화, 대구 사람들의 실천과 사회 구조와의 상호작용, 지역 내·외부와의 상호 관계를 보여 주는 것이다. 이러한 상황은 5종의 한국지리 교과서에서 재현되고 있는 대구의 모습 속에서 명확히 확인해 볼 수 있다.

따라서 '대구' 지역에 대하여 수업하는 교사는 원상으로서 존재하고 있는 교육과정과 교과서에 제시되어 있는 '대구'와 관련된 내용 요소를 체계적이고 충실히 재현하기 위해 노력할 것이다. 하지만 교과서에 제시되어 있는 대구의 모습은 '경제'라는 맥락에서만 재현되어 있기 때문에 대구의 지역성을 하나의 층위에서만 보여 주는 것이고 총체적으로 보여 주는 것은 불가능하다. 따라

표 2. 한국지리 교과서 재현된 대구 지역의 양상

비상	"영남 지방은 1960년대 이전에는 … 부산과 대구를 중심으로 식료품, 신발 및 섬유 공업 등 노동 집약적 경공업이 발달하였다." "1980년대 이후에는 … 부산과 대구 등 대도시의 제조업 경쟁력이 약화되고 … " "대구는 패션과 문화 콘텐츠 산업, 첨단 의료 및 정보 통신 기술(IT) 산업을 중점적으로 육성하고 있다." "대구 · 경북권은 대구 중심의 중추 도시권 … 4대 경제권을 구축하고, 대구-포항 지역에는 … 산 · 학 · 연을 연계한 지역 산업을 선도 산업으로 육성하고 있다." "대구 · 경북과 부산 · 진해에 경제 자유 구역을 설치하여 외국인 투자를 촉진하고 있다."
금성	"대구는 과거 섬유 공업의 중심지로 섬유 공업의 비중이 매우 높았다." "대구의 섬유 공업과 부산의 신발 공업은 중국 및 동남아시아의 값싼 노동력에 밀려 크게 침체하고 있다." "대구를 중심으로 한 중추 도시권, 구미를 중심으로 한 첨단 산업 도시권으로 구분하고 전자, 정보 · 섬유 · 건강 · 문화 관광 산업 클러스터 육성을 추진하고 있다.
천재	"신발, 섬유 등의 노동 집약적 산업이 발달한 부산과 대구 … 1980년대 이후 국내 여건의 변화로 빠르게 쇠퇴하였다." "최근에는 산업의 쇠퇴를 극복하기 위해 … 대구는 패션 · 문화 콘텐츠 · 의료산업 … 등을 중심으로 산업 구조의 변화를 꾀하고 있다." "대구 · 경북 지역은 대구 중심의 중추 도시권 … 구분하여, 패션 및 문화 콘텐츠 산업, 정보 통신 산업, 신소재 산업 등으로 변화를 모색하고 있다." "영남권의 산업 벨트는 … 고부가 가치 산업을 육성하는 전략이 필요하며 … 대구의 자동차 부품 산업 등이 대표적이다.
미래앤	"1960년대에는 노동력이 풍부한 부산과 대구를 중심으로 신발과 섬유 공업이 발달하였으며 … " "영남내륙 공업 지역의 대표적 도시인 대구는 섬유와 기계 공업이 … 발달하였다. "대구, 포항, 경주 등의 남부 지역 중심으로는 첨단 신산업이 집적될 것으로 예상된다."
지학사	"대구와 구미 등을 중심으로 … 영남 지역의 공업화를 주도하였다." "대구는 오랜 전통을 바탕으로 섬유 공업이 발달하였고 … " "부산, 대구 등의 경공업 중심 도시들은 … 경제 침체의 위기를 맞기도 하였다. 1990년대 이후 … 산업 구조를 변화시키고 생산성을 높이고자 노력하고 있다." "대구는 … 자동차 부품, 금속 · 기계 등과 같은 중화학 공업의 발전에 힘쓰고 있으며 … 고부가 가치 산업의 비중을 높이고자 노력하고 있다."

서 지역지리 교육은 교수-학습 내용 속에 지역과 그 곳에서 살아가고 있는 사람들의 삶이 국가적 스케일 속에서 작동하고 있는 정치적, 경제적, 문화적 과정에만 영향을 받는 것이 아니라 다양한 규모의 지리적 스케일들(세계, 아시아, 우리나라 내의 다양한 지역, 도시 등)에서 형성되고 작동하고 있는 힘과 과정들에 영향을 받고 있다는 사실을 담아내어야 할 것이다.

지역성을 구성하는 데는 물리적 조건이라고 할 수 있는 경관, 지역에서 이루어지는 실천들, 그리고 지역과 관련된 담론들이라고 할 수 있다. 지역성은 개인적 차원에서 생성되고 변화되는 것이 아니라 사회적 담론의 구성물이라고 할 수 있다. 따라서 지역성은 사회의 지배적 담론과 관련하여 읽히고 해석되어야 한다. 지역의 맥락에 따른 재현을 통해 다양체로서의 지역을 다양한 시각에서 읽을 필요가 있다. 지역은 내·외부를 구성하고 있는 다양한 요소들 즉 정치, 경제, 문화, 인구, 자연환경 등의 상호작용을 통해 형성되는 관계망의 총체라고 할 수 있고, 이 관계망은 다양한 요인들에 의해 끊임없이 변화 및 형성된다는 점에서 지역성은 원형을 상정할 수 없으며 항상 변화의 가능성에 개방되어 있는 것으로 이해하는 것이 중요하다.

들뢰즈의 차이 존재론의 관점에서 보면 지역(성)은 어떤 국면에서 다질적인 개체들의 상호작용에 의해 생성되어 현실화되어 나타나는 '효과'이다. 하지만 지역 이해를 경제적 기능 요소를 중심으로 접근하고 있어 학생들이 지역을 통합적 관점에 이해하는 데 한계점을 가지고 있고 더 나아가 학생들이 경제적 관점에서 재현된 지역의 모습이 단일하게 상정되는 지역의 원형이라고 인식할 수 있는 편견 및 고정관념에 빠뜨릴 수 있을 것이다. 또한 지역의 특정 속성에 기반한 고유한 지역성의 원형이 존재한다는 상상적 지리를 생산해 낼 수 있다. 이와 같이 지역성은 규정되는 것이 아니라 그 의미가 끊임없이 연기됨으로써 결정 불가능성으로서만 남을 수밖에 없다. 바로 이 지점이 들뢰즈가 플라톤 이래 지속되어 왔던 동일성의 사유에 대한 비판적 자리이다. 따라서 지역지리 교육의 역할은 언제든지 타자와의 만남, 타자로의 열림을 통해 변화 가능한 존재, 다양체로서의 지역을 드러내는 데 있다. 이를 통하여 학생들로 하여금 '타자화되지 않은' 지역(성)에 대한 지리적 상상력을 함양하는 데에 있을 것이다.

2) 지역(성)의 재현과 의미(화)

교육과정과 수업, 교과서와 수업의 관계를 살펴보면 플라톤의 원상과 모사본의 관계를 재현하고 있다고 할 수 있다. 교실에서 수업을 하는 교사는 교육과정에 기반을 두고 충실히 구성된 교과서에 나오는 다양한 내용 요소들을 학습자와 수업의 내·외적 환경에 따라 복잡하게 전개되는 상황 변인들을 고려하면서 수업을 할 것이다. 지역성은 하나의 동일성으로 수렴될 수 없고 다양한 규모에서 작동하는 중층적 결정에 개방되어 있으며 흐름의 공간 속에서 지역 내·외부의 주체들 간의 상호작용 속에서 형성된 내적 다양성을 가지고 있다. 그러나 '경제'라는 관점에서만 지역을 재현하는 것은 들뢰즈의 현실화되지 않은 순수사건과 현실화된 사건의 구분 속에서 살펴봤을 때 '경제'라는 국면에서 발현되어 현실화된 사건으로 드러난 것이라고 할 수 있다. 현실화된 사건 아래 잠재적 차원에서 존재하고 있는 지역은 다양한 의미의 재현 양상으로 지역의 표면 효과로서 나타나 경험되고 인식될 수 있다.

예를 들어 '대구의 산업 구조가 변화하다'라는 사건은 일정한 방향성을 가지면서 계열화되지 않으면 하나의 물리적 사건 그 자체이고 하나의 지역성으로서의 의미를 가지지 못한다. 하지만 이 사건이 '산업화 초기 대구는 섬유 등 노동집약적 공업이 발달했다', '대구의 제조업 경쟁력이 약화되어 왔다', '대구는 패션과 문화 콘텐츠 산업, 첨단 의료 및 정보 통신 기술 산업을 중점적으로 육성하고 있다', '대구는 경제 자유 구역을 설치하여 외국인 투자를 적극적으로 유치하고 있다', '최근 대구는 섬유 산업의 메카에서 첨단의료 산업, 자동차 부품 산업의 중심지로 변화하고 있다'와 같은 사건들과 계열화되면서 '대구는 산업 재구조화의 흐름 속에서 지역 발전을 위해 고부가가치 산업을 육성하고 있다'는 의미를 가지게 되면서 경제적 측면과 관련하여 대구가 가지는 지역성을 더 이상 섬유 산업의 중심지로서의 재현이 아니라 첨단의료산업 및 자동차 부품 산업의 고부가가치 산업의 중심지로서 재현될 수 있는 의미화가 형성되게 된다.

이처럼 지리교과서에서 재현되고 있는 대구는 경제라는 하나의 국면에서만 계열화됨으로써 경제적 측면과 관련되어 의미화되면서 지역성이 경제라는 동일성에 종속되어 나타난다. 지역은 다양한 형태로 계열화되어 다양한 양상으로 재현될 수 있다. '대구의 인구 구조가 변화하다', '대구의 문화 지형도가 변화하다', '대구의 여가 공간이 다양해지다', '대구의 도심 재개발이 이루어지다', '교육도시 대구, 기초 학력 미달 학생이 줄어들다'와 같이 '대구'라는 요소(항)이 인구, 문화, 여가 공간, 도시, 교육 등과의 계열화를 통하여 다른 의미화가 이루어질 수 있다. 또한 이러한 각각의 계열들이 서로 다른 이질적인 계열들과 어떻게 접속하여 발현되는지에 따라 다양한 현실화된 의미를 가질 수 있다. 예를 들어, 대구의 외국인 노동자 비율이 증가하다라는 사건이 발생하고 이 사건이 '대구의 문화가 다양해지다'와 같은 문화적 맥락과 접속하여 계열화되면 경제와 관련된 사건이 '다문화 공간, 대구'라는 의미를 가지는 지역성으로 나타나고, '대구는 다른 광역시도에 비해 외국인 범죄가 증가하다'는 계열과 접속하면 '외국인 범죄도시, 대구'로 재현되어 또 다른 지역성으로 드러날 수 있는 다양성을 가질 수 있게 될 것이다.

이렇게 계열화된 사건은 기호화되어 그 의미가 교과서 속에 언표(명제)로서 존재한다. 들뢰즈의 '배치'라는 개념과 관련하여 살펴보았을 때 계열 내의 요소들이 가지는 의미는 요소의 위치에 의해 형성되는 이웃 관계에 의해 결정된다. 위에서 살펴본 것처럼 '대구'라는 요소(항)이 다양한 계열들 속에서 배치를 달리하면서 차이로서 존재하고 있다. 따라서 이러한 배치를 통하여 형성되는 의미는 하나의 사건이라고 할 수 있고 차이 그 자체라고 할 수 있다. 이런 의미에서 지역성은 다양체의 속성을 가지고 있다. 다양체는 이질적인 것들의 접속으로서 존재하기 때문에 어느 하나도 아니고 개체들의 집합도 아닌 '여러-하나'로 존재하기 때문에 어느 하나의 동일성으로 환원되지 않는다. 지역은 이질적인 '여럿'이 '하나'로 결합된 것이므로 단일성을 속성으로 하지 않는다. 특정 국면에서 '하나'로 결합되어 생성되었지만 로컬 내부에는 항상 이질적인 '여럿'이 존재한다는 점에서 로컬은 복합적이며 중층적인 특성을 가진다. 또 다른 로컬과의 접속을 통하여 늘 타자화를 경험하므로 단독자도 아니다. 로컬은 단일성이 작동하는 고정된 실체로서 그 자체에 갇혀 있는 것이 아니며, 그렇다고 이질성과의 접촉을 통해 타자로 환원되는 것도 아니다(차윤정, 2017). 이와 관련하여 들뢰즈는 '이념은 n차원을 띤 정의되어 있고 연속적인 다양체이다(김상환 역, 2004)'라고 정의하고 있다.

다양체는 잠재성 차원에 내재하고 있는 다양한 이질적 항들이 비율적 관계들을 형성하고 이로 인해 지속적으로 차원상의 변화가 나타나며 이러한 미분적 관계(dy/dx)들에 의해 규정되는 특이점이 차이 생성되는 것, '차이 그 자체'로 이해할 수 있다. 다시 말해, 들뢰즈에게 차이 그 자체는 미분화(différentiation)된 관계를 가지고 있기 때문에 동일자에 종속되지 않아 재현의 존재로서 드러나지 않고 차이생성으로서 존재한다. 따라서 자기 동일성을 가지 지역성은 존재할 수 없다. 현실화되어 의미화된 사건들은 재현되어 각각의 차이만을 가지고 존재의 평등성 속에서 개체로서 존재하고 있다.

하지만 지리 교과서에서는 다양체로서 존재하는 지역이 아니라 동일성으로 수렴되어 재현되고 있어 이러한 이질적 계열들의 접속, 배치의 변화를 만들어 내는 특이점(사건)을 통하여 나타나는 차이와 다양성이 제거되어 있어 동일성 바깥에서 지역을 사유할 수 있는 가능성이 구현되고 있지 않다. 이는 들뢰즈의 사건 개념을 지역(성)에 전유한 관점에서 살펴보았을 때 지역의 잠재적 층위에 존속하고 있는 다양한 개체들의 접속과 계열화를 통하여 만들어내는 차이의 세계를 배제하는 것이라고 할 수 있다. 지역 내에 무수하게 접혀 있는 차이들을 인식할 수 있도록 도움을 주는 것이 지역지리 교육이라고 할 수 있다. 하지만 지역지리 교육은 위에서 살펴본 것처럼 현실적인 표층 위에서 드러나는 다양한 양태들 중 하나만을 재현하고 있고 여기서 더 나아가 현실 태그 아래에 잠재되어 있는 지역성을 보여 주지 못하고 있다. 즉 재현적 사유로서의 지역지리 교육은 지역(성)의 현실적 층위에서 나타나는 다양성과 그 이면에 잠재되어 있는 지역(성)의 실재를 볼 수 있는 지리적 상상력을 자극하지 못하는 한계에 머무르고 있다.

4. 생성적 사유와 지역지리 교육

1) '사건'과 '생성'으로서의 지역(성)

지역은 고정적, 본질적, 자기 동일적이지 않고 지속적으로 변화, 생성되어 가는 실체라고 볼 수 있다. 이는 도엘(Doel)이 들뢰즈의 공간을 "점묘법적 분절의 해체'로 설명하는 것과 같은 맥락에 놓여 있다. 점묘법적 분절이란 점으로부터 시작해 선은 점들 사이를 달리고, 표면은 선들로부터 확장되며 부피는 표면으로부터 펼쳐진다는 존재의 사유이다. 그러나 점묘법적 분절의 해체란 속도가 점을 변형시킬 것이라는 존재론적 역전이고 정지에 주목하는 것이 아니라 선과 흐름에 주목하는 사유라고 할 수 있다. 여기에서 중요한 것은 방향과 차원이다. 벡터들, 차원들의 교차가 점을 만들어 낸다. 흐름들 속에서 만들어지는 우연성에 의해 존재가 생성되는 것이다. 이는 들뢰즈에게 리좀적 사유로 설명되며 '그리고…그리고…그리고'의 접속의 놀이로 설명되는 사유이다. 들뢰즈의 공간은 공통성과 동일성이 전혀 허용되지 않는 이질성과 다수성으로서의 공간으로, 이에 대하여 도엘은 다수의 공간으로 존재하는 '헤테로토피아'로 설명한다(신지영, 2009).

지역을 정의하는 출발점은 모든 존재는 차이로 이루어져 있고 존재하는 것은 차이를 생산한다는 것에 대한 인식이다(Cockayne, 2017; Shaw and Meehan, 2013). 이러한 의미에서 지리적 사유 속에서 지역은 들뢰즈의 '사건'으로서 이해할 수 있을 것이다. 사건은 생성적, 잠재적, 순간적인 방식으로 존재한다. 사건의 관점에서 지역을 바라보면 기존의 교육과정이나 교과서에서 제시하고 있는 동일성으로서의 성취기준 상의 지역의 모습과 의미로의 수렴을 피할 수 있을 것이다. 들뢰즈의 사건 개념에서 살펴보았을 때 지역성 또한 본질적이고 고정된 것이 아니라 끊임없이 변화되고 구성되는 것이라고 볼 수 있다. 사건의 관점에서 지역을 바라보면 기존의 재현적 사유의 논리가 지향하는 동일성으로부터 벗어나 차이 생성의 원리가 구현될 수 있도록 함으로써 지역의 다양한

표 3. 사건의 개념을 전유한 지역성의 의미

구분	사건으로서 지역(성)
개념	순간적, 가변적, 유동적, 원형이 없는 것
생성의 층위	잠재성/현재성
의미(화)	계열화(의미화, 재의미화)
존재론	차이 그 자체(동일성으로 수렴되지 않는 존재)

의미를 드러내는 데 기여할 수 있을 것이다.

지역은 '지금, 여기'의 로컬리티 내부와 '지금이 아닌 과거와 미래' 그리고 '여기가 아닌 저기'의 로컬리티 외부의 (비)물질적 힘들이 중층적이고 역동적으로 얽혀서 작동함에 따라 새로운 관계적이고 혼종적인 스케일, 글로컬리티, 트랜스로컬리티, 글로네이컬리티가 생성되고 있다(박규택, 2016). 이처럼 다양한 힘들이 경합하여 생성된 지역성은 흐름의 공간에서 원형을 상정할 수 없는 상태로 존재한다. 이러한 지역성의 미결정성을 이해하는 데 있어 들뢰즈의 사건 개념은 다양한 개념적 도구를 제공할 수 있다. 지역은 어느 하나로 환원되어 재현될 수 없기 때문에 '일자 없는 다자의 존재론'으로 접근하여 이해해 볼 수 있다. 지역의 이해는 잠재적 층위에서 차이생성, 강도적 차이화에 의해 현실화된 사건을 둘러싸고 이루어진다. 하지만 들뢰즈의 '사건' 관점에서 바라보면 현재적 층위에서 드러나는 지역성은 고정되어 있어 불변하는 것이 아니라 잠재성의 세계에서 실재하고 있는 다질적 항들 간의 접속에 의해 항상 차이가 생성되면서 새로운 의미를 가지게 된다.

들뢰즈의 사건 개념을 지역지리 교육에 전유해 보는 것은 교실 속에서 '지금 여기'의 상황에만 초점을 두고 지역에 대한 이해에 접근하는 교수·학습이 아니라 현실화되지 않은 잠재적 층위에서 실재하고 있는 다양한 로컬의 이야기들뿐만 아니라 현재적 층위에서 인식 가능한 다양한 양태를 볼 수 있도록 하는 데 그 의의가 있을 것이다. 그렇기에 들뢰즈의 사건 개념을 통해 지역을 들여다 보는 것은 학생들에게 공간과 인간의 관계에 대한 폭넓은 사유의 기회를 제공해 줄 수 있고, 지역을 둘러싼 다양한 지리적 현상을 관계적으로 이해할 수 있는 새로운 통로를 열어 줄 수 있을 것이다. 또한 여기서 더 나아가 학생들로 하여금 자신들이 일상적으로 경험하거나 아니면 다양한 미디어를 통하여 접하게 되는 지역에 대한 인식의 지평을 넓혀 줄 수 있을 것이다.

지역의 정체성을 사유할 때 들뢰즈의 사건 개념이 어떤 유의미한 해석적 관점을 제공할 수 있을까? 들뢰즈의 '사건'으로 지역을 바라보면 지역은 차이로 구성된 이념의 세계로서 강도에 의해 현실화되며, 강도는 차이의 세계를 만들어내는 생성 변화의 원리로서 작동하면서 고정적인 것이 아닌 '차이'로서의 지역성에 대한 이해를 요구한다. 지역지리 교육에서 지역에 대한 차이 존재론적 이해는 동일할 수 없는, 항상 차이 날 수밖에 없는 지역의 성격을 개념 없는 차이와 강도에 의한 계열화를 통해 역동적인 지역의 성격을 학생들이 이해하도록 하기 위한 대안을 생성시켜나가는 작업이라고 할 수 있다. 들뢰즈는 사건과 계열화, 다른 말로 표현하면 선과 접속의 사유를 통하여 세계의 의미를 파악하고 차이 생성적 존재론을 제시하고자 하였다.

생성의 관점에서 보면 순수 사건은 다양한 사건들이 내재해 있다가 기존의 계열화를 벗어나 재특이점으로서 하나의 사건이 다른 사건들과 계열화되면 또 다른 의미를 생성해 내게 된다. 이러한 관점에서 살펴보았을 때 지역성이 지속적인 움직임과 변화를 통하여 반복적인 미끄러짐의 수행성이 이루어지지 않는다면 동일성의 또 다른 양태로 재현될 수밖에 없을 것이다. 지역성이 가지는 역능은 지역성이 사태가 아닌 물체의 표면에 일시적으로 나타났다가 사라지는 차이의 존재로서 존속하고 있는 사건일 때 그 의미가 확보될 수 있고, 끊임없이 자기를 차이화해가는 과정을 통해 가능할 것이다. 사건으로서 지역성은 다양한 맥락 속에서 계열화되면서 의미를 생성할 것이고, 구성된 계열화 즉 코드를 뚫고 솟아오르는 우발점으로서 사건이 발생하는 계기마다 변화되면서 생성된 차이로서 지역성을 밝히는 것이 중요하다. 이는 동일성으로 회귀하지 않는, 하나의 원형에 의해 계열화되지 않는 형태로 차이와 생성의 지역성을 획득할 수 있는 가능성의 자리일 것이다.

들뢰즈(차이와 반복)에 의하면 잠재적인 것은 실재적인 것에 대립하지 않는다. 잠재되어 있던 것이 '차이 생성'으로부터 현실화된 차이를 발생시킨다고 볼 수 있다. 실재적 대상은 현실적인 것과 잠재적인 것으로 구성되어 있기 때문에 현실적인 것과 잠재적인 것은 다른 것이 아니라 하나이다. 즉 지역은 현실적인 것과 잠재적인 것 사이에 끼인 '사이-존재'라고 할 수 있다. 데리다(Derrida)의 '텍스트 바깥은 없다(김성도 역, 1996)'와 같은 명제는 들뢰즈의 '사건' 개념에 기반한 지역지리 교육의 방향과 맞닿아 있다고 볼 수 있다. 데리다에 의하면 세계에 대한 접근에 있어 언어적 기호는 있는 그대로의 실재(real)나 사물을 하나도 결여 없이 모두 재현할 수 없다고 주장한다. 실재에 대한 확정된 의미는 없고 끊임없이 불확정적인 상태로 남아 연기되면서 기호의 운동만이 지속된다고 본다.

어떤 실재의 결정 불가능성은 동일성의 세계가 아니라 '차이'와 '생성' 속에서 작동하고 있다. 지역에 대한 확정적 지식은 끊임없이 생성하는 세계를 고려하지 않을 때에만 가능하다. 하지만 학생들이 살아가는 지리세계는 전지구적 이동과 흐름 속에서 끊임없이 유동하고 변화하고 있기 때문에 이를 고정적이고, 본질적이며, 확정된 것으로 받아들이는 것은 단지 잠정적인 어느 한 순간의 의미에 머물러 있을 수밖에 없고 지속적으로 그 의미는 연기되는 것이다. 학생들이 지리 교과서를 통하여 학습하는 지역은 차이와 생성의 세계로 구성된 실재이기 때문에 지역에 대한 지식은 고정적일 수 없고 항상 변화하고 잠정적일 수밖에 없다.

따라서 지역지리 교육은 확정적이고 완결된 존재로서의 지역이 아니라 지속적으로 변화하는 파편적이고 미시적인 세계로 존재하는 지역을 학생들에게 보여 줄 필요가 있다. 즉, 동일성에 종속되어 있는 일자로서 존재하는 지역의 모습만을 재현하고 보여 주는 것이 아니라 차이와 다양체로서 존재하고 있는 지역을 제시해야 한다. 이를 통하여 학생들은 자신들의 생활 세계로서 지역에 대한 지각적, 감각적 인식을 풍요롭게 만들어 갈 수 있을 것이고 인간과 지역의 관계를 재배치시키는 사유를 통하여 지역의 존재 방식에 대한 이해에 놓여 있는 중심성과 동일성으로부터 벗어날 수 있는 가능성을 발견할 수 있을 것이다.

2) 지역지리 교육, 차이와 다양체로서의 지역(성) 읽기

지역(성)은 카스텔(Castells)이 사회 공간 변화를 설명하기 위해 '장소의 공간' 메타포 대비시켜 제시한 '흐름의 공간'으로 이해해 볼 수 있다(김묵한 외 역, 2003) . 이러한 흐름의 공간 속에서 지역은 닫혀 있고, 고정되어 있고, 정적인 상태의 공간이 아니라 열려 있고, 변화하고, 동적인 상태의 공간으로서 다양한 스케일들의 다층적인 네트워크 관계 속에서 상호 교섭, 갈등을 통하여 지속적인 생성, 변화의 과정으로서 존재하고 있다. 이러한 지역의 성격은 도엘이 포스트구조주의적 공간성의 특징으로 설명하는 더 이상 통일된 전체 또는 최종형태란 존재하지 않는다는 '비총체화', 더 이상 공통의 척도 또는 동일 원소가 존재하지 않는다는 '통약 불가능성', 다양하게 분리된 조각은 상이한 영역을 차지한다는 '양립 불가능성'으로도 설명될 수 있다(최병두 역, 2013). 따라서 지역(성)은 하나의 동일성으로만 수렴되어 표현되거나 재현될 수 없는 차이를 가지는 결정불가능성의 존재이다. 따라서 차이의 관점에서 지역(성)을 이해하는 것은 동일성의 논리 속에서 잊혀졌고 드러나지 않았던 구체성과 특수성을 발견하는 경로가 될 수 있다.

들뢰즈에 의하면 지역은 '다양체'로서 이해되어야 하고 베르그송식으로 표현하자면 '물질'이라고 할 수 있다. 우리가 경험하는 지역은 지금 우리 앞에 현존하는 지역의 성격이나 이미지로만 구성되어 있는 것은 아니다. 우리에게 지각되는 지역 그 자체는 무한한 이미지의 총합이라고 할 수 있다. 하지만 지역의 재현은 전체를 보여 주기보다는 몇 가지 특징에 국한되어 있기 때문에 항상 불완전하다. 왜냐하면 지역의 성격은 한 가지 특징으로 수렴되지도 않고 항상 유동적이며 변화무쌍하기 때문이다. 지역의 성격이 항상 유동적이라 함은 그것이 본질적이고 자기 동일적이며 고정적인 것을 상정할 수 없는 결정불가능성에 토대를 하고 있다는 것을 의미한다. 따라서 특정 주제를 통하여 지역 이해에 접근하는 방식은 지역이 가지는 다양한 모습을 교과 내용 속에 투영해 낼 수 있는 가능성을 축소시킬 수밖에 없는 결과를 만들어 낸다(김병연, 2017).

대구의 지역(성)이 다중적이고 다양체적인 것으로 존재할 때, 대구가 지구–국가–지역의 상호 관계, 사회구조와 인간의 상호작용 속에서 어떤 위상학적 구조를 가지는지에 대하여 이해하는 것은 매우 중요할 수 있다. 대구의 지역(성)은 공간화(spacing)하는 과정 속에서 결정될 수 있다. 도엘에 따르면 공간화는 무엇이 나타나는 것, 무엇이 자리를 잡는 것이다. 공간화는 발생한 모든 것 내에서의 차이화 요소이다 이러한 의미에서 공간화는 행위, 사건, 존재 방식이라고 할 수 있다. 공간화의 사건은 다중적이고 잡다하며, n차원까지 분열된다. 도엘에게 있어 공간은 항상 실재적 잠재성이다. 또한 이는 현실화에 저항하며, 이것이 현실화되는 각 계기에서 전환한다. "이는 운동 중에 있는 지평 그 자체이다(김재인 역, 2001)". 즉 도엘의 주장에 따르면 공간은 차이이며, 완전하게 '결합하지' 않고 "접힘과 펼쳐짐의… 세계이다"(최병두 역, 2013).

그러나 지리 교과서에서 재현되고 있는 대구는 지역 공간 내에 존재하는 이질적 존재들의 경합, 갈등으로 생성되는 내부의 차이가 제거된 균질화, 동질화된 상태로 존재하면서 경제적 관점에서만 재현되는 지역성이 하나의 동일성 논리로 작동하고 있음을 확인하였다. 이로 인하여 '지금 여기' 지역 내부와 '저기' 지역 외부의 이질적 힘(주체, 관계)들의 중층적인 상호 관계성을 통해 형성되는 역동적이면서 다양한 재현 양태의 복잡성과 모순성은 제거된 상태로 남아 있어 지역의 특정한 의미만이 학생들에게 보여지고 가르쳐지고 있다.

지역지리 교육은 현실화되어 발현된 상태로 드러나 있는 지역성만을 재현하는 활동에 머무르고 있다고 할 수 있다. 이러한 상황에서 들뢰즈의 차이에 대한 사유는 지역지리교육에 큰 의의를 가진다고 할 수 있다. 지역성을 경제, 정치, 문화, 사회, 생태와 같은 다양한 힘들의 사이 공간에서 형성되는 것으로 이해한다면 지배, 갈등, 타협, 공존 등과 같은 양상 속에서 지역성은 다양한 모습으로 발현되기도 하고 잠재되어 있기도 한다. 즉 들뢰즈의 '사건' 관점에서 지역을 바라본다면 지역은 풍부한 잠재태와 현실태의 속성을 가지고 있어 항상 유동적이며 본질적이고 고정적이지 않아 그 원래의 모습을 상정하기는 불가능하다. 즉 지역성은 차이의 존재로서 사유될 수 있다.

들뢰즈에게 차이의 이해는 '개념없는 차이'이며 외부에서 규정되는 것이 아니라 내적 차이 그 자체이다. 들뢰즈에게 사건으로서 존재는 존속하고 존속한다는 의미는 잠재적으로 존재한다는 것이다. 즉 잠재적 방식의 존재가 사건이다(이정우, 1999). 따라서 사건은 잠재성을 가지고 존재하다가 발현될 때 의미가 생성되는데 계열화를 통하여 다양한 의미가 만들어진다. 하나의 사건이 어떤 방식의 계열화 속에 들어가느냐에 의해 의미가 달라지기 때문에 '재현', '동일성'의 논리에서 탈주할 수 있다. 들뢰즈는 세상의 모든 존재를 절대적인 차이 혹은 '차이 자체'를 지니면서 무한한 잠재성을 가지고 있는 '다양체'로 보았다(박영욱, 2009). 도엘은 다양체를 그 자신이 전체의 일관성-즉, 다양성, 하나와 여럿, 총체화와 파편화, 자아와 타자, 보편성과 특수성의 야단법석에 더 이상 의존하지 않는 일관성-을 띠는 것으로 설명하면서 이리가라이를 인용해 이러한 상황을 "앙상블이 결코 이루어지지 않고, 일자의 체계성이 결코 강요되지 않는 변형(metamorphose)"이라고 특징짓고 있다(최병두 역, 2013). 즉 들뢰즈의 관점에서 지역(성)은 하나의 '사건'이라고 할 수 있고 들뢰즈의 '사건' 관점에서 지역 읽기를 시도한다면 지역이 가지고 있는 내적 다양성에 대한 의미 있는 해석을 통하여 다양체로서의 로컬에 대한 이해의 가능성을 학생들에게 제공할 수 있을 것이다.

다양한 요소들을 담고 있는 지역과 관련된 이야기들은 지역지리 교육에 있어 중요한 교수-학습 기능을 수행할 수 있을 것이다. 하지만 지역이 타자화, 개념화되어 재현되는 방식은 지역의 역동성을 고려하지 못하고 지역에 대한 고정관념 만을 만들어 냄으로써 동일성의 논리에 포획될 수밖에 없는 구조를 가지고 있다. 이에 반해 사건과 차이로서의 지역(성)에 대한 이해는 지역(성)을 잠재태로 존재하면서 끊임없이 차이나는 것들을 도래시킬 수 있는 사건의 자리로 간주한다. 지역에 대한 이러한 관점에서의 이해는 다양체로서 존재하고 있는 지역(성)을 드러내 보일 수 있는 가능성의 지평을 넓히는 것이다. 따라서 지역지리 교육은 중심의 논리를 걷어내고 다양체로서 존재하고 있는 지역(성)을 드러내 보이는 가능성의 영역을 확보하는 데 그 역할이 있을 것이다.

그러면 차이와 다양체로서 존재하고 있는 지역에 대한 이해와 관련해 들뢰즈의 관점에서 살펴보면 대구의 지역성은 잠재된 상태로 존재하고 있다가 다양한 국면(시·공간, 사회 구조와 인간, 상호작용)에서 차이나는 재현들로 나타날 수 있다. 들뢰즈의 순수 사건으로서 잠재되어 있는 대구의 지역성은 고정적이고 불변하는 실체가 아니라 다양한 발현 양태로 생성된 결과이자 효과라고 할 수 있다. 다시 말해 대구의 지역성은 유동적이고 복합적이어서 자기 동일성을 가질 수 없는 존재이다. 이러한 관점에서 본다면 대구의 지역성은 다양한 재현을 가질 수 있다. 예를 들어 문화적 측면에서는 '김광석 길', '대구근대 골목', '대구 국제 오페라 페스티벌', '대구 국제 뮤지컬 페스티벌', '유네스코 음악창의도시' 등으로, 언어적인 측면에서는 '대구 방언'으로, 정치, 경제적 국면에서는 '대구 2.28 민주 운동', '혁신 도시', '첨단 의료 복합 단지', 교육적 측면에서는 '교육 수도' 등 다양한 양태들이 대구를 재현하는 경우가 있다.

이와 같이 차이나는 다양한 재현을 통해 대구의 의미는 존속되고, 대구의 지역성은 다양한 재현 속에 자리한다. 대구를 재현하는 각각의 차이들은 원형을 상정해 둔 차이가 아니며 자기 동일적인 원형을 가진 지역성은 존재하지 않는다. 각각의 재현들은 원형의 복사본이 아니라 존재의 일의성을 가지는 차이 그 자체이며 위계적인 성격을 가지는 것이 아닌 존재의 평등성을 가짐으로서 하나의 동일성으로 수렴되지 않고 독립적으로 존재하면서 개별적 차이를 가진다. 재현은 대상과 불일치 하기 때문에 항상 간극이 존재한다는 한계를 가질 수밖에 없다. 즉, 대구의 지역(성)은 보편적, 객관적으로 재현하는 것이 불가능하기 때문에 항상 불완전한 재현 속에 존재할 수밖에 없다. 따라서 어떤 특정한 재현이 대구의 지역성을 전체적으로 나타내는 것이라는 등식은 성립되지 않는다.

이러한 측면에서 본다면 지역지리 교육의 역할은 이러한 중심의 논리, 동일성의 논리만을 보여주는 데 있지 않고 국가와 자본의 논리에 호명된 도구화된 지역의 장에서 새롭게 솟아오르는 다양한 사건들이 생성해내는 차이들에 주목해 보고 이를 드러내는 데에 있을 것이다. 지역지리 교육은 보편성과 위계성의 시선을 다양성, 특수성으로 전환시키면서 의미를 드러내는 자리에 있어야 할 것이다. 이를 통하여 동일성의 원리가 구현되는 지역이라는 위치로부터 탈구할 수 있는 가능성의 자리를 만들 수 있을 것이다.

5. 마치며

이상에서는, 들뢰즈의 차이, 사건 개념을 통해 지역(성)을 바라봤을 때 지역지리 교육은 동일성의 재현 논리에 기반하여 지역 이해 교육이 이루어지고 있다는 점에 주목하여, 그 특징을 재현적 사유와 관련지어 문제점을 지적하고 이에 대한 대안으로서 생성적 사유에 기반한 지역지리 교육의 방향을 탐색해 보았다. 그 내용을 정리하면 다음과 같다. 학교 지역지리 교육은 동일성의 논리에 갇혀 지역이 '경제'라는 특정 관점에서만 재현되고 있다. '대구'의 사례를 통해 살펴본 것처럼 표층적 차원으로 드러난 하나의 재현 양상으로만 지역 이해에 접근하는 것은 학생들로 하여금 지역에 대한 고정관념과 편견을 형성시킬 수 있음을 지적하였다. 더 나아가 끊임없이 차이 생성, 변화 중인 지역의 원형은 상정할 수 없음에도 불구하고 하나의 특정 관점에서만 재현된 지역이 마치 선험적 이데아의 위치를 점유하게 되어 지역에 대한 상상적 지리를 만들어 내는 위험을 내포하고 있음을 주장하였다.

따라서 지역지리 교육은 '네트워크', '차이', '생성'으로서의 지역에 대한 인식 관점을 학생들에게 제공함으로써 학생들이 동일성의 사유에 기반한 지역 이해에 접근하는 것이 아니라 항상 차이로서 존재하면서 변화의 가능성으로 열려 있는 지역에 대한 이해의 지평을 확장시킬 수 있는 생성적 사유에 기반한 지역 이해가 가능할 것이다. 또한 '차이', '생성', '변화', '다양체'라는 개념에 기반한 지역 이해는 지역의 현실적 층위에 드러난 다양한 재현 양태들뿐만 아니라 그 아래 잠재적 층위에 차이로서 존재하고 있는 실재를 열어 젖혀 보여줌으로서 눈에 보이지 않고 인식되지 않아 항상 타자로서 존재하는 수많은 사물들, 사람들과 관련하여 지리적 지식, 공감 및 배려적 이해, 관계적 사고력, 지리적 상상력을 함양시킬 수 있을 것이다.

생성적 사유에 기반한 지역지리 교육은 지역(성)을 타자가 아니라 주체의 자리로 전환시켜 학생들에게 제공하는 교육적 실천이라고 할 수 있다. 즉 생성적 사유에 기반한 지역지리 교육은 동일성으로 수렴되어 재현되고 있는 지역에 대한 표층적 현실만을 제시하는 것이 아니라 표층적 현실 아래의 잠재적 차원에서 동일성으로 환원되지 않는 존재들의 다양한 차이를 드러내 펼침으로서 차이 그 자체로 존재하는 지역 이해의 (불)가능성에 대한 탐색이라고 할 수 있다. 이를 위하여 지역지리 교육에서는 지역의 존재를 설명하는 언어(계열화)가 동일성의 원리를 반복하고 그 틀에 갇혀 있다면 주변화된, 타자화된, 상상화된 언어(계열화)의 틀을 벗어나 중심성에서 바깥으로 향하는 외부화의 언어(계열화)를 (재)발견하는 것이 중요하다.

동일성의 논리에 종속된 재현적 사유에서 생성적 사유에 기반한 지역지리 교육으로의 변화에 이르는 길은 '독사(doxa)'에 갇힌 지역 이해를 '파라독사(para-doxa)'의 잠재성에 기반해 지역을 사유할 수 있도록 하는 것이다. 이를 통하여 지리를 배우는 학생들은 동일성의 이데올로기에 포획되지 않고 세계를 차이와 다양체로 바라볼 수 있는 생성적 사유에 기반한 지역 이해의 가능성을 확장시킬 수 있을 것이다. 또한 '정적이고, 닫혀 있고, 본질적인' 지역에 대한 학습을 넘어 '동적이고, 열려 있고, 생성 중인' 지역의 다양한 가치를 발견할 수 있을 것이다. 또한 지역이 어떤 방식으로 존재하며, 어떻게 형성 및 변화하는지를 지역이 잠재적으로 가지고 있는 내적 다양성을 이해함으로써 지역에 대한 이해의 지평을 넓힐 수 있을 것이다(김병연, 2017). 여기서 더 나아가 지역지리 교육이 단순히 지역에 대한 재현의 교육, 동일성의 사유에 머무는 교육이 아니라, 생성의 교육, 비동일성의 사유로 나아가는 교육이 가능할 것이다.

• 요약 및 핵심어

요약: 본 연구는 들뢰즈의 '사건' 개념을 통해 지역(성)을 바라봤을 때 지역지리 교육은 동일성의 재현 논리

에 기반하고 있다는 점에 주목하여, 그 특징을 재현적 사유와 관련지어 문제점을 지적하고 이에 대한 대안으로서 생성적 사유에 기반한 지역지리 교육의 방향을 탐색해 보는 데 있다. 지역(성)은 하나의 동일성으로만 수렴되어 표현되거나 재현될 수 없는 차이를 가지는 결정불가능성의 존재이다. 따라서 들뢰즈의 '사건' 개념에서 지역(성)을 이해하는 것은 동일성의 논리 속에서 잊혀졌고 드러나지 않았던 다양성과 특수성을 발견하는 경로가 될 수 있다. '차이', '생성', '변화', '다양체'라는 개념에 기반한 지역 이해는 지역의 현실적 층위에 드러난 다양한 재현 양태들뿐만 아니라 그 아래 잠재적 층위에 차이로서 존재하고 있는 실재를 열어 젖혀 보여 줄 수 있을 것이다. 또한 이러한 지역 이해는 눈에 보이지 않고 인식되지 않아 항상 타자로서 존재하는 수많은 사물들, 사람들과 관련하여 학생들에게 지리적 지식, 공감 및 배려적 이해, 관계적 사고력, 지리적 상상력을 함양시킬 수 있을 것이다.
핵심어: 들뢰즈(Deleuze), 사건(event), 재현(representation), 차이(difference), 동일성(identity), 지역지리(regional geography)

• 더 읽을거리

박규택, 2016, 사이공간으로서 로컬리티: 수행적 관계성, 미결정성, 관계적 스케일의 정치, 한국도시지리학회지 19(3): 1-12.

이정우 역, 1999. 의미의 논리. 한길사(Deleuze, G., 1969, Logique du sens. Paris: PUF).

참고문헌

강선보 · 최승현, 2011, 들뢰즈의 배움론: 『차이와 반복』을 중심으로, 교육문제연구, 39, 1-22.
교육과학기술부, 2009, 사회과 교육과정, 교육과학기술부 고시 제2009-41호, 교육과학기술부.
박병익 외, 2013, 한국지리, 천재교육.
박희두 외, 2013, 한국지리, 미래앤.
서태열 외, 2013, 한국지리, 금성출판사.
최규학 외, 2013, 한국지리, 비상교육.
윤옥경 외, 2013, 한국지리, 지학사.
권정화, 1997, 지역지리 교육의 내용 구성과 학습 이론의 조응, 대한지리학회지, 32(4), 511-520.
권정화, 2001, 부분과 전체: 근대 지역지리 방법론의 고찰, 한국지역지리학회지, 7(4), 81-92.
김병연, 2017, 한국지리에서 '지역지리'의 위상에 대한 고찰, 한국지역지리학회지, 23(4), 679-693.
김병연, 2018, 지역지리 교육에서 '지역' 이해의 한계와 대안 탐색, 한국지역지리학회지, 24(1), 222-236.
김영철, 2007, 들뢰즈와 가타리의 천 개의 고원에 나타난 교육 이미지, 교육인류학연구, 10(1), 1-35.
김영철, 2008, 들뢰즈의 『의미의 논리』에 나타난 '반-효과화'로서의 교육, 교육인류학연구, 11(1), 107-145.

김재춘·배지현, 2011, 들뢰즈 철학에서의 배움의 의미 탐색, 초등교육연구, 24(1), 131-153.
김재춘·배지현, 2012, 들뢰즈의 인식론의 의미와 교육적 시사점 탐색, 초등교육연구, 25(2), 239-265.
류현종, 2014, '사건'과 '정서'로 역사 수업 읽기: 〈따뜻한 기술: 문익점과 목화〉 수업 이야기, 사회과교육연구, 21(1), 43-66.
목영해, 2010, 들뢰즈의 유목주의와 그 교육적 함의, 교육철학, 48, 49-67.
박규택, 2009, 로컬의 공간성 이해를 위한 이론적 틀-사회·역사 구성주의 관점, 한국민족문화, 33(3), 159-183.
박규택, 2016, 사이공간으로서 로컬리티: 수행적 관계성, 미결정성, 관계적 스케일의 정치, 한국도시지리학회지, 19(3), 1-12.
박영욱, 2009, 의미와 무의미의 경계에서, 김영사.
박승규·심광택, 1999, '경관'과 '기호' 표상을 활용한 지역학습, 대한지리학회지, 34(1), 85-98.
서동욱, 2000, 차이와 타자-현대철학과 비표상적 사유의 모험, 문학과 지성사.
신지영, 2009, 들뢰즈에게 공간의 문제, 시대와 철학, 20(4), 164-197.
심광택, 2003, 지역 학습에서의 공간설명·장소 이해·환경 가치, 한국지리환경교육학회지, 11(3), 17-31.
심광택, 2005, 지역학습을 위한 공간성·장소성·환경가치의 연구: 진주지역의 사례, 한국지역지리학회지, 11(5), 349-367.
심광택, 2007, 지역학습에서 내용-활동의 표준 설정: 지리산 동부 산지를 사례로, 한국지리환경교육학회지, 15(4), 301-322.
손명철, 2002, 근대 사회이론의 접합을 통한 지역지리학의 새로운 방법론, 한국지역지리학회지, 8(2), 150-160.
손명철, 2017, 한국 지역지리학의 개념 정립과 발전 방향 모색, 한국지역지리학회지, 23(4), 653-664.
이정우, 1999, 시뮬라크르의 시대, 거름.
이지연·조철기, 2008, 세계화의 관점에서 지역 학습 내용의 재구성과 수업의 실제, 한국지역지리학회지, 14(2), 159-172.
이진경, 2002a, 노마디즘1, 서울, 휴머니스트.
이진경, 2002b, 노마디즘2, 서울, 휴머니스트.
전종한, 2002, 지역학습 내용 구성의 대안적 논리 구상, 사회과교육연구, 9(2), 223-244.
차윤정, 2015, 비동일성의 관점에서 본 로컬리티와 표상, 한국민족문화, 57(11), 331-361.
차윤정, 2017, 로컬리티의 개념적 이해와 언어 표상(문재원 외 편, 로컬리티 담론과 인문학, 소명출판), 110-151.
ALLEN, J., MASSEY, D., and COCHRANE, A., 1998, *Rethinking the Region*. Routledge, London.
AMIN, A., MASSEY, D., and THRIFT, N., 2003, Rethinking the regional question, *Town and Country Planning* October, 271-272.
AMIN, A., 2004, Regions unbound: towards a new politics of place, *Geografiska Annaler,* 86B, 33-44.
Castells, M., 2000, *The rise of the network society*, Blackwell, Oxford(김묵한·박행웅·오은주 역, 2003, 네트워

크 사회의 도래, 한울).

Castree, N., 2003, Place: connections and boundaries in an interdependent world, in Holloway, S.L., Rice, S, P., and Valentine, G. (ed.), *Key Concepts in Geography*, Sage, London, 165-186.

Cockayne, G., Ruez, D., Secor, A, 2017, Between ontology and representation: Locating Gilles Deleuze's 'difference-initself' in and for geographical thought, *Progress in Human Geography*, 41(5), 580-599.

Cresswell, T., 2013, *Geographic Thought: A Critical Introduction*, Oxford, UK: Wiley-Blackwell(박경환 외 옮김, 2015, 지리사상사, 시그마프레스).

Crang, M., and Thrift, N. (eds), *Thinking Space*, Routledge, London(최병두 옮김, 2013, 공간적 사유, 에코 리브로).

Deleuze, G., 1968, *Difference et Repetition,* Paris: PUF(김상환 역, 2004, 차이와 반복. 민음사).

Deleuze, G., and Guattari. F., 1980, *Mille Plateaux*, Paris: Les Éditions de Minuit(김재인 옮김, 2001, 천 개의 고원, 새물결).

Deleuze, G., 1969, *Logique du sens,* Paris: PUF(이정우 역, 1999. 의미의 논리. 한길사).

Derrida, J., 1967, *De la grammatologie*, Paris: Minuit(김성도 옮김, 1996, 그라마톨로지에 대하여, 민음사).

Doel, M, 2000, Un-glunking geography: Spatial science after Dr. Seuss and Gilles Deleuze, in: Crang, M, and Thrift, N., (eds) *Thinking Space,* London: Routledge, 117-134.

Masny, D, 2013, *Cartograhies of Becoming in Education: Theory and Praxis,* Rotterdam: Sense Publishers.

MASSEY, D., 1991, The political place of locality studies, *Environment and planning A*, 23, 267-281.

MASSEY, D., 1993, Questions of locality, *Geography,* 78(2), 142-149.

semetsky, I., 2006, *Deleuze, education and becoming*, Rotterdam: Sense Publishers.

Semetsky, I., 2008, *Nomadic Education: Variations on a Theme by Deleuze and Guattari,* Rotterdam: Sense Publishers.

Semetsky, I., and Masny, D, 2013, *Deleuze and Education,* Edinburgh: Edinburgh University Press.

Shaw, IGR., Meehan, K., 2013, Force-full: power, politics and object-oriented philosophy, *Area,* 45(2), 216-222.

제2부

한국은 지역지리를 어떻게 교육하는가?

·
제3장
·

한국의 초등 지역지리교육

9.
초등 지리교육과정과 지역학습[1]

김다원(광주교육대학교)

1. 서론

기본개념은 특정 교과의 가장 기본적인 학습 내용에 해당한다. 지역은 오래전부터 지리학의 핵심개념으로 제시되어 왔으며, 지역이해는 지리교육의 궁극적 교육 목표였다. 최근 2015 개정 교육과정에서도 지역은 지리교육의 핵심개념으로서 입지를 차지하고 있다. 그만큼 지리교육에서 지역은 늘 주요한 학습대상이었고 지역학습에 대한 연구와 논의는 지리교육의 주요 연구 영역이었다.

지리교육은 지리학의 지식을 가르치는 것이다. 지리학은 고대 희랍어 *ge*(earth: 땅)와 *graphe*(description: 記述)라는 낱말의 복합어로서 '지표상의 사상(事象)을 묘사하는 학문'이라는 의미를 지니고 있다(최영준, 1990; 류재명, 1991). 그래서 지리학은 발달 초기부터 지표상의 사상을 묘사하는 것에 초점을 두어 왔다. 지역은 사람들의 삶의 터전이다. 인간의 삶은 지역에서 이뤄진다. 그래서 지역에 대한 정보는 인간의 삶의 조건을 개선하는 데 필요하였다. 또한, 삶의 영역을 확장하고 필요한 자원을 확보하기 위해서 다른 지역에 대한 정보도 필요하였다. 그래서 지리학에서는 지역에 대한 지식을 체계화하여 삶의 조건을 개선하고자 하였다(류재명, 1991). 이러한 배경에서 발달한 지

1 이 글은 김다원(2018)을 전재함.

역학습은 그간 지역의 지리적 사상들을 기술하는 방향으로 이뤄졌다. 그러나 지역학습의 오랜 역사에도 불구하고 지역의 애매함과 지역지리 내용구성의 비논리성, 그리고 교사의 지역지리 수업 역량의 한계 등의 여러 요인에 의해 학교에서 지역학습은 기대 효과를 충족하지 못하였다(권정화, 1997). 또한, 1950년대 계량혁명, 즉 지리학의 과학화로 인하여 그간 지역에 담겨진 지리적 현상들에 대한 기술 중심의 지역지리학보다는 주제 중심 접근과 실증적 연구 및 일반화 추구 등의 실증주의에 기반한 계통지리학이 더 많은 관심을 받게 되었고, 학교에서도 계통지리로의 움직임이 있었다. 특히, 실증주의 철학은 교육계 전반에 유행하였던 사상으로, 사회적인 시민을 기르는 교육을 지향하는 사회과교육에서도 이에 대한 요구가 있었다. 그러나 학교에서 계통지리 중심의 지리교육은 지역성 파악과 지역에 대한 통찰력 등 지역학습을 간과함에 따라 지역지리 학습과 계통지리 학습은 늘 논의의 대상이 되어 왔다.

오늘날 우리 사회는 많은 변화를 겪었고 과정에 있다. 특히, 세계화, 정보화로 인해 사회의 규모가 확대되면서 학생들에게 세계의 지역들에 대해 편협한 지역주의적 사고를 넘어서서 상호연계의 공간적 구조를 이해하게 하기 위해서는 타지역에 대한 체계적 지식이 필요하고, 글로컬시대에 지역의 특수성을 찾고 이를 살리기 위해서는 지역학습이 필요하다(Winder and Lewis, 2010; Rees and Legates, 2013). 그리고 지리교육의 가치는 학습자를 세계로 안내하여 다양한 그리고 변화하는 사회를 볼 수 있는 안목을 키워주는 데 있다(Rees and Legates, 2013; Standish, 2018b). 이러한 인식하에서 국내외 지리교육에서는 지역지리교육에 대한 반성적 고찰과 더불어 이에 대한 대안 모색의 필요성이 제기되고 있다(권정화, 1997; Rees and Legates, 2013; 박선미, 2017; 조철기·이종호, 2017; Standish, 2018a). 교육은 시대의 변화를 반영해야 하고, 지리교육은 지리학의 연구에 기반하여 학습자 교육에 필요한 내용을 반영해야 한다는 점을 고려해 볼 때, 지리교육의 내용 구성은 늘 관심의 대상이어야 하고 사회상과 지리학의 연구에 민감할 수밖에 없다.

지리교육은 사회적 산물이며 끊임없이 변화한다. 사회가 변화함에 따라 지리교육에 사회에 맞게 변화하고 적절하게 대처해야 한다. 이런 맥락에서, 제1차 교육과정에서부터 2015 개정 교육과정까지 초등지리교육과정에서 지역학습의 변화과정을 살펴보고 향후 바람직한 지역학습을 탐색해 보고자 한다.

2. 초등학교 지리영역의 지역학습 내용 체계 변화

1) 사회과교육과정 편제와 시수 변화

초등학교에서 지리교육은 제1차 교육과정기에서부터 현재까지 지리, 역사, 일반사회의 통합교과인 사회과교육에서 이뤄졌다(표 1). 그러나 지리 단원으로 독립적인 내용구성이 이뤄져 왔다. 제4차 교육과정 부터는 1, 2학년에서는 통합교육과정이 만들어져서 3학년 과정에서부터 사회교과 수업이 시작되었다. 다만, 제4차 교육과정에서는 사회교과 지리영역의 내용에는 큰 변화가 없었지만, 국어, 도덕과 함께 통합수업으로 진행되었다. 제5차 교육과정에서는 과학교과와 함께 〈슬기로운 생활〉 교과에 통합되어 지리교육의 특성을 찾아보기 어렵게 되었다. 그래서 제5차 교육과정에서 부터 초등학교에서 지리단원 중심의 교육은 3학년부터 실시되고 있다. 또한, 제5차 교육과정에서부터 지역화교육과정이 실시되어, 초등학교 3, 4학년 사회과교육과정에서는 우리 고장, 우리 지역에 특화된 학습 내용이 구성되게 되었다. 2009 개정 교육과정부터는 학년군제 교육과정이 실시되면서 3~4학년 군, 5~6학년 군으로 교육과정이 만들어졌다. 사회과교육의 주당 수업 시수는 다소 차이는 있지만 평균적으로 3~4시간씩 확보되어 있다. 교육과정 초기에는 3학년 이

표 1. 초등학교 사회과교육과정 수업시수와 편제

시기		제1차	제2차	제3차	제4차	제5차	제6차	제7차	2007 개정	2009 개정	2015 개정
주당 평균 시수*	1 (학년)	2.5-3.5	2-2.5	2	11 (국, 도, 사회 수업 통합)	슬기로운 생활					
	2	2.5-3.75	3-2	2							
	3	4.0-3.25	3-4	3	3	3	3	3	3	8(사회/도덕)	
	4	4.25-3.25	4-3	3	3	3	3	3	3		
	5	4.5-3.5	3-4	4	4	4	4	3	3	8(사회/도덕)	
	6	4.75-3.75	4-3	4(국사 2 포함)	4(국사 2 포함)	4(국사 2 포함)	4	3	3		
사회과편제 상 특징		교과목명: 사회생활	교과목명: 사회로 개명	국사와 지리,공민 영역 분리	1, 2학년 교과 간 통합 (국, 도, 사)	1, 2학년 통합 교과 등장(슬기로운생활)	3, 4학년 지역 교과서 활용	수준별 교육과정 도입	5학년 국사 단독 구성	3~4학년, 5~6학년 학년군제 사회/도덕 교과군 형성	

출처: 국가교육과정정보센터, 우리나라 교육과정, http://ncic.re.kr/mobile.kri.org4.inventoryList.do.

상에서 4시간 이상의 시수를 확보했으나 최근에는 3시간 대로 감소했다. 사회과에 대한 명칭에서는 제1, 2차 교육과정에서는 '사회생활과', 제3차 교육과정 이후에서는 '사회' 명칭이 사용되고 있다. '사회생활과' 명칭은 당시 지리, 역사, 공민을 통합한 생활중심 교육과정의 취지를 반영하였으며(정문성 외, 2009, 87), 제2차 교육과정에서는 초, 중, 고등학교에서 사회과 통합적 차원에서 교과목의 명칭을 '사회'로 통일하여 사용하고 있다.

2) 지역학습 관련 사회과교육 목표 변화

사회과교육과정 지리영역에 해당하는 목표부분을 분석하였다(표 2). 1차에서 2015 개정 교육과정에 이르기까지 공통적으로 '인간생활과 자연환경 간의 이해와 다양한 삶의 모습(인간 생활의 다양성) 파악'이 주된 목표로서의 입지를 차지한다. 기본적으로 자연환경과의 상호작용을 통해 인간의 삶이 형성한 다양한 삶의 모습을 중심으로 지역학습이 이뤄졌고 이뤄진다는 것을 의미한다. 제2차 교육과정에서 부터는 지역학습에서 지역사회 개선에의 관심과 노력 부분이 포함되었으며, 지역 간 그리고 국가 간 상호의존 관계를 파악하는 내용이 포함되었다. 제6차 교육과정에서부터는 더 명시적으로 지역사회 문제에 대한 관심과 해결을 위한 능력, 그리고 노력이 포함되었다. 즉, 초등 지리교육에서 지역학습은 자연환경에 기반하여 인간생활을 관계적 입장에서 이해하고 이를 토대로 다양한 삶의 모습을 살펴보는 지리적 지식을 키우는 지역학습에서 출발하여 지역 간 상호작용, 그리고 지역발전과 지역문제에 관심과 적극적 참여를 통해 적극적인 시민성을 함양하는 데

표 2. 지역학습 목표 변화

시기	지역학습 영역 목표
제1차	• 인간 생활과 자연환경과의 관계를 이해 • 인간 생활을 향상시키려는 태도와 능력 함양
제2차	• 일상 생활에서 자연에 적응하는 한편, 지역 사회 개선에 이바지하려는 태도와 능력 함양 • 사람들의 생활이 자연과 관계가 깊다는 것을 이해 • 고장의 문제를 파악하고 해결방법을 찾고 협력하는 태도를 지님. • 지역 간 상호관계가 있음을 이해 • 우리나라와 다른 나라와의 관계 이해 및 국제 협조적 태도
제3차	• 인간 생활과 자연환경과의 관계, 자연 조건 활용의 중요성을 깨닫게 하고, 향토와 국토 에 대한 애정을 길러 국토 개발 국제 협력의 필요성을 자각하게 함. • 자연환경과 인문환경을 활용하여 지역의 특색을 파악하게 함. • 세계 여러 지역이 우리와 밀접한 관계를 지니고 있음을 인식함.

제4차	• 인간 생활과 자연환경과의 관계를 이해시키고, 여러 지역의 생활특색을 파악하게 함. • 지역 간 차이를 파악하고 상호의존 관계를 이해함. • 세계 지역의 특색을 파악하고 상호의존 관계를 인식함.
제5차	• 인간과 환경과의 관계를 이해시키고, 여러 지역의 생활 특색을 파악하게 하며, 국제협력의 필요성을 깨닫게 함. • 자연환경이 서로 다른 지역 간 상호 협력 관계를 파악함.
제6차	• 고장, 지역, 나라, 세계의 생활 모습을 자연환경 및 역사와 문화, 민주적 공동 생활 등 여러 관점에서 이해하고, 사회 문제의 특성을 파악함.
제7차	• 인간과 자연 간의 상호작용에 대한 이해를 통하여 장소에 따른 인간 생활의 다양성을 파악하며, 고장, 지방 및 국토 전체와 세계 여러 지역의 지리적 특성을 체계적으로 이해함.
2007 개정	• 인간과 자연 간의 상호작용에 대한 이해를 통하여 장소에 따른 인간 생활의 다양성을 파악하며, 고장, 지방 및 국토 전체와 세계 여러 지역의 지리적 특성을 체계적으로 이해함.
2009 개정	• 지표 공간의 자연 및 인문환경에 대한 이해를 통해 지역에 따른 인간 생활의 다양성을 파악하고, 지리적 지식과 기능을 습득하여 지리적 문제를 해결함.
2015 개정	• 지표 공간의 자연환경 및 인문환경에 대한 이해를 통해 지역에 따른 인간 생활의 다양성을 파악하고, 지역적, 국가적, 세계적 수준의 지리 문제와 쟁점에 관심을 지님.

출처: 국가교육과정정보센터, 우리나라 교육과정, http://ncic.re.kr/mobile.kri.org4.inventoryList.do.

까지 목표의 확장적 양상을 보인다.

3) 지역 구성방식 및 내용구성 변화

(1) 초등 지리교육의 조직방식

제1차 교육과정에서 부터 현행 2015 개정 교육과정에 이르기까지 지리교육과정의 단원명을 분석하여 지리교육 내용 조직의 특징을 살펴보았다(표 3). 단원명에 의거하여 분석한 결과, 초등지리교육의 주된 내용 조직방식은 지역에 기반한 조직이다. 제1차 교육과정에서부터 2015 개정 교육과정에 이르기까지 초등 지리교육은 지역중심의 내용 조직 체제를 보인다. 다만, 제1차에서는 5학년, 제2차에서는 4학년, 제3차에서는 2~4학년, 제4차에서는 3~4학년, 제5차에서는 3학년에서 지역중심과 주제중심의 혼합 구성이 보이지만(표 4), 주제중심 내용들은 모두 우리나라의 지리적 환경을 구성하는 산업, 인구, 자원, 교통과 통신의 발달, 자연의 이용 등 궁극적으로 지역을 이해하기 위해 세부 주제들에 해당한다. 그런 면에서 볼 때, 초등 지리교육은 지역지리 중심의 교육으로 일관되어 왔다고 볼 수 있다. 지리학습은 주로 3학년 과정에서 '고장'에 대한 학습으로 시작하는 양상이나, 특히, 제3차 교육과정에서는 1학년에서 '동네' 학습, 2학년에서 '고장' 학습을, 3학년에서 '세계의 생활'에 대한 학습 내용으로 구성되어 있음이 특별하다.

표 3. 시기별 지리교육 내용 체계

시기	1학년	2학년	3학년	4학년	5학년	6학년
제 1차	지역학습 없음		• 우리들의 집 • 도시와 시골 생활 • 북부지방의 생활 • 남부지방의 생활 • 산간지방의 생활 • 평야지방의 생활	• 우리고장 발달 • 우리나라 자연환경	• 자원의 이용 • 기계발달과 산업 • 교통과 수송 • 산업과 무역 • 인구와 도시 • 세계 여러 나라	역사, 시민 영역
			지역중심	지역중심	주제중심, 지역중심	지리영역 없음
제 2차	지역학습 없음		• 고장의 자연환경 • 고장 생산물 • 여러 고장생활	• 우리나라 자연환경 • 산림녹화 • 우리나라 여러 지방 생활 • 농업 발달 • 우리 지방생활	• 자원이용 • 기계발달과 산업 • 교통과 상업 – 교통과 상업 발달 • 우리나라 산업 발달	• 세계 여러 나라의 생활
			지역중심	지역중심, 주제중심	주제중심	지역중심
제 3차	• 이웃과 동네의 생활 –마을 지형 –마을 집들 –마을 토지이용	• 교통, 통신 기관과 사람들 • 고장의 생활	• 자연의 이용과 의식주 • 여러 고장의 생활 • 세계 여러 곳 사람들의 생활	• 우리가 사는 시, 도 • 우리나라 각 지방 생활 • 국토 환경과 국민 생산 • 국토 보전과 개발	• 우리가 사는 세계	국사, 공민
	지역중심	지역중심 주제중심	주제중심 지역중심	지역중심 주제중심	지역중심	지리영역 없음
제 4차	지역학습 없음	• 우리고장 자연환경	• 자연의 이용과 우리 생활 • 여러 고장의 생활 • 우리와 자연환경이 서로 다른고장 사람들의 생활	• 시, 도 및 지역의 생활 • 우리나라의 자연과 생활 • 지역개발과 국토 활용	• 우리가 사는 세계	• 세계와 우리나라
		지역중심	주제중심 지역중심	지역중심 주제중심	지역중심	지역중심
제 5차	슬기로운 생활(과, 사회)통합		• 우리들의 생활과 자연 • 우리들이 살고 있는 고장	• 우리 시, 도의 생활 • 우리나라 각 지방의 생활	• 우리나라 산업의 발전 • 국토와 자원 활용	• 세계와 우리나라
			주제중심, 지역중심	지역중심	지역중심	지역중심

제 6차		• 우리고장 모습	• 우리 시, 도 사람들의 생활 • 여러 지역의 생활	• 살기 좋은 우리 국토	• 가까워지는 세계와 우리나라
		지역중심	지역중심	지역중심	지역중심
제 7차		• 고장의 모습과 생활 • 고장 생활의 중심지	• 우리가 사는 지역사회	• 우리 국토 모습 • 여러 지역 생활	• 함께 살아가는 세계
		지역중심	지역중심	지역중심	지역중심
2007 개정	슬기로운 생활(과, 사회)통합	• 우리가 살아가는 곳 • 고장 사람들이 모이는 곳	• 우리 지역 자연환경과 생활 모습 • 우리 지역과 관계 깊은 곳 • 여러 지역의 생활	국사영역	• 아름다운 우리 국토 • 세계 여러 지역의 자연과 문화
		지역중심	지역중심		지역중심
2009 개정		• 우리가 살아가는 곳 • 사람들이 모이는 곳 • 우리 지역 다른 지역 • 도시의 발달과 주민생활 • 촌락의 형성과 주민생활 • 다양한 삶의 모습들		• 살기 좋은 우리 국토 • 환경과 조화를 이루는 국토 • 우리 이웃 나라의 환경과 생활 모습 • 세계 여러 나라의 환경과 생활 모습	
		지역중심		지역중심	
2015 개정		• 우리가 살아가는 곳 • 우리가 살아가는 모습 • 우리 지역의 어제와 오늘 • 다양한 삶의 모습과 변화 –촌락과 도시의 생활 모습		• 국토와 우리생활 • 세계의 여러 나라들 • 통일 한국의 미래와 지구촌의 평화 –한반도의 미래와 통일 –지구촌의 평화와 발전 –지속가능한 지구촌	
		지역중심		지역중심	

출처: 국가교육과정정보센터, 우리나라 교육과정, http://ncic.re.kr/mobile.kri.org4.inventoryList.do.

표 4. 지리교육 내용구성방식 분석

1차	2차	3차	4차	5차	6차	7차	2007 개정	2009 개정	2015 개정
지역중심 접근+주제중심 접근(지역 이해를 위한 세부 주제들에 해당함.)					지역중심 접근				

(2) 지역구성 체제

다음에서는 사회과 교육과정 지리영역의 지역학습 관련 단원 내용을 분석하여 지역구성 체제를 살펴보았다(표 5). 먼저, 학년 급별 지역구성 방식이다. 제1, 2차 교육과정의 초등 1, 2학년에서는 주로 생활습관 익히기 관련 내용으로 구성되어 있어서 지역학습 관련 내용을 찾아볼 수 없었다. 그러나 제3차 교육과정에서는 1학년과 2학년에서 각각 이웃과 동네, 우리고장에 대한 지역학습을 구성하였다. 제4차 교육과정에서는 2학년에서만 우리고장 학습을 하였으며, 공식적으로 제5차 교육과정에서 부터 〈슬기로운 생활〉 통합 교과목이 만들어져서 지리관련 단원 중심의 내용구성은 사라졌다. 제3차 교육과정에서 1학년에서는 마을 지형, 마을의 토지이용, 2학년에서는 고장의 자연환경과 생활에 대한 학습 등 현재 3학년 과정에서 학습하고 있는 우리고장 학습을 1학년과 2학년 과정에서 행했다는 것은 전체 교육과정에서 볼 때 특별한 사례에 해당한다. 제3차 교육과정은 1973년에 시작되었으며, 당시 학문중심교육과정이 도입되었고, 박정희 정권에서 추진했던 새마을 운동 등의 마을 가꾸기 정책 등이 반영된 결과로 보인다. 제5차 교육과정에서부터는 3학년에서 우리고장에 대한 학습을 시작하였다. 제3차 교육과정에서 동네에 대한 지역학습이 이뤄진 것을 제외하면 지역학습은 우리고장에 대한 지역학습으로 시작하고 있다. 그리고 제2, 3, 4차 교육과정에서는 우리고장과 다른 고장의 생활 단원이 함께 구성되었으나 5차 교육과정 이후에는 우리고장에 대한 단원만 제시되어 있다.

우리 지역에 대한 학습은 꾸준히 4학년 과정에서 이뤄지고 있다. 주로 우리나라 각 지역(지방)/여러지역에 대한 학습 그리고 우리나라(국토)에 대한 학습과 병행하여 이뤄졌다. 그러나 제5차 교육과정에서부터 우리 지역/여러 지역과 국토에 대한 학습이 분리되었다. 우리나라(국토)에 대한 학습은 제1차부터 제4차 교육과정까지는 4학년 과정에서 이뤄졌으나 제5차 교육과정 이후에는 5~6학년 과정에서 다뤄지고 있다. 세계에 대한 학습은 항상 지리영역의 마지막 단계에 포함되었으며, 세계의 여러 나라와 세계 여러지역 수준에서 지역 구성이 이뤄졌다. 특히, 2015 개정 교육과정에서는 지구촌을 한 단위로 설정하여 다루는 획기적인 변화가 있다.

또한, 학년 급별 지역구성 원리를 보면(표 5), 제1차 교육과정에서 2015 개정 교육과정에 이르기까지 일관되게 우리고장→우리 지역(시도/지역사회)→우리나라(국토)→세계(우리나라와 세계/세계 속의 우리나라) 순서의 환경확대 구성 원리에 기반하고 있다. 다만 부분적으로 제3차 교육과정에서 3학년에 '세계 여러 곳의 생활' 단원이 삽입되어 4학년에서 배우는 '우리 시, 도', '우리나라' 학습 이전에 배치되어 있다. 제1차 교육과정에서는 1학년의 '도시와 시골', '우리나라 각 지방'학습 이후에 4학년에서 '우리고장'을 학습하는 탄력적 지평확대 구성체제를 보인다. 그리고 제4차 교육과정에서는 4학년에서 국토학습, 5학년에서 세계 학습 이후에 6학년에서 '세계와 우리나라' 단원이 추가되어 다뤄지고 있다. 이는 1980년대 세계화를 반영한 결과로 보인다.

표 5. 교육과정 시기별 지역구성 체제

시기	1학년	2학년	3학년	4학년	5학년	6학년
제1차			도시와 시골, 우리나라 각 지방	우리고장 우리나라	세계	
제2차			우리고장 여러고장	우리나라 우리지방		세계
제3차	이웃, 동네	우리고장	여러고장 세계 여러 곳	우리 시, 도 우리나라	세계	
제4차		우리고장	우리고장 다른 고장	우리 시, 도 우리나라	세계	세계와 우리나라
제5차			우리고장	우리 시, 도 우리나라	우리나라	세계와 우리나라
제6차			우리고장	우리 시, 도 여러지역	우리 국토	세계와 우리나라
제7차			우리고장	지역사회	우리 국토	함께 사는 세계
2007 개정			우리고장	우리 지역 여러지역		우리 국토 세계지역
2009 개정			우리고장, 우리 지역 다른 지역, 촌락과 도시		우리 국토, 이웃 나라 세계 여러 나라	
2015 개정			우리고장, 우리 지역 촌락과 도시		국토, 세계 여러 나라 지속가능한 지구촌	

출처: 국가교육과정정보센터, 우리나라 교육과정, http://ncic.re.kr/mobile.kri.org4.inventoryList.do.

(3) 지역구분 방식

다음에서는 지역구분 방식을 분석하였다(표 6). 제1차 교육과정에서 2015 개정 교육과정에 이르기까지 지역의 대분류는 고장(다른고장), 우리 지역(시도, 지역사회, 다른지역), 우리나라(국토), 세계(세계와 우리나라), 지구촌이며, 이에 준하여 지역학습의 내용을 구성하였다. 이러한 분류는 학습자의 인지수준을 고려한다는 학습효과에 기반한 부분도 있지만 애향심, 애국심 고취와 관련된 국가시민성 함양에서도 배경을 찾을 수 있다.

중분류 방식에서는 우리나라와 세계에 대한 지역 구분 방식에서 차이를 볼 수 있다. 우리나라에 대한 지역 구분에서는 제1차 교육과정의 경우, 북부/남부와 산간/평야지방으로 구분하여 위치와 지리적 환경에 의거하여 구분하였다. 제2, 3, 5차 교육과정에서는 북부/중부/남부 등 위치에 의거하여 구분, 사용하였다. 제4, 6차 교육과정에서는 평야/산간/해안/도서/ 강유역 등 지리적 환경에 의거하여 지역구분 하였으며, 제7차 교육과정 이후에는 촌락/도시 등 인문환경에 의거하여 구분, 사용하고 있다. 세계에 대한 분류에서는 제3차 교육과정에서 열대/사막과 초원/한대, 아시

표 6. 시기별 지역구분 방식 변화

시기	지역구성방식
제1차	도시와 시골→북부지방, 남부지방, 산간지방, 평야지방→우리고장(도)→우리나라→세계 여러 나라
제2차	여러 고장 생활→다른 나라 생활→우리나라→여러 지방(남부/북부/중부)→세계 여러 나라
제3차	동네→우리고장→여러 고장(농촌/산촌/어촌/도시)→세계 여러 곳(열대/사막과 초원/한대)→우리 시, 도→각 지방(남부/중부/북부)→국토→세계(아시아/아프리카와 서남아시아/유럽/남북아메리카/대양주와 양극)
제4차	우리고장→여러 고장(촌락/도시/자연환경이 다른 고장)→시도 및 지역(평야/산간/해안도서)→우리나라→세계→세계와 우리나라
제5차	우리고장→우리 시, 도→각 지방(남부/중부/북부)→우리나라(국토)→세계와 우리나라
제6차	우리고장→우리 시, 도→여러 지역(수도권/강유역/산간지역/해안도서)→우리 국토→세계와 우리나라
제7차	우리고장→지역사회→우리 국토→여러 지역(도시/촌락)→함께 사는 세계
2007 개정	우리고장→우리 지역→우리 지역과 관계 깊은 지역→여러 지역(도시/촌락)→우리 국토→세계 여러 지역
2009 개정	우리고장→우리 지역→도시/촌락→국토→이웃 나라→세계 여러 나라
2015 개정	우리고장→우리 지역→도시/촌락→국토→세계 여러 나라들→지구촌

출처: 국가교육과정정보센터, 우리나라 교육과정, http://ncic.re.kr/mobile.kri.org4.inventoryList.do.

아/아프리카와 서남아시아/유럽/남북아메리카/대양주와 양극 등 지리적 환경과 문화에 의거하여 세계의 지역을 구분하는 방식이다. 2007 개정 교육과정에서 단원명으로는 '세계의 여러 지역 자연과 문화'이지만 구체적인 내용설명을 보면, 국가 수준의 분류방식을 취하고 있다.

(4) 지역 내용구성

다음에서는 지역학습을 위한 세부적인 지역의 내용을 살펴보았다(표 7). 고장, 지역(지방), 우리나라(국토), 세계지역을 중심으로 살펴보았다. 고장에 대한 학습에서는 고장의 모습이라는 대주제하에서 고장의 자연환경과 인문환경을 두루 학습할 수 있는 내용구성이다. 특히, 인문환경에서는 산업, 교류, 중심지, 생활문화 등을 포함하였다. 지역(지방)에 대한 학습에서는 자연환경, 산업, 도시, 교통, 지역 간 상호관계, 생활특성 등이 공통요소로 구성되었다. 그러나 2009 개정 교육과정에서부터 지역의 주요 구성 요소였던 인구, 자원, 산업, 문화 부분이 감소하였고, 주민생활 또는 다양한 삶의 모습에서 부분적인 학습이 이뤄지게 되었다. 또한, 2015 개정 교육과정에서는 그간 주로 사용했던 '주민생활', '지역 모습'이라는 단원명 대신 '다양한 삶의 모습' 용어가 사용되면서 세계화, 다문화 사회상을 반영하는 특징을 보인다.

우리나라(국토) 학습에서는 제1, 2차 교육과정에서는 자연환경 중심의 내용 구성이었으나 제3

차에서부터 주요 산업, 인구, 교통이 추가되었고, 제5차 교육과정에서는 자원, 환경 문제, 국토 이용 내용이 추가 되어 자연환경과 인문환경 이외에 자원, 환경문제, 국토의 이용 등 시대적 변화상이 반영되어 구성되었다. 그런 2015 개정 교육과정에서 다시 자연환경과 인문환경 중심의 내용으로 다시 축소되었다.

세계 학습에서는 제1차 교육과정에서부터 현재 2015 개정 교육과정에 까지 꾸준히 대륙, 대양, 주요 국가들의 위치 내용을 포함하였다. 이외에도 자연환경과 생활 모습이 공통적으로 포함되었다. 제4차 교육과정부터는 우리나라와의 관계 및 세계 지역 간 관계에 대한 학습이 추가되었으며, 제6차 교육과정 이후에는 글로벌 사회에서 우리의 역할과 글로벌 이슈 내용이 포함되었다. 특히, 2015 개정 교육과정에서는 세계 여러 나라들에 대한 학습 이외에 지구촌에 대한 단원 설정을 통해서 지구촌 평화와 발전, 지속가능한 지구촌 등 글로벌 환경과 이슈 학습을 포함하였다. 전체적으로 볼 때, 지역학습은 자연환경에 기반하여 생활 모습을 살펴보는 내용 중심이었으나 세계화, 정보화 사회 및 교통과 통신 수단의 발달에 따른 지역 간 상호작용을 지역성을 파악하는 요소로 포함하고 있으며, 지역의 문제, 나아가서 글로벌 이슈까지 내용에 포함되었다.

표 7. 지역의 내용구성

시기	지역유형	지역 내용구성
1차	지역(고장 포함)	–자연환경, 주요 산업, 지방의 중요성, 다른 지방과 교류, 지방의 장단점, 우리생활과 차이
	우리나라	–자연환경, 자연환경이 생활에 미치는 영향
	세계 여러 나라	–대륙과 대양, 주요 국가들의 위치와 주요 생산물, 친선을 위한 노력
2차	고장	–자연환경, 생산물, 생활 모습, 고장 간 상호의존 관계
	지역(지방)	–도시, 산업, 교통, 문화, 지방 간 상호관계
	우리나라	–자연환경
	세계 여러 나라	–자연환경과 생활 모습, 발달, 국가 간 상호의존 관계
3차	우리고장	–고장의 자연환경, 고장의 생활(교통, 통신, 생산물, 교류 등)
	우리 시, 도	–행정구역, 자연환경, 인구, 주요 도시
	지역(지방)	–자연환경, 산업, 교통, 도시, 생활특성
	국토	–자연환경, 주요 산업, 인구와 교통
	세계	–지역별 자연환경과 국민들의 생활 특색
4차	우리고장	–자연환경, 자연이용
	지역	–자연과 생활, 상호의존 관계
	우리나라	–자연환경, 인구
	세계	–자연환경, 생활환경(인종, 민족, 인구, 자원 등)
	세계와 우리나라	–세계 여러 지역 간 관계, 세계 속의 우리나라

5차	우리고장	–고장 모습, 여러 고장(촌락/도시) 생활, 고장의 변화와 발전
	우리 시, 도	–자연환경과 생활, 산업과 경제, 생활특색
	지역(지방)	–각 지방의 생활
	우리나라(국토)	–주요 산업, 교통, 상업과 무역, 자원이용, 인구, 환경문제, 국토이용
	세계와 우리나라	–세계 여러 나라 생활특색
6차	우리고장	–고장의 모습, 자연이용
	우리 시, 도	–자연모습, 산업과 생활, 교통과 생활
	지역	–지역의 모습, 지역의 이용
	우리 국토	–자연환경, 인구와 도시, 환경보전
	세계와 우리나라	–세계 모습, 우리나라와 교류 많은 나라, 세계에서 할 일
7차	우리고장	–고장 모습, 생활 모습, 중심지
	우리 지역	–지역사회 모습, 자원과 생산, 물자유통, 상호의존
	우리 국토	–자연환경과 생활, 환경보전,
	함께 사는 세계	–관계 깊은 나라들, 지구촌 문제, 통일
2007 개정	우리고장	–위치, 자연환경, 인문환경, 생활 모습, 중심지
	우리 지역	–위치, 자연환경, 인문환경, 인구, 자원, 산업, 문화 등
	지역	–자연환경, 인문환경, 상호의존 관계
	우리 국토	–자연환경, 인문환경
	세계 여러지역	–자연환경, 인문환경, 우리나라와 관계, 다양한 인종, 민족, 지구촌 이슈
2009 개정	우리고장	–지리적 환경, 생활 모습, 중심지
	우리 지역/지역	–교류 지역, 상호의존 관계, 촌락과 도시의 발달과 주민생활
	국토	–자연환경, 인구분포, 교통 통신수단 변화, 국토개발, 지속가능발전, 생활 모습
	세계 여러 나라	– 영토, 문화, 우리나라와 관계
2015 개정	우리고장	–고장 모습, 교통과 통신수단 변화, 살아가는 모습
	우리 지역/지역	–위치, 지리적 환경, 중심지, 다양한 삶의 모습과 변화(촌락/도시)
	국토	–위치와 영역, 자연환경, 인문환경
	세계 여러 나라들	–지구, 대륙, 국가들의 위치, 다양한 삶의 모습, 가까운 나라들의 기초적 지리정보(자연환경/인문환경 특성)
	지구촌	–지구촌의 평화와 발전, 지속가능한 지구촌

출처: 국가교육과정정보센터, 우리나라 교육과정, http://ncic.re.kr/mobile.kri.org4.inventoryList.do.

3. 지역의 구성방식과 내용구성의 특징

다음에서는 위에서 분석한 초등 지리교육 영역에서 지역학습을 위한 지역 구성방식과 내용구성의 특징을 정리하고 관련 내용을 논의해 보고자 한다.

첫째, 초등학교 지리교육의 조직 방식은 제1차 교육과정에서부터 현재에 이르기까지 지역 중심 내용 구성의 특징을 보인다. 제3, 4, 5차에서 부분적인 주제중심+지역중심의 구성이 나타나기도 하지만 당시 주제중심 교육은 지역 이해에 목적을 두고 있었다. 이는 중학교에서 1차 교육과정 이후 지역 중심 내용구성 비율이 10~30% 수준으로 감소한 것, 2007 개정 교육과정 이후 지역지리와 계통지리의 구분이 어려워졌고, 지역 개념도 지역 간 경계가 느슨해진 유연한 개념으로 사용되었다는 특징(박선미, 2017, 801)과 비교해 볼 때 대조적인 특징이다.

둘째, 초등 지역학습 목표는 '인간 생활과 자연환경 간의 관계 이해', '인간 생활을 향상 시키려는 태도와 능력 함양'이라는 2개의 목표를 중심으로 지역 간 상호 관계 이해, 지역적, 국가적, 세계적 문제에의 관심과 적극적 참여에 이르기까지 확장적 특징을 보였다. 이는 지역 자체의 지역성 파악 중심의 지역지리 교육에서 지역 간 상호의존적 관계 이해, 그리고 글로벌 문제에의 관심과 세계시민의식 함양 차원에 까지 지리교육의 관심 영역이 확장한 결과라고 할 수 있다.

셋째, 학년 급별 지역 학습 내용의 변화를 보면, 전체적으로 볼 때, 교육과정 후반기로 오면서 오히려 동일 지역에 대한 학습이 더 고학년으로 이동하는 양상이다. 제4차 교육과정까지 우리 국토에 대한 학습은 주로 4학년 과정에서, 세계에 대한 학습은 5학년 과정에서 배웠지만 제5차 교육과정 이후에는 5학년과 6학년 과정으로 각각 이동하였다. 이는 1980년대 이후 인간중심 교육과정에 기반하여 학습자의 수준에 적합한 학습의 필요성 강조, 사회과 통합 등의 과정에서 나타난 결과로 보인다. 그러나 세계화, 정보화 등의 사회변화는 오히려 학습자의 지역에 대한 인지 범위를 확장하고 있다. 이에 대해서는 향후 논의가 필요하다.

넷째, 학년 급별 지역 구성 방식은 학년이 올라갈수록, 고장→우리 지역(지역사회 또는 우리나라 지역, 지방)→우리국토→세계 여러 나라→지구촌의 순서로 학습하는 환경확대 구성방식이다. 제3차 교육과정에서 우리 시, 도에 대한 학습 이전에 세계 여러 곳의 생활 학습을 함으로써 부분적으로 탄력적 환경확대 구성원리를 적용한 것 이외에는 전체적으로 학년 급이 올라가면서 더 넓은 범주의 지역을 학습하도록 환경확대 구성원리를 적용하였다. 이는 학습자의 생활경험과 학습자의 인지 수준을 고려하여 학습자의 학습효과를 기대하는 긍정적 측면도 있지만 여러 가지 문제점을 야기할 가능성을 지닌다. 먼저, 우리고장이 우리 국토 안에서 차지하는 입지, 우리 국토가 세계에서 차지하는 입지, 그리고 고장과 지역 간, 고장과 국토 간, 고장과 세계 간 등 상위 수준의 지역과 하위 수준의 지역 간 상호 관련성을 살펴볼 수가 없다. 특히, 2015 개정 교육과정에서는 3~4학년 사회과에서 사회과부도가 없어졌고, 5~6학년 과정에서 사용할 수 있게 되었다. 이는 글로컬시대라고 일컬어지는 오늘날 사회에서 세계와 고장 간 그리고 지역 간 상호의존성, 상호교류,

상호작용 등에 기반한 지리적 안목과 지리적 사고를 키우는 데 한계가 될 수 있다. 지리교육은 글로벌 스케일에서 지리적 현상들을 바라볼 수 있는 글로벌 시민성 함양에 가장 적합성을 지닌 교과(조철기, 2013; 이경한, 2015; 김갑철, 2016; 김다원, 2016)라는 시대적 사명을 간과할 가능성이 크다. 그리고 신지역지리에서 강조하는 중층적이고 서로 다른 스케일의 지역 간 상호작용에 의해 지역의 고유성이 형성된다는 점(손명철, 2017), 그리고 지역적 접근에서 중요한 것은 다른 규모의 지역들 간 상호작용을 이해하는 것(Standish, 2018b)을 고려할 때, 지역성 파악과 지역에 대한 안목 형성을 위한 지역지리 교육에서 충분히 고민해야 하는 부분이다. 그리고 글로벌 스케일에서 기후, 지형환경에 대한 학습이 이루지지 않은 상태에서 고장, 우리 지역, 우리 국토에 대한 학습이 이뤄지다 보니, 자연환경과 인간 간 상호작용에 기반한 생활 모습 파악이라는 맥락적 이해가 어렵다는 문제점을 안고 있다. 그래서 이미 지리교육 학계에서 이에 대한 심각한 논의의 필요성을 제시하고 있다(류재명, 1998; 남호엽, 2002; 류재명, 2003; 서태열, 2003; 김재일, 2007; 심승희, 2008).

다섯째, 지역구분 방식은 제1차에서 2015 개정 교육과정에 이르기까지 고장, 지역(시도, 지역사회, 다른지역, 촌락, 도시), 우리나라(국토), 세계(다른 나라)의 분류 방식을 일관성 있게 적용하였다. 다만, 지역의 중분류에서는 교육과정에 따라 다른 분류 방식을 취하였다. 제1차에서는 북부/남부와 산간/평야 등 위치와 지리적 환경을, 제2, 3, 5차에서는 북부/중부/남부의 위치를, 제4, 6차에서는 평양/산간/해안/도서/강유역 등 지리적 환경을, 제7차 이후에서는 촌락/도시의 인문환경을 기준하여 분류하였다. 이는 자연환경과 위치 중심의 지역 구분에서 인문환경 중심의 지역구분 방식으로의 변화를 보여 주며, 인간과 환경 간의 상호작용의 관점에서 그리고 인간의 삶의 모습과 삶의 질 관리 측면에서 지역을 바라보고자 하는 방향의 결과물이라고 할 수 있다. 이는 호주, 뉴질랜드, 싱가포르 등 지리교육에서 장소감, 인간의 삶과 장소와의 관계 면에 초점을 둔 교육과정 구성에서도 찾아볼 수 있다(김다원, 2017, 333).

세계지리 지역구분은 '세계의 주요 지역' 학습과 '세계 주요 나라' 학습으로 구분되어 이뤄져 왔다. 제3차와 2007 개정 교육과정에서는 '세계 여러 지역' 학습이라는 단원명으로 제시된 반면, 나머지 교육과정에서는 '세계 여러 나라들' 단원명이 제시되었다. 제3차에서 지역은 열대/사막/초원/한대, 아시아/아프리카/서남아시아/유럽/남북아메리카/대양주/양극 등 자연환경과 위치에 기반한 분류였으며, 2007 개정 교육과정에서는 세계 여러 지역의 문화적 차이 파악하고 이해하는 데 초점을 둔 인문환경에 기반한 지역구분이라고 할 수 있다. 제4차 이후에는 국가 단위의 지역 구분 방식을 취하고 있다. 국가 단위의 지역 학습은 국제이해적 관점에서 국가 간 관계를 살펴보는 데 유익하며, 학습자에게 세계의 한 지역을 중점적으로 살펴보면서 다른 나라에 대한 관점을 함양하는 데 유익성을 지닌다. 그러나 이는 다음 2가지 면에서 논의가 필요하다. 첫째는 초등학교 6학년 2학기에 처음 접하는 세계 지역 학습에서 국가 단위 지역 학습은 세계를 전체적으로 살펴볼 수 있는 시간 확보를 제한한다. 6학년 2학기에는 〈세계의 여러 나라들〉, 〈통일 한국의 미래와 지구촌의 평화〉 의 2개의 대단원을 학습한다. 〈세계의 여러 나라들〉의 학습이 2학기의 절반 정도의 시간을 할애받고 있다는 점을 감안해 볼 때 세계 여러 나라들에 대한 학습은 지구촌을 전체적으로 살펴보는 데 한계가 있다. 둘째는 글로벌 사회로의 변화에 대한 반응의 필요성이다. 과거의 세계는 국가 단위의 역할과 국가 간의 관계 고찰과 국가 간 문화 이해로서 세계화에 대한 준비가 충분했을 수 있지만 오늘날 사회는 세계체제를 구성하고 있다. 그런 면에서 국가단위 지역학습에서는 지역의 자연적, 인문적 특성 학습을 넘어서서 국가 간의 비교, 상호관계 학습으로 확장할 필요성이 있다. 다만, 2015 개정 교육과정에서는 6학년 마지막 단원에 '지구촌' 학습 단원을 설정하여 지구촌의 주요 쟁점과 평화와 발전을 위한 노력 관련 내용을 싣고 있다. 이는 세계시민성 함양을 위한 지리교육의 역할과 관심을 반영한 것으로 보인다.

여섯째, 지역 내용구성 면을 보면, 제1차 교육과정에서 2015 개정 교육과정에 이르기까지 전체적으로 자연환경(위치, 지형, 기후), 인문환경(산업, 인구, 도시, 교통, 자원, 생활 모습), 상호교류 등의 내용을 담고 있다. 제5차 교육과정에서부터는 환경문제, 개발 관련 내용을, 2007 개정 교육과정에서부터는 글로벌 이슈를 포함하고 있다. 그런데 학년별, 지역의 규모별에 구분 없이 모든 지역학습의 내용요소에서 차별성을 찾아보기 어렵다. 지역지리 교육의 목적은 지역의 고유성 파악과 지역에 대한 안목 형성에 있다. 모든 규모의 모든 지역에 대해 동일한 하위 주제 요소를 적용하는 것은 지역성 파악으로 연계될 수 없는 한계가 있을뿐더러 지역을 보는 안목의 형성에도 도움이 되지 않는다(류재명, 1998, 6). 그리고 학습 단계에 맞춰 학습자가 가지고 있는 지역에 대한 지식에 따라서 더 심층적 학습으로 연계될 필요가 있다(Standish, 2018b, 99). 지역의 고유성은 본래적이지 않고 끊임없이 사회적으로 구성된다. 지역을 이해하기 위해서는 자연환경, 인문환경, 사회적 관계의 3 영역 간 복합적 파악이 요구된다(최원회, 2017, 216). 그런데 지역에 따라 지역의 정체성 형성에 영향을 미치는 요인은 다양하다. 그러므로 지역성 파악을 위한 지역학습에서는 지역의 규모에 따라 그리고 지역 학습의 단계에 따라 내용요소의 차별화가 필요하다. 그렇지 않으면, 지역성 파악보다는 지역에 대한 외적 표상에 치중한 지역 이미지를 심어 줄 가능성이 있다(Bell, 2001, 79; 이영진, 2018, 136). 지역의 규모에 따라서 그리고 지역학습의 단계에 맞는 적정 내용 선정에 대한 논의가 필요하다.

4. 결론 및 제언

지리교육의 내용선정과 조직은 지리교육의 목표 설정 못지않게 중요한 부분이다. 끊임없이 변화하는 사회에서 사회변화상을 반영하면서 지리교육의 본질적 목적에 도달하기 위해서 내용선정 및 조직은 늘 지리교육의 관심영역이 되어 왔다. 특히, 지역을 어떻게 구분할 것인가, 지역학습을 위한 내용을 무엇으로 채울 것인가, 내용을 어떻게 다룰 것인가 등이 핵심 과제에 해당한다. 특히, 초등학교 지리교육에 대한 연구와 논의는 학습자의 지리지식과 지리적 사고의 기초를 형성하고 이후 중고등학교에서 지리학습을 이어가는 연결고리가 되기 때문에 이에 대한 관심은 특별히 중요하다고 볼 수 있다. 본 글에서는 제1차 교육과정에서부터 2015 개정 교육과정에 이르기까지 초등학교 지리영역의 지리교육 내용을 분석하고, 지역학습을 위한 지역구분과 지역 내용구성의 변화를 살펴보고, 초등 지리영역 지역학습을 위한 바람직한 방향을 찾아보았다. 다음과 같은 긍정적 변화가 많았지만 향후 논의가 필요한 부분도 찾아볼 수 있었다.

첫째, 초등 지리교육의 지역학습의 목표는 '인간과 자연환경 간 관계 파악'을 토대로 '인간 생활을 향상 시키려는 태도와 능력 함양'에 초점을 두면서 '지역의 문제 파악 및 해결에의 태도 형성', '지역 간 상호의존 관계 파악', '지역 문제에의 관심과 지역 개발에의 참여' 등의 내용으로 확장하고 있다. 이는 '지역성 파악' 중심의 지역지리 교육에 '시민성 함양' 목표의 추가 결과라고 볼 수 있다.

둘째, 우리나라 중분류 지역구분 방식은 자연환경, 위치 중심의 지역 구분에서 인문환경 중심의 지역구분 방식으로의 변화를 보였다. 이는 인간과 환경 간의 상호작용의 관점에서 그리고 인간의 삶의 모습과 삶의 질 관리 측면에서 지역을 바라보고자 하는 방향의 결과물이라고 할 수 있다. 인간 삶 중심의 지역 관점 변화라고 할 수 있다.

셋째, 초등 지리교육에서 세계지역 학습 영역에 대한 고민이다. 그간 세계지역 학습은 세계의 주요 지역 학습과 세계 주요 나라 학습으로 구분되어 이뤄져 왔다. 2015 개정 교육과정에서는 관계 깊은 나라/이웃 나라 단위의 지역학습으로 구성되어 있다. 국가 단위 학습은 제한된 시간에 세계의 다양성을 전체적으로 살펴보는 데 한계가 있을뿐더러 국가 단위 지역성을 상위 수준의 문화권 내에서 또는 글로벌 사회 내에서 지역 간 관계적 측면을 살펴보는 데 한계가 있다. 그리고 과거 국가 간 관계적 입장이 강조되었던 사회와는 달리 오늘날 사회는 글로벌 사회라는 네트워크화된 세계체제의 특성을 지니고 있다. 그러한 면에서 국가 단위 세계 지역 학습은 향후 논의가 필요하다고 본다.

넷째, 학년 급별 지역구성 방식은 환경확대구성 원리를 적용해 오고 있다. 이는 상위 수준의 지역과 하위 수준의 지역 간 상호작용 및 관계를 살펴보는 데 한계가 있을뿐더러 자연환경에 기반한 지역의 생활상 파악에도 한계가 될 수 있다. 그간 많은 연구자들에 의해 이러한 문제점이 지적되고 있으며, 특히 오늘날과 같은 글로컬 시대에서 세계와 연계한 지역성 파악, 그리고 신지역지리에서 강조하고 있듯이 다양한 층위의 지역 간 상호작용에 의한 지역성 파악의 필요성이라는 면에서 볼 때 향후 이에 대한 대안 모색이 필요하다고 본다.

다섯째, 지역 규모에 따른 지역 내용 요소의 차별화 필요성이다. 그간 초등 지리교육에서는 지역 규모에 상관없이 자연환경(위치, 지형, 기후), 인문환경(산업, 인구, 도시, 교통, 자원, 생활 모습), 상호교류 중심의 내용 구성의 일관성을 유지하고 있다. 지역학습의 목적은 지역의 고유성 파악과 지역 간 관계 파악을 통한 지리적 안목 형성에 있다. 지역의 고유성 파악을 위해서는 지역에 따라서 선정 내용의 차별성이 필요하며, 지역 내 구성 요소들 간 그리고 다양한 층위의 지역들 간 관련 상호작용을 파악하는 것이 필요하다. 시공간에 걸친 사회적 과정과 역사적 실재들을 아우르는 지역학습이어야 한다. 또한, 학년급에 따라 학습자의 지역 지식에 기반하여 더 심층적인 지역학습이 이뤄지질 수 있도록 지역 학습 정도에 따라서 적정 주제 선정이 필요하다. 즉, 지역이해를 위한 다양한 접근 방식에 대한 논의가 필요하다.

그간 지리교육에서 지역지리와 계통지리 교육 간 더 적합한 접근 방식에 대한 논의가 지속되어 왔지만 초등 지리교육에서는 지역지리적 접근 방식을 취하고 있다. 많은 연구에서는 지역지리와 계통지리 간의 조화로운 활용의 필요성(류재명, 1998; Gersmehl, 2008; 박선미, 2017; Standish, 2018a), 지역구성방식에서 탄력적 환경 확대 방식 적용의 유용성(남호엽, 2002; 심승희, 2008; 박선미, 2017), 지역성 파악을 위한 기제와 동인의 다양성 활용 필요성(손명철, 2017), 학습자에게 학습내용의 유용성 인식과 호기심 유발의 필요성(조성욱, 2014) 등을 제시하고 있다. 이러한 연구는 지역지리 교육은 학생들로 하여금 변화하는 사회의 다양성을 지역을 통해서 볼 수 있는 지리적 사고력을 길러 주고 학습자에게 지속적인 학습호기심을 불러일으키는 지역학습을 지향하고 있다.

본 글에서는 초등 지리교육에서 지역학습을 위한 지역구분 방식, 내용구성방식 등에 대해서 비판적 논의에 한정하였다. 차후 연구에서는 초등학교 지역학습에서 어떻게 지역을 구성할 것인지, 지역별로 어떤 내용주제를 선정할 것인지 등에 대해 한층 더 심층적인 연구가 진행되기를 희망한다.

• 요약 및 핵심어

요약: 본 글에서는 제1차 교육과정에서부터 2015 개정 교육과정에 이르기까지 초등학교 지리영역의 지역학습을 위한 지역 구성방식과 내용구성의 변화를 살펴보고, 지역학습을 위한 바람직한 방향을 제시하였다. 우리나라 초등 지리교육과정에서 지역 구성방식은 고장→우리 지역(지역사회 또는 우리나라 지역, 지방)→우리 국토→세계 여러 나라→지구촌의 틀을 유지하면서 환경확대적 구성방식을 보여 준다. 지역 내용구성에서는 자연환경(위치, 지형, 기후), 인문환경(산업, 인구, 도시, 교통, 자원, 생활 모습), 상호교류 등의 내용을 주로 담고 있다. 그리고 학년별, 지역의 규모별에 구분 없이 지역의 내용구성은 비슷한 항목으로 구성되어 있다. 이는 글로벌(글로컬) 시대에서 요구하는 지역 간 상호작용과 글로벌 맥락에서 지역성 파악 학습 등을 위해서 향후 충분한 고민과 논의가 필요한 사항이라고 볼 수 있다.
핵심어: 초등지리교육(primary geography education), 지역지리(regional geography), 지역학습(regional learning), 지역성(regionality)

• 더 읽을거리

박선미, 2018, 한국 지리교육과정의 쟁점과 전망, 문음사.
안종욱, 2016, 지리교육과정의 기원을 읽다: 우리나라 지리교육의 당면문제, 푸른길.
엘스워스 헌팅턴(한국지역지리학회 역), 2013, 문명과 기후, 민속원.
하름 데 블레이(황근하 역), 2015, 공간의 힘, 천지인.

참고문헌

교육부, 2015, 사회과교육과정, 교육부 고시 제2015-74호 별책 7.
권정화, 1997, 지역인식논리와 지역지리 교육의 내용 구성에 관한 연구, 서울대학교 대학원 박사학위논문.
김갑철, 2016, 세계시민성 함양을 위한 지리교육과정의 재개념화, 대한지리학회지, 51(3), 455-472.
김다원, 2016, 세계시민교육에서 지리교육의 역할과 기여- 호주 초등 지리교육과정 분석을 중심으로, 한국지리환경교육학회지, 24(4), 13-28.
김다원, 2017, 지리교육의 기본개념 분석 연구: 국내외 지리교육과정 분석을 중심으로, 한국지리학회지, 6(3), 319-337.
김다원, 2018, 초등학교 지리교육과정에서 지역학습 구성방식과 내용구성 변화 분석, 7(3), 261-274.
김재일, 2007, 초등학생들의 스케일 선호도에 근거한 지평확대법의 비판적 논의, 서울대학교 사범대학 박사학위논문.
남상준, 1999, 지리교육의 탐구, 교육과학사.
남호엽, 2002, 초등학교지리교육과정의 쟁점과 대안의 모색, 한국지리환경교육학회지, 10(1), 53-64.

류재명, 1991, 우리의 삶터를 아름답게, 한울.
류재명, 1998, 지리교육 내용의 계열적 조직 방안에 대한 연구, 지리·환경교육, 6(2), 1−18.
류재명, 2003, 지리교육이 나갈 방향과 앞으로의 과제, 대한지리학회보, 78, 1−3.
박선미, 2017, 우리나라 중학교 지리교육과정의 지역 학습 내용과 그 조직 방법의 변화, 대한지리학회지, 52(6), 797−811.
서태열, 2003, 지평확대역전모형에 대한 옹호, 대한지리학회보, 79, 1−3.
서태열, 2005, 지리교육학의 이해, 한울아카데미.
손명철, 2017, 한국 지역지리학의 개념 정립과 발전 방향 모색, 한국지역지리학회지, 23(4), 653−664.
심승희, 2008, 우리나라 초등 지리교육과정의 변화, 한국지리환경교육학회지, 16(4), 347−364.
이경한, 2015, 유네스코 세계시민교육과 세계지리의 연계성 분석, 국제이해교육연구, 10(2), 45−75.
이영진, 2018, 전적과 평화, 한국국제이해교육학회 19차 학술대회 자료집, 123−137.
이 찬, 1969, 지리교육에서의 기본개념, 새교육, 4.
정문성·설규주·구정화, 2009, 초등 사회과교육, 교육과학사.
조성욱, 2014, 경제지리 교육내용 구성 방법의 문제점과 대안 검토, 한국지리학회지, 3(1), 1−15.
조철기, 2013, 글로벌 시민성 교육과 지리교육의 관계, 한국지역지리학회, 19(1), 162−180.
조철기·이종호, 2017, 세계화 시대의 세계지리교육, 어떻게 할 것인가?, 한국지역지리학회지, 23(4), 665−678.
최영준, 1990, 택리지: 한국적 인문지리서, 진단학보, 69, 165−189.
최원회, 2017, 청양군의 지역정체성 연구, 한국지리학회지, 6(2), 215−253.
Bell, J., 2001, Questioning place while building a regional geography of the former Soviet Union, *Journal of Geography*, 100(2), 78-86.
Gersmehl, P., 2008, *Teaching Geography*, New York: Guilford Press.
Pattison, W. D., 1964, The four Tradition of Geography, *Journal of Geography*, Vol.LXIII.
Rees, P. W., and Legates, M., 2013, Returning “region” to world regional geography, *Journal of Geography in Higher Education*, 37(3), 327-349.
Standish, A., 2018a, The Place of Regional Geography, In Jones, M and Lambert, D. (eds.), *Debates in Geography Education* (second edition). London, Routledge.
Standish, A., 2018b, Geography, in Standish, A. & Cuthbert, A. S., eds., *What should Schools Teach?*, UCL IOE Press, 88-103.
Winder, G., and Lewis, N., Performing a new regional geography, *New Zealand Geographer*, 66, 97-104.
국가교육과정정보센터, 우리나라 교육과정, http://ncic.re.kr/mobile.kri.org4.inventoryList.do.

10. 다중스케일적 접근을 통한 초등학교 지역학습

이동민(가톨릭관동대학교)· 최재영(대구가톨릭대학교)· 권은주(서울대학교)

1. 들어가며

"선생님, 에펠탑 사진 보여 주세요!", "중국 하면 만리장성이지요!" 과거 필자(제1저자)가 초등학교에 근무하던 시절, 프랑스와 중국에 대해서 이야기를 할 때마다 학생들은 이와 같은 반응을 보였다. 어찌 보면 딱히 잘못된 반응도 아니고, 누구나 생각할 만한 평범하고 당연한 반응일지도 모른다. 에펠탑, 만리장성 등은 초등학생뿐만 아니라 대부분의 성인에게도 프랑스와 중국을 상징하는 대표적인 문화 경관으로 자리 잡고 있기 때문이다.

하지만 프랑스에 가서 에펠탑만 보고 왔다거나 중국에 가서 만리장성만 보고 왔다면, 그런 여행은 '일부분에 국한된 여행'이기도 하다. 프랑스의 문화재가 에펠탑 하나뿐인 것도 아니고, 중국의 볼거리가 만리장성 하나만 존재하는 것도 아니기 때문이다. 스케일을 달리 보면 에펠탑은 프랑스의 에펠탑이기도 하지만, 파리의 에펠탑이기도 하다. 만리장성은 오늘날 중국을 대표하는 관광지로 한국인 관광객들이 많이 방문하는 장소이기도 하지만, 관광객들이 흔히 방문하는 만리장성은 베이징 부근의 바다링(八達領) 등 관광지로 개발·공개된 일부의 구간에 지나지 않는다. 즉, 만리장성을 다녀왔다는 말은 엄밀히 말하면 만리장성의 극히 일부분만 보고 왔다고 할 수 있다. 조금 더 범위를 넓혀, '프랑스 여행'이라든가 '중국 여행'이라는 표현도 엄밀히 보자면 애매하고 부정확한 측면이 크다. 예를 들어 '프랑스 여행'이라고 하면 프랑스 전역을 수 개월에 걸쳐 답사하는 형태의 여행이 있을 수도 있지만, 파리나 마르세유 같은 대도시, 혹은 유명 관광지만 들르는 형태의 여행일 수도 있기 때문이다. 프랑스령 뉴칼레도니아와 폴리네시아와 같이 남태평양에 위치한 프랑스의 해외령에 다녀오는 것도 넓은 의미에서 프랑스 여행에 속한다.

이처럼 어떠한 장소나 공간, 지역 등을 제대로 인식 또는 이해하려면, 단순히 명목상의 지명만을 바라볼 것이 아니라 공간적 스케일에 대해서도 염두에 둘 필요가 있다. 지표 공간에서 일어나는 여러 가지 지리 현상들의 의미와 형성·작용 과정을 제대로 이해하기 위해서는, 그러한 현상이 어떤 스케일에서 일어나는지, 그리고 어떠한 스케일의 관점에서 그러한 현상을 이해할 것인지에 대한 이해가 선행되어야 한다. 이러한 점에서 지표공간을 스케일의 다층성 및 다층적인 스케일들 간의 상호작용이라는 관점에서 접근하는 지리학적 인식론인 다중스케일적 접근은 지역인식이라는 측면에서 매우 중요하다. 이는 특히 초등지리교육에서 중요하게 다루어질 필요가 있다. 초등학교 시기는 인간의 세계와 지표 공간에 대한 인식과 이해의 토대가 이루어지는 단계인 만큼, 이 시기부터 공간적 스케일의 다층성과 다양성에 대한 인식을 바탕으로 지역의 다양성과 관련성을 제대로 이해할 수 있도록 지도할 필요가 있기 때문이다(이동민·권은주·최재영, 2016; 이동민·최재영, 2015; Catling, 2004; Jan Bent *et al*., 2014).

본 장에서는 우선 다중스케일적 접근의 의미와 초등지리교육적 의의를 살펴본 다음, 다중스케일적 접근을 바탕으로 한 초등학교 사회과 지리영역의 지역 관련 수업 사례를 몇 가지 제시하고자 한다. 그리고 이를 토대로 다중스케일적 접근의 초등지리교육적 의미와 가능성에 대해서 논의하고자 한다.

2. 다중스케일적 접근과 공간 스케일

1) 스케일 개념이 갖는 지리학적·지리교육적 의미

스케일(scale)은 사전적으로는 저울, 축척, 척도, 규모 등의 의미를 가지는 단어이다. 축척은 지도를 구성하는 가장 기본적이면서도 핵심적인 요소에 속하기 때문에 'scale'이라는 용어 자체는 지리학에서도 널리 사용되어 왔다.

하지만 1990년대 이후 지리학계에서는 스케일이라는 단어를 단순히 축척이라는 의미를 넘어서, 지리학의 인식론적 틀로 재인식하기 시작하였다. 즉, 인간의 지표 공간에 대한 인식이 절대적이고 보편적인 기준이 아닌, 마을, 도시, 문화권, 대륙 등과 같이 지리 현상이 일어나는 규모라든가 영역, 범위 등을 규정하기 위해 만들어놓은 개념적 틀을 바탕으로 이루어진다는 것이다(박배균, 2012; Brenner, 2001; Delaney and Leitner, 1997; Moore, 2008). 예컨대 우리에게 유럽과 아시아로 알려진 지역을 인문사회적 관점에 따라 유럽과 아시아로 분류하기도 하고, 지형학적·지질학적 기준에 의거하여 유라시아 대륙으로 구분하기도 하며, 북아메리카를 캐나다, 미국, 멕시코와 같은 국가 스케일로 구분하기도 하고, NAFTA라는 자유무역권으로 통합하여 인식하기도 한다는 사실은, 인간의 지표 공간에 대한 인식이 스케일이라는 사회·문화적 맥락의 바탕 위에서 인위적으로 만들어진 틀을 바탕으로 이루어진다는 것을 잘 보여 주는 사례에 해당한다(김종규 역, 2007; 이동민·최재영, 2015; Brenner, 2001; Deleaney and Leitner, 1997).

이처럼 스케일은 인간에 의해 규정된, 지표 공간의 인식 기준이 되는 일종의 지리학의 인식론적 틀이라고 할 수 있다. 이러한 점에서 스케일은 인문지리학 연구뿐만 아니라, 지리교육적으로도 중요한 개념에 해당한다. 실제로 지리교육 분야에서는 스케일을 위치, 장소, 분포 등과 더불어 지리교육의 가장 기본적인 요소로 전제하고 있으며, 스케일에 대한 이해를 지리교육의 근간을 이루는 중요 과제로 상정하고 있다(Heffron and Downs, 2012). 따라서 지리교육은 학생들의 위치나 장소, 지표 공간에 대한 이해의 제고는 물론, 지표 공간 및 그 위에서 일어나는 다양한 지리적 현상과 사상들을 지리적 스케일의 관점에서 바라보는 안목의 함양에도 주안점을 두어야 한다.

종합하면 스케일이란 지표 공간 및 지리 현상의 규모, 범위와 관련된 지리적 인식의 틀을 말하며, 스케일에 대한 올바른 이해는 지리학 연구를 위한 필수적인 과제에 해당할 뿐만 아니라, 지리교육의 핵심을 이루는 중요한 요소이기도 하다.

2) 다중스케일적 접근

다중스케일적 접근이란 지표 공간을 특정 스케일에 국한해서 인지하지 않고, 스케일의 다층성 및 다층적 관련성에 입각하여 접근하는 지리학적 인식론을 말한다(박배균, 2012; 박배균·최영진, 2014; 황진태·박배균, 2014; Brenner, 2001; Bulkeley and Moser, 2007). 예를 들어 황진태·박배균(2014)은 구미산업단지의 형성 과정을 국가 정책이라는 국가 스케일에서만 접근하기보다는, 정부(박정희)와의 지연을 토대로 구미시에 국가산업단지를 유치하려는 구미 지역유지 등과 같은 지방 스케일의 행위자, 구미시 출신 재일교포[1]와 같은 국제 스케일의 행위자 등 다층적 스케일의 행위자들 간에 일어나는 역동적 상호작용과 관련성에 따른 산물로 이해할 필요성이 있다고 논하였다. 그리고 애그뉴(Agnew, 1997)는 1990년대 초반 이탈리아의 정당정치 양상을 단순히 국가의 정세 흐름이라는 차원을 넘어, 이탈리아 정치의 다양한 지리적 특성과 요인을 지리적 스케일의 다양성, 다층성이라는 측면에서 분석한 바 있다.

이러한 다중스케일적 접근은 인문지리 분야에만 국한되지 않는다. 지형, 기후 등의 지연지리 현상 역시 다중스케일적 접근을 바탕으로 다각적인 차원에서 인식 및 이해할 수 있다. 예컨대 불켈리와 모저(Bulkeley and Moser, 2007)는 기후변화 문제를 특정 국가나 지역에 국한된 문제라기보다는 지구(세계), 대륙, 국가, 지역, 기후대, 문화권 등 다양한 스케일에서 원인, 과정, 대안 등을 접근하고 모색할 필요가 있으며, 이러한 논의를 토대로 기후변화에 효과적으로 대처하기 위한 다중스케일적 거버넌스의 필요성에 대해 제안한 바 있다.

종합하면 다중스케일적 접근이란 지리 현상 및 공간과 관련된 각종 정치적, 사회적, 경제적, 문화적, 환경적 논제를 다양한 공간스케일의 다층적인 관련성 및 상호작용이라는 관점에서 인식하고 접근하고자 하는 지리학의 새로운 인식론이라고 할 수 있다. 따라서 다중스케일적 접근은 지리 현상을 특정 스케일에만 고착해서 바라보는 관점을 지양하고, 투과적 경계를 가진 스케일들 간의 중층적 관계와 연결성을 중심으로 살펴볼 필요가 있다

3. 아동의 지역 인식과 다중스케일적 접근의 초등지리교육적 의미

1) 아동의 지역 인식과 공간 스케일

아동의 지역 인식 스케일에 대한 전통적인 관점은 환경확대법에 입각하였다. 환경확대법은 아동의 성장에 따라 공간 인식의 스케일이 확대되며, 교육내용 및 교육과정은 이와 같은 아동의 지역 인식을 고려하여 이루어져야 한다는 관점이다. 환경확대법은 아동의 성장 및 발달에 따른 경험의 범위에 따라 공간 스케일을 조직한다는 원리로, 18세기 페스탈로치 학교의 교육방법 및 교

1 이 당시 재일교포는 경제발전에 요구되는 외화를 제공하는 등 경제적 중요성이 큰 주체였음(황진태·박배균, 2014).

육과정에 연원한다(Akenson, 1987). 환경확대법에 따르면 학령이나 학년이 낮은 경우에는 학생이 활동하고 경험할 수 있는 공간 스케일의 범위가 작기 때문에 고장, 마을 등 작은 스케일의 내용을 다루고, 학령과 학년이 높아질수록 도시, 국가, 대륙, 세계 등과 같은 큰 스케일의 공간을 다룬다. 요컨대, 학령이 증가하고 학년이 올라갈수록 더 큰 스케일의 공간을 학습한다는 원리이다.

환경확대법은 20세기 초반 미국 사회과교육학회(National Council for Social Studies)에 의해 사회과 교육과정 편성 원리로 채택된 이래, 사회과 및 지리교육의 교육과정 편성 및 내용 구성 원리로 널리 활용되어 왔다. 하지만 20세기 이후 환경확대법에 대한 비판과 문제제기가 이루어져 오고 있다(김재일, 2005, 2008; 류재명, 2002; Brophy and Alleman, 2006; Wade, 2002). 환경확대법은 인간의 발달과정에 따른 공간인식의 문제를 지나치게 획일화해서 접근한 측면이 있는데다, 오늘날 교통과 매체의 발달에 따른 아동의 공간인식 특성과는 맞지 않는다는 것이 이러한 비판의 주된 논리이다. 이러한 점에서 기존의 환경확대법의 논리를 역으로 접근하여, 저학령·저학년에서는 학생들의 관심과 흥미를 충족할 만한 큰 스케일의 내용을 다양하게 가르치고, 학령과 학년이 증가할수록 작은 스케일의 내용을 심도 있게 다루어야 한다는 역 환경확대법이 제기되기도 하였다(김재일, 2008; 송언근·김재일, 2002).

요컨대 스케일은 인간이 지표 공간을 인식하는 기본적인 단위인 만큼, 사회과 및 지리교육에서 공간스케일을 어떻게 다루는가의 문제는, 단순히 교육과정 구성의 문제를 넘어 인간의 공간인식, 장소인식, 지역인식의 근간을 이루는 문제로 접근할 필요가 있다. 이러한 점에서, 기존의 환경확대법을 넘어 오늘날의 교육적·사회적 맥락에 적절한 공간 스케일적 접근 방향의 모색은 지리교육의 중요한 과제라고 할 수 있다. 그리고 본 장에서 다루는 다중스케일적 접근 역시, 기존의 환경확대법 또는 단일스케일적으로 고착된 관점에서 이루어진 접근을 보완할 수 있는 일종의 대안적 접근으로서 가치가 크다고 판단된다.

2) 초등지리교육에서 다중스케일적 접근을 적용할 필요성과 의의

초등학교 시기는 교과교육으로서의 지리교육이 본격적으로 이루어지는 첫 단계인 동시에, 인간의 세계와 지역에 대한 인식의 기초가 형성되는 시기이기도 하다(이동민·권은주·최재영, 2016; 이동민·최재영, 2015; 이선영, 2010; Lee, 2018; Spencer and Blades, 1993). 이러한 사실은, 초등학교 시기에 지역과 세계에 대한 인식의 기초를 세울 필요성을 시사한다. 다시 말해서, 초등사회과 등을 통한 지리교육을 통해서 초등학생로 하여금 지리적 관점을 형성하고 지리적 사고를 할 수 있도록 교육하고 지도할 필요가 있다는 것이다(Lee, 2018; William and Catling, 1985)

지역과 세계에 대한 인식의 기초를 세운다는 명제는 여러 측면에서 접근할 수 있다. 여기서 스케일도 예외가 아니다. 인간의 지표 공간에 대한 인식은 스케일이라는 틀을 바탕으로 이루어지는 만큼, 초등학교 시기에서부터 다양한 스케일의 장소, 공간, 지역 등을 다각적으로 바라보고 이해할 수 있는 안목을 길러 줄 필요가 있다(김병연, 2018; 조철기, 2018; Heffron and Downs, 2012). 지역의 다중스케일적 측면을 고려하지 않은 채 특정 스케일에서만 지역을 접근할 경우 초등학생들은 지역의 단편적인 특징이 해당 지역의 전부인양 왜곡하여 이해할 수 있으며, 이러한 문제는 선행연구들을 통해서 실제로 논의된 바 있다. 일례로 아프리카 대륙은 열대기후와 건조기후의 두 가지 기후유형만 존재하며 흑인들만 거주하는 대륙이라는 오개념(Ballantyne, 2000; Pires, 2000), 도시나 촌락 지역을 각각 인공 구조물과 1차산업 경관만 존재하는 공간으로 왜곡해서 인지하는 문제(이동민·권은주·최재영, 2016), 카스피해를 둘러싼 인접국들의 자원 갈등 문제를 국제 정치 및 경제라는 글로벌 스케일의 맥락을 간과한 채 인접국 간의 갈등으로만 접근하는 문제(김한승·최재영, 2017) 등이 이러한 사례에 해당한다. 이처럼 지역을 특정한 스케일에서만 이해함으로써 지역의 다양한 특성과 의미를 간과하고, 결과적으로 지역에 대한 왜곡되거나 편협한 인식을 낳는 문제를 이동민·최재영(2015)은 '지역인식의 단일스케일적 고착(fixation of regional recognition of a single scale)'이라고 명명하였다.

지역인식의 단일스케일적 고착이라는 문제는 지역에 대한 왜곡된 이해를 야기하여 결과적으로 세계에 대한 몰이해와 편견을 강화할 수 있으므로, 초등학교 시기에서부터 학생들에게 다중스케일적으로 지역과 세계를 이해하는 안목을 길러 줄 필요가 있다. 앞서 언급한 것처럼, 지역인식의 단일스케일적 고착이라는 문제가 교육적으로 갖는 심각성은 여러 연구들을 통해서 논의된 바 있다. 더욱이 초등학교 시기는 세계에 대한 이해의 토대가 형성되는 시기인 만큼, 이 시기에 세계와 지역을 다중스케일적으로 접근하는 안목을 기르는 일은 매우 중요하다.

이러한 점에서, 초등학교 시기부터 학생들이 세계를 대륙, 국가 등 특정 스케일에 고착된 관점이 아닌 다양한 스케일의 시각에서 바라보도록 지도하고 교육할 필요성이 제기된다.

4. 다중스케일적 초등학교 지역지리 교수-학습 방안의 사례

1) 다중스케일적 접근을 통한 아프리카 지역지리 수업 지도 방안[2]

아프리카 대륙은 지구상에 존재하는 여러 대륙들 중에서도 부정적인 편견이나 제국주의, 서구 중심주의 등의 왜곡된 고정관념에 의해 잘못 인식되고 이해되는 경우가 특히 많다. '검은 대륙', '미개한 대륙' 등과 같은 표현들이 바로 이 같은 아프리카에 대한 왜곡된 인식을 적나라하게 보여주는 사례에 해당한다(이동민·최재영, 2015; Lee and Ryu, 2013; Mayers, 2001; Pires, 2000). 이 같은 아프리카에 대한 왜곡된 인식은 제국주의, 서구 중심주의, 인종주의 등의 문제와 더불어, 스케일의 문제와도 연결 지어 살펴볼 필요가 있다. 왜냐 하면 상기한 아프리카에 대한 왜곡된 인식과 이미지는, 아프리카를 다양한 지리 현상이 다층적으로 연관성을 가지며 존재하는 대륙이 아니라, 몇 가지 특정한 지리 현상만 균질적으로 존재한다는 단일스케일적으로 고착된 관점으로 접근하는데서 기인한 부분이 크기 때문이다.

아프리카에 대한 다중스케일적 접근은 다양한 관점에서 이루어질 수 있다. 예컨대 Good, Derudder, and Witlox(2011)는 아프리카를 항공 노선이라는 관점에서 4개의 대영역으로 재분류할 수 있는 방안을 제시한 바 있다. 이처럼 아프리카는 단순히 '열대 기후', '사막 기후'와 같은 기후 등에 토대한 전통적 지역구분뿐만 아니라, 다양한 관점에서 다양한 스케일로 구분되고 인식될 수 있다. 이 외에도 아프리카에는 다양한 기후가 나타나고 인종, 민족, 문화, 경제 등에서도 스케일에 따라 다양한 패턴이 존재한다(Meyers, 2001; Pires, 2000). 그리고 이러한 다양한 스케일적 패턴은 아프리카의 역사, 탈식민주의, 정치, 경제 등 다양한 스케일적 요인(예: 제국주의 시대의 아프리카 식민지 및 독립 시기에 식민 모국의 입장에서만 자행된 국경 분리, 오늘날 아프리카 국가들과 옛 식민 모국 간의 정치·경제적 관계, 중국의 일대일로(一帶一路) 정책 등 오늘날 아프리카를 둘러싼 국제적인 정치적·경제적·군사적·사회적 관계와 정세 등)과도 관련되는 만큼, 아프리카에 대한 심층적이고 현실적인 이해가 이루어지려면 스케일의 다양성 및 이들 간의 상호관련성에 주목하는 다중스케일적 접근에 바탕한 이해가 이루어질 필요가 있다(Charbonneau, 2008; Ferdinand, 2016; Lewis, 2003).

지리교육에서도 아프리카에 대한 다중스케일적 접근 방안을 다양한 관점에서 모색할 수 있다.

2 본 절에 소개된 사례는 이동민·최재영(2015)의 논문에 소개된 사례를 재구성한 것임.

예컨대 인간 집단이나 문화 유형의 분포를 통해서 아프리카 대륙에 존재하는 사회 유형, 문화 유형 등의 다양성에 대한 이해를 제고할 수 있을 것이다. 더욱이 앞서 말한 것처럼 초등학교 시기에 인간의 세계에 대한 기본적인 인식의 토대가 형성되는 시기이므로, 이 시기에 세계를 다중스케일적으로 바라볼 수 있는 관점과 능력을 길러 주는 일은 지리교육적으로도 매우 중요하다. 본고에서는 이 같은 다중스케일적 접근에 토대한 초등학교 사회과 지리영역에서의 아프리카 지역학습 방안의 사례로, 이동민 · 최재영(2015)의 논의를 소개해 보고자 한다.

이동민 · 최재영(2015)이 제안한 방안에 따르면 우선 학생들의 아프리카에 대한 기존의 인식양상을 확인하고 정리한 다음, 다중스케일적 접근에 토대한 활동을 통하여 아프리카는 열대기후와 건조기후만이 존재하고 흑인들만 살아간다는 인식, 또는 국경으로만 아프리카를 구분하였던 기존의 관점에 인지부조화를 유도한다. 이를 통해서 아프리카에는 스케일에 따라서 다양한 기후들이 존재한다는 사실, 그리고 이러한 스케일적 기후현상들이 다층적으로 관련되면서 아프리카의 기후 특성으로 정리된다는 스케일의 다층적 관련성 및 상호작용에 대한 이해를 유도한다. 결론적으로 이동민 · 최재영은 아프리카에 대한 다중스케일적 접근을 통하여 초등학생이 아프리카를 열대기후, 건조기후, 흑인들만 존재하는 단일스케일적으로 고착된 인식에서 벗어나, 다중스케일적 접근을 통하여 아프리카에 대한 보다 심층적이고 사실적인 이해를 하게끔 지도하는 데 초점을 맞추었다. 이 같은 다중스케일적 교수–학습활동은 〈표 2〉, 〈그림 1〉과 같은 학습자료 및 학습지를 활용하여 진행할 수 있다. 이동민 · 최재영(2015)은 이 단계에서의 활동 사례로 아프리카의 기후를 주

표 1. 이동민 · 최재영(2015, 8)이 제안한 초등사회과 지리영역 아프리카 대륙의 다중스케일적 지역학습 사례의 각 단계(내용 일부 재구성)

단계	주요 학습 내용 및 활동
기존 인식 확인	– 대상 지역과 관련된 특정한 지리적 특성에 관하여 학생들이 기존에 갖고 있는 인식 확인, 질의 및 응답을 통해 단일스케일적 인식에 기인하는 고정관념이나 편견 확인. – 고정관념 및 편견 등에 대한 반례를 제시함으로써, 학생들의 인지부조화 유도.
다중스케일적 접근	– 대상 지역의 특정한 지리적 특성(예: 지형, 기후)에 관한 학습지 활동을 통한 다양한 스케일적 접근(예: 지역, 대륙, 국가, 세계 스케일). 이 단계에서는 사회과부도 활용을 통하여, 위치학습 또한 자연스럽게 일어나도록 설계. – 교사의 지식 전달 위주가 아닌, 학생들의 직접적 · 능동적 참여가 일어나도록 하는 데 주안점을 둘 것. – 지리적 특성(예: 인종, 종교)은 해당 지역 내부 스케일은 물론 외부 스케일의 차원과도 연결됨을 지도.
전체 정리	– 학생들이 기존에 형성한 인식, 그리고 다중스케일적 지역학습 활동으로 새롭게 인지한 내용을 비교 · 정리함. – 대상 지역의 지리적 특징은 다양한 스케일에서 다각적으로 발현될 수 있음을 이해하게끔 지도함.

제로 한 다중스케일적 교수–학습 사례를 제시하였는데, 이를 통해서 초등학생들이 단일스케일적으로 고착된 관점에서 탈피하여, 다양한 지리적 특성의 존재 및 이들 간의 다층적 관련성에 대해서 제대로 이해할 수 있도록 하는 데 주안점을 두었다. 이와 같은 다중스케일적 지역학습을 위한 교수–학습방법의 사례를 구성하는 각 단계 및 단계별 특징은 〈표 2〉에 정리된 내용과 같다. 이러한 다중스케일적 수업은 기후 외에도 다양한 주제에 적용할 수 있을 것이다.

2) 다중스케일적 접근을 통한 대도시 관련 수업 지도 방안[3]

다중스케일적 접근은 대륙이라든가 문화권 등과 같은 큰 스케일의 지역에 대한 학습뿐만 아니라, 지방, 도시, 마을 등과 같은 비교적 작은 스케일의 주제에도 적용할 수 있다. 그리고 앞 절에서 살펴본 이동민 · 최재영(2015)의 사례는 기후, 즉 자연지리 현상에 초점을 맞춘 사례이기도 하다.

이번 절에서 소개하는 이동민 · 권은주 · 최재영(2016)의 사례는 도시라는 비교적 작은 스케일에서 일어나는 인문지리 현상을 주제로 한 다중스케일적 지역학습 방안을 제시하고 있다. 이들이 제안한 다중스케일적 교수–학습 방안은 도시의 지리교육적 중요성, 그리고 아동의 도시지리라는 두 가지 측면과 관련된 문제의식에 토대하고 있다.

우선 20세기 이후 도시화의 급격한 진전으로 인해 오늘날에는 세계적으로 도시화율이 크게 향상되고 있으며, 우리나라의 경우를 살펴보더라도 2000년대 이후의 도시화율은 80~90%에 달할 정도이다(조명래, 2009; Pacione, 2009; Schneider *et al*., 2010). 이처럼 세계화의 급속한 진전과 더불어, 도시 공간은 지리학적으로는 물론 지리교육적으로도 중요한 주제로 부상하였다. 2009 개정 및 2015 개정 교육과정 등 최근의 교육과정을 분석하더라도 도시는 사회과 및 지리 교과/영역에서 중요한 주제로 상정되어 있다(김대훈, 2018; 이동민·권은주·최재영, 2016). 뿐만 아니라 도시는 인구밀도와 건물 및 인프라의 밀도가 높은 집약적 공간으로 기능, 주거양식, 인프라, 교통 등이 고도로 분화된 공간이기도 하다. 따라서 도시 공간은 다중스케일적으로 접근할 필요성이 특히 높다고 할 수 있으며, 세계화 시대의 도래로 인해 세계도시가 등장하고 세계 여러 도시 간의 네트워크적 연결성이 강화되고 있는 오늘날의 추세를 살펴 보면 도시에 대한 다중스케일적 접근이 가지는 시의성과 중요성은 더욱 증가하고 있다고 판단된다(Pacione, 2009; Sassen, 2018; Taylor and Derudder,

---

3 본 절에 소개된 사례는 이동민 · 권은주 · 최재영(2016)의 논문에 소개된 사례를 재구성한 것임.

사회과부도 42-43페이지를 참고하여 아래 백지도에 각 도시의 위치를 표기한 후, 사회과 부도 75페이지를 참고하여 각 도시가 어떤 기후에 속해 있는지 적어봅시다.

남아프리카 공화국: 케이프타운 (기후)   알제리: 알제 (기후)
이집트: 카이로 (기후)   나미비아: 빈트후크 (기후)
에티오피아: 아디스 아바바 (기후)   가나: 아크라 (기후)
콩고민주공화국: 킨샤사 (기후)   케냐: 나미비아 (기후)

아래는 어떤 나라의 모습일까요? 사회과 부도 42-43페이지를 참고하여 이 나라의 이름을 찾은 후, 사회과 부도 74페이지를 참고하여 이 나라의 기후는 어떠한지 적어봅시다. 그리고 아프리카에 이 나라와 같은 기후를 가진 나라들은 어떤 나라들이 있는지 사회과 부도 42-43페이지와 74페이지를 참고하여 적어봅시다.

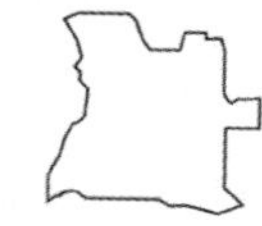

* 이 나라의 이름은?
* 이 나라의 기후는?
* 아프리카에서 이 나라와 같은 기후를 가진 나라들은?

아프리카에는 어떠어떠한 기후들이 있나요? 아래에 기후의 이름을 적은 후, 기후 이름 뒤에 있는 빈 칸에 기후마다 각기 다른 색깔을 정하여 칠해봅시다. 그리고 사회과 부도 74페이지를 참고하여 위의 백지도에서 같은 기후에 속하는 지역에 자신이 정해준 색깔로 칠해봅시다.

①( ) 기후 ☐   ②( ) 기후 ☐   ③( ) 기후 ☐   ④( ) 기후 ☐

사회과 부도 74-75페이지의 세계의 기후 지도를 참고하여, 위에 적은 아프리카에 나타나는 4가지 기후 중 알맞은 것을 골라 빈 칸에 번호를 적어봅시다.

우리나라: ( ),   필리핀: ( ),   몽골: ( ),   중국 서남부: ( )

그림 1. 아프리카 대륙의 다중스케일 학습지

출처: 이동민·최재영, 2015, 11

2015).

이 같은 도시화의 진전은, 오늘날의 아동들 가운데 상당수가 도시에 거주하고 있거나 또는 도시에 거주하지 않더라도 도시공간과 직간접적으로 관련성을 맺으며 살아가고 있음을 시사한다. 아동들이 도시공간에 생활하고 활동하며 성장해 간다는 사실은, 도시공간은 아동에게 성인들이 개념화하고 제도화한 '공간의 재현(representation of space)'으로서만이 아니라, 그들 특유의 경험을 통해 아동들의 세계로 체화된 '재현의 공간(representational space)'의 성격도 가진다(정진규, 2014; Holloway *et al*., 2010). 이러한 점에서 도시를 가르치는 일은 단순히 아동에게 도시의 지리적 특징과 구조를 가르치는 일을 넘어, 아동의 도시공간에 대한 이해, 재현, 의미부여 등을 이해하고 이를 토대로 아동의 교육적 성장과 발전을 지원하는 차원으로 접근될 필요성도 제기된다.

서울특별시를 소재로 구성된 이동민·권은주·최재영(2016)의 사례는 도시에서 살아가는 아동이 도시 공간에 대한 단일스케일적으로 고착된 이해를 넘어, 다양한 측면 및 이들 간의 관련성이라는 다중스케일적인 차원에서 접근하도록 하는 데 초점을 맞추었다. 이들이 제안한 교수–학습 방법은 크게 세 단계로 구성되며, 상세한 내용은 다음과 같다.

우선 첫째 단계인 '기존 인식 확인'에서는 서울특별시의 인구 분포 양상에 대해서 학생들이 갖고 있는 기존 인식, 그중에서도 단일 스케일적 고착에 기인하는 오개념을 확인하고 기록하는 작업이 이루어진다. 이를 통해서 학생들로 하여금 아프리카와 같은 외국이나 거리가 멀리 떨어진 장소나 지역은 물론, 학생 본인이 살고 있는 공간에 대해서도 부정확하거나 잘못 이해를 할 수 있음을 알게 하고, 도시공간의 다중스케일적 속성에 대해서 동기를 유발하도록 한다. 둘째 단계인 '다중스케일적 접근'에서는 서울의 인구분포가 가지는 스케일적 다양성을 알아보는 활동을 한다. 이 단계에서는 예를 들어 '서울은 인구가 약 1,000만 명 정도인 도시이다'와 같은 국가 스케일에

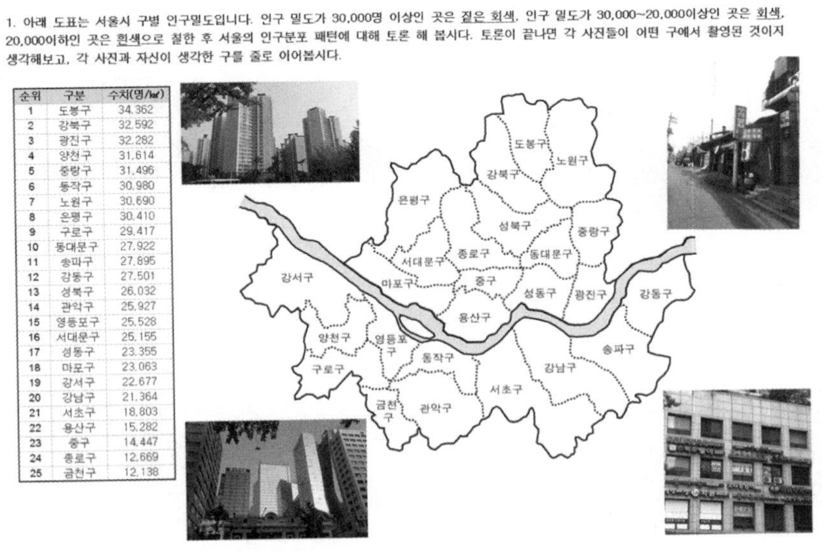

순위	구분	수치(명/㎢)
1	도봉구	34.362
2	강북구	32,592
3	광진구	32.282
4	양천구	31,614
5	중랑구	31.496
6	동작구	30,980
7	노원구	30.690
8	은평구	30.410
9	구로구	29.417
10	동대문구	27.922
11	송파구	27.895
12	강동구	27.501
13	성북구	26.032
14	관악구	25.927
15	영등포구	25.528
16	서대문구	25.155
17	성동구	23.355
18	마포구	23.063
19	강서구	22.677
20	강남구	21.364
21	서초구	18.803
22	용산구	15.282
23	중구	14.447
24	종로구	12.669
25	금천구	12.138

그림 2. 다중스케일적 도시 학습지의 사례 1–자치구별 인구 및 경관

출처: 이동민·권은주·최재영, 2016, 269

고착된 이해를 지양하고 도시 인구에 대한 다중스케일적 이해가 이루어질 수 있도록, 사회과부도의 자료뿐만 아니라 〈그림 2〉 및 〈그림 3〉과 같은 활동지 및 수업 자료도 활용하여 서울의 경관 및 인구 분포의 스케일적 다양성에 대한 이해가 이루어지도록 한다. 이 단계에서는 자치구, 동 등과 같은 도시 내의 다양한 스케일의 경관 및 인구분포 그리고 이와 관련된 요인에 대해 다룸으로써, 도시라는 공간을 스케일적으로 이해하도록 하는 데 주안점을 두었다. 마지막 '전체 정리' 단계에서는 학생들의 인식 변화를 정리하고, 이를 토대로 초등학생들이 도시공간을 단일스케일적으로 고착된 관점이 아닌, 다중스케일적 관점으로의 이해가 정착되게끔 지도하는 데 초점을 맞추었다. 단계별 특징 및 주요 활동은 〈표 2〉와 같이 정리할 수 있다.

2. 아래 표들을 보고 해당되는 구에 빗금을 칠해 봅시다. 단, 표별로 다른 색으로 칠하세요.
아래 표들의 내용들이 구별 인구 분포과 어떠한 관계가 있는지 이야기 해봅시다.
또한 주택수 순위와 1㎢당 주택수의 순위가 왜 다른지 생각해봅시다.

〈주택수〉

(2014년)

순위	구분	수치(호)
1	송파구	231,514
2	강남구	208,718
3	관악구	205,278
4	강서구	202,039
5	노원구	200,120
6	은평구	174,249
7	성북구	166,234

〈1㎢당 주택수〉

(2014년)

순위	구분	수치(호)
1	광진구	11848
2	도봉구	11836
3	강북구	11810
4	중랑구	11485
5	동작구	11364
6	노원구	10648
7	은평구	10601

〈상업지구 비율〉

(2014년)

순위	구분	%
1	중구	39
2	종로구	29
3	영등포구	15
4	용산구	9
5	송파구	9
6	강남구	9
7	동대문구	7

3. 아래 지도는 무슨 구일까요? 서울시 전체 지도에서 찾아봅시다. (구)

오른쪽 표는 동별 인구수입니다. 인구가 가장 많은 동에는 빨간색을, 가장 적은 동에는 파란색을 칠해 보세요.

그리고 사회과 부도 p.15를 보며 서초구 동별 인구 분포에 차이가 나는 이유에 대해 이야기 해봅시다.

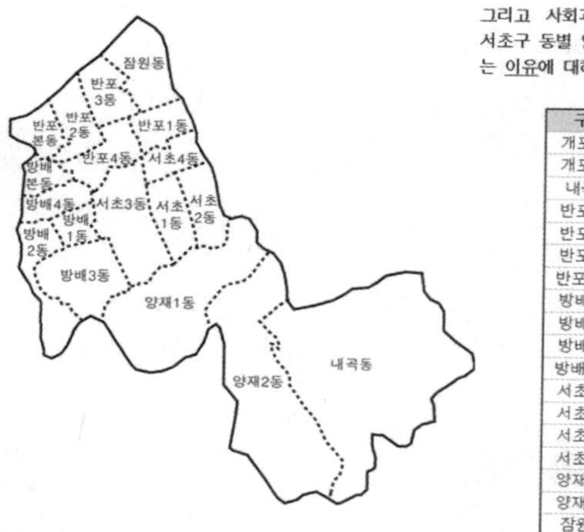

구분	인구수(명)
개포1동	22,163
개포4동	23,177
내곡동	12,788
반포1동	20,022
반포2동	24,152
반포3동	20,726
반포본동	34,004
방배2동	25,292
방배3동	26,179
방배4동	22,349
방배본동	17,479
서초1동	21,516
서초2동	22,530
서초3동	30,647
서초4동	28,466
양재1동	47,501
양재2동	23,976
잠원동	34,367

그림 3. 다중스케일적 도시 학습지의 사례 1–자치구 및 동별 인구분포

출처: 이동민·권은주·최재영, 2016, 270

표 2. 이동민 · 권은주 · 최재영(2016, 267-271)이 제안한 초등사회과 지리영역 도시 관련 단원 다중스케일적 지역학습 사례의 각 단계(내용 일부 수정)

단계	주요 학습 내용 및 활동
기존 인식 확인	- 서울에 대한 학생들의 기존 인식 및 관념 확인 - 고정관념 혹은 편견에 대한 반례 제시를 통해 학생들의 인지부조화 유도
다중스케일적 접근	- 서울의 위치, 인구, 특성 파악(사회과부도 활용) - 서울의 자치구별 인구분포 및 경관 조사 및 파악(〈그림 2〉 활용) - 서울의 자치구별 인구 격차 및 동별 인구분포 특성 파악(〈그림 3 활용〉) - 서울의 자치구별, 동별 인구분포 특성 및 차이와 관련된 다양한 요인 조사 및 파악, 분석
전체 정리	- 학생들의 기존 인식을 다중스케일적 지역학습 활동을 통해 새로 알게 된 내용들과 비교 및 정리 - 도시에 대한 다중스케일적 접근 및 관점 장려

3) 다중스케일적 접근을 통한 지방 소도시 관련 수업 지도 방안

이 절에서는 '안동'을 대상으로 학습 활동 사례를 구성해 보았다. 학습지는 총 세 페이지로 구성되어 있고, 학생들에게 생각할 기회와 폭을 넓혀주기 위해 한 페이지씩 나누어 주고 활동을 진행한 후, 활동이 끝나면 그 다음 페이지를 나누어준다.

다중스케일적 지역학습활동의 첫 번째 단계인 '기존 인식 확인'을 위해 학습지의 첫 페이지에서는 안동의 지역 이미지에 대해 학생들에게 O, X 퀴즈를 제시하여 지역 인식에 대한 오개념을 확인한다. 안동의 지역 이미지를 이야기할 때, 대다수의 사람들은 하회마을을 떠올리게 되고, 안동과 하회마을을 동일시하는 경우가 많다. 이로 인해 안동 전체를 하회마을화하여 생각하거나, 안동이 하회마을을 중심으로 이루어져 있다고 생각하기도 한다. 또한 하회마을이 지니고 있는 이미지로 인해 안동이 조용한 농촌마을일 것이라고 생각할 수 있다. 이 단계에서 교사는 활동지에 제시된 질문뿐만이 아니라 학생들이 안동이라는 지역을 떠올렸을 때 떠오르는 이미지에 대해 추가로 더 질문을 하여 학생들이 가지고 있는 안동에 대한 지역 인식 정도를 파악한다. 이때, 학생들이 답변한 내용은 보드지에 기록한다. 학생들이 가지고 있는 안동에 대한 오개념은 이후 진행되는 활동을 통해 자연스레 수정될 수 있다.

둘째 단계인 '다중스케일적 접근' 단계에서 학생들은 우선 다양한 스케일에서 안동 및 하회마을의 위치를 알아본다. 국가 스케일, 도 스케일, 시 스케일의 백지도를 제시하고, 안동과 하회마을의 정확한 위치가 어디인지를 표시한다. 먼저 국가 스케일의 백지도에서 안동을 찾기 위해 학생들은 사회과 부도의 우리나라 행정 구역도를 참고하여 안동의 위치를 확인하고, 백지도에 둥근 점(●)

다음은 '안동'에 대한 설명입니다.
바른 설명이라고 생각되면 O, 틀린 설명이라고 생각되면 X로 표시해 봅시다.

- 안동 사람들은 대부분 농사를 짓는다. ( )
- 하회마을은 안동의 중심에 위치하고 있다. ( )
- 안동은 바닷가에 접하고 있어 고등어가 유명하다. ( )
- 안동에는 댐과 큰 호수가 있다. ( )
- 안동에는 여러 개의 공장이 있다. ( )
- 안동에는 이마트와 홈플러스 같은 대형 마트가 있다. ( )
- 하회마을은 작년에 천 명 정도의 외국인 관광객이 방문하였다. ( )

그림 4. 학습지의 첫 번째 페이지

1. 아래 제시된 우리나라의 백지도와 우리나라의 백지도에 '안동시'의 위치를 표시해봅시다. 그리고 안동시의 백지도에는 '하회마을'의 위치를 표시해 봅시다.

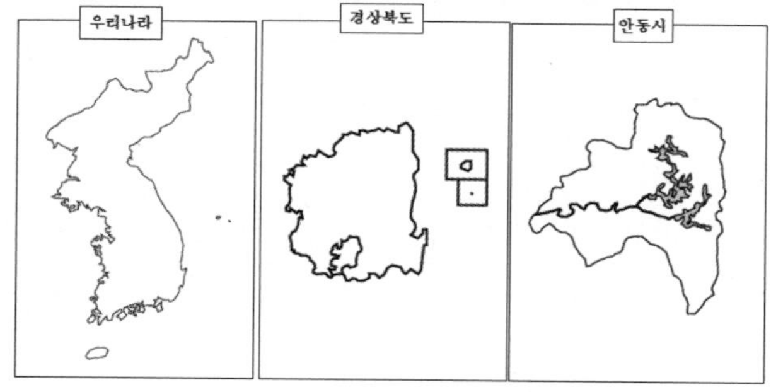

2. 다음은 안동시 산업별 종사자 비율을 나타낸 도표입니다. 이 도표를 보고 1차, 2차, 3차 산업으로 분류하고, 아래 막대그래프에 1,2,3차 각 산업에 해당되는 %만큼 비중을 표시해 보세요(막대 그래프의 총합은 100%를 의미).

단위 : %

	농림어업	광업·제조업	건설업	도소매·음식숙박업	전기·운수·통신·금융	사업·개인·공공서비스 및 기타	합계 (구성비)
2016년	25.8	4.2	5.5	20.8	7.7	36	100

(안동시청, 2016)

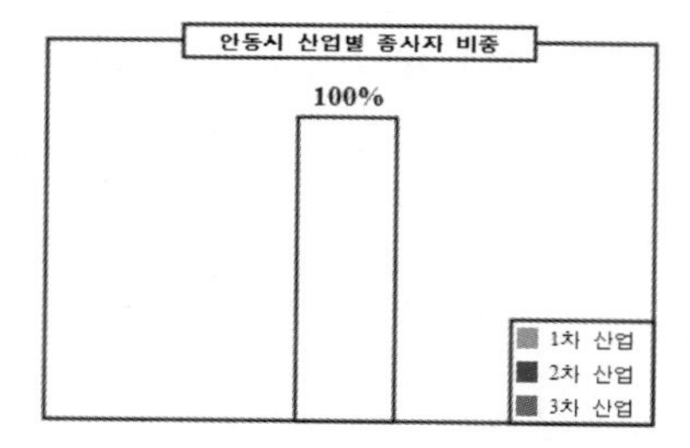

그림 5. 학습지의 두 번째 페이지

으로 표시한다. 국가 스케일의 백지도를 통해 학생들은 안동이 경상북도에 속해 있다는 것을 알게 되고, 안동 주변 도시에 대해서도 대략적으로 이해하게 된다. 안동에 한 번도 가본 적이 없는 학생들의 경우 안동이 경상북도에 위치해 있다는 사실부터 모를 수 있다. 다음으로 도 스케일에서의 위치를 확인해 보기 위해 사회과 부도의 경상남·북도 지도를 참고하여 안동의 위치를 확인하고, 백지도의 해당 위치에 안동시의 모습을 그려본다. 이때 교사는 학생들이 경상북도에서 안동의 위치 및 형태, 안동이 차지하는 면적 등을 쉽게 파악할 수 있도록 형광펜을 사용하여 사회과부도에 안동의 경계선을 칠해 보도록 지도한다. 이 과정을 통해 학생들은 안동의 도시 형태에 대해 다시 한 번 알게 되고, 경계선을 칠하는 과정에서 지도에 표기된 안동의 지리적 특성(예: 안동호, 임하호)에 대해서도 인지하게 된다. 마지막으로 시 스케일 활동에서 학생들은 하회마을의 위치를 찾아서 둥근 점(●)으로 표시하게 된다. 이를 위해 교사는 학생들에게 구글(google) 사이트에 접속하여 '안동시 관광지도'를 키워드로 입력하여 안동시의 관광지도를 찾도록 지도한다. 이는 하회마을 위치가 안동시 관광지도에 잘 나오기 때문이며, 학생들은 이 활동을 통해 하회마을이 안동의 중심이 아니라 안동의 서쪽에 위치한 작은 마을이라는 것을 알게 된다. 다중스케일을 적용한 위치 찾기 활동은 우리나라에서의 안동의 위치는 물론 안동과 하회마을을 동일시하여 인식하고 있던 학생들에게 새로운 지역 인식의 틀을 제공할 수 있다.

위치 확인 활동이 끝이 나면 다음으로 안동의 산업구조에 대해 알아보는 활동을 시작한다. 학생들은 안동과 하회마을을 연결지어 생각하기 때문에 하회마을이 주는 이미지, 즉 초가집과 주변 농경지 풍경 등으로 인해 안동 주민들이 주로 농업에 종사할 것이라는 오개념을 가지고 있을 수 있다. 학습지에는 안동의 산업별 종사자 비율이 제시된 도표가 있다. 먼저 학생들은 이 도표를 보고 제시된 산업이 1·2·3차 산업 중 어디에 해당되는지를 파악한다. 이에 대한 분류가 끝이 나면 학생들은 1차, 2차, 3차 산업별 비중을 구하고, 학습지에 제시된 막대그래프에 해당 산업이 차지하는 비중을 색연필을 이용하여 각각 정해진 색으로 칠한다. 이 활동을 통해 안동에 농업뿐만 아니라 다양한 산업이 이루어지고 있다는 것을 알게 되고, 안동의 지역적 특성을 한층 깊이 이해할 수 있게 된다.

안동의 산업구조에 대한 확인이 끝이 나면 학생들은 세 번째 페이지를 받게 되고, 안동의 다양한 경관에 대한 활동을 시작하게 된다. 학생들은 산업에 있어서도 그렇듯 하회마을의 이미지 때문에 안동의 경관이 농경지 일색일 것으로 생각할 수 있다. 하지만 안동이 실제로는 도시와 농촌이 결합된 다양한 경관이 존재한다는 것을 알 수 있도록 안동을 대표할 수 있는 경관 5곳을 선정하여 문제로 제시하였다. 대표 경관 5곳은 해당지역을 방문하지 않더라도 실제 그 곳에 서서 경관을 바라보는 것처럼 느낄 수 있도록 인터넷 지도에서 로드맵 확인이 가능한 곳으로 선정하였다. 학습지에 제시된 경관을 확인하는 문제를 수행하기 위해 교사는 학생들에게 다음(Daum)지도나 네이버 지도와 같은 인터넷 지도 서비스에 접속하여 학습지에 제시된 키워드를 차례로 입력하고

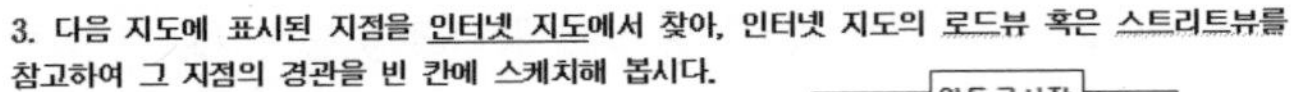
3. 다음 지도에 표시된 지점을 인터넷 지도에서 찾아, 인터넷 지도의 로드뷰 혹은 스트리트뷰를 참고하여 그 지점의 경관을 빈 칸에 스케치해 봅시다.

4. 2017년 하회마을에는 100만 명이 넘는 국내 관광객은 물론, 10만 명이 넘는 외국인 관광객이 방문하였습니다. 남아프리카공화국의 가장 큰 도시인 요하네스버그에 사는 다니엘 씨의 가족도 올해 한국을 찾아 하회마을에 방문을 할 계획을 가지고 있습니다. 그들은 며칠 뒤 요하네스버그 국제공항에서 에티오피아 항공을 타고 에티오피아의 아디스아바바를 경유하여 인천국제공항에 도착할 예정입니다. 다니엘 씨의 가족에게 인천국제공항에서 하회마을까지 오는 길을 설명해 주려고 하는데, 어떻게 오는 것이 가장 좋을지 방법을 탐색하여 아래에 적어봅시다.

그림 6. 학습지의 세 번째 페이지

로드맵을 통해 주변 경관을 확인하게 한다. 그리고 학생들은 자신이 확인한 경관 중에서 그 지점의 대표 이미지를 선정하여 그 특징이 드러나도록 학습지에 간단하게 스케치를 한다. 대표경관을 사진으로 제시하지 않고, 학생들이 직접 찾아보고 스케치해 보도록 한 이유는, 학생들이 활동에 직접 참여할수록 학생들은 정보를 수동적으로 받아들이는 주체의 수준에서 벗어나 적극적인 정보의 탐색자로 거듭날 수 있으며, 이로 인해 학생들의 학습 흥미와 동기가 높아지기 때문이다(김성일·윤미선, 2004).

'다중스케일적 접근' 단계의 마지막 활동으로 학생들은 다른 나라에 살고 있는 사람에게 안동을 찾아오는 방법을 설명하기 위해 인천공항에서 하회마을까지 오는 길을 알아보는 활동을 수행하게 된다. 이는 세계 스케일의 활동의 일환으로, 하회마을이 그 자체로 독립적으로만 존재하는 것이 아니라 한 편으로는 세계적인 네트워크에 연결되어 있음을 학생들이 느낄 수 있게 하고자 하는 것이다. 이때까지의 활동을 통해 학생들은 하회마을이 안동 그 자체가 아님은 물론 안동시라는 시 스케일에서조차 하나의 점에 불과한 마을임을 인식했다면 이 마지막 활동을 통해 학생들은 하회마을이 매년 100만 명 이상의 국내 관광객은 물론 10만 명 이상의 외국인 관광객이 찾아오는 글로벌한 장소라는 것을 인식하게 해 준다. 마지막 활동에서 관광객의 국적을 중국이나 일본 같은 가까운 나라가 아니라 남아프리카공화국으로 설정한 것은 하회마을이 세계 스케일의 네트워크에 연결되어 있음을 극적으로 표현하기 위함이다. 그리고 실제로도 남아프리카 공화국을 포함하여 아프리카 각국에서도 관광객이 하회마을로 찾아오고 있는 실정이다.

마지막 '전체 정리' 단계에서는 교사가 학습지 첫 번째 페이지에 나와 있는 OX 퀴즈 문제와 학생들의 안동에 대한 인식을 추가로 기록했던 보드지를 꺼내, 학생들과 다시 살펴보면서 질의·응답하는 시간을 가지고 기존의 인식이 어떻게 변화했는지 확인하며 전체 내용을 정리한다. 특히 학생마다 기존에 가지고 있던 지역 인식의 정도가 상이하고, 문제 해결 능력 또한 차이가 있기 때문에 전체 정리 단계에서 교사의 지도는 중요하다. 본 활동은 다양한 스케일에서 안동 혹은 하회마을의 위치를 살펴보며 통계자료와 경관사진을 확인함으로써, 학생들이 안동이 지니고 있는 여러 가지 특성들에 대해서 이해하고 안동이 곧 하회마을이고 하회마을이 곧 안동인 것처럼 생각하는 잘못된 지역 인식을 변화시키고자 하였다. 이를 통해 어느 지역을 특정한 스케일에서만 다룸으로 그 지역이 특정 수준의 단일한 특성이 지배적으로 나타날 것으로 착각하게 되는 '지역 인식의 단일스케일적 고착'(이동민·최재영, 2015)의 문제에서 벗어나 학생들의 지역 이해의 폭이 넓어질 것으로 사료된다.

5. 결론 및 논의

살펴본 바와 같이, 스케일은 절대적으로 정해진 정답과 같은 개념이라기보다는 인간이 지표 공간을 인식하는 인식론적 틀의 성격을 가진다. 그리고 어떤 스케일에서 지리 현상과 지표 공간을 바라보느냐에 따라서, 지표 공간, 나아가 세계에 대한 인식도 다양한 양상으로 이루어질 수 있다. 이러한 점에서 다중스케일적 접근의 지리학적 의미는 간과해서는 안 될 것이다. 게다가 초등학교 시기는 세계에 대한 인식의 기초가 본격적으로 형성되는 시기라는 점에서, 초등학교에서의 지리(사회과)교육을 통하여 단일스케일적으로 고착된 시각이 아닌, 다중스케일적 접근을 토대로 보다 폭넓게 세계를 바라보는 안목을 기를 수 있는 기회가 이 시기에 충분히 주어져야 할 것이다.

본 장에서는 초등사회과 지리영역을 통해서 초등학생들에게 다중스케일적 접근을 통한 세계 이해를 하도록 지도할 필요성에 대해서 살펴 보았다. 그리고 다중스케일적 접근을 적용하여 초등사회과 지리영역 수업을 실천할 수 있는 방안에 대해서도 모색해 보았다. 이 같은 다중스케일적 초등지리 수업의 교육적 효과, 그리고 본고에 소개된 방법 외에 다양한 주제와 수업 방법에 초점을 맞춘 다중스케일적 초등지리(사회과) 수업 방안에 대한 후속 연구를 진행할 필요가 있음을 제안해 본다. 이를 통해서 초등사회과 지리영역을 통하여 초등학생들이 세계를 보다 다각적이면서도 역동적으로 이해할 수 있는 안목을 길러 줄 수 있는 방안을 보다 효과적으로 모색할 수 있을 것이다.

• 요약 및 핵심어

요약: 스케일은 지표 공간을 인식하는 인식론적 틀로서의 의미를 가진다. 이 같은 스케일은 다각적인 차원에서 접근할 수 있다. 또한 스케일 및 스케일의 행위자들은 '대-소', '고차-저차'와 같이 위계적인 속성만 지니는 것이 아니라 스케일 간을 넘나들며 상호작용하고 관련되는 특징도 가진다. 따라서 스케일은 국가, 대륙 등 단일스케일에 고착된 관점으로 접근하기보다는, 다중스케일적 접근을 바탕으로 인식할 필요성이 있다. 이 같은 다중스케일적 접근은 지리학 연구뿐만 아니라, 지리교육적으로도 중요한 의의를 가진다. 다중스케일적 접근을 통해서 학생들이 세계를 특정 스케일에만 고착된 단순하고 편향된 관점이 아닌, 다각적이고 역동적이며 보다 현실적인 시각으로 이해하게끔 지도할 수 있기 때문이다. 특히 초등학교 시기는 세계에 대한 인식의 기초가 형성된다는 점에서, 이 같은 다중스케일적 접근의 중요성은 더욱 크다고 판단된다. 본고에서는 아프리카, 서울, 그리고 안동을 소재로 초등학교 사회과 지리영역의 수업에 적용할 수 있는 다중스케일적 지리 수업 방안의 사례를 제시해 보았다. 이 같은 다중스케일적 초등지리 수업의 효과가 분석되고 보다 다양한 수업 방안이 제시된다면, 다중스케일적 접근을 통해서 세계에 대해 보다 심층적이면서도 역동적으로 이해할 수 있는 초등지리교육의 방안 모색 및 실천에 기여할 수 있을 것이다.

핵심어: 스케일(scale), 다중스케일적 접근(multiscalar approach), 초등지리교육(primary geography education), 지역인식의 단일스케일적 고착(fixation of regional recognition of a single scale)

• 더 읽을거리

박배균, 2012, "한국학 연구에서 사회-공간론적 관점의 필요성에 대한 소고," 대한지리학회지, 47(1), 37-59.

Brenner, N. 2001. The limits to scale? Methodological reflection on scalar construction, *Progress in Human Geography*, 25(4), 569-589.

Holloway,l S. L., Hubbard, P. J., Jöns, H., and Pimlott-Wilson, H., 2010, Geographies of education and the importance of childrean, youth and families, *Progress in Human Geography*, 34(5), 583-600.

참고문헌

김대훈, 2018, "지리교과에서 인권 교육의 가능성 탐색," 한국지리환경교육학회지, 26(1), 107–118.

김병연, 2018, "지역지리 교육에서 '지역' 이해의 한계와 대안 탐색," 한국지역지리학회지, 24(1), 222–236.

김성일 · 윤미선, 2004, "학습에 대한 흥미와 내재동기 증진을 위한 학습환경 디자인", 교육방법연구, 16(1), 1–28.

김재일, 2005, "초등학생들의 사회과 학습내용 선호도에 관한 연구: 지리 영역에서의 스케일을 중심으로," 사회과교육, 44(3), 173–194.

김재일, 2008, "탈 지평확대 관점에서 스케일에 따른 초등 지리 내용 구성 방안," 한국지리환경교육학회지, 16(3), 267–280.

김종규 역, 2007, 유럽: 문화지역의 형성과 구조, 시그마프레스(Jordan-Bychkov, T. G., and Jordan, B. B., 2001, *The European Culture Area: A Systematic Geography*(4th Edition), Rowman & Littlefield Publishers, Lanham, MD).

김한승 · 최재영, 2017, "지리교육에서 카스피 해 자원 분쟁 활용에 대한 고찰," 한국지리학회지, 6(2), 101–112.

류재명, 2002, "한국 지리교육과정의 개선 방향 설정에 관한 연구," 한국지리환경교육학회지, 10(1), 27–40.

박배균, 2012, "한국학 연구에서 사회–공간론적 관점의 필요성에 대한 소고," 대한지리학회지, 47(1), 37–59.

박배균 · 최영진, 2014, "마산수출자유지역의 형성을 둘러싼 국가–지방 관계에 대한 연구," 대한지리학회지, 49(2), 113–138.

송언근 · 김재일, 2002, "초등학생들의 세계에 대한 인지 특성과 세계지리 교육과정 구성의 전제," 한국지역지리학회지, 8(3), 364–379.

이동민 · 권은주 · 최재영, 2016, "초등사회과 지리영역에서 도시 관련 내용에 대한 다중스케일적 수업 적용 방안 모색," 한국지리학회지, 5(3), 263–274.

이동민 · 최재영, 2015, "다중스케일적 접근의 지리교육적 의의와 가능성: 초등사회과 세계지리 영역에서의 지역 인식 문제를 중심으로," 한국지리환경교육학회지, 23(2), 1–18.

이선영, 2010, "초등학교 저학년에서의 다문화교육: 다문화교육을 통한 공동체의식 함양," 국제이해교육연구, 5(2), 78–100.

정진규, 2014, "아동의 도시 지리학과 아동 중심 접근: 고찰 및 성찰," 한국지리학회지, 3(2), 159–174.

조명래, 2009, "한국의 도시지식에 관한 고찰: 1980년대 후반 이후의 도시상황을 중심으로," 공간과 사회, 통권 32호, 91–137.

조철기, 2018, "지리를 통한 행복교육 방안 탐색," 한국지역지리학회지, 24(2), 328–339.

황진태 · 박배균, 2014, "구미공단 형성의 다중스케일적 과정에 대한 연구: 1969–73년 구미공단 제1단지 조성과정을 사례로," 한국경제지리학회지, 17(1), 1–27.

Agnew, J., 1997., The dramaturgy of horizons: geographical scale in the 'Reconstruction of Italy' by the new Italian political parties, 1992-1995., *Political Geography*, 16(5), 99-121.

Akenson, J. E., 1987., Historical factors in the development of elementary social studies: focus on the expanding environments., *Theory & Research in Social Education*, 15(3), 155-171.

Ballantyne, R., 2000, Teaching environmental concepts, attitudes and behavior through geography education: Findings of an international survey, *International Research in Geographical and Environmental Education*, 8(1), 40-58.

Brenner, N., 2001, The limits to scale? Methodological reflection on scalar construction, *Progress in Human Geography*, 25(4), 569-589.

Brophy, J., and Alleman, J., 2006., A reconceptualized rationale for elementary social studies., *Theory & Research in Social Education*, 34(4), 428-454.

Bulkeley, H. B., and Moser, S. C., 2007., Responding to climate change: governance and social action beyond Kyoto., *Global Environmental Politics*, 7(2), 1-10.

Catling, S., 2004., An understanding of geography: the perspectives of English primary trainee teachers., *GeoJournal*, 60(2), 149-158.

Charbonneau, B., 2008, *France and the New Imperialism: Security Policy in Sub-Saharan Africa*, Routledge, London.

Ferdinand, P., 2016, Westward ho-the China dream and one belt, one road': Chinese foreign policy under Xi Jinping, *International Affairs*, 92(4), 941-957.

Good, P.R., Derudder, B., and Witlox, F. J., 2011, The regionalization of Africa: delineating Africa's subregions using airline data, *Journal of Geography*, 110(5), 179-190.

Heffron, S. G., and Downs, R. M., 2012, *Geography for Life: National Geography Standards*(Second Edition), National Council for Geographic Education, Washington, DC.

Holloway, S. L., Hubbard, P. J., Jöns, H., and Pilmott-Wilson, H., 2010., Geographies of education and the importance of children, youth and families., *Progress in Human Geography*, 34(5), 583-600.

Jan Bent, G., Bakx, A., and den Brok, P., 2014., Pupils' perceptions of geography in Dutch primary schools: goals, outcomes, classroom environment, and teacher knowledge and performance., *Journal of Geography*, 113(1), 20-34.

Lee, D-M., 2018, A typological analysis of South Korean primary teachers' awareness of primary geography education, *Journal of Geography*, 117(2), 75-87.

Lee, D-M., and Ryu, J., 2013, How to design and present texts to cultivate balanced regional images in geography education, *Journal of Geography*, 12(4), 143-155.

Lewis, I. M., 2003, *A Modern History of the Somali: Nation and State in the Horn of Africa*, Boydell & Brewer, Woddbridge, Sufforlk, UK.

Moore, A., 2008, Rethinking scale as a geographical category: From analysis to practice, *Progress in Human Geography*, 32(2), 203-225.

Myers, G. A., 2001., Introductory human geography textbook representation of Africa., *Professional Geographer*, 53(4), 522-532.

Pacione, M., 2009, *Urban Geography: A Global Perspective*, Third Edition., New York: Routledge.

Pires, M., 2000, Study-abroad and cultural exchange programs of Africa: America's image of a continent, *African Issue*, 28(1/2), 39-45.

Sassen, S., 2018., *Cities in a World Economy*, Fifth Edition. SAGE, Thousand Oaks, CA.

Schneider, A., Friedl, M. A., and Potere, D., 2010., Mapping global urban areas using MODIS 500-m data: new methods and datasets based on 'urban ecoregions.', *Remote Sensing of Environment*, 114(8), 1733-1746.

Taylor, P. J., and Derudder, B., 2015., *World City Network: A Global Urban Analysis*, Second Edition. Routledge, London.

Wade, R., 2002., Beyond expanding horizons: new curriculum directionf for elementary social studies., *The Elementary School Journal*, 103(2), 116-130.

11.
사회(지리) 교과서에 반영된 지역 인식과 지역 기술[1]

심광택(진주교육대학교)

1. 들어가며

학교 지리는 학습자가 자연환경−시간−네트워크−인문환경 간 관계를 정서적, 역사지리적, 규모적, 사회생태적, 관계적, 윤리적으로 사고하면서 지역주민, 국민, 세계시민으로서 정체성과 장소감을 인식하도록 안내하는 역할을 한다. 남북분단 시대 다문화 사회에서 학교 지리는 지속가능한 삶터와 환경을 만드는 데 체계적이고 종합적인 탐구 방법 및 사고 기능을 제공하며, 한민족과 인류의 삶터로서 국토 및 세계의 생활 모습을 이해하여 지역, 국가, 세계 시민성을 기르는 교과로서 실제성과 실용성을 지닌다.

일본의 고등학교 2018개정 학습지도요령에서 「지리총합」, 「역사총합」, 「공공」은 공통필수 과목이다. 「지리총합」의 '지도 및 GIS로 파악한 현대 세계', '국제 이해와 국제 협력', '지속가능한 지역 만들기와 우리들' 단원에서 학습자는 현대 세계를 이해하기 위해 지리적 기능 습득, 현대 세계의 다양성과 여러 과제에 대한 이해, 일본의 지속가능한 사회 만들기에 관한 지리적 인식을 각각 중점적으로 학습한다(文部科学省, 2018, 44).

한국의 고등학교 2015 개정 사회과 교육과정에서는 시간적, 공간적, 사회적, 윤리적 관점을 통

1 이 글은 심광택(2018)을 수정·보완한 것임.

해 인간의 삶과 사회 현상을 통합적으로 바라보는 능력을 기르는 고등학교 「통합사회」가 「한국사」와 함께 공통필수 과목으로, 「한국지리」와 「세계지리」는 일반선택 과목으로 지정되면서 앞으로 학교 지리교육의 비중은 상대적으로 줄어들 수밖에 없는 상황이다.

지구적 위험 사회가 당면한 공간적 불평등과 환경 문제의 본질을 다룰 수 있는 학교 지리의 실제성 및 실용성이 중등학교 교육에서 과소평가되고 중학교 사회과에서 「지리」 과목명이 지워졌다. 그 원인은 외부적 요인과 내부적 요인이 복합적으로 작용하면서 학교 지리교육의 정당성이 흔들렸기 때문이다. 외부적으로 교육과정의 정치학에 의해 2007 개정 교육과정 이후 「역사」가 사회과 교육과정에서 과목으로 분리·독립하고, 우리나라 교육과정 개정 때마다 불거지는 사회과 관련 과목 간 편제 및 시수 갈등이 그 원인이다(박철웅, 2016; 박선미, 2016a; 조철기, 2016; 안종욱·김병연, 2016; 전종한, 2016; 심승희·김현주, 2016).

내부적으로 지리 과목이 지니는 교과 교육학적 취약성은 가치 문제를 다루는 데 미흡하며(이간용, 2016), 이전 지리 교과서들의 내용 구성과 지역 기술에 문제가 있고(강철성, 1989; 진기문, 1989), 지역 지리의 사실 위주 내용 구성이 정보화 시대에 맞지 않고 진부하다는 비판에 대안으로 시도한 주제중심의 지역 지리 내용 구성 역시 지역에 대한 고정관념을 강화시킨다는 측면에서 한계를 드러낸 것(박선미, 2016b)이 그 원인이다.

최근 학교 지리에서 지역 지리 교육의 문제점에 대한 논의가 재개되고 있다. 지역 지리학의 개념 정립과 발전 방향(손명철, 2017), 고등학교 세계지리 교육(조철기·이종호, 2017), 고등학교 한국지리에서 지역 지리 교육(김병연, 2017), 중학교 지역 학습 내용과 조직 방법의 변화(박선미, 2017) 등은 지역 지리 교육의 변화를 분석하여 새로운 대안을 제시한다.

이 글에서는 내부적 요인에 주목하되 기존의 지역적, 계통적 또는 주제적, 주제-지역적 방법 등 지역 학습의 내용 선정 및 조직 방법에 대한 논의보다는 초기(1946 교수요목기)와 현행(2015 개정 교육과정기) 사회과에서 초등학교와 중학교 사회(지리) 교과서의 지역 기술에 반영된 지역 인식 변화에 논의의 초점을 맞춘다. 동일한 지역(공간, 장소, 환경)이라도 시대적 조건과 사회적 배경에 따라 그 지역의 사회공간성, 장소성, 환경적 특성이 달라지고 있다. 해방 후 70여 년 시차를 두고 초기와 현행 사회(지리) 교과서에서 변화하는 지역의 모습을 체계적으로 종합적으로 기술하기 위해 적용한 지역 인식을 추론하여 그 한계를 파악할 수 있다면, 급격한 변화(인공지능, 고령화, 지방재편 등)가 예견되는 지구적 위험 사회에서 미래 사회과(지리) 교육과정을 위해서는 어떠한 지역 인식과 지역 기술이 필요한가를 제안할 수 있기 때문이다.

2장에서 1946 교수요목기와 2015 개정 교육과정기 공통필수 과목인 초등학교와 중학교 사회(지리) 교과서의 지역 지리(학습) 내용 선정 및 구성 방식을 비교·분석하여 시기별 지역 인식과 지역 기술의 특징 및 변화를 파악한다. 초기 사회과부터 현행 사회과까지 지역 인식의 전환을 살펴보기 위해 두 시기(1946~1954년과 2018~2020년)를 분석 대상으로 한다. 교수요목기 중학교는 지역지리로, 고등학교는 계통지리 과목으로 편제되어 분석 범위를 초등학교와 중학교 사회과로 제한한다. 3장에서 지역 인식과 지역 기술에 대한 이론적 논의를 바탕으로 초기와 현행 사회(지리) 교과서 지역 기술에 반영된 지역 인식의 변화 및 한계를 살펴보고, 미래 사회에 조응하는 지역 인식과 지역 기술의 새로운 방향을 제안한다.

2. 지역 학습 내용 구성의 비교

초기와 현행 초등학교와 중학교 사회(지리) 교과서에서 지역 지리 관련 단원의 내용 선정 및 구성 방식을 비교·분석하여 공통점과 차이점을 도출한다. 이를 위해 1946 교수요목기 초등학교와 중학교 '중국의 생활' 및 '인도의 생활' 단원과 2015 개정 교육과정기 초등학교 '세계 여러 나라의 자연과 문화', '통일 한국의 미래와 지구촌의 평화' 단원, 2015 개정 교육과정기 중학교 '우리와 다른 기후 다른 생활', '자연으로 떠나는 여행', '더불어 사는 세계' 단원의 지역 지리(학습) 내용 구성을 살펴본다.

1) 교수요목기(1946~1954년)

교수요목기 초등학교(5학년1학기) 사회생활과- 다른 나라의 생활1에서 4단원(아시아와 그 주민)이 세계지리 영역이다(표 1). '잠자는 사자 중화민국의 생활'과 '열대의 대국 인도의 생활' 중단원에서 계통적 지역 학습의 내용 선정 및 구성은 다음과 같다.

지역의 생활 모습을 계통적·영역적·인과적·종합적으로 이해하도록 중국은 중국지도 그리기→산악 지대와 평야 지대 구분→주요 하천 표시→지역 구분(만주, 화북, 화중·남)→지역 특색(농업과 기후, 지하자원과 공업, 화북 지방과 화중·남 지방 비교, 도시)→일상생활(의식주, 풍속)→만주 지방과 우리나라와의 관계(역사지리적 관계, 세계시민 의식) 순으로, 그리고 인도는 지도에서 인도와 한국의

표 1. 초등학교(5학년1학기) 사회생활과– 다른 나라의 생활1

대단원명	중단원명
1. 지구 이야기	너르고 너른 우주, 지구가 생겨남, 지구는 둥글다, 지구의 운동, 바다와 육지의 분포, 날줄과 씨줄
2. 원시인의 생활	원시인의 남긴 물건과 살던 자취, 원시인의 처음 생활, 원시인의 생활의 발전
3. 고대 문명	고대 문명이 일어난 곳의 자연환경, 우리와 관계 깊은 중국 문명, 극락세계를 생각하는 인도 문명, 천문학이 발달한 바빌로니아 문명, 이상한 것이 많은 에집트 문명, 정다운 그레시아 문명, 세계적인 로오마 문명, 현대 문명
4. 아시아와 그 주민	잠자는 사자 중화민국의 생활, 초원과 사막의 나라 몽고의 생활, 비밀의 나라 서장·청해·신강 지방, 열대의 대국 인도의 생활, 야자나무 무성한 남쪽의 여러 나라, 습기 많은 섬나라 일본의 생활, 북쪽의 넓은 들판 시베리아 지방, 석유와 사막의 나라 서남아시아 생활, 아시아 지도를 보면서

출처: 문교부, 1950

면적 비교→인도지도 그리기→주요 하천, 고원 표시→인도의 기후도(기후와 농업)→철도망, 광업도→종교와 풍속→역사지리→일상생활(의식주, 풍속) 순으로 지역 학습을 안내한다.

이와 같은 세계지리 영역의 중국과 인도 지역 학습은 위치와 면적, 자연환경(기후·지형), 산업, 교통과 도시, 일상생활, 대외관계 등 계통적 관점에서 접근하여 우리와 다른 삶(터)에 대한 장소(지역)성 이해와 국민 의식 나아가 세계시민 의식 함양을 의도한다고 볼 수 있다.

"우리들은 백두산을 사이에 두고 있는 이 지방 사람들과도 다른 온 세계 사람들에게 대하는 것과 같이 친밀한 관계를 가져야 할 것이다(문교부, 1950, 73)." "4억의 중국이 근대 국가로서의 체제를 정비하고, 경제 생활력과 문화 수준을 높임과 국가 자원의 합리적 개발과 인구 과잉 등 여러 문제를 해결하고 못하는 것은 한 나라의 문제일 뿐만 아니라, 세계 문제인 동시에 재건을 꾀하는 고대 민족과 약소 민족의 일대 관심사가 아닐 수 없다(정갑, 1949, 59)." 등을 이 예시로 들 수 있다.

교수요목기 중학교(1학년) 사회생활과 지리 부분– 이웃 나라 생활(표 2)[2] 가운데 '중화민국의 생활'과 '인도의 생활' 단원에서 지역적, 계통적 지역 학습의 내용 선정 및 구성은 다음과 같다.

지역의 생활 모습을 계통적·영역적·인과적·종합적으로 이해하도록 중국은 중화민국의 자연

2 교수요목기 초급중학교 지리 과목은 '이웃 나라 생활' '먼 나라 생활' '우리나라의 생활' 등 3개 과목으로 주당 2시간(사회생활과 주당 시수 5시간 중에서)의 학년별 과목으로 편제되었다. 초급중학교는 지역 지리로, 고급중학교는 계통지리 과목으로, 내용 체계는 자연지리에서 인문지리 순으로 배열되었다. 이는 지역적 특성을 반영하는 주제나 쟁점을 중심으로 각 지역의 생활을 종합적으로 이해시키려는 근대 지리학의 논리에 근거한 것이다(강창숙, 2017, 245).

환경(위치와 지리적 구분, 지형, 기후)→만주 지방(자연환경; 위치, 지형, 기후, 인문현상; 농업, 목축업, 광업, 임업, 공업, 교통, 인구, 도시, 대외관계)→화북 지방(자연환경; 지세, 기후, 인문현상; 농업, 광업, 교통, 도시, 지방의 특이성; 하북성, 산동성, 산서성, 하남성, 서북 황토고원)→화중 지방(자연환경; 지세, 기후, 인문현상; 농업, 광업, 공업, 교통, 지방의 특이성; 강소성, 절강성, 안휘성, 강서성, 호북성, 호남성, 사천성)→화남 지방(자연환경; 지세, 기후, 인문현상; 농업, 광업, 공업, 교통, 지방의 특이성; 광동성, 광서성, 복건성, 대만성, 운귀 고원지대)→몽고 지방(자연환경; 지형, 기후, 지방의 특이성; 내몽고, 외몽고)→티베트·청해·서강·신강 지방(자연환경; 지형, 기후, 인문현상; 종족, 종교, 농업, 교통, 무역, 지방의 특이성; 청해성, 서강성, 신강성, 티베트)→전 중국 생활의 특이성(종족, 정치, 대외관계) 순으로, 그리고 인도는 인도의 자연환경(위치, 지형, 기후)→인문현상(산업, 교통, 종족, 정치, 대외관계, 도시, 히말라야 산중 국가) 순으로 지역 학습을 안내한다.

교수요목기 초등학교와 중학교에서 지역 지리(학습)의 내용 선정 및 구성의 특징은 지역의 생활 모습에 대한 계통적·영역적·인과적·종합적 이해, 자연지리 선수학습, 분절된 경제지리 학습, 주민의 일상생활(의식주, 풍속) 이해, 인과적·종합적 사고와 국민·세계시민 의식 함양 등으로 요약할 수 있다. 이러한 특징은 중학교 3학년 사회생활과 지리 부분– 우리나라 생활의 목차 및 내용 구성에서도 확인할 수 있다. 국가 스케일에서 우리나라를 개관하고 종합하지만, 지역 스케일에서 한반도 지역을 중부(경기, 황해, 강원), 북부(평안, 함경), 남부(충청, 전라, 경상)로 행정구역을 묶어서 산업

표 2. 중학교(1학년) 사회생활과 지리 부분– 이웃 나라 생활

대단원명	중단원명
1. 중화민국의 생활	자연환경, 만주, 화북, 화중, 화남, 몽고, 티베트·청해·서강·신강 지방, 전 중국 생활의 특이성
2. 일본의 생활	자연환경, 공업국, 교통, 민족성, 한일관계, 각 지역의 특색과 주민
3. 인도의 생활	자연환경(위치, 지형, 기후), 인문 현상(산업, 교통, 민족, 정세, 한국과 관계, 도시, 네팔과 부탄, 벨루지스탄)
4. 인도챠이나 및 말레이 제도의 생활	자연환경, 인도챠이나 반도, 말레이 제도, 한국과의 관계
5. 시베리아 및 중앙아시아·코오카시아 지방 생활	시베리아, 중앙아시아, 코오카시아
6. 서남 아시아의 생활	아프가니스탄 및 이란, 이라크·시리아·아라비아, 터어키
7. 아시아의 특이성	지형, 기후, 주민, 산업, 교통, 정세, 약소 민족
8. 오오스트라리아 및 뉴질랜드의 생활	오오스트라리아(기후지형, 동식물, 인종, 산업, 교통, 도시) 뉴질랜드(자연환경, 산업, 주민과 정치, 도시)
9. 태평양 제도의 생활	태평양 형성과 인문 관계, 멜라네시아, 미크로네시아, 폴리네시아

출처: 정갑, 1949

표 3. 중학교(3학년) 사회생활과 지리 부분– 우리나라 생활

대단원명		중단원명
개관	1. 우리나라	한반도, 면적과 인구, 행정 구분, 지리구
지방지	2. 중부 지방	위치, 지형, 기후, 산업, 교통, 상업, 지역 개관, 지방의 특이성
	3. 북부 지방	위치, 지형, 기후, 산업, 교통, 상업, 지역 개관, 지방의 특이성
	4. 남부 지방	위치, 지형, 기후, 산업, 교통, 상업, 지역 개관, 지방의 특이성
총설	5. 자연환경	지형, 지질, 기후, 생물
	6. 인문 현상	민족, 인구와 교육, 산업, 상업과 교통

주 1: 중부 지방(경기, 황해, 강원), 북부 지방(평안, 함경), 남부 지방(충청, 전라, 경상)
주 2: 산업(농업, 목축업, 임업, 수산업, 광업, 공업)
출처: 정갑, 1949

표 4. 지방의 특이성을 지표로 한 지역 구분

지방		소 지리구
중부		한강 유역, 안성천 유역, 임진강 유역, 예성강 유역, 재령강 유역, 황해도 연안, 영서, 영동
북부	관북	경원선 저지대, 영흥·문천 저지대, 함흥평야 저지대, 홍원·단천 저지대, 고원 지대, 성진·명천연해 지대, 경성연안 지대, 동북삼향연안 지대, 국경 지대
	관서	대동강 유역, 무연탄, 낙랑준평야, 대동강 하류, 대동강 중류, 대동강 상류, 평남 해안, 청천강 유역, 대령강 유역, 평북 해안, 압록강 하류, 충만강 유역, 위원강 유역, 독로강 유역, 평북 오지역
남부		태안 반도, 홍문 평야, 내포 평야, 호남 평야, 전북 산악, 충북, 전남 평야, 섬진강 유역, 서남 해안, 제주도, 낙동강 유역, 동부 사면, 영남 해안

출처: 정갑, 1949

활동을 농업, 목축업, 임업, 수산업, 광업, 공업 등으로 나누어 기술하고 있다(표 3). 하지만, 지역 스케일에서 각 지방의 특이성을 지표로 선택한 지역구분 기준은 대체로 하천 유역과 연안 지대에 형성된 정주 생활권과 일치하고 있다(표 4).

2) 2015 개정 교육과정기(2018~2020년 현재)

2015 개정 교육과정기 초등학교(6학년2학기) 사회에서 1, 2단원이 세계지리 영역이다(표 5). '세계 여러 나라의 자연과 문화', '통일 한국의 미래와 지구촌의 평화' 단원에서 주제–지역적 지역 학습의 내용 선정 및 구성은 다음과 같다.

지역의 생활 모습을 규모적·계통적·관계적으로 이해하도록 '세계 여러 나라의 자연과 문화'는 지구, 대륙 그리고 국가들(세계 여러 나라의 지리정보 탐색)→세계의 다양한 삶의 모습(기후환경,

표 5. 초등학교(6학년2학기) 사회

대단원명	중단원명
1. 세계 여러 나라의 자연과 문화	지구, 대륙 그리고 국가들, 세계의 다양한 삶의 모습, 우리나라와 가까운 나라들
2. 통일 한국의 미래와 지구촌의 평화	한반도의 미래와 통일, 지구촌의 평화와 발전, 지속가능한 지구촌
3. 인권 존중과 정의로운 사회	인권을 존중하는 삶, 법의 의미와 역할, 헌법과 인권 보장

출처: 교육부, 2015

장소적 다양성, 생태적 사고)→우리나라와 가까운 나라들(인간과 자연 간의 관계, 국가 간 상호의존 관계)순으로, 시간적·인과적·관계적·생태적으로 이해하도록 '통일 한국의 미래와 지구촌의 평화'는 한반도의 미래와 통일(영토 주권의식, 통일한국, 지구촌 평화)→지구촌의 평화와 발전(지구촌 갈등, 국가와 국제기구, 개인과 비정부기구, 계획과 실천)→지속가능한 지구촌(지구촌 환경문제, 지속가능한 미래건설, 세계시민 자세 기르기) 순으로 학습을 안내한다.

2015 개정 교육과정기 중학교(1, 3학년) 사회과 지리 영역(표 6) 가운데 '우리와 다른 기후 다른 생활', '자연으로 떠나는 여행', '더불어 사는 세계' 단원에서 주제-지역적 지역 학습의 내용 선정 및 구성은 다음과 같다.

지역의 생활 모습을 계통적·관계적으로 이해하도록 '우리와 다른 기후 다른 생활' 대단원의 '열대 우림 기후와 주민 생활 모습', '온대 기후와 주민 생활 모습' 중단원에서 생활 모습 생각하기→기후 특성 파악하기→주민 생활 모습 설명 및 차이점 비교하기 순으로, 그리고 규모적·생태적·관계적으로 이해하도록 '더불어 사는 세계' 대단원의 '지구상의 다양한 지리적 문제' 중단원에서 생태계 영향 상상하기→다양한 주제와 규모에서 지리적 문제 파악 및 설명하기→지역조사 보고서 작성하기 순으로 학습을 안내한다.

2015 개정 교육과정기 지역 지리(학습)의 내용 및 구성의 특징은 지역의 생활 모습에 대한 계통적·규모적·생태적·관계적 이해, 주제중심 지역학습, 경제활동을 통한 경관과 환경의 변화, 주민의 일상생활(의식주, 문화) 이해, 체계적·생태적·관계적 사고와 지역주민·국민·세계시민 의식 함양 등으로 요약할 수 있다. 현행 사회과 지역 지리(학습)는 초기 사회과의 자연지리 선수학습을 해체하여 주제중심 지역 학습으로 변화하고, 분절된 경제지리 학습을 넘어 경제 활동을 통한 경관 및 환경의 변화에 주목하고 있다.

초기와 현행 사회과 70여 년 시차에도 불구하고, 학교 지리에서 지역 지리(학습)의 내용으로서 주민의 일상생활(의식주, 문화) 이해, 국민·세계시민 의식 함양은 여전히 중요한 비중을 차지한다.

경관 및 환경의 변화, 체계적·생태적·관계적 사고와 지역·국가·세계시민성의 관점에서 지역지리(학습)의 내용 구성은 지리 교육과정 개발자와 교과서 집필자의 지역 인식에 대한 변화의 산물로서, 네트워크 시대 금융 자본주의와 대의 민주주의가 결합된 세계화·다문화·정보화 사회에서 지역주민의 지속가능한 일상생활에 대한 관심이 반영된 결과로 볼 수 있다(표 7).

표 6. 중학교(1, 3학년) 사회

대단원명	중단원명
1. 내가 사는 세계	다양한 지도와 지도 읽기, 위치 표현 방법과 위치에 따른 인간 생활, 지리 정보 기술
2. 우리와 다른 기후, 다른 생활	세계의 다양한 기후 지역, 열대 우림 기후와 주민 생활 모습, 온대 기후와 주민 생활 모습, 기후 환경을 극복하는 사람들의 생활 모습
3. 자연으로 떠나는 여행	산지 지형과 독특한 생활양식, 매력적인 해안 지형과 주민 생활, 아름다운 우리나라의 자연 경관
4. 다양한 세계, 다양한 문화	지역마다 다양한 문화, 세계화와 문화 변용, 서로 다른 문화의 공존과 갈등
5. 지구 곳곳에서 일어나는 자연재해	자연재해의 발생 지역, 자연재해와 주민 생활, 자연재해에 대한 대응 방안
6. 자원을 둘러싼 경쟁과 갈등	자원의 편재성과 자원 갈등, 자원 개발과 주민 생활, 지속가능한 자원 개발
7. 인구 변화와 인구 문제	인구 분포, 인구 이동, 인구 문제
8. 사람이 만든 삶터, 도시	세계 여러 도시의 위치와 특징, 도시 구조와 도시 경관, 도시화 과정과 도시 문제, 살기 좋은 도시
9. 글로벌 경제 활동과 지역 변화	농업 생산의 기업화와 세계화, 다국적 기업의 공간적 분업 체계, 서비스업의 세계화
10. 환경 문제와 지속가능한 환경	기후 변화의 원인과 해결 노력, 환경 문제 유발 산업의 이동, 생활 속의 환경 이슈
11. 세계 속의 우리나라	우리나라의 영역과 독도, 세계화 속의 지역화 전략, 세계화 시대 통일 한국의 미래
12. 더불어 사는 세계	지구상의 다양한 지리적 문제, 발전 수준의 지역 차, 지역 간 불평등 완화 노력

출처: 모경환 외 11인, 2018

표 7. 1946 교수요목기와 2015 개정 교육과정기 지역 학습 내용 구성 비교

1946 교수요목기	2015 개정 교육과정기
지역의 생활 모습에 대한 계통적·영역적·인과적·종합적 이해 자연지리 선수학습 분절된 경제지리 학습 주민의 일상생활(의식주, 풍속) 이해 인과적·종합적 사고와 국민·세계시민 의식 함양	지역의 생활 모습에 대한 계통적·규모적·생태적·관계적 이해 주제중심 지역 학습 경제활동을 통한 경관 및 환경의 변화 주민의 일상생활(의식주, 문화) 이해 체계적·생태적·관계적 사고와 지역주민·국민·세계시민 의식 함양

3. 지역 인식과 지역 기술의 변화

지역 인식과 지역 기술에 대한 이론적 논의를 바탕으로, 1946 교수요목기 초등학교 5학년 사회생활과-다른 나라의 생활1(4단원 아시아와 그 주민- 잠자는 사자 중화민국의 생활)과 2015 개정 교육과정기 중학교 3학년 사회(12단원 더불어 사는 세계- 지구상의 다양한 지리적 문제) 교과서에 기술된 지역 학습 내용-활동 분석을 통해 지역 인식의 변화를 추론한다.

1) 지역 인식과 지역 기술

지역의 개념은 제솝, 브렌너, 조운즈에 의해 제시된 4가지 유형의 공간 개념 즉, 영역, 장소, 스케일, 네트워크의 개념으로 확장될 수 있다(Jessop et al., 2008, 393; 박배균, 2015; 표 8 참조). 이와 같은 4가지 공간 개념은 그동안 지역 연구에서 자주 혼용되기도 했지만, 모두 나름대로 고유한 의미를 지니며, 지역 개념의 확장을 위해 일정한 방향성을 갖는다. 이러한 4가지 공간적 차원은 현대 사회에서 작동하는 사회공간적 과정을 연구하기 위한 기본적인 틀로서, 사회공간적 관계가 상호구성적으로 복잡하게 얽혀 있음을 드러내기 위해서 제시되었다. 그러나 4가지 유형으로의 공간 개념의 정형화에 바탕을 둔 지역 연구는 전통적으로 지역 연구에서 사용되어 온 환경의 개념(또는 정확히 말해 인간과 환경 간 관계에 대한 개념)을 포괄하기 어렵다(최병두, 2014, 374).

학교 지리에서 학습자는 공간적인 기억과 맥락을 관계적으로 사고하면서 공간 인식과 장소감수성을 배우며, 지구촌을 공간적 관점과 생태적 관점(NCGE, 2012, 17-18)으로 바라보며 인간과 자연, 자연과 문화 간의 지속가능한 일상생활 유지에 관심을 갖는다. 최근의 학교 지리는 생태 다양성과 문화 다양성 교육에 집중하고 있다. 공간적 관점과 생태적 관점을 아우르는 지역 인식과 지역 기술을 위해서 지역을 새롭게 개념화할 수 있다. 즉, 학교 지리에서는 공간적 관점에서 영역, 장소, 스케일, 네트워크 개념과 생태적 관점에서 가치 문제를 다루는 데 토대 역할을 하는 환경 개념을 포괄하여 다룰 수 있도록 확장된 지역 개념을 제시할 필요가 있다. 즉, 인간의 삶터(실재적임)=지역(현실적 차원)+공간, 장소, 환경(잠재적 차원)이다.

지역을 실증주의적 관점에서 공간으로, 인간주의적 관점에서 장소로, 생태주의적 관점에서 환경으로 파악하려는 의도는 지역을 지도, 이야기, 모형으로 재구성하려는 인식적 관심의 표현에 비유할 수 있다. 예를 들면, 실증주의적 관점에서 남해가 나타나는 지도를 거꾸로 보여 주며 해양

표 8. 사회공간적 관계 파악을 위한 4가지 공간적 차원

사회공간적 관계 차원	사회공간적 구조화 원리	사회공간적 관계 유형
영역	접경, 경계, 구획화, 울타리로 둘러싸인 장소	안/바깥 구분으로 구성; 외부를 설정하는 역할
장소	접근성, 공간적 뿌리내림, 지역적 차이	노동의 공간적 분업으로 구성; 장소의 중심과 주변 사이의 수평적인 사회적 관계 차이
스케일	계층화, 수직적 차이	노동의 스케일적 분업으로 구성; 지배적, 결절적, 주변적 스케일 사이의 수직적 사회적 관계 차이
네트워크	상호연결성, 상호의존성, 횡단적 또는 다원적 차이	결절의 연결성 네트워크 설정; 위상학적 네트워크상에서 결절점 사이의 사회적 관계 차이

출처: Jessop et al., 2008, 393

중심 시대에 제주와 전남 그리고 경남이 한반도에서 태평양으로 진출하기에 유리한 위치에 있다는 사실이 강조되고 있다. 인간주의적 관점에서 경남 하동군 악양면은 소설 「토지」의 무대와 슬로 시티(Slow City)로서 주민의 삶터를 스케치하듯이 장소의 특성에 대한 생략과 강조를 통해 장소 정체성의 일면을 보여 주고자 한다. 생태주의적 관점에서 진주시는 경상남도의 동부와 중부에 비해 상대적으로 낙후된 서부 경남의 중심지로서 인간-자연-관계[3] 그 전체적인 복합성을 고려하면서 혁신 도시와 경남도청 제2청사를 유치하면서 서부경남 발전 계획을 선도하고 있다.

지역 인식 논의를 바탕으로 미국의 초등학교 사회(지리) 교과서에 제시된 지역 기술의 실제를 살펴보면, 현실적인 차원에서 지역(region)은 주(state)보다 넓은 의미의 개념으로 사용하고, 주(state)는 여러 지역사회(community)를 포함한다. 국토를 북동부(Northeast), 남동부(Southeast), 중서부(Middle West), 남서부(Southwest), 서부(West) 지역(Region)으로 구분한다. 일예로 북동부 지역 학습 대단원 도입부에서 문학 작품을 통해 고지대 원주민이 하천 유역으로 내려와서 정착하는 과정을 묘사한다. '북동 해안을 따라서' 중단원에서 이민자에 의한 사회 변화, 도시 지역, 도시의 당면 과제 등을 다루는 과정에서 그림과 도표 기능, 지도와 지구의 기능, 도시의 편리함과 촌락의 장점을

3 사회-생태 체계의 문제를 해결하기 위한 환경 운동에서는 생태주의적 비판의 세 가지 전통을 확인할 수 있다. 첫 번째 전통은 주로 우리 경제 활동의 재생 조건을 확보하고 유해 물질에 맞서 인간의 안녕을 지키기 위한 조처를 마련하는 데 관심이 있다. 두 번째 전통은 심층 생태주의 운동으로 모든 생명체와 생태계는 인간에게 유용한지 여부를 떠나 그 자체로서 가치를 갖는다. 세 번째 전통은 프랑스와 남부 유럽의 탈성장 운동으로 자연 과정과 생명체의 가치 판단을 단순히 인간을 위한 유용성으로 축소하지 않고, 인간-자연-관계를 전체적인 복합성을 고려하여 미적, 정신적 의미를 부여하는 관점을 포괄하는 관계로 이해한다. 삶의 토대를 보호한다는 뜻은 단순히 생존을 확보하는 일뿐 아니라 의미를 제공하고 공동체를 형성하며 문화에 뿌리를 둔 인간-자연-관계를 보호함을 말한다(Muraca, 2014; 이명아 역, 2016, 69-72).

비교하기, 비판적 사고 기능 학습을 유도한다. '토지와 수자원 활용' 중단원에서 뉴잉글랜드 교외, 문학 작품을 통한 바닷가재와 배 이야기, 자원과 산업, 수로망 등을 다루는 과정에서 견해로부터 사실 말하기, 도표와 그래프 기능 학습에 주목한다(Boehm et al., 2002, 138-162). 일본의 중학교 지리 교과서에서는 47개 행정구역(都道府県)을 7-8개 지방으로 묶어 北海道, 東北, 関東, 中部, 近畿, 中国·四国, 九州 지방으로 구분한다. 각 지방의 특색을 환경 문제·환경 보전, 인구·도시·촌락, 역사적 배경, 산업, 다른 지역과의 연계, 생활 문화, 자연환경 등 7개 관점에서 탐구하고 상호 관련시켜 파악하도록 안내한다(谷内達외 17명, 2016, 167; 坂上康俊·戸波江二·矢ケ崎典隆외 49명, 2016, 178).

이와 같은 지리 교과서에서 지역 기술은 규모적, 설명적, 해석적, 가치함축적 기술 방식으로 유형화할 수 있다. 규모적 기술은 주제 및 시공간 규모(스케일)와 지역 연계에 따라 지리적 사상을 관련지어 추적한다. 설명적 기술은 지역을 실증적 관점에서 공간으로 인식하여 지리적 사상을 수치 지도로 표현한다. 해석적 기술은 지역을 인간적 관점에서 장소로 인식하여 스케치하듯이 장소정체성을 이야기한다. 가치함축적 기술은 지역을 생태적 관점에서 환경으로 인식하여 지역의 환경을 개선하기 위한 새로운 모델을 계획한다(심광택, 2006, 370).

이때, 지역을 어떠한 기준(지표)으로 구분하여 기술할 것인가라는 과제를 해결해야만 한다. 우리나라 지역 학습에서 전통적으로 북부, 중부, 남부 지방으로 구분하여 지역을 기술하는 방식은 지방자치 시대에 적절하지 않을 수 있다. 지역 주민의 일상생활 모습을 사회생태적으로(지금 여기에서 무슨 일이 어떻게 진행되고 있는지) 접근하기 위해서는 남한의 지역 구분을 도(道) 규모로 전환하거나 도를 몇 개씩 묶어 생활권(하천 유역권)[4] 중심으로 자연환경-시간-네트워크-인문환경 간 관계에 주목하여 지역의 특색을 기술할 수도 있다. 일례로, 전북 동부고원 지대에 정착한 주민이 치수가 가능해지면서 호남 평야 일대로 이주하여 정착한 과정에 착안할 수 있다. 전북 지역은 동부고원 지대에서 서부평야 지대로 거주지가 확산되어 가는 과정에 주목하여[5], 경남 지역은 왜구에 의한 잦은 피해로 해안에서 내륙으로 거주지를 이전한 사례 및 산업화 과정에서 내륙에서 해안으로 노동자가 이주한 사례를 통해 하나의 지역 생활권으로 다룰 수 있다. 실제로 1980년대 이후 국토지리정보원에서 간행한 한국지지도 일부 지역(강원, 제주)에서는 도(道) 규모의 생활권중심으로 지

4 중국의 중학교 지리 교과서에서는 국토를 北方, 南方, 西北, 青臧 지구로 구분한다.

5 전북 생활권 지역 학습 아이디어는 경상대학교 지리교육과 이전 교수의 제안임.

역 지리가 집필되었다.

2) 지역 기술에 반영된 지역 인식의 변화

1946 교수요목기 계통적 지역 학습에서는 중국 지역의 특색을 계통적·영역적·인과적·종합적으로 파악할 수 있도록 농업과 기후, 지하자원과 공업, 화북 지방과 화중·남 지방 비교, 도시 순으로 기술하고 있다. 2015 개정 교육과정기 주제-지역적 지역 학습에서는 지역의 변화를 특정한 주제(열대우림 파괴 및 생태계 영향)와 일상생활에서의 사례(햄버거 소비 증가)를 중심으로 규모적·관계적·생태적 관점에서 접근한다.

초등학교 5학년 '잠자는 사자 중화민국의 생활' 중단원 지역 학습에서는 그림 1을 제시하면서 석탄, 철, 텅스텐 등 지하자원이 어느 지방에서 많이 나는가를 파악하고, 풍부한 지하자원에도 불구하고 왜 산업이 발달하지 못했는가를 묻는다(문교부, 1950, 62-64). 중학교 3학년 '지구상의 다양한 지리적 문제' 중단원 지역 학습에서는 그림 2를 제시하면서 햄버거 소비 증가의 문제점 및 생태계에 미치는 영향에 대해 생각을 열어가도록 요청한다(모경환 외 11인, 2018, 214).

그림 1은 초기 사회과 '잠자는 사자 중화민국의 생활' 중단원에서 중국의 산업 활동 가운데 광업과 공업을 종합적으로 파악하기 위한 주제도이다. 학습자는 주요 지하자원이 어느 지방에서 생산되는가를 확인하고(영역적·분포적 사고), 중국의 공업이 왜 발달하지 못했는가를 탐구한다(인과적 사고). 지역을 실증적 관점에서 공간으로 인식하고 설명하는 방식으로 기술하고 있다. 그림 2는 현행 사회과 '지구상의 다양한 지리적 문제' 중단원에서 1단계 생각 열기 '햄버거를 먹으면 열대 우림이 파괴된다고?' 문제를 해결하기 위한 만화 및 발문 자료이다. 학습자는 만화 자료를 활용하여 햄버거의 소비가 증가하면서 나타날 수 있는 토지이용의 변화와 개발도상국의 식량 문제를 조사하고(규모적, 관계적 사고), 국지적으로 열대 우림을 파괴하는 행위가 지구적 생태계에 미치는 영향을 생각해 본다(생태적 사고). 지역을 주제 및 시공간 규모(스케일)와 지역 연계에 따라 지리적 사상을 관련지어 규모적으로, 인간적 관점에서 장소로 인식하여 해석적으로, 생태적 관점에서 환경으로 인식하여 가치함축적으로 기술하고 있다.

이러한 변화는 지역의 생활 모습을 파악하는 방식이 본질주의적 접근에서 사회구성주의적 접근으로, 지역 외부자의 시선에서 지역 내부자의 시선으로, 국가중심 국민 생활에서 지역중심 주민 생활로, 객관적 설명중심 기술에서 상호주관적 이해중심 규모적·해석적·가치함축적 기술로,

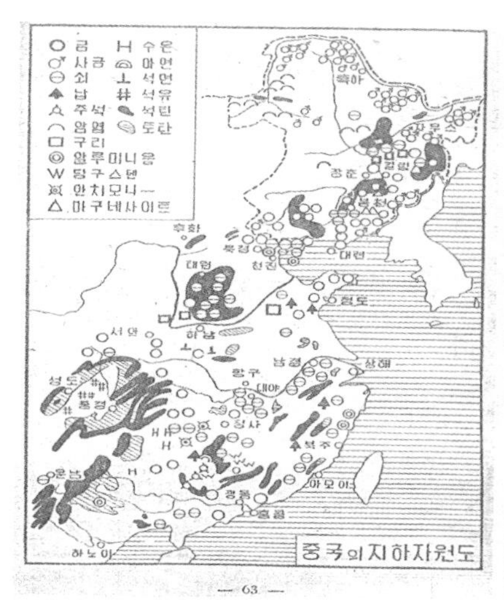

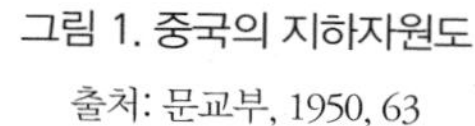

그림 1. 중국의 지하자원도
출처: 문교부, 1950, 63

그림 2. 지구상의 다양한 지리적 문제
출처: 모경환외 11인, 2018, 214

자연환경–시간–인문환경 간 영역적·분포적·인과적 사고에서 자연환경–시간–네트워크–인문환경 간 규모적·관계적·생태적 사고로 달라진 지역에 대한 인식을 반영한 결과로 해석할 수 있다.

해석 내용을 부연하면, 지역 개념에 대해 생각하고 쓰고 이야기할 때 이론적인 문제를 네 가지로 정리할 수 있다(Cresswell, 2013, 59–60; 박경환외 4인 옮김, 2015, 85–86). 첫째, 특수한 것에 대한 사고와 구체적인 것에 대한 사고의 가치를 어떻게 평가할 것인가라는 문제이다. 즉, 보편적인 것(일반 지리학)과 특수한 것(특수 지리학) 간의 갈등이다. 둘째, 지역이 세계 내에서 실존 여부의 문제이다. 즉, 본질주의(사물은 지금의 모습을 만든 특징들이 모아진 객관적 실체이다)와 사회구성주의(사물은 사회 속 특정 사람에 의해 발명되고, 생산되며, 또는 구성된다) 관점이다. 셋째, 지역은 고유하고 특이하며 내부적으로 동질적이라는 사고와 이와 달리 내부적으로 분화되어 있고 지역 외부에 존재하는 사상과 다양한 관계로 연결되고 새롭게 만들어진다는 사고 간의 차이이다. 즉, 지역에 대한 영역적 접근과 관계적 접근(최병두, 2014, 374; 박배균, 2015, 262–264) 간의 차이라고 할 수 있다. 넷째, 정치의 문제이다. 지역의 특수성을 토대로 현대 세계적 자본주의의 보편화 경향에 문제를 제기하는 비판 지역주의에서 지역은 저항할 수 있는 지리적 환경으로 설정된다.

오늘날 학교 지리는 지역과 지역성 관점에서 장소에 주목하지만, 사람과 장소 간의 감정적, 정서적 측면을 소홀히 하고 있다(Ontong and Le Grange, 2016, 144). 생태적 관점과 사회학적 관점에서 장소를 이해하기 위해서는 여기에서 어떤 일이 있었는지(역사적 관점), 지금 여기에서 무슨 일이 어떻게 진행되고 있는지(사회생태적 관점), 여기를 어떻게 만들어 가야만 하는지(윤리적 관점)를 학습자에게 물어볼 필요가 있다(Greenwood, 2013, 97).

이와 같은 정서적, 역사지리적, 사회생태적, 윤리적 관점에서 지역에 대한 이해는 미래 지리교육과정 개발과 교과서 집필에 새로운 도전 과제로 부상할 것이다. 이러한 관점에서 지역 학습의 내용–활동 구성은 대의 민주주의와 금융 자본주의의 약점인 소극적 시민성과 소비 만능주의를 극복할 수 있는 학교 지리의 내용 및 방법과도 정합성을 유지할 수 있기 때문이다. 나아가 정서적, 역사지리적, 사회생태적, 윤리적 관점에서 지역 인식과 지역 기술은 지리 교과가 가치 문제를 다루는 데 취약하다는 비판을 극복하고 지리 교육의 실제성과 실용성을 명확하게 드러낼 수 있다.

오늘날 우리는 글로벌 인터넷 기업이 스마트폰과 인터넷에 남겨진 개인의 기록을 그 사람보다도 더 잘 알고, 스마트폰에서 GPS를 켜놓지 않아도 개인의 위치 정보를 가져갈 수 있는 현실에서 살아가고 있다. 네트워크 시대 세계화·다문화·정보화 사회에서 세계 여러 지역과 그 주민의 생활은 금융 자본주의와 대의 민주정치의 영향으로 탈장소화되고 개인의 비지배 자유는 보장받지 못하는 사례가 증가하고 있다. 하지만, 한국의 현대 역사지리와 관련하여 남북분단 시대 국가 스케일에서 1960년 4.19혁명, 1987년 6월항쟁, 2016~2017년 촛불혁명은 국토의 여러 지역에서 주민 의식이 깨어 있음을 말해 준다. 이러한 성공은 국토 공간 곳곳에서 지역 주민이 지역을 저항할 수 있는 지리적 환경으로 인식하고 온라인·오프라인상에서 함께 살기 좋은 장소를 만들어가기 위해 자발적으로 참여하고 노력한 결과이다.

지리 교실수업에서 지역사회의 구성원으로서 학습자의 주민 의식(가치·태도 및 참여·실천)은 지역을 저항할 수 있는 지리적 환경으로 간주하는 비판지역주의적 사고를 통해 길러질 수 있다. 학교 지리는 지역 스케일에서 개인사의 다양한 장소 경험을 학습의 출발점으로 삼아 살기 좋은 장소 만들기를 계획하고 지속가능한 일상생활(의식주, 문화)과 지역주민·국민·세계시민 의식을 강조하기 때문이다. 학교 지리의 살기 좋은 장소 만들기 과정에서 학습자는 스케일을 가로지르는 자연환경–시간–네트워크–인문환경 간 관계적 사고를 통해 지역주민 의식이 국민 의식과 세계시민 의식으로 확장되는 학습 경험을 겪을 수 있다.

따라서, 미래 교육과정기에서 학교 지리는 학습자가 비판지역주의적 접근을 통해 자신 및 타인의 삶과 삶터를 돌아보며 공감하고, 이웃과 더불어 살기 좋은 장소를 만들기 위해 온라인·오프라인을 넘나들면서 연대하여 계획하고 실천할 수 있도록 지속가능한 일상생활(의식주, 문화) 및 지역

표 9. 지역 기술에 반영된 지역 인식의 변화

	1946 교수요목기	2015 개정 교육과정기	미래 교육과정기
지역접근 방식	본질주의적	사회구성주의적	비판지역주의적
지역 학습 기술 방식	지역 외부자 시선 국가중심 국민 생활 객관적 설명중심 기술 자연환경-시간-인문환경 간 영역적, 분포적, 인과적 사고	지역 내부자 시선 지역중심 주민 생활 상호주관적 이해중심 규모적·해석적·가치함축적 기술 자연환경-시간-네트워크-인문환경 간 규모적, 관계적, 생태적 사고	개인의 장소 경험 지역주민 생활 공감 함께 살기 좋은 장소 만들기 계획 및 실천 자연환경-시간-네트워크-인문환경 간 정서적, 역사지리적, 규모적, 사회생태적, 관계적, 윤리적 사고
지역 인식의 확장	경관, 공간, 장소	경관, 생태적 공간, 장소, 거주 환경	경관, 윤리적 공간, 장소, 지속가능한 환경

주민·국민·세계시민 의식을 중심(표 7 참고)으로 지역 지리(학습)를 재구성할 필요가 있다. 이를 위해 지역 학습에서 다루는 지역 지리는 학습자가 자연환경-시간-네트워크-인문환경 간 관계를 정서적, 역사지리적, 규모적, 사회생태적, 관계적 그리고 윤리적으로 사고할 수 힘을 길러갈 수 있도록 기술되어야 한다(표 9).

4. 마치며

이 글에서는 초기와 현행 사회(지리) 교과서의 지역 기술에 반영된 지역 인식의 변화를 추적한다. 해방 후 70여 년 시차를 두고 초기와 현행 사회(지리) 교과서에서 적용된 지역 인식을 추론하여 그 한계를 파악할 수 있다면, 급격한 변화(인공지능, 고령화, 지방재편 등)가 예견되는 지구적 위험사회에서 미래 사회과(지리) 교육과정을 위해 어떠한 지역 인식과 지역 기술이 필요한가를 제안할 수 있기 때문이다.

학교 지리에서 지역 인식은 초기의 경관, 공간, 장소에서 현행 경관, 생태적 공간, 장소, 거주 환경으로 진화 중임을 밝히고, 앞으로 경관, 윤리적 공간, 장소, 지속가능한 환경 개념을 포함한 지역 인식과 비판지역주의적 접근에 의한 지역 지리(학습)의 내용 구성을 제안하였다. 지역 구분 방법과 지역 주민의 일상생활(의식주, 문화) 이해 그리고 지역주민·국민·세계시민 의식 함양은 여전히 학교 지리의 본령이라 할 수 있다. 지역을 기술하기 위해 초기 사회과는 계통적·영역적·인과적·종합적으로, 현행 사회과는 계통적·규모적·생태적·관계적으로 접근한다. 지역 지리(학습)

내용 구성과 관련하여 자연지리 선수학습은 해체되어 주제중심 지역 학습으로, 분절된 경제지리 학습에서 경제활동을 통한 경관 및 환경의 변화에 주목한다. 나아가 인과적·종합적 사고 및 국민·세계시민 의식에서 체계적·생태적·관계적 사고 및 지역주민·국민·세계시민 의식 함양을 강조한다.

지역의 생활 모습을 파악하기 위해 표준화된 개념과 문헌 및 야외 조사 그리고 지도화[6]를 통해 구성되는 지역 지리 교재 내용은 끊임없이 변화하고 생성될 수밖에 없지만, 공간, 장소, 환경 개념으로서 지역은 삶의 터전으로 여전히 현실 세계에 실재한다. 학교 지리의 지역 학습에서 학습자는 그때 거기와 지금 여기에 관한 지역 교재에 비교·관련·변화의 관점을 통시적으로 공시적으로 적용하여 지역의 실제적 특성과 문제점을 파악하여 살기 좋은 장소를 계획하고 실천하는 학습 기회를 갖는다.

• 요약 및 핵심어

요약: 초기(1946 교수요목기)와 현행(2015 개정 교육과정기) 사회(지리) 교과서에 반영된 지역 지리(학습) 내용 구성을 비교하여 공통점과 차이점을 도출하고, 지역 기술에 반영된 지역 인식의 한계를 파악하여 미래 사회에 조응하는 지역 인식과 지역 기술의 새로운 방향을 제시하였다.
지역 학습의 실제에서 학습자가 비판지역주의적 접근을 통해 자신 및 타인의 삶과 삶터를 돌아보며 공감하고, 이웃과 더불어 살기 좋은 장소를 만들기 위해 계획하고 실천하며, 지속가능한 일상생활(의식주, 문화)을 유지하고 지역주민·국민·세계시민 의식을 함양할 수 있도록 지역 지리(학습) 내용을 재구성할 필요가 있다. 이를 위해, 지역 학습에서 다루는 지역 지리는 학습자가 자연환경–시간–네트워크–인문환경 간 관계를 정서적, 역사지리적, 규모적, 사회생태적, 관계적, 그리고 윤리적으로 사고할 수 있는 힘을 길러갈 수 있도록 기술되어야 한다.
핵심어: 지역 인식(regional cognition), 지역 기술(regional description), 비판적 지역주의(critical regionalism), 지속가능한 생활(sustainable life), 지역주민·국민·세계시민 의식(regional, national, and global citizenship).

• 더 읽을거리

Bamber, P.(Ed.), 2019, *Teacher Education for Sustainable Development and Global Citizenship: Critical Perspec-*

6 지리는 표준화된 개념(장소, 공간, 환경, 지역, 경관, 영역)과 지속적인 실천(야외조사, 지도화)으로 구성되기에 지리 교재의 생명력은 다른 교재에 비해 상대적으로 짧을 수밖에 없다. 하지만 짧은 생명력이라도 여전히 중요한 의미를 갖는다 (Johnston & Sidaway, 2015, 58; Sidaway & Hall, 2018, 37).

tives on Values, Curriculum and Assessment, Routledge, New York.
Sant, E. Davies, I. Pash by, K. and Shultz, L., 2018, *Global Citizenship Education: A Critical Introduction to Key Concepts and Debates*, Bloomsbury, London.

참고문헌

강창숙, 2017, 미군정기 중학교 지리과 교수요목의 내용과 특징, 대한지리학회지, 52(2), 245-263.
강철성, 1989, 중학교 지역지리의 분석- 학습내용을 중심으로, 지리교육논집, 21, 71-79.
교육부, 2019, 사회 6-2 교사용지도서, 지학사, 서울.
교육부, 2015, 사회과교육과정, 교육부 고시 제2015-74호 [별책7].
김병연, 2017, 한국지리에서 '지역지리'의 위상에 대한 고찰, 한국지역지리학회지, 23(4), 679-693.
모경환·이윤호·강대현·김현경·이수화·황미영·조철기·승현아·김영일·서정현·윤민주·나유진, 2018, 중학교 사회 ①, ②, 금성출판사, 서울.
문교부, 1950, 사회생활과 5학년 소용- 다른 나라의 생활1, 조선서적, 서울.
박경환·류연택·심승희·정현주·서태동 옮김, 2015, 지리사상사, 시그마프레스, 서울(Cresswell, T., 2013, *Geographic Thought: A Critical Introduction*, Wiley-Blackwell, Chichester)
박배균, 2015, 도시-지역 연구에서 관계론적 사고를 둘러싼 논쟁: 네트워크적 영역성에 대한 소고, 허우긍·손정렬·박배균 편, 네트워크의 지리학, 푸른길, 서울, 261-279.
박선미, 2016a, 2015 개정 중학교 사회과교육과정의 개발 과정의 의사결정 구조에 대한 비판적 고찰, 한국지리환경교육학회지, 24(1), 33-45.
박선미, 2016b, 우리나라 사회과교육과정의 통합구조 변화에 따른 지리교육의 목표와 내용 변화: 중학교를 중심으로, 대한지리학회지, 51(6), 935-955.
박선미, 2017, 우리나라 중학교 지리 교육과정의 지역학습 내용과 그 조직 방법의 변화, 대한지리학회지, 52(6), 797-811.
박철웅, 2016, 2015 개정 사회과 교육과정에서 지리교육의 정체성과 대응, 한국지리환경교육학회지, 24(1), 1-13.
손명철, 2017, 한국 지역지리학의 개념 정립과 발전 방향 모색, 한국지역지리학회지, 23(4), 653-664.
심광택, 2006, 지역 인식과 지리교과서의 지역 기술, 한국지리환경교육학회지, 14(4), 359-371.
심광택, 2018, 초기와 현행 사회과 지리 교과서에 반영된 지역 인식과 지역 기술 다시 보기, 한국지리환경교육학회지, 26(1), 59-71.
심승희·김현주, 2016, 2015 개정 교육과정에 따른 고교 진로선택과목 「여행지리」의 개발과 관련 논의, 한국지리환경교육학회지, 24(1), 87-98.
안종욱·김병연, 2016, 2015 개정 한국지리 교육과정의 개발 과정과 주요 특징, 한국지리환경교육학회지, 24(1),

61–70.
이간용, 2016, 2015 개정 초등 사회과 지리 영역 교육과정 개발에 대한 반성적 고찰, 한국지리환경교육학회지, 24(1), 15–32.
이명아 역, 2016, 굿 라이프– 성장의 한계를 넘어선 사회, 문예출판사, 서울(Muraca, B. 2014, *Gut leben: Eine Gesellschaft jenseits des Wachstrums*, Wagenbach, Berlin).
전종한, 2016, 2015 개정 세계지리 교육과정의 개발 과정과 내용, 한국지리환경교육학회지, 24(1), 71–85.
정 갑, 1949, 중학교 사회생활과 지리 부분– 이웃 나라 생활, 을유문화사, 서울.
정 갑, 1949, 중학교 사회생활과 지리 부분– 우리나라 생활, 을유문화사, 서울.
조철기, 2016, 통합사회 교육과정 개발 과정에 대한 탐색, 한국지리환경교육학회지, 24(1), 47–60.
조철기·이종호, 2017, 세계화 시대의 세계지리 교육 어떻게 할 것인가, 한국지역지리학회지, 23(4), 665–678.
진기문, 1989, 고등학교 지역지리의 분석, 지리교육논집, 21, 80–96.
최병두, 2014, 한국의 신지역지리학: (1) 발달 배경, 연구 동향과 전망, 한국지역지리학회지, 20(4), 357–378.
谷内達外 17名, 2016, 社会科 中学生の地理– 世界の姿と日本の国土, 帝国書院, 東京.
文部科学省, 2018, 高等学校 学習指導要領解説–地理歴史編(http://www.mext.go.jp/a_menu/shotou/new–cs/1407074.htm).
坂上康俊·戸波江二·矢ケ崎典隆外 49名, 2016, 新編 新しい社会 地理, 東京書籍, 東京.
Boehm, R.G., Hoone, C., McGowan, T.M., Mckinney-Browning, M.C., Miramontes, O.B., Porter, P.H., 2002, *States and Regions: Harcourt Brace Social Studies*, Harcourt, Orland.
Greenwood, D.A., 2013, A critical theory of place-conscious education in Stevenson, R.B., Brody, M., Dillon, J. and Wals, A.E.J.(eds), *International Handbook of Research on Environmental Education*, Routledge, New York, 93-100.
Jessop, B., Brenner, N., and Jones, M., 2008, Theorizing sociospatial relations, *Environment and Planning D: Society and Space*, 26(3), 389-401.
Johnston, R., and Sidaway, J.D., 2015, *Geography and geographers: Anglo-American human geography since 1945(7th ed.)*, Routledge, Abingdon.
National Council for Geographic Education, 2012, *Geography for Life: National Geography Standards (2nd. ed.)*, NCGE, Washington D.C.
Ontong, K., and Le Grange, L., 2016, Reconceptualising the notion of place in school geography, *Geography*, 101(3), 137-145.
Sidaway, J.D., and Hall, T., 2018, Geography textbooks, pedagogy and disciplinary traditions, *Area*, 50(1), 34-42.

12.

초등 사회과 지역 수준 교육과정과 지역 교과서의 발달: 대구시를 사례로

송언근(대구교육대학교)

1. 서론

초등 사회과 교육과정에는 학년별 학습 공간이 있다. 3학년은 시, 군, 구, 4학년은 도와 광역시, 5학년은 우리나라, 6학년은 세계가 학습 공간이다. 이것은 초등학교의 다른 교과들뿐만 아니라, 중등 사회과와도 차별화되는 초등 사회과만의 특성이다. 이로 인해 초등 사회과 3, 4학년 교육과정은 지역의 특수성[1], 지역 사회의 요구, 학생들의 수준과 필요 등을 반영한 교육과정 지역화[2]가 이루어지고, 이에 근거한 지역 교과서가 개발된다.

6차 교육과정부터 본격적으로 이루어진 지역 수준 교육과정과 지역 교과서 개발은 우리 교육이 안고 있는 중앙집권적 교육과정의 경직성에서 벗어나려는 시도이다. 많은 학자들이 주장하였

1 '교육과정 지역화를 위해 지역의 특수성을 고려해야 한다'라고 할 때의 지역의 특수성은 첫째, 지역의 자연환경(위치, 지형, 기후, 면적, 개발 계획 등), 둘째, 지역의 인문환경(교통, 통신, 문화, 보건, 생활 모습, 전통문화 등), 셋째, 지역의 사회환경(인구, 취락, 인구 이동, 행정, 재정, 산업 발달 등)을 의미한다. 이는 2009 개정 교육과정 총론에 명시되어 있다.

2 교육과정의 지역화란 국가 수준에서 개발, 제정한 교육과정의 목표, 내용, 지도 방법, 평가 및 학습 자료를 지역의 자연적·인적·정치·경제·사회문화적 실정과 학교 및 학습자의 특수성에 적합하게 재구성하여 편성, 운영하는 것이다(김용찬, 2005, 128). 이 같은 의미의 교육과정의 지역화는 교육과정의 제정이나 결정 권한을 지역(교육위원회, 교육청, 학교 현장)에서 담당한다는 '교육과정 제정의 지역화'라는 적극적 의미의 지역화와 국가 수준에서 결정한 교육과정을 지역이나 학교의 실정에 맞게 운영함으로써 교육적 효과를 제고할 것을 의도하는 '교육과정 운영에서의 지역화'라는 소극적 의미의 지역화로 나눌 수 있다(김용만, 1986, 10).

듯이, 국가 교육과정에 의한 획일적인 교육과정 운영은 우리나라 학교 교육이 안고 있는 대표적인 문제점이기도 하다(소경희·채선희·정미경, 2000). 경직되고 획일화된 교육과정의 편성 및 운영은 지역 사회의 요구를 충족하기 어려울 뿐만 아니라 사회 변화에 부응하기에도 부적합하며, 나아가 개인차를 간과하기 쉽다(박수미·남상준, 2008). 이로 인해 우리나라의 교육이 교육수요자의 요구를 제대로 반영하지 못한다는 문제점도 지적되고 있다(도순남·최호성, 2004). 또한 오늘날 사회는 급속한 지식 정보화, 세계화 및 이로 인한 탈집중화와 탈중앙집권화를 특징으로 한다. 이 같은 점에서 보아도, 교육과정 지역화의 구현은 시급한 과제이다(김용찬, 2005).

초등 사회과 지역 교과서는 이런 요구와 필요성에 의해 개발되었지만, 교육과정 지역화의 시대적이고 사회적인 요구를 제대로 충족한다고 보기는 여전히 어렵다. 이는 지역 교과서의 활용성과 필요성의 측면에서 특히 그러하다. 대구시 초등학교 4학년 교사 126명을 대상으로 조사한 결과, 지역 교과서를 사회 수업의 핵심 교재로 사용하는 비율은 20%에 불과하였다.[3] 이 같은 문제는 어제 오늘의 일이 아니다. 이뿐만 아니라 2009 교육과정 개정 과정에서는 지역 교과서를 폐지하려는 시도까지가 있었다.[4]

본 논문은 교육과정 지역화를 보다 효율적으로 구현하는 지역 교과서 개발을 위한 전제적(前提的) 연구이다. 이를 위해 본 연구는 첫째, 교수요목기에서 2015 교육과정까지 각 시기별 국가 수준 교육과정에서 지역화의 근거와 방향, 그리고 지역화의 내용과 구조의 특성을 밝히고, 둘째, 이와 관련하여 교육과정 시기별 지역 수준 교육과정과 지역교과서의 발달의 과정별 특징을 밝히는 것을 주목적으로 한다. 부차적으로는 이를 통해 적극적인 교육과정 지역화의 요인을 탐색한다.

국가 및 지역 수준 교육과정과 지역 교과서의 분석 대상은 4학년이다. 이는 지역 수준 교육과정과 지역화 교과서는 4학년 사회과에서 활용되기 때문이다. 물론 특정 지역에는 3학년 지역화 교과서도 있지만, 이것은 특정 지역에 한정된 예외적인 사례이다. 반면 4학년 지역 교과서는 전국 모든 시, 도에서 개발한다.[5] 이는 교육과정 지역화의 목적 중 하나인 교육과정의 분권화가 시·도

3 2018년 10월 2일, 대구시 초등학교 4학년 교사, 126명을 대상으로 실시한 지역교과서 활용도 조사 결과, 국정교과서를 주 교재로 사용하고, 지역화 교과서를 보조로 사용한다는 응답률은 66.4%이고, 국정 교과서를 핵심 교과서로 사용한다는 응답률은 13.6%였다. 반면 지역화 교과서를 주 교과서로 사용하고 국정 교과서를 보조 교과서로 사용한다는 응답률은 17.6%이고, 지역화 교과서를 핵심 교과서로 사용한다는 응답률은 2.4%에 불과하였다.

4 2009 교육과정 실험용 교과서 평가 회의에서 이 문제와 관련하여 연구개발 책임자와 초등 교사들간의 논쟁이 있었다. 이는 평가회에 참석한 교사들로부터 들은 이야기이다. 이뿐만 아니라 2009 교육과정 개정 과정에서는 지역 교과서의 필요성에 대한 설문 조사도 이루어졌다.

5 경상북도의 경우 3, 4학년에 지역 사회과 교과서가 있지만, 대구교육청에는 4학년 지역 사회과교과서만 있다.

를 중심으로 이루어지는 것과 관련이 깊다.

이러한 점에서 일반적으로 사회과 지역 교과서라고 하면 4학년 지역 교과서를 의미한다. 본 연구에서도 4학년 사회과 지역 교과서를 대상으로 국가 수준 교육과정에 따른 지역 수준 교육과정과 지역 교과서의 변화 특징을 분석한다. 분석 대상은 두 가지이다. 하나는 국가 수준 교육과정에서의 지역화 특성 분석으로, 이것은 교수요목기에서 2015 교육과정까지 교육과정원문 및 해설서, 그리고 교수요목기에서 2015 교육과정까지 4학년 사회 교과서를 분석 대상으로 한다. 다른 하나는 지역 수준 교육과정 분석으로서, 이것은 대구광역시 초등 사회과 4학년 지역 교과서가 분석 대상이다. 주 분석 대상은 '사회과 탐구: 대구 직할시', '대구의 생활: 사회과 탐구', 그리고 '사회과 지역화 교재: 참 좋은 우리 대구'[6]이다. 이와 더불어 지역 교과서는 아니지만 4차 교육과정 시기에 제작한 '사회: 우리가 사는 대구'라는 지역 자료도 분석 대상으로 한다.

본 연구의 분석 기준은 국가수준교육과정에서 지역화에 대한 교육과정의 규정, 지역화 교과서의 편찬 여부, 그리고 내용과 구성 방향이라는 세 가지이다. 이들을 분석 기준으로 한 것은 첫째, 우리나라 교육에서 국가수준 교육과정은 교육의 내용 선정 및 방향 제시와 관련된 법적인 기준인 만큼, 교육과정에서 지역화 교육의 실천을 어느 정도까지 규정하는가의 여부는 지역화의 실천 여부 및 수준과 직결되기 때문이다(박순경, 2003; 소경희 외, 2000). 둘째, 지역화 교과서가 따로 편찬되는가의 여부는 교육과정의 지역화가 교육과정 및 교과서 내의 사소한 참고 사안 정도로 끝나는지 아니면 교육과정과 교과서의 엄연한 변화로 이어지는지의 여부와 직결되면서, 지역화 교육의 실천 정도는 물론 교사와 학생들의 지역화에 대한 인식에도 중대한 영향력을 행사하기 때문이다(박수미·남상준, 2008). 셋째, 지역 교과서 구성 내용과 방향은 지역화 교과서의 성격과 개발 목적을 밝히는 가장 중요한 지표이기 때문이다.

전술한 분석 기준을 토대로 첫째, 교육과정원문 및 해설서의 교육과정 구성 방향, 교육과정 편성·운영 지침, 사회과 교과 목표 및 내용, 운영상의 유의점 등에서 지역화와 관련된 내용들을 추출하여 교육과정 시기별 지역화의 특징, 근거 등을 찾아 그것의 의미들을 분석하였다. 교육과정 원문에서 이해가 되지 않는 부분들은 당해 교육과정의 사회 4학년 교과서 내용을 분석하여 교육과정 원문과 비교, 대조 하였다. 둘째, 교육과정별 지역 수준 교육과정분석은 지역 교과서가 개발되기 시작한 5차 교육과정 이후를 중심으로 두 방향에서 분석하였다. 하나는 5차에서 2015 교

6 5차 교육과정에서 대구의 지역화 교과서에 해당하는 책의 제목은 '사회과 탐구'이다. 6차에서 2009 교육과정까지 대구의 지역화 교과서 제목은 '대구의 생활'이었다. 이것이 2015 개정 교육과정에서 '참 좋은 우리 대구'로 바뀌었다.

육과정까지 지역 교과서들의 단원 구조 및 내용 특성을 국가 수준 교육과정의 그것들과 비교, 분석이다. 다른 하나는 지역 교과서 간의 비교, 분석이다. 여기서는 5차에서 2015 교육과정까지 지역 교과서들의 단원 구조와 내용 특성, 그리고 교육과정별 지역 교과서의 속성들을 비교, 분석하였다.

2. 교육과정 시기별 지역화의 근거와 방향

1946년 교수요목기에서 2015 교육과정까지 11번의 교육과정 개정을 거치면서 교육과정 지역화의 근거와 방향은 변화하였다. 본 장에서는 교육과정 지역화의 진정한 토대가 구축된 6차 교육과정을 기준으로 그 이전과 이후, 교육과정 지역화 방향의 특징을 살펴보도록 한다.

1) 교수요목기에서 5차 교육과정

교육과정 지역화는 교수요목기(1946~1954년)부터 나타난다. 그것은 1946년 9월 1일 미 군정청 편수국에서 제시한 「국민학교 사회생활과 교수요목」 운영법 11가지 중 두 번째와 다섯 번째에 있으며, 그 내용은 다음과 같다.

먼저 사회생활과 교수요목 운용의 두 번째 항목을 보면, '고장 생활(향토 생활)에 대한 적응과 국가 생활에 정확한 파악'이라는 제목하에 아래와 같은 내용이 제시되어 있다.

> 이 교수요목의 안목은 사회생활의 이해 체득에 있으므로, 궁극의 목표는 국가 생활을 정확히 파악시키는 데 있다. 제6학년의 우리나라의 발달로 초등교육을 완성하게 되어 있는 것은 그 때문이다. 그와 동시에 사회생활의 기술, 태도, 습성을 함양하는 구체적 자리(장소)는 고장(향토)이므로, 그 고장 생활에 적응하는 사회화한 인격을 도야 하지 않아서는 안 된다. 이 교안은 두 단계로 나눌 수가 있으니, 제3학년 이하에는 고장 생활을 밝힘에 중점이 놓여 있고, 제4학년 이상에는 정확한 우리나라 파악을 강조하고 있다. 따라서 이 교안을 운용하는 데에 있어서 제3학년 이하에서는 교수의 초점을 고장 생활에 대한 적응에 두어야 할 것이며, 상급 학년에 이르러서는 국가 생활을 구체적으로 정확히 이해시키는 데에 힘을 써야 한다. 그렇다고 해서 이것을 당연하게 구

별하여 설명하라는 것이 아니라, 기본정신은 전 학년을 통하여 고장 생활을 중심으로 하면서 정확한 국가생활을 파악하게 하는 데 있다(http://www.ncic.go.kr/mobile.dwn.ogf.inventoryList.do, 교육과정 원문 및 해설서, 1차 이전).

전술한 내용에서 알 수 있듯이 교수요목기를 만든 군정청 편수국은 '고장 생활의 이해와 적응'을 국민학교 사회생활과 교육의 출발이자 토대로 보았다. 이는 '고장이 삶의 토대이자 출발이기 때문에 고장을 올바르게 이해하고, 자신의 고장에 올바르게 적응하는 사람으로 성장하는 것이 사회생활과 교육에서 가장 중요하다'라고 강조한 것에서 잘 알 수 있다. 편수국은 고장에 대한 올바른 이해와 적응이 이루어질 때, 국민학교 사회생활과 교육의 궁극적 목표인 국가 생활의 파악도 올바르고, 정확하게 이루어질 수 있다고 보았다.

사회생활과 교육을 전술한 방향으로 계획하면 그것의 학습은 지역의 특수성을 고려할 수밖에 없다. 서로 다른 특성을 가진 고장에 적응하는 사람을 육성해야 하기 때문이다. 이와 관련된 지역화의 방향은 사회생활과 교수요목 운용법의 다섯 번째인 '각 지방의 특수성을 고려할 것'이라는 내용에 제시되어 있다. 그 내용은 다음과 같다.

이 교수요목에 들어 놓은 제 단위는 근본적 학급을 표준잡아 보통적인 것으로 짜아 놓은 것이다. 따라서 각 지방에서는 특히 그 지방 아동들에게 필요한 것과 그 고장의 특수성을 고려하여 더 적당하다고 생각하는 것이 있으면, 적당히 단위를 소거 보충하여도 좋다. 요컨대, 이 교수요목의 정신을 파악하여 각 지방에 꼭 맞는 교수를 하도록 힘쓰기를 바란다(http://www.ncic.go.kr/mobile.dwn.ogf.inventoryList.do, 교육과정 원문 및 해설서, 1차 이전).

전술한 내용은 '사회생활과 교육과정은 교과의 특성상 모든 지역의 특성을 반영할 수 없다. 따라서 각 지역에서는 그 지역의 특성과 지역 학생들의 요구와 수준을 파악하여 지역의 특성에 맞는 교육과정을 재구성해야 한다'라는 의미이다.

이 같은 의미에 근거하여 편수국은 '단원의 내용 중 지역의 특성을 학습하는 데 방해가 되면 과감히 제거하고, 반면 학생들의 필요와 지역의 특성 이해에 도움이 되면 단원 내용에 지역적 특성을 보충하여 학습하는 것이 바람직하다'라는 방향을 안내하였다.

이처럼 교수요목기부터 사회과 교육과정 지역화는 하면 좋은 정도로 그치는 것이 아니라, 해야만 하는 것으로 인식되었다.

교육과정 지역화는 우리나라 헌법 및 교육법의 제정을 계기로 새로이 만든 1차 교육과정(1955~1963년)에서도 볼 수 있다. 이것은 국민학교 교과과정 총론의 교육과정의 기본 태도와 운용상 유의점, 두 영역에서 확인할 수 있다. 각각의 내용은 다음과 같다.

1차 교육과정 원문 및 해설서에는 교육과정의 기본 태도가 7가지로 제시되어 있다. 그중 6번째가 교육과정 지역화와 관련있다. 제목은 '교육과정의 내용은 시대와 지역의 요구에 적응하여야 한다' 이고, 내용은 '1차 교육과정은 우리나라 특수성에 비추어 특히 요청되는 반공교육, 도의 교육, 실업 교육 등이 강조되어 있으며, 각 지역의 특색을 살리도록 유의하였다'이다. '6.25 사변 직후'라는 시대적 상황으로 볼 때 반공, 도의, 실업 교육은 강조될 수밖에 없다. 그런 환경에서도 지역의 특수성을 고려한 교육과정 지역화를 강조하였다.

교육과정 지역화의 중요성이 가장 잘 드러난 곳은 '교육과정 운용상의 주의' 항목이다.

> 본 과정은 각 학교의 교육 계획과 교과 경영의 기준을 보여 준 것이다. 그러므로 모든 교육의 계획과 경영은 본 과정의 취지에 따라 이를 구현하도록 지역 사회의 특수성과 학생의 실정에 알맞은 독자적인 연구와 창의를 가하여야 한다. 이에 따라 편찬될 교과용 도서는 본 과정의 지도 목표와 내용을 구현함에 힘쓸 것이며, 본 과정의 세밀한 검토 아래, 지도 범위와 정도를 조절하여야 할 것이다(http://www.ncic.go.kr/mobile.dwn.ogf.inventoryList.do, 교육과정 원문 및 해설서, 1차 시기).

국민학교 교육과정 운용상 주의의 시작을 교육과정 지역화에 두었다. 이는 국민학교 교육과정 운영 시 가장 유의해야 할 것은 각 지역의 특성을 고려한 교육과정의 재구성이라는 의미이다. 교육과정 운용상의 주의점에는 이를 위해 개별 학교의 독자적이고 창의적인 연구의 실시 및 지도 범위와 정도의 조절을 강조하고 있다.

교육과정 지역화는 1963년에서 개정이 시작되어 1973년까지 활용된 2차 교육과정에서도 강조되었다. 국민학교 교육과정 총론에는 2차 교육과정의 특성을 교육과정 내용, 교육과정 조직, 교육과정 운영, 세 영역으로 나누어 설명하였다. 이 중 교육과정 운영의 핵심은 지역성 강조였다. 운영의 제목 자체가 '지역성의 강조'이다. 그 내용은 다음과 같다.

> 학교 교육에서 일반성을 지나치게 강조하면 교육 계획의 구체성이 결여되어 현실 사회와 유리

된 획일적 경향이 나타난다. 모든 사물이 지역성과 역사성에 규제된 특성을 지니고 있는 것과 같이, 각 지역 사회에 존재하는 학교도 마땅히 그 지역 사회와 밀접 불가분의 관련을 가져야 한다. 그러나 각 학교의 교육 목적, 교육 방법, 교육 평가 등이 이러한 지역성을 등한시하고 획일적으로 다루어져 왔기 때문에, 지역 사회의 교육적 필요를 충족시켜 주지 못하고 있었던 것이다. 이러한 결함을 시정하여 사회에서 요구되는 산 인재를 기르기 위해서는 각 지역 사회의 학교는 국가적 기준에 의거하여 각 지역 사회의 실정에 맞는 교육 과정을 재구성하여야 한다. 그러기 위해서는 각 지역 사회의 모든 자원을 학습 경험에 효과적으로 이용하여야 하며, 학습 경험의 결과는 민주 사회에 봉사하는 개성을 가진 인간으로 반드시 이 지역 사회의 개선과 발전에 기여될 수 있도록 계획되어야 한다. 그러므로 새 교육 과정의 구성에 있어서는 일반적 기준만을 제시하고, 그것을 구체적으로 적용함에 있어서는 각 학교에서 지역 사회의 실정에 맞는 교육 과정을 창의적으로 재구성할 수 있는 충분한 융통성과 신축성을 부여하였다(http://www.ncic.go.kr/mobile.dwn.ogf.inventoryList.do, 교육과정 원문 및 해설서, 2차 시기).

전술한 내용에서 볼 수 있듯이 '지역성의 강조'에는 교육과정 재구성의 현실, 교육과정을 재구성 하지 않을 시의 문제점, 교육과정 재구성의 방향, 기대되는 효과까지 세심히 제시하였다.

교육과정 지역화의 중요성은 교육과정 총론뿐만 아니라 사회과 지도상의 유의점에도 나타난다. 유의 사항으로 제시한 7가지 중 3가지가 지역화와 관련될 정도로 교육과정 지역화를 강조하였다.

- 사회과 목표를 달성하기 위하여는… 특히 사회, 경제, 문화생활의 개선 발전을 위하여 지역사회를 중심으로, 문제 해결을 위한 효과적인 학습이 되도록 지도하여야 한다.
- 사회과 학습은 어린이들의 생활 현실을 토대로, 어린이들의 소박하고 단순한 욕구나 문제 등에서 학습을 시작하여… 더욱 살기 좋은 사회를 이루어 나아가도록 지도하여야 한다.
- 3, 4학년의 학습에 있어서는 지역 사회 개발을 위한 학습을 하는 것을 원칙으로 하되, 3학년에서는 자기 군을 중심으로, 4학년에서는 자기 도(서울특별시 및 부산직할시)를 중심으로 학습하는 것을 뜻하는 것이다. 그러나 실제 학습에 있어서는 학습 내용이 행정구역과 일치하는 경우도 있고, 그렇지 못한 경우도 있을 터이니 이에 대하여서는, 그 지역의 특수성에 비추어 적절한 학습계획에 의하여 지도하여야 한다(http://www.ncic.go.kr/mobile.dwn.ogf.inventoryList.do, 교육과정 원

문 및 해설서, 2차 시기).

2차 교육과정이 이전 시기들 보다 사회과 교육과정의 지역화를 강조한 것은 이 시기의 교육과정이 경험 중심 혹은 생활 중심 교육과정이라 불릴 정도로 학습자의 삶의 경험과 그것이 이루어지는 삶의 터전을 중요시 했기 때문이다.

1973년에서 1980년 사이에 활용되었던 3차 교육과정에서 교육과정 지역화는 국민학교 교육과정 구성 방침과 운영 지침, 그리고 사회과 지도상의 유의점 등 여러 곳에서 강조되었다. 먼저 국민학교 교육과정 구성 방침과 운영 지침을 보면, 구성 방침에는 '지역 사회의 특수성에 따라 보다 적절한 학습 내용을 선정할 수 있다'라는 내용이 있고, 이에 근거한 운영 지침에는 아래와 같이 교육과정 지역화의 방향이 구체적으로 제시되어 있다.

- 각 학교는 이 교육 과정에 따라 어린이의 심신 발달 및 지역 사회의 실태에 적합한 교육 과정 운영 계획을 수립한다.
- 국가 시책 및 지역 사회의 실정에 비추어 특히, 필요한 경우에는 이 교육 과정에 제시된 지도 내용 이외의 것을 첨가 지도할 수 있으나, 반드시 국민 학교 교육의 목표 및 각 교과 지도 내용 선정의 원칙에 어긋남이 없어야 한다.
- 각 학교는 학습에 적합한 환경의 구성에 힘쓰고, 지역 사회의 실정에 알맞은 학습 자료를 활용하여 학습 지도의 실효를 거두도록 한다(http://www.ncic.go.kr/mobile.dwn.ogf.inventoryList.do, 교육과정 원문 및 해설서, 3차 시기).

위의 운영 지침들에서 보듯이 3차 교육과정은 첫째, 어린이와 지역에 맞는 교육과정 운영 계획 수립, 둘째, 지역에 필요한 내용 첨가, 셋째, 지역에 맞는 학습 자료 활용 등을 교육과정 지역화의 방향으로 제시하였다. 특히 세 번째 항목인 지역에 맞는 학습 자료 활용은 이전 교육과정에서 제시하지 않았던 내용이다.

3차 교육과정에서도 교육과정 지역화의 중요성은 교육과정 총론뿐만 아니라 국민학교 사회과 교육과정 지도상의 유의점에 나타난다. 그 내용은 다음과 같다.

- 사회과 학습은 어린이들의 소박한 사회생활을 기반으로 출발하여… 생활 주변에 관심을 가

지고 항상 주의 깊게 관찰함과 동시에 여러 가지 자료를 활용하여 지식을 정리하고 깊이 사고하여 하나의 가치관을 이루어 가는 과정을 중시하여 지도한다.

- 제1학년에 있어서의 '이웃과 동네'는 이 단계의 아동이 일상생활의 범위, 즉 자기 집, 이웃과 학교 주변 통학로에서 견문할 수 있는 범위로 하여 지도… 제2학년, 제3학년 학습 내용 중 '고장' 은 읍, 면 정도의 범위에서 출발하여 시, 군 정도의 생활 범위로 넓혀 가며 학습하는 것으로 한다. 중·대도시 지역에 있어서는 아동이나 그 부모의 일상생활, 공동생활의 여러 기능 등을 감안하여 행정 단위에 크게 구애됨이 없이 각 학교에 맞는 범위를 설정하여 지도한다(http://www.ncic.go.kr/mobile.dwn.ogf.inventoryList.do, 교육과정 원문 및 해설서, 3차 시기).

교수요목기에서 3차 교육과정까지는 해방 직후, 6. 25 사변, 유신과 같은 어려운 시대였다. 그럼에도 불구하고 국민학교에서 교육과정의 지역화, 특히 사회과에서 그것은 언제나 강조되었다. 이는 교육과정 지역화가 그 만큼 중요하다는 뜻이다.

제5공화국 시대에 만들어진 4차 교육과정(1981년~1987년)에서 교육과정 지역화 내용은 교육과정 운영 지침의 계획과 지도, 두 영역에서 나타난다. 지도 영역에서 교육과정 지역화는 '학교에서는 이 교육과정에 의거하여 학생의 심신 발달 정도, 학교의 특수성, 지역 사회의 실정에 알맞도록 교육과정 운영 계획을 수립한다(http://www.ncic.go.kr/mobile.dwn.ogf.inventoryList.do, 교육과정 원문 및 해설서, 4차 시기)'라고 되어 있다. 이는 교수요목기에서 3차까지의 교육과정에 나타난 지역화 내용과 대동소이하다.

4차 교육과정에서도 교육과정 지역화의 중요성이 초등학교 교육과정 총론뿐만 아니라 사회과 지도의 유의점에 아래와 같이 제시되어 있다.

- 아동의 생활 주변에서 직접 경험할 수 있는 지역 사회 자료를 활용하여 학습을 효율화하고, 지역 사회에 대한 이해를 깊게 한다.
- 지도 내용은 지역과 학교 실정에 따라 재구성하고 구체화시켜 지도하되, 개인적인 활동에서 보다 집단적인 사고나 활동을 중시하도록 한다(http://www.ncic.go.kr/mobile.dwn.ogf.inventoryList.do, 교육과정 원문 및 해설서, 4차 시기).

위 내용에서 알 수 있듯이 3차 교육과정에 이어 4차 교육과정에서도 학습의 효율성을 위해 지역 사회 자료를 활용한 지역 학습을 강조한다. 그러나 4차 교육과정에서 찾을 수 있는 교육과정 지역화의 가장 큰 특징은 교육과정 운영의 지도 영역에 학교 교육과정에서 지역화와 관련된 재량권 부여이다. 그것은 교육과정 운영의 지도 영역에서 나타난다.

> 교육과정과 교과용 도서는 지역 사회 및 학교 실정과 학생의 수준에 알맞게 재구성하여 활용할 수 있으며, 필요에 따라서는 학교장 재량으로 '별도 단원'을 선정하여 운영할 수 있으나 교육 목표와 학생 수준에 알맞아야 한다(http://www.ncic.go.kr/mobile.dwn.ogf.inventoryList.do, 교육과정 원문 및 해설서, 4차 시기).

위의 지도 내용이 이전 교육과정의 지역화와 다른 점은 교육 목표와 학생 수준에 맞게 교육과정과 교과용 도서를 재구성하고, 학교장 재량으로 지역을 위해 별도 단원을 선정하여 운영할 수 있다는 점이다. 즉 이전 교육과정들은 '지역화 내용 실현 방향으로 교육과정을 재구성할 수 있다. 지역 학습 자료를 활용해야 한다'라는 것이 전부였다. 그런데 4차 교육과정에서는 여기에 더하여 학교장 재량으로 교과용 도서의 재구성과 별도 단원을 만들어 운영할 수 있게 하였다.

1987년에서 1992년 사이에 있었던 5차 교육과정에서의 지역화는 이전 교육과정 시기의 내용들과 유사하다. 교육과정 지역화와 내용은 교육과정 운영 지침의 계획과 지도, 두 영역에 나타난다.

그 내용들을 보면 계획 영역에서는 '학교에서는 이 교육과정에 의거하여 학생의 발달 정도, 학교 및 지역 사회의 실정에 알맞도록 교육과정 운영 계획을 수립한다.' 라고 되어 있다. 지도 영역에서 교육과정 지역화는 '교육과정과 교과용 도서는 지역 사회 및 학교의 실정과 학생의 수준에 알맞게 재구성하여 활용할 수 있다(http://www.ncic.go.kr/mobile.dwn.ogf.inventoryList.do, 교육과정 원문 및 해설서, 5차 시기)'이다. 이들 내용은 이전 교육과정의 계획과 지도 영역에서의 교육과정 지역화 방향과 대동소이하다. 사회과 지도상 유의점에서도 '지도 내용을 지역과 학교 실정에 따라 재구성하여 지도하되, 학생의 생활 주변에서 직접 경험할 수 있는 지역 사회 자료를 활용하여, 학습을 효율화하고 지역 사회에 대한 이해를 깊게 한다(http://www.ncic.go.kr/mobile.dwn.ogf.inventoryList.do, 교육과정 원문 및 해설서, 5차 시기).' 라고 되어 있다. 이 같은 내용은 이전 교육과정과 거의 유사하다.

이 같은 유사함도 있지만, 5차 교육과정이 교육과정 지역화에 미친 보다 중요한 영향은 다음과 같은 세 가지이다. 첫째, 5차 교육과정에서 현재처럼 3학년부터 사회가 시작되었고, 둘째, 4학년 1학기 사회 교과서에 특정 지역을 위한 단원이 구성되었으며, 셋째, 지역 교과서로서 사회과 탐구가 개발되었다.

첫째의 의미인 학년별 교육과정 재배치의 의미는 다음과 같다. 5차 교육과정 이전에 사회는 1학년부터 있었다. 1학년 사회의 내용은 우리 집, 우리 가족, 우리 학교로 되어 있고, 2학년 사회는 우리 고장을 중심으로 구성되어 있다. 이러하였던 1, 2학년 사회가 5차 교육과정에서는 '우리들은 1학년"과 2학년 '바른 생활'이라는 통합 교과로 넘어갔다. 이로 인해 사회과 교육과정은 3학년부터 시작되었고, 학습 내용이 줄어들고, 학습의 공간적 범위도 고장으로부터 시작되었다. 두 번째의 의미는 5차 교육과정에서는 4학년 사회교과서에 특정 시·도 단원이 설정된 점이다. 예를 들면 대구와 같이 특정 시·도가 교과서에 한 단원으로 구성되었다. 이 같은 변화로 초등학교 4학년 학생들은 자기 지역을 보다 깊게 학습할 수 있게 되었다. 세 번째 의미는 국정 교과서에 특정 지역의 단원이 설정되면서 이를 보다 깊게 학습하도록 '사회과 탐구'라는 교과서가 개발된 점이다. 이 같은 변화는 이전 교육과정에서는 찾아볼 수 없는 것들이다. 따라서 5차 교육과정에 와서 교육과정 지역화는 비로소 학교 교육의 한 가지 이념으로 등장하게 되었다(박채형, 2003).

이상에서 보듯이 교수요목기에서 5차 교육과정까지 교육과정 지역화는 시기에 관계없이 강조되었다. 특히 사회과 지도상의 유의점에서 교육과정 지역화를 지속적으로, 그리고 구체적이고 체계적으로 강조하였다. 교육과정 지역화가 이 같은 형식으로 제시된 곳은 사회과 밖에 없다. 물론 도덕에도 교육과정 지역화와 관련된 내용이 있지만, 내용의 구체성과 충실성은 사회과와 비교할 수 없을 정도로 미약하다. 이는 사회과에서 교육과정의 지역화가 그만큼 중요하다는 뜻이다.

그럼에도 불구하고 교수요목기에서 5차 교육과정까지의 지역화는 지역의 특성을 고려하여 수업을 하면 좋은 사회과 수업이 된다는 권고적 성격이 강하였다.

2) 6차 교육과정에서 2015 교육과정

6차 교육과정(1992~1997년)은 교육과정 지역화의 분수령이 된 시기이다. 이는 네 가지 이유 때문이다. 첫째, 6차 시기에서 교육과정 지역화의 주체가 국가에서 지역까지 확장되었다.

교육과정 지역화는 학교에서 이루어지고, 학교의 관리는 시·도 교육청과 그 산하의 교육지원청이다. 그런데 6차 이전 시기에는 시·도 교육청에서 교육과정 지역화와 관련하여 무엇을 어떻게 해야 하는지에 대한 규정이 없었다. 이로 인해 교육과정 지역화는 교사의 입장에서는 반드시 해야만 하는 것이라기보다는 하면 더 좋은 사회과 수업이 될 수 있다는 정도로 인식되었다. 이로 인해 4차 교육과정까지는 교과서를 참고로 하여 자기 시·도를 가르치는 교사는 매우 특이한 경우로 취급될 정도였다(김만곤, 1998, 16).

그런데 6차 교육과정에 이르러 처음으로 시·도 교육청과 학교에서 교육과정 지역화를 위해 무엇을 어떻게 해야 하는지에 대한 행정적인 방향이 제시되었다.

- 시·도는 지역의 특수성, 교육의 실태, 학생·교원·주민의 요구와 필요 등에 대한 조사 결과를 기초로 하여 교육과정 편성·운영 지침을 작성한다.
- 시·도는 교육과정 편성·운영에 관한 조사 연구와 자문 기능을 담당할 위원회를 구성하여 운영한다. 이 위원회에는 교원, 교육행정가, 교육 전문가, 학부모 등이 참여하도록 한다.
- 시·도는 학교, 연구 기관, 대학 등과 연계하여 교육과정 편성· 운영에 관한 연구를 추진하고, 그 결과를 편성·운영 지침의 개선에 반영한다(http://www.ncic.go.kr/mobile.dwn.ogf.inventoryList.do, 교육과정 원문 및 해설서, 6차 시기).

교육과정 편성·운영의 기본 지침에 전술한 편성 방향뿐만 아니라, 그것에 근거하여 '시·도 교육청은 교과용 도서 이외의 각종 교육 자료를 개발하여 보급하는 데 힘쓴다'라는 운영의 구체적인 방향까지 제시하였다. 이로 인해 각 지역 교육청에서의 교육과정 지역화는 하지 않으면 안되는 일이 되었다.

둘째, 교육과정 지역화에 대한 전술한 방향으로 인해 이 시기에 와서 비로소 '지역 교과서'라는 이름으로 각 시·도별 지역 특성을 살린 책이 편찬되었다. 이로 인해 6차 교육과정 시기에서부터 교육과정의 지역화, 교육의 지방화 시대가 본격적으로 열리게 되었다고 할 수 있다(김만곤, 1998, 17).

셋째, 6차에서 지방 교육 자치를 법률에 의해 시행하도록 교육과정의 성격에 규정하였다.

이 교육과정에서 제시된 기준 이외에 더 필요한 구체적인 편성·운영 지침은 지방 교육 자치에 관한 법률 제27조 제6항에 의거, 각 시·도 교육감이 지역의 특수성과 학교의 실정에 알맞게 정하여 시행한다(http://www.ncic.go.kr/mobile.dwn.ogf.inventoryList.do, 교육과정 원문 및 해설서, 6차 시기).

위에서 보듯이 교육과정 성격에 '법률로 지방 교육 자치를 규정하고, 지역의 특성에 맞게 시행해야 한다'라고 규정함으로서 교육과정 지역화의 주체가 시·도 교육청에 있음을 보다 명확히 하였다.

넷째, 6차 교육과정에 이르러 비로소 오늘날과 같은 '3학년 시, 군, 구, 4학년 시, 도, 5학년 국가, 6학년 국가와 세계'라는 교육과정 구성의 공간적 원리가 완성되었다. 이는 교육과정의 구조까지 지역화를 요구하는 것이다. 이 같은 변화로 시, 도를 대상으로 하는 4학년에서 본격적인 지역화가 시작되었다.

6차 교육과정부터 교육청과 교사들이 주도할 수밖에 없게 된 교육과정 지역화와 그에 따른 지역 교과서 개발의 정책적 토대는 제7차 교육과정(1997~2007년)에 와서 더욱 강화된다. 이는 세 가지 이유 때문이다. 첫째, 제7차 교육과정에서는 6차 교육과정에서 제시한 교육과정 위원회의 구성에 기존의 '교원, 교육행정가, 교육 전문가, 학부모에 더하여 교과교육 전문가, 지역사회 인사, 산업체 인사 등이 참여할 수 있다'라고 함으로서 이전 시기보다 지역의 다양한 의견을 더 많이 반영하도록 하였다. 둘째, 제7차 교육과정에서는 교육과정 지역화와 관련하여 시·도 교육청뿐만 아니라 그 하위 기관인 지역 교육지원청이 해야 할 방향까지 제시하였다. 그것은 '지역 특성에 적합한 학교 교육과정 편성·운영을 지도하고, 이를 지원하기 위하여 교원, 교육 행정가, 교육과정(교과) 전문가, 학부모, 지역인사 등이 참여한 교육과정 위원회를 구성하여 운영한다(http://www.ncic.go.kr/mobile.dwn.ogf.inventoryList.do, 교육과정 원문 및 해설서, 제7차 시기).'이다. 이처럼 지역 교육지원청 수준에서의 교육과정 지역화 편성의 구체적 방향까지 제시하였다. 셋째, 제7차 교육과정에서는 교육과정의 지역화 의미를 교육과정의 성격에 명시하였다. 교육부에서 제시한 제7차 교육과정의 다섯 가지 성격 중 두 가지가 교육과정 지역화와 관련된 내용이다.

> 가. 국가 수준의 공통성과 지역, 학교, 개인 수준의 다양성을 동시에 추구하는 교육과정이다.
> 다. 교육청과 학교, 교원, 학생, 학부모가 함께 실현해 가는 교육과정이다(http://www.ncic.go.kr/mobile.dwn.ogf.inventoryList.do, 교육과정 원문 및 해설서, 제7차 시기).

교육과정 성격에 전술한 내용을 담았다는 것은, 달리 말하면 제7차 교육과정은 그 자체가 '교육청과 학교, 교원, 학생, 학부모가 함께 실현해 가는 교육과정이다'라고 선언한 것과 같다. 이처럼 교육과정 성격에 교육과정 지역화를 명시하고, 시·도 교육청과 그 산하의 교육지원청에서 이를 위해 어떤 일을 해야 하는지를 구체적이고 명확하게 제시하는 것은 제7차 이후의 2007, 2009, 2015 교육과정에도 그대로 나타난다. 이 때문에 제7차 교육과정에서 2015 교육과정까지 교육과정의 지역화 내용은 거의 대동소이하다.

이상에서 살펴보았듯이 5차 교육과정까지는 선언적으로 교육과정의 지역화를 강조하고, 요구하였지만, 6차 교육과정부터는 국가교육과정을 지역 수준 교육과정과 학교 수준 교육과정으로 전환하도록 규정함으로서 교육과정의 지역화가 실질적으로 이루어지도록 하였다. 이 같은 변화, 즉 '시·도 교육청이 국가 교육과정을 기준으로 교육과정 편성, 운영 지침을 개발하여 각급 학교에 보급하고, 각급 학교는 국가 교육과정과 시·도 교육과정 편성, 운영 지침을 기준으로 학교 교육과정을 개발하고 활용하도록 하였다는 측면에서 보면 6차와 제7차 교육과정은 교육과정의 지역화 측면에서는 가히 개혁적인 시기였다(도순남·최호성, 2004)'라고 할 수 있다.

3. 교육과정 시기별 사회 4학년 국가 수준 교육과정과 지역화의 관계

사회과 지역 교과서는 지역 수준 교육과정에 토대하고, 지역 수준 교육과정은 국가 수준 교육과정에 근거하여 구성된다. 이는 국가 수준 교육과정에 지역화 관련 내용이 어떠하느냐에 따라 지역 수준 교육과정과 지역 교과서의 구성 방향이 달라진다는 뜻이다. 본 장에서는 4학년 사회과의 국가 수준 교육과정을 대상으로, 교육과정 시기별 지역화와 관련된 내용 특징을 살펴보도록 한다.

1) 교수요목기에서 5차 교육과정

표 1은 교수요목기에서 5차 교육과정까지 4학년 사회과 국가 수준 교육과정을 나타낸 것이고, 표에서 짙은 글은 교육과정 지역화의 중요한 전환점이 된 부분들이다. 이들을 기준으로 보면 교수요목기에서 5차 교육과정 사이의 국가 수준 교육과정에서의 지역화 관련 내용은 네 시기로 나눌 수 있다. 첫째, 교수요목기와 1차 교육과정 시기, 둘째, 2차 교육과정 시기, 셋째, 3차와 4차 교육과정 시기, 넷째, 5차 교육과정 시기이다. 이들 시기별 사회 4학년 국가 수준 교육과정에서의 지역화와 관련된 내용들의 특징을 학습의 공간적 범위와 관련하여 살펴보면 다음과 같다.

표 1. 교수요목기에서 5차 교육과정까지 국가 수준 사회과 4학년 교육과정

	교수요목	1차	2차	3차	4차	5차
1학기	1. 우리나라의 지도 공부	1. 우리들의 예법 2. 우리 고장의 발전	1. 우리나라의 자연	**1. 우리가 사는 시·도**	**1. 우리가 사는 시·도**	**1. 우리 대구의 생활**
1학기	2. 우리나라 생활의 자연환경	3. 자유와 협동 4. 수풀과 우리 생활	2. 농업의 발달 3. 산림 녹화	2. 우리나라 각 지방의 생활	2. 우리나라의 생활환경	2. 강 유역의 생활 3. 산간 지역의 생활
1학기	3. 우리나라의 자원과 산업	5. 우리나라의 자연 6. 우리나라의 고적	4. 우리나라 명승 고적	3. 국토 환경과 국민 생산	3. 여러 지역의 생활	4. 해안 지역의 생활
2학기	4. 우리나라의 교통 5. 우리나라의 도시와 촌락	7. 아름다운 풍속 8. 우리가 사는 지구	5. 우리나라 여러 지방의 생활	4. 우리나라의 산업	4. 국토의 개발과 이용	1. 오랜 역사를 지닌 우리 민족
2학기	6. 우리 집의 생활 7. 우리 민족의 유래와 고문화	9. 연모의 발달 10. 농업의 발달	6. 모듬살이	5. 국토의 보전과 개발	5. 올바른 사회생활	2. 문화재와 박물관
2학기	8. 우리나라와 외국의 관계	11. 모듬살이	**7. 우리 지방의 발전**	6. 우리 민족의 생활 자취	6. 우리 민족의 생활자취	3. 생활의 지혜 4. 우리들의 모듬살이

첫째, 교수요목기에서 1차 교육과정 사이의 특징은 다음과 같다.

표 1에서 볼 수 있듯이 교수요목기 4학년 사회과의 공간적 범위는 6단원인 '우리 집의 생활'(우리 집에서의 가족 관계, 호주, 종교, 직업, 친척)을 제외하면 모두 우리나라이다. 반면 1차 교육과정에서의 4학년 사회의 공간적 범위는 개인, 우리나라, 세계 등 다양하다. 1차 교육과정의 특징을 좀 더 구체적으로 보면 '1. 우리들의 예법'과 '3. 우리들의 생활에서 자유와 협동'은 개인을 대상으로 하고, '5. 우리나라의 자연환경'과 '6. 우리나라의 명승 고적'은 우리나라를 대상으로 한다. 반면 '8. 우리가 사는 지구'는 세계가 대상이다. 이 같은 특징뿐만 아니라 한 단원에 여러 공간이 동시에 나타난다. 예를 들어 '7. 아름다운 풍속'은 가족, 고장, 우리나라를 대상으로 협력과 풍속을 다루고, '9. 모듬살이'는 가정, 학교, 고장, 도, 나라, 세계를 대상으로 공동체 생활의 특징을 학습한다.

이상의 교수요목기와 1차 교육과정에서 사회과 4학년의 학습 공간은 우리나라를 중심으로 하면서도, 다양한 스케일의 공간이 섞여 있다. 반면 고장, 혹은 시, 도와 같이 지역화가 가능한 공간은 나타나지 않는다. 이 같은 특징으로 볼 때 당시 4학년 국가 수준 교육과정은 지역화와 거리가 있다고 할 수 있다.

둘째, 2차 교육과정 시기의 특징이다.

이 시기의 4학년 교육과정도 이전 시기들과 유사하게 우리나라를 중심으로 구성되어 있다. 그러나 교육과정 지역화의 맥락에서 보면 2차 교육과정은 의미로운 변화가 시작된 시기이다. 그 근거가 7단원 '우리 지방의 발전'이다. 그것은 두 가지 이유 때문이다. 하나는 7단원은 오늘날 지역 교과서와 공간적으로, 내용적으로 관련성이 높은 점이고, 다른 하나는 '우리 지방'이라는 지역화가 가능한 단원이 독립 단원으로 구성된 점이다. 이들의 의미를 좀 더 살펴보면 다음과 같다.

학습의 공간적 범위를 보면, 2차 교육과정에서 우리 지방은 도(道)를 의미한다. 이는 오늘날 4학년 1학기 지역 교과서의 공간적 범위 중 하나인 도가 2차 교육과정에서 국가 수준 교육과정에 처음으로 등장했음을 의미한다. 물론 이전 교육과정에도 도가 언급되기는 했지만, 2차 교육과정에서처럼 독립적인 단원이 아니라 특정 단원(아름다운 풍속, 모듬살이)에서 주제와 관련된 사례 정도로 언급되었다.

내용적 특징을 보면, 2차 교육과정의 7. 우리 지방의 발달은 1) 우리 지방의 내력, 2) 우리 지방의 도시, 교통, 산업, 문화의 현황, 3) 우리 지방의 생활을 돕고 있는 여러 가지 기관과 그 기능, 4) 우리 지방과 다른 지방의 차이점, 5) 우리 지방 발전을 위하여 해결되어야 할 문제와 우리가 해야 할 일 등 5개의 주제로 되어 있다. 주제의 제목에서 알 수 있듯이 이들 내용은 지역화에 용이하다. 이처럼 2차 교육과정은 국가 수준 교육과정을 지역화할 수 있는 토대가 구축된 시기라고 할 수 있다.

셋째, 3차와 4차 교육과정에서의 특징은 다음과 같다. 2차 교육과정의 '우리 지방의 발전'은 3차와 4차 교육과정에서 '우리가 사는 시·도' 라는 제목으로 바뀌었고, 공간적 범위도 시와 도로 보다 명확해졌다. 단원의 위치도 4학년 1학기 첫 단원으로 되었다. 이때부터 현재까지 지역 교과서의 대상이 된 4학년 1학기 1단원은 공간적으로 시, 도를, 내용적으로는 지리 중심으로 구성되는 전통이 이루어졌다고 할 수 있다.

지역화의 대상인 1단원 '우리가 사는 시·도'의 내용은 1) 지도 읽기와 2) 우리 시·도의 자연과 생활 두 영역으로 구성되어 있다. 전자는 '지도 이해하기'이고, 후자는 '우리 시·도의 자연환경, 인구와 주요 도시, 우리 시·도의 행정 구역, 도청과 그 밖의 기관' 등으로 되어 있다. 이 같은 내용은 2차 교육과정의 우리 지방과 유사한 특징으로 우리가 사는 시·도 단원도 지역지리적 특성을 근간으로 구성되었음을 알 수 있다.

4학년 교육과정 속에 시·도의 내용이 구체화됨으로서, 4학년 목표도 '자기가 사는 시·도의 사회 생활의 모습을 이해하게 하고, 우리나라 각 지방의 자연과 산업, 교통, 취락 등에 개괄하여 각 지방의 생활의 특색을 인식하게 한다.' 라고 구성되었다. 이는 4학년 사회과의 교육은 우리나라와 더불어 학생들이 살아가는 시·도에 대한 이해를 중요한 목표로 한다는 것을 천명한 것이다. 전술한 3차 교육과정의 특징들은 4차 교육과정에서도 거의 유사하다.

이 같은 특징들로 볼 때 3, 4차 교육과정 시기의 국가 수준 교육과정은 이전 시기에 그것에 비해 지역화 가능성이 높아졌다고 할 수 있다.

넷째, 5차 교육과정에서의 특징이다. 앞 장에서 언급하였듯이 5차 교육과정은 교육과정 지역화 역사에 한 획을 그은 시기이다. 표 1에서 보듯이 5차 이전의 4학년 교과서에도 시·도 단원이 있었다. 그러나 그 내용은 특정 시, 도가 아닌 전국 시, 도 중 여러 지역을 사례로 한 것이다. 예를 들어 4차 교육과정 4학년 1학기 1단원 1. 우리가 사는 시·도 단원에서 '1) 시·도의 사정을 알아보는 방법' 제재에서 지도 자료는 경상북도, 행정 구역도는 전라남도, 관광 지도는 강원도를 사례로 제시하였고, '2) 우리 시·도의 생활'의 제재에서 시·도의 자연환경은 충청남도를 사례로, 시·도의 산업은 제주도를 사례로 제시하였다. 그러다 보니 4차 교육과정까지는 국가 수준 교육과정을 각 지역의 특성과 지역 사회 및 학생들의 수준과 요구 등을 고려하여 재구성하여 활용할 수밖에 없었다. 하지만 5차 교육과정에서는 특정 지역을 중심으로 내용을 구성하는 방식으로 바뀌었다. 즉 '우리가 사는 시·도' 단원은 표 1에서 볼 수 있듯이 특정 지역을 중심으로 구성되었다. 대구의 경우 4학년 1학기 1단원의 단원명은 '우리 대구의 생활'이 되었고, 내용은 '1) 대구의 어제와 오늘, 2) 대구의 자연과 산업, 3) 대구 발전의 길'로 되어 있다. 이 같은 변화가 가능하였던 것은 국가 수준 교육과정이지만 1단원에 한하여 집필자들을 각 시, 도에서 선발하고, 그들이 집필하도록 하였기 때문이다. 이뿐만 아니라 이전 교육과정에서 4학년 1학기 사회교과서 표지가 단순히 '사회 4-1'로 구성되었다면, 5차 교육과정에서는 그림 1과 같이 국정 교과서 표지에 각 지역의 지역명을 명기하였다.

그림 1. 5차 교육과정 사회 4-1

이 같은 변화는 4차 교육과정부터 제시되었던 '교육과정과 교과용 도서는 지역 사회 및 학교 실정과 학생의 수준에 알맞게 재구성하여 활용할 수 있다' 라는 교육과정 운영 방향이 선언적이 아니라 실제적으로 바뀌었음을 보여 준다. 무엇보다 큰 특징은 사회과 교과서에 특정 지역이 지역화 단원으로 구성되었다는 점이다. 이것은 지역화의 맥락에서 보면 가히 혁명적인 변화라 할 수 있다.

2) 6차 교육과정에서 2015 교육과정

전 장에서 살펴보았듯이 6차 교육과정에서부터 시·도교육청에서 교육과정 지역화를 위한 실제적인 권한이 행사되었다. 이는 '6차 교육과정부터 중앙 집권형 교육과정을 지방 분권형 교육과정으로 전환하여 시·도 교육청과 학교의 재량권을 확대한다'라는 개정 중점(박채형, 2003, 18)의 선언과 맥을 같이한다. 그 결과가 6차 교육과정에서 사회과 4학년 국가 수준교육과정에 나타났다.

5차 교육과정에서 4학년 1학기 1단원이 특정 지역을 중심으로 구성되어 교육과정 지역화의 한 획을 그었지만, 나머지 3개 단원은 우리나라가 대상이다. 이 때문에 4학년 1학기 전체를 지역화할 수 없고, 현재와 같은 4학년 1학기를 대상으로 한 진정한 의미의 지역 교과서 개발도 어려웠다.

이 문제가 해결된 것이 6차 교육과정이다. 표 2에서 볼 수 있듯이 6차 교육과정 사회 4학년 1학기 국가 수준 교육과정은 전체가 시·도를 대상으로 구성되었다. 이는 교수요목기 이래 46년 만에 이루어진 결과이다. 이때에 이르러 4학년 사회, 특히 4학년 1학기의 공간적 범위가 우리나라에서 '시·도'로 바뀌었다. 즉 2차 교육과정부터 4학년에 나타나기 시작한 '우리 지방'이라는 단원은 3차, 4차, 5차 교육과정을 거치면서 '시·도'로 확정되었고, 그것이 6차 교육과정에 와서는 4학년 1학기 전체로 확장하였다. 이 같은 단원 구성으로 오늘날과 같은 지역 교과서가 개발될 수 있게 되

표 2. 6차 교육과정에서 2015 교육과정까지 사회과 4학년 국가 수준 교육과정

	6차 교육과정	7차 교육과정	2007 교육과정	2009 교육과정	2015 교육과정
1학기	1. 우리 시·도의 모습과 내력	1. 우리 시·도의 모습	1. 우리 지역의 자연환경과 생활 모습	1. 촌락의 형성과 주민생활	1. 지역의 위치와 특성
	2. 우리 시·도의 생활	2. 우리 시·도의 발전하는 경제	2. 주민 참여와 우리 시·도의 발전	2. 도시의 발달과 주민 생활	2. 우리가 알아보는 지역의 역사
	3. 발전하는 우리 시·도	3. 새로워지는 우리 시·도	3. 더불어 살아가는 우리 지역	3. 민주주의와 주민 자치	3. 지역의 공공기관과 주민 참여
					4. 시대마다 다른 삶의 모습
2학기	1. 가정생활과 여가생활	1. 문화재와 박물관	1. 경제 생활과 바람직한 선택	1. 경제생활과 바람직한 선택	1. 촌락과 도시의 생활 모습
	2. 여러 지역의 생활	2. 가정 생활과 여가 생활	2. 여러 지역의 생활	2. 사회 변화와 우리 생활	2. 필요한 것의 생산과 교환
	3. 수도권의 생활	3. 가정의 경제 생활	3. 사회 변화와 우리 생활	3. 지역 사회의 발전	3. 사회 변화와 문화의 다양성
					4.가족의 형태와 역할 변화

었다. 특히 4학년 1학기 교육과정의 공간적 범위의 의미는 4학년 2학기의 그것과 비교하면 더욱 뚜렷해진다. 4학년 2학기는 1학기와 달리, 가정, 우리나라, 수도권 등 다양한 공간적 범위로 구성되어 있기 때문이다.

이상의 특징으로 볼 때 5차 교육과정이 4학년 1학기 교육과정 지역화의 전환점이었다면 6차 교육과정은 본격적인 지역화로 나아가는 단계라고 할 수 있다.

한편 5차 교육과정 4학년 1학기 국정 교과서의 1단원이 '우리 대구의 생활'처럼 특정 시·도의 이름으로 구성되었던 것이 6차 교육과정으로 오면 다시 '우리 시·도의 내력'이라는 이름으로 바뀐다. 따라서 내용도 우리나라 여러 시·도를 사례로 구성하였다. 이렇게 한 것은 후술하겠지만 국정 교과서 '사회'를 전국 공용으로 편찬하여 지식, 가치, 태도, 방법 등의 전국적인 수준으로 유지하고, 지역화는 지역 교과서를 개발하여 활용하도록 하였기 때문이다.

6차 교육과정부터 전술한 방향으로 재구성된 4학년 1학기 사회의 국가 수준 교육과정은 2007 교육과정까지 이어진다. 공간적 특징뿐만 아니라 내용적으로도 6차에서 2007 교육과정까지의 시, 도의 내용은 지역 특성을 기술하는 형태로 구성되었다.

이를 2007 교육과정 사회 4학년 1학기 내용으로 살펴보면 다음과 같다. 4학년 1학기 '1단원 우리 지역의 자연환경과 생활 모습'은 우리 지역의 위치, 우리 지역의 자연환경과 인문환경으로 되어 있고, '2단원 주민 참여와 우리 시·도의 발전'은 시청(도청)과 시의회(도의회)가 하는 일, 시·도 대표 선거, 시·도의 문제 해결하기 내용으로 구성되어 있다. '3단원 더불어 살아가는 우리 지역'에서는 우리 지역의 국내·외 자매 도시, 우리 지역과 다른 지역의 경제적 관계로 되어 있다. 이처럼 4학년 1학기 사회과 내용은 특정 지역을 중심으로 지역의 여러 가지 특징들을 사실 중심으로 이해하는 방향으로 구성되어 있다.

6차에서 2007 교육과정까지 시·도를 중심으로 구성된 4학년 1학기 국가 수준 교육과정은 2009 교육과정에서 또 다른 변화를 겪는다. 표 2에서 볼 수 있듯이 2009 교육과정은 첫째, 공간적으로 시·도의 범위를 넘어섰고, 둘째, 내용적으로 개념 중심으로 구성되었다.

이 같은 변화는 교육과정 지역화에 여러 문제를 낳았다. 첫째, 1단원 촌락이 농촌, 어촌, 산지촌으로 구성된 관계로 내륙에 위치한 광역시와 도는 어촌을 다른 시와 도의 사례로 학습해야 하는 문제를 안게 되었다. 이 문제는 2단원 도시에서도 나타난다. '도시의 분포와 발달'이라는 주제는 해안과 내륙을 중심으로 도시의 분포적 특성을 제시하였다. 이로 인해 내륙의 도와 광역시들은 해안에 있는 도시의 입지 특성을 다른 시, 도를 사례로 학습할 수밖에 없게 되었다.

둘째, 내용적 변화를 보면 2009 교육과정 이전의 4학년 1학기 사회의 국가 수준 교육과정들은 시·도의 지리·역사·정치경제적 특징들을 사실적으로 기술하였다. 반면 2009 교육과정에서는 도시, 촌락이라는 개념을 중심으로 내용을 구성하였다. 이로 인해 2009 교육과정 이전 시기에 4학년들이 자기 지역의 지리, 역사, 경제와 관련된 사실적 특성을 학습하였다면, 2009 교육과정에서는 자기 지역에서 나타나는 도시와 촌락의 일반적 특징을 학습해야 하는 방향으로 바뀌었다. 이는 구체적 조작기의 학생들에게 추상적 사고를 하도록 하는 것과 같다.

2009 국가 수준 교육과정이 가졌던 이 같은 문제는 2015 교육과정 시기로 접어들면서 공간적 범위가 시·도로 회귀하고, 내용도 개념보다는 지역의 지리, 역사, 사회 문화의 특징 중심으로 바뀌면서 2009 교육과정 이전으로 돌아갔다.

4. 대구시의 초등 사회 4학년 지역 수준 교육과정과 지역 교과서 특징

본 장에서는 대구시 4학년 사회의 지역 교과서를 대상으로 앞 장에서 살펴본 국가 수준 교육과정과의 관계에서 지역 수준 교육과정과 지역 교과서의 특징들을 살펴보도록 한다.

표 3. 5차 교육과정에서 2015교육과정까지 지역 교과서의 내용 구조

	5차 교육과정	6차 교육과정	7차 교육과정	2007 교육과정	2009 교육과정	2015 교육과정
단원	1. 우리 대구의 생활	1. 대구의 어제와 오늘	1. 대구의 모습	1. 대구의 자연환경과 생활 모습	1.촌락의 형성과 주민 생활	1. 왕건 따라 지도 따라
	2. 강 유역의 생활	2. 대구 사람들의 생활	2. 발전하는 대구 경제	2. 주민 참여로 발전하는 대구	2. 도시의 발달과 주민 생활	2. 어디에, 어떤 가게를 차릴까
	3. 산간 지역의 생활	3. 발전하는 우리 대구	3. 새로워지는 우리 대구	3. 더불어 살아가는 우리 대구	3. 민주주의와 시민 자치	3. 자랑스러운 대구의 문화유산
	4. 해안 지역의 생활				4. 지역 사회의 발전	4. 참, 좋은 대구 만들기
						5. 대구 경제활동의 비밀을 찾아라

주: 표 3에서 음영으로 표시한 부분은 4학년 2학기 단원 중 지역 수준 교육과정으로 재구성한 것이다.

1) 교육과정 시기별 지역 수준 교육과정의 특징

표 3은 5차에서 2015 교육과정까지 지역 수준 교육과정을 나타낸 것이다. 지역 수준 교육과정의 시작을 5차로 설정한 것은 이 시기에 사회 4학년 1학기 1단원이 특정 지역(예: 우리 대구의 생활)을 대상으로 구성되었고, '사회과 탐구'라는 지역 교과서 성격을 가진 책이 이때 개발되었기 때문이다.

지역 수준 교육과정의 특징은 5차 교육과정에서 2009 교육과정, 그리고 2015 교육과정, 두 시기로 나누어 살펴볼 수 있다.

첫째, 5차에서 2009 교육과정까지 지역 수준 교육과정 특징은 다음과 같다.

5차에서 2009 교육과정까지 사회 4학년 1학기의 국가 수준과 지역 수준 교육과정을 비교하면(표 2와 표 3 참조) 지역 수준 교육과정은 국가 수준 교육과정을 그대로 따른다.

예를 들어 제7차 교육과정의 사회 4학년 1학기 국가 수준 교육과정은 '1. 우리 시·도의 모습, 2. 우리 시·도의 발전하는 경제, 3. 새로워지는 우리 시·도'이다. 이와 관련된 지역 수준 교육과정은 표 3에서 볼 수 있듯이 국가 수준 교육과정의 '우리 시·도'를 '대구' 로 바꾼 것에 불과하다. 단원의 순서도 국가 수준 교육과정을 그대로 따른다. 단원 속의 내용들은 국가 수준 교육과정에서 제시한 목표, 지식, 방법들을 대구를 대상으로 재구성한 수준이다. 예를 들면 국가 수준 교육과정 사회 4학년 1학기 1단원인 우리 시·도의 모습의 1 주제는 지도에 나타난 우리 시·도의 모습이다. 내용은 두 영역으로 되어 있다. 하나는 지도 읽기와 지도 이용하기이고, 다른 하나는 기후 그래프를 통해 우리 시·도의 사계절과 자연재해 이해하기이다. 이와 관련된 지역 수준 교육과정은 대구 지도를 대상으로 하는 지도 읽기와 이용하기, 그리고 대구 지역의 기후 그래프를 통한 대구의 사계절과 자연재해 이해하기로 되어 있다.

국가 수준 교육과정과 지역 수준 교육과정의 이 같은 관계는 2009 교육과정까지 그대로 이어진다. 이것이 특히 도드라진 곳이 2009 교육과정이다.

2009 교육과정은 앞에서 언급하였듯이 이전 교육과정과 달리 개념 중심으로 구성되었다. 이런 관계로 국가 수준 교육과정의 단원명을 대구로 바꿀 수도 없다. 그 결과 표 4에서 볼 수 있듯이 지역 수준 교육과정의 단원과 주제명은 국가 수준 교육과정과 똑 같다. 각 단원의 내용도 지역 수준과 국가 수준 교육과정이 거의 같다. 사례를 대구로 들었을 뿐이다.

이상의 특징으로 볼 때, 5차에서 2009 교육과정 시기까지의 지역 수준 교육과정은 국가 수준

표 4. 2009 교육과정과 2015 교육과정에서 국가 수준과 지역 수준 교육과정의 관계 비교

2009 교육과정		2015 교육과정	
국가 수준	지역 수준	국가 수준	지역 수준
1. 촌락의 형성과 주민생활	1. 촌락의 형성과 주민생활	1. 지역의 위치와 특성	1. 왕건따라 지도 따라
1) 촌락의 위치와 자연환경	1) 촌락의 위치와 자연환경	1) 지도로 본 우리 지역	1) 지도야 놀자
2) 촌락의 생활 모습	2) 촌락의 생활 모습		2) 왕건 길 관광 코스 만들기
3) 변화하는 촌락	3) 변화하는 촌락		
4) 촌락의 문제와 해결	4) 촌락의 문제와 해결		
2. 도시의 발달과 주민생활	2. 도시의 발달과 주민생활	2) 우리 지역의 중심지	2. 어디에, 어떤 가게를 차릴까
1) 도시의 모습과 위치	1) 도시의 모습과 위치		1) 대구의 중심지 찾기
2) 도시의 분포와 발달	2) 도시의 분포와 발달		
3) 도시의 문제와 해결	3) 도시의 문제와 해결		2) 중심지 답사하기
4) 신도시의 개발	4) 신도시의 개발		
3. 민주주의와 시민자치	3. 민주주의와 시민자치	2. 우리가 알아보는 지역의 역사	3. 자랑스러운 대구의 문화 유산
1) 함께하는 주민자치	1) 함께하는 주민자치	1) 우리 지역의 문화 유산	1) 대구의 자랑스러운 문화유산 찾기
2) 지역 대표를 뽑는 선거	2) 지역 대표를 뽑는 선거	2) 우리 지역의 역사적 인물	2) 대구의 문화유산 조사하기
3) 우리 지역의 지방자치단체	3) 우리 지역의 지방자치단체		3) 대구, 참 좋습니데이
4) 협력하는 지방자체단체	4) 협력하는 지방자체단체		
4. 지역 사회의 발전	4. 지역 사회의 발전	3. 지역의 공공 기관과 주민 참여	4. 참, 좋은 대구 만들기
1) 상징물에 담긴 우리 지역의 특성	1) 상징물에 담긴 우리 지역의 특성	1) 우리 지역의 공공 기관	1) 공공기관아, 고마워
2) 지역의 문제 해결	2) 우리 지역의 문제 해결	2) 지역 문제와 주민 참여	2) 우리는 대구 문제 해결사
		4. 시대마다 다른 삶의 모습	
		1) 옛날과 오늘날의 생활 모습	
		2) 옛날과 오늘날의 세시 풍속	
3) 주민 참여와 자원 봉사	3) 주민 참여와 자원 봉사	2. 필요한 것의 생산과 교환	5. 대구 경제 활동의 비밀을 찾아라
4) 우리 지역의 미래 모습	4) 우리 대구의 미래 모습	1) 경제활동과 현명한 선택	1) 대구의 시장, 어디까지 가봤니
			2) 장사의 달인
		2) 교류하며 발전하는 우리 지역	3) 대구와 다른 지역의 교류

주: 표 4에서 음영으로 표시한 부분은 4학년 2학기 단원 중 지역 수준 교육과정으로 재구성한 것이다.

교육과정을 대구를 사례로 재구성한 수준에 지나지 않는다고 할 수 있다.

둘째, 2015 교육과정의 지역 수준 교육과정 특징은 다음과 같다.

표 4에서 볼 수 있듯이 2015 교육과정의 사회 4학년 1학기 지역 수준 교육과정은 단원 제목에서부터 국가 수준 교육과정과 다르다. 예를 들면 국가 수준 교육과정의 1단원 제목은 '지역의 위치와 특성'인데 반해, 이와 관련된 지역 수준 교육과정의 단원 제목은 '왕건 따라 지도 따라', 그리고 '어디에, 어떻게 가게를 차릴까'이다. 제목뿐만 아니라 단원의 구성도 다르다. 즉 국가 수준 교육과정 1단원의 두 주제들이 지역 수준 교육과정에서는 각각 독립적인 1, 2단원으로 구성되었다. 또 다른 특징은 2015 이전의 지역 수준 교육과정은 국가 수준 교육과정의 순서와 내용을 그대로 따랐지만 2015 교육과정에서는 국가 수준 교육과정 중 지역화가 어려운 내용은 과감히 삭제하였다. 그 사례가 국가 수준 교육과정인 4단원 '시대마다 다른 삶의 모습'을 지역 수준 교육과정에서 제외시킨 것이다.

국가 수준 교육과정과 지역 수준 교육과정의 차이는 단원별 내용에서 더욱 커진다. 2015 교육과정 이전에는 국가 수준 교육과정의 주요 내용들을 대구를 사례로 재구성한 관계로 교과서 서술 내용과 방식이 국가 수준 교육과정과 거의 같았다. 이와 달리 2015 지역 수준 교육과정은 내용적 특성에서도 국가 수준 교육과정과 상이하다. 예를 들어 국가 수준 교육과정에서 1단원의 지역의 위치와 특성에는 '1) 지도로 본 우리 지역'이라는 주제가 있다. 여기에는 지도의 구성 요소로서 방위, 기호, 축척, 등고선, 지도 활용 등과 관련된 내용을 지도를 통해 설명하는 방식으로 서술되어 있다. 그러나 지역 수준 교육과정은 이 같은 방식을 버리고 프로젝트를 수행하는 과정에 지도를 학습하도록 구성하였다. 즉 후삼국 시대에 대구의 팔공산에서 벌어졌던 왕건과 견훤의 공산 전투에서 왕건의 도주로를 관광 코스로 만드는 프로젝트를 제시하고, 이것을 수행하는 과정에 국가 수준 교육과정에서 제시한 지도 학습 내용들을 학습하도록 구성하였다. 이처럼 단원의 내용과 서술 방식에서도 국가 수준 교육과정과 지역 수준 교육과정은 큰 차이가 있다.

2015 대구 사회 4학년 지역 수준 교육과정을 프로젝트 중심으로 구성한 것은 대구광역시 교육청의 정책 방향과 관련 있다. 대구광역시 교육청에서는 미래 학습 방법으로 프로젝트 수업을 설정하고 이의 실행을 강조한다. 이 같은 대구광역시 교육청의 정책 방향으로 인해, 2015 사회 4학년 지역 수준 교육과정은 프로젝트 식으로 재구성되었다.

한편 표 3과 4에서 볼 수 있듯이 2009 교육과정으로 오면서 교육과정 지역화는 4학년 1학기를 넘어 2학기까지 확장된다. 표 3에 나타나듯이 5차에서 2007 교육과정까지 교육과정 지역화는 4

학년 1학기에 국한되었다.

그러나 2009 교육과정에 오면서 4학년 1학기에 한정하여 재구성하던 교육과정의 지역화가 4학년 2학기까지 확장된다. 그 사례가 국가 수준 교육과정의 4학년 2학기 3단원인 '지역 사회의 발전'이다. 과거 같으면 이 단원은 4학년 2학기 교육과정이어서 지역화를 하지 않았다. 그런데 2009 교육과정에서는 이것도 지역화가 가능한 내용이라 판단하여 지역화를 위해 재구성하였다. 이 같은 경향은 2015 교육과정에도 나타난다. 그것은 4학년 2학기 단원 중 2단원 '필요한 것의 생산과 교환'을 대구를 사례로 재구성한 '대구 경제 활동의 비밀을 찾아라'이다.

2) 교육과정 시기별 지역 교과서 특징

교수요목기를 거쳐 3차 교육과정 시기까지 교육과정 지역화의 핵심 방향은 교육과정의 재구성과 지역을 위한 학습 자료 개발이 전부였다. 이것이 4차 교육과정에서는 지역을 위해 교과용 도서의 재구성과 별도 단원 구성이라는 방향으로 발전하였다. 그 결과로 개발된 것이 그림 2에서 볼 수 있는 지역 단원을 위한 장학 자료이다.

대구에서는 4차 교육과정의 사회 4학년 1학기 1단원 '우리가 사는 시 · 도' 라는 지역 단원을 위한 장학 자료를 대구시 교육위원회의 이름으로 개발하였다. 이것은 지역 교과서는 아니지만 지역 단원을 위해 개발된 최초의 공식적인 '지역 자료'라고 할 수 있다. 이 책의 의미는 다음과 같다.

4차 교육과정의 사회 4학년 1학기 1단원인 '우리가 사는 시 · 도'의 내용은 경상북도, 전라남도, 전라북도, 충청남도, 강원도, 제주도, 부산, 인천, 음성군 등 여러 지역을 사례로 지도 읽기, 행정구역 살피기, 지역의 자연 및 인문환경으로 되어 있다. 이런 특성으로 제목은 우리 시 · 도이지만, 내용은 우리나라에 대한 것과 같다. 이 같은 내용 구조로 1단원 '우리가 사는 시 · 도'의 학습이 올바르게 이루어지기 위해서는 지역을 위한 자료 개발이 중요하다. 그럼에도 3차 교육과정까지 공식적인 학습 자료 개발은 없었다.

이 문제가 적어도 대구에서는 4차 교육과정에서 개선되었다. 사회 1단원 '우리가 사는 시 · 도'를 대구를 대상으로 학습할 수 있는 장학 자료가 개발되었기 때문이다. 이 책이 지역화를 위해 개발되었다는 것은 책의 첫 페이지에 제시된 아래의 내용에서 알 수 있다.

이 자료는 사회 4-1, '1. 우리가 사는 시·도' 가운데 8쪽부터 41쪽까지의 내용을 공부하는 데 활용한다.

전술한 목적으로 개발된 42쪽 분량의 이 책은 대구를 대상으로 한 지도 학습, 대구의 행정 구역, 대구의 자연, 대구의 산업, 대구의 교통과 시가지로 되어 있다.

시, 도 교육청에서 개발한 장학 자료가 아닌 국가(문교부)가 정식으로 개발한 지역화 관련 교과서는 5차 교육과정이 처음이다. 그림 3에서 보는 '사회과 탐구'가 그것이다. 이 책의 1단원은 '우리 대구의 생활'로서, 여기에는 사회 교과서의 1단원에 비해 대구와 관련된 자료가 풍부하고, 학습 내용이 다양하고, 상세하다. 이뿐만 아니라 여러 가지 활동이 가능하도록 구성되어 있고, 평가 문항까지 있다. 이런 특성에도 불구하고 표 3에서 보듯이 이 책에서 지역화 내용은 1단원에 국한되었다. 그리고 책의 개발 목적은 탐구 교과로서 사회과 교육을 위한 사회과 학습 자료집 및 사회과 학습의 길잡이 역할이 강하였다(김만곤, 1998, 17). 따라서 5차 교육과정 시기에 발간된 사회과 탐구는 진정한 의미의 지역 교과서라고 보기는 어렵다. 진정한 의미의 지역 교과서 개발은 6차 교육과정에서 이루어졌다. 그 이유는 다음과 같다.

첫째, 교과서 제목의 차이이다. 5차 교육과정 사회과 탐구 교과서 제목은 그림 3에서 볼 수 있듯이 사회과의 '탐구'에 방점을 두었다. 반면 '대구 직할시'라는 이름은 사회과 탐구에 부속된 형식으로 작게 제시되어 있다. 이 같은 구조는 '사회과 탐구는 사회과 수업을 탐구적으로 하는 데 유용한 자료'라는 의미를 나타내기 위한 것이다. 반면 6차 교육과정에서 사회과 탐구의 제목은 그림 4에서 보듯이 표지 좌측 상단에 작은 이름으로 들어가고, '대구의 생활'이 큰 글씨로 강조되어 있다.

그림 2. 4차 교육과정 사회 4-1, 지역단원 장학자료

그림 3. 5차 교육과정 사회과 탐구 4-1

그림 4. 6차 교육과정 사회과 탐구 4-1

표 5. 5차 교육과정에서 2015 교육과정까지 지역 교과서의 속성

책	5차 교육과정	6차 교육과정	7차 교육과정	2007 교육과정	2009 교육과정	2015 교육과정
책 제목	사회과 탐구: 대구 직할시	사회과 탐구: 대구의 생활	사회과 탐구: 대구의 생활	사회과 탐구: 대구의 생활	사회과지역화교재: 대구의 생활	사회과지역화교재: 참 좋은 우리 대구
저작권자	문교부	교육부	대구시 교육청	대구시 교육청	대구시 교육청	대구시 교육청
유형	1종 도서	1종 도서	인정도서	인정도서	지역화 교재	지역화 교재

이는 지역에 방점을 둔 구조로서, 교과서 제목에서부터 '이 책은 대구 지역의 학습에 유용한 교과서 또는 자료'라는 것을 선언하는 것과 같다.

둘째, 사회과 탐구 교과서의 내용에서도 뚜렷한 차이가 있다. 5차 교육과정의 사회과 탐구는 1단원만 대구의 내용으로 되어 있다. 반면 6차 교육과정의 사회과 탐구는 표 3에서 볼 수 있듯이 책 전체가 대구에 대한 내용이다.

셋째, 책의 집필 주체가 달라졌다. 5차 교육과정에서 만든 사회과 탐구의 주관 기관은 문교부이다. 반면 6차 교육과정에서의 사회과 탐구는 저작권자는 교육부이지만 편찬자는 대구시 교육청이다. 이 같은 구조는 6차 교육과정의 사회과 탐구는 시·도교육청에서 1종 도서 연구개발 위원회를 조직하여 교육청이 자체적으로 개발하였기 때문이다. 이 같은 변화는 6차 교육과정에 이르러 지역 수준 교육과정과 지역 교과서 개발의 주체가 시·도 교육청이 된 것과 관련이 깊다.

이처럼 6차 교육과정에서부터 시작된 진정한 의미의 교육과정 지역화와 그에 따른 지역 교과서 개발은 2015 교육과정까지 이어진다.

한편 6차부터 본격적으로 개발되기 시작한 지역 교과서는 표 5에서 볼 수 있듯이 교육과정별로 책의 성격이 다르다. 지역 교과서의 제목, 저작권자, 그리고 유형의 차이가 지역 교육과정 재구성과 지역 교과서 구성에 미치는 영향을 살펴보면 다음과 같다.

교육과정별 지역 교과서를 보면 5차와 6차 교육과정에서 지역 교과서는 1종 도서였다. 1종 도서는 교육부가 저작권을 가진 교과서와 교사용 지도서이다. 이는 5차와 6차 교육과정의 사회과 탐구는 교과서 역할을 하였다는 의미이다. 사회교과서와 사회과 탐구가 교과서 역할을 하였다면, 두 교과서가 서로에게 가지는 의미가 있다. 그것을 두 교과서의 관계를 통해 살펴보면 다음과 같다.

5차 교육과정 사회과 탐구의 성격은 사회과 탐구 표지 뒷면에 있는 '이 교과서를 이용하는 어린이와 학부님께'라는 안내서에 나타난다. 여기에는 '…사회과 탐구는 사회과를 공부하는 데 도움

을 주고자 만든 자료로서, 사회과 교과서에서 충분히 다루지 못했던 내용들을 보충하기 위한 보조 교과서입니다…' 라는 문구가 있다. 이로 볼 때 5차 교육과정 사회과 탐구는 사회교과서를 보조하는 역할로 개발되었음을 알 수 있다.

6차 교육과정의 지역 교과서인 사회과 탐구 표지 뒷면에도 책의 활용 방향이 언급되어 있다. 그것은 '…사회과 탐구는 우리 대구의 생활에 관한 교과서입니다. 즉 이 교과서에 담겨 있는 내용은 우리 대구의 특징을 살펴 구성하였습니다. 한편, '사회'는 전국 공통의 학습 내용을 담고, 공부하는 방법과 기능도 익힐 수 있도록 하였습니다. 따라서 어린이 여러분은 학습 문제에 따라 이 두 교과서를 적절히 이용해야 할 것입니다…'라는 내용이다. 이것으로 볼 때 6차 교육과정의 사회과 탐구는 5차와 달리 사회 교과서와 같은 수준의 교과서였으며, 두 교과서는 서로 보완적인 관계였을 것으로 추정된다.[7]

5차, 6차와 달리 제7차 교육과정에서 사회과 탐구는 1종 도서에서 인정 도서로 바뀌고, 그것은 2007 교육과정까지 이어진다. 저작권자도 교육부에서 대구교육청으로 바뀐다. 인정 도서는 교과서, 교사용 지도서가 없는 경우 또는 이를 사용하기 곤란하거나 보충할 필요가 있는 경우에 사용하기 위하여 교육부 장관(권한을 위임받은 교육감)의 인정을 받은 교재와 그 보완교재를 말한다(김용찬, 2005, 147). 이로 인해 6차 교육과정에서는 사회교과서와 같은 역할을 하였던 1종 도서로서 사회과 탐구는 제7차와 2007 개정 교육과정에 와서는 1종 도서인 사회 교과서를 보조하는 역할로 변하였다.

이 같은 유형의 변화에서 알 수 있는 것은 6차 교육과정을 제외하면 5차부터 2007 개정 교육과정까지의 지역 교과서는 사회교과서를 보조하는 목적으로 개발되었다는 점이다. 이는 지역 수준 교육과정은 지역 이해보다 국가 수준 교육과정을 보다 잘 이해하기 위한 보조적 성격이 강하였다는 것을 의미한다. 전 절에서 살펴본 지역 수준 교육과정이 국가 수준 교육과정을 그대로 답습하는 이유도 이와 밀접한 관련이 있다.[8]

7 김만곤(1998), 김용찬(2005), 문종국(2017)은 '6차 교육과정에서는 "사회"는 부교재로 사용하고, "사회과 탐구"를 주 교재로 사용한 경우가 많았다'라고 한다. 행정적으로 보면 두 교과서간에 주종의 관계가 있을 수도 있다. 그러나 사회과 탐구에 소개된 교과서 활용 방안으로 볼 때, 실제로 두 교과서는 상호 보완적 관계였을 것으로 보인다.

8 필자는 2007 개정 교육과정에서 현재까지 대구 지역화 교과서 개발의 연구 위원으로 지역 교과서 개발에서 중심적 역할을 하였다. 연구와 집필 위원들은 필자뿐만 아니라 초등 교장, 연구사, 장학관, 그리고 교사들이 중심이 된다. 지역 교과서 개발 과정뿐만 아니라 심의 과정에서 초등 교장이나 장학관들이 가장 많이 하는 이야기 중 하나가 지역 교과서가 국가 수준 교육과정으로 개발된 '사회' 교과서를 보조하느냐이다. 개발과 심의의 중요 기준 중 하나가 '사회 교과서의 보조'라는 목적을 따르는 것이었다.

한편 2007 교육과정까지 인정 도서였던 지역 교과서가 2009 교육과정부터 장학 자료의 형태로 바뀌면서(문종국, 2017) 2007 교육과정까지 사회과 탐구로 불리던 지역 교과서 이름이 사회과 지역화 교재로 바뀌었다.

1종 도서에서 인정 도서로, 다시 지역화 교재로의 역할 변화는 교육과정 편성·운영 주체가 국가에서 시·도 교육청 및 학교로 전환되었음을 의미한다. 이것은 지역 교과서로서 가졌던 책무, 즉 사회 수업의 중심 역할을 하는 1종 도서인 교과서의 기능과 인정 도서로서 국가 교육과정의 보조 교과서로서 기능에서 벗어났음을 의미하기도 한다. 이로 인해 지역화 교재는 시, 도 교육청의 의지에 따라 국가 교육과정을 보조할 수도 있고, 교육청의 정책을 구현할 수도 있게 되었다. 이 같은 변화는 2009 교육과정의 지역화 교재인 '대구의 생활'은 국가 수준 교육과정을 철저하게 보조하는 형식으로 개발된데 비해, 2015 교육과정의 지역화 교재인 '참 좋은 우리 대구'는 대구시 교육청의 정책인 프로젝트 수행 능력을 육성하는 방향으로 개발된 것에서 알 수 있다.

5. 요약 및 결론

본 연구는 대구시 초등 4학년 사회 지역 교과서를 대상으로 교수요목기에서 2015 교육과정까지, 교육과정 지역화의 발달 맥락과 과정을 밝히는 것을 목적으로 한다. 주요 연구 결과는 다음과 같다.

초등 사회과 교육과정 지역화는 교수요목기부터 2015 교육과정까지 지속적으로 강조되었다. 특히 중요한 시기는 2차, 3차, 5차, 6차 교육과정이다. 2차 교육과정에서 '도'를 대상으로 하는 독립 단원이 처음 나타났다. 이것은 특정 지역을 대상으로 하는 지역화 교육과정 구성의 단초가 되었다. 3차 교육과정에서는 2차 교육과정의 '도'가 '시·도'로 바뀌면서 '시·도'를 중심으로 한 교육과정 지역화의 토대가 형성되었다. 단원의 위치도 4학년 2학기 마지막에서 4학년 1학기 1단원으로 바뀌었다. 이것은 오늘날 4학년 1학기를 중심으로 하는 지역화 교육과정 구성의 토대가 되었다. 5차 교육과정 시기에는 이전 교육과정과 비교하면 파격이라고 할 정도로 새로운 시도가 이루어졌다. 국가 수준 교육과정에 특정 지역이 하나의 단원으로 구성되었기 때문이다. 이 같은 변화에도 불구하고, 나머지 단원들은 우리나라를 다루었기 때문에 진정한 의미의 지역화라고는 할 수 없다. 6차 교육과정에서 비로소 4학년 1학기 전체 교육과정이 시, 도 내용으로 구성되었다. 이로 인해 4학년 1학기 국가 수준 교육과정을 지역 수준 교육과정으로 재구성할 수 있게 되었고, 그것을 구현하는 지역 교과서도 개발되었다. 이와 더불어 6차 교육과정에서 시, 도 교육청과 학교의 개정 교육과정 편성, 운영권을 명확히 제시하였다(김용찬, 2005, 137-138). 이런 이유로 6차 교육과정을 교육과정 지역화의 진정한 시작으로 본다. 이후 2015 개정 교육과정까지 사회 4학년 1학기는 시, 도 교육청을 중심으로 교육과정 지역화와 지역 교과서 개발이 이루어졌다.

지역화의 방향을 결정하는 지역 수준 교육과정의 변화 특성을 대구시를 사례로 보면 그것은 두 방향으로 나타난다. 하나는 교육과정에서 지역화 범위의 변화이고, 다른 하나는 지역 수준 교육과정 재구성의 방향 변화이다. 전자의 특징은 2009 교육과정 이전까지는 4학년 1학기에 국한되던 교육과정 지역화가 이때부터 4학년 2학기 교육과정으로 확장된 것이다. 후자의 특징 역시 2009 교육과정 이전과 이후로 나누어 살펴볼 수 있다. 2009 교육과정 이전의 지역 수준 교육과정은 국가 수준 교육과정을 보조하는 형식으로 구성되었다. 이로 인해 지역 수준 교육과정 내용은 국가 수준 교육과정을 보다 잘 이해하기 위해 지역을 사례로 활용한 정도였다. 반면 2015 교육과정에서 지역 수준 교육과정은 국가 수준 교육과정을 보조하던 기능에서 벗어나 지역의 교육정책을 구현하는 수단이자 자기 지역을 이해하고 사랑하는 도구로 변하였다. 이 같은 국가와 지역 수준 교육과정의 역할 변화로 볼 때, 교수요목기 이래 처음으로 적극적인 의미의 교육과정 지역화가 나타난 것은 2015 교육과정이라 할 수 있다.

전술한 적극적 교육과정 지역화 현상이 1종 또는 인정 도서에서 단순한 지역화 교재로 바뀐 2015 교육과정에서 나타난 이유는 두 가지로 볼 수 있다. 첫째, 1종이나 인정 도서보다 지역화 교재가 내용 구성에서 상대적으로 제한을 적게 받기 때문이다. 둘째, 2015 교육과정 연구진과 집필진들이 제7차 교육과정부터 강조한 '국가 수준의 공통성과 지역, 학교, 개인 수준의 다양성을 동시에 추구하는 교육과정이자, 교육청과 학교, 교원, 학생, 학부모가 함께 실현해 가는 교육과정'이라는 교육과정의 지역화의 의미를 보다 적극적으로 해석하고, 실행하였기 때문이다.

이상의 특징들, 즉 '첫째, 지역화 교재로 바뀐 2009 개정 교육과정부터 교육과정 지역화의 범위가 4학년 2학기로 확장되었다. 둘째, 지역화 교재로 성격이 바뀐 2015 개정 교육과정에서 가장 적극적인 지역 수준의 교육과정이 개정되었다. 셋째, 지역화 교재로의 전환이라는 동일한 조건임에도 2009 및 2015 개정 교육과정에서 지역 교과서 구조와 구성 내용의 차이가 크다.'라는 사실에서 유추할 수 있는 적극적인 교육과정 지역화의 환경은 다음과 같다. 첫째, 지역 교과서 성격은 내용 구성이 상대적으로 자유로운 지역화 교재가 교과서적 성격을 가진 1종 혹은 인정 도서보다 용이하다. 둘째, 지역 교과서의 성격도 중요하지만, 보다 중요한 것은 시·도 교육청과 지역 교과서 연구자들의 적극적인 지역화에 대한 의지이다.

• 요약 및 핵심어

요약: 본 연구의 목적은 대구시 초등 4학년 사회 지역 교과서를 사례로 지역 수준 교육과정과 지역 교과서의 발달 특성을 밝히는 것이다. 주요 결과는 다음과 같다. 교수요목기부터 강조된 사회과 교육과정 지역화의 진정한 출발은 6차 교육과정이다. 이때부터 사회 4학년 1학기 전체 교육과정이 시·도를 중심으로 구성되었고, 본격적인 지역 수준 교육과정과 지역 교과서가 개발되었다. 6차 교육과정에서 2015 교육과정까지 지역 수준 교육과정과 지역 교과서의 발달 특징을 대구시를 사례로 보면 다음과 같다. 첫째, 2009 교육과정까지 지역 수준 교육과정의 목적은 국가 수준 교육과정을 보조하는 것이었다. 둘째, 2015 교육과정에서 지역 수준 교육과정은 국가 수준 교육과정의 보조에서 벗어나 대구시의 교육 정책 구현과 대구를 이해하는 방향으로 구성되었다. 셋째, 지역 교과서가 아닌 지역화 교재로 바뀐 2009 교육과정부터 지역화 범위가 확장되었고, 2015 교육과정에서는 보다 적극적인 교육과정 지역화가 이루어졌다. 이로 볼 때, 적극적 교육과정 지역화는 시, 도 교육청과 지역 교과서 개발 위원들의 그것에 대한 의지가 중요하다고 할 수 있다.
핵심어: 교육과정 지역화(regionalization of curriculum), 지역 교과서(regional textbook), 지역 수준 교육과정(regional curriculum)

• 더 읽을 거리

김다원, 2018, 지역화교육을 위한 초등 사회과 지역교과서 내용 구성 논의, 한국지역지리학회지, 24(4), 557-573.

남상준, 2003, 학교교육과정의 지역적 적합성과 사회과 교육과정 지역화의 상보적 관계, 사회과교육연구, 10(1), 1-19.

심승희, 2004, 초등 사회과에서의 '지역화' 학습을 둘러싼 기존 논의들의 재검토, 초등사회과교육, 16(1), 83-102.

참고문헌

김대현·이은화, 1999, 교육과정 지역화의 과제와 전망, 부산사대논문집, 37, 66-78.

김만곤, 1998, 교육과정 지역화와 지역 교과서 편찬, 향토사 연구, 10, 11-40.

김병연, 2017, 한국지리에서 '지역지리'의 위상에 대한 고찰, 한국지역지리학회지, 23(4), 679-693.

김용찬, 2005, 세계화·지방화 시대 교육과정 지역화의 현황과 과제, 기전문화연구, 32, 125-154.

도순남·최호성, 2004, 교육의 지역화에 관한 교원의 인식 분석, 한국교원교육연구, 21(1), 171-197.

박수미 · 남상준, 2008, 사회과 교사의 전문성과 교육과정지역화에 대한 초등 교사의 인식과 태도, 초등사회과교육, 20(1), 37–55.

박순경, 2003, 국가 교육과정 적용에서의 교육과정 지역화의 실효성 논의(I), 교육과정연구, 21(1), 111–127.

박순경, 2010, 교육과정 '지역화'의 흐름과 자리매김, 교육과정연구, 28(3), 85–105.

박채형, 2003, 교육과정 지역화의 성격과 과제, 교육과정연구, 21(4), 115–132.

소경희 · 채선희 · 정미경, 2000, 교육과정 · 교육평가 국제비교연구(II), 한국교육과정평가원, RRC–2000–6–1.

손명철, 2017, 한국지역지리학의 개념 정립과 발전 방향 모색, 한국지역지리학회지, 23(4), 653–664.

문종국, 2017, 2017년 초등 3, 4학년 지역화 교재 개발 담당자 저작권 연수, 한국저작권위원회.

조철기 · 이종호, 2017, 세계화시대의 세계지리교육, 어떻게 할 것인가, 한국지역지리학회지, 23(4), 665–678.

http://www.ncic.go.kr/mobile.dwn.ogf.inventoryList.do, 교육과정 원문 및 해설서, 1차 이전

http://www.ncic.go.kr/mobile.dwn.ogf.inventoryList.do, 교육과정 원문 및 해설서, 1차 시기

http://www.ncic.go.kr/mobile.dwn.ogf.inventoryList.do, 교육과정 원문 및 해설서, 2차 시기

http://www.ncic.go.kr/mobile.dwn.ogf.inventoryList.do, 교육과정 원문 및 해설서, 3차 시기

http://www.ncic.go.kr/mobile.dwn.ogf.inventoryList.do, 교육과정 원문 및 해설서, 4차 시기

http://www.ncic.go.kr/mobile.dwn.ogf.inventoryList.do, 교육과정 원문 및 해설서, 5차 시기

http://www.ncic.go.kr/mobile.dwn.ogf.inventoryList.do, 교육과정 원문 및 해설서, 6차 시기

http://www.ncic.go.kr/mobile.dwn.ogf.inventoryList.do, 교육과정 원문 및 해설서, 제7차 시기

http://www.ncic.go.kr/mobile.dwn.ogf.inventoryList.do, 교육과정 원문 및 해설서, 2007 개정 시기

http://www.ncic.go.kr/mobile.dwn.ogf.inventoryList.do, 교육과정 원문 및 해설서, 2009 개정 시기

http://www.ncic.go.kr/mobile.dwn.ogf.inventoryList.do, 교육과정 원문 및 해설서, 2015 개정 시기

제4장

한국의 중등/고등 지역지리교육

13.
중학교 지역지리 교육내용 조직의 특징과 문제점

박선미(인하대학교)

1. 들어가며

최근 우리나라 지리교육계에서는 지리 주제와 쟁점을 중심으로 구성된 중학교 지리교육과정이 지리적 사고력과 책임감 있는 세계시민을 기르는 데 적합하지만, 지리교육의 정체성을 약화시키고 통합의 빌미를 제공하기 때문에 지역지리로 복귀해야 한다는 주장이 다시 제기되고 있다. 2013년에 개정된 영국의 지리교육과정에서도 "학교 지리교육에서 무엇을 배워야 하는가?"라는 질문을 제기하고 지리교육의 정체성을 확보하기 위해서 지역을 강조할 필요가 있다고 하였다(심승희·권정화, 2013). 이처럼 지리교육계에서는 지리적 통찰력과 책임감 있는 세계시민교육을 위해 지리 주제와 쟁점 중심으로 내용을 조직해야 한다는 주장과 그러한 조직이 지리 정체성을 약화시키기 때문에 지역지리로 복귀해야 한다는 주장이 대립하고 있다.

지역지리를 재조명한다는 의미는 지역지리 중심으로 회귀하거나 지역지리에 계통지리를 어떻게 결합시킬 것인가의 문제로 환원될 만큼 단순하지 않다. 세계화 시대에 지역의 성격이 과거에 비해 매우 역동적으로 변화하고 있고, 특정 주제를 통해 특정 지역을 이해할 수 없을 정도로 다층적이며, 지리학습의 방향과 의미 또한 매우 논쟁적이기 때문이다. 그렇지만 지리 주제와 쟁점 중심으로 내용을 조직해야 한다는 주장과 지리 정체성 강화를 위해 지역지리로 복귀해야 한다는 주장은 양자택일의 문제일 수 없다. 다양한 공간스케일에서 일어나는 지리 현상과 쟁점에 관심을 갖도록 하면서도 지리 정체성이 분명하게 드러날 수 있도록 내용을 조직하는 것은 지리교육이 해결해야 하는 매우 중요한 과제이다.

본 장에서는 변화된 지역 개념에 기반하여 지리교육의 정체성을 확보하면서도 지리적 통찰력을 길러 줄 수 있는 내용 조직 가능성을 탐색하기 위하여 우리나라의 지역지리 내용 조직의 변천 과정을 반성적으로 고찰한다. 이를 위하여 사회과 통합교육과정으로 운영되면서 지리교육의 정체성 문제가 다른 학교급보다 더 심각하게 제기되고 있는 중학교를 대상으로 교육과정 개정 시기별 지리 시수 및 대단원 내용 체계의 변화를 정리한 후, 교수요목기부터 2015 개정 교육과정까지 우리나라 중학교 지리 내용 중 지역지리가 차지하는 비중 변화를 살펴보고,[1] 지역 학습 내용과 그 조직 방식의 특징과 문제점을 분석한다.[2]

2. 중학교 지리 시수 및 대단원 내용 체계의 변화

1) 중학교 편제와 시수 변화

교수요목기부터 제3차 교육과정까지의 중학교 지리교육은 사회과교육과정으로 일부로 운영되기는 했지만 비교적 독립된 시수를 배당받았다. 교수요목기와 제1차 교육과정에서는 중학교 사회과는 학년마다 지리, 역사, 일반사회를 가르치도록 천(川)자형으로 조직되었다. 교수요목기 때 지리는 매 학년에서 주당 2시간씩 가르치도록 배당되었고(홍웅선, 1992, 39), 제1차 교육과정에서는 매주 1학년 때 1시간씩, 2학년 때 2시간씩, 3학년 때 1시간씩으로 가르치도록 하였다.

제2차 교육과정과 제3차 교육과정에서는 사회과교육과정의 편제가 1학년에 지리, 2학년에 역사, 3학년에 일반사회를 가르치도록 중학교 삼(三)자형으로 조직되었다. 제2차 교육과정에서 지

1 지역지리 비중은 단원명과 내용 성격에 비추어 지역지리 성격의 단원인지 그 여부를 판단한 후 산출한다. 지역지리는 대륙별, 문화권별, 경제발전 수준 등 어떤 기준을 사용하였건 간에, 그리고 대륙, 국가, 지역 등 어떤 스케일에서든지 특정 지역의 지역성 이해에 초점이 맞춰져 있는 경우 지역지리로 분류하였다. 지역지리 내용을 한국지리, 세계지리, 지역 간 관계로 다시 분류하였다. 그리고 '향토 생활'이나 '지역과 사회 탐구' 단원 등은 지역이 아닌 지도 읽기와 지리 방법론에 초점이 있기 때문에 지역지리 단원에서 제외하였다.

2 지역 학습 내용과 그 조직 방법의 특징과 문제점은 지역적 방법에 의해 중학교 지리 내용의 상당 부분을 조직한 교수요목기부터 제7차 교육과정 시기에 집중하여 살펴보고자 한다. 2007 개정 교육과정 이후 중학교 지리 내용은 계통적 주제와 지역을 결합하는 방식으로 조직되어 지역지리 단원과 계통지리 단원의 구분이 애매해졌다. 그래서 2007 개정 교육과정 이후의 중학교 지리 내용은 내용 조직 방식의 변화에 따른 지역 개념과 학습 내용의 변화에 초점을 맞춰 분석하고자 한다.

리는 1학년만 주당 3~4시간씩), 3차 교육과정에서 지리는 1학년 때 3시간씩 가르치도록 되었다.

제4차 교육과정부터 사회과 학문 영역 간 통합 요구가 점차 강해지면서 중학교 지리에 배당된 시수는 감축되었고, 독립성도 줄어들었다. 제4차~제7차 교육과정까지 각 학년마다 2~3개 학문 영역이 묶여 배치되었다. 제4차 교육과정에서 지리는 1학년에서 일반사회와 묶여 주당 3시간, 2학년에서 세계사와 묶여 주당 2~3시간씩 배당되었다. 제5차 교육과정에서는 1학년에 주당 3시간씩 지리와 세계사를, 3학년에 주당 2~3시간씩 일반사회와 지리를 가르치도록 되었다.

제6차 교육과정에서는 매 학년 지리를 학습하도록 편성되었으나 학문영역 간 통합 요구가 강해졌다. 1학년에서는 세계사와 묶여 주당 3시간이, 2학년은 세계사, 일반사회와 함께 주당 2시간이, 3학년은 일반사회와 묶여 주당 2시간씩 배당되었다. 제7차 교육과정에서는 1학년과 3학년에서 배우도록 하였는데, 1학년에서는 세계사와 묶여 주당 3시간이, 3학년에서는 일반사회와 함께 주당 2시간이 배당되었다.

2007 개정 교육과정 이후 세계사가 국사와 함께 「역사」 과목으로 독립함에 따라 중학교 사회과 교육과정은 지리와 일반사회 영역으로만 구성되었다. 지리는 일반사회와 묶여 1학년과 3학년에서 주당 3시간씩 가르치도록 편성되었다. 2009 개정 교육과정과 2015 개정 교육과정에서는 학년군제와 교과군제가 도입되어 지리를 몇 학년에서 어느 정도 가르치라고 제시되지 않았고, 중학교 1~3학년에서 사회(역사 포함)/도덕 교과군이 510시간을 나눠서 가르치라고 명시되었다. 사회과에 주어진 510시간을 사회, 역사, 도덕이 1/3씩 나누고, 사회에 할당된 170시간을 일반사회와 나눈다면 중학교 3년 동안 지리에 배당된 총 시수는 85시간에 불과했다. 표 1은 교육과정 개정 시기별로 중학교 사회과 편제와 배당 시수를 정리한 것이다.

표 1. 교육과정 개정 시기별 중학교 사회과에 배당된 수업 시수 및 편제

	교수 요목기	제1차	제2차	제3차	제4차	제5차	제6차	제7차	2007 개정	2009 개정	2015 개정
3년간 주당 평균 지리 시수*	2	1.3	1~1.3	1	0.8~1	0.8~1	1	1	1	0.8	0.8
사회과 편제 특성	매 학년 지리, 역사, 일반사회 영역을 모두 배우는 川자형		지리, 역사, 일반사회 영역 중 각 학년에 한 영역만 배우는 三자형		지리, 역사, 일반사회 영역 중 각 학년에 2~3영역씩 배치 중학교 지리교과서 사라짐				사회/역사	사회(역사 포함)/도덕	

주: 제4차 교육과정부터는 연간 시수를 영역 수로 나눈 후, 지리에 배당된 주당 시수의 합을 3개 년도로 나눈 시수임.

2) 지리 단원 체계와 시수 변화

교수요목기부터 제1차 교육과정까지 중학교 지리교육과정은 모두 지역지리로 구성되었다. 교수요목기는 1학년의 「이웃 나라 생활」, 2학년의 「먼 나라 생활」, 3학년의 「우리나라 생활」로 구성되었다. 대단원 수를 기준으로 보면 한국지리보다 세계지리 비중이 높은 것처럼 보이지만 시수를 기준으로 하면 한국지리와 세계지리 비중은 동일했다.[3] 제1차 교육과정도 대단원이 모두 지역지리로 조직되었다. '우리나라', '아시아 여러 지역', '유럽과 아프리카', '아메리카와 태평양' 등 대단원 수로 보면 한국지리보다 세계지리 비중이 높았다.

제2차~제4차 교육과정은 지역학습 방법으로 분류되는 지역탐구방법 관련 단원이 신설되었지만 여전히 지역지리 중심으로 조직되었다. 당시 단원 체계는 그림 1에서 볼 수 있듯이, '지역탐구방법→우리나라 여러 지방→우리나라 전체 지역→세계 여러 지역→세계 전체 지역→세계와 우리나라의 관계'로 도식화되었다.[4] 제2차 교육과정의 중학교 지리 대단원 6개 중 5개가 지역지리 관련 단원이었는데, 그중에서 한국지리와 세계지리 관련 단원이 각각 2개씩이고, 우리나라와 세계의 관계 관련 단원 1개였다. 제3차~제4차 교육과정은 계통적 방법에 의해 조직된 단원 비중이 증가하였지만 여전히 지역지리 비중이 높은 편이었다.

제5차 교육과정은 제2차~제4차 교육과정과 달리, 1학년에서 우리나라와 세계의 여러 지역을 학습하고, 3학년에서 우리나라와 세계 전체 지역을 학습하도록 조직되었다. 이는 그림 2에서 볼 수 있듯이 지역지리를 학습한 후 계통지리를 학습하도록 한 제6차~제7차 교육과정의 내용 조직의 과도기적 형태로 볼 수 있다. 제6차~제7차 교육과정은 우리나라와 세계 여러 지역을 학습한 후 계통지리를 배우도록 조직되었다. 제6차 교육과정의 중학교 지리 11개의 대단원 중에서 지역지리 관련 단원은 8개, 계통지리 관련 단원은 3개였다. 제7차 교육과정은 10개의 대단원으로 조

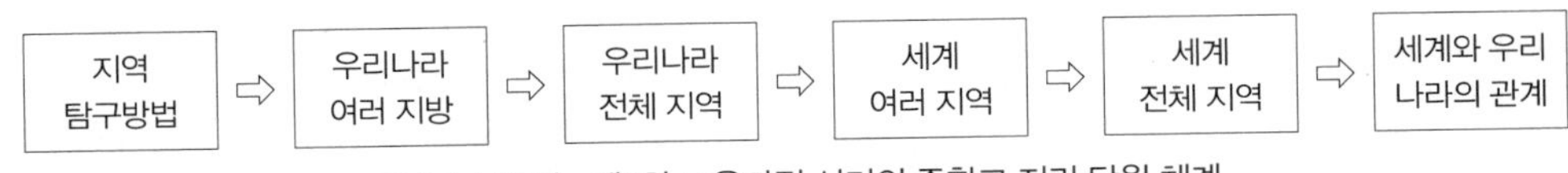

그림 1. 제2차~제4차 교육과정 시기의 중학교 지리 단원 체계

3 교육과정 문서를 보면 「우리나라」는 1학년의 35시간, 2학년의 70시간 중 전반 35시간에 걸쳐 총 70시간에 학습하도록 제시되었고, 세계지리는 2학년 후반 35시간과 3학년 35시간에 학습하도록 규정되었다. 즉 시수를 기준으로 하면 한국지리와 세계지리 비중은 각각 절반씩 차지하였다.

4 제4차 교육과정에서는 세계 여러 지역이 「아시아 및 아프리카 각 지역의 생활」, 「유럽, 아메리카 및 오세아니아 각 지역의 생활」로 구분되었다.

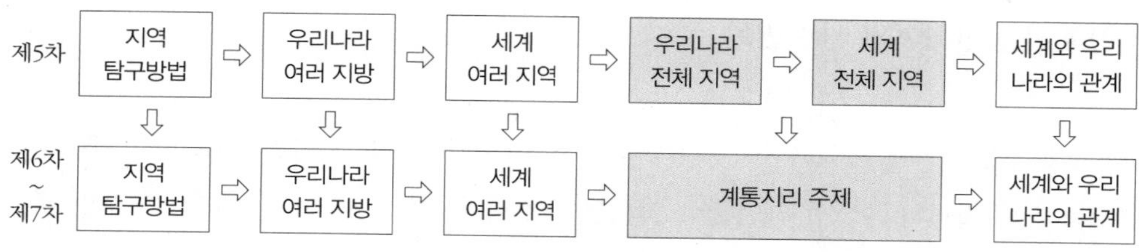

그림 2. 제5차~제7차 교육과정 시기의 중학교 지리 단원 체계

직되었는데, 지역지리 7개, 계통지리 3개로 제6차 교육과정에 비해 지역지리 비중이 약간 줄었고, 지역지리 내에서 세계지리 비중도 감소하였다.

2007 개정 교육과정 이후 중학교 지리 내용은 계통적 개념과 주제를 중심으로 조직되었다. 그래서 지리 11개의 대단원 중 계통지리 단원 9개, 지역지리 단원 2개로 지역지리 비중이 대폭 감소하였다. 2009 개정 교육과정과 2015 개정 교육과정도 계통지리학의 주요 개념과 주제를 중심으로 구성되었기 때문에 지역지리 성격이 명백하게 드러난 단원은 많지 않았다. 우리나라 교육과정 개정 시기별 중학교 지리 대단원 체계는 표 2와 같다.

표 2. 교육과정 개정 시기별 중학교 지리 대단원 체계

교육과정 시기	학년	대단원	교육과정 시기	학년	대단원
교수 요목기	1	1. 이웃 나라 생활	제7차 교육과정	7	(1) 지역과 사회 탐구(통)
	2	2. 먼 나라 생활			(2) 중부 지방의 생활
	3	3. 우리나라 생활			(3) 남부 지방의 생활
제1차 교육과정	1	1. 우리나라 지리			(4) 북부 지방의 생활
	2-1				(5) 아시아 및 아프리카의 생활
	2-2	2. 아시아의 여러 지역			(6) 유럽의 생활
	3	3. 유럽과 아프리카			(7) 아메리카 및 오세아니아의 생활
		4. 아메리카와 태평양		9	(5) 자원 개발과 공업 발달
제2차 교육과정	1	1. 향토 생활과 향토의 제 문제			(6) 인구 성장과 도시
		2. 우리나라 제 지역의 자연환경과 생활			(7) 지구촌 사회와 한국
		3. 우리나라의 자연과 생활	2007 개정 교육과정	7	(1) 내가 사는 세계
		4. 세계 제 지역의 자연환경과 생활			(2) 다양한 기후 지역과 주민 생활

교육과정	학년	단원
제2차 교육과정	1	5. 세계의 자연과 생활
		6. 세계와 우리나라
제3차 교육과정	1	(1) 향토 사회생활(통합 단원)
		(2) 우리나라 각 지역의 생활
		(3) 우리나라의 자연과 생활
		(4) 세계 각 지역의 생활
		(5) 세계의 자연과 생활
		(6) 우리의 당면 과제
제4차 교육과정	1	나) 향토의 생활
		다) 우리나라 각 지방의 생활
		사) 우리나라의 자연환경과 산업 활동
		아) 국토 개발과 당면 과제
	2	가) 세계의 자연환경과 생활
		나) 아시아 및 아프리카 각 지역의 생활
		바) 유럽, 아메리카 및 오세아니아 각 지역의 생활
		사) 지역 간의 상호 의존과 세계 속의 한국
제5차 교육과정	1	나) 향토의 생활
		다) 우리나라 각 지방의 생활
		라) 아시아 및 아프리카의 생활
		마) 유럽, 아메리카 및 오세아니아의 생활
	3	마) 우리나라의 자연환경과 주민 생활
		바) 국토의 이용과 환경의 보전
		사) 세계의 자연환경과 인간 활동
		아) 발전하는 우리나라와 미래 사회
제6차 교육과정	1	(1) 지역과 사회 탐구
		(2) 중부 지방의 생활
		(3) 남부 지방의 생활
		(4) 북부 지방의 생활
		(8) 동부 및 동남아시아의 생활
		(9) 남부 및 서남아시아와 아프리카의 생활
	2	(3) 유럽의 생활
		(4) 아메리카 및 오세아니아의 생활
	3	(5) 공업화, 도시화와 환경 문제
		(6) 자원 문제와 국토의 효율적 이용
		(7) 국제 사회 속의 한국인

교육과정	학년	단원
2007 개정 교육과정	7	(3) 다양한 지형과 주민 생활
2007 개정 교육과정		(4) 지역마다 다른 문화
		(5) 인구 변화와 인구 문제
		(6) 도시 발달과 도시 문제
	9	(1) 자원의 개발과 이용
		(2) 산업 활동과 지역변화
		(3) 지역에 따라 다른 환경 문제
		(4) 세계 속의 우리나라
		(5) 통일 한국의 미래
2009 개정 교육과정	1~3학년	(1) 내가 사는 세계
		(2) 인간 거주에 유리한 지역
		(3) 극한 지역에서의 생활
		(4) 자연으로 떠나는 여행
		(5) 자연재해와 인간 생활
		(6) 인구 변화와 인구 문제
		(7) 도시 발달과 도시 문제
		(8) 문화의 다양성과 세계화
		(9) 글로벌 경제와 지역 변화
		(10) 세계화 시대의 지역화 전략
		(11) 자원의 개발과 이용
		(12) 환경 문제와 지속가능한 환경
		(13) 우리나라의 영토
		(14) 통일 한국과 세계 시민의 역할
2015 개정 교육과정	1~3학년	(1) 내가 사는 세계
		(2) 우리와 다른 기후, 다른 생활
		(3) 자연으로 떠나는 여행
		(4) 다양한 세계, 다양한 문화
		(5) 지구 곳곳에서 일어나는 자연재해
		(6) 자원을 둘러싼 경쟁과 갈등
		(7) 인구 변화와 인구 문제
		(8) 사람이 만든 삶터, 도시
		(9) 글로벌 경제 활동과 지역 변화
		(10) 환경 문제와 지속가능한 환경
		(11) 세계 속의 우리나라
		(12) 더불어 사는 세계

3. 한국 지역학습의 내용조직방법

1) 내용 조직 방법

교수요목기의 중학교 교육과정 문서가 남아 있지 않기 때문에 중학교 지리의 구체적인 내용 체계를 알기 어렵지만 선행 연구를 보면 우리나라 전체 규모에서 위치, 자연 특색, 인구와 취락, 경제활동의 전형, 사회와 정치의 개관 등을 이해하도록 내용을 구성하였고(홍웅선, 1992), 각 지방에 대한 내용을 깊이 있게 다루지 않았다.[5]

내용 체계에 대한 교육과정 문서가 남아 있는 제1차~제7차 교육과정을 보면 중학교 지역지리 내용 조직은 그림 4에서 볼 수 있듯이 제1차~제5차 교육과정은 지역적 방법으로 조직되었고, 제6차~제7차 교육과정은 지역-주제 방법으로 조직되었다. 지역적 방법으로 조직된 제1차~제5차 교육과정도 넓은 지역에서 좁은 지역으로 좁혀가는 줌아웃(zoom-out)하는 방식과 좁은 지역에서 넓은 지역으로 넓혀가는 줌인(zoom-in)하는 방식으로 구분될 수 있다.

표 3. 우리나라 지역학습을 위한 중학교 내용 조직 방식

유형	지역적 방법		지역-주제 방법
	줌아웃(zoom-out) 방식	줌인(zoom-in)	
교육과정	제1차 교육과정	제2차~제5차 교육과정	제6차~제7차 교육과정

제1차 교육과정은 넓은 지역에서 좁은 지역으로 줌아웃하는 방식으로 조직된 대표적 사례다. 우리나라 전체 규모에서 자연환경, 산업, 인구와 취락 등을 배운 후 우리나라 각 지방의 생활을 학습하도록 조직되었다. 우리나라 각 지방은 중부지방, 남부지방, 북부지방으로 구분되었고, 다시 중부지방은 충청, 경기, 강원지역으로, 남부지방은 영남, 호남, 제주도로, 북부지방은 관서, 황해, 관북지방으로 세분되었다.

좁은 지역에서 넓은 지역으로 줌인하는 방식으로 지역학습 내용이 조직된 교육과정은 제2차~제3차 교육과정을 들 수 있다. 이들 시기의 교육과정은 우리나라 각 지역의 생활을 먼저 배운 후 우리나라 전체 지역을 배우도록 조직되었다. 각 지역 생활은 위치, 자연환경, 자원 개발과 산업,

5 교수요목기의 중학교 내용 체계는 문서로 남아 있지 않아 박광희(1963), 박정일(1979), 홍웅선(1992) 등을 참고함.

교역, 취락과 인구 등의 학습 내용으로 구성되었다. 우리나라 전체 지역을 다룬 '우리나라의 자연과 생활' 단원의 내용도 자연환경 특색, 인구, 자원과 산업, 교역 등으로 구성되었다. 이처럼 제2차~제3차 교육과정의 지역학습은 지역 규모가 달라도 학습 내용에 별 차이가 없이 조직되었다.

제4차~제5차 교육과정도 줌인하는 방식으로 조직되었다. 제2차~제3차 교육과정이 각 지역을 명시하지 않고 학습 내용을 제시하는 방식으로 조직되었다면, 제4차~제5차 교육과정은 우리나라 각 지방을 중부지방, 남부지방, 북부지방으로 구분하여 제시하였다. 각 지방의 자연환경·인문환경과 생활 특색 간의 관계를 학습하도록 한 후 우리나라 전체 규모에서 자연환경, 자원과 산업, 교통, 무역 및 관광 산업, 인구와 취락을 학습하도록 하였다. 줌인 방식이든, 줌아웃 방식이든 지역적 방법으로 조직된 제1차~제5차 교육과정까지 지역학습 내용 조직의 특징은 지역이 매번 바뀌어도 각 지역에서 다루는 학습 내용이 기본적으로 자연환경(기후와 지형), 자원과 산업, 인구, 취락 등이라는 점이다. 이처럼 우리나라 모든 지역을 빠짐없이 다루고 중요한 기초 정보를 제공하는 방식으로 내용이 조직되었다.

이러한 문제점을 극복하기 위해 제6차~제7차 교육과정의 중학교 지역지리 내용은 지역-주제 방법으로 조직되었다. 그림 3에서 볼 수 있듯이 지역 규모를 세분화한 후 가장 하위 지역별로 학습 주제를 제시하였다. 단원 조직을 보면 제1차~제5차 교육과정에 제시된 우리나라 전체 규모의 학습 단원을 없애고, 중부지방, 남부지방, 북부지방을 대단원으로 편성하였다. 그리고 중부지방은 수도권, 관동지방, 대전권으로, 남부지방은 호남지방, 영남지방, 제주도로, 북부지방은 관서지

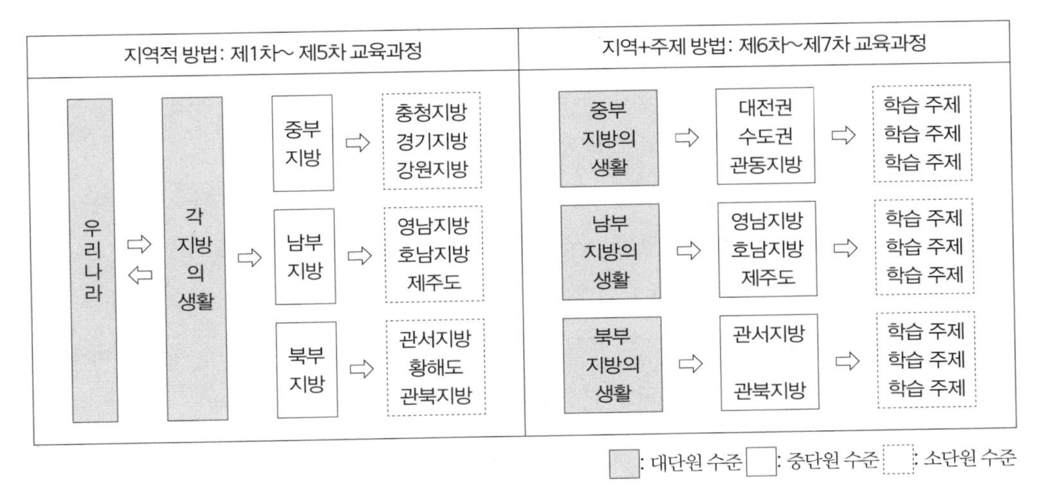

그림 3. 중학교 지역지리 내용 조직 방식

방과 관북지방으로 세분하고 '인구·사회 기능이 집중된 수도권'이나 '자원이 풍부하고 관광산업이 발달한 관동지방' 등 주제를 제시하였다.

지역–주제 방법에 따른 제6차~제7차 교육과정의 지역학습 내용 조직은 세계화 시대에 한국과 세계 간 상호작용을 통해 빠르게 변화하는 지역의 역동적 변화 과정을 파악하기 어렵다고 비판받았다. 2007 개정 교육과정~2015 개정 교육과정은 지리 개념과 주제를 중심으로 한국지리 관련 내용을 세계지리적 맥락 속에서 접근할 수 있도록 조직하였다. 그리고 지역보다는 주제를 중심으로 한국지리와 세계지리의 통합을 시도하였기 때문에 우리나라 지역을 체계적으로 학습하는 지역지리 단원은 대폭 축소되었다.

2) 지역 구분과 학습 내용의 계열성

제1차 교육과정에서 제7차 교육과정까지 우리나라의 지역은 위치를 기준으로 구분되었다. 1차로 중부 지방, 남부 지방, 북부 지방으로 구분된 후, 2차로 중부지방은 수도권, 충청권, 관동지방으로, 남부지방은 호남지방, 영남지방, 제주도로, 북부지방은 관북지방, 관서지방으로 구분되었다. 그리고 지역학습은 우리나라 규모와 제2차 구분된 지역 규모에서 이루어지도록 하였다. 문제는 이러한 학습 내용과 지역 구분 방법이 초·중·고등학교에서도 반복하여 적용된다는 것이다.

제1차 교육과정은 초등학교에서 우리나라를 북부지방과 남부지방으로 구분하여 학습한 후 우리나라의 자연환경을 배우도록 하였다. 그리고 중학교에서 우리나라 전체 지역과 세분한 하위 지역에 대하여 학습하도록 하였다. 초등학교와 중학교의 차이가 있다면 초등학교에서는 학습 내용이 우리나라 자연환경에 국한되었다면, 중학교에서는 산업, 인구와 취락 등으로 확대되었고, 중학교의 지역 구분이 초등학교보다 한 단계 더 세분되었다는 점이다.

제2차~제3차 교육과정에서도 초등학교에서 우리나라 전체와 각 지방의 특색을 학습하고, 중학교에서도 우리나라 여러 지역과 전체 지역을 학습하도록 하였다. 제2차 교육과정의 경우 고등학교 「지리 I」에서도 우리나라 전체 자연환경과 인문환경을 학습한 후 각 지역의 특색을 배우도록 하였다. 즉, 제2차 교육과정의 경우 지역이나 주제의 차이 없이 전체 지역과 하위 지역에 대한 학습을 초·중·고등학교에서 3차례나 반복하도록 조직되었다.

제4차 교육과정에서는 지역 구분 기준을 달리함으로써, 제5차 교육과정은 학습 지역의 규모를 달리함으로써 지역학습의 학교급별 차별화를 꾀했다. 구체적으로 살펴보면 제4차 교육과정에서는 지리교육의 학교급별 계열성을 확보하고자 초등학교의 경우 우리나라 지역을 평야지역, 산간지역, 해안·도서 지역 등 지형을 기준으로 구분하여 학습한 후 우리나라 전체를 학습하도록 조직하였고, 중학교에서는 중부지방, 남부지방, 북부지방으로 세분하여 각 지방의 생활을 배운 후 우리나라의 전체를 학습하도록 조직하는 등 초등학교와 중학교의 지역 구분 방법을 달리하였다. 제5차 교육과정에서는 중학교의 경우 중부지방, 남부지방, 북부지방으로 구분하여 각 지역을 학습하도록 한 반면, 초등학교에서는 중학교보다 지역을 한 단계 더 세분하여 접근하였다. 고등학교 「한국지리」에서는 우리나라의 전체를 학습한 후 수도권, 태백산지역, 남동지역, 남서지역, 북부지방으로 구분하여 배우도록 하였다.

이처럼 제4차 교육과정 이후 우리나라 지역학습은 지역의 규모를 달리하거나 지역 구분 기준을 달리하는 방식으로 학교급별 내용을 차별화하고자 하였다. 그러나 어떤 기준에 의해서든 일단 지역이 구분되면 다루는 내용은 유사하게 구성되었다. 지역의 규모나 학교급별로 학습 내용의 차별화가 수반되지 못했기 때문에 여전히 지역학습 내용은 지역을 보는 안목을 길러 주는 방향으로 심화되지 못하고 초·중·고등학교에서 반복된다고 비판받았다.

제6차~제7차 교육과정에서는 학교급별로 지역 구분 기준을 달리했고, 공통의 지역 학습 내용뿐만 아니라 지역별로 학습 주제를 별도로 제시함으로써 학습 내용의 차별화를 꾀했다. 초등학교는 우리나라를 수도권, 강 유역, 산간지역, 해안·도서지역으로 구분하였고, 중학교에서 중부지방, 남부지방, 북부지방으로 구분하였으며, 고등학교 「공통사회」는 서울~인천지역, 군산~장항지역, 영남북부 산지지역, 평양~남포지역으로 세분하였다. 그리고 제7차 교육과정에서는 초등학교에서는 넓은 지역을, 중학교에서는 좀 더 좁은 지역을 학습하도록 지역의 규모를 달리하였고, 지역별로 별도의 주제를 제시하는 방식으로 학교급별로 학습 내용을 차별화하였다. 그럼에도 불구하고 지역별 주제가 자연환경, 산업, 인구, 도시 등 공통의 학습 내용에 부가되는 방식으로 구성되었기 때문에 학습 내용 반복이라는 문제는 여전히 남아 있었다.

2007 개정 교육과정에서는 초·중·고등학교 중 초등학교 6학년 '아름다운 우리 국토' 단원에서만 우리나라의 위치, 자연환경과 인문환경을 다뤘고, 중학교나 고등학교에서는 지역 학습을 체계적으로 배울 기회가 사라졌다. 중학교 지리교육과정은 계통적 주제를 중심으로 세계지리와 한국지리를 통합하는 방식으로 조직되면서 우리나라 지역을 탐구하는 학습 단원이 대폭 감소되었으며, 고등학교 공통필수과목인 「사회」에서는 우리나라 지역학습 내용을 다루지 않았다. 2009 개정 교육과정과 2015 개정 교육과정도 초등학교에서만 우리나라 지역을 학습할 기회가 있었고,

고등학교에서 공통필수과목이 없어지면서 한국지리를 선택하지 않은 학생들은 중등학교에서 우리나라 지역을 배우지 못했다. 즉, 2007 개정 교육과정 이전에는 우리나라 지역을 반복하여 학습하도록 조직된 점이 문제였다면, 2007 개정 교육과정 이후에는 중등학교에서 우리나라 지역을 배울 기회가 거의 사라졌다는 것이 문제였다.

4. 세계 지역학습의 내용조직방법

1) 내용 조직 방법

교수요목기부터 제7차 교육과정까지 중학교에서 다루는 세계 지역은 대륙별로 구분되었다. 그리고 세계 지역은 어떠한 단위지역도 더 작은 단위지역으로 세분될 수 있고, 부분 지역들의 합이 총체적인 지역이라는 가정하에 하위 지역으로 구분되었는데, 이러한 내용 조직 방법은 교수요목기부터 제7차 교육과정까지 세계 지역학습의 내용 조직을 위한 문법처럼 사용되었다.

교수요목기의 중학교 지리에서 배우는 세계는 우리나라와의 거리를 기준으로 이웃 나라와 먼 나라로 구분되었다. 실제로 이웃 나라는 아시아 대륙을, 먼 나라는 아시아 대륙을 제외한 다른 대륙을 의미했다. 교수요목기의 중학교 세계 지역학습은 이웃 나라인 아시아를 먼저 배우고 먼 나라인 오세아니아, 유럽, 아프리카, 아메리카 대륙을 학습하도록 조직되었다. 이웃 나라인 아시아는 다시 동부 아시아, 남부아시아, 서남아시아, 서북아시아로 구분되었고, 동부 아시아는 중국과 일본으로 다시 세분되었다. 먼 나라는 오세아니아, 유럽, 아프리카, 북아메리카, 남아메리카, 양극지방으로 구분되었다(홍웅선, 1992).

제1차 교육과정에서도 각각의 단위 지역이 모여 더 큰 지역을 이루게 되는 것을 가정한 '모자이크' 방식으로 아시아, 유럽과 아프리카, 아메리카와 태평양 지역으로 구분한 후 교수요목기와 마찬가지로 아시아는 동부 아시아, 동남아시아, 서남아시아로 세분하고, 유럽과 아프리카는 서구 및 남구유럽, 소련 및 동구유럽, 아프리카로 구분하며, 아메리카와 태평양 지역은 미국 및 캐나다, 라틴아메리카, 태평양과 오스트레일리아로 세분하였다. 그리고 세분된 지역을 또 다시 세분한 수준인 국가나 소규모 지역을 명시하였다. 이러한 내용 조직의 문제는 소규모 지역에 대한 이해의 합이 더 큰 규모 지역의 이해가 아니라는 점이다. 대규모 지역에 대한 이해는 소규모에 대한 이해를 합하면 가능하다는 것은 인간을 구성하고 있는 신체의 여러 부분을 독립적으로 이해한 후 그 것을 합하면 그 인간을 이해할 수 있다는 논리와 같다. 지역을 이해한다는 것은 그렇게 단순하지 않다(박선미, 2004, 138).

제2차~제5차 교육과정은 제1차 교육과정과는 달리 세계 여러 지역과 세계 전체 지역으로 지역 규모를 달리하여 내용을 조직하였다. 세계 여러 지역에서는 각 지역의 특성을 이해하도록 하였고, 세계 전체 지역에서는 자연환경, 자원과 산업, 인종과 문화, 인구와 취락 등을 다뤘다.

제2차~제3차 교육과정과 제5차 교육과정은 세계 여러 지역을 배운 후, 세계 전체 지역을 학습하도록 하는 줌인 방식으로 조직되었다. 반면, 제4차 교육과정은 넓은 지역에서 좁은 지역으로 줌아웃하는 방식에 따라 세계 전체의 자연환경, 자원과 산업 활동, 인종과 종교, 인구와 도시를 먼저 배운 후, 대륙별로 하위 지역의 지역성을 학습하도록 조직되었다. 줌인 방식 혹은 줌 아웃 방식이든지 지역을 다른 지역과 구분되는 독특한 특성을 지닌 폐쇄적 단위로 간주하고, 지역 특성을 자연환경, 자원과 산업, 인구와 취락 등에서 찾으려고 했기 때문에 스케일에 상관없이 지역 학습 내용은 비슷해졌다.

제6차~제7차 교육과정은 지역에 따라 학습 내용을 달리하는 방식인 지역-주제 방법으로 내용을 조직하였다. 지역-주제 방식으로 내용을 조직하기 위해서는 먼저 특정 지역에서 일어나는 다양한 지리적 현상 중 어떤 현상에 주목해야 하는지 논의할 필요가 있다. 그리고 이러한 현상이 어떤 지리 개념과 연관성을 가지고 있으며 이를 가장 드러내는 주제가 무엇인지를 결정해야 한다. 제6차 교육과정과 제7차 교육과정에서 세계 전체 지역을 다뤘던 단원이 사라졌다. 대륙별로 대단원이 구성되었고, 각 대륙은 3~4개의 하위 지역으로 세분되었다. 그리고 하위 지역별로 인구와 자원을 바탕으로 발전하는 중국, 경제 대국으로 성장한 일본, 급속하게 발전하는 동남아시아 등 해당 지역의 지역성을 잘 드러낼 수 있는 주제를 제시하였다. 이러한 내용 조직은 특정 주제를 통하여 지역성을 파악하기 때문에 지역 학습의 초점을 유지할 수 있고, 전통적 지역적 방법이 지닌 정태적이고 백과사전식 내용 구성의 한계를 극복할 수 있다.

제6차~제7차 교육과정에서는 모든 지역을 동일한 스케일로 구분하여 지역-주제를 1:1로 매칭시키는 방식으로 조직하였기 때문에 다양한 주제를 다룰 수 있다는 지역-주제 방법이 갖는 장점을 살리지 못하였다. 또한 지역을 폐쇄된 공간 단위로 간주하여 여전히 특정 지역의 '유사성과 차이점'에 초점을 맞췄기 때문에 산업의 공간적 이동, 난민, 환경변화와 지속가능한 발전, 문화적 이해와 다양성 등과 같은 현대사회의 중요한 사회적 이슈이자 지역 간 연계(links)나 상호작용을 나타내는 주제를 충분히 고려하지 못했다.

한편, 세계 지역에 대한 학습 내용 조직의 또 다른 문제는 지역에 대한 고정관념이나 편견을 강화시키는 방식으로 조직되었다는 점이다. 예를 들어 제1차 교육과정 지역별 학습목표를 보면 서구 및 남구 유럽의 학습 목표로 "자연환경의 우월성과 진보된 근대 산업에 관하여 이해시킨다."로, 미국 및 캐나다의 학습 목표로 "경이적으로 발달한 근대 공업에 관하여 이해시킨다." 로 제시된 반면, 아프리카의 학습 목표로 "불리한 자연환경과 식민 대륙의 개발에 관하여 이해시킨다.", "미개 민족의 생활양식과 각성되는 민족의식에 관하여 이해시킨다." 라고 제시되는 등 서구우월주의 관점이 고스란히 나타나 있었다. 지역성이 가장 잘 드러날 수 있는 주제를 추출하여 해당 지역을 학습하도록 한 제6차~제7차 교육과정에서도 예를 들어 북서부 유럽은 일찍 이룬 산업화에, 서남아시아와 북부 아프리카는 이슬람 문화에, 남부아시아는 종교와 인구에 초점을 맞춰 학습하도록 함으로써 특정 지역에 대한 고정관념을 형성시키거나 강화시키는 방향으로 조직되었다(박선미·우선영, 2009).

2007 개정 교육과정 이후 세계 지역학습을 위한 전통적 지역 구분 틀은 해체되었다. 2007 개정 교육과정의 중학교 지리는 지역지리 중심의 단원 구성을 대폭 줄이고 기후학, 지형학, 문화지리학, 인구지리학, 도시지리학 등 계통지리학의 학문적 추세를 반영하면서도 현실 공간에서 일어나는 지리 현상을 설명할 수 있는 지리 개념과 주제 중심으로 내용을 조직하였다. 그러나 지리학의 계통적 개념이나 주제를 중심으로 조직되었다고 할지라도 그 주제가 잘 드러나는 지역을 선정하여 전개하는 방식으로 계통지리와 지역지리의 통합을 시도하였다. 또한 각 개념이나 주제에 대한 지역 간 차이를 강조하였고, 해당 주제에 대해 우리나라와 세계를 비교하도록 내용을 구성하였다(박선미, 2016).

2) 지역 구분과 학습 내용의 계열성

지역은 경계가 절대적 기준에 의하여 고정되어 있기보다는 기준 지표에 따라 달라지고 그에 따라 지역의 경계 설정도 달라진다. 따라서 지역의 공통성과 유사성에 착안하여 지역의 경향성을 파악하기 위해 "어느 수준에서 지역을 구분해야 하는가?"라는 질문은 지역 중심으로 지리교육 내용을 조직하고자 할 때 중요하게 고려해야 하는 문제다. 우리나라 중학교 교육과정에서는 주로 대륙을 기준으로 세계를 구분하였다. 중학교 세계 지역학습은 우리나라에 대한 지역학습과 마찬가지로 세계 전체의 자연환경과 인문환경을 이해하도록 하고, 대륙별로 하위 지역을 구분하여 각 지역의 특색을 파악하도록 조직되었다.

세계지역은 우리나라 지역보다 지역 규모에 대한 인식이 더욱 중요하게 고려되어야 한다. 아시아 또는 동남아시아처럼 대규모 지역으로 구분한다면 지역 간 상호작용 등을 포착할 수 있는 내용으로 조직될 수 있다. 한편 소규모의 지역이나 거점 국가 수준으로 지역을 구분한다면 지역 특성을 구체적이고 심도 깊게 탐색할 수 있다.

조성욱(2005)은 세계를 대규모 지역으로 구분하면 같은 범주에 속한 수많은 지역들의 공통점을 중심으로 조직하기 때문에 학습 내용이 일반적이고 피상적이기 쉬운 반면, 국가 수준의 소규모 지역으로 구분하면 지역성을 탐구하는 방식의 학습이 가능하고, 학습 전이력이 높기 때문에 그 효과가 높다고 하였다. 그렇지만 유의미하고 효과적인 지역학습은 지역규모뿐만 아니라 학습해야 하는 지역의 수나 학습 주제와 밀접하게 관련된다.

지역적 방법을 중심으로 상당수의 단원을 조직한 교수요목기부터 제7차 교육과정까지를 대상으로 세계의 지역학습 단위를 소규모(국가 수준, 예; 인도), 중규모(대륙의 하위지역 수준, 예; 남부아시아), 대규모(대륙 수준, 예; 아시아)로 구분하여 분석한 결과, 표 4에서 볼 수 있듯이 중규모 수준에서 학습 내용을 제시한 경우가 가장 많았다. 학습 내용을 국가 단위에서 제시한 시기는 교수요목기와 제1차 교육과정이었고, 대륙 수준에서 제시한 시기는 제3차 교육과정이었으며, 이외의 교육과정은 모두 중규모 수준에서 제시되었다. 지역 규모가 작을수록 교육과정에 제시된 지역 수는 많았다.

교수요목기에서 제5차 교육과정까지 세계 전체 규모에서는 학습 내용이 제시되었으나 이 이하의 지역 규모에서는 학습 지역만 제시되고 학습 내용이 제시되지 않았다. 그리고 학교급별로 지역을 구분하는 기준을 달리함으로써 학습 내용의 차별화를 꾀하였다.

교수요목기와 제3차 교육과정은 주로 초등학교에서는 기후를 기준으로, 중학교에서는 대륙을 기준으로 지역을 구분함으로써 차별화를 꾀하였다. 먼저 교수요목기의 중학교 지리에서 배우는

표 4. 중학교의 세계 지역학습을 위한 지역 구분 수준

지역학습 단위	소규모 지역: 국가 단위	중규모 지역: 대륙의 하위 지역 (예: 동부 아시아 등)	대규모 지역(대륙 수준)
해당 교육과정	• 교수요목기 • 제1차 교육과정	• 제2차 교육과정 • 제4차 교육과정 • 제5차 교육과정 • 제6차 교육과정 • 제7차 교육과정	• 제3차 교육과정

세계는 대륙별 주요 국가 수준에서 학습하도록 하였다면, 초등학교에서는 기후와 지형을 기준으로 세계를 한대지방, 열대지방, 산간지방, 해양도서 지역으로 구분한 후 열대지방의 경우 사하라 사막을, 산간지방의 경우 스위스를, 해양도서 지방의 경우 하와이를 중심으로 학습하도록 하였다. 당시 고등학교에서는 세계지리를 다루지 않았다. 제3차 교육과정도 중학교에서는 대륙별로 각 지역의 생활을 학습한 후 세계 전체 수준에서 자연환경, 자원과 산업, 인류 집단을 배우도록 한 반면, 초등학교에서는 기후를 기준으로 열대지방, 사막과 초원, 한대지방에 대해 배운 후 대륙별로 학습하도록 함으로써 차별화하였다.

그리고 제1차~제2차 교육과정, 제4차~제5차 교육과정은 초등학교에서 세계 전체 지역학습과 우리나라와 밀접한 관계가 있는 지역을 중심으로, 중학교에서는 모든 지역을 포괄하는 방식으로 차별화하였다. 교수요목기에서 제5차 교육과정까지 학교급별 차별화를 통한 학습 내용 반복의 문제를 해결하고자 하였으나 학교급이 올라갈수록 지역이 점진적으로 분화된다든지, 포괄성이 높아진다든지 등 지역 구분이나 내용 조직의 일관성을 찾아보기 어려웠고, 공간인지발달이나 지리학의 구조에 따른 논리적 근거도 분명하지 않았다.

제6차~제7차 교육과정은 초등학교에서 세계의 전체적인 모습을 이해하고, 우리나라와 교류가 많은 나라를 학습한 후 중학교에서 대륙별로 하위 지역을 배우도록 하였다. 제7차 교육과정에서는 초등학교에서 세계의 전체적인 모습에 대해서 배우지 않고 우리나라와 교류가 많은 나라를 학습한 후, 중학교에서 대륙별로 하위 지역을 배우도록 하였다. 이처럼 제6차 교육과정과 제7차 교육과정에서도 초등학교와 중학교의 공간적 스케일을 달리함으로써 세계 지역학습 내용을 구분하였다는 점은 이전 교육과정과 유사하다. 그렇지만 제6차~제7차 교육과정은 지역-주제 방식으로 조직되었기 때문에 학교급별 학습 내용 자체도 약간씩 다르다는 점에서 차이가 났다.

2007 개정 교육과정 이후 지역을 구분한 후 각 지역의 자연환경과 인문환경을 학습하도록 하는 중학교 세계 지역학습의 전통적인 내용조직 틀은 해체되었다. 대단원은 계통지리학의 개념과 주제를 중심으로 조직되었고, 해당 개념이나 주제가 가장 잘 나타나는 지역 사례를 통해 학습하도록 조직되었다.

5. 지역 간 상호작용에 대한 내용 조직의 특징과 문제점

우리나라 중학교 지리교육과정에서는 별도의 대단원을 만들어 지역 간 상호작용을 다루었다. 제2차 교육과정에서 '세계와 우리나라'라는 지역 간 상호작용을 다룬 대단원이 처음 만들어졌다. 이 단원은 세계정세, 국제 연합 및 민주 우방과의 관계, 국토 통일 문제 등을 다뤘다. 제3차 교육과정은 지역 간 상호작용을 다룬 대단원이 없었고, 제4차 교육과정의 '지역 간의 상호 의존과 세계 속의 한국' 단원과 제5차 교육과정의 '발전하는 우리나라와 미래 사회' 단원은 상호 의존성이 증가된 세계에 초점을 맞췄다.

제6차 교육과정과 제7차 교육과정에서는 세계 공동 문제나 갈등과 분쟁에 관심을 갖기 시작하였다. 제6차 교육과정은 '국제 사회 속의 한국인'에서 지역 간 상호작용 내용으로 인종·지역 간의 갈등과 분쟁을 다뤘고, 제7차 교육과정의 '지구촌 사회와 한국' 단원에서는 세계화 시대의 시민성이라는 용어를 처음 사용했다.

2007 개정 교육과정에서는 자원, 환경 등을 둘러싼 국가 간 분쟁과 협력 내용이 계통적 개념 및 주제 중심 단원으로 흡수되었다. 그리고 지역 간 상호작용이 국가 수준이 아닌 소규모 지역 수준에서 다뤄지기 시작하였고, 상호작용으로 인한 지역 변화에 관심을 갖기 시작하였다. 2009 개정 교육과정의 '통일 한국과 세계 시민의 역할' 단원과 2015 개정 교육과정의 '세계 속의 우리나라' 단원은 세계 속에서 우리나라의 위치와 각 지역이 지닌 경쟁력, 통일의 필요성, 지구상의 다양한 문제를 다뤘다. 2009 개정 교육과정과 2015 개정 교육과정에서 지역 간 상호작용은 별도의 대단원으로 다뤄지기도 했지만 문화 접촉과 변용, 세계화와 지역화, 세계화와 경제활동, 국경을 넘는 환경문제, 영토·영해 갈등, 세계화와 인구 이동 등 대부분 단원의 내용 조직에 반영되었다.

2009 개정 교육과정과 2015 개정 교육과정에서의 지역 개념은 이전 교육과정에서 다뤘던 지역 개념과 차이가 났다. 이전 교육과정에서는 일정한 경계와 고정된 스케일의 폐쇄적 영역으로서의 지역을 상정하였다면 2009 개정 교육과정부터는 지역의 고유성을 파악하는 기존의 지역 학습 대신 세계화로 인한 지역 간 상호작용과 그에 따른 공간 변화 및 지역 변화를 추동한 동인과 지역 간 다층적 권력 관계에 관한 내용이 포함되었다. 이를 위하여 지리학의 전통적 지식보다 GMO, 로컬 푸드 등 학생이 살아가고 있는 현실 세계와 관련된 구체적이고 실제적인 주제를 적극적으로 도입하였다.

특히 2015 개정 교육과정에서는 지역의 사회적 성격을 더욱 강하게 반영하여 빈곤이나 분쟁 발생 요인, 공간적 불평등 기제 등의 내용을 비중 있게 다뤘다. 그리고 부분적으로나마 우리나라-세계, 상위지역-하위지역, 중심-주변이라는 이원적 대립 구조가 깨지고 한국지리와 세계지리 경계의 넘나듦이 좀 더 자유로운 개방적 공간으로 접근하기 시작하였다.

6. 마치며

해방 이후 교수요목기에서 2015 개정 교육과정까지 중학교 지리교육의 외적 여건은 배당된 시수 감축, 통합교육과정 요구 등으로 인해 점점 불리해졌다. 해방 이후 1970년대 초반까지 중학교 지리교육은 지역지리를 중심으로 조직되었다. 제3차 교육과정부터 2007 개정 교육과정 이전까지 지리교육은 지역지리와 계통지리의 양적 균형을 맞추려고 하였으나 여전히 지역지리의 비중이 약 70%를 차지할 정도로 높았다.

2007 개정 교육과정 이전의 중학교 지역학습은 지역 특성에 초점이 맞춰졌다. 우리나라 지역학습과 세계 지역학습을 별도로 구성하여 자연환경, 위치, 자원과 산업, 인구와 취락 등을 전체 지역 규모와 하위 지역 규모에서도 배우도록 하였다. 학교급별로 자연환경(기후, 지형 등)에 따라 구분된 지역을 먼저 배우기도, 혹은 대륙이나 위치에 따라 구분된 지역을 먼저 배우기도 하였다. 그리고 대규모 지역을 먼저 학습하기도 하였고, 소규모 지역을 먼저 학습하기도 하였다. 이처럼 지역학습은 일관된 계열성조차 불분명한 상태에서 교육과정 시기마다 다르게 조직되었다. 그렇지만 자연환경, 자원과 산업, 인구와 취락이라는 기본적인 학습요소는 모든 학교급에서 대부분 반복적으로 다뤄졌다. 이러한 방식의 지역지리의 내용조직 방식으로는 역동적으로 변화하는 지역성을 포착하기 어렵다는 비판이 꾸준히 제기되었다.

2007 개정 교육과정에서는 중학교 교육과정의 전통적 지역학습 틀이 해체되었고 계통지리학의 주제를 중심으로 조직되었다. 그 결과 지역지리 비중은 급감하였고 지역은 사례 수준에서 취급되었다. 2009 개정 교육과정과 2015 개정 교육과정은 주제나 쟁점을 중심으로 지역 간 상호작용과 지역 변화를 적극적으로 다루었으나 지역이 전면에 부각되지 못한 채 쟁점과 주제 이면에 숨겨져 있었다. 2007 개정 교육과정 이후 주제와 쟁점 중심으로 지리교육과정을 조직하는 것은 일반사회와 통합의 빌미를 제공할 수 있기 때문에 전통적 지역지리 중심의 교육과정으로 복귀해야 한다는 주장도 제기되고 있다. 현재 중학교 지리교육과정이 해결해야 할 과제는 다양한 공간

스케일에서 일어나는 지리 문제와 쟁점에 관심을 갖도록 하면서도 역동적으로 변화하는 지리 정체성과 그 동인을 포착할 수 있도록 내용을 조직하는 것이다. 이는 자연환경, 산업, 인구 등의 주제와 특정 지역의 결합으로 설계된 과거 지역지리로의 복귀를 통해서는 해결할 수 없고 타당하지도 않다.

1990년대 이후 정치경제적·사회문화적 상호작용이 개별 지역이나 국가의 경계를 넘어서 세계적 규모로 확대되면서 다양한 공간 스케일에서의 네트워크, 다층적 공간에서의 거버넌스 시스템, 문화적 혼종화 등 여러 요인에 의해 지역의 정체성이 빠르게 변화하고 있다. 지역은 경쟁력을 가진 지역으로 변모하기도 하고 쇠퇴·침체지역으로 전락하기도 하면서 새로운 경관과 정체성을 보인다. 역동적으로 변화하는 지역 정체성을 파악하고 다중적인 관계와 변동 요인을 해석하는 것은 지리학계의 주요 연구 주제로 대두되었다. 지리교육계도 경계 설정에 바탕을 둔 폐쇄적 단위로서 기존 지역 개념이 아닌 다양한 수준에서 연결되고 상호작용하는 개방적 지역 개념으로 지역성을 파악하고 복잡한 세계의 다층적 구조를 인식할 수 있는 지리적 안목과 통찰력을 길러 줄 수 있도록 내용을 조직할 필요가 있다. 새로운 지역학습은 자아정체성을 형성하는 뿌리이자 생활 터전으로서 지역이 전면으로 부각되면서도 우리나라와 세계의 다층적 공간 구조와 그 변화 양상을 파악하고, 공간 구조 안에 내재되어 있는 사회·경제적 동인을 동시에 볼 수 있도록 구조화되어야 할 것이다.

• 요약 및 핵심어

요약: 본 장은 교수요목기부터 2015 개정 교육과정까지 중학교 지리교육과정에 나타난 지역의 의미와 지역지리 내용 조직의 변화를 분석하고 그 특징과 문제점을 파악하였다. 연구 결과를 요약하면 다음과 같다. 첫째, 교수요목기에서 2015 개정 교육과정까지 중학교 지리교육의 외적 여건은 배당된 시수 감축, 통합교육과정 요구 등으로 인해 점점 불리해졌다. 둘째, 교수요목기부터 제7차 교육과정까지 중학교 지리 내용은 지역지리의 비중이 약 100~70%를 차지할 정도로 지역지리를 중심으로 조직되었다. 이 시기에는 우리나라 지역학습과 세계 지역학습이 별도로 구성되었고, 일관된 논리가 불분명한 상태에서 대규모 지역을 먼저 학습하기도 하였으며, 소규모 지역을 먼저 학습하기도 하였다. 그리고 지역 규모와 상관없이 자연환경, 자원과 산업, 인구와 취락이라는 고정된 학습 내용을 배우도록 하였다. 셋째, 2007 개정 교육과정 이후 중학교 교육과정은 계통지리학의 주제를 중심으로 조직되었다. 그 결과 지역지리 비중은 급감하였고 지역은 사례 수준에서 취급되었다. 그리고 지역 간 상호작용과 지역 변화가 주제나 쟁점을 중심으로 다루어졌으나 지역이 전면에 부각되지는 못했다.
핵심어: 지리교육과정(geography curriculum), 지역학습내용(contents of regional study), 내용조직방

법(method of contents organization), 지역적 방법(regional method), 지역-주제 방법(region-theme method)

• 더 읽을거리

전국지리교사모임, 2014, 세계지리, 세상과 통하다 1, 사계절.
전국지리교사모임, 2014, 세계지리, 세상과 통하다 2, 사계절.
조철기, 2017, 일곱 가지 상품으로 읽는 종횡무진 세계지리, 서해문집.

참고문헌

권정화, 2001, "부분과 전체: 근대 지역지리 방법론의 고찰," 한국지역지리학회지, 7(4), 81-92.

류재명, 1998, "지리교육 내용의 계열적 조직 방안에 대한 연구," 지리·환경교육, 6(2), 1-18.

박광희, 1963, 한국 사회과 성립과정과 그 과정변천에 관한 연구, 서울대학교 교육대학원 석사학위논문.

박선미, 2016, "우리나라 사회과교육과정의 통합구조 변화에 따른 지리교육의 목표와 내용 변화: 중학교를 중심으로," 대한지리학회지, 51(6), 1-21.

박선미, 2004, 한국의 지리교육과정론, 문음사.

박선미·우선영, 2009, "사회교과서에 나타난 국가별 스테레오타입," 사회과교육, 48(4), 19-34.

박정일, 1979, "사회과 지리교육과정의 변천에 관한 연구: 1945~1975," 지리학과 지리교육, 9, 332-353.

심승희·권정화, 2013, "영국의 2014 개정 지리교육과정의 특징과 그 시사점," 한국지리환경교육학회, 21(3), 17-31.

전종한, 2015, "세계지리에서 권역 단원의 조직 방안과 필수 내용 요소의 탐구," 한국지역지리학회지, 21(1), 192-205.

조성욱, 2005, "거점국가 중심의 세계지리 교육내용 구성방법," 한국지리환경교육학회지, 13(3), 349-362.

홍웅선, 1992, "최초의 사회생활과 교수요목의 특징," 한국교육, 19, 23-46.

Guelke, L., 1977, Regional geography, *The Professional Geographer*, 29(1), 1-7.

Herbertson, A. J., 1905, The Major Natural Regions: An Essay in Systematic Geography, *The Geographical Journal*, 25(3), 300-310.

Walter, B. J., and Bernard, F. E., 1973, A Thematic Approach to Regional Geography, *Journal of Geography*, 72(8), 14-28.

14.
통일한국에 호응하는 국토지리 교육의 정향

전종한(경인교육대학교)

1. 들어가며

2018년 봄 뜻밖에 그리고 연속적으로 진행된 남북 정상 및 북미 정상 간 대화, 글로벌 평화를 향한 국제정치의 동향 등을 지켜보면서 우리 사회는 머지않은 통일한국의 도래를 조심스럽게 기대하고 있다. 이 장에서는 교육의 관점에서 통일한국을 준비하기 위한 핵심 과제의 하나가 〈국토지리〉 교육이라 보고, 그간 우리나라 〈국토지리〉 교육의 궤적 및 현행 2015 개정 고등학교 「한국지리」 교육과정의 특징을 고찰하면서 지금까지의 〈국토지리〉 교육이 과연 '국토에서 전개된 생생했던/생생한 우리 삶의 차원을 담아냈는가?'의 관점에서 비판적으로 검토하고, 미래 국토의 비전인 '글로벌 시대의 통일한국'에 호응하는 〈국토지리〉 교육의 방향 재설정 문제를 논의한다.

우리 사회와 교육계에서 남북통일, 영토주권, 다문화 현상 등의 주요 국가적 사안이나, 문화다양성, 지속가능발전, 세계시민 등의 글로벌 이슈들에 대한 관심은 종종 '일시적 유행'에 그치는 경우가 적지 않았다. 특히 교육계의 경우 관련 교과들이 공동으로 접근하자는 취지에서 마련된 민주시민, 인권, 통일, 독도 등등의 소위 '범교과 주제들'에 대한 학습은, 어느 한 교과도 제대로 된 충분한 관심을 쏟지 않고, 오히려 의도와 전혀 다르게 교실 현장에서 소외되는 결과를 초래하기도 하였다. 이러한 시대적, 국가적, 지구적 관심사들은 특히 정권 교체기나 교육과정 변천기마다 반복적으로 부침하면서 '한때의 유행'에 지나지 않았던 경우가 많다.

교육 영역에 관한 한, 우리는 현재의 행복한 삶과 미래 세대를 위한 주요 이슈들을 '지속가능한 수준에서' 도출하고 공유하고 발전적으로 논의할 필요가 있다. 이번에 국제정치적 화해무드와 함께 등장한 통일한국에 대한 관심 역시, 일시적 이벤트에 머물지 않도록 교육적 관련 논제의 발굴 및 이에 대한 충분한 고민과 숙의를 바탕으로 인식의 공감대를 넓혀가며 준비해야 할 것이다.

이와 관련해 통일한국이라는 미래 국토의 비전을 위해 바쁘게 논의해야 할 교육 사안 중에 '국토지리' 교육과 '국사(역사)' 교육이 우선순위에 자리한다. 그것은 이들 양자가 통일한국의 국가 교육과정에 제시할 '교육적 인간상'의 설정을 위해 긴요한 사안이기 때문이며, '통일한국의 시민'이자 '글로벌 시대의 시민' 다시 말해 국가시민이자 세계시민으로서의 '우리의 정체성' 재구성에 관련된 중요한 사안이라 보이기 때문이다.

세계 여러 나라들에서 국토(homeland)에 대한 교육은 주로 지리 과목이 담당해 왔다. 우리나라에서도, 비록 교육과정 시기에 따라 그 명칭은 달랐지만, 초중등 교육과정에서 계열성을 확보하면서도 특히 고등학교의 「국토지리」, 「한국지리」 등의 과목들을 통해 그것을 실천해 왔다. 2차 교육과정(1963.03)의 「지리 I」, 3차 교육과정(1974.12)의 「국토지리」, 5차(1988.03) 교육과정 및 제7차 교육과정(1997.12) 이후의 「한국지리」가 그것이다(이들 과목을 아울러 이하 '〈국토지리〉'라 칭함).

본 장에서는 먼저 〈국토지리〉 교육을 담당한 이들 지리 과목들에서 〈국토지리〉의 성격과 가치, 목표, 내용 체계 등은 어떻게 제시되었고 교육과정 변천에 따라 그 내용에 어떤 변화가 있었는가를 살펴본다. 다음으로 우리 국토의 미래 비전으로서 '글로벌 시대의 통일한국'에 호응하는 〈국토지리〉 교육의 정향(orientation)과 관련해 우리는 통일한국의 〈국토지리〉 과목에 대해 어떤 성격, 어떤 교육적 가치를 부여할 것인가, 수 십 년간 대동소이했던 기존의 내용 체계는 문제가 없는 것인가, 국수주의적 국토관을 경계하기 위해 필요한 태도와 소양은 무엇인가 등의 비판적 입장에서 몇 가지 제안을 내어 놓는다.

2. 국토의 개념과 맥락적 의미

1) 국토의 개념과 최근 인식

국토(homeland)란 본질적으로 지리적 개념이다[노스트랜드(Nostrand), 에스타빌(Estaville), 1993, 1]. 국토는 일단의 사람들이 오랜 시간 속에서 역사적 경험을 함께하고 문화와 가치관을 공유하며 집단적 정체성을 형성하는 장소적 바탕이다. 국토는 그곳에서 살아온 사람들이 정체성을 구성하는 '장소' 기반이고, 그래서 어떤 강력한 애착과 느낌으로 그들에게 연루된 '장소'이다. 국토는 역사와 기억과 과거로부터의 성취 등이 층층이 쌓인 장소로서 우리의 집단적 자아(collective self)를 형성하는 데 대단히 중요한 요인으로 작용한다.

일반적으로 학자들은 국토를 구성하는 주요 요소로서 장소(place), 사람(people), 장소감(sense of place), 영토의식(control of place)의 네 가지를 거론하는데 이 중 핵심은 의미와 애착으로 충만한 요소인 바로 장소감이다[노스트랜드(Nostrand), 에스타빌(Estaville), 1993; 포스트(Post), 2008, 194]. 요컨대 국토 개념이 성립하기 위해서는 구체적 삶을 영위하기 위한 '물적 토대로서 장소가 있어야' 하고, 그곳에서 삶을 이어 온 '일단의 사람들이 존재해야' 하며, 물적 토대로서의 '장소가 그들에게 특별한 의미로 감지되어야' 하고, 그곳을 지켜온 과거의 분투와 함께 미래에도 '계속 지켜야 한다는 의식이 있어야' 하는 것이다.

위와 같은 기본 개념에 정초하되, 국토 개념은 세계 여러 민족이나 인종에 따라 맥락적인 의미로 그리고 다채로운 용례로 사용되고 있다. 주지하듯이 국토에 대한 의식과 교육을 가장 먼저 싹틔웠던 독일의 경우 이 개념(Heimat)은 배타적 민족주의, 민족(게르만족)우월주의와 연동하였다. 다민족국가인 미국에서는, 가령 '뉴멕시코 일대의 에스파냐계-미국인 근거지'(New Mexico's Spanish-American homeland)의 용례처럼 개개의 민족별 근거지를 일컫는 용어로 사용되는 것이 관례였다[칼슨(Carlson), 1990]. 우리나라와 같이 제국주의적 식민 지배 그리고 이로 인한 국토 상실을 경험한 나라들에서는 탈식민주의나 영토주권 및 정체성의 회복과 결부되면서 마치 고향과 같은 아주 특별한 장소감(sense of place)을 주는 곳으로 재탄생하였다.

어떤 사람들은 '국토' 혹은 '국토교육'이란 말을 들었을 때 '세계화 시대, 지구촌 사회를 살아가는 현 시점에서 그것은 다분히 국수주의적인 개념이요 시대착오적인 발상'이라 지적할지 모른다. 하지만 20세기 이전의 국민(민족)국가 시대로부터 20세기 후반의 국제화 시대를 거쳐 글로벌 시대가 한창인 21세기 현재, 국토 개념은 새 시대에 맞게, 각 국가가 처한 상황에 맞게 해체적 재구성을 경험하고 있다.

예를 들면, 테러와의 전쟁을 선포하면서 주요 정부 기구로서 국토안보부(Department of Homeland Security)를 신설한 미국에서는 '미국 내 민족별 거주지'를 지칭하던 종래의 국토 개념이 '전체 미국 영토'를 지칭하는 새로운 의미로 재개념화되고 있다[포스트(Post), 2008, 194]. 미국이 다민족국가임에도 불구하고 국가를 기본 단위로 삼는 이러한 국토 개념의 부활은 추후 캐나다나 호주와 같은 여타 다민족국가 국가들의 국토 인식이나 국토 교육에 파급력을 가질 것으로 예견된다. 20세기 후반 영국, 프랑스, 독일 등 유럽 주요 국가의 정상들은 다문화주의를 공식 폐기하거나 소위 '다문화주의 실패론'을 언급하고 있는데,[1] 이것은 다문화주의나 국수주의라는 양극단을 둘 다 경계하면서 문화다양성과 국가정체성 사이의 균형을 추구하려는 흐름이라 할 수 있고 글로벌 시대와 짝하는 국가 및 국토 개념의 갱신을 예고하는 것이라 볼 수 있다.

우리나라의 경우에도 국가와 국토 개념은 변화기에 접어들고 있다. 가령 「국기에 대한 맹세」의 핵심어를 보자면 '조국과 민족'이라는 단어는 2007년 이후 '자유롭고 정의로운 대한민국'이라는 표현으로 대체되었다. 이에 더하여 우리 교육계에서는 '국가시민으로서의 정체성'(national citizenship)과 '세계시민성'(global citizenship)이 양립 불가능한 대척점에 있다는 생각에서 벗어나 양자가 서로 중첩될 수 있는 개념이고 나아가 복수의 정체성, 다중시민성을 구성할 수 있다는 생각이 제안되고 있으며(예. 김왕근 1999; 한희경, 2011; 심광택, 2012; 조철기, 2015; 장의선 외, 2016; 남호엽·차보은, 2017), 이에 따라 기존의 배타성 짙었던 국토 개념에 대해서도 변화가 요구되고 있다.

이처럼 세계화와 다문화 현상을 경험하는 많은 국가들에서 국민과 국토 개념은 혈연이나 지연에 붙들려 있던 과거의 굴레를 벗어나 재구성되고 있다. 글로벌 시대인 오늘날의 세계 여러 국가들은 고유한 역사·문화적 맥락과 정치·사회적 상황에 따라 국토의 의미를 새롭게 탐색하고 있고, 통일국토라는 우리의 특별한 맥락이자 미래 상황 역시 우리에게 새로운 국토 개념을 요청하고 있다.

2) 우리의 맥락상 국토는 어떤 의미인가

앞에서 주장했듯이 글로벌 시대의 국토 개념은 기본 의미를 바탕으로 하되 맥락적 이해를 필요로 한다. 국토 개념을 우리의 맥락 위에서 이해해야 하고, 이것을 통일한국의 〈국토지리〉 교육을 위한 개념적 토대로 삼아야 한다. 다민족국가의 국토 개념과 제국주의를 이끈 열강들의 국토 개

---

1 이에 관련된 주요 기사로는 다음과 같은 것들이 있다: 「英총리 "다문화주의 실패" 발언 논란」(연합뉴스, 2011. 02.07); 「사르코지도 다문화정책 실패 선언」(문화일보, 2011. 02.11); 「유럽 '다문화주의 실패' 논란 가열」(연합뉴스, 2011. 02.13); 「유럽의회도 '다문화주의 실패론 동의'」(연합뉴스, 2011. 12.17); 「'따로국밥' 다문화주의 실패 '섞어찌개' 혼종성이 답이다」(서울신문, 2011. 05.31).

념과 식민지를 경험한 나라들의 국토 개념은 동일할 수가 없다. 수천 년 이상 영토를 유지한 국가들의 국토 개념과 제국주의시대 이후 신대륙에서 탄생한 신생 국가들의 국토 개념은 같을 수가 없다. 우리의 맥락에서 국토란 주어진 환경에 대한 수천 년간의 경험을 담아낸 고유의 생활 방식과 지역적 지식들(local knowledges)이 탄생하고 퇴적되기를 거듭한 곳이다. 이 땅의 옛 사람들은 국토를 생활 터전으로 일구어 오면서 전통 가옥과 경지, 도로와 취락 등을 지혜롭게 배치하고 각 지역에 따라 독특한 지역 문화를 창조하였다. 그들은 산지나 삼림, 하천과 호소 등과 같이 일견 순수한 자연으로 보이는 요소들에 대해서조차 상징적 의미를 부여하여 인문 요소로 바꾸어 놓았고, 세계 다른 곳에서는 볼 수 없는 우리 고유의 다양한 문화경관을 국토 곳곳에 각인하였다(전종한, 2015, 13).

'국토는 오랜 시기에 걸쳐 전통적 지식과 지혜와 의미를 더해 온 역사적, 문화적, 경제적 유산(heritage)'임을 상기할 때, 오늘을 이룩한 과거 세대의 위대함을 보여 주는 성취와 발전의 표상이자 미래에도 계속 지켜야 할 소중한 영토로서 영토교육적 의미도 자연스럽게 따라온다. 이 지점에서 국토는 현 세대와 다음 세대로 하여금 국토의 소중함을 재발견하고 국토의 더 나은 미래를 꿈꾸게 해야 할 훌륭한 교육 콘텐츠로 전화한다.

우리에게 국토는 옛 사람들의 오랜 삶의 경험과 지식 및 지혜, 자연을 가꾸고 사랑하는 태도, 다양한 창조적 무형문화와 전통 사상을 함축한 장소로서, 현재를 살아가는 우리의 정체성에 관여하는 장소적 실체이고, 미래 세대에게는 자신들의 정체성을 재발견할 기회를 제공하는, 그런 생생한 교육 현장인 것이다. 통일국토 시대의 〈국토지리〉 교육은 우리의 맥락과 함께 누적된 이 같은 국토의 다층적 의미를 과목의 성격과 가치, 목표, 내용 체계, 성취기준 등의 개발 과정에서 일관되게 견지해야 할 것이다.

3. 국가 교육과정 속의 〈국토지리〉의 궤적

1) 「국토지리」 과목 등장 전까지의 〈국토지리〉 교육

우리나라 국가 교육과정의 변천 속에서 〈국토지리〉 교육이 어떻게 실천되었는지를 살펴보고자 할 때 〈국토지리〉 교육을 과목명으로 내세운 「국토지리」 과목의 등장 전 시기와 그 이후의 시기로 나누어 고찰하는 것이 유효할 것 같다.

〈국토지리〉 교육은 일제강점기 이전부터 대한제국의 지리과 교육과정[2]이나 최남선과 같은 몇몇 선구자에 의해 부분적으로 시도되었지만(김일기, 1979; 권정화, 1999), 1차 교육과정 시기를 포함해 우리나라 근대이행기의 지리교육은 국토지리보다는 세계지리 내용을 중심으로 이루어졌다. 국가 수준의 교육과정에서 국토지리가 단일 과목 분량으로 다루어진 것은 2차 교육과정(1963.03)이 처음이었다.

2차 교육과정의 지리 영역은 두 개의 과목, 곧 「지리 I」과 「지리 II」로 제시되었는데, 이 중 「지리 I」이 내용상 〈국토지리〉였다. 그 내용 체계에 있어서는 전체 7개 대단원 중 6개 단원이 계통지리적 접근, 1개 단원이 지역지리적 접근으로 구성되었다(표 1).

주목되는 점은 당시의 내용 체계인데, '국토의 위치와 자연환경'에서 시작해 '자원과 산업', '촌락과 도시', '우리나라 각 지역', 그리고 '세계 속의 우리나라'로 마무리하는 전개 방식은 가장 최근의 2015 개정 교육과정의 「한국지리」 과목에 이르도록 줄곧 우리나라 〈국토지리〉 교육의 기본 틀로서 변함없었다는 점이다.

그러면 이러한 내용 체계의 배후, 다시 말해 이 내용 체계를 통해 궁극적으로 도달하고자 했던

표 1. 2차 교육과정 시기 「지리 I」의 내용 체계

(1) 우리나라의 자연환경
① 국토의 위치 ② 지질과 지형 ③ 기후의 특색과 토양
(2) 우리나라의 산업(1)
① 농업과 목축업 ② 임업 ③ 수산업
(3) 우리나라의 산업(2)
① 동력 및 지하자원 ② 공업 ③ 교통 ④ 상업과 무역
(4) 국토 개발과 관리
① 자연 재해 ② 토지 이용 ③ 물의 이용 ④ 국토의 종합적 개발
(5) 우리나라의 취락과 인구
① 촌락과 도시 ② 인구와 인구 문제
(6) 우리나라의 각 지역의 특색
① 각 지역의 자연 ② 각 지역의 생활
(7) 우리나라와 세계와의 관계
① 국제연합 및 민주 우방과의 관계 ② 우리의 갈길

2 1895년 대한제국 정부는 소학교령을 공포하였는데, 이때에 지리과 교육과정에 실린 기본 정신 중 '지리교육을 통해 애국 정신을 기른다.'는 내용에서 〈국토지리〉 교육의 일면을 엿볼 수 있다.

표 2. 2차 교육과정 시기 「지리 I」의 지도 목표

(1) 우리 국토의 지역성과 각 지역 사이의 밀접한 상호 의존 관계를 세계적 시야에서 이해시킴으로써, **애향 애국의 심정과 멸공 통일의 신념**을 기르고 아울러 **국제 이해와 국제 협조의 정신**을 기른다.
(2) 자연환경과 인간 생활의 밀접한 관계를 밝힘으로써 자연은 생산 활동, 사회 구조, 과학과 기술의 발달에 따라 시간적으로, 공간적으로 그 의의가 변천하는 점을 이해시키고, 자연환경을 유효하게 이용할 수 있는 능력을 기른다.
(3) 우리나라의 국토와 자원이 세계에 대하여 어떠한 위치에 있는가를 밝히고, 이것을 적절히 개발 이용 관리함으로써 국가 발전과 인류 문화 발달에 노력하려는 태도를 기른다.
(4) 지도, 통계, 도표 등의 각종 자료를 이용하여 지리적 제 현상을 정확하게 분석할 수 있고, 또 견학, 조사를 통하여 지리적 사항에 접함으로써 생활에 필요한 관찰력, 사고력, 판단력을 기른다.
* 강조점은 필자가 표시한 것임.

교육 목표는 무엇이었을까? 이에 대한 대답은 동교육과정에 제시된 지도 목표에서 확인할 수 있다(표 2). 특히 첫 번째로 제시된 "'애향 애국의 심정과 멸공 통일의 신념'을 기르고 '국제 이해와 국제 협조의 정신'을 기른다."는 목표는 당시 〈국토지리〉 교육의 사회적 성격이 무엇이고 교육적 가치를 어디에 두었는지에 대해 몇 개의 키워드로써 명료하게 보여 준다.

2) 「국토지리」 과목 등장 이후의 〈국토지리〉 교육

3차 교육과정(1974.12)에 이르면 우리나라 교육과정상 처음으로 「국토지리」라는 과목명이 등장한다.[3] 이 시기 내용 체계의 기본 틀은 2차 교육과정의 그것과 대체로 동일하였는데, 다만 '인구와 인구문제', '환경보전과 국토개발'과 같은 시대적 화두들이 중간 단원으로 삽입되는 정도였다.

3차 교육과정에서 「국토지리」 과목의 교육 목표는 다섯 가지로 제시되었다. 2차 교육과정의 그것과 비교할 때 일부는 유지되고 일부는 새롭게 추가된 것으로 확인된다. 우선 첫 번째 목표에서 '애향, 애국심'은 이 시기에도 등장하였으나 '멸공 통일'은 삭제되었다. '생활환경에 대한 이해'나 "지리적 관찰력, 사고력, 판단력을 기른다."는 목표는 2차 교육과정과 동일하게 유지되었으나, '자원 개발과 산업 발달'에 관련된 부분은 인구, 식량, 자원, 도시, 환경 보전 등의 측면에서 '우리나라의 당면 과제'를 파악하고 해결한다는 방향으로 바뀌었다. "지역의 특수성을 파악하여 지역 사회 발전에 이바지한다."는 목표 역시 새롭게 제시된 것이었다.

3 3차 교육과정 시기의 지리 과목은 「국토지리」와 「인문지리」였다.

4차 교육과정(1981.12)에 이르면 「국토지리」가 과목명에서 사라진다. 이 시기의 지리 과목은 「지리 I」과 「지리 II」로서 2차 교육과정 시기의 과목명과 동일하였지만, 내용 면에서는 전혀 달랐다. 2차 교육과정의 「지리 I」, 「지리 II」가 내용상 각각 〈국토지리〉와 〈세계지리〉였던 반면, 4차 교육과정의 「지리 I」, 「지리 II」는 〈계통지리〉와 〈지역지리〉였다. 이렇게 4차 교육과정 시기의 〈국토지리〉 교육은 지역지리라는 틀 안에서 부분적으로 다루어졌고, 결과적으로 그 이전에 비해 약화되었다고 볼 수 있다.

5차 교육과정(1988.03)에 와서 〈국토지리〉는 「한국지리」라는 이름으로 부활한다.[4] 내용 체계는 2차 교육과정 및 이를 보강한 3차 교육과정의 그것과 거의 동일하였다. 과목의 교육 목표는 3차 교육과정의 그것과 유사하였는데, "국토 공간을 '세계적인 시야에서' 파악한다.", "'세계로 뻗어가는' 우리나라를 바르게 파악한다." 등과 같이 우리 국토를 세계 속에서 접근하는 시각이 부각되었다. 이것은 1986년 아시안 게임과 1988년 서울 올림픽 등의 국제행사를 치르면서 국제화와 국제이해 교육을 중요하게 인식하던 시대적, 사회적 요구를 반영한 것으로 해석된다.

6차 교육과정(1992.10)에서 한국지리는 「공통사회」라는 신설 통합 과목의 일부로 편입되면서 과목명을 잃게 된다. 「공통사회」의 내용 체계는 일반사회와 한국지리, 이 두 영역이 거의 절반씩의 비중으로 구성되었다.[5] 6차 교육과정은 「공통사회」의 과목 목표를 제시함에 있어 '통합적 시각'을 강조하고 있다. 하지만 일반적으로 사회과 교육에서 통합적 시각/관점이란 최소한 시간적(역사적), 공간적(지리적), 사회적 관점의 종합을 의미한다는 점에서 볼 때, 역사적 시각을 누락한 채 일반사회 및 한국지리 내용만으로 '통합적 시각'을 거론한다는 것 자체가 개념상의 오류가 아닐 수 없다.

「공통사회」에 편입된 한국지리의 내용 체계는 '국토의 이해와 자연환경', '우리나라의 인문환경', '우리나라의 여러 지역', '국토 통일과 국제화 시대의 한국', 이상 4개 대단원으로 구성되었다. 교육 목표에 있어서는, 태도와 관련된 아래의 1개만이 「공통사회」의 과목 목표 중 하나로 제시되었을 뿐, 5차 교육과정까지 4개 내외로 제시되었던 〈국토지리〉의 과목 목표들은 대부분 삭제됨으

---

4 5차 교육과정 시기의 지리 과목은 「한국지리」와 「세계지리」였다.

5 '지리'와 '역사' 영역을 하나의 교과로 묶어 교육적 시너지 효과를 기대하거나 '일반사회'와 '윤리(도덕)' 영역을 하나의 교과로 편성한 사례는 프랑스, 일본 등 일부 국가에서 확인되지만, 배경 학문의 성격 및 과목으로서의 교육적 성격이 전혀 다른 '일반사회'와 '지리' 영역을 묶어 「공통사회」라는 하나의 과목명으로 구성한 것은 세계 어느 나라 교육과정에서도 그 유래를 찾아볼 수가 없다. 문제성 있는 이러한 특이한 편제는 2015 개정 교육과정의 중학교 「사회」도 마찬가지로 시급한 재검토가 요구된다. 6차 교육과정의 고등학교 「공통사회」나 2015 개정 교육과정의 중학교 「사회」와 같은 과목들은 4개 내외로 제시된 과목 목표들이 일관성을 갖지 못할 뿐 아니라 이들 목표와 내용 체계가 상응하지 못하는 심각한 문제를 노정하기 때문이다.

로써 내용 체계와 과목 목표의 부정합을 초래하고 말았다.

다. 우리의 삶의 터전인 국토 공간을 사랑하고 조화롭게 개발, 이용, 보전하기 위하여 노력하는 자세를 가지게 한다.

7차 교육과정(1997.12)에서 〈국토지리〉는 이전의 「공통사회」에서 벗어나 「한국지리」라는 과목명으로 세 번째 부활한다.[6] 하지만 과목의 성격으로 제시된 "정치 · 경제 · 사회 발전에 따라 지역 및 공간 구조에 많은 변화가 진행되고 있다는 점을 감안하여 계통지리적 주제들을 중심으로 조직하되, 지역 지리적 접근을 결합하여 국토 공간에 대한 심층적 이해를 도모하도록 구성한다."고 하여, 과목 이름은 「한국지리」였지만 내용상으로는 '계통지리' 과목이나 다름없다는 지적이 많았다. 제시된 과목 목표 역시 '지역 구조', '지리적 법칙', '정보의 수집과 도표화와 지도화', '공간 문제의 해결' 등 실증주의 지리학적 관심사가 주류를 이루었다.

2007 개정 교육과정(2007.02), 2009 개정 교육과정(2009.12), 그리고 2015 개정 교육과정(2015.09)의 「한국지리」는 성격과 내용 체계가 대동소이한데, 세계화와 지역화에 대한 안목, 국토와 각 지역에 대한 애정, 하나의 생태계로서의 국토에 대한 이해, 국토 안의 제 지리적 현상에 대한 이해를 통한 지리적 상상력과 창의력의 자극 등이 과목의 성격으로 기술되었다는 점이 이전 시기의 교육과정에 비해 중요한 변화로 보인다. 또한 '실증주의 지리학적 관점' 및 '계통지리 내용'에 치중했던 제7차 교육과정의 「한국지리」에 비해 국토를 통한 가치 교육과 정의적 영역이 강조되는 등 〈국토지리〉 과목의 본질적 성격에 대한 성찰이 있었던 것으로 보인다.

4. 통일한국의 〈국토지리〉 교육을 위한 주요 논제들

1) 과목의 이름과 성격: 「한국지리」인가 「국토지리」인가

「국토지리」라는 과목명은 3차 교육과정 시기(1974.12)에 한 차례 등장했을 뿐이고 5차 교육과정

6 5차 교육과정 시기의 지리 과목은 「한국지리」와 「세계지리」였다.

(1988.03) 이래 2015 개정 교육과정이 적용되고 있는 현재까지 「한국지리」라는 과목명이 사용되고 있다. 그러나 외국인 입장이 아닌 우리에게 한국어가 '국어'로 의식되고 한국사가 '국사'로 인식되고 있듯이, 우리나라 교육과정에서 오랫동안 존속하였던 「한국지리」라는 이름은 「국토지리」로 개칭되는 것이 옳다. 국토는 우리에게 객관적 탐구 대상에 머물지 않고 우리의 가치관 및 정체성의 토대 장소가 되기 때문이다.

국어학 분야의 경우 '국어교육'이란 용어는 우리나라 사람들을 대상으로 우리 언어를 교육할 때 사용하고 외국 사람들에게 우리 언어를 교육할 때에는 '한국어교육'이라 이름한다. 마찬가지로, 우리 역사 역시 세계사 관점에서는 '한국사'라 칭하는 것이 적절하겠지만 우리 입장에서는 '국사'가 되는 것이고, 우리나라에 관한 학문도 미국, 중국, 일본 등 다른 나라의 관점에서는 '한국학'이겠지만 우리 입장에서는 '국학'이라 부르는 것이 옳다. 이런 관점에서 본다면 우리나라 교육과정에 편제된 「한국지리」는 「국토지리」로 개칭되어야 한다. 우리나라 지리 정보를 다루는 국가 기관 명칭도 '한국지리정보원'이 아니라 '국토지리정보원' 아닌가.

조선후기의 실학자들은 시대가 요구하는 실용 학문들 외에 국사, 국어에 대한 연구와 더불어 국토에 관심을 갖고 당대 국학(國學)의 토대를 만들어 갔다(고동환, 2012, 28). 이 시기 국사, 국어와 함께 국토에 관한 연구가 국학의 한 갈래로 인식되었던 것은 임진왜란과 병자호란을 겪는 동안 지리정보의 전략적 활용은커녕 잘못된 지리정보로 인한 피해가 적지 않았고 외세에 의한 국토 유린을 경험하면서 국토의 가치를 재인식하는 경험이 있었기 때문이다(전종한, 2016, 17). 외제극복과 자아인식을 국학의 본질이라 생각할 때, 무엇보다 자기가 태어난 곳이자 주된 생활공간으로서 국토의 올바른 인식과 이해를 출발로 삼는 것은 당연했을 것이다(형기주, 1987, 26).

하지만 지금 「한국지리」를 「국토지리」로 개칭해야 한다고 말하는 것은 단순히 옛 실학자들의 지리학을 좇아가자는 그런 복고주의적 입장에서 그러한 것이 아니다. 국수주의로 가자는 것은 더더욱 아니다. 남북 분단과 함께 국토를 단절적, 파편적으로 이해하지 않을 수 없었던 종래의 우리 국토관을 치유하고, 통일한국이라는 온전한 국토에 호응하는, 한층 갱신된 국토 인식으로 나아가야 한다는 관점에서 말하는 것이다.

더욱 중요한 것은, 통일한국의 국민이면서 동시에 글로벌 시대를 살아가는 세계시민의 일원으로서 글로벌 장소감(global sense of place)[7]을 갖고 우리 국토를 '글로벌 관계 속에서' 재인식할 필

7 사람과 정보와 재화의 이동이 지역과 국경을 넘어 범세계적으로 일어나는 글로벌 시대에, '한 장소는 다른 장소와 차별되는 배타적 의미와 특성을 갖는다.'는 전통적 장소감(sense of place)은 설득력을 잃고 있다. 우리가 어떤 쇼핑 타운에 가는

요가 있다는 점이다. 나 개인, 가족의 일원, 지역사회 구성원, 국민의 한 사람, 세계시민 등등 우리의 시민성에 다중 정체성이 내재하는 것처럼, 국토라는 장소에 대해 고유한 정체성 외에 공간 스케일에 따라 그리고 세계 다른 지역 및 국가와의 관계 속에서 여러 층위의 정체성을 인식할 수 있는 소양을 길러야 하고, 이 같은 국토 개념의 전환을 글로벌 시대가 요구한다는 점이다. 이와 같이 「한국지리」에서 「국토지리」로의 재명명은 통일한국의 새 교육과정에서 이 과목의 성격 및 사회적 가치를 재정의하는 작업과 관계된다.

2) 내용 체계의 틀: 헤트너식 도식은 언제까지 갖고 갈 것인가

2차 교육과정 시기의 「지리 I」에서 처음 등장한 이래 오늘날까지 끈질기게 이어져온 내용 체계의 기본 틀이 있다. 한 지역의 지리에 접근함에 있어 지형, 기후, 식물, 토양 등의 자연적 요소들에서 시작해 인구, 경제, 교통, 정치 등의 인문적 요소들로 마무리하는 도식, 이른바 헤트너식 도식(Länderkundliche Schema)이 그것이다(헤트너(Hettner), 1932; 언윈(Unwin), 2013, 99에서 재인용).

2015 개정 교육과정의 「한국지리」 내용 체계를 볼 때, 1단원과 마지막 7단원을 제외하면 2~6단원이 각각 지형, 기후, 취락, 경제, 인구로 전개되는 체계로서 정확히 헤트너식 도식을 따르고 있음을 볼 수 있다. 참고로 20세기 초 헤트너식 도식의 기본 요소는 지형, 수문, 기후, 식생, 동물, 사람의 6요소였다.

헤트너는 지리학을 어떤 지역의 특성을 구명하는 것으로 보았고, 이에 접근함에 있어 지형, 기후, 식생, 토양 등의 자연적 요소들로부터 인구, 취락, 산업 등이 인문적 요소들에 이르기까지 그 지역을 구성하는 다양한 요소들 사이의 인과관계를 밝히는 코롤로지적 분석(chorological analysis)을 통해 목적에 도달할 수 있다고 보았다.[8] 헤트너는 코롤로지를 통해 지리학이 자연과학과 인문학의 가교 분야로서 중요한 역할을 담당할 것으로 보았고, 실제로 그의 코롤로지는 20세기 초 독

행위가, 그곳의 가격 상승에 기여하는 셈이 되고 다른 한편에서는 동네의 한 구멍가게를 망하게 하는 결과를 낳을 수 있다. 전통 시대의 장소는 고유성이 강했지만, 글로벌 시대의 장소는 다른 장소와의 중층적 관계 속에서 그 의미와 특성이 복잡하게 인식된다. 사람들에게 다중 정체성이 있을 수 있는 것처럼 장소 역시 다른 여러 장소와의 관계 속에서 다층적 정체성을 보이게 된다. 이처럼 장소는 명확한 경계로 구분되는 것이기보다는 마치 '사회적 관계의 네트워크 속에 존재하는 분절적 순간들'(articulated moments in networks of social relations)과도 같은 것이다(Massey, 1991).

8 20세기 초 독일에서 크게 부흥한 이러한 지리학 전통을 코롤로지(chology)라 부르는데, 리히트호펜(Von Richthofen)이 시도하고 헤트너(Hettner)가 발전시켰다고 평가된다[헤트너(Hettner), 1895; 1903; 1927; 언윈(Unwin), 2013, 99에서 재인용].

일에서 다양한 스케일의 지역 연구에 적용되면서 크게 부흥하였다. 요컨대 헤트너식 도식은 한 지역에서 벌어지는 자연 요소와 인문 요소 사이의 인과관계를 밝힘으로써 해당 지역의 특성을 구명하는 것에 목적이 있었고 20세기 초 독일의 지역 연구들에서 비교적 성공적으로 적용되었다.

그러면 우리나라의 역대 「한국지리」 과목에 적용된 헤트너식 도식은 무엇이 문제인 것일까? 이 질문에 대해 두 가지 심각한 문제점을 제기할 수 있다.

첫째, 지역을 구성하는 제 요소들 사이의 인과관계에 대한 서술이 크게 결여되어 있다는 것이다. 「한국지리」와 「세계지리」는 과목명이 보여 주듯이 지역지리의 범주에 속한 과목임에도 불구하고 그 내용 체계 면에서는 계통지리 영역에 상당히 치우쳐 조직되어 있다는 문제가 지적되기도 하였다(전종한, 2015, 192). 지형, 기후, 취락, 경제, 인구를 대단원으로 다룸에 있어, 각각의 학문적 성과를 계통적으로 제시하는 것 이상으로 지형과 기후의 관계, 기후와 취락의 관계, 경제와 인구 현상, 인간과 자연의 관계 등등 지역을 구성하는 요소들 간의 인과관계를 밝혀 제시했어야 했다. 이 부분을 결여한 「한국지리」 과목은 '지리정보와 지식의 나열', '한국지리가 아니라 계통지리', '자료와 통계에 의존하는 과목' 등의 비판에서 벗어나지 못했다. 이 과정에서 「한국지리」는 과목의 고유한 성격이나 강력한 교육적 가치를 내세우지 못한 채 교육과정 변천기마다 사회과 통합론자들의 주장에 제대로 대응하지도 못했고 종종 과목 통폐합의 정치에 휘말리고 말았다.

둘째, 헤트너식 도식은 자연적 요소에서 출발해 인문적 요소로 마무리 짓는 구조상 은연중에 환경결정론적 사고를 내포하며, 특히 '각 지역은 지리적 요소들 간의 인과관계가 고유하게 축적된 결과로서 제각기 고유한 성격을 갖는다.'고 전제한다. 즉 각각의 장소는 특별하고 고유하며 다른 장소와 분명한 경계로 구분된다는 관점의 전통적 장소감(sense of place)을 견지한다. 이러한 지리 사상은 각 장소가 상대적으로 고립적, 자족적으로 유지되던 전근대 시대의 경우에 유효하였지만, 세계화로 인해 모든 장소가 거대한 네트워크로 연결되어 서로 영향을 주고받게 된 오늘날에는 설명력이 떨어짐을 부인할 수 없다. 전술 한 바 매시(Massey)가 '글로벌 장소감'의 유용성을 역설한 배경도 여기에 있었다.

그러면 대안을 어디서, 어떻게 찾아야 하는가? 이에 관해서는 어느 저명 학자나 탁월한 교사, 연구 집단, 혹은 어느 선진국의 교육과정에 모범 답안이 있지 않다. 훌륭한 대안은 어쩌면 우리나라의 모든 지리교육자와 지리학자, 지리교사들이 우리의 지리교육 역사상 최초로 총역량을 발휘할 때, 그리고 진지하고도 거침없이 논쟁할 때 비로소 도출될 수 있을 것이다. 그렇다고 광야에서 출발할 필요는 없다. 2015 개정 교육과정에서 제시한 지리교육의 5대 영역은 그러한 논의의 출발점으로서 적절할 수 있다.

지리교육의 5대 영역이란 '지리인식', '장소와 지역', '자연환경과 인간생활', '인문환경과 인간생활', '지속가능한 세계'의 다섯 가지를 말한다. 이들 5대 영역은 지리학의 관점이 아니라 지리교육의 관점에서 추출된 주제들이고, 국토지리와 세계지리를 넘나드는 주제들이며, 특정한 계통지리 분야에 귀속되지 않고 여러 계통지리 분야들을 횡단하는 주제들이다. 헤트너식 도식의 대안이 될 수도 있다. 이것을 〈국토지리〉에 적용한다면 '국토의 인식'→'국토의 여러 지역'→'자연환경과 인간생활의 관계'→'인문환경과 인간생활의 관계'→'국토의 지속가능한 발전'으로 대단원 전개가 이루어지는 내용 체계를 상상해 볼 수 있을 것이다. 재차 강조하지만 이것은 통일한국 〈국토지리〉 과목의 이상적 내용 체계를 주장하는 것이 아니라 논의의 출발점을 제안하는 것이다.

3) 지리적 논리가 충만한 국토인문학으로의 재탄생

「한국지리」 과목으로 대변되는 지금까지의 〈국토지리〉 교육은 '지리적 논리로 충만한 국토 이야기'를 크게 결여하고 있었다. 기존의 국토지리 교육은 우리의 국토 이야기를 하기보다는 서양의 근대지리학이 개발한 이론들을 학습하는 데 치중하였다고 해도 과언이 아니다. 우리 국토를 사례로 드는 경우라 할지라도 사실상 국토의 이해보다는 해당 이론을 이해하거나 적용하는 데 방점이 두어져 있었다. 통일한국의 〈국토지리〉 교육은 다양한 지리적 논리를 활용한 우리의 국토 이야기를 준비해야 한다.

> 강화는 남북의 길이가 백여 리이고 동서의 길이는 오십 리이다. …(중략)… 북쪽으로는 풍덕 승천포와 강을 사이에 두고 있는데, 강 언덕은 모두 석벽이다. 석벽 밑은 수렁이어서 배를 댈 곳이 없고, 오직 승천포 건너편 한 곳에 만 배를 댈 수 있다. 그러나 여기도 물때가 아니면 댈 수 없어서 본래부터 위험한 나루라고 한다. 부의 좌우에는 성을 쌓지 않고 좌우편 산 밑, 강가에 돈를 쌓아서 마치 성 위에 쌓은 작은 담처럼 만들었다. 그 안에 병기를 간직하고 군사를 주둔시켜 외적의 침략에 비하게 했다. 동쪽 갑곶으로부터 남쪽으로 손돌목에 이르기까지 오직 갑곶에만 배로 건널 수 있고, 그 이외의 언덕은 북쪽 언덕처럼 모두 수렁이다. 그래서 승천포와 갑곶 양쪽만 지키면 섬 밖은 강과 바다가 천연적인 해자가 된다. 고려 때에 원나라 군사를 피해 여기에 십 년 동안이나 도읍을 옮겼는데, 육지는 비록 적에게 침범을 당했어도 섬만은 끝내 침범당하지 않았

다(출처: 『택리지』 「팔도총론」 '경기도' 편).

위 내용은 이중환의 『택리지』에서 발췌한 것으로 강화도가 가진 위치 조건과 지형 환경으로 강화도는 천연의 요새가 될 수밖에 없었음을 이야기하고 있다. 말하자면 강화도의 위치, 지형, 천연 요새로서의 조건 등을 연관지으면서 '지표상의 자연적, 인문적 요소들은 유기적으로 상관되어 있다.'는 지리적 상관성의 논리를 써서 설명하고 있는 것이다.

이중환의 『택리지』에는 지리적 논리를 활용해 문화지리, 경제지리, 지역성, 특산물 등등 국토의 다양한 현상들을 설명, 추론, 해석한 사례가 상당할 정도로 수록되어 있다(전종한, 2016, 18–30). 구사된 지리적 논리의 종류 역시 다양하다.

위에 언급한 지리적 상관성의 논리 외에도, '지표상에서 인간 생활의 모습은 자연환경과 습합한다.', '한 지역의 생활 모습이나 지역성은 다른 지역과의 관계 속에서 조성된다.', '차하위 규모의 여러 지역들은 유사한 자연환경, 생활 모습, 풍속의 동질성, 기능적 연관성을 준거로 보다 큰 규모의 차상위 지역으로 묶어낼 수 있다.', '한 지역의 경관과 지역성은 고정된 결과가 아니라 변화의 과정 속에 위치한다.', '물리적 경관은 무형의 상징적 의미를 내포한다.', '지역은 그곳에서 살아온 지역민의 정체성에 관여한다.' 등등이 그것이다.

지리적 논리로 충만한 국토 이야기를 구성하는 것이 크게 어려운 작업은 아니다. 이중환의 『택리지』만 잘 분석하여도 상당히 다양하고 흥미로운 국토 이야기들을 꾸릴 수 있을 것이다. 서양의 지리학이 수입되기 이전의 전통 지리서들에 수록된 지리적 논리 외에 현대 지리학의 이론들을 곁들인다면 훨씬 다채로운 국토 이야기의 구성이 가능할 것이다.

〈국토지리〉는 단지 지리학의 학문적 성과를 요약하여 담아내는 지리학의 하위 분야가 아니다. 〈국토지리〉의 과목 성격과 교육적 가치에 상응하는 수준에서 지리학의 학문적 성과를 적절히 제시하는 것은 필요한 일이지만 지금까지의 「한국지리」는 그것에 너무 치중하였고 특히 실증주의 지리학의 성과를 요약하는 데 집중하였다. 공간이론과 통계에 대한 기억을 '강제하는 「한국지리」'로부터 국토에 대한 사랑과 가치를 '이야기하는 〈국토지리〉'로의 변신이 절실하다.

국토는 추상적 공간이 아닌 우리들의 삶이 담긴 구체적 장소이다(박영한, 1987, 1). 〈국토지리〉는 국토를 매개로 가치교육을 담당해야 하는 과목이다(김일기, 1979, 321). 우리는 '국토의 다양하고 개성 있는 부분 공간들이 조합되어 전체적 통일성을 이룰 때' 그리고 '질서정연한 계층체계와 균형 상태를 이룰 때', 이것을 국토의 이상공간(理想空間)으로 여긴다(형기주, 1987, 27). 이러한 주장들을 감안할 때 〈국토지리〉는 나의 정체성의 뿌리를 이루는 장소로서의 국토에 대한 이해와 애착, 내 주변의 경관과 장소들에 스며 있는 수많은 사람들의 삶, 그리고 국토의 이상공간을 향한 노력 등을 지리적 논리로 이야기함으로써 현재의 우리와 다음 세대의 장소감 증진과 정신세계의 풍요로움에 기여하는 국토인문학(國土人文學)으로 재탄생할 필요가 있다.

4) 국경을 넘어 글로벌 이슈를 담아내는 〈국토지리〉

통일한국의 〈국토지리〉는 시야를 세계로 돌려 주요 글로벌 이슈들을 적극 다루어 주어야 한다. 기존의 교육과정에서 「한국지리」의 교육 내용은 국경에 갇히어 세계로 나아가지 못했고 「세계지리」의 교육 내용 역시 마치 불문율처럼 대한민국으로 들어오지 못했다. 우리나라와 세계가 도저히 연결되지 않을 수 없는 글로벌 시대에 〈국토지리〉를 국경 안에서 다룬다는 것은 문제가 있다. 더구나 〈국토지리〉에서 다루는 우리 국토와 〈세계지리〉의 관점에서 다루는 대한민국이 동일한 내용일 리는 없다. 설령 불가피하게 유사한 콘텐츠를 다루는 상황이 있다고 할지라도 두 과목의 성격이 차별적인 한 교육의 주안점 혹은 방점이 같을 수는 없다. 모든 가능성을 차치하고라도 통일한국의 〈국토지리〉가 글로벌 시대의 우리 국토를 국경 안에서만 다룬다는 것은 불가능하다.

미래의 통일한국은 그 자체로 글로벌 평화를 상징하게 될 것이다. 따라서 통일한국의 〈국토지리〉는 비무장지대, 서해5도 일대, 독도, 서울과 평양 등 글로벌 평화와 관련된 경관과 지역들을 발굴하여 글로벌 관점에서 부각시키고 주요 학습 내용에 포함시키는 것이 당연하다. 가령 유네스코는 1992년 12월 제16차 회의에서 지리학에서 발전시킨 문화경관 개념을 세계유산에 수용하였고 뒤이어 세계문화유산의 새로운 범주로서 세계'문화경관'유산을 지정해 오고 있다. 수천 년 이상 인간과 자연의 관계가 축적되어 온 우리 국토는 '인간과 자연의 합작품'(the combines works of nature and man)으로 정의되는 '문화경관'의 보고인 만큼 이에 관련된 학습 콘텐츠는 넘쳐난다.

더 나아가 통일한국의 〈국토지리〉는 지속가능발전, 기후변화, 문화다양성 등 주요 글로벌 이슈들을 우리 국토 안의 장소나 경관에 연결시켜 탐구하게 함으로써 경직된 국토 관념에서 벗어나게 하는 한편, 국경을 넘나들며 공간 스케일을 자유롭게 구사함으로써 동부아시아의 관점에서 때로는 유라시아의 관점에서, 때로는 글로벌 관점에서 우리 국토 전체 및 국토 안의 각 지역을 조망할 수 있게 도와야 할 것이다.

5. 마치며

국내외에서 보고되는 최근의 국제정치적 동향 속에서 우리는 통일한국이라는 미래 국토의 비전을 과거 어느 때보다도 선명하게 감지하고 있다. 통일한국은 통일국토를 의미하므로, '통일한국이라는 새로운 환경에서 추구해야 할 교육적 인간상'과 '글로벌 시대를 선도할 한 국가의 시민이자 세계시민으로서의 정체성'을 설정함에 있어서는 무엇보다 〈국토지리〉의 과목 성격과 내용체계를 혁신해야만 한다.

통일한국의 새로운 국가교육과정은 〈국토지리〉 과목을 중핵 과목의 하나로 삼아 통일한국의 시민으로 하여금 분단으로 단절되었던 국토 인식을 치유하는 한편 글로벌 관점에서 우리 국토의 위치와 잠재력을 재인식할 수 있도록 관련 소양과 가치관 함양에 기여해야 한다. 이것은 통일한국이 도래한 이후의 작업이 아니라 통일한국을 위해 지금 준비해야 할 시급한 과제이다. 이를 위해 우선적으로 생각해 볼 수 있는 네 가지 논제에 대해서는 앞에서 언급한 바와 같다.

통일한국의 〈국토지리〉는 적어도 세 가지 과제를 해결해야 한다. 첫째는 민족주체성이나 민족지리학에 매몰된 국수주의적 국학을 경계해야 한다는 것이고, 둘째는 종래의 실증주의 지리학적 편향으로부터 벗어나 국토인문학을 토대로 과목의 본질적 성격을 회복해야 한다는 것이며, 셋째는 닫힌 국토 개념에서 벗어나 글로벌 장소감을 함양하도록 돕는 한층 업그레이드된 국학을 지향해야 한다는 것이다. 본론에서 강조했듯이 이 모든 논의의 시작은 기존의 「한국지리」라는 과목 이름을 「국토지리」로 개칭하는 작업에서 찾아야 할 것이다.

오늘날 우리나라의 각 대학이나 연구소에 재직하는 지리학자나 지리교육자의 대부분은 계통지리학 전공자(특히 논리실증주의 지리학 계열이 절대 다수)이거나 지리교육 전공자이며 〈국토지리〉 전공자는 단 한 사람도 없어 보인다. 관련 전공자를 길러야 한다는 주장을 하려는 것이 아니다. 어떤 면에서 국가교육과정의 한 과목으로서 〈국토지리〉 전공자란 존재할 수가 없다. 〈국토지리〉라는 과목은 모든 지리인들이 가용 가능한 지리 사상 및 지리 지식의 교수학적 변환에 총동원되어 창출해야 하는 '공동의' 과업이기 때문이다. 지금까지 이러한 과업을 이루지 못했던 이유가 무엇인지 지리학과 지리교육에 종사하는 모든 지리인들이 성찰할 시점이다. '공동의 선'을 이루기 위한 지리인들의 노력이 통일한국을 준비하기 위해 절실하다.

• 요약 및 핵심어

요약: 이 장에서는 역대 교육과정에서 〈국토지리〉의 성격과 목표, 내용 체계가 어떠하였고 어떻게 변화했는지를 고찰한 후, 국토지리〉교육이 '글로벌 시대의 통일한국'이라는 미래 환경에 호응하며 새롭게 정향하기 위해 필요한 네 가지 주요 논제를 논의하였다. 「한국지리」에서 「국토지리」로의 과목명 변경, 헤트너식 도식으로부터의 탈피와 대안 모색, 지리적 논리가 충만한 국토인문학으로의 재탄생, 국경을 넘어 글로벌 이슈를 담아내는 〈국토지리〉 교육이 그것이다. 끝으로 통일한국은 곧 통일국토를 의미하므로 통일한국이라는 새로운 환경에서 추구해야 할 '교육적 인간상'과 글로벌 시대를 선도할 '국가 시민이자 세계시민으로서의 정체성'을 설정함에 있어서 무엇보다 〈국토지리〉의 과목 성격과 내용 체계를 혁신하는 일과, 이 작업에서 국수주의적 국토관을 경계하고, 국토인문학을 토대로 과목의 본질적 성격을 회복하며, 닫힌 국토 개념에서 벗어나 글로벌 장소감을 함양하도록 돕는 일의 중요성을 설명하였다.
핵심어: 국토(homeland), 국토지리(geography of homeland), 통일한국(UniKorea), 지리적 논리(geographical logic), 글로벌 장소감(global sense of place)

• 더 읽을거리

박태순, 1983, 국토와 민중, 한길사.
장의선, 2017, 문화다양성의 세계 속에서 국토 가치의 재발견, 교육광장, 2017년 가을호, 한국교육과정평가원, 39-32.
정은혜·손유찬, 2018, 지리학자의 국토읽기, 푸른길.

참고문헌

고동환, 2012, 여암 신경준의 생애와 학문관. 여암 신경준 선생 탄신 300주년 기념 국제학술대회 논문집, 전북대 인문학연구소, 7-30.
권정화, 1999, 최남선의 굴절된 삶과 국토철학 – 열린 바다에서 성스러운 산으로 –, 국토, 29, 48-52.
김왕근, 1999, 세계화와 다중시민성 교육의 관계에 관한 연구, 시민교육연구, 28, 45-68.
김일기, 1979, 국토지리 교육을 통한 가치교육, 지리학과 지리교육, 9, 315-330.
남호엽·차보은, 2017, 한국 사회과에서 국민정체성과 글로벌리즘의 관계, 2009-2014, 글로벌교육연구, 9(1), 121-141.
박영한, 1987, 국학으로서의 지리학: 현황과 방법의 모색, 지리학, 35, 1-9.
심광택, 2012, 지속가능한 사회과 목표 설정: 생태적 다중시민성, 사회과교육, 51(1), 91-107.
장의선·이화진·박주현·강민경, 2016, 세계시민성에 대한 중학생과 교사의 인식 실태 연구, 글로벌교육연구, 8(3), 3-28.

전종한, 2015, 현장체험학습의 꽃으로서 국토탐방의 바람직한 방향, 교육광장, 57, 한국교육과정평가원, 12-15.

전종한, 2015, 세계지리 권역 단원의 조직 방안과 필수 내용 요소의 탐구, 한국지역지리학회지, 21(1), 192-205.

전종한, 2016, 『택리지』에 나타난 '국토지리'의 서술 방식과 지리적 논리, 대동문화연구. 성균관대학교 대동문화연구원, 93, 7-40.

조철기, 2015, 글로컬 시대의 시민성과 지리교육의 방향, 한국지역지리학회지, 21(3), 618-630.

한희경, 2011, 비판적 세계 시민성 함양을 위한 세계지리 내용의 재구성 방안 – 사고의 매개로서 '경계 지역'과 지중해 지역의 사례, 한국지리환경교육학회지, 19(2), 241-259.

형기주, 1987, 국학으로서의 지리학: 연구의 방향과 그 응용, 지리학, 35, 26-33.

인터넷 홈페이지(연합뉴스, 2011. 02.07; 02.13; 12.17; 문화일보, 2011. 02.11; 서울신문, 2011. 05.31).

Carlson, A. W., 1990, *The Spanish-American Homeland: Four Centuries in New Mexico's Rio Arriba*, Baltimore: Johns Hopkins University Press.

Massey, D., 1991, A Global Sense of Place, *Marxism Today*, June 1991, 24-29.

Nostrnad R. L., and L. E. Estaville Jr, 1993, Introduction: The Homeland Concept, *Journal of Cultural Geography*, 13, 1-4.

Post, C. W., 2008, American Homelands: Classroom Approaches Towards a Complex Concept, *Journal of Geography*, 107, 194-197.

Unwin, T., 2013, *The Place of Geography*, London: Routledge.

15.
지역 이해, 그 (불)가능성[1]

김병연(대구 다사고등학교)

1. 들어가며

네트워크화된 세계 속에서 학생들은 불변하고, 고정적이며, 안정화된 지역에 대한 지식이 아니라 끊임없이 생성하고 변화하고 가변적인 지역에 대한 인식이 필요할 것이다. 손명철(2002)에 따르면 세계화 속에서 소규모 지역은 고정된 실체가 아니며 다양한 정치경제학적 힘의 작용 속에서 역동적으로 그 경계와 내용이 형성되고 재형성되어가는 과정으로 이해되어야 한다. 지역은 경계를 통해 분리된 모자이크가 아니라 세계적인 연계망을 통해 네트워크로 연결되어 상호작용하는 동적인 것으로 간주된다. 따라서 이러한 관점에서 볼 때 지역지리 학습은 공간 스케일 간의 상호작용적 관점 즉, 글로벌과 로컬이 어떻게 연계되어 있는가를 보여 주는 동적인 지역지리 학습으로 구성될 필요가 있다.

학교 지리교육은 이처럼 변화된 지역 인식 관점을 학생들에게 제공함으로써 인간이 발을 딛고 살아가는 삶의 터전인 지역을 모자이크가 아니라 네트워크 속의 노드(node)로서 인식하도록 도움을 제공할 필요가 있다. 지리를 통한 지역 탐구는 직접적 경험이나 다양한 미디어와 정보 기술을 통하여 획득된 자료를 이용하여 간접적으로도 이루어질 수 있다. 따라서 지역지리 교육은 학생들

1 이 글은 김병연(2018)을 수정·보완한 것임.

에게 친숙한 로컬 세계에서부터 그들이 직접적 경험을 할 수 없는 전 지구적인 차원에 이르는 범위로 학생들의 관심을 확장시키는 데 초점을 두고 있다.

지역지리 교육의 목표는 본래 지역과 장소의 의미를 규명하는 탐구를 통하여 학습자가 지역 사회를 종합적으로 이해하고 지역의 현안 문제를 비판적 관점을 통해 바라보고 이를 합리적으로 해결할 수 있는 의사결정능력을 함양하는 데 있다고 할 수 있다. 하지만 이를 위해 교과 교육 차원에서 제공되고 있는 지역지리 교육 내용은 구조화, 개념화, 일반화되어 있지 못하고 지도 위의 경계선에서 나타나는 현상들을 특정한 렌즈(예를 들어, 경제적 과정)를 통하여 제시하거나 다른 지역과 차이를 가지는 그 지역만의 고유한 특성들을 기술하는 것에만 머물고 있다. 즉 전통 지역지리학의 자리에 머물러 있으면서 지역의 변화에 영향을 미치는 다양한 경제적, 정치적, 사회적, 문화적, 힘들에 대하여 다루고 있지 않을 뿐만 아니라 더 나아가 지역의 변화를 다른 지역과의 관계 속에서 이해하고 있지도 않다. 이러한 지역 이해의 관점은 '동적인 지역지리'가 아니라 '정적인 지역지리'에 위치하고 있다고 볼 수 있다. 동적인 지역지리에서 지역에 대한 이해는 "로컬리티는 구체적인 사회적 관계와 사회적 과정의 교차와 상호작용에 의한 구성물이므로, 단순히 쉽게 선을 그을 수 있는 공간적 지역이 아니라 일련의 사회적 관계나 과정에 의하여 정의해야 한다"는 매시의 주장을 따르고 있다고 볼 수 있다(Massey, 1991, 1993; 구동회, 2010 재인용). 이처럼 관계로서의 지역은 네트워크를 통해 지역 외부의 다양한 공간과 장소와 연결됨으로써 닫혀 있고 고정된 영역의 경계를 가로지르면서 이루어지고 있는 상호작용의 산물로서 이해될 수 있다.

지역지리 교육이 '동적인 지역지리'에 기반한다면 상호의존성, 연결, 시스템 등과 같은 핵심 개념을 통해 학생들이 지역 변화의 메커니즘을 로컬-글로벌의 관계 속에서 사고할 수 있는 능력을 함양시킬 수 있으며, 일상의 지리를 여기만이 아닌 눈에 보이지 않는 저기와도 연계하여 살펴 볼 수 있는 지리적 상상력, 관계적 사고 능력 등을 함양시킬 수 있을 것이다. 예를 들어, 환경오염을 유발하는 전자 쓰레기가 수출되어 어느 개발도상국의 한 도시에 유입되면 해당 지역에서는 어떠한 사회적, 생태적 문제가 유발되는지를 글로벌-로컬을 연결시켜 이해 및 설명할 수 있게 될 것이다. 이러한 관점에서 살펴보았을 때 지역지리 교육의 방향은 지역성 이해뿐만 아니라 여기에서 더 나아가 시민성 함양을 지향하게 될 것이다.

학교 지리에서 이루어지는 지역지리 교육의 문제점으로 끊임없이 지적되어 온 것은 지역의 사실에 대한 백과사전식 나열과 지역에 대한 엄청난 양의 정보에 대한 암기로 인하여 지역 학습이 학생들의 일상적 삶과 동떨어진 채 유의미성을 상실했다는 점이다(서태열, 2005; 조철기, 2014, 2017).

학교 지리에서 지역지리 교육의 방향은 다양한 정보 제공을 통한 지역 이해에 대한 통합적 안목을 기르고자하는 것뿐만 아니라 지역성의 규명과 이를 통한 지역 차이를 인식하는 데 있다. 이와 관련하여 최근의 지역지리 교육과 관련한 논의는 지역 인식과 지역지리 방법론, 지역 학습에 초점을 두고 지속적으로 이루어져 왔다(권정화, 1997, 2001; 심광택, 2003, 2005, 2007; 박승규·심광택, 1999; 이지연·조철기, 2008). 하지만 다양한 스케일을 가진 지역 간의 상호작용과 이를 통하여 형성되고 드러나는 지역 간의 유사성과 차이성을 살펴보는 것은 연계의 세계 속에서 상당히 중요함에도 불구하고 이에 대한 다양한 시도들이 이루어지지 않았을 뿐만 아니라 지역지리 교육에서 '지역' 그 자체에 대한 이해와 관련한 연구는 활발히 수행되고 있지 않다.

따라서 이러한 지역지리 교육이 가지는 문제점을 넘어서 좀 더 적실하고 의미 있는 지역지리 교육의 방향을 모색하기 위해서 본 연구는 고등학교 한국지리 교과를 대상으로 살펴보면서 지역 이해의 대안적 논리를 제시해 보고자 한다. 이를 위해 먼저 한국지리 교육과정 문서를 분석하여 지역지리 교육에서 지역 이해 및 교육의 방향을 살펴보고 이에 대한 비판적 분석을 통해 지역 이해의 한계를 지적하고, 이어서 학교 지리에서 지역지리 학습이 어떻게 하면 다양한 공간 스케일 간의 네트워크를 통해 생성하고 변화하며 또한 발전하고 있는 지역의 성격을 다층적인 측면에서 보여 줄 수 있는지에 대하여 그 대안을 모색해 보고자 한다.

2. 지역지리 교육에서 지역 이해의 방향

1) 지역 학습의 내용 구성 및 내용 요소

현재 고등학교 한국지리에서 지역 이해와 교육이 어떠한 방향성을 가지고 학습 내용과 조직이 어떻게 구성되어 있는지를 살펴보고자 한다. 따라서 본 연구에서는 제5차 교육과정기부터 현 교육과정에 이르기까지 교육과정에 반영되어 있는 지역 학습의 내용 구성 및 내용 조직 변화를 통해 지역지리 교육 방향의 변화를 살펴보고자 한다. 고등학교 지리과목은 제5차 교육과정기부터 한국지리와 세계지리라는 과목명으로 구분된 체제를 유지해 오고 있기 때문에 제5차 교육과정기부터 현 교육과정에 이르는 시기를 분석 대상으로 한다. 제5차, 6차, 제7차, 2007 개정, 2009 개정, 2015 개정 교육과정에서는 내용 조직의 기본 원리로 계통적 방법과 지역적 방법을 절충하는

표 1. 한국지리 교육과정 시기별 내용 조직 원리에 대한 이해

제5차	'…계통적 구성에다 약간의 지역적 구성을 가미한 것…'
제6차	'…국토 공간을 계통적으로 학습하도록 하였으며 지역지리에서는 개발 정도에 따라 지역을 선정…'
제7차	'…계통지리적 주제들을 중심으로 조직하되, 지역지리적 접근을 결합하여 국토 공간에…'
2007 개정	'구체적으로 1단원은….계통 중심 인문 지리…. 지역지리 관련 단원으로 구성되었으며….'
2009 개정	'구체적으로 1단원은….계통 중심 인문 지리…. 지역지리 관련 단원으로 구성되었으며….'
2015 개정	'이전 계통지리 대단원을 통해 학습한 개념 · 원리를 적용하여 각 지역의 특성을 이해하도록 한다….'

출처: 김병연, 2017

방법을 지속적으로 이어오고 있다. 이는 각 교육과정에서 내용 조직의 원리에 대하여 구체적으로 진술하고 있는 내용 속에서 잘 드러나고 있다(표 1).

이에 따라, 각 교육과정에서는 고등학교 한국지리 내용 체계 구성에 있어 지역지리 단원을 계통지리와 비교하여 보았을 때는 그 비중이 적지만 한 개에서 두 개의 대단원을 마련하고 중단원 수준에서 구체적으로 4개에서 7개 정도의 지역을 구분하여 제시하고 있다(표 2), 이는 제5차 교육과정기 이전의 한국지리 관련 내용 체계 조직 원리로 지역적 접근 방법이 적용되지 않았다는 점을 살펴보았을 때 상당히 중요한 변화라고 여겨진다. 또한, 교육과정의 변화 속에서 지역 이해를 위해 구성된 내용 요소들을 살펴보면 지형, 기후와 같은 '자연적 요소', 산업, 자원, 교통 등과 같은

표 2. 교육과정 시기별 지역 이해를 위한 지역 구분 및 내용 요소 비교

교육과정	제5차	제6차	제7차
지역 단원	**수도권**(자연환경, 산업 인구, 도시)/태백산 지역(자연환경과 자원)/**남서 지역**(자연환경, 산업)/**남동 지역**(자연환경, 산업)/**북부 지방**(자연환경, 산업)	**서울~인천 지역**(산업, 인구)/**군산~장항 지역**(간척사업, 산업, 교통)/**영남 북부 산지 지역**(교통과 산업)/**평양~남포 지역**(산업, 개방화)	**수도권**(공업 구조와 도시)/**평야 지역**(농업 변화)/**산지 지역**(농 · 임업, 목축업)/**해안 지역**(어업, 간척사업)/**북부 지역**(자연환경, 자원, 산업, 개방화)
지역 이해를 위한 내용 요소	자연적 요소+경제적 요소	경제적 요소	
교육과정	2007 개정	2009 개정	2015 개정
지역 단원	**북한지역**(자연환경, 인문환경, 개방지역)/**수도권**(산업)/**충청지방**(교통, 산업)/**영동 · 영서지역**(자연환경, 산업)/**호남지방**(문화, 산업)/**영남지방**(산업, 도시)/**제주권**(문화, 세계화)	**북한지역**(자연환경, 인문환경, 개방지역)/**수도권**(산업)/**충청지방**(교통, 산업)/**영동 · 영서지역**(자연환경, 산업)/**호남지방**(문화, 산업)/**영남지방**(산업, 도시)/**제주권**(문화, 세계화)	**북한지역**(자연환경, 인문환경, 개방지역)/**수도권**(산업, 문화)/**강원지방**(자연환경, 산업)/**충청지방**(교통, 도시, 산업)/**호남지방**(산업, 문화)/**영남지방**(산업, 도시, 문화)/**제주도**(자연환경, 인문환경)
지역 이해를 위한 내용 요소	자연적 요소+경제적 요소+문화적 요소		

'경제적 요소', 도시, 종교, 언어, 건축 등과 같은 '문화적 요소' 등이 다양한 결합을 통하여 적용되어 왔다. 지역 이해의 접근에 있어 제5차 교육과정에서는 자연적 요소와 경제적 요소가 적용되었고, 제6차와 제7차 교육과정에서는 경제적 요소만, 2007 개정, 2009 개정, 2015 개정 교육과정에서는 자연적 요소, 경제적 요소, 문화적 요소가 모두 결합되어 구성되어 있다. 이에 대하여 구체적으로 살펴보면 다음과 같다(표 2).

제5차 교육과정기의 지역지리 단원에서 지역에 대한 이해의 접근은 유기체로서의 지역, 용기로서의 지역 개념에 기반한 전통적인 지역지리의 목적을 따르기보다는 '기능'에 초점을 두고 지역 구조의 변화를 중심으로 여러 지역의 특성을 이해하는 데 그 중점을 두고 있다. 지역 학습을 위한 내용 선정 및 구성은 수도권의 경우 '자연환경, 농업 및 공업의 발달 현황과 특성, 인구의 집중과 도시화, 도시 문제', 태백산 지역은 '자연환경과 지하 자원 및 임산 자원, 농업 및 공업의 발달 현황과 관광업', 남서 지역은 '자연환경, 농업, 수산업, 공업, 신산업단지 조성', 남동 지역은 '자연환경, 농업, 공업, 도시 및 환경 문제', 북부 지방은 '자연환경, 농업, 공업, 자원'을 중심으로 이루어져 있다.

제6차 교육과정기에서는 지역에 대한 단순한 사실의 나열적 서술이 아니라 다양한 인문적, 자연적 요소를 중심으로 지역 구조의 변화에 대한 파악을 통해 지역 이해에 접근하고자 한다. 지역 학습의 내용 선정과 구성의 특징은 서울~인천 지역은 '수도입지, 산업의 발달과 과밀 집중, 인구의 급증과 이동, 환경 문제 및 지역 문제', 군산~장항 지역은 '황해 연안의 간척과 공업 개발, 다가오는 황해 시대의 교통과 무역의 요지, 금강 기능의 변화', 영남북부산지 지역은 '낙동강 상류의 밭농사 지역, 개발 정도가 낮은 교통과 공업, 인구 이출의 문제', 북부 지방은 '북한의 정치·경제 중심지, 경공업과 중공업, 점진적 개방화 과정' 등으로 요약할 수 있다.

제7차 교육과정에서는 지역 구분이 '지형과 기후'에 준거를 두고 이루어졌지만 각 지역의 '생산활동'을 중심으로 지역의 공간 구조와 변화를 탐구해 봄으로써 지역 이해에 접근하고자 한다. 학습 내용으로 선정된 요소들을 살펴보면 수도권은 '산업 및 교통·통신망의 발달이 공업 구조에 미친 영향, 도시의 구조 분화, 대도시권의 확대 과정, 부도심 및 위성 도시의 특색, 도시 문제', 평야 지역은 '영농 방식의 변화에 다른 농촌의 변화, 농촌 지역의 문제점 및 농촌의 경쟁력을 높일 수 있는 방안 탐색', 산지 지역은 '임업, 목축업, 고랭지 농업과 변화 요인, 합리적인 산지 이용 및 보존 방안, 산지 지역의 가치 극대화 및 환경 보존과 소득 증대를 위한 방안 모색 ', 해안 지역은 '주민들의 생활 모습, 어촌의 공간 구조, 지역 개발에 의한 어촌의 변화상과 당면 과제, 간척 사업에 의한 토지 이용의 변화 및 간척촌의 특성' 등으로 요약해 볼 수 있다. 북부 지역의 경우에는 '기후 및 지형 특색, 인구·자원·산업의 분포 특징, 왜곡된 산업구조, 개방화 노력'등과 같은 내용 요소를 중심으로 지역 이해에 접근하고자 한다.

2007 개정, 2009 개정, 2015 개정 교육과정에서는 지역 이해를 기후, 교통, 도시, 산업, 문화, 인구 등과 같은 다양한 인문적, 자연적 요소를 통해 접근하고 있다. 2007 개정과 2009 개정 교육과정에서의 지역 학습의 내용 선정과 구성은 다음과 같이 이루어져 있는 것이 특징이다. 북부지역은 '자연 지리적 특성과 이의 관광자원으로서의 유용성, 인구, 산업, 도시, 교통, 개방 지역', 수도권은 '지역 특성 및 구조를 지식 기반 산업 및 세계화와 관련하여 파악', 충청권은 '교통의 발달로 수도권과의 연계성이 높아지고 있는 충청 지방의 지역 구조 이해', 강원권은 '영동·영서 지역의 지역차가 나타나는 원인을 다양한 자료를 바탕으로 추론하고, 산업화 이후 지역 핵심 산업의 변화상', 호남권은 '문화적 측면에서 지역을 이해하고, 최근의 산업 변화가 이 지역에 끼친 영향', 영남권은 '우리나라 공업에서 영남 지방이 차지하는 역할, 광복 이후 이 지역의 도시발달 요인 및 과정', 제주권은 '지역의 의미를 지방 자치 확대 및 세계화와 관련하여 탐구'와 같은 내용 요소들로 구성되어 있다.

2015 개정 교육과정의 경우 지역 이해를 위한 학습 내용 요소와 구성은 다음과 같다. 북한 지역은 '자연환경 및 인문환경 특성, 개방 지역과 남북 교류의 현황', 수도권은 '지역 특성 및 공간 구조 변화 과정을 경제적·문화적 측면에서 이해하고, 수도권이 당면하고 있는 문제점 및 이의 해결 방안', 강원 지방은 '영동·영서 지역의 지역차가 나타나는 원인을 파악하고, 지역의 산업 구조 변화가 주민 생활에 미친 영향', 충청 지방은 '교통 발달, 도시 및 산업 단지 개발 등을 중심으로 지역 구조 변화 이해', 호남 지방은 '농지 개간 및 주요 간척 사업이 지역 주민의 삶에 미친 영향, 최근 산업 구조 변화', '영남 지방은 '인구 및 산업 분포를 통해서 공간 구조의 파악, 경제적·문화적 측면에서 주요 도시의 특성 이해', 제주도는 '자연적, 인문적 특성을 중심으로 지역 발전에 대한 현안에 대한 탐구'와 같은 내용 요소들을 중심으로 지역 이해에 접근하고자 한다.

2) 지역 이해와 교육의 방향

각 시기별 교육과정에서는 계통지리 단원에서 지역 학습은 개념·원리에 대한 구체적 사례로서만 제시되어 있다. 따라서 지역 학습과 관련된 내용을 큰 비중으로 다루고 있는 지역지리 단원에서 지역 이해의 관점과 교육의 방향이 어떻게 설정되어 있는지를 잘 살펴볼 수 있다. 제5차 및 제6차 교육과정에서 지역지리 교육의 방향은 지역 그 자체에 대한 앎에 목적을 두고 있다면, 제7차 교육과정기부터 2015 개정 교육과정기까지의 지역지리 교육은 지역에 대한 앎의 차원에 토대를 두고 있을 뿐만 아니라 여기에 덧붙여 지역의 문제를 인식하고 이를 해결하려는 능동적인 시민적 실천 능력 함양에 중점을 두고 있다.

이와 관련하여 자세히 살펴보면 제7차 교육과정에서는 지역의 문제점과 해결책을 살펴보고 학생의 입장에서 해결 방안을 모색하도록 하고 있고 2007 개정, 2009 개정 교육과정, 2015 개정 교육과정에서는 국토 공간 및 자신이 살고 있는 지역의 당면 과제를 인식하고 이를 합리적으로 해결할 수 있는 지리적 기능 및 사고력, 창의력 함양의 중요성을 강조하고 있다. 즉 제5, 6차 교육과정은 지역지리 교육이 지역 학습 그 자체를 목적으로 삼고 있고, 제7차 교육과정기부터 2015 개정 교육과정기까지의 지역지리 교육은 지역 학습 자체뿐만 아니라 시민적 실천 능력 함양을 위한 수단 및 도구라고 할 수 있다. 이는 전종한(2002)의 사회과 지역 학습을 3가지 전통인 '향토교육 전통', '도구론적 전통', '목적론적 전통'으로 구분하고 있는데 이 구분에서 살펴보자면 전자는 '목적론적' 전통, 후자는 '목적·도구론적' 전통에 상응하여 살펴볼 수 있다.

교육과정상의 목표에서 지역 이해는 크게 두 가지 측면에서 접근하고 있는데 하나는 '지역 구조의 변화'이고 다른 하나는 '지역의 생태적 이해'이다. 첫째, 지역지리 교육에서는 지역 이해의 접근에 있어 전통적인 지지 기술과 지엽적인 사실 나열에서 탈피하여 교육과정에서 제시하고 있는 내용 요소들을 중심으로 '지역 구조의 변화'에 초점을 두고 있다. 즉, 지역에서 나타나는 현상에 대한 사실적 기술에만 머물지 않고 여기서 더 나아가 다양한 관점에서 사실이나 현상을 해석, 이해하고 여기에서 더 나아가 지역의 변화 과정에 대하여 설명하는 것을 추구한다. 교육과정 시기에 따른 지역 이해는 손명철(2017)의 지역지리 연구의 전통 구분(표 3)에 기대어 살펴본다면 '신지역지리' 연구의 흐름에 조응하고 있다고 볼 수 있다. 그에 의하면 신지역지리는 로컬리티의 우연적이고 역동적인 생성과 변화 과정을 명료하게 설명하려는 것이 주요 목적이고 때로는 거대서사가 아니라 작은 이야기를 추구하기도 하며 중층적이고 서로 다른 스케일의 지역 간 상호작용에 의해 지역의 고유성이 형성되는 것으로 보는 관점이다.

이에 대한 접근 방식은 지역지리 교육목표 및 방향에서 구체적으로 잘 드러나고 있다. 지역 이해와 관련하여 제5차 교육과정에서는 급속한 산업화에 따라 각 지역의 지역 구조가 변화하고 있고 이로 인하여 지역성도 변화하고 있다는 점에 초점을 두고 있으며, 제6차 교육과정은 제5차 교

표 3. 전통지역지리와 지역지리, 신지역지리 비교

구분	전통지역지리	지역지리	신지역지리
목적	영토에 관한 지리적 정보 제공	장소·공간에 대한 이해·공감·애정 고취	로컬리티의 역동적인 생성·변화 과정 설명
철학적 배경	(소박한) 경험주의	경험주의·인간주의·구조주의	구조주의·실재론·포스트모더니즘
연구방법	사실 기술(記述)	기술·설명·이해·해석	설명·이론화·작은 이야기 추구
고유성의 동인	지역 내 자연·인문적 제요소의 결합	지역 내 제 요소의 결합 및 지역 간 상호작용	지역 간 상호작용
연구이면의 함의	지역을 알기 위한 도구	지역을 알고 이해하고 돌보기 위한 도구	지역을 알고 변화시키기 위한 도구
논의/연구 시기	(서구) 기원전 4세기~ (한국) 12세기 중반~	19세기 후반~ 1970년대~	1980년대 중·후반~ 1980년대 후반~

출처: 손명철, 2017

표 4. 시기별 교육과정에 따른 지역 구조 변화 이해

제5차	'…기능을 중심으로 한 지역 구조의 변화에 초점을 맞추도록 하였다. 이것은 최근 우리 나라가 급속도로 산업화되어 감에 따라 각 지역의 구조에 많은 변화가…'
제6차	'…산업화가 급속도로 진행되어 감에 따라 지역 구조에 많은 변화가 일어나고 있으므로…'
제7차	'지역지리에 대한 여러 가지 관점을 바탕으로 우리나라 전체 및 각 지역의 지역구조 형성 과정과 지역성을 이해한다'
2007 개정	'우리나라 각 지역의 특성과 지역 구조의 변화 과정을 다양한 관점에서 파악하고, 이를 통해 다면적, 복합적인 국토 공간의 특성을 인식한다.'
2009 개정	'우리나라 각 지역의 특성과 지역 구조의 변화 과정을 다양한 관점에서 파악하고, 이를 통해 다면적, 복합적인 국토 공간의 특성을 인식한다.'
2015 개정	'우리나라 각 지역의 특성과 지역 구조의 변화 과정을 다양한 관점에서 파악하고, 이를 통해 다면적이고 복합적인 국토 공간의 특성을 인식한다.'

출처: 국가교육과정 정보센터 http://ncic.go.kr

육과정 시기와 마찬가지로 산업화로 인한 지역 구조 변화에 대한 이해에 중점을 두고 있다. 이처럼 제5, 6차 교육과정은 산업화를 지역 구조 변화의 동인으로 바라보고 있다. 제7차 교육과정기부터 현 교육과정까지는 여러 가지 관점을 토대로 하여 지역 구조 형성 과정과 지역성 이해를 추구하고 있다는 점에서 지역 구조의 변화 동인을 다양한 사회적, 경제적, 문화적 힘들의 경합으로 이해하고자 한다(표 4).

둘째, 지역지리 교육에서는 생태적 관점에서 지역에 대한 이해에 접근을 하고 있다. 생태적 관점에서 보았을 때 지역은 분절되어 있고 닫힌 지역 규모에 기반하여 이해되는 것이 아니라 인간-지역(자연, 환경), 지역-지역 간의 상호 연결망을 통해 끊임없이 생성, 변화되고 있고 있는 것으로

표 5. 시기별 교육과정에서 생태적 관점에서의 지역 이해

제7차	'각각의 지역은 서로 분리되어 존재하는 것이 아니라 서로 연계되어 하나의 국토 공간 구조를 형성하고 있으며….'
2007 개정	'각각의 지역은 서로 분리되어 존재하지 않고 서로 연계될 뿐만 아니라, 자연환경과의 관계에서도 모두 함께 하나의 국토 공간 구조를 형성하고…'
2009 개정	'각각의 지역은 서로 분리되어 존재하지 않고 서로 연계될 뿐만 아니라, 자연환경과의 관계에서도 모두 함께 하나의 국토 공간 구조를 형성하고…'
2015 개정	'자연환경 및 인문환경과 주민 생활의 연관성을 유기적·생태적인 사고를 바탕으로 이해함으로써…'

출처: 국가교육과정 정보센터 http://ncic.go.kr

인식된다. 지역지리 교육에서 지역 구조의 변화에 초점을 두고 지역성 파악에만 중점을 둔다면 인간과 지역, 지역과 지역 간의 상호작용을 통해 형성되는 공간 구조와 그 속에서 형성되는 지역성에 대한 이해는 간과될 가능성이 높을 것이다. 하지만 생태적 공간 인식에 초점을 두고 지역을 바라보면 지역을 구성하는 자연환경과 인문환경, 인간이 상호 연결되어 지속적으로 상호작용을 하면서 지역의 생성, 변화에 영향을 미치고 있음을 알 수 있게 된다. 이를 통해 국토 공간과 환경에 대한 가치를 바람직한 방향으로 인식할 수 있는 태도를 가질 수 있을 것이고 지속가능한 국토 공간의 발전을 위한 시민적 실천 능력을 함양시킬 수 있을 것이다. 이러한 관점은 제5, 6차 교육과정에서는 교육과정 문서상에 드러나 있지 않고 제7차 교육과정기에서부터 2015 개정 교육과정까지는 구체적으로 제시하고 있다(표 5). 또한 여기에서 더 나아가 인간–지역, 지역–지역 간의 바람직한 상호작용에 대하여 검토해 볼 수 있는 지리적 상상력, 관계적 사고력, 의사 소통 능력 함양을 통하여 지역의 문제에 적극적으로 참여하고 지역의 발전 방안을 제안할 수 있을 것이다.

3. 지역지리 교육에서 '지역' 이해에 대한 비판적 분석

1) 지역의 재현과 지역의 개념화

지역지리 교육에서 지역 이해는 앞에서 살펴본 바와 같이 지역 구조의 변화에 초점을 두고 이루어지고 있는데 이에 대한 접근은 주로 '경제적 요소'에 토대를 두고 있음을 알 수 있다. 교육과정의 변화 속에서 지역 이해를 위해 선정되는 교수–학습 내용 구성과 내용 요소를 살펴보면 이러

한 상황이 구체적으로 잘 나타나 있다(표 2). 2007 개정, 2009 개정 교육과정에서는 이러한 문제점들을 극복하기 위하여 호남권의 경우 '경제적 요소' 에 더하여 '문화적 요소'를 결합시켰고, 여기서 더 나아가 2015 개정 교육과정에서는 수도권, 영남권 지역을 '경제적 요소'와 '문화적 요소'를 통해 이해하고자 한다. 하지만 여전히 공간 구조의 형성이나 지역 구조의 변화에 대한 이해를 '경제적 요소'라는 렌즈를 통해 접근하고자 한다.

이와 같이 교육과정상에 명시되어 있는 학습 내용 구성과 내용 요소들은 교과서에 그대로 반영되어 있을 것이다. '경제적 요소'와 관련한 내용은 농업, 공업, 서비스업, 첨단산업, 자원, 교통, 간척사업 등과 같은 내용 요소들로 구성되어 있으며 이러한 내용들을 중심으로 지역의 특성에 대한 파악과 지역 구조의 변화를 강조한다. 지역을 구성하고 있는 다양한 요소들 즉 정치, 경제, 문화, 인구, 자연환경 등의 상호작용을 통해 끊임없이 변화되고 형성되는 지역의 성격을 이해하는 것이 중요하다. 임병조·류제헌(2007)에 의하면 지역의 구성은 지역과 관련된 주체들이 다양한 지역 특성을 자신의 것으로 통합하는 과정, 즉 지역 동일성을 형성하는 과정을 필요로 하며 이러한 과정을 통해 형성된 지역은 객관적, 고정적 실체라기보다는 이와 관련된 다양한 주체들에 의해 구성되는 것으로 인식된다.

하지만 지역 이해를 경제적 기능 요소를 중심으로 접근하고 있어 지역을 통합적으로 이해하는 데 한계점을 드러내고 있다. 지역을 둘러싼 주된 담론은 교육과정, 교과서 내에서 정치적, 문화적, 사회적 측면들이 제외되어 있고 주로 경제적 측면들과 결부되어 나타나고 있음을 살펴볼 수 있다. 특히, 이러한 상황은 교육과정-교과서의 논리와 내용을 충실히 실현시키고 있는 대학수학능력시험 문제를 보면 여실히 잘 드러나고 있다. 2016학년도 한국지리 16번 문항은 우리나라 농업의 특징을 도별 전업 농가의 비율 및 도별 밭의 비율과 과실, 맥류, 쌀의 재배 면적의 시·도별 비중을 비교하는 것이고, 2016학년도 한국지리 20번 문항은 제조업의 종사자 수와 사업체 수를 제시하면서 특별·광역시별 제조업의 특성을 비교하는 것이다. 사례로 제시되고 있는 아래의 두 문항은 대학수학능력시험에서 지역지리 단원에서 중요한 평가요소로 인식되고 있는 내용을 중심으로 출제되고 있는 문항의 일반적 형태이다. 제시되고 있는 문항 (가), (나)에서 살펴볼 수 있듯이 지역에 대한 이해는 주로 농업이나 공업과 같은 요소에 기반하고 있음을 알 수 있다. 단지 지역을 실증적 관점에서 바라보면서 다양한 통계 데이터를 통하여 지역에서 나타나는 현상들을 이해하거나 인과적 관련성을 파악해 보고 지역 간 비교 및 지역의 변화를 시계열적으로 살펴보는 데에 머물러 있다.

(가)

16. 그래프에 대한 설명으로 옳은 것은? (단, (가)~(다)는 경북, 전북, 충남 중 하나이며, A~C는 과실, 맥류, 쌀 중 하나임.) [3점]

〈도별 전업농가의 비율 및 도별 밭의 비율〉 〈A-C 작물 재배 면적의 시·도별 비중〉

(2015) (통계청)

① 경북의 맥류 재배 면적은 전북보다 넓다.
② 전북의 과실 재배 면적은 충북보다 넓다.
③ 경지 면적 중 논의 비율은 전북이 충남보다 높다.
④ 밭의 비율이 가장 낮은 도는 전국에서 쌀의 재배 면적이 가장 넓다.
⑤ 전업농가의 비율이 가장 높은 도는 전국에서 과실 재배 면적이 가장 넓다.

(나)

20. 그래프는 특별·광역시별 (가), (나) 제조업의 특성을 나타낸 것이다. 이에 대한 옳은 설명을 〈보기〉에서 고른 것은? (단, (가), (나)는 섬유(의복 제외), 자동차 및 트레일러 제조업 중 하나임.)

(2014년) (통계청)
* 사업체 수와 종사자 수는 원의 중심값에 해당하며, 10인 이상 사업체만 고려함.

〈보 기〉
ㄱ. A는 울산, B는 대구이다.
ㄴ. (가)의 종사자 1인당 출하액은 서울이 부산보다 많다.
ㄷ. (나)의 사업체당 종사자 수는 광주가 가장 많다.
ㄹ. (가)는 (나)보다 우리나라 공업화를 주도한 시기가 이르다.

① ㄱ, ㄴ ② ㄱ, ㄷ ③ ㄴ, ㄷ ④ ㄴ, ㄹ ⑤ ㄷ, ㄹ

(다)

18. (가)~(다)는 심벌마크에 반영된 지역 특성을 나타낸 것이다. 이에 해당하는 지역을 지도의 A~D에서 고른 것은? [3점]

(가)	(나)	(다)
넓은 평야에 발달한 농업을 벼와 지평선으로 표현함.	옛 읍성의 성곽 형태와 갯벌을 형상화하여 표현함.	지리적 표시제 1호로 등록된 차의 잎을 형상화하여 표현함.

	(가)	(나)	(다)
①	A	C	D
②	A	D	C
③	B	A	C
④	B	A	D
⑤	D	C	B

(라)

15. A~E 지역의 특성을 고려한 홍보물로 적절하지 않은 것은?

임금님 수라상에 올랐던 굴비
조차를 극복하기 위한 뜬다리 부두 시설
전통 가옥 양식을 간직한 한옥 마을
벽골제를 무대로 펼쳐지는 지평선 축제
지리적 표시제로 등록된 녹차의 생산지

① A ② B ③ C ④ D ⑤ E

그림 1. 지역지리에 관한 2016학년도 대학수학능력시험 한국지리 문항

출처: 한국교육과정평가원 http://www.kice.re.kr

이처럼 경제적 요소에만 국한된 지역 이해는 학생들에게 교과서나 대학수학능력시험에서 나타나는 '지역의 재현'을 통해 형성될 가능성이 높다. 실즈(Shields, 1991)는 장소 이미지가 '지나친 단순화(oevr-simplication)', '고정관념 만들기(stereotyping)', '라벨 붙이기(labelling)' 세 가지 과정을 통하여 형성될 수 있음을 설명한다. 즉, 실즈의 관점에서 지역의 재현은 지역의 다양성이 특정 요소에만 기반하여 이해되는 '지나친 단순화', 이를 통해 한 가지의 특정한 요소만 지나치게 부각되어 제시됨으로써 형성되는 '고정관념', 어떤 지역이 고정되고 불변하는 특징을 가지는 것으로 상상되는 '라벨 붙이기'를 통하여 형성된다고 할 수 있다. 하지만 지역의 재현은 전체를 보여 주기보다는 몇 가지 특징에 국한되어 있기 때문에 항상 불완전하다. 왜냐하면 지역의 성격은 한 가지 특징

으로 수렴되지도 않고 항상 유동적이며 변화무쌍하기 때문이다. 지역의 성격이 항상 유동적이라 함은 그것이 본질적이고 자기 동일적이며 고정적인 것을 상정할 수 없는 결정불가능성에 토대를 하고 있다는 것을 의미한다. 따라서 특정 주제를 통하여 지역 이해에 접근하는 방식은 지역이 가지는 다양한 모습을 교과 내용 속에 투영해 낼 수 있는 가능성을 축소시킬 수밖에 없는 결과를 만들어 낸다.

또한 '지역의 재현'은 지역이 개념화되는 데 영향을 미칠 수 있을 것이다. 동시에 지역의 개념화는 지역의 재현을 생산해 낼 수 있을 것이다. 지역의 재현은 특정한 목적을 정당화하면서 지역의 개념화를 강화함으로써 작동할 것이고 지역의 개념화는 담론, 경관, 이미지, 기념물 등을 통하여 형성될 수 있는데 지역에 대한 인식이나 지역의 재현이 동일하게 형성되는 데 기여를 할 것이다.

특히, 지역의 개념화를 통하여 지역의 재현이 공유되고 지역의 편견과 고정관념이 생산되고 있는 상황은 그림 2의 (다)와 (라)에서 보는 바와 같이 시험이라는 매개체를 통하여 명확히 드러나고 있다. 제시된 문항을 살펴보면 지역의 이미지를 가장 잘 보여 주고 있는 심벌 마크와 함께 지역의 가장 대표적인 특징을 설명하거나, 지역을 가장 잘 보여 줄 수 있는 상품이나 건축물, 경관 등을 제시하고 있다. 이처럼 지역의 개념화에 영향을 미치는 담론 및 경관과 관련하여 전종한(2002)은 지역이 가지는 특징을 가장 잘 보여 주는 준거로서 제안하고 있다. 그에 의하면 경관은 장소를 점유하고 있는 가시적이고 물질적인 실체로서 그 장소의 주체인 인간들의 다양한 사고와 신념, 가치체계 등이 반영되어 있는 한편의 텍스트로서 저자로서의 그곳 인간들이 장소에 써 내려간 의미를 이해하는 데 중요한 약호 구실을 한다. 지역 관련 담론은 해당 지역에 대해 지역 내·외부에서 인식되어 온 역사적이고 사회적인 의식, 어휘, 편견, 소문 등을 포괄한다.

2) 지역의 영역적 이해

지역지리의 지역 구분의 설정 기준은 국가의 제도화된 행정적 영역에 기반하고 있고 이러한 지역 구분을 통해 지역에 대한 이해를 시도하고 있다(표 2). 지역 내에서 나타나고 있는 다양한 정치, 경제, 사회, 문화적 과정들을 통해 지역의 변화를 이해하는 것은 중요하다. 국가적 또는 특정한 지역적 스케일 내에서 작동되고 있는 메커니즘에만 국한시켜 지역을 이해하도록 할 것이 아니라 다양한 지리적 스케일 즉 글로벌, 우리 나라 내의 다른 지역 등에서 나타나는 사회적 힘들과 과정들과의 상호작용 속에서 생성되고 있는 지역의 속성을 이해하는 것이 중요하다.

이에 대하여서는 박배균(2014)이 한국 지역 연구의 문제점으로 지적하고 있는 '방법론적 영역주의', '본질주의적 장소관'에서도 살펴볼 수 있다. 그에 의하면 지역의 범위나 사건이 규정되고 관계가 벌어지는 공간적 스케일은 미리 주어지는 것이 아니라 정치-사회-경제-문화적 과정을 통해 물질적 혹은 담론적으로 구성되는 것이다. 하지만 기존의 지역 연구는 국가의 제도화된 행정적 영역을 주어진 것으로 절대시하면서 연구 대상을 정하고 분석의 단위를 설정하는 경향을 보인다. 이로 인하여 정작 더 중요한 장소의 일들을 부수적인 것으로 취급하거나 여러 행정, 정치적 영역을 가로지르면서 이루어지는 사건이나 과정을 제대로 파악하고 설명하지 못할 가능성을 가지게 된다. 또한 그는 지역 연구에서 장소라는 것이 본래부터 그곳에서 뿌리내려져서 주어지고, 지속되는 그것만의 고유한 특성을 지닌다는 장소 개념에 토대를 두고 이루어져 왔고, 이로 인하여 지역의 장소성이 사회적이고 정치적으로 구성되는 과정의 복잡한 권력관계와 그를 둘러싼 정치, 사회, 문화적 투쟁의 과정이라는 점을 제대로 이해하지 못하도록 만든다고 본다.

지금까지의 교육과정과 교과서에서는 내부 지역과 외부 지역의 관계에 대한 이해는 거의 배제되어 있고 행정적/정치적/문화적으로 영역화된 지역의 고유한 성격과 의미만이 재현되고 있어 지역에 대한 이해의 왜곡을 초래할 수 있다는 문제점을 내포하고 있다. 이러한 측면에서 지역의 의미는 내부 지향적이고 지역의 특수성과 고유성이 강조되는 경향이 강한데, 이는 다음의 인용문에서 살펴볼 수 있듯이 현 교육과정 교과서 속의 지역 개념에서도 잘 나타난다.

> "지역이란 주변의 다른 곳과 지리적 특성이 구분되면서 내부적으로 한 가지 이상의 공통된 속성을 지니는 공간적 범위를 말한다."(A교과서)
>
> "지역이란 지리적인 측면에서 다른 곳과 구별되는 특징을 지닌 지표의 일정한 범위를 의미한다."(B교과서)
>
> "지역이란 일정한 기준에 의해 공통적인 특성으로 구분되는 공간을 말한다."(C교과서)
>
> "지역이란 지리적 특성이 다른 곳과 구별되는 지표 상의 일정한 공간 범위 혹은 장소를 의미한다."(D교과서)
>
> "지역은 지리적 특성이 다른 곳과 구별되는 지표상의 공간 범위, 혹은 일정한 범위에 걸쳐 공통된 특성이 나타나는 지표 공간이다."(E교과서)

교과서 속의 지역 개념에는 자연환경과 인문환경의 내적 결합을 통하여 독특한 성격을 갖는 지표의 일정 구역을 강조하는 전통적 '지역지리학'의 관점이 지배적으로 나타나고 있다. 여기에서 지역은 경계를 가진 영역에 자리매김된 고유한 특성을 가진 것으로 이해된다. 특히, 교과서나 평가 문항의 지도에 담겨진 지역의 모습은 그림 1의 사례에서 잘 드러나듯이 추상적인 공간상에서 점으로 표현되거나 평면의 지도 위에서 점이나 면의 형태로 표시되어 있다. 지도 위에 점이나 면으로 표현된 지역들에서 지역이 가지는 구체적인 역사적, 지리적 배경은 지워져 있고 '지도 위의 침묵'으로서 지역의 부재가 나타난다. 또한 영역화된 지역의 차이만을 보여 줌으로써 기본적으로 지역을 내·외부의 뚜렷한 경계가 지워진 영역으로 다른 지역과 구별되고 특수성을 가진 '모자이크'로 인식된다. 이러한 관점은 지역에 대한 영역적 이해와 관련한 크레스웰의 설명에서 잘 드러나고 있다. 그에 의하면 지역이란 세계 내에서 분명하게 분화된 실체로서 질적, 양적으로 구분되는 곳이고, 지역 내부에서 특정한 것이 발생하거나 허용되는 경계를 가진 실체라는 측면에서 전통적 지역 개념에 가깝다고 설명한다(Cresswell, 2013; 박경환 외, 2015 재인용).

하지만 학생들이 경험하는 지역은 '경계지움, 동질성, 배제'로서 존재하기보다는 '흐름, 이동, 변화'에 늘 열려 있으면서 끊임없는 네트워크의 구성 과정 속에 존재하는 장소이다. 즉 학생들이 교과서에서 경험하는 지역은 '본질적이고, 닫혀 있는' 장소이고, 현실 속에서 경험하는 지역은 '가변적, 열려 있는' 장소라고 할 수 있다. 교과서에서 제시되고 있는 지역은 본질주의적이고 배타적인 관점으로 외부–내부라는 이분법에 기초하고 있는데 이러한 관점에서는 이동, 흐름, 연결을 통하여 구성 및 재구성되면서 역동적으로 변화하고 있는 오늘날의 지역의 성격을 다양한 측면에서 포착해 내는 것을 어렵게 만들 수 있다.

4. 지역 이해의 대안적 논리

1) 내적 다양성을 통해 지역 읽기

지역성은 선험적으로 주어지는 것이 아니라 지역 내·외부의 행위 주체들의 상호 실천을 통하여 생성 및 변화하는 실체라고 할 수 있고 이로 인하여 지역성에 대한 담론은 차이를 가지고 있는 다양한 의미들로 구성되어 있다. 다시 말해, 다양한 공간적 층위와 시간의 흐름 속에서 구조와 행위 주체, 지역 내·외부의 상호작용을 통하여 지역성이 구성된다. 따라서 지역에 대한 이해는 정치, 경제, 사회, 문화 등의 다양한 힘들의 상호작용 속에서 나타나는 다양한 사건과 현상에 대한 파악을 통해 이루어진다.

이와 관련하여 박규택(2009)은 지역성의 형성 및 변화와 관련하여 일련의 과정을 제시하고 있다. 이 과정은 먼저 지역성을 구성하고 있는 환경을 이해하는 것에서 출발한다. 여기에서 환경이란 사람들의 지역 인식과 실천, 사회, 경제, 정치, 문화, 물질·생태계, 지역 구조 등이 포함되어 있다. 이러한 요소들이 상호작용하여 다양한 형태의 지역 구조가 만들어진다. 다음으로는 형성된 지역성과 지역 구조를 변화시키기 위하여 해당 지역과 관련된 내·외부 주체들이 자신들의 입장에 따라 환경 요소들의 재구성을 시도한다. 이것은 도구, 기호 혹은 제도 등의 매개 수단을 통한 관련 주체들의 활동에 의해 이루어질 것이다. 이러한 활동은 갈등, 저항, 지배/통제, 순응, 타협 등으로 나타나면서 지역성의 변화를 만들어 낼 것이다. 마지막으로 행위 주체들의 매개된 활동의 결과로 내부화와 객체화가 이루어지면서 새로운 지역성이 형성·유지된다. 여기에서 내부화란 행위 주체들에게 내면화된 새로운 지역성에 대한 인식이고 객체화란 지역에 새롭게 형성된 사회·문화 조직, 제도, 물질·생태계와 지역 구조의 변화를 의미한다.

김용철·안영진(2014)은 지역성의 구성 및 재구성을 다중적 스케일의 구조적 맥락 속에서 일정한 공통의 장소를 근간으로 다양한 행위자들에 의해 사회적으로 구성되는 과정으로 파악하고 있다. 그들이 제시하는 지역성의 재구성 과정은 앞에서 살펴본 박규택의 논의와 동일한 선상에서 이해해 볼 수 있다. 연구자들에게 있어 지역성의 구성 및 재구성 과정은 크게 다양한 층위에서 발현되는 구조적 압력과 로컬의 사회적 관계망과 이를 바탕으로 형성되는 로컬 거버넌스 간의 함수로 파악된다. 구체적으로 외부의 변화 압력에 의해 촉발된 로컬리티의 재구성 과정은 다양한 개별 혹은 집단 행위자들의 복합적 상호작용을 거치며, 그 결과는 행위자적 차원에서 구성원들의 인식과 가치·태도·사회적 관계의 변화 및 거버넌스 차원의 사회관계적 질서로 구체화되며, 이는 시간이 지남에 따라 궁극적으로 지역 사회에 새로운 역사성을 부여함으로써 기존의 것을 대체시키는 역동적인 과정이다.

이처럼 지역성은 다양한 사회적 관계망들의 교차 및 상호작용에 의한 구성물(Massey, 1991, 1993)로서 항상 가변적이고 역동적인 연결을 통하여 변화하는 것으로 정의할 수 있다. 지역성의 형성 및 변화, 재형성을 '스케일(scale)'과 '생성(becoming)'이라는 두 가지 관점에서 바라본다면 지역이 가지는 내적 다양성이 좀 더 풍성히 드러날 것이다. 먼저, '스케일'의 측면에서 지역성을 해석해 볼 수 있다. 크레스웰은 지역에 대하여 다음과 같이 설명하고 있다. '지역이라는 개념은 좀 더 큰 것의 일부분일 뿐만 아니라 하위 지역, 입지, 장소 등 보다 작은 단위들을 포함한 것이라고도 볼 수 있다. 지역이라는 개념은 보다 큰 전체의 일부이면서 그 안에 작은 단위를 포함한 구조가 끝없이 반복되는 영역 스케일을 의미한다(Cresswell, 2013; 박경환 외, 2015 재인용).

예를 들어, 크레스웰의 지역에 대한 관점에서 살펴보았을 때 우리나라는 북반구, 환태평양, 동아시아라 불리는 지역의 일부이고 우리나라는 수도권, 영남 지방 등 여러 하위 지역을 가지고 있다. 영남 지방 내에는 도시 지역과 촌락 지역이 포함되어 있고, 영남 지역 내의 대구광역시에는 수성구, 중구, 북구, 달서구, 달성군 등과 같은 지역이 포함되어 있고, 달성군 지역 내에서는 첨단 산업 단지인 테크노 폴리스, 동구 지역 내에서는 다양한 지리적 스케일에서 작동하는 혁신도시 등이 존재한다. 이와 같이 어느 특정 지역은 절대적인 동질성을 가지는 것이 아니라 다양한 이질성 가운데 존재하고 있다고 볼 수 있다. 이렇게 본다면 지역지리 교육에서 어떠한 준거로 지역을 구분하여 선택할 것인지에 대하여 명확하게 규정된 것은 없다고 볼 수 있다. 따라서 어떤 지역적 스케일의 규모 내부에는 '내적 다양성'이 있기 때문에 지역은 동질적으로 표상될 수 없다고 볼 수 있다.

다음으로는 잠재되어 있는 지역성을 '차이'의 관점에서 살펴볼 수 있는데, 이를 통하여 지역이 가지고 있는 내적 다양성에 대하여 유의미한 해석이 이루어질 수 있을 것이다. 들뢰즈에 의하면 존재하는 것들은 모두 차이로서 존재하기 때문에 하나의 동일성으로 수렴되는 차이성은 없다. 이 세계에 존재하는 어떤 것도 자기 동일적인 것이 될 수 없기에 그것이 무엇인지 단 한번에 규정되거나 결정되지 않는다. 존재하는 모든 것은 다른 존재와의 지속적인 상호작용을 통해 항상 자신의 규정을 변화시켜 나간다. 즉 들뢰즈에게 존재는 곧 차이이고, 지속적으로 '자기를 차이화'해 간다(조현수, 2013).

이러한 들뢰즈의 '차이의 존재론' 관점에서 살펴보았을 때 지역이 가지고 있는 지역성은 고정적, 본질적, 자기 동일적인 상태로 현실화되어 발현된 것으로 인식될 수 없다. 지역성을 경제, 정치, 문화, 사회, 생태와 같은 다양한 힘들의 사이 공간에서 형성되는 것으로 이해한다면 지배, 갈등, 타협, 공존 등과 같은 양상 속에서 지역성은 다양한 모습으로 발현되기도 하고 잠재되어 있기도 한다. 따라서 지역의 재현은 자기 동일적인 하나의 모습이 아니라 다양한 형태로 나타날 수 있는데, 예를 들어 '2·28 민주 운동, 대구 막창, 김광석 길, 대구 근대 골목' 등 다양한 것들이 대구의 지역성으로 재현될 수 있다. 왜냐하면 대구의 지역성이 어떤 상황 속에서 드러나느냐에 따라 '대구 근대 골목'이 대구의 지역성으로 발현될 수 있고, '대구 막창' 그리고 '김광석 길'이 대구의 지역성으로 이야기될 수도 있다. 이처럼 이 모든 것들의 총합으로 잠재해 있는 대구의 지역성이 어떤 국면에서 발현되느냐에 따라 특정한 하나가 아니라 다양한 형태로 재현될 수 있다. 그러므로 지역성은 하나의 동일한 지역적 정체성으로 수렴될 수 없고 다양한 규모의 공간적 흐름과 마주침, 시간의 흐름, 공간 속에 펼쳐진 인간과 사회 구조와의 결합, 지역 내·외부의 상호작용을 통해 형성된 내적 다양성을 가진 산물이이라는 의미를 가질 수 있다.

2) 지역의 관계적 읽기

지역은 본질적이고 자기 동일적인 경계를 가진 영역이라는 인식은 지역이라는 존재는 외부에 의해 생산되고 정의되고 있다는 외적 연결성과 관련한 지역 이해의 관계적 접근(Allen et al., 1998; Amin et al., 2003; Amin, 2004; Massey, 2007)을 통해 무너지고 있다. 지역은 다양한 지리적 스케일을 가로지르는 정치, 경제, 문화, 사회적 힘들의 상호 관계망을 통해 형성된다. 즉 선험적으로 정의되고 존재론적으로 규정되어 있는 절대적 실체가 아니라 다양한 힘들의 상호작용의 결과이며 표상이라고 할 수 있다. 또한 지역은 개방적이고 불연속적이며 관계적이고 내적으로 다양하다고 할 수 있다. 지역은 공간-시간의 구성물이고 공간 속에 펼쳐진 사회 관계들의 특정한 결합과 접합의 산물이기 때문에 모든 공간적 형태는 본질적으로 일시적이라고 볼 수 있다(Allen et al., 1998). 이와 관련하여 박배균·김동완(2013)은 지역을 사회적 관계들이 특정한 장소를 중심으로 공간적으로 구체화되고 물화되어 구성된 것으로 이해한다.

어떤 지역의 특수성 또는 정체성은 이를 둘러싼 경계에 의해 특징지어지고, 이 경계 바깥의 다른 지역들과 차별화함으로써 구축되는 것이 아니다. 지역의 특수성은 그 '넘어'에 대한 연계와 상호작용의 혼합의 특수성을 통해 구축된다(최병두, 2016). 이러한 측면에서 크레스웰은 지역을 다른 지역과의 관계 속에서 이해할 필요가 있다고 주장한다. 관계적 접근은 경계선에 초점을 맞추기보다는 지역을 특수하고 특징적인 것으로 구성하는 흐름의 중요성을 주장한다. 달리 말해, 역설적으로 지역은 지역 밖에 존재하는 것을 통해 생산된다고 주장한다(Cresswell, 2013; 박경환 외, 2015 재인용). 이와 관련하여 카스트리(Castree, 2003)는 현재를 살아가는 우리들은 장소의 개방성을 인식해야 한다고 설명하면서 장소를 바라볼 때 매시(Massey, 1991)가 언급한 '글로벌 장소감'이 필요하다고 설명하고 있다. 왜냐하면 글로벌 장소감은 장소에 대한 관점이 관계적일 뿐만 아니라 지구를 가로지르면서 작동하는 구조적 힘(경제적, 정치적, 사회적)을 인정하기 때문이다(Morgan·Lambert, 2005).

세계와의 관계 속에서 지역이 가지는 특수성과 차이는 세계화의 보편적 힘에 동화되거나 사라질 것이라는 측면과 지역의 재구성을 통해 새로운 지역성이 형성될 것이라는 측면이 존재한다. 지구화는 국민 국가의 영역성을 약화시키고 세계-국가-지역의 위계적 관계를 수평적이고 네트워크적 관계로 재구성해 나가면서 지역과 세계 사이의 직접적 관계를 가능하게 만들고 이러한 관계를 심화시켜 나가기 때문에 지역 내에서 나타난 문제들이 전 세계의 다른 지역에 직·간접적 영향을 미쳐 전 지구적 결과를 만들어 나가게 된다. 예를 들어, 크레스웰(Cresswell)은 지역에 대한 관계적 관점으로 잉글랜드의 '남동부' 지역의 내적 분화와 외적 연결성을 관찰하였다. 그에 의하면 잉글랜드 남동부는 결코 내적으로 동질적이지 않고 광범위한 신자유주의적 자본주의의 과정으로 인해 계속해서 불평등이 생산되고 있다. 남동부는 이민자들과 관광객이 많고, 글로벌 자본의 흐름에서 가장 중요한 장소 중의 하나이지만 금융산업의 붕괴로 실업자와 부동산 가격의 하락이 나타나고 있다. 남동부의 이러한 변화는 남동부만의 문제가 아니라 미국 등 다른 곳에서 이루어진 의사결정 때문이다. 즉 잉글랜드의 남동부는 철저히 외부와 연결되어 있다(Cresswell, 2013; 박경환 외, 2015 재인용).

아민(Amin)에 따르면 지구화와 관련하여 도시나 지역의 물질적 및 경험적 특성을 변화시키는 힘은 공간적 관계성이며, 지구적인 것과 지방적인 것 간의 관계를 규모-의존적으로 사고하기보다는 연계성의 사고로 이해해야 한다고 주장한다. 이러한 방법으로 이해된 지역은 항상 열려 있고 투과적이며, 이에 따라 형성된 지역의 특수성은 사회적 관계들의 특정한 혼합에 의해 혼종적으로 형성·변화한다(Amin, 2002; 최병두, 2016 재인용). 지역의 이러한 특징은 카스텔스(Castells, 1996)의 개념으로 말하자면 순간적으로 이루어지는 사회적 실천의 물질적 조직인 '흐름의 공간'으로 볼 수 있다. 흐름의 공간에서 공간과 장소의 중요성은 약화되며, 공간은 시간에 의해 지배되면서 특정 장소의 영역성은 다양한 흐름을 통해서 등질화가 되어간다.

지역의 이해는 개방적이고 불연속이며 관계적이고 내적으로 다양하다고 보는 개념을 통해 가능하다고 설명한다. 간단히 말해, 지역은 공간-시간의 구성물이며, 공간 속에 펼쳐진 사회 관계들의 특정한 결합과 접합의 산물이라고 본다. 이러한 관점에서 지역을 바라볼 때, 어느 한 지역의 특성은 다양한 공간적 층위, 세계-국가-지역과의 존재론적 관계성을 가지고 그 속에서 파악되어야 한다(Allen et al, 1998; 박경환 외, 2015 재인용). 예를 들어, 자본주의적, 신자유주의적 도시 공간에 반대하는 주민들은 대안적 운동을 통해 새로운 장소나 지역을 만들려고 할 수 있다. 또한 초국적 이주자들의 집적으로 새롭게 형성된 지역은 기존의 지역 주민들이나 지역 전체와는 다른 사회 문화적 특성을 가지며, 특히 세계의 여러 지역들과 연결된 초국적 네트워크를 통해 지역을 유지·변화시킬 수 있다. 이와 같이 기존의 사회 공간에 새롭게 형성된 지역은 어떤 특정한 계급적, 인종적 실천이나 생활 양식, 독특한 문화와 정체성, 그리고 지역 내·외적 네트워크를 통해 형성·변화하는 실체라고 할 수 있다. 이러한 대안적 지역의 형성은 그 지역이 포함된 더 큰 지역, 즉 국가나 세계에 의해 규정되지만 또한 이들의 전환을 추동하는 힘이 될 수 있다(최병두, 2016).

이처럼 지역 이해는 외적 연결성을 통해 접근될 필요가 있다. 지역 이해의 관계적 접근은 사회적인 것과 공간적인 것을 함께 사고함으로써 사회와 공간 사이의 내재적 연결성을 살펴볼 수 있는 관점을 제공할 수 있을 것이다. 즉 지역은 사회·공간적 네트워크로 이해하는 것이 중요하다. 지역을 관계적으로 사고하는 것은 세계–국가–지역을 수직적이고 위계적인 관계가 아니라 네트워크적 관계 속에서 이해하는 것이라고 할 수 있다.

5. 마치며

본 논문은 지역지리 교육에서 '지역' 이해의 방향에 대하여 논의하는 과정에서 '지역' 이해의 한계와 문제점을 지적하고, '내적 다양성'과 '관계적 관점'으로 접근한 지역 이해의 대안적 논리를 제시해 보았다. 이상에서 논의한 바를 요약하면 다음과 같다. 먼저, '한국지리'라는 과목명이 처음으로 등장한 제5차 교육과정기부터 현행 교육과정에 이르기까지 지역지리 단원의 내용 구성과 내용 요소들을 분석하였다. 지역 학습을 위하여 제시되고 있는 내용들은 주로 자연환경, 산업, 도시, 교통, 자원, 인구, 문화등과 같은 자연적, 경제적, 문화적 요소를 중심으로 구성되어 있다. 다음으로 어떠한 측면에서 지역 이해를 접근하고 있는지를 분석함으로써 지역 이해의 교육 방향을 살펴보았다. 교육과정의 변화 속에서 지역 이해는 주로 경제적 측면에 초점을 두고 이루어지는 '지역 구조의 변화'와 지역 간의 상호작용에 주목하는 '생태적 관점'에 기반하여 이루어지고 있다. 이어서 지역 이해의 비판적 분석을 통해 주로 경제적 관점에 기반을 두고 이루어지는 '지역 구조의 변화'를 살펴보는 것은 '지역의 재현'을 통해 '지역의 개념화'를 유발하여 지역이 가지는 다양한 지역의 성격을 드러내는 데 한계를 가지고 있음을 지적하였다. 또한 영역 속에 갇힌 지역에 대한 이해는 지역을 흐름, 이동, 연결을 통하여 끊임없이 변화하고 구성되는 실체로서 바라보지 못하도록 만든다. 따라서 이러한 지역 이해의 한계와 문제점을 '스케일'과 '생성'의 측면에서 형성되는 지역의 내적 다양성과 지역이 가지는 고유성과 차이를 지역 '너머', '바깥'과의 연결을 통해 이해하고자 하는 관계적 관점을 통해 벗어날 수 있는 가능성을 모색해 보았다.

지역의 속성은 사회 구조, 인간의 실천, 지역 내·외부의 상호작용을 통하여 지속적으로 형성 및 변화된다. 따라서 지역성은 하나의 동일성으로 수렴될 수도 없는 유동성을 가진다. 따라서 지역지리 교육은 지역성이 어떤 방식으로 존재하며, 어떻게 형성 및 변화하는지를 지역이 가지는 내적 다양성을 드러내어 지역에 대한 이해의 지평을 넓힐 수 있도록 해야 할 것이다. 더 나아가 지역지리 교육에서 지역의 다양한 요소들을 담고 있는 지역과 관련된 이야기들은 지역 학습에 있어 중요한 교수-학습 기능을 수행할 수 있을 것이다. 따라서 지역지리 학습 내용의 성격에 따라서 지역의 스케일은 행정적 영역에 따라 구분되는 것이 아니라 다양한 규모로 구성하여 재조직될 수 있을 것이다. 이러한 점에서 살펴보았을 때 지역지리 교육의 역할은 학생들이 주어진 지역 스케일을 학습 주제에 따라 해체하여 재구성을 해 볼 수 있도록 도움을 제공하는 데에 있을 것이다.

국가-지역 간의 관계는 국가와 지역 스케일에서 일어나는 과정에 의해서만 영향을 받지 않고, 그들보다 더 크거나 더 작은 공간적 스케일에서 일어나는 과정에 의해서도 영향을 받기 때문에, 국가와 지역의 상호작용 과정은 국가/지역/도시를 뛰어넘고 다양한 스케일을 가로질러 형성되는 사회적 연결망과 권력 투쟁의 과정 속에서 형성되는 것으로 파악할 필요가 있다(박배균, 2012). 따라서 지역지리 교육은 지역에 대한 단순한 사실을 제시하는 것이 아니라 지역이 가지는 다양성과 지역의 생성, 변화 과정을 이해할 때 세계-국가-지역의 위계적이고 수직적인 관계를 해체하고 세계-지역, 국가-지역, 지역-지역의 관계를 비위계적이고 수평적이며, 유연적인 공간성을 특징으로 하는 관계적 관점 속에서 바라볼 수 있는 통찰력을 함양시키는 데 있다. 따라서 전지구화된 세계 속에서 지역 이해와 관련하여 '영역으로서의 지역'에 기반한 지역지리 교육에서 '네트워크와 유동체로서의 지역'에 기반한 지역지리 교육으로의 전환을 통해 지역지리 교육은 단지 '정적이고, 닫혀 있고, 본질적인' 지역에 대한 학습을 넘어 '동적이고, 열려 있고, 생성 중인' 지역의 다양한 가치를 발견하도록 하는 것이 중요하다.

• 요약 및 핵심어

요약: 이 연구의 목적은 지역지리 교육에서 지역 이해의 한계와 문제점을 지적하고, 내적 다양성과 관계적 관점으로 접근한 지역 이해의 대안적 논리를 제시해 보는 데 있다. 이상에서 논의한 바를 요약하면 다음과 같다. 첫째, 교육과정상에서 지역 학습을 위하여 제시되고 있는 내용들은 주로 자연환경, 산업, 도시, 교통,

자원, 인구, 문화 등과 같은 자연적, 경제적, 문화적 요소를 중심으로 구성되어 있다. 둘째, 교육과정의 변화 속에서 지역 이해는 주로 경제적 측면에 초점을 두고 이루어지는 지역 구조의 변화와 지역 간의 상호작용에 주목하는 생태적 관점에 기반하여 이루어지고 있다. 셋째, 주로 경제적 관점에 기반한 지역 이해는 '지역의 재현'을 통해 '지역의 개념화'를 유발하여 지역의 다양한 성격을 드러내는 데 한계를 가지고 있음을 지적하였다. 또한 영역 속에 갇힌 지역에 대한 이해는 지역을 흐름, 이동, 연결을 통하여 끊임없이 변화하고 구성되는 실체로서 바라보지 못하도록 만든다. 넷째, 이러한 지역 이해의 한계와 문제점은 '스케일'과 '생성'의 측면에서 형성되는 지역의 내적 다양성과 '영역'으로서의 지역이 아니라 '네트워크와 유동체'로서의 지역을 이해하고자 하는 관계적 관점을 통하여 극복될 수 있음을 주장한다.

핵심어: 지역이해(regional understanding), 지역의 재현(representation of region), 지역의 내적 다양성(internal diversity of region), 영역성(territoriality), 관계성(relationality)

• 더 읽을거리

박배균, 2012, 한국학 연구에서 사회-공간론적 관점의 필요성에 대한 소고, 대한지리학회지, 47(1), 37-59.

최병두, 2016, 한국의 신지역지리학: (2)지리학 분야별 지역 연구 동향과 과제, 한국지역지리학회지, 22(1), 1-24.

참고문헌

교육부, 1992, 고등학교 교육과정, 교육부 고시 제1992-19호. 교육부.

교육부, 1997, 고등학교 교육과정, 교육부 고시 제1997-15호 [별책 4]. 교육부.

교육인적자원부, 2007, 고등학교 교육과정, 교육인적자원부 고시 제2007-79호 [별책 4]. 교육인적자원부.

교육과학기술부, 2009, 사회과 교육과정. 교육과학기술부 고시 제2009-41호. 교육과학기술부.

교육부, 2015, 사회과 교육과정, 교육부 고시 제2015-74호 [별책 7]. 교육부.

구동회, 2010, 로컬리티 연구에 관한 방법론적 논쟁, 국토지리학회지, 44(4), 509-523.

권정화, 1997, 지역지리 교육의 내용 구성과 학습 이론의 조응, 대한지리학회지, 32(4), 511-520.

권정화, 2001, 부분과 전체: 근대 지역지리 방법론의 고찰, 한국지역지리학회지, 7(4), 81-92.

김병연, 2017, 한국지리에서 '지역지리'의 위상에 대한 고찰, 한국지역지리학회지, 23(4), 679-693.

김용철·안영진, 2014, 로컬리티 재구성 과정에 대한 이론적 분석틀, 한국경제지리학회지, 17(2), 420-436.

문교부, 1988, 고등학교 교육과정, 문교부 고시 제87-7호 별책1. 문교부.

박규택, 2009, 로컬의 공간성 이해를 위한 이론적 틀-사회·역사 구성주의 관점, 한국민족문화, 33(3), 159-183.

박배균, 2012, 한국학 연구에서 사회-공간론적 관점의 필요성에 대한 소고, 대한지리학회지, 47(1), 37-59.

박배균·김동완, 2013, 국가와 지역: 다중스케일 관점에서 본 한국의 지역, 알트.

박배균, 2014, 한국 지역연구의 문제점과 새로운 지역연구의 대안 모색, 대한지리학회 지리학대회 발표 논문집, 326-331.

박승규 · 심광택, 1999, '경관'과 '기호' 표상을 활용한 지역학습, 대한지리학회지, 34(1), 85-98.

심광택, 2003, 지역 학습에서의 공간설명 · 장소 이해 · 환경 가치, 한국지리환경교육학회지, 11(3), 17-31.

심광택, 2005, 지역학습을 위한 공간성 · 장소성 · 환경가치의 연구: 진주지역의 사례, 한국지역지리학회지, 11(5), 349-367.

심광택, 2007, 지역학습에서 내용-활동의 표준 설정: 지리산 동부 산지를 사례로, 한국지리환경교육학회지, 15(4), 301-322.

서태열, 2005, 지리교육학의 이해, 한울.

손명철, 2002, 근대 사회이론의 접합을 통한 지역지리학의 새로운 방법론, 한국지역지리학회지, 8(2), 150-160.

손명철, 2017, 한국 지역지리학의 개념 정립과 발전 방향 모색, 한국지역지리학회지, 23(4), 653-664.

이지연 · 조철기, 2008, 세계화의 관점에서 지역 학습 내용의 재구성과 수업의 실제, 한국지역지리학회지, 14(2), 159-172.

임병조 · 류제헌, 2007, 포스트모던 시대에 적합한 지역 개념의 모색: 동일성(identity) 개념을 중심으로, 대학지리학회지, 42(4), 582-600.

전종한, 2002, 지역학습 내용 구성의 대안적 논리 구상, 사회과교육연구, 9(2), 223-244.

조철기 · 이종호, 2017, 세계화 시대의 세계지리 교육, 어떻게 할 것인가?, 한국지역지리학회지, 23(4), 665-678.

조현수, 2013, 들뢰즈의 '차이의 존재론'과 '시간의 종합'이론을 통한 그 입증, 철학, 115, 67-110.

최병두, 2016, 한국의 신지역지리학: (2)지리학 분야별 지역 연구 동향과 과제, 한국지역지리학회지, 22(1), 1-24.

ALLEN, J., MASSEY, D., and COCHRANE, A., 1998, *Rethinking the Region*. Routledge, London.

AMIN, A., MASSEY, D., and THRIFT, N., 2003, Rethinking the regional question, *Town and Country Planning,* October, 271-272.

AMIN, A., 2004, Regions unbound: towards a new politics of place, *Geografiska Annaler,* 86B, 33-44.

Castree, N., 2003, Place: connections and boundaries in an interdependent world, in Holloway, S.L., Rice, S, P. and Valentine, G. (ed.), *Key Concepts in Geography*, Sage, London, 165-186.

Cresswell, T., 2013, *Geographic Thought: A Critical Introduction*, Oxford, UK: Wiley-Blackwell(박경환 외 옮김, 2015, 지리사상사, 시그마프레스).

MASSEY, D., 1991, The political place of locality studies, *Environment and planning A*, 23, 267-281.

MASSEY, D., 1993, Questions of locality, *Geography*, 78(2), 142-149.

MASSEY, D., 2007, *World City*, Polity Press, Cambridge.

Morgan, J., and Lambert, D., 2005, *Geography: Teaching School Subjects 11-19*, Routledge, London.

SHIELDS, R., 1991, *Places on the Margin: Alternative Geographies of Modernity*, London, Routledge.

국가교육과정 정보센터 홈페이지 http://ncic.go.kr

한국교육과정평가원 홈페이지 http://www.kice.re.kr

16.
세계지리의 내용 체계와 권역 단원

전종한(경인교육대학교)

1. 들어가며

우리나라 현행 교육과정에서 세계지리는 초등학교와 중학교에서 한 개 이상의 대단원 분량으로, 고등학교에서는 독립 과목 수준으로 가르치고 있으며, 한국지리(국토지리)와 함께 지리 교과를 대표하는 주요 과목으로 인식되고 있다. 그러나 광복 이후의 역대 교육과정에서 세계지리 과목의 내용 체계는 일관성이나 지속성을 보이지 못했고 당대의 교육과정 개발에 참여했던 연구진의 학문적 배경이나 시대적 상황을 반영하며 그 접근 방법이나 내용 체계가 매우 상이한 편이었다.

더구나 2007 교육과정과 2009 개정 교육과정의 고등학교 세계지리는 지역지리의 핵심인 권역(대지역) 단원이 전혀 편성되지 않았고 계통(주제) 중심의 내용 체계를 취하였다. 적어도 세계지리(world regional geography)가 지역지리학의 범주에 속한 과목인 점을 인정한다면, 설령 계통적 접근의 유용성을 일부 인정한다 하더라도 그 내용 체계에서 지역적 접근은 필수 부분이 된다.

우리나라 역대 교육과정의 고등학교 세계지리 교과서 및 최근 영어권의 세계지리 대학 교재들을 전반적으로 검토해 볼 때, 세계지리의 보편적 내용 체계는 지역적 접근을 위주로 하되 계통적 접근이 보완적인 수준에서 가미되는 형식임을 알 수 있다. 특히 영어권의 경우 지역적 접근과 계통적 접근의 상호 보완적 내용 체계가 매우 일반적임을 알 수 있다[블레이 외(de Blij et al.), 2013; 브래드쇼 외(Bradshaw et al.), 2012; 홉스(Hobbs), 2013; 존슨 외(Johnson et al.), 2010; 화이트 외(White et al.), 2011].

다만 지역적 접근과 계통적 접근을 어떤 형식 혹은 수준에서 결합시킬 것인가, 양자의 상대적 비중은 어떻게 정할 것인가 하는 문제가 주요 과제가 될 것이다(전종한, 2014). 구체적으로 말하면, 계통적 접근에 의한 단원과 지역적 접근에 의한 단원의 상대적 비중을 정하는 문제와, 계통적 접근의 단원들에서 다룰 대주제를 어떻게 선정할 것인가의 문제, 그리고 지역적 접근의 단원들에서 다룰 권역(realm, 대지역)은 무엇을 준거로 구분할 것인가의 문제, 기타 계통적 대단원과 지역적 대단원의 전개 순서 문제 등을 말한다.

주요 과제를 한 가지 더 거론한다면, 세계지리 과목의 필수 부분일 수밖에 없는 부분, 즉 권역 단원의 조직에 관한 것이다. 주로 고민해야 할 문제는 권역 단원의 적정 수효와 명칭, 그러한 권역 설정의 근거, 그리고 각 권역별 필수 내용 요소의 추출 및 내용 구조화와 관련된 문제이다.

세계지리 과목에서 권역 단원의 전통적 조직 방법은 각 권역을 국가와 같은 하위 지역들로 세분하고, 그 하위 지역을 다시 국지적 스케일의 지역들로 나누어 접근하는 방식이었다. 그러나 이러한 방식에 대해서는 이미 20세기 중반부터 소위 '반복적 지역 세분화(region-by-region)'라는 비판적 평가들이 집중되었다. '초점 없이 광범위한 사실들을 나열식으로 다룬다는 점에서 백과사전이나 다름이 없다.', '그 서술 형식이 다분히 기술적이기 때문에 과학적이라 할 수 없다.', '각 지역별로 지리적 현상들을 하나하나씩 순차적으로 다루어 나가는 방식으로 교육과정을 구성한다는 것은 매우 비효율적인 교육을 초래할 수밖에 없다.'는 등의 비판이 그것이다(월터와 베르나르드(Walter & Bernard), 1973, 15; 류재명·서태열, 1997, 13-14). 그럼에도 불구하고, 지금까지 우리나라 교육과정에서 세계지리는 세계의 주요 권역을 조직할 때 여전히 국가와 같은 세부 지역 단위로 구성하던 과거의 방식에서 크게 벗어나지 못하였음을 볼 수 있다.[1]

우리나라의 고등학교 세계지리나 초·중학교 권역 단원을 새롭게 재구성해 보려는 노력이 그동안 없었던 것은 아니다. 가령, 지역지리의 내용 구성 측면에 관심을 두고 사적 지리와 공적 지리의 순환을 통한 지역 학습을 토대로 지역인식 논리를 학생들의 이해가 성장하는 방향으로 변환시키는 작업의 중요성이 강조되기도 하였고(권정화, 1997), 기존의 세계지리 과목이 안고 있는 방대한 내용과 얕은 학습의 문제를 지적하며 거점 국가 중심의 내용 선정 방법이 대안으로 제안되기도 하

1 류재명·서태열(1997)은 제7차 지리교육과정 개발 연구진으로 참여하면서 중학교 과정의 세계 지역 구분 방식을 종전(제6차 교육과정)의 대륙 혹은 국가 중심의 지역 구분 대신, 열대, 건조, 온대, 한랭 환경 등 자연환경 중심의 지역 구분 방식으로 개선할 것을 수차례의 공청회와 전문가 회의를 거쳐 제안한 적이 있으나, 최종적으로 마련된 교육부 안에는 그러한 제안이 아무런 논리적 근거 없이 기각되었다는 점을 지적한 바 있다.

였다(조성욱, 2005). 교육과정을 능동적으로 재구성해내는 교사의 실천적 지식의 중요성을 강조하면서 교사 입장에서의 주요 지리 개념과 교수학적 논리의 결합 방안 및 그 구체적 사례가 구상된 적도 있었다(한희경, 2011). 이러한 선행 연구들은 세계지리의 내용 구성과 현장 실천에 관한 후속 연구들을 자극하는 데에 기여하였다. 하지만, 세계화, 문화 다양성, 다양한 지구적 쟁점 등 현대 사회의 화두들에 혜안을 제공할 수 있는 세계지리 과목의 잠재적 가치와 교육적 의미를 상기한다면, 세계지리 교육에 관한 추가적 연구는 여전히 절실하다.

이러한 문제들에 응하기 위해 이 장에서는 먼저 역대 고등학교 세계지리의 내용 체계에 어떠한 유형들이 있었고 그 속에서 권역 단원은 어떤 양태로, 어떤 분량으로 존재하였는가에 대해 분석한다. 다음으로 세계지리에서 권역 단원이 필수적인 부분이라는 전제 아래 권역 단원의 조직을 위한 주요 접근 방법들을 이론적으로 정리하고, 이를 토대로 현행 세계지리 교육과정에서 보이는 내용 체계와 권역 단원의 조직 원리를 알아보기로 한다.

2. 내용 체계의 주요 유형과 권역 단원의 편성

1) 역대 교육과정에서 보이는 내용 체계의 유형들

《세계지리》라는 과목명은 제5차 교육과정(문교부 고시 제88-7호) 때 처음 등장하였다. 그 이전의 교육과정에서도 세계지리 내용이 없었던 것은 아니지만, 고등학교의 경우 《세계지리》가 아닌 《지리 II》 혹은 《인문지리》 등의 과목명 안에서 세계지리 내용이 다루어지는 형식이었다. 가령, 제2차 교육과정(문교부 고시 제121호)에 의하면 '《지리 II》는 세계지리와 인문지리의 2개 영역으로 이루어져 있다.'라고 하여 《지리 II》의 일부로 세계지리가 포함되어 있었음을 알 수 있다.

이처럼 4차 교육과정 이전에는 《세계지리》라는 과목명이 존재하지 않았으므로 여기에서는 세계지리라는 과목명이 처음 등장한 제5차 교육과정 이후의 시기를 분석해 보기로 한다. 제5차 교육과정기 이후 지금까지의 교육과정을 전체적으로 살펴볼 때 고등학교 세계지리 과목의 내용 체계는 크게 다음과 같이 세 가지 유형으로 분류해 볼 수 있다(그림 1).

첫째, [도입 단원→주제적 접근의 단원→마무리 단원]으로 이루어지는 주제적 접근 중심의 유형이다(이하 '유형 A'로 칭함). 이 유형은 2007 교육과정 및 2009 개정 교육과정의 기본 틀이라 할 수

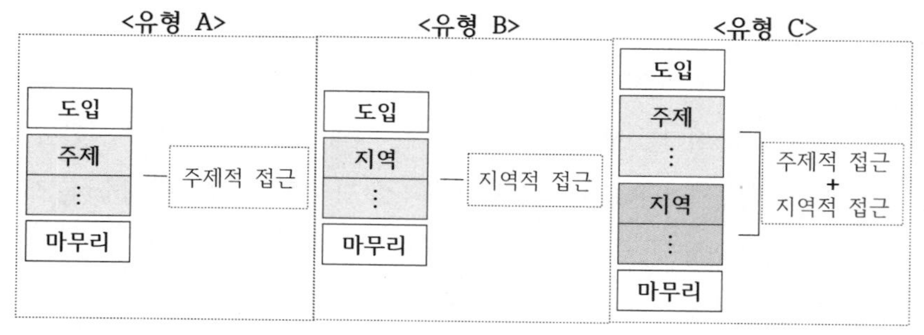

그림 1. 역대 《세계지리》 내용 체계의 주요 유형

〈유형 A〉는 2007 교육과정 및 2009 개정 교육과정, 〈유형 B〉는 제7차 교육과정(교육부 고시 제1997-15호), 〈유형 C〉는 제5차(문교부 고시 제88-7호) 및 제6차 교육과정(교육부 고시 제1992-19호)을 각각 대변한다.

있는 교육과학기술부 고시 제2009-41호 교육과정 문서에서 확인된다. 이들 교육과정에서 세계지리 과목의 성격은 '세계 여러 지역의 다양한 삶의 모습을 이해하기 위한 과목이다.'라고 기술되어 있다.

내용 조직의 기본 원리는 '산만하게 나열된 지리적 사실들의 기술을 지양하고 개념이나 원리를 중심으로 학습하도록 하였다.'고 하면서 주제적 접근을 통한 내용 조직 방법을 선택하였음을 밝히고 있다. 이에 따라, 도입 단원에 이어 제시된 주제들은 '세계의 다양한 문화와 여행', '세계의 자연환경', '세계화 시대의 경제 활동', '세계화 시대의 인구와 도시' 등이었고, '갈등과 공존의 세계'라는 쟁점 중심의 마무리 단원으로 끝을 맺는 전개 방식을 취하였다(표 1).

그러나 이러한 내용 체계가 과연 해당 교육과정의 모두에서 밝혔던 세계 여러 지역의 이해, 즉 지역지리로서의 세계지리의 본질을 구현하고 있는가, 또한 과거 교육과정 속의 인문지리 과목과는 어떻게 다른 것인가 하는 등의 질문에는 제대로 응답하지 못했다는 지적이 있었다. 이 유형에 대해 일부 관련 연구자와 현장 교사들은 '세계지리 교과서에서 대륙별 권역 구분 방식을 주제별 접근 방식으로 전환하는 것은 바람직하지 않다.', '세계지리가 세계지리 답지 않다.'는 등의 비판적 평가를 내놓기도 하였다(구동회, 2011, 55).

둘째, [도입 단원→지역적 접근의 단원→마무리 단원]으로 이루어지는 지역적 접근 중심의 유형이다(이하 '유형 B'로 칭함). 이 유형은 제7차 교육과정(교육부 고시 제1997-15호)에서 확인된다. 이 교육과정에 제시된 세계지리 과목의 기본 성격은 앞에서 분석한 유형 A와 유사하게 '세계 각 지역이 지리적 현상을 종합적, 체계적으로 이해하는 과목이다.'라고 되어 있었다.

하지만 이 교육과정에서 선택한 내용 조직의 원리는 지역적 접근을 위주로 한 것으로 유형 A와

표 1. 제2009-41호 교육과정 세계지리의 내용 체계

대단원 및 필수 내용 요소	
I. 세계화와 지역 이해	
1. 세계 인식의 시공간적 차이	2. 세계화와 지역화
3. 원격 탐사와 지리 정보 체계	4. 세계의 지역 구분
II. 세계의 다양한 문화와 여행	
1. 아시아의 종교 경관	2. 유럽의 축제 문화
3. 아프리카의 관광 자원	4. 오세아니아의 생태 기행
5. 아메리카의 다문화 체험	
III. 세계의 자연환경	
1. 열대 우림과 열대 사바나	2. 온대 동안 기후와 서안 기후
3. 건조 기후와 건조 지형	4. 냉·한대 기후와 빙하 지형
5. 변동하는 신기 조산대	6. 세계의 해안 지형
IV. 세계화 시대의 경제 활동	
1. 자원 생산과 농업 활동	2. 세계의 공업 활동과 변화
3. 서비스 산업의 세계화	4. 세계의 무역 활동
V. 세계화 시대의 인구와 도시	
1. 인구 성장과 인구 문제	2. 인구 이동과 지역 변화
3. 선진국과 개발도상국의 도시화	4. 세계화와 세계 도시
VI. 갈등과 공존의 세계	
1. 세계 경제 환경의 변화	2. 세계의 영역 분쟁
3. 문화적 차이와 교류	4. 환경 문제와 국제 협력

출처: 교육과학기술부 고시 제2009-41호

는 아주 달랐다. 도입 단원에 뒤이어 제시된 권역명은 '우리와 가까운 국가들', '일찍 산업화된 국가들', '지역 개발에 활기를 띠는 국가들', '사회주의 붕괴 이후 변화를 겪는 국가들' 등이었고, '세계의 과제'라는 쟁점 중심의 마무리 단원으로 끝을 맺는 전개 방식을 취하였다. '세계 각 지역의 이해'라는 세계지리 과목의 기본 성격이 단원명과 그 전개 방식을 통해 잘 드러났던 유형이라 할 수 있다(표 2 참조).

하지만, 이 유형이 지닌 몇 가지 한계를 지적하지 않을 수 없다. 우선, 대단원명으로 제시한 '우리와 가까운 지역들', '지역 개발에 활기를 띠는 국가들' 등은 학술적, 사회적 합의가 필요한 용어들로서 교육과정 개발자의 주관성이 간섭할 여지가 크다는 문제가 있다. 또한, 각 권역의 명칭과 범위를 설정하는 데에 어떤 지역 개념을 적용한 것인가, 모든 권역에 과연 동일한 지역 개념을 적용한 것인가 하는 등의 이의 제기에 부딪칠 수밖에 없고, '우리와 가까운'이란 물리적 의미인가, 문화적 혹은 정치적 의미인가, '개발'은 단지 지역 개발을 의미하는가 아니면 발전과 사회 정의를

표 2. 제7차 교육과정 세계지리의 내용 체계

대단원 및 필수 내용 요소	
I. 세계와 지리	
1. 지역 정보와 지리 학습	2. 세계의 자연환경
3. 세계의 인문환경	
II. 우리와 가까운 국가들	
1. 중국	2. 일본
III. 일찍 산업화된 국가들	
1. 유럽 연합 국가들	2. 미국과 캐나다
3. 오스트레일리아와 뉴질랜드	
IV. 지역 개발에 활기를 띠는 국가들	
1. 동남 및 남부 아시아	2. 서남 아시아 및 북부 아프리카
3. 중·남부 아프리카	4. 라틴아메리카
V. 사회주의 붕괴 이후 변화를 겪는 국가들	
1. 러시아와 그 주위 국가들	2. 동부 유럽
VI. 세계의 과제	
1. 환경 문제	2. 지역 갈등과 상호 협력

출처: 교육부 고시 제1997-15호 교육과정

포함하는 넓은 개념인가, '활기를 띠는'이란 어느 정도를 일컫는 것인가 등등 사전에 광범위한 논의와 합의를 요구하거나 여러 가지 논란을 야기할 수 있는 용어나 주제들이 대단원 제목으로 사용되었다는 문제도 있다. 이 밖에 '사회주의 붕괴 이후 변화를 겪는'이라는 표현은 그 의미가 특정 시대에 한정적일 수밖에 없다.

셋째, [도입 단원→주제적 접근의 단원→지역적 접근의 단원→마무리 단원]으로 이루어지는 이른바 절충적 접근의 유형이다(이하 '유형 C'로 칭함). 이 유형은 일견 위에 언급한 두 유형이 등장한 이후 양자를 서로 절충하거나 조합하는 수준에서, 시기적으로 가장 나중에 등장한 것처럼 짐작될 수도 있다. 그러나 사실은 이 유형이 우리나라 세계지리 교육과정 속에 등장한 때는 제5차 및 제6차 교육과정기로서 오히려 시기상 가장 앞선다.

한편 이 유형 C는 거시적 틀의 면에서 최근에 발행된 영어권의 주요 세계지리 교재들의 그것과 유사성이 있다. 제5차 교육과정에 제시된 세계지리의 성격은 '세계지리는 지역지리의 한 분야이다.', 그리고 내용 조직의 원리와 관련해서는 '세계지리 내용을 짜는 데에는 계통적 구성을 택할 수도 있고, 지역적 구성을 택할 수도 있다. 그러나 여러 지역으로 나누어서 다루는 것이 지역지리의 본질에 더 접근하는 것이다.'라고 하여 세계지리 과목의 본질을 명시하고 있다.

표 3. 제6차 교육과정 세계지리의 내용 체계

대단원 및 필수 내용 요소	
I. 세계의 자연환경	
1. 지리와 지리 정보	2. 기후
3. 식생과 토양	4. 지형
5. 해양	
II. 세계의 인문환경	
1. 인종과 민족	2. 언어
3. 종교	4. 문화권
5. 식량, 에너지, 지하 자원	
III. 세계 여러 지역의 생활	
1. 서태평양 연안 국가의 자연환경과 산업	2. 동남 및 남부 아시아의 문화와 산업
3. 서남 아시아와 아프리카의 자원과 종교	4. 유럽의 산업과 경제 협력 및 체제 변화
5. 아메리카의 산업과 문화	
VI. 세계의 과제와 미래	
1. 인간과 환경 문제	2. 경제 수준의 지역차
3. 지역 간 상호 협력	

출처: 교육부 고시 제1992-19호 교육과정

제6차 교육과정에서는 내용 조직의 대표적 두 원리 간의 상호 관계에 대해 밝히고 있는데, '계통적 내용은 지나치게 학문적 중심이며, 세계 각 지역의 지리적 정보를 종합적으로 획득하기에는 부적절하여, 세계지리에서는 지역지리에 많은 비중을 두되 계통지리에서 습득한 지식을 바탕으로 세계 여러 지역의 특성을 파악하도록 한다.'라고 서술하고 있다. 이와 같이, 제6차 교육과정에서는 세계지리 과목의 본질적 성격을 상기하면서 내용 조직의 원리와 관련해서는 위의 두 가지 조직 원리의 장단점을 파악하는 가운데 적절한 조합을 추구하였다(표 3 참조).

전반적으로 볼 때 제5차와 제6차 교육과정의 세계지리는 내용 체계가 서로 흡사한 편이다. 다만, 권역 구분의 준거로 활용된 지역 개념에 있어서는 두 교육과정이 서로 달랐다. 제5차 교육과정의 권역 구분에서는 문화권에 기초한 지역 개념이 적용되었지만, 제6차 교육과정에서는 뚜렷한 지역 개념에 기초하지 않은 채 여러 가지 지역 개념이 혼용되었다.

유형 A 및 유형 B와 마찬가지로, 유형 C 역시 몇 가지 한계를 지니고 있다. 그 하나는 각 권역의 '지역성'을 구명하는 것을 세계지리의 주된 교육 목표로 삼았다는 것이다. 제5차 세계지리 교육과정에 의하면 '세계지리는 지역지리의 한 분야인 「세계 각 지역 연구」의 과목이기 때문에 그 각 지역의 성격 구명을 대명제로 삼고 있다.'고 진술하고 있다.

그러나 이 같은 지역성 구명이라는 목표는 유기체로서의 지역 개념, 용기로서의 지역 개념을 전제했던 20세기 전반의 지역지리의 목적과 닿아 있는 것으로[월터와 베르나르드(Walter and Bernard), 1973, 14], 현대 지리학계에서 발전시킨 지역 개념, 즉 실체이기보다는 지적 도구로서의 지역 개념, 다중 스케일에 걸친 공간으로서의 개방적 지역 개념, 결절로서의 지역 개념 등 현대지리학의 다양한 지역 개념을 아직 포용하지 못한 것이었다. 또 하나의 문제는, 가령 제6차 교육과정의 '서태평양 연안 국가'처럼 대단원명으로 사용되기에는 그 공간 범위와 내용이 불분명한 용어가 사용되었다는 점이다. 요컨대, 권역 구분의 대전제로 제시한 지역 개념의 구시대성 및 권역별 명칭의 적절성과 그 공간 범위의 타당성 등이 주된 문제로 지적될 수 있는 것이다.

2) 역대 교육과정에서 권역 단원의 조직 방식

앞에서 언급하였듯이 2009 개정 교육과정에서는 권역 단원이 존재하지 않는다. 대단원 수준에서 권역 단원이 설정되어 있던 교육과정 시기는 제5차~제7차 교육과정이었다. 제5차 교육과정에서 권역 단원은 '몬순 아시아', '건조 아시아와 아프리카', '유럽', '아메리카 및 오세아니아'의 4개 단원이었다. 권역 단원의 수효가 학습에 부담이 될 정도로 많아지는 것을 경계하기 위해 세계 여러 지역을 거시적인 네 개의 권역들로 구분한 것이 돋보인다.

특히, 동부아시아, 동남아시아, 남부아시아를 몬순 아시아라는 하나의 권역명으로 묶은 것은 지리적 관점에 의거한 훌륭한 권역 설정일 뿐만 아니라, 권역 내의 하위 지역 간 비교 가치도 크다는 점에서 교육적으로도 유의미하다고 생각된다. 백인들에 의해 새롭게 개척된 대륙이라는 공통점을 지닌 아메리카와 오세아니아를 하나의 권역으로 묶은 부분 역시 지리학적으로나 교육적으로 의미 있어 보인다. 권역 구분을 위해 공통적으로 활용된 지역 개념은 대체로 문화 지역(혹은 문화권) 개념인 것으로 보이며, 이를 준거로 도출된 권역들 간에는 상호 등가성과 배타성이 담보될 수 있음을 잘 보여 주고 있다.

각 권역 단원의 하위 내용 요소를 보면, 가령 몬순아시아 단원의 경우 '세계적인 인구 밀집 지역'이라 하여 이 권역의 주된 특성을 중심으로 학습의 주안점을 우선 표현해 주고 있다. 이에 이어서 '일본', '중국', '동남아시아', '인도 반도'가 차례로 전개되는데, 이 부분부터는 몇 가지 문제도 없지 않다. 무엇보다 하위 내용 조직 면에서, 과거부터 학습 내용의 방대함과 나열성의 주된 요인으로 자주 거론되었던 '반복적 지역 세분화' 방식을 답습하고 있다는 점이다. 동부아시아에 접근할 때에는 국가 단위로 나누어 접근한 반면, 동남아시아의 경우에는 여러 국가들을 하나로 묶어 다룬 점, 인도 반도라는 하위 지역은 앞의 동부아시아나 남부아시아와는 매우 다른 유형의 지역 설정이라는 점 등이 주요 문제점으로 지적될 수 있다.

여타 권역 단원들도 '반복적 지역 세분화' 방식으로 구성되고 있다. 각 권역의 첫 머리에서는 해당 권역의 지리적 특징을 몇 가지로 요약하여 부각시키고 있지만, 해당 권역에 접근하는 방식은 국가와 같은 하위 지역들로 나누어 해당 국가나 지역의 지리적 현상들을 기술하는 식의 구태적 방식이었다. 제5차 교육과정의 이러한 조직 방식은 제6차 교육과정에서도 별다른 개선이 없이 거의 그대로 이어졌다.

제7차 교육과정 역시 권역 단원의 조직 방식은 이전 교육과정 때와 크게 다르지 않았다. 다만, 권역 단원의 제목명에는 이전과는 달리 당대의 시대성이 반영되었다. 예를 들면 '사회주의 붕괴 이후 변화를 겪는 국가들'과 같은 단원명이 그것이다. 그러나 이러한 대단원명을 제외하면, 단원별 조직 방식은 제5차 및 제6차 교육과정의 그것과 마찬가지로 '반복적 지역 세분화' 방식이었다. '우리와 가까운 지역들'은 중국과 일본으로 나누어 구성하였고, '일찍 산업화된 국가들'은 유럽 연합 국가들, 미국과 캐나다, 오스트레일리아와 뉴질랜드로, '지역 개발에 활기를 띠는 국가들'은 동남 및 남부 아시아, 서남 아시아와 북부 아프리카, 중남부 아프리카, 라틴아메리카로, 끝으로 '사회주의 붕괴 이후 변화를 겪는 국가들'은 러시아와 그 주위 국가들, 동부 유럽 등 국가 또는 하위 지역들로 각각 편제되었다.

그런데 제7차 교육과정 때의 조직 방식은 제5차 및 제6차에 비해 하위 지역의 전개가 오히려 더 나열적이고 하위 지역별 학습 내용의 선정 논리도 취약해 보인다. 예를 들어, '우리와 가까운 지역들'에서 제시된 이 권역의 특징이나 학습의 주안점은 그 분량이나 내용이 제5차나 제6차 교육과정 때의 그것에 비해 대단히 소략하고 나열적이다. 다시 말해 이 권역을 왜 배우며, 무엇을 배울 것인가 하는 점이 충분히 제공되지 않고 있다.

하위 지역들로 제시된 중국이나 일본 같은 소단원에서 배워야 할 필수 내용 요소들은 지리적 주제들(themes)이기보다는 자원, 산업 등과 같은 소위 토픽(topics)들로 이루어져 있고, 해당 국가에서 나타나는 많은 토픽들 중 왜 그 토픽을 선정했는가에 대해서도 설득력 있게 제시하지 못하고 있다. 여타 권역 단원들의 조직 방식 역시 마찬가지이다. 문제는 이와 같은 조직 방식이 '지리적 현상의 종합적, 체계적 이해'를 표방한 제7차 세계지리 교육과정의 과목 목표에 좀처럼 호응하지 못하는 방식이라는 점이다.

3. 권역 단원의 조직에 대한 주요 접근들

1) 지역 중심의 접근

권역 단원을 조직하기 위한 한 방식으로서의 지역 중심의 접근은 세계지리 과목에서 가장 전통적으로 사용되었던 접근법이다. 여기에는 몇 가지 종류가 포함되는데, 국가와 같은 정치 지역 중심의 접근, 기후나 지형 등의 지역적 차이에 근거한 자연 지역 중심의 접근, 종교나 언어, 문화 경관 등의 문화적 동질성에 기초한 문화 지역 중심의 접근 등이 그것이다. 이러한 지역 중심의 접근에서는 정치, 자연, 문화 등의 측면에서 동질성을 보이는 일정 범위의 공간을 지역이라 칭한다. 이 방법은 '하나의 지역은 주변의 다른 지역과 그 성격이 다르다.'는 점과, '지역의 중심으로 갈수록 그 특성이 강해지고 주변부로 갈수록 특성은 약해진다.'는 점을 전제한다. 따라서 그러한 지역들 사이의 경계부는 대개 명료한 선보다는 일종의 혼성적 성격을 보이는 지대(地帶), 즉 점이지대의 형태로 나타난다고 상정한다.

지역 중심의 접근 중 가장 전통적인 유형은 정치 지역 중심의 접근이었다. 특히 이 접근은 계통지리학이 지역지리학을 압도하기 시작했던 20세기 중반을 지나면서 전통적 지역지리가 지닌 비과학성의 주된 요인으로 지적받으며 큰 비판을 받기도 하였다. 지역지리의 전통적 조직 방식에 대한 부정적 평가 중 '반복적 지역 세분화'라는 비판도 사실상 정치 지역 중심의 접근에 대한 것이었다. 그 뒤, 정치 지역 중심의 접근이나 자연 지역 중심의 접근의 단점에 대한 개선책으로 제안된 것이 문화 지역 중심의 접근이었다[콘로이(Conroy), 1966; 스티븐슨(Stephenson), 1969].

콘로이(Conroy, 1966, 71-72)는 문화 지역 중심의 접근이 갖는 유용성을 다음과 같이 주장하였다. 첫째, 문화적 감수성을 기르는 데에 기여할 수 있다. 만약 세계지리가 세계 각 지역의 다양한 문화에 대한 공감적 이해(sympathetic understanding)를 추구하는 데에 목표를 두는 분야라면, 문화 지역 중심의 접근은 세계의 다양한 문화를 지역별로 일반화하고 기술하는 데에 가장 논리적인 방법이라는 것이다. 둘째, 문화 지역은 세계의 다양한 현상들을 조직하고 처리하는 지역 개념 중 가장 포용력이 큰 것이다. 세계지리에서는 자연, 작물, 산업, 종교, 정치, 도시, 교통, 인구 등 매우 다양한 현상들을 다루게 되는데, 이렇게 다양한 현상들을 담을 수 있을 만큼 포괄적인 개념이 바로 문화 지역이라는 것이다.

그러나 세계 각처에 살고 있는 다양한 사람들의 문화적 특성은 서로 연결되어 있고 복잡하게 얽혀 있기 때문에 사람들의 문화를 지역에 따라 완전히 배타적으로 묶어 내거나 명료하게 구분하는 것은 거의 불가능하다. 이런 한계를 인식하면서, 그동안 문화지리학이나 문화인류학계에서는 사람들의 다양한 문화에 공통 필수로 존재하는 것으로 여겨지는 소위 '일반 요소들(generic elements)'을 문화 지역을 구분하기 위한 주된 준거로서 사용해 왔다. 이러한 일반 요소들로는 종교 및 철학 체계, 사회 체계, 경제 체계, 정치 체계, 지배적으로 사용되는 언어, 생활양식 등이 거론되었다[콘로이(Conroy), 1966; 스티븐슨(Stephenson), 1969]. 이러한 노력에도 불구하고, 전체적으로 지역 중심의 접근은 공간적 자족성이 유지되던 근대화 이전의 전통 세계에 적용 가능한 방법으로 평가되었다. 비달(P. Vidal)이나 사우어(C. Sauer)가 연구하던 20세기 초 이전의 세계에서나 의미 있었던 방법이라는 것이다.

2) 주제 중심의 접근

주제 중심의 접근은 지역 중심의 접근법을 비판했던 학자들이 그 대안으로 제시한 것이다. 그들에 의하면, 지역 중심 접근법의 주요 한계는 '세계 각 지역의 연결성이 점차 증가하는 최근 상황을 인식하지 못한 채 지역들 사이의 일반성이나 보편성을 놓치고 한 지역의 고유성과 예외성에 집착했다는 점, 지역을 지적 도구로서보다는 실재하는 공간적 실체로 개념화했다는 점, 지역의 구분 방식이 일관성도 없고 비논리적이었다는 점, 지역을 소우주로 전제하는 전체론적(holistic) 지역 개념은 인간-자연 관계가 수세기 이상 국지적 수준에서 지속된 공간이 아닌 한 현대 세계를 기술하는 데 부적합하다는 점' 등이었다[월터와 베르나르드(Walter and Bernard), 1973, 15-16].

이렇게 등장한 주제 중심의 접근법은 크게 토픽 중심의 접근(topical approach)과 좁은 의미의 주제 중심의 접근(thematic approach)으로 나뉜다. 토픽 중심의 접근은 지형, 기후, 교통, 산업, 도시, 인구 등과 같은 특정한 토픽들로 지역을 기술하는 것이다. 물론, 전통적인 지역 중심의 접근 역시 소위 헤트너(Hettner)식 지지 도식이라 하여 하위 지역을 서술할 때 위와 유사한 각종의 지리 현상들을 열거한다. 그러나 토픽 중심의 접근법이 전통적인 지역 중심의 접근법과 다른 것은 그 지역에 존재하는 모든 현상들을 백과사전식으로 나열하는 것이 아니라, 그 지역의 특성을 이해하는 데에 도움이 되는 특정한 토픽들을 선택하여 다룬다는 점에 있다. 또한, 반복적 지역 세분화에 의한 방식으로 지역의 특성을 기술하기보다는, 한 지역 안에서 전개되는 각 토픽의 공간적 변이(spatial variation)에 관심을 갖는다는 것도 특징이다.

한편 토픽 중심의 접근에 대응하는 좁은 의미의 주제 중심 접근법은 공간적 과정을 설명하는 데 더욱 초점을 둔다. 이때의 주제 중심 접근은 토픽 중심 접근에 비해 어떤 지리 현상이 어떤 환경과 맥락에서 출몰하고 작용하는지를 설명하는 데에 보다 관심을 둔다. 주제 중심의 접근에서 일반적으로 활용되는 주제의 예로는 가령 '자연환경과 인간의 적응', '자원과 산업 발달', '문화의 기원과 전파', '취락 체계의 형성과 도시화' 등이 있다[예. 월터와 베르나르드(Walter & Bernard), 1973, 21-23]. 이처럼 주제 중심의 접근은 두 개 이상의 지리적 현상들을 연관시켜 제시함으로써 일정한 주제하에 지리적 현상들 사이의 상호 관련성을 살펴보겠다는 의도를 담아내고 있다. 이것은 어떤 지역에서 나타나는 독특한 현상에 관심을 두는 것이 아니라, 모든 지역에서 공통 필수로 나타나는 일반 요소들(generic elements)을 중심으로 지리적 주제를 설정함으로써 접근하는 방식이라 할 수 있다[예. 블레이 외(de Blij et al.), 2013].

3) 지구적 쟁점 중심의 접근

지구적 쟁점 중심의 접근법은 앞에서 말한 지역 중심 접근이나 넓은 의미의 주제 중심 접근과 비교할 때 그 탄생 배경은 물론이고 지향점이 다르다. 지역 중심 접근이나 주제 중심 접근은 여러 가지 면에서 서로 상반되는 특징을 보이지만 적어도 '지리적 관점에서 세계의 주요 권역들을 이해'하는 데에 주안점을 둔다는 점, 다시 말해서 '권역의 지리적 이해'를 주된 목표로 삼는다는 면에서는 공통점을 가진다. 이들에 반해 지구적 쟁점 중심의 접근은 권역 그 자체의 이해보다는 지구적 쟁점에 대한 인식과 그 해결력, 비판적 사고 등의 소위 핵심 역량(key competence)을 기르는 데에 목표를 두고 있고, 궁극적으로는 그 같은 지리적 소양을 갖춘 세계 시민성의 함양에 목적을 둔다.

이 접근에서는 지구적 쟁점을 학습하기 위해 세계의 여러 지역을 선택적으로 다루게 되는데, 이렇게 선택된 지역은 그 자체가 학습의 목표가 아니라 해당 쟁점을 인식하고 해결하기 위한 단지 사례 지역, 즉 수단일 뿐이다. 그리고 학생들이 학습하게 되는 여러 가지 지구적 쟁점들은 상호간에 학습의 선후 관계가 있는 것이 아니라 각자 자기완결성을 지닌 단위, 즉 모듈이 학습의 기본 단위가 된다. 다시 말해서, 하나의 모듈에 대한 학습은 앞뒤로 다른 모듈에 대한 학습을 전제하지 않고 그 자체로 완결성을 지닌다는 의미이다. 따라서 교수자는 교실 상황이나 학습자의 관심을 반영하여 어떤 쟁점이든 자유롭게 선택하여 다룰 수 있다.

쟁점 중심의 접근법 중 우리에게 잘 알려진 것이 미국 콜로라도 대학의 지리교육센터에서 개발한 GIGI(Geographic Inquiry into Global Issues) 프로그램이다. 이 프로그램은 미국의 국가 교육 목표(National Education Goals)에서 지리 교과가 영어, 수학, 과학, 역사와 함께 5대 핵심 과목(core subjects)으로 지정됨에 따라 1992년 미국의 국가 과학 기금에서 후원하고 지리학자와 지리 교사들이 참여하여 개발한 것이다[힐(Hill), 1993, 73]. 그 뒤 이 프로그램은 미국 전역의 학교에서 실험된 후 1995년에 최종 발표되었다. GIGI에서 추구하는 인간상은 지리적 소양을 갖춘 세계 시민(geographically informed global citizen)이다. 프로그램은 20개의 지구적 쟁점[2]에 관한 모듈들로 이루어져 있으며, 각 모듈은 6~8시수로 구성되어 있다.

이 프로그램에서 각 모듈은 학생들에게 지리적 탐구를 요구하는 선도 질문(leading question)으로 시작되는데, 가령 '종교의 차이가 갈등으로 이어지는 지역은 어디인가?', '지리적 이주(이동)의 자유는 인간의 기본 권리인가?', '왜 자연 재해는 장소에 따라 다르게 나타나는가?' 등이 그 예이다. 그리고 이러한 쟁점이 가장 극명하게 나타나는 세계 각처의 두 개 내외 지역이 학습을 위한 사례 지역으로 선택된다. 이때 두 개 내외의 사례 지역이 제공되는 이유는 해당 쟁점이 국지적 스케일의 문제이면서도 동시에 지역적, 지구적 스케일에 연동되는 문제임을 학생들이 자연스럽게 파악하도록 하기 위함이다. 기타, 각 쟁점의 파악과 해결에 필요한 간단한 지도집과 자료집이 학생들에게 제공되고, 이 프로그램의 진행에 도움이 되도록 교사용 지침서도 함께 제공된다(http://www.unco.edu/geography/GIGI).

지구적 쟁점 중심의 접근법은 학문적 성격이 짙은 앞의 두 접근법에 비해 상대적으로 교육적 접근이라 평가할 수 있다. 세계지리 과목의 고질적 문제인 내용의 방대함 및 나열성 문제도 어느 정도 극복하고 있다고 여겨진다. 하지만, 그렇다고 이 접근법에 한계가 없는 것은 아니다. 가장 큰 한계는 각 쟁점을 다루기 위해 세계의 특정한 두 개 내외 지역을 사례로 선택하다 보니, 사례 지역들이 해당 쟁점과 관련된 문제 지역으로 학생들의 인식 속에 고착화될 우려가 있다는 점이다. 이

2 지구적 쟁점 중심의 접근법에서 다루는 사례 권역은 10개이며, 각 권역마다 2개씩의 쟁점을 제시함으로써 총 20개의 쟁점을 학습하도록 구성하고 있다. 이를 권역별로 소개하면, 동부아시아에서 학습하는 두 가지 쟁점은 '인구 증가'와 '정치적 변화'이고, 남부아시아는 '인구와 자원', '종교 갈등', 동남아시아는 '지속가능한 농업'과 '인권', 일본은 '세계 경제'와 '자연재해', 옛 소비에트 연방은 '다양성과 민족주의', '환경 오염', 오스트레일리아/뉴질랜드/태평양 지역은 '지구적 기후 변화'와 '상호의존', 북아프리카와 서남아시아는 '원유와 사회', '기아', 사하라 이남 아프리카는 '신생 독립국의 탄생', '영아 및 어린이 사망률', 라틴아메리카는 '도시 성장'과 '개발', 유럽은 '지역 통합'과 '쓰레기 처리'이다(http://www.unco.edu/geography/GIGI).

프로그램을 학습한 학생들의 입장에서 볼 때, 세계에서 인구 과잉이 큰 문제인 지역 하면 방글라데시가 바로 떠오르고, 자연재해로 고충을 겪고 있는 지역 하면 늘 일본이 연상될 수 있다는 뜻이다. 세계지리 과목의 교육적 기능이 어떤 지역에 대한 고정관념이나 편견을 불식시키고 문화다양성에 대한 소양을 기르는 데에 있음을 상기할 때, 지구적 쟁점 중심의 접근법이 갖는 그러한 한계는 생각보다 심각하게 여겨질 수 있다.

또 하나의 한계는 쟁점 중심 접근 그 자체와 관련되어 있다. 일반적 쟁점이든 지구적 쟁점이든 쟁점 그 자체는 시기적으로 현재적인 것이고 사회·정치적으로 문제가 되는 것이다. 지역 중심의 접근이나 개념 중심의 접근의 경우 그 학습 목표와 내용이 지속가능한 것인데 비해, 쟁점 중심의 접근에서는 만약 쟁점이 뚜렷하지 않은 상황이 초래되거나 심지어 미래에 그것이 소멸될 경우 그 학습 목표와 내용의 교육적 타당성을 보장받을 수 없게 된다. 이러한 경우, 지구적 쟁점 중심의 접근법은 그 가치를 인정받기 위해 세계 각처의 주요 쟁점들과 해당 쟁점에 휩싸인 문제 지역들을 끊임없이 찾아 나서지 않으면 안 될지도 모른다. 실제로, GIGI 프로그램은 이것이 개발된 1990년대 초의 쟁점들을 다루고 있으므로 20여 년이 지난 현 시점에서 각 모듈의 쟁점 및 선도 질문들이 여전히 타당성을 지니는 것인지에 대한 재검토가 필요하다.

쟁점 중심의 학습은 교실 세계에서 배우는 내용이 실제 삶의 세계에서 경험하는 바와 다르지 않다는 점에서 장점을 지닌다. 하지만, 다른 한편으로는 학생들에게 마치 삶의 세계가 늘 문제로 휩싸인 공간인 것처럼 인식하게 함으로써 세계에 대한 부정적 관점을 심어 줄 수도 있다. 또한, 지구적 쟁점 중심의 접근은 주요 권역을 학습의 틀로 삼는 전통적 지역지리의 한계를 벗어나 쟁점을 학습의 출발점으로 삼는다고 표방하고 있지만, 학습을 위한 실제 사례 지역을 선정함에 있어서는 전통적 지역지리의 권역 구분에 머물러 있다. 동부아시아, 일본, 남부아시아, 동남아시아, 서남아시아와 북아프리카, 사하라 이남 아프리카, 옛 소비에트 연방, 호주와 뉴질랜드 및 태평양 지역, 유럽, 라틴아메리카로 이루어진 10대 권역이 그것인데, 여기서 동부아시아에 속한 일본을 동부아시아와는 별개의 권역으로 다루는 것도 설득력이 없다. 이와 같이 지구적 쟁점 중심의 접근은 다른 어떤 접근법보다도 교육적인 것으로 평가되면서도 그 한계와 문제 또한 적지 않다.

4. 권역 단원의 새로운 조직 방안과 내용 요소 선정

1) 권역 단원의 적정 수효를 고려한 지리적 관점의 권역 구분

세계지리가 기본적으로 지역지리의 범주에 속한다는 점을 인정할 때, 세계지리 과목에서 권역 단원의 설정은 필수적인 것이다. 그런데 학교 과목으로서의 세계지리를 위해서는 학생들의 학습 부담과 방대한 내용의 보다 효과적인 학습이라는 두 문제를 고려하지 않을 수 없다. 따라서 세계지리 과목에서 다뤄야 할 권역 단원의 수효는 학문적, 이상적으로 제시되기보다는 교육적으로 적정화되어야 한다.

최근 미국에서 발간되는 대학 교재들을 보면, 세계의 대지역은 대개 8~12개 권역으로 나누는 것이 일반적이다. 그러나 위에 언급한 두 가지 문제로 인해 우리나라 고등학교 교육과정의 세계지리에서 8~12개에 이르는 모든 권역들을 각각의 대단원으로 설정하는 것은 무리이다. 그러면 세계의 주요 권역들을 어떻게 통폐합함으로써 권역 단원의 수효를 적정화할 것인가? 이를 위해서는 먼저 권역의 구분 작업에 공통된 지역 개념을 적용해야 한다.

전통적으로 권역의 구분에 적용한 지역 개념은 수륙 분포를 준거로 한 대륙 구분, 즉 자연지역 개념이었다. 그 뒤 20세기 중반을 거쳐 최근에는 문화지역 개념과 기능지역 개념이 기존의 자연지역 개념에 추가적으로 고려되고 있음은 이미 논의한 바와 같다. 그래서 오늘날 국내외 세계지리 교재들에서 권역 구분을 위해 사용되는 지역 개념은 어떤 단일한 지역 개념이기보다는 자연, 문화, 기능, 역사 등의 준거들을 함께 동원하는 종합적 지역 개념임을 알 수 있다. 이러한 관점에

표 4. 교육적 목적의 권역 통합의 예시

세계의 주요 권역	권역 통합의 예시	통합의 주요 근거
① 동부아시아 ② 동남아시아 ③ 남부아시아	• 몬순 아시아	몬순 기후에 적응한 생활 방식과 높은 인구 부양력 및 문화적 교류
④ 서남아시아와 북부 아프리카 ⑤ 사하라 이남 아프리카	• 건조 아시아와 아프리카	건조 기후를 바탕으로 한 종교와 문화권 및 대륙의 연속성
⑥ 유럽 ⑦ 러시아와 주변 국가들	• 유럽과 러시아 권역 • 유럽과 러시아 권역	온대 및 냉대 기후를 배경으로 한 백인 주도의 정치와 사회
⑧ 북아메리카 ⑨ 남아메리카 ⑩ 오세아니아	• 아메리카와 오세아니아	신대륙의 개척사를 공유하면서 지역적으로 다양한 문화와 사회가 전개된 권역

서 세계의 주요 권역들을 통합하는 방법을 생각해 볼 수 있고 표 4는 권역 통합의 한 예시이다.

예를 들면, 동부아시아, 동남아시아, 남부아시아를 '몬순 아시아'라는 권역명으로 통합하는 방안이 가능할 것이다. 이들 세 지역은 비록 종교나 언어의 지역적 변이가 나타나긴 하지만 대체로 몬순 기후를 공유하고 있고 그에 적응한 생활 방식과 높은 인구 부양력, 그리고 문화적 교류가 역사적으로 긴밀했다는 등의 여러 가지 공통점이 있다. 서남아시아와 북부 아프리카, 그리고 사하라 이남 아프리카는 '건조 아시아와 아프리카'라는 하나의 권역명으로 통합하여 다루어 볼 수 있다. 건조 아시아라는 용어는 이미 제5차 교육과정 때 사용되었던 개념으로 그 공간 범위는 몬순 아시아를 벗어난 유라시아 대륙 내부의 중앙아시아 및 건조한 서남아시아를 포함한다. 몬순 아시아와 마찬가지로 건조 아시아 개념은 단순히 기후 환경 특성을 지칭하는 것만이 아니라 그러한 환경에 적응한 인간의 문화와 생활방식의 유사성을 함축한 용어이다. 다만, 사하라 이남 아프리카의 경우 비록 북부 아프리카와 문화적 차이는 있지만 동일한 아프리카 지역이라는 대륙적 연속성에 근거하여 이 권역에 통합하는 것이 합리적일 것이다.

'유럽과 러시아 권역'은 비록 정치 체제는 지역적으로 다소 상이하지만 온대 및 냉대 기후를 배경으로 백인 주도의 정치와 사회를 형성해 왔다는 공통점이 있다. 더구나 냉전 시대가 종료된 이후 정치적으로 가까워지고 있고, 오늘날에는 과거 어느 때보다도 경제적으로 긴밀한 관계를 맺고 있다. 따라서 유럽과 러시아 권역을 묶어 하나의 권역으로 설정해 볼 수 있다. 끝으로, 북아메리카, 남아메리카, 오세아니아는 모두 신대륙 개척사를 공유하면서도, 원주민과 유입민의 관계가 어떠한가에 따라 지역적으로 다양한 문화와 사회가 전개된 권역이다. 따라서 '아메리카와 오세아니아'라는 하나의 단원으로 학습하게 하면서 국지적 차이를 비교하게 하는 것도 교육적으로 유의미할 것이다.

2) 권역 단원의 필수 내용 요소: 통합적 접근과 빅아이디어의 적용

세계의 주요 권역들을 통폐합하여 권역 단원의 수효를 적정화했다고 해서 그것이 곧 세계지리 과목의 학습 분량 축소나 나열성 극복을 보장하는 것은 아니다. 이를 위한 관건은 권역별로 학습해야 할 필수 내용 요소를 어떤 관점에서 도출하고, 몇 가지로 제시하며, 어떻게 구성할 것인가가 하는 점에 있다. 이 부분에서 권역의 조직 방식에 접근하는 기존의 주요 방식들을 차용하되, 어떤 한 가지를 채택하여 적용하기보다는 서로 다른 방식들의 장점을 서로 절충하는 방안이 합리적일

표 5. 2015 세계지리 교육과정의 내용 체계

단원명	단원 성격
(1) 세계화와 지역 이해 (2) 세계의 자연환경과 인간 생활 (3) 세계의 인문환경과 인문 경관	계통 단원
(4) 몬순 아시아와 오세아니아 (5) 건조 아시아와 북부 아프리카 (6) 유럽과 북부 아메리카 (7) 사하라 이남 아프리카와 중·남부 아메리카	권역 단원
(8) 평화와 공존의 세계	계통 단원

표 6. 2015 세계지리 교육과정의 내용 체계

단원명	필수 내용 요소	5대 빅 아이디어
(4) 몬순 아시아와 오세아니아	• 자연환경에 적응한 생활 모습 • 자원의 분포 및 이동과 산업 구조 • 최근의 지역 쟁점: 민족(인종) 및 종교적 차이	1. 자연환경과 인간생활 2. 지역 문화의 기원과 전파 3. 거주 공간의 형성과 도시화 4. 자원의 분포와 산업 구조 5. 최근의 지역 쟁점
(5) 건조 아시아와 아프리카	• 자연환경에 적응한 생활 모습 • 주요 자원의 분포 및 이동과 산업 구조 • 최근의 지역 쟁점: 사막화의 진행	
(6) 유럽과 북부 아메리카	• 주요 공업 지역의 형성과 최근 변화 • 현대 도시의 내부 구조와 특징 • 최근의 지역 쟁점: 지역의 통합과 분리 운동	
(7) 사하라 이남 아프리카와 중·남부 아메라카	• 도시 구조에 나타난 도시화 과정의 특징 • 다양한 지역 분쟁과 저개발 문제 • 최근의 지역 쟁점: 자원 개발을 둘러싼 과제	

것이다.

2015 개정 세계지리 교육과정은 권역 내의 지리적 현상들 간의 상호 관련성을 통해 해당 권역을 이해하려는 주제 중심의 접근법과, 지리적 핵심 역량을 기르고자 하는 지구적 쟁점 중심의 접근법의 장점을 절충한 이른바 통합적 접근법을 채택하고 있다. 표 5는 2015 개정 세계지리 교육과정의 전체 내용 체계를 제시한 것이고, 표 6는 그중 권역 단원의 구성 원리를 보여 주기 위해 단원명과 필수 내용 요소와 5대 빅아이디어의 관계를 정리한 것이다.

이 표에 제시된 필수 내용 요소 1~4는 차례대로 자연, 문화, 취락, 산업에 관련된 빅 아이디어들(big ideas)[3]로서 주제 중심의 접근법에서 가장 보편적으로 활용되는 것들이고, 필수 내용 요소 5는 지구적 쟁점 중심의 접근을 응용한 것이다. 물론, 각 권역 단원마다 필수 내용 요소 1~5를 모두 학습하도록 구성하는 것이 이상적이다. 하지만, 그 경우 학습 분량의 과다함 문제를 역시 피할 수 없다. 이 문제를 해결하는 방법으로, 권역별로 특화 가능한 일부 필수 내용 요소들을 선택적으로 적용하는 방법을 생각해 볼 수 있다.

여기서 권역별로 특화 가능한 주제를 선별한다는 말은, 몬순 아시아 권역을 예로 들자면 이 권역을 이해하기 위해서는 무엇보다 몬순 기후라는 자연환경에 적응한 인간 생활의 측면을 우선적으로 살펴보지 않을 수 없으므로, '1. 자연환경과 인간 생활'을 이 권역에 특화 가능한 내용 요소로 선정할 수 있다. 이를 적용하여 구체화한 필수 내용 요소가 '자연환경에 적응한 생활 모습'이다.

이와 비슷한 맥락에서 도시화 현상이 다른 어떤 권역보다도 일찍 시작된 유럽과 북부 아메리카 권역의 경우 '3. 거주 공간의 형성과 도시화'라는 빅아이디어를 적용한 '현대 도시의 내부 구조와 특징'이, 석유 자원의 분포와 국제적 이동에 의존하는 산업 구조를 보이는 건조 아시아와 북부 아프리카의 경우 '4. 자원의 분포와 산업 구조'를 적용한 '주요 자원의 분포 및 이동과 산업 구조'가 각각 특화될 수 있는 내용 요소라 생각해 볼 수 있다.

물론, 학생들의 입장에서 보면 권역별로 특정한 일부 내용 요소들만 학습하게 된다는 점이 한계점으로 지적될 수도 있다. 그것이 한계점인 것은 맞지만, 다른 한편으로 모든 권역 단원을 총괄해서 본다면 학생들은 다섯 가지 필수 내용 요소들을 골고루 학습하는 셈이 된다. 이 부분에서 혹자는 한 권역에 특화된 주제를 놓고 그것을 특화된 주제라 보기보다는 편견을 심어 줄 우려가 있는 주제라 비판할지도 모른다. 아프리카 같은 재개발 권역의 주제들이 그러한 비판에 종종 노출된다. 하지만 단지 편견을 심어 줄 가능성이 있다는 짐작만으로 오히려 지리적 사실 지식을 오도하는 것은 아닌지 한번 생각해 볼 문제이다. 아픈 진실을 직면하는 것도 교육적 의미가 있기 때문이다. 특정 권역에 대한 특정 주제의 특화 여부를 판단하기 위해서는 지리학자와 지리교육자의 다양한 경험과 폭넓은 합의가 요구될 것이고 어느 정도의 시행착오 과정도 필요할 것이다.

한편 모든 권역에서 공통적으로 다루어야 할 것으로 생각되는 필수 내용 요소도 있다. '5. 최근의 지역 쟁점'이 그것이다. 그 이유는 권역별로 저마다 직면한 쟁점들이 다양함을 학생들이 인식할 필요가 있기 때문이고 그 배경과 해결 방안을 국지적, 지역적, 지구적 스케일에서 탐구해야 하

3 빅 아이디어(big idea)란 유사성을 지닌 여러 개념들을 서로 묶어 주고 전이가 높은 차상위의 개념을 의미한다. 빅 아이디어는 핵심 개념 또는 큰 개념이라고도 칭하며, 미국에서는 핵심 아이디어(core ideas), 캐나다에서는 토대 개념(fundamental concepts), 호주에서는 주요 아이디어(overarching ideas) 등으로 표현되면서 최근 각국의 교과교육과정 개발에 널리 활용되고 있다(교육부, 2014, 38-41 참조).

기 때문이다. 특별히 이 주제가 중요한 것은 필수 내용 요소 1~4를 통해 익힌 지리 정보와 지식을 토대로 비판적인 입장에 서서 해당 지역의 쟁점들에 정합하는 지리적 사고 및 기능을 수행해 보도록 한다는 데에 있다.

5. 마치며

삶의 다양한 부문에서 세계화가 진행되고 이와 함께 문화 다양성에 대한 소양이 더욱 중요해지면서 세계지리 과목의 교육적 가치와 사회적 기대 또한 커지고 있다. 이 시점에서, 그간의 교육과정 속에서 세계지리 과목의 존재 양태를 되짚어보면서 세계지리 과목의 내용 체계에 대한 주요 비판들을 경청하고 시대적 흐름과 사회적 요구에 부응한 내용 체계의 개선을 도모할 필요가 있다. 세계지리 과목에서 특히 권역 단원은 지역지리로서의 세계지리의 본질과 맞닿아 있는 주요 학습 내용이므로, 세계지리의 내용 체계를 개선한다고 했을 때 권역 단원의 편성과 구성에 대한 것이 무엇보다 중요한 과제이다. 이 점에서 본 연구가 제안한 통합적 권역 단원의 예시와 그 조직 방안은 하나의 실험적 구상이며 동시에 후속적 논의를 위한 재료로서의 성격을 갖는다.

권역 단원의 재편과 개선 작업에서 우선 필요한 것은 그동안 고질적 문제로 거론되어 온 학습 내용의 방대함과 나열적 서술이라는 문제를 극복하기 위한 노력일 것이다. 이 노력에서 학생들로 하여금 세계의 권역 구분을 어떤 입장에서 다루게 할 것인가 하는 것은 매우 중요하다. 세계지리를 통해 배우는 권역들이란 그 자체로 특정한 시각과 이데올로기를 내포할 수밖에 없는 메타적인 것이다[루이스와 위겐(Lewis and Wigen), 1997; 애그뉴(Agnew), 1999]. 따라서 학생들은 누군가가 구분한 그러한 권역들을 굳이 암기할 이유가 없다. 오히려 세계지리 교육과정은 주어진 권역 구분을 비판적으로 해체해 보도록 학생들을 지원하고, 그들의 관심사와 목적에 따라 세계의 권역 구분을 자유자재로 수행하도록 자극하는 방향으로 '지리하기'를 도와야 한다.

권역 단원의 조직 방식에 있어서도 통합적 접근에 의한 내용 구성과 필수 내용 요소(빅 아이디어)들의 선택적 적용이 요구된다. 통합적 접근이란 주제 중심의 접근과 지구적 쟁점 중심 접근의 장점을 적절히 통합한 접근법을 말한다. 또한 각 권역 단원에서 모든 필수 요소들을 다루게 되면 학습 분량의 과다함에 직면할 수밖에 없고, 모든 권역 단원을 동일한 필수 내용 요소들로 구성할 필요도 없다. 각 권역 단원에 특화될 수 있는 일부 내용 요소들을 선택적으로 편성하되, 권역 단원을 총괄해서 볼 때에는 모든 필수 내용 요소들을 골고루 학습하는 결과가 되도록 구성하는 것이 유효한 전략일 수 있다.

세계지리는 과목의 성격상 세계 각 지역을 다루지 않을 수 없는데 이 과정에서 종종 교육 내용의 방대함과 나열성 문제에 봉착하기 쉽다. 그렇다고 학습의 효율성을 치중하면서 학습 내용의 축소와 교육적 가치만을 내세우다 보면 오히려 더 중요한 과목의 본질적 성격을 잃기 쉽다. 국가 교육과정 개발이 소수의 연구자를 중심으로 짧은 시간 내에 이루어진다는 것도 문제로 지적될 수 있다. 이러한 과제와 문제에 대응하기 위해서는 보다 많은 지리교육자와 지리학자, 현장의 지리교사가 세계지리 내용 체계의 개선 방안을 마련하는 일에 참여할 수 있도록 지리학 및 지리교육 관련 학회들에 의한 공동 전문 기구나 정례적인 연구 모임이 무엇보다 절실하다.

• 요약 및 핵심어

요약: 이 장은 세계지리의 내용 체계에서 권역 단원의 편성하는 것이 중요한 일이라는 점을 강조하고 2015 개정 교육과정에서 보이는 권역 단원의 구성 원리를 논의하였다. 먼저 역대 고등학교 세계지리 교육과정에서 볼 수 있는 세계지리의 내용 체계를 세 가지 유형으로 범주화하였다. 첫째는 2007 및 2009 개정 교육과정에서 보이는 주제적 접근 중심의 유형이고, 둘째는 제7차 교육과정에서 보이는 지역적 접근 중심의 유형이며, 셋째는 5차 및 6차 교육과정에서 보이는 절충적 접근 유형이다. 다음으로 역대 교육과정에서 권역 단원이 '반복적 지역 세분화' 방식으로 구성되었다는 것에 지속적 비판이 있었음을 강조하면서, 권역 단원의 조직을 위한 주요 접근 방법, 권역 단원의 적정 수효, 빅아이디어를 적용한 권역 단원의 구성 방법 등을 2015 개정 교육과정을 중심으로 설명하였다.

핵심어: 세계지리(world regional geography), 권역(realm, macro-region), 빅아이디어(big idea), 필수 내용 요소(essential elements), 2015 개정 세계지리 교육과정(the 2015 revised national geography curriculum)

• 더 읽을거리

박선미 · 김희순, 2015, 빈곤의 연대기: 제국주의 세계화 그리고 불평등한 세계, 갈라파고스.

한희경, 2011, 비판적 세계 시민성 함양을 위한 세계지리 내용의 재구성 방안, 한국지리환경교육학회지, 19(2), 123-141.

Grubbs, M.E. and S. Grubbs, 2015, Beyond Science and Math: Integrating Geography Education, Technology and Engineering Teacher, 74(4), pp.17-21.

참고문헌

교육부, 2014, 문·이과 통합 사회과 교육과정 재구조화 연구.

교육부, 2014, 문·이과 통합형 교육과정 개정을 위한 교과 교육과정 개발 정책연구진 합동 워크숍 자료집.

구동회, 2011, 우리나라 세계지역구분체계의 문제점과 개선방안, 국토지리학회지, 45(1), 41−58.

권정화, 1997, 지역지리 교육의 내용 구성과 학습 이론의 조응, 대한지리학회지, 32(4), 511−520.

류재명·서태열, 1997, 제7차 지리교육과정 개발과정에서 나타난 문제점과 앞으로의 과제, 지리환경교육, 5(2), 1−28.

서태열, 1981, 지역지리학 쟁점의 재조명, 지리교육논집, 22, 80−91.

전종한, 2014, 세계지리 과목의 권역 구분 방식과 내용 체계의 개선 방안, 글로벌교육연구, 6(2), 3−36.

조성욱, 2005, 거점국가 중심의 세계지리 교육내용 구성 방법, 한국지리환경교육학회지, 13(3), 349−362.

한희경, 2011, 비판적 세계 시민성 함양을 위한 세계지리 내용의 재구성 방안, 한국지리환경교육학회지, 19(2), 123−141.

Agnew, J., 1999, Regions on the mind does not equal regions of the mind, *Progress in Human Geography*, 23(1), 91-96.

Bradshaw, White, Dymond, and Chacko, 2012, *Contemporary World Regional Geography*(4th ed.), McGraw-Hill.

Conroy, W.B., 1966, The Cultural Region - Framework for Teaching World Geography, *The Social Studies*, LVII(2), 71-75

de Blij, Muller, and Nijman, J., 2013, *The World Today - Concepts and Regions in Geography*(6th ed.), John Wiley & Sons.

Hill, D., 1993, Geographic Inquiry into Global Issues, *OAH Magazine of History*, 7(3), 73-76.

Hobbs, J.J., 2013, *Fundamentals of World Regional Geography*(3rd ed.), Brooks/Cole.

Johnson, D.L., and Airriess, C. A., 2010, *World Regional Geography*(10th ed.), Pearson Prentice Hall.

Lewis, M.W., and Wigen, K.E., 1997, *The Myth of Continents*, University of California Press.

Stephenson, G.V., 1969, Regional Geography and the Culture Area Construct - Western Europe: A Case Study, *Journal of Geography*, 68(3), 167-172.

Walter, B.J., and Bernard, F.E., 1973, A Thematic Approach to Regional Geography, *The Journal of Geography*, 72(8), 14-28.

White, Dymond, Chacko, and Bradshaw, 2011, *Essentials of World Regional Geography*(2nd ed.), McGraw-Hill.

국가교육과정 정보센터 홈페이지 http://www.ncic.go.kr

콜로라도 대학교 GIGI 홈페이지 http://www.unco.edu/geography/GIGI

17.

세계화 시대의 세계지리 교육, 어떻게 할 것인가?[1]

조철기(경북대학교)·이종호(경상대학교)

1. 들어가며

지리학은 전통적으로 지역지리학과 계통지리학으로 구분된다. 1950년대 계량혁명 이후 계통지리학이 지리학을 대표하면서 지역지리학은 상대적으로 침체되어 왔다. 이러한 현상은 비단 지리학에만 머물지 않고 지리교육에서도 나타났다. 미국의 1960년대 초반 HSGP를 시작으로 영국 등 여러 국가에서는 기존의 지역지리에 기반한 지리교육을 계통지리 중심 또는 주제 중심의 지리교육으로 전환하기에 이른다. 이러한 경향은 우리나라 지리교육에서도 유사하게 나타나고 있다. 지리교사들은 지금까지 개념, 이론, 원리, 법칙 등 전이력이 높은 지식을 학생들에게 가르쳐오면서 그리고 주제 중심의 내용으로 학생들의 흥미를 자극하면서 계통지리 또는 주제 중심의 지리교육에 안주해 오고 있는 실정이다.

그렇다고 계통지리 또는 주제중심의 지리교육을 긍정적으로만 바라보고 있는 것은 아니다. 흔히 다수의 지리학자들과 지리교사들은 지역을 종합적으로 바라보고 지역성을 규명하는 지역지리학이야말로 지리학의 본질이라고 한다. 그리고 지리수업에서 지리부도가 점차 사라지는 것을 한탄하면서, 그리하여 지역 및 위치 학습이 제대로 이루지지 않는 것을 한탄하면서 다수의 지리

1 이 글은 조철기·이종호(2017)를 수정·보완한 것임

교사들은 이제 중등학교 지리교육이 지역지리 중심으로 회귀하여야 한다고 주장하기도 한다.

그렇다면 지역지리 중심의 지리교육이 학교현장에서 왜 외면받은 것일까? 그것은 대개 지역지리학이 가지는 한계에 기인한다. 그중에서 전통적으로 가장 문제시되어 온 것은 학습 내용이 주로 지리적 사실(fact)을 백과사전식으로 나열하고 있어 학습량이 너무 많으며, 유의미한 학습이 되지 못하고 기계적인 암기학습이 될 가능성이 높다는 것이다. 그러나 최근에는 이에 더해 교수의 초점이 지역성 또는 지역적 차이의 규명에 있기 때문에, 지역 간의 유사성과 지역 간의 관계에 대한 학습(관계적 사고에 기반한 학습)이 이루어지지 않을 가능성이 높다는 것이다(서태열, 2005; 조철기, 2014).

사실, 지역지리에 기반한 지리교육은 이러한 한계를 극복하기 위한 다양한 시도를 해 왔다. 예를 들면, 지역적 방법과 주제적 방법을 결합하려는 시도를 비롯하여 지역구분을 전통적인 대륙중심에서 벗어나 경제, 정치, 문화 등의 권역으로 다변화하여 학습의 초점을 유지하려고 하였다. 그럼에도 불구하고, 이러한 시도들은 큰 반향을 불러일으키지 못하고 학교교육에서도 큰 호응을 얻지 못한 것이 사실이다.

이러한 시점에서 고등학교 선택과목 세계지리를 대상으로, 지역지리에 기반한 지리교육의 명암을 살펴보고, 어떻게 하면 지역지리에 기반한 세계지리 학습이 학교현장에 성공적으로 뿌리내릴 수 있는지에 대해서 살펴보고자 한다.

2. 고등학교 지리 선택과목명에 대한 단상

1) 한국지리 vs 세계지리

우리나라 현행 고등학교 선택과목은 한국지리와 세계지리로 대별된다. 고등학교 지리 선택과목명이 한국지리와 세계지리로 구분된 것은 제5차 교육과정기부터이다. 사실 4차 교육과정기에는 선택과목명이 지리 I과 지리 II였지만, 지리 I이 한국지리를 계통적으로 접근하였고, 지리 II가 세계지리를 지역적으로 접근하였다. 여하튼 제5차 교육과정기 이후 몇 차례의 교육과정 개정에도 불구하고 고등학교 지리과 선택과목은 '한국지리'와 '세계지리'의 체제를 유지해 오고 있다. 그렇다면, 과연 '한국지리'와 '세계지리'라는 선택과목명은 합당한 것일까?

제5차 교육과정(1987~1992)이 시작되는 1987년부터 현재까지 무려 30년 동안 우리나라 고등학교 선택과목명은 한국지리와 세계지리였는데, 왜 이 과목명에 대한 문제제기는 없었던 것일까?

먼저, 선택과목 체제하에서 한국지리와 세계지리 과목명에 대해 살펴보자. 선택과목 체제하에서 한국지리와 세계지리 둘 다 배우던가, 아니면 둘 중 하나만을 선택해야 하는 경우가 발생한다. 하나만 배운다면 한국지리만을 배우게 될 것이다. 역사과의 사례를 보면, 한국사는 필수과목이고, 세계사와 동아시아는 선택과목이다. 자칫 세계지리는 버리는 과목이 될 가능성이 높다.[2]

둘째, 한국지리와 세계지리 과목명의 포장지는 지역지리를 표방하고 있다. 그렇지만, 2007 개정 교육과정기부터 대부분의 단원의 내용구성이 대개 계통적 접근 또는 주제적 접근을 취해 왔다. 대개 지역지리는 한 단원 정도이거나, 지역과 주제가 결합되어 일부 단원에서만 다루어질 뿐이었다(물론 2015 개정 교육과정에서 세계지리는 일부 단원이 지역지리로 바뀌었지만). 한국지리와 세계지리라는 과목명을 존속하려면, 내용구성 체제도 그 교과목 명칭에 맞게 지역지리로 내용을 구성하는 게 타당할지 않을까? 겉과 속이 다른 체제를 계속 유지해야만 할까?

셋째, 한국지리와 세계지리 교과목명이 적합하지 않은 이유는 또 있다. 최근 세계화로 인해 지리학에서는 지역을 모자이크 방식으로 이해하던 것에서 벗어나, 관계적 전환을 통해 다중스케일적 사고 또는 관계적 사고를 강조한다(조철기, 2016). 그렇지만 한국지리와 세계지리 교과목이 분리되어 있는 상태에서 관계적 사고, 다중스케일적 사고를 촉진할 수 있는 내용구성에 한계가 있다. 2009 개정 교육과정에 의한 세계지리 교과서 검증에 참여한 필자의 경험에 의하면, 당시 모 출판사에서는 세계지리 내용에 한국지리 엿보기라는 코너를 마련하였다. 완전한 다중스케일적 사고를 구현하지는 못했지만, 그 의도는 매우 좋았다. 그럼에도 불구하고, 심의 과정에서 그 코너를 삭제하도록 권고하였다. 그 이유는 한국지리 내용과 중복되어, 한국지리 교과목의 존립 근거를 훼손할 수 있다는 것이었다.

넷째, 대학수학능력시험과 관련하여 한국지리와 세계지리 과목명의 한계점 또한 노출되고 있다. 한국지리가 세계지리보다 선택율이 높지만, 계속해서 그 격차가 줄어들고 있다는 것이다. 다시 말하면, 한국지리를 선택하는 학생수는 계속 줄어들고, 세계지리를 선택하는 학생수는 계속

2 한편, 역사를 국사와 세계사로 구분하는 것과 지리를 한국지리와 세계지리로 구분하는 것을 동일시 할 수는 없다. 역사는 과거에 대한 학문과 교과로 국사와 세계사로 구분하며 학습하는 것도 큰 무리는 아니다. 그러나 한국지리와 세계지리는 과거, 현재, 미래 세계에 대한 학습으로, 특히 현재와 미래는 세계화라는 변화하는 세계적 동향에 맞추어 과목명을 다중스케일의 관점을 반영하기 위해 수정될 필요가 있다.

늘어나고 있다. 그 이유는 무엇일까? 여러 원인이 있겠지만, 한국지리는 재미없고 세계지리는 재미있다는 것이다. 사실, 과거에는 학생들이 한국지리보다 세계지리를 더 싫어했다. 그렇다면 현재, 이런 현상이 일어나는 것일까? 대학수학능력시험의 문제 경향(한국지리의 경우 과도하게 수학적인 수리력 측정에 의존하는 문제)과 세계지리 내용구성의 변화와도 관련이 있겠지만, 또 다른 중요한 원인도 있다. 이른바 우리는 세계화 시대, 정보화 시대에 살고 있다. 그리하여 세계에 대한 정보를 접하거나 여행하는데 그 만큼 제약이 적어졌다. 학생들은 세계를 경험하기 쉬워졌고, 어린 나이부터 세계에 대한 많은 직접 경험을 해 오고 있다. 그리하여 세계에 대한 지식에 흥미를 가지는 반면, 국가 스케일에서의 경험에는 덜 흥미를 가지게 된다.

다섯째, 내용구성의 측면에서 한국지리와 세계지리가 가지는 문제점에 대해 살펴보자. 한국지리와 세계지리 과목명에 따라 그 내용구성 역시 각각 지역적 방법으로 구성된다면, 두 과목 간의 중복성은 거의 없게 된다. 그러나 2009 개정 교육과정처럼 한국지리의 대부분 단원과 세계지리 전체 단원이 계통지리 또는 주제중심으로 내용이 구성되었을 때, 두 과목 간에는 중복성이 매우 크게 된다. 예를 들면, 한국지리와 세계지리에서 배우는 자연지리 및 인문지리의 핵심개념은 유사할 수밖에 없기 때문이다. 이는 수능시험 출제에서 문제점으로 지적되기도 한다. 물론 학습자의 입장에서, 그리고 지리 선택과목의 입장에서는 상당히 좋다. 왜냐하면 배워야 하는 핵심개념이 유사하기 때문에, 두 과목을 공부하는 큰 어려움이 없기 때문이다.

2) 대안

우리나라 교육과정기를 통해 보면 고등학교 교과목은 지리 I과 지리 II[제2차(필수, 선택)와 제4차 교육과정(모두 필수)], 인문지리와 국토지리(제3차 교육과정), 한국지리와 세계지리(제7차와 2007에는 경제지리 모두 선택과목)로 대별된다. 선택과목 체제하에서는 한국지리와 세계지리 과목명을 유지해 오고 있다. 일설에 의하면, 고등학교 선택과목을 한국지리와 세계지리로 그 명칭을 정한 배경에는 교육과정 정치학이 내재되어 있다고 한다. 교육부는 한때는 선택과목 수를 늘리다가 다시 줄이는 정책을 취했다. 제7차 교육과정 및 2007 개정 교육과정 시에 고등학교 지리과 선택과목은 한국지리, 세계지리, 경제지리 세 과목 체제였다가, 2009 개정 교육과정부터 경제지리가 없어졌다. 한국지리와 세계지리라는 과목명하에서는 최소한 2개의 선택과목을 유지할 수 있다는 판단이 깔려 있다는 것이다.

이러한 교육과정 정치학의 논리를 피할 수 있다면, 그리고 최근의 지리학의 관계적 전환을 학교 지리교육이 적극 수용하려고 한다면 선택과목 명칭을 지리 A, 지리 B로 하고 부제를 다는 것도 좋을 듯하다. 일본처럼, 지리 A는 주제중심 또는 쟁점중심으로 내용을 구성하여 쉽게 접근할 수 있도록 하고, 지리 B에서 계통지리와 지역지리 심화학습을 할 수 있도록 할 수 있다. 아니면, 지리 A는 계통지리를 통해 개념, 원리, 법칙 등을 학습하고, 이에 토대하여 지리 B에서는 지역지리를 학습하는 것도 가능하리라 본다.

오스트레일리아의 경우, 국가교육과정이 채택되기 전 뉴사우스웨일스 주에서는 지리가 필수과목으로 Stage 4에서는 세계지리(Global Geography)를, Stage 5에서는 오스트레일리아 지리(Australia Geography)를 배우도록 했다. 그리고 세계지리를 먼저 학습하고 오스트레일리아 지리를 이후에 학습하도록 한 것뿐만 아니라, 오스트레일리아 지리는 세계와의 관계 속에서 다루도록 했다(사실, 내용구성은 지역지리가 아니라 주제적 접근을 시도하고 있다)(조철기, 2013). 우리나라처럼 교과목 명칭을 확정하여 고시한 것은 아니지만, 다루어야 할 범위를 세계지리, 오스트레일리아 지리로 지정한 것이다. 이 역시 하나의 대안이 될 수 있을 것이다.

한편, 세계지리는 한때 세계여행지리로 그 명칭을 변경하자는 의견이 있었다. 그러한 명칭 변경은 실현되지 못했다. 그러나 2015 개정 교육과에서 선택과목이 일반선택과 진로선택으로 나뉘면서, 진로선택 과목으로 여행지리가 생겨났다. 일반선택 세계지리가 지역지리로 변화를 꾀하면서, 여행지리는 세계지리와의 차별화를 위해 주제적 접근과 프로젝트 학습이 가능하도록 하였다. 그렇지만, 세계지리 과목명을 세계여행지리로 바꾸는 것을 이제는 진지하게 고려해 보아야 할 것이다.

결론적으로, 한국지리, 세계지리라는 과목명을 폐기하지 않는 한 각각의 내용구성에는 한계를 드러낼 수밖에 없다. 한국지리, 세계지리 내에서 각각 계통적 접근, 지역적 접근, 쟁점중심 접근을 시도해 봤자, 그리고 이들 접근의 순서를 새롭게 구성해 봤자 큰 발전을 이루기 어렵다. 또한, 한국지리, 세계지리 내에서 지역적 접근을 위해 지역구분을 새롭게 논의해 봤자 큰 의미가 없을 가능성이 높다. 이에 대해서는 다음 절에서 자세하게 살펴본다.

3. 세계지리의 내용조직을 어떻게 할 것인가?

1) 선 계통적 주제, 후 지역적 접근은 타당한가?

세계지리 교과목이 그대로 존속된다는 가정하에서 다음 논의를 전개한다. 2007년 및 2009 개정 교육과정에서 세계지리의 내용구성은 계통지리 또는 주제중심 접근이었다. 그렇지만 2015 개정 교육과정에서는 선 계통적 주제, 후 지역적 접근을 취하고 있다. 이러한 방식은 지역지리 중심으로 세계지리의 내용구성을 할 때 흔히 사용하던 방식이다. 물론 2015 개정 교육과정에서는 지역적 접근에서 권역구분 방식을 달리하고, 빅아이디어 및 쟁점을 도입하고 있다. 그렇지만 큰 틀에서는 선 계통적 주제, 후 지역적 접근이라고 할 수 있다. 그렇다면 선 계통적 주제, 후 지역적 접근 방식은 확고부동한 원칙인가?

세계지리 교과목의 내용구성이 전부 계통적 지리 또는 주제중심일 때는 상관이 없지만, 지역적 접근을 취할 때 흔히 자연지리와 인문지리를 아우르는 계통적 주제를 다룬 이후, 지역적 접근으로 들어간다. 이러한 방식의 전제는 세계의 각 지역에 대한 학습 이전에 이를 학습하는데 선행해야 할 개념적 틀 또는 대주제를 공부해야 한다는 논리이다. 이러한 논리는 일명 타당해 보인다. 그렇지만 선행하는 계통적 주제가 인문지리와 자연지리를 모두 다룰 경우 학습의 범위가 너무 많아지게 된다는 문제점이 있다.

2015 개정 교육과정의 경우 세계지리는 기존의 계통적 지리 또는 주제중심에서, 선 계통적 주제 후 지역 학습 구조를 답습하고 있다. 그리고 이후의 지역 학습에 대한 부담을 줄이기 위해 권역 아래에 빅아이디어를 설정하여 제시하고 있다. 뿐만 아니라 지역적 접근 아래에 쟁점중심 접근 역시 시도하고 있다. 2015 개정 교육과정에 의한 세계지리는 그야말로 계통적/주제적 접근, 지역적 접근, 쟁점중심 접근, 빅아이디어 등 지리내용구성 방법이 거의 망라되었다고 해도 과언이 아니다.

예상되는 문제점은 계통지리 또는 주제중심이었던 2009 개정 교육과정에 의한 세계지리보다 학습량이 매우 늘어날 가능성이 높다. 2015 개정 교육과정에 의한 세계지리가 선 계통지리, 후 지역지리 형식을 취함으로써 2009 교육과정에 의한 세계지리보다 단원 수가 많이 늘어난 것도 이를 뒷받침한다(6개 대단원에서 8개 대단원으로 2개 대단원 증가)(표 1). 계통지리, 지역지리, 쟁점중심 어느 하나 소홀히 넘기기 어렵기 때문에, 이는 교사들에게는 가르쳐야 할 시간 부족, 학생들에게는

표 1. 세계지리 대단원 비교

2009 개정 교육과정의 세계지리	2015 개정 교육과정의 세계지리
1. 세계화와 지역 이해 2. 세계의 다양한 자연환경 3. 세계 여러 지역의 문화적 다양성 4. 변화하는 세계의 인구와 도시 5. 경제활동의 세계화 6. 갈등과 공존의 세계	1. 세계화와 지역 이해 2. 세계의 자연환경과 인간생활 3. 세계의 인문환경과 인문경관 4. 몬순아시아와 오세아니아 5. 건조아시아와 북부아프리카 6. 유럽과 북부 아메리카 7. 사하라 이남 아프리카와 중·남부아메리카 8. 평화와 공존의 세계

학습 부담으로 작용할 가능성이 높다.

세계지리가 지역지리를 구현하기 위해 지역적 접근을 취한다 하더라도, 선 계통지리를 다룰 수 밖에 없는 이유는 지역을 이해하기 위한 개념, 법칙, 원리에 대한 학습이 선행되어야 하기 때문으로 풀이된다. 뿐만 아니라 세계지리의 모든 단원이 지역적 접근으로만 다루어질 경우, 개념 및 주제에 대한 학습이 이루어지지 않아 수학능력시험과 같은 객관식 시험 출제에 어려움을 겪게 될 수도 있을 것이다.

2) 지역적 접근에서, 학습해야 할 지역을 어떻게 구분할 것인가?

우리나라는 한국지리, 세계지리 교과명하에서 지역지리 접근을 강조할 때면 어김없이 지역구분을 어떻게 할 것인가에 과도하게 초점을 맞추는 경향이 있다. 즉 세계지리의 내용구성에 있어서 가장 이슈가 되는 부분은 학습할 지역을 어떻게 구분할 것인가에 있다. 지역적 방법의 내용 체계는 먼저 세계를 대륙별로, 국가를 지역별로 구분한 후, 각각의 하위지역을 구성한다. 예를 들면, 세계를 아시아, 유럽, 아프리카, 아메리카, 오스트레일리아, 극지방 등으로 구분한 후, 아시아의 경우 동아시아, 동남아시아, 남부아시아, 서남아시아 등과 같이 하위지역으로 세분한다. 국가의 경우 우리나라를 예로 들면 중부지방, 남부지방, 북부지방 등으로 구분한 후, 중부지방을 수도권, 관동지방, 충청지방 등과 같이 세분한다.

여기에서 주목해야 할 것은, 세계나 국가의 하위지역을 구분할 때 사용되는 지역구분 방식이 다양하다는 것이다. 지리적 지역구분 방식이 주로 사용되지만, 경우에 따라서는 자연지역(예를 들면, 건조기후 지역, 사바나기후 지역), 정치지역(행정구역)(예를 들면, 국가, 충청지방), 경제지역(예를 들면, 선

벨트지역, 남동임해공업지역), 문화지역(예를 들면, 앵글로아메리카, 영남지방)으로 구분되기도 한다(서태열, 2005).

앞에서도 잠깐 언급했듯이, 2015 개정 교육과정에 의한 세계지리에서는 지역구분 방식이 이전의 대륙중심 방식과 다소 상이한 점을 취하고 있다. 지역 또는 권역을 크게 4가지로 구분하고 있는데, 몬순아시아와 오세아니아, 건조 아시아와 북부 아프리카, 유럽과 북부 아메리카, 사하라 이남 아프리카와 중·남부 아메리카가 그것이다. 몬순아시아와 오세아니아는 경제권, 건조 아시아와 북부 아프리카는 기후권 및 문화권, 유럽과 북부 아메리카 그리고 사하라 이남 아프리카와 중·남부 아메리카는 경제적 측면에서의 개발도상국과 선진국이라는 대비를 보여 준다(표 2).

그렇다면, 2015 개정 교육과정에 의한 세계지리의 지역 또는 권역 구분 방식은 어디에서 기원한 것일까? 전종한(2015)은 세계지리 교과목의 지역적 접근의 필요성을 강조하면서, 미국의 대학 교재 등을 중심으로 사용되고 있는 권역 구분을 참조하여 주요 권역을 10가지로 제시하였다(표 3). 그러나 이러한 10가지 권역을 모두 사용함으로써 나타날 수 있는 학습량 과다 등의 문제점을 고

표 2. 2015 개정 교육과정에 의한 세계지리 내용 체계

영역	내용 요소	
세계화와 지역 이해	• 세계화와 지역화 • 세계의 지역 구분	• 지리 정보와 공간 인식
세계의 자연환경과 인간 생활	• 열대 기후 환경 • 건조 및 냉·한대 기후 환경과 지형 • 독특하고 특수한 지형들	• 온대 기후 환경 • 세계의 주요 대지형
세계의 인문환경과 인문 경관	• 주요 종교의 전파와 종교 경관 • 세계의 도시화와 세계도시체계 • 주요 에너지 자원과 국제 이동	• 세계의 인구 변천과 인구 이주 • 주요 식량 자원과 국제 이동
몬순 아시아와 오세아니아	• 자연환경에 적응한 생활 모습 • 최근의 지역 쟁점: 민족(인종) 및 종교적 차이	• 주요 자원의 분포 및 이동과 산업 구조
건조 아시아와 북부 아프리카	• 자연환경에 적응한 생활 모습 • 최근의 지역 쟁점: 사막화의 진행	• 주요 자원의 분포 및 이동과 산업 구조
유럽과 북부 아메리카	• 주요 공업 지역의 형성과 최근 변화 • 최근의 지역 쟁점: 지역의 통합과 분리 운동	• 현대 도시의 내부 구조와 특징
사하라 이남 아프리카와 중·남부 아메리카	• 도시 구조에 나타난 도시화 과정의 특징 • 최근의 지역 쟁점: 자원 개발을 둘러싼 과제	• 다양한 지역 분쟁과 저개발 문제
평화와 공존의 세계	• 경제의 세계화에 대응한 경제 블록의 형성 • 세계 평화와 정의를 위한 지구촌의 노력들	• 지구적 환경 문제에 대한 국제 협력과 대처

출처: 교육부, 2015, 176

려하여 권역을 통합하여 제시할 필요성을 주장하였다. 그리하여 표와 같은 권역 통합 방안을 A안과 B안으로 각각 제시하였다. 그리고 A안을 사례로 이 권역 통합의 정당성을 논의하였다. 그러나 B안에 대해서는 어떤 언급도 없었는데, B안이 2015 개정 교육과정에 따라 세계지리 교과목의 4대 권역 구분에 사용되었다(앵글로아메리카 대신 북아메리카, 중·남부아프리카 대신 사하라 이남 아프리카, 라틴아메리카 대신 중·남부 아메리카로 수정 사용).

여기서 특히 문제의 소지가 있는 것은 사하라이남 아프리카와 남아메리카, 북아메리카와 유럽을 각각 하나의 권역으로 묶고 있다는 것이다. 전자는 소위 개발도상국, 후자는 소위 선진국이라는 공통분모로 취하고 있는 듯하다. 성취기준을 보면 사하라 이남 아프리카와 중·남부 아메리카의 경우 도시 문제, 분쟁 및 저개발, 자원 개발과 환경 보존을, 북아메리카와 유럽의 경우 주요 공업 지역, 세계도시, 지역 통합에 초점을 두고 있는데서 알 수 있다. 한편, 북아메리카의 경우 두 개의 국가이지만, 유럽의 여러 국가가 존재하며 이들을 선진국이라는 하나의 잣대로 묶을 수 있는가 하는 것이다. 이러한 개발도상국 대 선진국의 논리는 고정관념, 편견, 왜곡을 심어줄 수 있다는 것이다. 따라서 특히 세계지리 교육과정에서 가장 유념해야 공정성 시비에 자유로울 수 없다는 것이다.

2015 개정 교육과정에 의한 세계지리의 이러한 권역 구분은 제7차 교육과정에 의한 세계지리의 권역 구분과 비교하여 살펴볼 필요가 있다(표 4). 제7차 교육과정과 2015 개정 교육과정의 방식이 비슷한 것 같으면서도 차이가 난다. 제7차 교육과정에서 대단원명이 '일찍 산업화된 국가들'과 '지역 개발에 활기를 띠는 국가들'로 대비를 이루는 반면, 2015 개정 교육과정에서는 대단원명이

표 3. 세계지리 과목을 위한 권역 통합 방안

세계의 주요 권역	권역 통합의 예시(A안)	권역 통합의 예시(B안)
동부아시아 동남아시아 남부아시아	몬순 아시아	몬순 아시아와 오세아니아
서남아시아와 북부 아프리카 사하라 이남 아프리카	건조 아시아와 아프리카	건조 아시아와 북아프리카
유럽 러시아와 주변 국가들	유럽과 러시아 권역	유럽과 앵글로아메리카
북아메리카 남아메리카 오세아니아	아메리카와 오세아니아	중·남부아프리카와 라틴아메리카

출처: 전종한, 2015, 201

표 4. 세계지리의 지역 또는 권역 구분 비교

제7차 교육과정에 의한 세계지리	2015 개정 교육과정에 의한 세계지리
• 우리와 가까운 국가들 – 중국과 일본 • 일찍 산업화된 국가들 – 유럽연합 국가들 – 미국과 캐나다 – 오스트레일리아와 뉴질랜드 • 지역 개발에 활기를 띠는 국가들 – 동남 및 남부 아시아 – 서남아시아 및 북부 아프리카 – 중·남부 아프리카 – 라틴아메리카 • 사회주의 붕괴 이후 변화를 겪는 국가들 – 러시아와 그 주위 국가들 – 동부 유럽	세계화와 지역 이해 세계의 자연환경과 인간 생활 세계의 인문환경과 인문 경관 몬순 아시아와 오세아니아 건조 아시아와 북부 아프리카 유럽과 북부 아메리카 사하라 이남 아프리카와 중·남부 아메리카 평화와 공존의 세계

출처: 김연옥·이혜은, 1999

'유럽과 북부 아메리카'와 '사하라 이남 아프리카와 중·남부 아메리카'로 대비된다. 제7차 교육과정에서는 둘 다 긍정적인 이미지를 보여 주고 있는 반면, 2015 개정 교육과정은 독자에 따라서 다르게 해석할 여지가 다분히 있다.

그리고 이러한 4대 권역으로 지역을 구분하고 그 아래에 5개의 빅 아이디어 또는 핵심개념을 대입하고 있다. 4대 권역에 각각 5개의 빅아이디어(자연환경에 적응한 삶의 모습, 종교와 문화의 지역적 다양성, 거주 공간의 형성과 도시화, 자원의 분포와 산업 구조, 최근의 지역 쟁점)를 모두 대입하는 것이 아니라, 각 권역에서 현저하게 나타는 3개 정도 대입하고 있다(전종한, 2016). 그러나 여기서 빅 아이디어 또는 핵심개념이라고 제시된 것은 사실 빅 아이디어 또는 핵심개념이 아니라 주제 정도라고 할 수 있다. 따라서 엄격한 의미에서 지역적 접근이 아니라 지역과 주제가 결합된 방식을 취한다고 할 수 있다. 이는 모든 대륙의 하위지역을 다룸으로써 나타날 수 있는 학습량 증가를 피하기 위한 방편이라고 할 수 있다.

그렇다면, 지역적 접근에서 권역을 설정하는 것이 그렇게 중요한 문제일까? 어떤 형식으로든 권역을 나눈다는 것은 결국 세계를 모자이크로 바라보겠다는 것이 아닐까? 그리고 권역을 구분한다는 것은 세계의 모든 지역을 다 배우자는 것인데, 세계지리는 세계의 모든 지역을 다 배워야 할까? 학습량의 과다, 흥미의 상실 등을 답습하지 않을까? 그러지 말고, 세계화에 초점을 두어 지역 간 관계성에 초점을 두는 것이 바람직하지 않을까?

3) 대안, 그렇다면 내용조직을 어떻게 할 것인가?

(1) 종합적(총체적) 지역 학습이냐? 주제/쟁점을 통한 연결/상호의존성 탐색이냐?

세계지리가 지역적 접근을 채택한다는 것은 지역을 종합적으로 고찰하는 데 목적을 둔다. 전통적인 지역지리학이 추구하는 본질이 지역의 종합적 고찰이었다면, 새로운 지역지리학에서는 다소 다른 관점을 견지한다. 전자가 지역을 안정적, 고정적이며 정태적인 존재로 파악하고 있는 데 비하여, 후자는 그것을 생성적, 가변적이며 동태적인 것으로 인식한다. 즉 지역을 바라보는 관점이 변하고 있다. 따라서 기존의 종합적 지역 이해라는 지역지리학 및 지역지리교육의 한계를 극복하고 새로운 지역의 개념과 지역발전의 필요성을 함양할 수 있는 지리교육이 요구된다.

최근 세계화 과정과 관련하여 지역지리학의 중요성이 지리교육 분야에서도 강조되고 있다. 새로운 지역지리학에서 제시된 지역의 개념과 그 내용에 관한 지리교육을 통해, 지역은 고정 불변의 것이 아니라 보다 거시적인 국가적 및 세계적 조건 속에서 끊임없이 형성되고 재형성되어 나간다는 사실, 그리고 다른 한편, 지역은 인간 삶의 참된 터전으로서 전환시켜 나아가야 할 규범적 성격을 가진다는 점을 인지시킬 필요가 있다(최병두, 1994).

세계화 속에서 소규모 지역은 이제 더 이상 고정된 실체가 아니며 다양한 정치경제적 힘의 작용 속에서 역동적으로 그 경계와 내용이 형성되고 재형성되어 가는 과정으로 이해되어야 할 것이다. 지역은 경계를 통해 분리된 모자이크가 아니라 세계적인 연계망을 통해 네트워크로 연결되어 상호작용하는 동적인 것으로 간주된다. 따라서 이와 같은 관점에서 볼 때 새로운 지역지리 학습은 공간 스케일 간의 상호작용적 관점, 즉 글로벌과 로컬이 어떻게 연계되어 있는가를 보여 주는 동적인 지역지리 학습으로 구성될 필요가 있다(손명철, 2002).

전통적인 지역지리 교육의 목적이 학생들에게 해당 지역에 대한 사실적인 정보를 제공하는 것이라면, 새로운 지역지리교육은 해당 지역이 어떻게 생성·변화하고 있으며 변화의 주요 동인은 무엇인가를 이해하고 그 프로세스를 설명하려는 것이다. 기존의 지역지리교육은 지역별로 자연환경, 산업, 도시에 관한 내용이 공통적으로 포함된다면, 새로운 지역지리교육에서는 경제(특히, 산업 및 고용구조, 노동 시장의 특성, 다국적 기업과 노동의 공간 분업)를 중심으로 하여 지역정치와 지방문화 등 사회경제적 내용을 근간으로 하고 있다.

이러한 상황 속에서 지역지리에 기반한 세계지리인 월드 지오그라피(world geography)를 고수하면서, 지역 구분과 내용 구성 방식에 일부 변화를 가져올 것인가, 아니면 주제중심으로 다중스케일적 접근을 하는 글로벌 지오그라피(global geography)로 전환할 것인가 하는 문제에 봉착하게 된다. 지금까지 전자의 측면에서 세계지리를 고민했다면, 세계화 시대를 맞아 후자의 측면에서 세계지리를 고민해 볼 필요가 있다. 여기서 지역을 어떻게 살려낼 것인가는 또한 관건이 된다.

예를 들어, 중학교 사회-지리 영역-의 경우 다중스케일적 접근이 가능하다. 그러나 고등학교는 한국지리와 세계지리와 과목이 구분되어 있어 다중스케일적 접근이 불가능하다. 중학교 사회의 경우 2007 개정 이후 지역적 방식에서 주제중심 방식으로 바뀌면서 다중스케일 관점이 가능해졌다. 그러나 고등학교의 경우 과목명의 분리로 인해 영원히 분절적 스케일로 제한받는다. 이에 대한 해결방법은 과목명을 바꾸던지, 아니면 한국지리, 세계지리 내에서 서로의 중복을 최소화하면서 관계적으로 내용을 구성할 수 있도록 해야 할 것이다. 이에 대한 대안은 다음에 다루는 오스트레일리아 뉴사우스웨일주 지리교육과정에서 그 해답을 찾을 수 있을 것이다.

글로벌 지오그라피는 지리적 사고의 관점에서 분포 사고에서 관계적 사고로 전환을 전제로 한다. 그리고 이러한 세계지리는 정태적 지리에서 동적 지리로의 전환을 가능하게 한다. 글로벌 맥락에서 세계지역(world regions in global context)을 다루어야 한다. 그렇게 될 때, 학생들에게 세계적으로 사고하도록, 또는 관계적으로 사고하도록 할 수 있다(Thinking Globally, Thinking Relationally). 여기에서의 핵심개념은 연결(connection), 시스템(system), 상호의존성(interdependence), 변화(change), 세계화와 지역화(globalization and regionalization) 등이다. 이 속에서 세계화에 따른 일상의 지리, 또는 쟁점의 지리를 탐색할 수도 있다. 이러한 글로벌 지리는 정태적 지역지리교육(분포, 규모, 현상)에서 동태적 지역지리교육(관계성, 지리적 상상력)을 가능하게 한다. 지역에 대한 사실적 정보 제공에서, 지역이 글로벌 관점에서 어떻게 생성되고, 변화되는지를 이해하고 설명하여 지역 변화의 메커니즘을 이해하게 한다. 예를 들면, 세계화와 다국적기업의 출현으로 노동의 공간적 분업이 왜, 어떻게 일어나는지를 세계와 지역과 관련지어 설명할 수 있게 한다. 이러한 관점에서 세계지리의 목표는 지역성 파악에서 글로벌 시민성 함양으로의 전환을 요구한다.

(2) 오스트레일리아 NSW 주의 지리교육과정: 선 세계지리, 후 오스트레일리아 지리

오스트레일리아가 국가교육과정을 채택하기 이전, 오스트레일리아 NSW 주의 지리교육과정은 우리나라와 매우 비슷하면서도 다른 양상을 가지고 있었다. 먼저 비슷한 점이라면, 우리나라

고등학교 선택과목 한국지리와 세계지리처럼, 오스트레일리아 지리와 세계지리 과목명을 가지고 있다는 것이다. 다른 점은 오스트레일리아의 이들 과목은 필수과목인 반면, 우리나라는 선택과목이라는 것이다. 그리고 오스트레일리아는 세계지리를 먼저 배우고 한국지리를 배우는 체제라면, 우리나라는 둘 중 두 개 또는 하나를 선택해서 학습해야 하며 둘을 선택할 경우 대개 한국지리를 먼저 배우고 세계지리를 배우는 형식을 띤다. 즉 오스트레일리아 NSW 주의 7–10학년 지리 교육과정이 Stage 4에서 세계지리를 먼저 학습한 후, Stage 5에서 자국의 지리인 오스트레일리아의 지리를 학습도록 하고 있다(Board of Studies NSW, 2003).

오스트레일리아 NWS 주의 7–10학년 지리 교육과정에 근거하여 피어슨(Pearson) 출판사가 발행한 『Geography Focus』 시리즈는 두 권으로 구성되어 있는데 『Geography Focus 1』은 Stage 4를 위한 세계지리 교과서이며, 『Geography Focus 2』는 Stage 5를 위한 오스트레일리아 지리 교과서이다. 표 4에서처럼 세계지리를 먼저 학습한 후, 세계적인 맥락에서 오스트레일리아 지리를

표 5. 『Geography Focus 1과 2』 교과서의 구성 체제

Geography Focus 1(Stage 4) –세계지리(Global Geography)–		Geography Focus 2(Stage 5) –오스트레일리아 지리(Australian Geography)	
대단원 또는 초점 영역	중단원	대단원 또는 초점 영역	중단원
세계를 조사하기	1. 세계를 열어 젖히기	오스트레일리아의 자연환경을 조사하기	1. 오스트레일리아–독특한 대륙
	2. 우리의 세계와 유산		2. 오스트레일리아의 공동체들에 영향을 주는 자연재해
글로벌 환경	3. 극 지방	변화하는 오스트레일리아의 공동체들	3. 오스트레일리아의 독특한 인문적 특성들
	4. 산호초		4. 두 개의 오스트레일리아 공동체
	5. 산지	오스트레일리아 환경의 쟁점들	5. 지리적 쟁점들에 대한 개관
	6. 열대우림		6. 대기의 질
	7. 사막		7. 해안 관리
글로벌 변화	8. 변화하는 글로벌 관계		8. 토지와 물 관리
	9. 글로벌 불평등		9. 도시의 성장과 쇠퇴
글로벌 쟁점과 시민성의 역할	10. 기후변화		10. 쓰레기 관리
	11. 담수에의 접근	지역 및 글로벌 맥락에서의 오스트레일리아	11. 오스트레일리아의 지역적, 글로벌 연계들
	12. 도시화		12. 오스트레일리아의 원조 연계들
	13. 토지 침식		13. 오스트레일리아의 방위 연계들
	14. 인권		14. 오스트레일리아의 무역 연계들
	15. 위험에 직면한 서식지		15. 오스트레일리아를 위한 미래의 도전들

출처: Zuylen et al., 2011a, 2011b

공부하도록 하고 있다. 이 체제의 장점은 세계적 시야에서 자국의 지리를 공부하도록 함으로써 다중스케일적 학습, 관계적 사고를 함양할 수 있는 학습이 가능하도록 하고 있다는 것이다.

예를 들어, 『Geography Focus 1』의 경우 세 번째 대단원 '글로벌 변화'의 중단원 '9. 글로벌 불평등'에서 세계적 관점에서 개발교육에 대해 학습한 후, 『Geography Focus 2』의 경우 네 번째 대단원 '지역 및 글로벌 맥락에서의 오스트레일리아'의 중단원 '12. 오스트레일리아의 원조 연계들'에서 오스트레일리아와 관련한 개발교육을 다루도록 하고 있다(표 5).

이상과 같은 오스트레일리아 NSW 주의 지리교육과정이 주는 함의는, 한국지리와 세계지리 과목명을 유지하면서 내용을 어떻게 구성할 것인가에 대한 대안을 제공해 준다는 것이다. 물론 전제는 한국지리와 세계지리 모두 필수 과목일 때 가능한 이야기이다. 세계지리를 먼저 학습 한 후, 글로벌 관점에서 한국지리를 학습할 수 있도록 내용을 구성한다면 세계지리 학습과 한국지리 학습일 조화를 이룰 수 있고, 현대사회가 요구하는 다중스케일적 관점과 관계적 사고를 함양하도록 할 수 있다. 나아가 세계 속에서 한국지리를, 즉 세계 속에서 한국이 나아가야 할 방향과 비전을 제시하고, 한국인으로서 바람직한 상을 그리는 데 지리교육이 큰 기여를 할 수 있을 것이다.

(3) 일본 고등학교 지리 교과명 지리 A와 지리 B: 특히 지리 B를 중심으로

일본의 경우 우리나라와 비슷하게 고등학교 지리 과목이 두 개이며, 선택과목으로 분류되어 있다. 과목명은 서로 다른데 우리나라가 한국지리와 세계지리인 반면, 일본은 지리 A와 지리 B이다. 만약 우리나라의 고등학교 선택과목명 한국지리와 세계지리를 버리고 다른 명칭을 부여할 때, 그리고 그에 따라 내용을 조직할 때 일본의 사례는 많은 시사점을 얻을 수 있을 것이다. 그러면 일본의 학습지도요령을 통해 지리 A와 지리 B 과목의 내용구성 방식의 변화를 추적해 보고, 그 함의를 도출해 보자.

일본의 지리교육과정의 큰 전환점은 1989년 학습지도요령부터이다. 1989년 학습지도요령부터 사회과는 지리역사과와 공민과로 분리되어, 지리는 지리역사과에 속하게 되었고, 지리 과목으로 2단위의 지리 A와 4단위의 지리 B가 설치되었다. 이들 과목은 우리나라 한국지리와 세계지리처럼 선택과목이다. 사실 지리 A와 지리 B라는 과목명은 1960년 학습지도요령부터 현재까지 계속 이어져 오고 있다. 그러나 지리 A와 지리 B의 내용 체계 및 내용조직은 계속해서 조금씩 변화를 해 왔다.

1989년 학습지도요령에 의한 지리 A 교과목은 이전과는 전혀 새로운 성격으로 교과목으로 탄

표 6. 지리 B 과목의 내용 체계 변화

1989년 학습지도요령		1999년 학습지도요령		2009년 학습지도요령	
대단원	중단원	대단원	중단원	대단원	중단원
(1) 현대와 지역	① 교통·통신의 발달과 세계의 결합 ② 현대 세계의 국가와 국가군 ③ 구면상의 세계와 지도 ④ 지리 정보 및 지도 ⑤ 지역의 조사와 연구	(1) 현대 세계의 계통지리적 고찰	① 자연환경 ② 자원, 산업 ③ 도시·촌락, 생활 문화	(1) 다양한 지도와 지리적 기능	① 지리 정보 및 지도 ② 지도의 활용과 지역 조사
(2) 인간과 환경	① 인종·민족과 국가 ② 세계의 인구 문제 ③ 자연환경의 지역성 ④ 인간 생활과 환경 ⑤ 세계의 환경 문제	(2) 현대 세계의 지역지리적 고찰	① 시정촌 규모의 지역 ② 국가 규모의 지역 ③ 주·대륙 규모의 지역	(2) 현대 세계의 계통지리적 고찰	① 자연환경 ② 자원, 산업 ③ 인구, 도시·촌락 ④ 생활 문화, 민족·종교
(3) 생활과 산업	① 산업의 입지와 지역의 변용 ② 산업의 국제화, 정보화와 지역 분화 ③ 도시, 촌락의 기능과 생활 ④ 산업, 인구의 도시 집중과 도시 문제 ⑤ 행동 공간의 확대와 생활 의식의 변화	(3) 현대 세계의 여러 과제에 대한 지리적 고찰	① 지도화해서 파악하는 현대 세계의 여러 과제 ② 지역 구분하여 파악하는 현대 세계의 여러 과제 ③ 국가 간 연합의 현황과 과제 ④ 이웃 여러 나라의 연구 ⑤ 환경, 에너지 문제의 지역성 ⑥ 인구, 식량 문제의 지역성 ⑦ 거주, 도시 문제의 지역성 ⑧ 민족, 영토 문제의 지역성	(3) 현대 세계의 지역지리적 고찰	① 현대 세계의 지역 구분 ② 현대 세계의 여러 지역 ③ 현대 세계와 일본
(4) 세계와 일본	① 세계의 지역 구분 및 지역 ② 일본의 지역성과 그 변용 ③ 국제화의 진전과 일본				

출처: 文部省, 1989, 1999, 2009

생하게 되는데, 학습자의 흥미를 유발하기 위해 주로 주제적인 방식에 입각한 내용조직을 취하면서도, 몇 개의 지역을 사례로 구체적으로 고찰시키는 탐구방법을 중시하고 있다(文部省, 1989, 162). 반면에 지리 B는 기존 지리 과목의 취지를 답습하여 계통지리적 방법과 지역지리적 방법을 통합하여 구성한 과목이다. 계통지리적 방법과 지역지리적 방법의 통합이라는 기본 틀은 1999년과 2009년의 학습지도요령 개정을 거치면서도 유지되고 있다. 하지만, 구체적인 내용조직 방법은 교육과정 정책의 변화와 학습지도요령의 개정 방향 등을 반영하여 변화하고 있다(권오현·이종호, 2016, 63). 여기서는 내용조직 측면에서 지역지리 방법을 포함되어 있는 지리 B 과목을 중심으로 살펴본다.

지리 B 과목의 내용조직을 보면(표 7), 먼저 1989년 학습지도요령의 지리 B 과목의 경우 내용조직은 지리 학습의 관점과 방법에 관한 내용→계통지리적 내용+학습주제(쟁점)에 기초한 내

표 7. 지리 B 과목의 내용조직 방법 변화

시기	1989년 학습지도요령	1999년 학습지도요령	2009년 학습지도요령
내용 조직 방법	(1) 현대와 지역[지리 학습의 관점과 방법에 관한 내용]→(2) 인간과 환경[계통지리적 내용+학습주제에 기초한 내용]→(3) 생활과 산업[계통지리적 내용+학습주제에 기초한 내용]→(4) 세계와 일본[지역지리적 내용+학습주제에 기초한 내용]	(1) 현대 세계의 계통지리적 고찰[계통지리적 내용]→(2) 현대 세계의 지역지리적 고찰[지역지리적 내용]→(3) 현대 세계의 여러 과제의 지리적 고찰[학습주제에 기초한 내용+학습방법에 관한 내용]	(1) 다양한 지도와 지리적 기능[학습방법에 관한 내용]→(2) 현대 세계의 계통지리적 고찰[계통지리적 내용+학습 주제에 기초한 내용]→(3) 현대 세계의 지역지리적 고찰[지역지리적 내용+학습주제에 기초한 내용]

출처: 권오현·이종호, 2016, 63

용→지역지리적 내용+학습주제(쟁점)에 기초한 내용으로 이루어져 있다. 둘째, 1999년 학습지도요령의 지리 B 과목의 경우 내용조직은 계통지리적 내용→지역지리적 내용→학습주제(쟁점)에 기초한 내용+학습방법에 관한 내용으로 이루어져 있다. 1989년 학습지도요령과 같이 계통지리, 지역지리, 쟁점중심 접근이 모두 사용되고 있지만, 그 순서와 조합은 상이하다. 마지막으로 2009년 학습지도요령의 지리 B 과목의 경우 내용조직은 학습 방법에 관한 내용→계통지리적 내용 + 학습 주제에 기초한 내용→지역지리적 내용+학습 주제에 기초한 내용으로 이루어져 있다. 이 세 시기의 내용조직 방법은 다소 전개되는 순서가 변화되고 있지만, 계통지리적 내용과 지역지리적 내용 이에 더해 학습주제(쟁점)에 기초한 내용과 학습방법에 관한 내용으로 이루어져 있는 것이 특징적이다. 즉, 계통지리적 접근, 지역지리적 접근, 쟁점중심 접근이 모두 사용되고 있다. 그리고 선 계통지리 학습, 후 지역지리학습 체제는 계속해서 유지되고 있다.

그렇다면 지리과목의 지역지리 내용은 어떻게 구성되어 있고, 어떤 변화를 거듭해 오고 있는 걸까? 표 8은 지리 B 과목의 지역지리 내용 변화를 보여 준다. 1989년 학습지도요령에서는 지역지리와 관련하여 "세계를 구성하는 여러 지역 중에서 몇 개의 지역을 사례로 다루어 그 지역의 특색을 종합적으로 파악하는 방법을 고찰시킴과 동시에, 세계에서 일본의 지역적 특색 및 그 입장이나 역할에 대해 고찰시키는 것을 목표"로 내용을 구성하고 있다(文部省, 1989, 233). 학습의 순서는 "세계지리→일본지리→세계 속에서의 일본의 역할"로 규정지을 수 있다. 세계지리 학습은 몇 개의 사례지역만을, 일본지리의 경우에는 지역구분을 하지 않고 학습하도록 하고 있다. 여기에서 알 수 있는 것은 세계 및 일본 전체를 학습하지도, 세계 및 일본을 지역을 구분해서 학습하지도 않는다는 것이다. 다시 말하면, 지역지리적 내용과 학습주제에 기초한 내용으로 구성되어 있으며, 사례 학습을 통해 지역지리적 고찰 방법을 익히도록 하고 있다(물론 사례 학습의 문제점도 지적되지만).

특히 주목해 보아야 할 것은 일본 전체의 지역적 특색을 세계의 지역과 비교, 관련하여 종합적으로 이해하도록 한 후, 현대 세계의 지리적 인식을 토대로 일본의 입장이나 역할, 국제사회에서 일본인의 태도 등을 고찰시키도록 하고 있다는 것이다. 다중 스케일적 접근을 통해 관계적 사고를 촉진하는 지역지리를 지향하고 있다고 할 수 있다.

1999년 학습지도요령에서는 지역지리 단원과 관련하여 "현대 세계를 구성하는 여러 지역의 지역성을 지역의 규모에 따라 각각 2개 또는 3개의 사례 지역을 통해서 다면적·다각적으로 고찰해, 현대 세계의 지리적 인식을 심화시킴과 동시에, 지역의 규모에 따라 다루는 관점이나 방법이 다른 것을 깨닫게 함으로써 세계 여러 지역을 지역지리적으로 고찰하는 학습 방법을 익히는 것"을 목표로 내용을 구성하고 있다(文部省, 1999, 211-212). 1989년 학습지도요령과 관련하여 바뀐 부분은 스케일을 3가지로 구분(시정촌 규모, 국가 규모, 주·대륙 규모)하여 지역의 규모에 따라 상이한 지역지리적 고찰의 관점이나 방법을 학습할 수 있도록 한 것이다. 그러나 지역 규모에 따라 2개 또는 3개의 사례 지역을 통해 학습하도록 한 점은 유사하다고 할 수 있다.

2009 학습지도요령에서는 지역지리 단원과 관련하여 "현대 세계를 구성하는 여러 지역의 지역성과 여러 과제를 선택한 지역의 학습을 통해 다면적·다각적으로 고찰하고 이해함으로써 현대 세계의 지리적 인식을 심화하고 세계의 여러 지역을 지역지리적으로 고찰하는 방법을 학습하는 것"을 목표로 내용을 구성하고 있다(文部省, 2009, 107). 여기서 "여러 지역의 지역성과 여러 과제"라는 표현에서 알 수 있듯이 지역지리적 내용을 중심으로 하면서도 각 지역에서 발생하고 있는 현대적 과제(쟁점)에 해당하는 학습주제에 기초한 내용도 같이 학습하도록 구성하고 있다(권오현·이종호, 2016). 즉, 지역접근과 쟁점중심 접근이 결합된 형태를 띠고 있다. 한편, 중단원이 현대 세계의 지역 구분, 현대 세계의 여러 지역, 현대 세계와 일본의 3개로 구성되어 있는데, 그 이유는 먼저 현대 세계를 이해하기 위한 구체적인 방법으로 지역 구분에 대해 고찰하여 그 구분 방식을 배운 다음, 선택한 세계 여러 지역의 특색과 여러 과제를 배우고, 그것을 토대로 하면서 일본 국토의 모습을 고찰시키기 위한 것이다(권오현·이종호, 2016). 이러한 체제는 1989년 학습지도요령과 비슷하면서도 약간의 차이를 보인다. 1989년 학습지도요령이 세계지리, 일본지리, 세계 속에서의 일본 순의 학습이었다면, 2009 학습지도요령은 세계 지역구분, 세계지리, 현대 세계와 일본으로 세계의 지역구분이 추가되고 일본지리 학습이 없어진 것이 차별점이라고 할 수 있다. 그러나 세계지리 학습 후 세계와 일본과의 관계 학습은 유사하다고 할 수 있다.

이상과 같이 일본 지리 B의 특색은 다음과 같이 몇 가지로 요약할 수 있다. 첫째, 선 계통지리,

표 8. 지리 B 과목의 지역지리 내용 변화

시기	1989년 학습지도요령	1999년 학습지도요령	2009년 학습지도요령
내용	세계의 지역 구분 방식, 세계 지역의 특색, 일본 국토의 특색과 변용	① 시정촌 규모의 지역, ② 국가 규모의 지역, ③ 주·대륙 규모의 지역	세계의 지역 구분(방법, 개념, 의의, 유용성), 세계의 여러 지역(역사적 배경, 변화, 구조, 특색 등), 일본 국토의 특색
내용의 취급	주·대륙 이상의 지역 제외, 세계 지역 중 3개 정도의 사례 선택, 일본 전체의 지역적 특색을 세계 지역과 비교, 지역을 구성하는 제 요소를 유기적으로 관련지어 지역 특색을 종합적으로 파악하는 방법 활용	지역 규모에 따른 상이한 관점과 방법 습득, ①은 학교 소재지 및 일본 또는 세계에서 1개 지역 선택, ②와 ③은 2-3개의 사례 지역 선정, 사례 지역 간 비교·관련, ②와 ③을 대신해 주·대륙을 몇 개로 구분한 규모의 지역 선택 가능	상이한 지표에 따른 다양한 지역 구분 방식의 비교·대조를 통한 지역의 개념과 지역 구분의 의의 이해, 다양한 규모의 지역을 균형 있게 취급

출처: 권오현·이종호, 2016, 63

후 지역지리 학습을 보이면서 이들 각각에 주제중심(쟁점) 접근을 결합하고 있다. 둘째, 지역적 접근에서는 다중스케일(로컬, 국가, 세계) 및 관계적 사고에 기반한 학습이 가능하도록 하고 있다. 셋째, 세계지리에 대한 학습이 선행되고 이어 일본지리를 학습한 후, 세계와 일본의 관계를 학습하도록 하고 있다. 넷째, 세계 지역구분은 세계의 지역을 이해하는 수준에 머물고, 이러한 세계의 지역구분에 따라 모든 지역을 학습 대상으로 하고 있지는 않다는 것이다. 물론 스케일에 따라 2~3개 정도의 사례 지역을 채택하는 문제점에 대한 대안으로 2009 학습지도요령에서는 세계 전체에 대한 종합적 학습을 강조하고 있다. 물론 일본 지리 B에서 세계와 일본 전체를 종합적으로 학습할 것인지, 사례 지역만을 채택하여 종합적으로 학습할 것인지에 대한 논란은 계속되고 있다고 할 수 있다. 마지막으로, 지역적 접근에 주제중심(쟁점중심) 접근을 적절하게 조화시키고 있다.

4. 마치며

본 연구는 "중등학교에서 세계지리 교육을 어떻게 할 것인가?"라는 질문에 대한 답변을 찾는 과정이었다. 이에 대한 답변을 찾는 출발점은 제5차 교육과정기 이후, 즉 1987년 이후 거의 30년 동안 사용되어 오고 있는 고등학교 선택과목명 '한국지리'와 '세계지리'가 현대사회에서도 합당한지에 대한 문제제기였다. '한국지리'와 '세계지리'라는 과목명은 분명 교육과정 정치학적 측면에서의 장점이 있지만, 세계화 등의 사회적 요구와 함께 다중스케일적 접근과 관계적 사고를 강조하는 현대 지리학의 학문적 요구의 측면에서 볼 때 분명 문제의 소지가 크다. 즉, '한국지리'와 '세계지리'라는 과목명하에서는 한국지리든, 세계지리든 그 내용조직에는 분명히 한계가 있을 수밖에 없다. 따라서 고등학교 선택과목명을 바꿀 것을 조심스럽게 제안해 본다.

만약, 한국지리와 세계지리 과목명 체제를 그대로 유지한다면, 오스트레일리아 NSW 주의 사례처럼 세계지리를 먼저 학습하도록 하고, 한국지리의 경우 세계와의 관계 속에서 한국지리를 학습할 수 있도록 해야 할 것이다. '한국지리'와 '세계지리'의 과목명을 폐기한다면, 일본의 사례처럼 지리 A와 지리 B, 우리나라 제2차 및 제4차 교육과정기의 지리 I과 지리 II처럼 정한다면 지리교육 내용조직 방식을 다양하게 시도할 수 있고, 다양한 스케일을 다룰 수 있을 것이다. 전자의 경우 두 과목 모두 필수일 경우 가능하다면, 후자의 경우 선택과목하에서도 유연하게 적용할 수 있을 것이다.

다음으로 "세계지리의 내용조직을 어떻게 할 것인가?"라는 질문에 대한 답변을 찾는 과정이었다. 세계지리 내용조직을 모두 계통적 접근 또는 주제적 접근으로 채택할 것인가(2009 개정 교육과정처럼), 아니면 지역적 접근을 채택할 것인가(제7차 교육과정처럼)의 문제로 귀결된다. 이 연구는 지역적 접근이 필요하다는 전제하에 출발하기 때문에, 지역적 접근을 어떻게 할 것인가의 문제로 귀결된다. 결국 제7차 교육과정이나 일본의 사례처럼 지역적 접근은 단독으로 사용될 수 없고, 선 계통적 접근 후 지역적 접근의 형태를 취할 수밖에 없다. 그리고 여기에 쟁점중심 접근이 가미될 수 있다. 문제는 이러할 경우 학습량이 과다할 수밖에 없고, 지역적 접근에서 (우리나라를 포함하여) 세계 모든 지역을 다루어야 할지 어떨지의 문제로 귀결된다. 세계의 모든 지역을 다룰 경우 지역 또는 권역 구분이 내용조직의 출발점이자 마지막이 되는 경우가 발생한다. 이에 대한 해결방안은 일본의 사례처럼 몇 개의 사례 지역을 종합적으로 학습하든지, 아니면 지역 또는 권역 구분하에서 지역기반 사례학습을 하는 방안을 생각할 수 있다(조철기, 2014).

이제, 기존의 지역 또는 권역을 구분하여 파편화되고 분절화된 정태적인 지역지리 학습에서 다양한 스케일이 함께 중층적으로 관계적으로 그리고 다면적으로 다루어질 수 있는 동태적 지역지리 학습으로 전환되어야 한다. 그렇지 않다면, 세계지리는 지역을 종합적으로 바라보는데도 실패하고 다양한 지리적 사실을 암기하는 학습에 머물러 흥미없는 과목으로 전락할지도 모른다.

• 요약 및 핵심어

요약: 이 장은 고등학교에서 선택과목의 하나로 가르치고 있는 '세계지리' 교과목에 대한 비판적 고찰과 그

에 대한 대안을 모색한 것이다. 우리나라 고등학교 선택과목명 '한국지리'와 '세계지리'는 과연 세계화와 지역화라는 사회적 적실성에 부응하고 현대 지리학이 제공하는 새로운 지리적 지식을 담는 그릇으로 타당한지에 대한 의문을 제기한다. 지리교육의 모학문인 지리학은 관계적 전환을 통해 다중스케일적 접근과 관계적 사고를 계속해서 강조하는데, 한국지리와 세계지리로 양분된 교과목하에서는 이를 반영하는 데 큰 걸림돌이 될 수밖에 없음을 지적한다. 따라서 다양한 스케일이 함께 다루어질 수 있는 비스케일적 교과목명을 도입할 것을 조심스럽게 권고한다. 이러한 비스케일적 교과목명하에서 내용조직은 선 계통적 접근 후 지역적 접근으로 하되, 쟁점중심이 적절히 결합될 필요가 있다. 한편 지역적 접근에서는 너무 세계의 지역구분에 과도하게 매몰되지 말고, 선정된 지역하에 주제기반 사례학습이 이루어질 필요가 있음을 제안한다.
핵심어: 세계지리(world geography), 다중스케일과 관계적 사고(multi-scale and relational thinking), 비스케일적 교과목명(non-scale subject names), 내용조직(content organization)

• 더 읽을거리

전종한, 2014, 세계지리 과목의 권역 구분 방식과 내용 체계의 개선 방안, 글로벌교육연구, 6(2), 3-36.

전종한, 2015, 세계지리에서 권역 단원의 조직 방안과 필수 내용 요수의 탐구, 한국지역지리학회지, 21(1), 192-205.

전종한, 2016, 2015 개정 세계지리 교육과정의 개발 과정과 내용, 한국지리환경교육학회지, 24(1), 71-85.

참고문헌

교육부, 2015, 사회과 교육과정, 교육부 고시 제2015-74호[별책7], 교육부.

권오현·이종호, 2016, 일본 고등학교 지리 과목의 내용 구성 방법에 대한 고찰-지리역사과 지리 B 과목을 중심으로-, 한국지리환경교육학회지, 24(4), 55-71.

김연옥·이혜은, 1999, 사회과 지리교육연구, 교육과학사.

박현욱, 2003, 지리교육의 지역화 의의와 방향에 관한 연구, 지리학연구, 37(2), 107-125.

서태열, 2005, 지리교육학의 이해, 한울.

손명철, 2002, 근대 사회이론의 접합을 통한 지역지리학의 새로운 방법론, 한국지역지리학회지, 8(2), 150-160.

전종한, 2002, 지역 학습 내용 구성의 대안적 논리 구상, 사회과교육연구, 9(2), 223-244

전종한, 2014, 세계지리 과목의 권역 구분 방식과 내용 체계의 개선 방안, 글로벌교육연구, 6(2), 3-36.

전종한, 2015, 세계지리에서 권역 단원의 조직 방안과 필수 내용 요수의 탐구, 한국지역지리학회지, 21(1), 192-205.

전종한, 2016, 2015 개정 세계지리 교육과정의 개발 과정과 내용, 한국지리환경교육학회지, 24(1), 71-85.

조철기, 2013, 오스트레일리아 NSW 주 지리 교육과정 및 교과서의 개발교육 특징, 한국지역지리학회지, 19(3),

551–565.

조철기, 2014, 지리교육학, 푸른길.

조철기, 2016, 지리 교과내 융합 교육과정 및 융합적 사고에 대한 탐색, 한국지리환경교육학회지, 24(3), 47–63.

조철기·이종호, 2017, 세계화 시대의 세계지리 교육, 어떻게 할 것인가?, 한국지역지리학회지, 23(4), 665–578

최병두, 1994, 새로운 지역지리학을 위하여, 경북지리교육, 5, 1–10.

Board of Studies NSW, 2003, Syllabus: Geography Years 7-10, Board of Studies NSW.

Zuylen, S., Trethewy, G., and McIsaac, H., 2011a, *Geography Focus 1: stage four*, Pearson Australia, Melbourne.

Zuylen, S., Trethewy, G., and McIsaac, H., 2011b, *Geography Focus 2: stage five*, Pearson Australia, Melbourne.

文部省, 1989, 高等学校学習指導要領解説地理歴史編.

文部省, 1999, 高等学校学習指導要領解説地理歴史編.

文部省, 2009, 高等学校学習指導要領解説地理歴史編.

18.
국제계열 교육과정에서 「지역이해」 과목의 위상과 정체성 확립 방안

김대훈(경기 고잔고등학교)

1. 들어가며

지난 1995년 정부는 21세기를 대비하고자 〈세계화·정보화 시대를 주도하는 신교육체제 수립을 위한 교육개혁 방안〉을 발표하였다. 소위 '5.31 교육개혁'이라 불리는 이 개혁안에는 탄력적이고 창의적인 교육과정 개발과 학생들의 다양한 개성을 존중하는 고교 유형의 다양화 및 특성화 학교 설립이 포함되었다. 이러한 맥락하에서 국제고등학교가 전국에 설립되었고 제7차 교육과정과 함께 국제계열 교육과정이 고시되었다.[1]

당시 교육법 시행령 제69조(1996년 2월 22일자)에 의하면, 국제고등학교는 '국제 관계 또는 외국의 특정 지역에 관한 전문인 양성'을 목적으로 설립되었고, 제7차 교육과정에서는 이를 좀 더 부연하여 '국제 정치, 경제, 사회 분야에서 활동할 국제, 지역 전문가를 양성하기 위한 기초 교육을 제공하는 사회 분야의 특수 목적 고등학교'로 명시하고 있다(김정호 외, 1997; 교육인적자원부, 2002).

국제 및 세계 지역 전문가 양성, 좀 더 보편적 관점에서 국제 및 세계 지역에 대한 학생들의 소양을 함양시키는 것은 전통적으로 지리교육의 주요한 목적 중에 하나였다(Standish, 2013; 이경한, 2015). 일찍이 페어그리브(Fairgrieve, 1926, 18)는 '드넓은 세계의 상황을 정확하게 이해하고, 세계적

1 1998년 부산국제고등학교가 최초의 국제계열고등학교로 설립되었고, 그 이후에 전국적으로 6개의 국제고등학교가 추가로 설립되어 현재 총 7개의 국제고등학교가 있다.

인 정치적·사회적 문제에 관해 분별 있게 사고할 수 있도록 돕는 것'을 지리교육의 목적이라 했다. 패티슨(Pattison, 1964, 213)도 지역에 대한 연구를 지리학의 4대 전통 중의 하나로 보았다. 그동안 국내 지리교육계에서도 국제 이해 교육, 세계 시민 교육(글로벌 시민 교육), 글로벌 교육, 글로벌 리더십 교육 등 각기 명칭과 출현 배경은 다르지만 공통적으로 상호 의존성이 높아지는 세계에 대한 안목 형성과 시민성 함양을 강조하는 연구가 상당히 누적되어 있다.[2] 하지만 이들 연구는 중학교 및 일반계 고등학교나 보통 교과의 사회 및 세계지리 과목과 관련된 교육과정, 교과서, 수업을 대상으로 하였을 뿐, 국제고등학교나 전문교과의 국제계열 교육과정에 대해서는 관심이 부족하였다. 그리하여 국제계열 교육과정의 대표적인 지리 과목인 지역 이해에 대한 지리교육계의 연구는 거의 찾아보기가 어렵다.

이러한 연구 경향은 학교지리 및 지리교육과정에 대해 전체론적 관점에서 접근하지 못하는 인식의 협소함을 유발할 수 있으며 관련 사태에 대한 그릇된 판단으로 이어질 가능성도 있다. 일례로 지난 1965~2000년 사이 일반계 고등학교 대비 전문계 고등학교 학생 수의 비율은 55~82% 정도로 높았고, 전문계 전 계열 과목으로 '지리(2차 및 3차 교육과정기)', 상업계 과목으로서 '경제지리(교수요목기~4차 교육과정기)', 수산·해운계 과목으로 '교통지리(2차 및 3차 교육과정기)', 가사·실업계 과목으로 '관광지리(5차 교육과정기)' 등 다양한 과목이 국가 교육과정상에 있었지만 지리교육계의 관심은 미미했고 다수의 과목은 국가 교육과정에서 사라졌다(안종욱, 2012).

따라서 본 연구는 국제계열 교육과정에서 대표적인 지리 과목인 '지역 이해' 과목에 대한 탐구를 통해 국제계열 교육과정에 대한 지리교육계의 관심을 환기시키고 지역 이해에 대한 논의 활성화에 기여하고자 한다. 이를 위해 먼저 국제계열 교육과정의 특징과 교과목 변화 과정을 분석하여 지역 이해 과목의 위상을 파악한 후, 지역 이해 교육과정의 시계열적 분석을 통해 정체성 혼란 과정을 밝혀 보고자 한다. 그다음 이상의 논의를 바탕으로 지역 이해 과목의 위상과 정체성 확립 방안을 제시해 보고자 한다.

---

2 국제 이해 교육은 점차 글로벌 시민 교육(세계 시민 교육)으로 수렴되고 있어 글로벌 시민 교육은 국제 이해 교육의 현재적 용어로 일컬어진다. 그리고 글로벌 교육도 국제 이해 교육과 철학적 기초를 공유하고 있고, 글로벌 시민 교육과 흡사하거나 중첩되는 부분이 많다(이경한 외, 2017; 조철기, 2017). 개발교육, 지속가능한 교육, 다문화 교육도 글로벌 시민 교육과 밀접한 관련을 맺고 있으며, 때로는 글로벌 시민 교육의 하위 영역으로 간주되기도 한다. 글로벌 시민 교육에 한정하여 국내 지리교육계의 선행 연구를 살펴보면, 담론적 고찰(권정화, 1997; 조철기, 2013; 김다원, 2015; 김갑철, 2016a), 수업 및 자료 재구성 방안(최정숙·조철기, 2009; 김다원, 2010; 한희경, 2011; 김민성, 2013;), 교육과정과 교과서에 재현된 세계 시민성 분석(노혜정, 2008; 이경한, 2010; 이경한, 2015; 이동민·고아라, 2015; 김갑철, 2016b; 김다원, 2016) 등으로 유형화할 수 있다.

2. 국제계열 교육과정에서 '지역 이해' 과목의 위상

1) 국제계열 교육과정의 특징과 교과목 변화 과정

20세기에 들어와 국제화 및 세계화 현상이 점차 심화되면서 세계는 상호 의존적인 협력의 증가와 더불어 상호 간의 갈등과 경쟁이 점차 많아질 것이라는 전망이 우세하였다. 이에 따라 협력과 경쟁이라는 국제 관계의 본질을 직시하고 이에 능동적으로 대처할 수 있는 전문 인재 양성이 필요하다는 의견이 대두되었다. 학교 교육은 이러한 시대적 요청과 필요를 적극적으로 수용하여 국제 전문가로 성장할 학생들을 조기에 선발한 후 이들이 국제 무대에서 활동하는 데 요구되는 전문적인 역량을 길러 주고자 하였다. 그리하여 한국교육개발원이 주관이 되어 「제7차 국제계열 고등학교 교육과정 개발 연구」가 진행되었고, 교육부는 1997년 제7차 교육과정 고시를 통해 전문교과에 '국제에 관한 교과 교육과정(국제계열 교육과정)'을 신설하였다(김정호외, 1997).

국제계열 교육과정은 교육과정 개정 시기마다 강조점은 조금씩 다르나, 전반적으로 관련 전문 분야에 대한 기초적인 능력과 세계 시민으로서의 소양을 길러 주고자 하였다. 즉 세계 시민적 소양을 지닌 국제 전문 인재 양성을 목적으로 한다고 볼 수 있다. 여기서 국제 전문 인재는 '지역·국가·세계 차원에서 정치, 경제, 사회, 문화 등의 다양한 국제무대에서 활동할 뿐 아니라 국제 사회를 대상으로 한국적 가치를 알리고 국제 사회의 변화에 합리적으로 대처하며 나아가 국제 사회의 변화를 선도할 수 있는 경쟁력 있는 인재'를 말한다. 뿐만 아니라 '국제 전문 인재는 국제 사회 활동에서 필요로 하는 의사소통 능력을 기본으로 국제 사회 현상을 통합적으로 바라보고 새로운 변화를 만들어 내는 창의 융합형 인재'를 의미한다(교육부, 2015).

이러한 목적을 실현하기 위해 국제계열 교육과정은 국가 교육과정에서 보통교과가 아닌 전문교과로 편성되어 현재까지 4차례 개정되었다. 그 변화 내용을 살펴보면 표 1과 같다. 첫째, 교과 구성 측면이다. 제7차, 2007 개정, 2015 개정 교육과정 시기에는 모두 전문교과 중 중 국제에 관한 교과로 편제되었다. 다만 2009 개정 교육과정에서는 고등학교 교육과정 전체가 모두 선택 교육과정으로 변경됨에 따라 기존의 과학, 체육, 예술, 외국어 전문교과와 함께 국제에 관한 전문교과도 보통교과 심화 과목으로 재조정되었다(교육과학기술부, 2011). 2015 개정 교육과정에서는 전문교과를 특수목적고 학생을 대상으로 하는 전문교과I과 특성화 고등학교 및 산업수요 맞춤형 고등학교 학생을 대상으로 하는 전문교과 II로 구분하였기 때문에 국제에 관한 교과는 전문교과 I에

포함되었다(교육부, 2017)

둘째, 교과의 영역 측면이다. 제7차와 2007 개정 교육과정에서는 국제 이해 영역, 한국 이해 영역, 외국어 영역, 기타 영역으로 구분되었다. 국제 이해 영역은 세계화에 부응하는 한국인 육성을 목적으로 국제 사회 현상에 대한 이해를, 한국 이해 영역은 국적 있는 세계인 양성을 목적으로 한국인의 정체성 형성을, 외국어 영역은 국제 사회에 참여하여 자유롭게 의사소통할 수 있는 능력에 방점을 두었다. 기타 영역은 위 3영역에서 학습한 것을 실제 생활에 활용해 볼 수 있는 기능적인 측면에 중점을 두었다(김정호 외, 1997; 교육과학기술부, 2008). 하지만 2009 개정 교육과정에서는 외국어 영역이 외국어에 관한 전문교과 과목을 통해 운영·편성하도록 지침이 변경되어 2015 개정 교육과정에서는 국제 및 한국사회 이해를 위한 기초 영역, 국제사회 현상에 대한 통합적 관점 형성 영역, 국제사회 탐구의 실제 영역으로 재구조화되었다(교육부, 2015).

넷째, 과목 구성 측면이다. 국제에 관한 교과는 제7차 교육과정에서 19개 과목으로 구성되었으

표 1. 국제계열 교육과정의 교과 및 과목 구성의 변화

시기	교과	영역	과목
7차	전문교과 국제에 관한 교과	국제 이해	**지역이해**, 국제 정치, 국제 경제, 국제법, 비교문화, 국제문제, 인류의 미래 사회
		한국 이해	한국어, 한국의 전통 문화, 한국의 현대사회
		외국어	영어 강독, 프랑스어 강독, 러시아어 강독, 스페인어 강독, 아랍어 강독, 독일어 강독, 중국어 강독, 일본어 강독
		기타	과제 연구, 정보 과학, 예능 실습, 기타
2007 개정	전문교과 국제에 관한 교과	국제 이해	**지역이해**, 국제 정치I, 국제 정치II, 국제 경제I, 국제 경제II, 국제법, 비교문화, 비교문화II, 세계 문제, 인류의 미래사회, 과제연구I, 과제연구II
		한국 이해	한국어, 한국의 전통 문화, 한국의 현대사회
		외국어	영어 강독, 프랑스어 강독, 러시아어 강독, 스페인어 강독, 아랍어 강독, 독일어 강독, 중국어 강독, 일본어 강독
		기타	정보 과학, 예능 실습, 기타
2009 개정	보통교과 사회 교과 심화 선택 과목		**지역이해**, 국제정치, 국제경제, 국제법, 비교문화, 한국사회와 문화, 세계문제, 인류의 미래사회, 과제연구, 국제관계와 국제기구, 사회과학방법론
2015 개정	전문교과 I 국제에 관한 교과	국제 및 한국 사회의 이해	**지역이해**, 국제정치, 국제 경제, 국제법, 한국사회의 이해
		국제 사회 현상에 대한 통합적 관점 형성	비교문화, 세계문제와 미래사회, 국제관계와 국제기구
		국제 사회 탐구의 실제	사회과제연구, 현대 세계의 변화, 사회탐구방법

나 2007 개정 교육과정에서는 국제 이해 영역에 포함된 일부 과목이 I, II로 나누어져 과목 수가 23개로 증가되었다. 당시 새로운 과목에 대한 신설 요구를 기존 과목의 I, II 분리로 수용함으로써 나타난 결과였다(이명준 외, 2006). 하지만 2009 개정 교육과정에서 I, II로 분리되었던 과목이 다시 한 과목으로 재구성되었고, 외국어 및 기타 영역이 폐지되었으며, 국제관계와 국제기구, 사회과학방법론 과목이 신설되어 11개 과목으로 재편성되었다. 2015 개정 교육과정에서는 세계 문제와 인류의 미래 사회가 세계 문제와 미래 사회로 합쳐지고, 현대 세계의 변화 과목이 신설되었다. 이처럼 국제계열 교육과정의 교과 및 과목 구성은 교육과정 시기마다 큰 변화가 있었다.

2) 지역 이해 과목의 위상

표 1에서 보듯이, 교육과정 개정 시기 마다 국제계열 교육과정의 교과 및 과목 구성에는 상당한 변화가 있었다. 그럼에도 불구하고 대표적인 지리 과목인 지역 이해는 지난 20여 년간 큰 부침 없이 주요한 과목으로 자리를 차지하고 있는 듯 보인다. 하지만 좀 더 면밀히 살펴보면 지역 이해 과목의 위상은 크게 변화하였다.

1990년대 후반 국제고등학교 설립과 국제계열 교육과정의 신설 과정에서는 그 목적으로 지역 전문가 양성이 강조되었다. 당시 교육법 시행령 제69조 9항(1996.2.22일자)에서는 국제고등학교가 '국제 관계 또는 외국의 특정 지역에 관한 전문인의 양성'을 목적으로 하는 학교로 규정되었고, 제7차 교육과정 보고서에서는 '국제 정치, 경제, 사회 분야에서 활동할 국제·지역 전문가를 양성하기 위한 기초 교육을 제공하는 사회 분야의 특수목적 고등학교'로, 제7차 교육과정 해설서에서는 '국제 사회에서 지역 전문가로 활동할 수 있는 전문 능력을 갖춘 인적 자원의 양성을 위한 학교'로 정의되었다(교육인적자원부, 2002). 그리하여 제7차 교육과정 편성·운영 지침에서는 지역 이해를 영어 강독, 한국의 전통문화 과목과 함께 모든 국제고등학교에서 필수적으로 이수해야 할 과목으로 지정하였다(교육부, 1997). 초창기 지역 이해는 국제계열 교육과정, 세부적으로 국제 이해 영역의 대표적인 과목이었다.

그러나 2010년 전후로 국제고등학교 및 국제계열 교육과정의 성격과 목적을 규정함에 있어 지역 전문가 양성이라는 문구가 사라졌다(표 2). 초중등교육법 시행령 제90조 6항의 개정(2010.6.29.일자)을 통해 국제고등학교는 '국제 전문 인재 양성을 위한 국제계열의 고등학교'로 수정되었고, 2007 개정 교육과정 문서에서는 '지역 전문가 양성' 문구가 삭제되었으며, 국제고등학교에서 필수 이수 과목 규정이 폐지되면서 자연스럽게 지역 이해도 필수 과목으로서의 지위를 상실했다. 더욱 심각한 변화는 표 1에서 보듯이 2007 개정 교육과정에서 국제 이해 영역의 정치, 경제, 문화 과목을 중심으로 I, II 과목 체제로 분리·확대되었으나 지역 이해는 분리되지 못한 채 단일 과목 체제를 유지하였다. 이러한 경향은 2007 개정 고등학교 국제계열 교육과정 시안 연구 보고서인 이명준 외(2006)의 연구에서도 그대로 발견된다. 하지만 다소 의아한 지점은 이명준 외(2006)의 연구 보고서가 나오기 1년 전 국제계열 교과 교육과정 실태 분석 및 개선 방안 보고서를 발간했던 이근님외(2005)의 연구 결과와 상이하다는 것이다. 그들의 연구는 전체 설문 응답자의 83.%가 국제고등학교 설립 목적으로 '국제·지역 전문가 양성'을 선택했다고 보고했으며, 과목 구성이 사회 교과 중 역사나 지리 부분은 거의 없고 일반사회 부분으로 편향되어 국제적 감각을 갖춘 인재를 육성이 어려울 수 있음을 지적하였다. 그럼에도 불구하고 이명준 외(2006)는 I, II 과목 체제로 분리·확대함으로써 과목 신설 요구를 반영하였다는 논리로 오히려 일반사회 분야 중심의 교과목 편중 현상을 더욱 강화시켰다. 이러한 경향성은 2009 개정 및 2015 개정 교육과정에서 다소 완화되기는 했지만 그 틀은 계속 유지되었다.

교육 관련 법률 및 교육과정 문서에서의 위상 변화와 달리, 학교 현장에서 지역 이해는 여전히

표 2. 교육과정 시기별 국제에 관한 교과의 목적 변화

제7차 교육과정	가. **국제 정치, 경제, 사회 분야에서 장래 지역 전문가로서 활동하는 데 필요한 기초 지식과 태도를 가진다.** 나. 우리 문화를 이해하고 존중하는 바탕 위에서 다른 국가 체제와 문화를 수용할 수 있는 균형 잡힌 태도를 가진다. 다. 여러 국제 관계와 관련된 자료를 읽고 이해하며 국제 사회에 참여하여 의사소통을 할 수 있는 기초적인 외국어 능력을 기른다.
2007 개정 교육과정	가. **국제 정치, 경제, 사회, 문화 분야에서 전문가와 지도자**로서 활동할 수 있는 기본 지식과 태도를 기른다. 나. 우리 문화를 이해하고 존중하며, 이를 바탕으로 다양한 국가와 체제, 문화를 존중하고 함께할 수 있는 균형 있는 지식과 태도를 기른다. 다. 여러 국제 관계와 관련된 자료를 분석하고 이해하며, 국제 사회에 참여하여 원활하게 의사소통을 할 수 있는 기본적인 외국어 사용 능력을 기른다.
2015 개정 교육과정	가. 국제 사회 구성원으로서 **정치, 경제, 문화, 법, 지역 등에 대한 기본적인 원리를 활용하여 국제 사회 현상을 종합적으로 이해하는 능력**을 기른다. 나. 국제 사회 구성원으로서 자신을 둘러싼 다양한 세계적 환경, 그리고 현재와 미래에서 일어나는 복합적인 국제 사회 현상을 경험적 자료와 다양한 가치를 고려하여 탐구하고 성찰하는 능력을 기른다. 다. 국제 사회 생활에서 직면하는 다양한 문제를 합리적으로 해결하기 위한 정보 분석·활용 능력과 합리적 의사 결정 및 사회 참여 능력을 기른다. 라. 세계 발전 및 세계 평화에 적극적으로 이바지하려는 태도를 가진다.

주: 2009 개정 교육과정에서는 국제에 관한 교과가 보통교과로 분류되었기에 별도의 목적 서술이 없음.

주요한 과목으로 인정받고 있었다. 전국 국제고등학교 교육과정 운영 현황을 분석한 표 3에서 보듯이, 지역 이해 과목은 모든 국제고등학교에서 개설되었으며 필수 과목으로 채택한 학교도 여럿이었다. 주목할 점은 지역 이해 과목의 운영 단위수이다. 국제계열 교육과정에서 과목의 기준 단위는 5단위를 기본으로 하되 3단위 범위 내에서 증감 편성할 수 있다. 그런데 2015년을 기준으로 지역 이해 과목은 모든 국제고등학교에서 5단위 이상으로 운영되고 있으며 이수단위를 최대로 늘려 8단위까지 운영하는 학교도 3학교나 되었다. 8단위 과목은 4단위로 운영되는 과목과 비교할 때 2과목의 위상을 갖는다고 볼 수 있다. 또한 과목별 운영 단위를 합하면 지역 이해 과목은 모든 국제고등학교에서 가장 많은 시간이 편성되어 있다. 이는 지역 이해 과목이 국제고 관련 법률 및 국가 교육과정 문서에서 위상이 약화된 것과 달리, 실제 단위 학교에서는 여전히 높은 위상을 통해 과목 정당성을 부여받은 것으로 해석할 수 있다. 이근님 외(2005)의 연구 결과에서도 지역 이해는 영어 강독, 과제 연구와 함께 가장 중요한 과목으로 나타났다.

한편 지역 이해 과목 개설은 아직 보편화되지는 않았지만 점차 일반계 고등학교로도 확산되고 있다. 2007 개정 교육과정부터 일반계 고등학교에서도 진로 집중 과정과 관련된 과목의 심화 학습이 이루어질 수 있도록 학교 교육과정 편성이 권장되고, 교과중점학교에서는 학교자율과정의 50% 이상을 관련 교과목으로 편성할 수 있게 되었다. 더 나아가 2009 개정 교육과정에서는 국제에 관한 교과가 보통교과의 심화 선택과목으로 변경되었고, 국민공통교육과정의 단축으로 고등학교 1학년부터 선택 교육과정을 편성·운영할 수 있게 되어 이전보다 더 많은 선택과목 개설이 가능하게 되었다. 이에 따라 지역 이해 과목을 포함한 전문교과를 일반계 고등학교에서 편성하는 경우가 점차 증가하고 있다.

최근에는 학교에서 개설하지 않은 선택 과목 이수를 희망하는 학생이 있을 경우 그 과목을 개설한 다른 학교에서의 이수를 인정하게 됨에 따라 지역의 인근 고등학교 2개교 이상을 연계하여 공동 교육과정을 개설하는 교육과정 클러스터, 학생의 과목 개설 요구가 있으나 교사 수급 문제 또는 학급 편성의 어려움 등으로 개설이 어려웠던 과목을 학생의 과목 선택권을 확보하기 위해 학교가 적극적으로 개설 운영하는 주문형 강좌가 활성화되면서 지역 이해 과목이 일반계 고등학교에 개설되는 경우가 늘어나고 있다. 일례로 2018년 경기도 A시에서는 17개 일반계 고등학교 중 12개 고등학교에서 교육과정 클러스터를 운영하고 있으며, 이 가운데 2개 학교에서 지역 이해 과목을 개설하였다.

결국 초기 국제고등학교 설립 및 국제계열 교육과정의 등장은 지리교육의 목적에 부합하면서

표 3. 전국 국제고등학교 국제에 관한 교과 교육과정 운영 현황

연도	과목명 \ 학교명	서울	부산	인천	고양	동탄	세종	청심	합계
2014	지역이해	5	5	7	4	8	8	4	41
	국제정치	4	3	7	4	5	8	6	37
	국제경제	8	5	3	5	4	5	8	38
	국제관계와 국제기구	4	5	0	0	0	0	0	9
	세계문제	5	8	0	6	0	8	6	33
	인류의 미래사회	4	8	0	0	0	0	0	12
	비교문화	4	8	6	5	0	0	6	29
	사회과학방법론	0	0	0	5	0	0	0	5
	한국사회와 문화	6	4	8	6	8	8	0	40
	국제법	5	8	0	0	4	0	0	17
	과제연구	0	3	3	7	4	4	4	25
2015	지역이해	5	6	6	6	8	8	8	47
	국제정치	4	0	5	4	5	8	6	32
	국제경제	8	4	5	5	4	5	0	31
	국제관계와 국제기구	4	0	0	0	0	0	4	8
	세계문제	5	7	0	6	0	8	0	26
	인류의 미래사회	4	7	0	0	0	0	8	19
	비교문화	4	4	0	5	0	0	8	21
	사회과학방법론	0	0	0	5	0	0	0	5
	한국사회와 문화	6	0	0	6	8	8	8	36
	국제법	5	0	7	0	4	5	8	29
	과제연구	0	2	0	7	5	4	4	22

주: 숫자는 학교별 교육과정 운영 단위이며, 학교에서 필수로 지정 과목은 음영 처리함.
출처: 박은하 외, 2015 재구성

지역 이해 과목은 높은 위상을 갖고 출발했지만 2007 개정 교육과정을 거치면서 상당 부분 위상을 상실한 것으로 판단된다. 하지만 일선의 학교 현장에서 지역 이해는 여전히 높은 위상을 갖고 있으며 최근에는 일반계 고등학교에서도 점차 개설이 늘어나고 있다.

3. 교육과정 변천 과정에서 나타난 지역 이해 과목의 정체성 혼란

1) 사례 지역 탐구 과목으로서의 지역 이해

제7차 교육과정에서 신설된 지역 이해는 지역지리적 접근을 통해 과목을 구성하였다. 국민공통 기본교육과정에서 이미 학습한 지리학의 기본 개념과 원리를 적절히 활용하여 지역에 대한 심층적이고 체계적인 이해와 지역 변화를 주도한 동인 파악을 목적으로 하였다. 또한 지리적 사실을 단순히 나열하고 암기하기보다는 자연환경과 인문환경 요소 상호 간의 체계적이고 종합적인 연계를 통한 지역 이해 방식을 강조하였다(교육인적자원부, 2002). 이른바 지역을 '다양성 속의 통일'로 이해하는 방식은 리터(Ritter), 리히트호펜(Richthofen), 블라슈(Blache), 하트숀(Hartshorne) 등에 의한 근대 지역지리학의 발달 과정에서 정형화된 지역 인식 방법이라 볼 수 있다(권정화, 2001; 2005).

지역 구분 방식은 언어를 기반으로 한 문화권 구분 방식을 선택하였다. 세계를 영어, 게르만어, 로망스어, 에스파냐어와 포르투갈어, 중국어, 일본어, 아랍어, 기타어 사용 지역으로 구분하고 각각의 문화권을 단원으로 설정하였다. 언어를 중심으로 한 지역 구분은 국제 사회에 적극적인 참여를 위해 외국어 사용 능력을 강조한 국제고의 특수성에 부합하는 측면이 있다. 이러한 언어에 대한 강조는 지역 이해 각 단원 앞부분마다 그 단원과 관련된 언어 분포도를 제시하도록 한 제7차 교육과정 교수·학습 방법 지침에서도 찾아볼 수 있다(교육인적자원부, 2002). 다만 구소련 및 동유럽 지역은 이러한 문화권 구분에서 벗어나 지역을 설정하였는데 이는 당시 사회주의 국가의 연속적 붕괴라는 세계적 이슈가 반영된 것으로 추론된다.

물론 지리교육내용을 조직하는 원리로서 이와 같은 지역적 방법은 미국의 HSGP(High School Geography Project, 1961)의 등장과 전 세계로의 확산 이후 점차 계통적 방법 또는 주제 중심 방법으로 전환된다. 이로 인해 지역적 방법의 영향력은 과거보다 감소했다. 하지만 여전히 지역적 방법은 일반적이고 보편적인 지리교육 내용조직 원리 중에 하나임은 부인할 수 없다. 다만 이러한 지역적 방법은 지역을 구성하는 인문적 요소와 자연적 요소의 복합으로서 지역 인식을 강조하지만 실제적인 내용 구성 및 요소는 헤트너(Hetner)식 지지 도식에 따라 자연 관련 내용에서 시작하여 인문적 내용에 이르는 방대한 사실적 내용을 나열하여 기술하는 수준을 벗어나지 못했다. 그리하여 학습자들이 단조로운 학습 내용을 암기하는 지루한 수업을 양산했다는 비판을 받았다. 이러한

표 4. 제7차 교육과정 지역이해 과목의 내용 체계

영역	내용 요소
왜 지역의 이해가 필요한가?	세계의 자연환경, 세계의 인문환경, 지역이해 학습의 사전 지식 제공
빅벤과 자유의 여신상	영국의 역사, 영국 문화의 영향, 영국의 영향을 많이 받은 지역의 특성
라인강과 알프스산맥	독일의 역사와 문화, 게르만어 사용 지역의 특성, 유럽연합과 우리나라의 관계
베르사유 궁전과 로마 교황청	스페인어를 제외한 로망스어 사용, 지역의 특징
투우와 삼바 축제	스페인어와 포르투갈의 역사·문화, 라틴아메리카의 특성, 우리나라와의 관계
황하에서 장강까지	중국의 다양한 환경, 중국의 잠재력과 발전 과정, 중국 주변지역의 특성
인공 해양 도시 건설과 무역 흑자	일본의 특징, 일본 경제력의 배경, 우리나라와의 관계
공산 제국의 건설과 붕괴	공산주의와 자본주의, 소련 붕괴 이후의 변화, 우리나라와의 관계
건조 기후와 이슬람 문화	서남아시아와 북아프리카의 지리적 특성, 이슬람 문화, 석유 자원의 발견과 지역 갈등
다양한 환경, 다양한 생활	기타 지역의 특징, 바람직한 삶

문제점을 해결하기 위해 제7차 교육과정에서는 단원으로 제시된 언어 문화권 중 지도 교사와의 협의를 통해 학습자 개개인이 자신의 관심과 능력에 따라 하나의 지역을 선택하여 구체적인 탐구 학습을 수행할 수 있도록 하였다(교육인적자원부, 2002). 이를 통해 '학습자들이 스스로 선정한 지역의 특정 주제나 전반적인 특성을 심도 있게 탐구하는 과목'으로 지역 이해 과목의 성격을 자리매김하고자 하였다. 결국 제7차 교육과정에서 처음 등장한 지역 이해는 전통적인 지역지리 접근을 통해 내용을 조직하되 사례지역 탐구 방식을 통해 'capes and bays geography', 혹은 '물산의 지리'라 불리는 오명을 벗어나고자 하였다.

2) 문명에 대한 이해 과목으로서의 지역 이해

2007 개정 교육과정 해설서(2008)는 제7차 교육과정의 성격과 목표 등을 그대로 유지하고 단원 구성 측면에서만 변화를 추구하였다고 서술한다. 하지만 2007 개정 교육과정과 관련된 문헌을 분석한 결과 내용 요소 및 조직뿐만 아니라 과목의 성격과 목표 등에서도 큰 변화가 일어났다.

2007 개정 교육과정에서는 당대의 국제 사회 이슈인 지역 간 분쟁의 배경을 문명에 대한 이해 부족에서 출발했다고 전제하면서 지역 이해는 인류의 공존과 공영을 위한 문명에 대한 이해 과목으로 성격이 재규정되었다. 이에 따라 지역 이해의 목표는 지역에 대한 심층적이고 체계적인 이해에서 문화 상대주의 관점에서 (지역) 문명에 대한 이해로, 지역 변화의 동인 파악은 다양한 문명을 비교·분석하는 능력을 함양하기 위해 지역 이해와 관련된 역사적 기원과 발전을 탐구하는 것

으로 변경되었다. 지역을 이해하는 관점 또한 자민족 중심주의, 문화 상대주의, 문화 보편주의 등 기존의 문화 인류학에서 문화를 이해하는 관점으로 수정되었다. 또한 지역 이해의 대상으로 지역과 대륙의 비중이 약화되고, 공동체, 문명권, 국제기구나 비정부 기구 등이 새롭게 등장하였다(교육인적자원부, 2007; 교육과학기술부, 2008).

내용 조직에 있어서도 제7차 교육과정이 '매우 구체적인 사실과 관련하여 내용을 설계하였다'고 비판하면서, 기존의 언어 문화권 중심으로 한 9개 사례 지역 단원들을 1개 단원으로 축소시키고, 내용 요소에 대한 접근 또한 지역 지리학적 관점이 아닌 문화 기술지를 읽고 다양한 문명에 대한 비교 문화적 관점으로 변경하였다. 또한 '문명과 지역 이해' 단원이 핵심 단원으로 새롭게 등장하였다. 이 단원에서는 세계를 문명 중심으로 구분하고, 기독교 문명과 이슬람 문명, 이슬람 문명

표 5. 2007 개정 교육과정에서 지역 이해 과목의 목표 및 목표 해설

구분	내용
목표	가. 지역 이해의 필요성을 습득하고, 지역 간 특수성과 보편성이 존재하는 배경을 이해한다. 나. 지역 이해와 관련된 역사적 기원과 발전, 지역을 보다 효과적으로 이해하기 위한 방법과 대상에 체계적으로 접근할 수 있게 한다. 다. 하나의 지구촌 사회로 나아가는 국제화 시대에 문명의 중요성을 인식하고, 더불어 사는 인류 사회를 형성하는 데 중요한 요소로서 문명의 충돌 또는 문명의 공존을 깊이 이해한다. 라. 각 지역의 다양한 자료를 수집, 분석, 종합, 평가하고, 그 지역의 문제, 주제 및 쟁점을 탐구할 수 있는 능력을 기른다. 마. 각 지역의 특성 파악을 토대로 상호 공존의 길을 모색하고, 지역 문제의 해결책을 제시할 수 있는 능력을 기른다.
목표 해설	'가' 항은 지식 영역으로 **지역의 문화·문명에 대한 일반적인 이해**를 바탕으로, **각 문명을 문화 상대주의적 관점에서 존중**하는 것에 초점을 두고 있다. 즉, 단순히 다른 문명권에 대한 지식을 습득하는 것에 그치지 않고, 습득된 지식을 바탕으로 그 문명을 이해하고, 그 문명의 가치를 존중하는 것을 목표로 하고 있다고 볼 수 있다. '나' 항은 기능 영역으로, **다양한 문명을 비교·분석하는 능력**을 함양하는 것에 초점을 두고 있다. 또한 문명 이해에 대한 균형적이고 체계적인 연구를 통해 학생들은 문명에 대한 정태적 접근이 아니라 동태적인 연구를 통해 서로 다른 문명에 대한 객관적이고 상대주의적 태도를 키우며 세계의 다양한 문명권에 대해 유연하게 대처할 수 있게 된다. '다' 항은 **다양한 문명을 공존, 공영이라는 지구촌 관점에서 비교할 수 있는 안목**을 기르고 바라보는 가치·태도 영역이다. 즉 다양한 세계 문명을 그 문명의 역사적 사회적 배경에서 이해하고 수용하며, 이러한 문명들이 지금의 국제화 시대에도 가지고 있는 고유한 가치들을 발견함으로써 문명 공존의 중요성을 인식하는 능력을 기른다. '라' 항은 기능 영역으로 **각 문명 발생에 대한 이해를 바탕으로 문명에 대한 연구 방법을 탐구적인 과정을 통해 습득**하는 기능적 영역에 해당한다. 학습자 스스로가 각 문명권과 관련한 자료를 수집하여, 이를 분석·정리하고 종합하여 평가하는 과정에 참여함으로써, 문명에 대한 이해를 지역 이해의 중요성과 필요성을 습득하여 국제화·세계화 시대에 능동적으로 활동할 수 있는 기초 지식을 갖춘다. '마' 항은 가치·태도 영역으로 **세계 문명과 다양한 문화에 대한 상대주의적 관점에서 문명의 충돌이 자민족 중심주의, 자문명 우월주의에서 비롯됐음을 알고, 이를 해결하기 위한 방안**들을 모색할 수 있도록 한다.

과 힌두교 문명, 서구 보편주의, 강대국 중심주의 등 문명 간 충돌 현상을 주요 내용 요소로 제시하였다. 무엇보다 중요한 변화는 지역 이해 과목을 지리학과 밀접한 과목이기보다는 문화 인류학, 지리학, 역사학 등 제 사회 과학의 내용과 연구 방법이 결합된 통합적 성격의 교과목으로 설정하였다는 점이다(교육과학기술부, 2008).

그리하여 제7차 교육과정에서 성립된 지역 이해 과목의 성격과 내용 구성 원리는 거의 사라지고, 문화 인류학을 기반으로 한 비교 문화적 관점에서 재구성되었다. 특히 세계 문명 간 충돌 현상을 문화 상대주의 관점에서 접근할 것을 강조하였다(표 5). 그러나 이와 같은 문명에 대한 이해로서 지역 이해는 문명 간 공존을 강조하지만 본질적으로 문명 간 공존은 문명 간 충돌을 전제하며, 문명 충돌론을 비판하는 연구 또한 적지 않다. 문명 충돌론은 복수의 문명을 설정함에 있어 지나치게 단순화시켰고, 서구 문명의 차별적 우위를 전제하는 패권주의에 기반하고 있다고 비판을 받고 있다(김양명, 2000; 전홍석, 2010; Müller, 2000).

3) 지역에 대한 연구 과목으로서의 지역 이해

2009 개정 교육과정에서 지역 이해는 학문적 기반이 문화인류학에서 다시 지리학으로 복귀한다. 그리하여 지역 이해는 지역을 종합적으로 이해하는 과목으로 성격이 재조정되고 목표 설정에 있어서도 '문명'이라는 단어는 삭제되었으며 '지리'와 '지역' 용어가 추가적으로 기술되었다. 이러한 지리학으로의 복귀는 내용 구성에서도 나타났다. 2007 개정 교육과정에서는 도입 단원에서 문명과 문화에 대한 문화 인류학적인 이해를 중심으로 내용 요소가 설정되었다면, 2009 개정 교육과정에서는 지구적 관점에서의 자연환경과 인문환경, 등질지역과 기능지역, 지역지리학의 학문적 발달사, 지역지리 연구 패러다임 등 지역지리와 계통지리 전반에 걸친 지리학의 기초 지식 습득과 관련한 내용 요소로 도입 단원이 구성되었다. 또한 기존의 '문명과 지역 이해' 단원은 '인간과 환경의 상호작용으로서의 지역 이해' 단원으로 변경되었다.

다양한 지리적 스케일에 따른 지역 연구의 필요성도 강조되었다. 지리적 스케일에 따라 지역의 역할과 관계를 종합적으로 이해하고 비교하는 능력을 강조하면서 기존의 문명 간 비교 문화적 관점에서 접근했던 '대륙, 국가 및 지역별 이해' 단원을 '지리적 규모에 따른 지역 이해' 단원으로 재구성하여 세계적, 대륙적, 국지적 스케일을 통해 지역을 인식하고자 하였다. 비록 실제 학습 내용 구성은 스케일 간 연계성을 바탕으로 한 인식론적 접근이 아닌 단순한 존재론적 구분이었지만 최근 지역의 개념 규정을 둘러싼 영역론과 관계론 간의 이분법을 극복하는 방안으로 각광받고 있는 스케일 개념을 교육과정에 반영했다는 점에서 의의가 있다(박배균, 2012; 최병두, 2016).

2009 개정 교육과정의 흐름은 2015 개정 교육과정에서도 그대로 유지되었다. 다만 2009 개정 교육과정의 단원 구성이나 단원 내 내용 요소는 간략화되고 명료화되었으며, 일부 학습 요소의 재배치를 통해 내용의 체계화가 이루어졌다. 기존의 '지역 이해', '지역 이해의 과정과 방법' 단원은 '지역의 개념과 지역 조사 방법'으로 통합되었고, 지역지리학의 학문적 발달사, 지역 패러다임 변화, 지역에 대한 관점과 접근 방법 등과 같은 내용 요소는 다소 내용이 중복되어 지역 이해에 대한 관점으로 통합되었다. 공간 조직이론과 지역 과학, 근대화와 서구화, 포스트 식민주의 지역 등 학습자가 이해하기에 다소 난해한 내용 요소들은 삭제되었다. 그리고 과목의 성격 규정에서 '세계화 시대에 여러 지역의 전문가로 성장할 인재 육성'을 지역 이해 과목의 필요성으로 제시한 점이 눈에 띈다. 전체적으로 2015 개정 교육과정에서 지역 이해는 2009 개정 교육과정의 수정·보완적 특성을 보인다.

2009 개정 및 2015 개정 교육과정에서 지역 이해 과목은 기존의 문화인류학에서 지리학으로 학문적 기반이 복귀되었다. 그러나 제7차 교육과정에서 제시된 자연적 요소와 인문적 요소 간의 종합적 연계를 통한 지역에 대한 '이해'보다는 지역을 조사하고 분석하고 해석하기 위한 관점과 방법을 강조하는 지역에 대한 '연구' 성격이 강화되었다. 2015 개정 교육과정을 기준으로 세계 지역에 대한 이해는 1개 단원에 불과하며, 성취기준 수도 전체 27개 중 6개에 불과하다. 더욱이 1개 단원 안에 문화권별, 대륙별, 국지(국가)별 지역 이해와 같은 내용 요소가 모두 포함되어 있어 실제 학습은 피상적으로 흐를 가능성이 높다. 반면 나머지 단원 및 성취 기준은 지역의 개념, 지역 조사 방법, 지역 연구 관점, 환경론 및 문화 경관론 등 지역 인식 방법, 지역 갈등에 접근하는 방법 등에 집중되어 있다.

표 6. 지역이해 과목의 내용 체계 변화

2007 개정	2009 개정	2015 개정
지역이해의 개념과 의의 지역이해의 역사와 탐구	지역이해 지역이해의 과정과 방법	지역의 개념과 지역 조사 방법
문명과 지역이해	인간과 환경의 상호작용으로서 지역이해	인간과 환경의 상호작용으로서의 지역이해
대륙, 국가 및 지역별 이해	지리적 규모에 따른 지역이해	규모에 따른 지역이해
지역이해와 지역 문제의 해결	지역의 갈등과 공존의 모색	지역 갈등과 공존의 모색

표 7. 교육과정 변천 과정에서 나타난 지역이해 과목의 정체성 혼란

교육과정 시기	학문 기반	접근 방식	정체성
7차	지리학	지역 지리	사례 지역 탐구
2007 개정	문화인류학	비교 문화	문명에 대한 이해
2009 개정 및 2015 개정	지리학	지역 연구	지역 연구 관점과 방법

이는 지역 이해의 학문적 기반을 문화인류학에서 지리학으로 변경하는 과정에서 기존의 단원 조직 및 구성 원리를 그대로 가져오면서 나타난 문제로 보인다. 그 결과 과목의 명칭과 과목의 내용 요소가 서로 모순되는 현상이 나타났다. 마치 문화인류학이라는 옷에 지리학이라는 몸을 끼워 맞춘 형태가 된 것이다.

4. 지역 이해 과목의 위상과 정체성 확립 방안

지난 4차례의 교육과정 변천 과정 속에서 지역 이해 과목의 위상은 하락했고 정체성은 갈피를 잡을 수 없었다. 다행스러운 부분은 아직까지 일선 학교 현장에서 가장 중요한 과목 중에 하나로 인정받고 있으며, 일반계 고등학교에서도 과목 개설이 점차 증가되고 있다는 것이다. 따라서 국제계열 교육과정상에서 지역 이해 과목의 위상을 재정립하고 정체성 확립하기 위해 몇 가지 개선 방안을 제안해 보고자 한다.

첫째, 국제계열 교육과정의 목적을 재설정하고 그에 따라 과목 구성을 재구조화해야 한다. 2015 개정 교육과정에서는 국제고 및 국제계열 교육과정의 목적을 국제 전문 인재 양성으로 규정하고 있다. 하지만 국제 전문 인재의 정의에 대한 설명이 지나치게 장황하여 그가 누구인지, 그가 갖추어야 할 역량이 무엇인지 명료하게 이해하기 어렵다. 또한 국제계열 교육과정 문서상의 목적은 표 2에서 보듯이 교육과정 개정 시기마다 다르게 설정되었다. 따라서 국제계열 교육과정을 통해 육성하고자 하는 인재상을 보다 명료하게 정립할 필요가 있다.

지난 4차례의 교육과정 개정 관련 문헌을 분석할 때 국제고 및 국제계열 교육과정의 목적이나 필요성으로 지역 전문가, 세계 시민, 국제 관계 전문가와 관련된 서술이 가장 빈도 높게 나타났다. 따라서 이러한 서술 내용을 바탕으로 국제계열 교육과정의 목적을 '세계 시민 의식을 지닌 국제 관계 및 지역 전문가 양성'으로 재설정하는 것이 필요하다. 이는 국제무대에서 활동하는 데 필요

한 '세계적 보편성'과 '지역적 특수성'이라는 양가적 특성을 갖춘 인재이다. 그리고 현재 법, 정치, 경제, 사회, 문화 등 국제 관계 전문가 양성 중심으로 편성된 과목 편제도 세계 시민과 지역 전문가 양성에 요구되는 과목을 확충하여 목적과 이를 실현하기 위한 교과목 간의 균형을 맞추는 것이 필요하다.

둘째, 지역 이해 과목의 재구조화가 요청된다. 3장에서 분석했듯이 지역 이해는 교육과정의 변천 과정에서 정체성 혼란을 겪었고, 현재의 내용 체제는 과목 명칭과 달리 지역에 대한 '이해'보다는 지역에 대한 '연구' 방법론이 강조되어 지역에 대한 종합적인 이해라는 과목 목표에 부합하지 않는다. 더욱이 현재 지역 이해 과목의 한글 명칭과 국가교육과정 문서에 표시된 공식적인 영문 명칭인 'Regional Studies'와도 서로 맞지 않는 문제가 있다. 따라서 지역 이해 과목은 세계를 여러 지역으로 구분하여 학습하는 세계지역지리(혹은 세계문화지리)와 지역 스케일에 따른 실제적 활동을 강조하는 지역 연구로 재구조화할 필요가 있다. 전자가 인지적인 지식 중심의 과목이라면 후자는 기능적인 실천 중심의 과목이라 볼 수 있다. 이와 같은 지리 과목 편제는 일본의 대표적인 국제고인 동경도립국제고등학교(東京都立国際高等学校) 교육과정에서도 찾아볼 수 있다. 이 학교의 국제계열 교육과정의 경우 세계문화지리를 중심으로 한 '국제지리'를 필수과목으로 지정하여 운영하고 있으며, 로컬 및 지역 스케일에서 지역 조사를 실시하는 '지역 연구'도 선택 과목으로 편성되어 있다.[3]

그리고 지역 이해 과목의 재구조화를 통한 2과목 확대 가능성은 앞에서 확인했듯이 일선 학교 현장에서 지역 이해 과목의 운영 단위수가 다른 과목에 비해 월등히 많다는 점, 국제계열 과목은 고정된 것이 아니라 교육과정 개정 시기마다 지속적으로 생성과 소멸을 반복해 왔다는 점에서도 그 여지를 찾아볼 수 있다.

셋째, 내용 구성은 동태적인 지역 이해로 전환되어야 한다. 신지역지리학의 등장 이후 지역에 대한 이해는 물질성, 폐쇄성, 영속성, 고유성 관점에서 벗어나 구성성, 개방성, 가변성, 관계성 관점으로 변화되었다(최병두, 2016). 지역의 개념은 단순히 주어진 것이 아니라 항상적으로 재구성되며, 현실의 지역 자체도 다규모적이며 역동적으로 계속 변화해 간다. 때문에 학습자의 지역 인식

3 동경도립국제고등학교(東京都立国際高等学校, Tokyo Metropolitan KoKusai High School)는 올해로 30년의 역사를 가진 일본의 대표적인 국제고이다. 이 학교의 국제계열 교육과정은 문화 이해, 사회 이해, 환경 및 표현 영역으로 구성된다. 문화 이해 영역에는 국제지리, 일본문화, 전통예능, 일본전통무술, 세계 문학으로, 사회이해 영역에는 국제 관계, 사회 이슈, 지역 연구, 복지로, 환경 및 표현 영역에서는 환경과학, 커뮤니케이션, 영상, 연극 과목으로 구성된다. 이 가운데 국제지리, 국제 관계는 필수 과목으로 지정되어 있다.

도 모학문의 연구 성과를 반영하여 정태적인 지역 이해에서 동태적 지역 이해로 전환되어야 한다. 물론 2009 개정 교육과정 이후 '지리적 스케일에 따른 지역 이해' 단원이 새롭게 등장했지만 스케일을 인식론이 아닌 단순한 존재론으로만 개념화하였다. 그리하여 세계를 문화권, 대륙별로 구분하고 그 지역의 특성을 설명할 수 있는 능력을 기르는 데 머물고 있다. 더욱이 2009 및 2015 개정 교육과정을 반영한 지역 이해 교과서를 분석하면 지역의 특성은 전통적인 지역지리학에서 추구해 온 자연적 요소와 인문적 요소의 나열에서 크게 벗어나지 못하고 있다(정문성 외 2014; 2018).

물론 계통지리학 분야에서는 신지역지리학의 관점을 반영한 지역 분석 연구가 상당히 이루어졌지만 아직까지 지역에 대한 종합적이고 경험적인 연구 성과는 부족한 편이다(최병두, 2014). 그리하여 지역 이해 내용 구성에도 기존의 지역지리학과 신지역지리학의 연구 성과를 절충하는 현실적인 내용 조직 원리가 필요하다. 가령 지역 구분은 기존의 지역지리적 접근을 이용하거나, 스케일에 따라 지역을 유형화하여 접근하지만 그 내용 구성은 헤트너의 지지 도식 방식에서 벗어나 지역의 주요 쟁점을 중심으로 하는 방안을 고려해 볼 수 있다. 이른바 '지역-쟁점' 중심 내용 조직 방안이다. 이 안은 논쟁적인 쟁점 또는 문제를 선정하고 그것을 비판적으로 분석하고, 합리적으로 해결함으로써 최근에 강조되고 있는 비판적 사고력, 문제해결력, 의사결정력 등의 역량과 궁극적으로 세계시민성 함양에도 기여할 수 있다. 또한 1차적으로 쟁점이 아닌 지역을 먼저 구분하고 대상으로 하는 만큼 다른 교과와 구별되는 지리교과만의 특수성을 강조할 수 있으며, 지역별 쟁점을 탐구하고 이해하는 과정에서 다소나마 지역을 이해하는 안목을 길러 줄 수 있다. 물론 지역 이해 과목을 쟁점중심 방식이나 쟁점-사례지역중심 방식으로 내용을 조직할 수도 있다. 이 경우 선정한 쟁점이 지리 영역의 배타적 내용이 아닌 범교과적이거나 범영역적인 내용으로 구성될 가능성이 농후하여 오히려 국제계열 교육과정에서 지리교과의 입지를 축소시킬 수 있다. 만약 모든 권역이나 대륙 혹은 지역의 쟁점을 탐구하는 것이 기존의 지역적 내용조직 원리에서처럼 학습의 지루함이나 학습 시간의 부족 문제를 발생시킨다면, 모듈 형태의 교육과정 구성도 고려해 볼 수 있지 않을까 한다.

5. 결론

본 연구는 국제계열 교육과정의 시계열적 분석을 통해 지역 이해 과목의 위상과 정체성 혼란

과정을 분석하였다. 1990년대 후반 국제고등학교 관련 법률과 국제계열 교육과정의 목적에서 지역 전문가 양성이 강조되고, 지역 이해 과목은 필수과목으로서 그 위상이 높았다. 그러나 2010년 전후 국제고등학교 관련 법률과 국제계열 교육과정 문서에서 지역 전문가 양성 문구가 사라지고, 필수 이수 과목 규정이 폐지되었으며 국제 이해 영역의 여러 과목이 분리 및 확대되는 과정에서도 지역 이해는 단일과목으로 유지되는 등 그 위상이 하락했다. 그러나 일선 학교 현장에서 지역 이해는 가장 높은 이수 단위 수를 유지하고 있고, 필수 과목으로 지정된 경우도 여럿이었다. 더욱이 진로 집중 과정, 교육과정 클러스터, 주문형 강좌 등 학습자의 과목 선택의 기회가 점차 확대되자 지역 이해는 일반계 고등학교에서 개설되는 경우가 점차 증가되고 있었다.

지역 이해 과목의 정체성은 교육과정 변천 과정에서 혼란을 거듭하였다. 제7차 교육과정에서는 지리학을 기반으로 지역지리 접근을 통해 사례 지역 탐구 과목으로서 성격이 나타났지만 2007 개정 교육과정에서는 문화인류학 기반으로 비교 문화 접근을 통해 세계 문명에 대한 이해 과목으로 변화하였다. 그러나 2009 개정 및 2015 개정 교육과정에서는 다시 학문적 기반이 문화인류학에서 지리학으로 복귀되었지만 기존의 내용 조직 및 단원 구성 원리를 그대로 유지하면서 지역에 대한 이해가 아닌 지역에 대한 연구로서의 성격이 강조되었다.

이처럼 국제계열 교육과정에서 지역 이해 과목은 그 위상의 재정립과 정체성을 확립해야 하는 과제를 안고 있다. 이러한 과제를 해결하기 위해 국제계열 교육과정의 목적을 '세계 시민 의식을 지닌 국제 관계 및 지역 전문가 양성'으로 재설정하고, 국제 관계 전문가 양성에 편중된 과목 편제를 지양하고 세계 시민과 지역 전문가 양성에 요구되는 과목의 확충이 필요하다. 그리고 과목 명칭과 내용 체계의 불일치 문제를 해결하기 위해 일본의 사례에서처럼, 지역 이해 과목을 세계지역지리(혹은 세계문화지리)와 지역 연구 과목으로 재구조화할 필요가 있다. 마지막으로 내용 구성 측면에서 신지역지리학의 연구 성과를 받아들여 동태적인 지역 이해로의 전환이 필요하며 이를 위해 '지역-쟁점' 중심 내용 구성이 요구된다.

교육과정은 보편적인 진리의 집합체이기도 하지만 특정한 계층 및 집단의 이해를 반영한 정치적 결과물이기도 하다. 교육과정에 대한 의사 결정은 그 자체가 정치이고 권력의 표현일 수 있다. 그럼에도 불구하고 본 연구는 교육과정 개정마다 일어났던 지역 이해 과목의 위상 변화와 정체성 혼란 과정을 분석함에 있어 '누구(who)'에 대한 질문으로까지 나아가지 못했다. 특히 위상 변화와 정체성 혼란의 중요한 계기가 되었던 2007 개정에 대한 교육과정 정치학적인 연구가 향후 필요하지 않을까 한다.

• 요약 및 핵심어

요약: 본 연구는 국제계열 교육과정에서 대표적인 지리 과목인 지역 이해의 위상과 정체성 확립 방안을 논의하였다. 지역 이해 과목의 위상은 교육법 및 교육과정 문서상에서는 점차 낮아졌지만 일선 학교 현장에서는 여전히 중요한 교과로서 지위를 유지하고 있었다. 지역 이해 과목의 성격은 제7차 교육과정에서 사례지역 탐구과목으로 설정되었지만, 2007 개정 교육과정에서 문명에 대한 이해 과목으로 변경되었고, 2009 개정 및 2015 개정 교육과정에서 지역에 대한 연구 과목으로 변화되는 등 교육과정 시기마다 정체성 혼란을 겪고 있었다. 따라서 지역 이해 과목의 위상을 재정립하고 정체성을 확립하기 위해 첫째, 국제계열 교육과정의 목적을 '세계 시민 의식을 지닌 국제 관계 및 지역 전문가 양성'으로 재설정하고 이에 맞추어 교과목 구성을 재구조화해야 한다. 둘째, 지역 이해는 세계지역지리(혹은 세계문화지리)와 지역 연구 과목으로 분리해야 한다. 셋째, 신지역지리학의 연구 성과를 받아들여 동태적인 지역 이해로 전환해야 하며 이를 위해 '지역-쟁점' 중심 내용 구성이 필요하다.
핵심어: 지역 이해(regional studies), 지역-쟁점 중심 교육과정(curriculum centered on regional-issue), 국제계열 교육과정(international studies strand course of national curriculum), 세계지리(global geography)

• 더 읽을거리

권정화, 2001, 부분과 전체: 근대 지역지리 방법론의 고찰, 한국지역지리학회지, 7(4), 81-92.

박배균, 2013, 국가-지역 연구의 인식론, 박배균·김동완, 국가와 지역, 알트.

Butt, G., 2011, Globalisation, geography education and the curriculum: what are the challenges for curriculum makers in geography?, The Curriculum Journal, 22(3), 423-438.

참고문헌

교육부, 1997, 국제계열 고등학교 전문교과 교육과정, 교육부 고시 제1997-15호(별책 28).

교육부, 2015, 국제계열 전문교과교육과정, 교육부 고시 제2015-74호(별책 24).

교육부, 2014, 2009 개정 교육과정의 부분 개정에 따른 고등학교 교육과정 해설 총론 증보편.

교육과학기술부, 2008, 교육인적자원부 고시 제2007-79호에 따른 고등학교 교육과정 해설 24- 국제계열 전문교과, 교육과학기술부.

교육과학기술부, 2011, 고등학교 교육과정, 교육과학기술부 고시 제2011-361호(별책 4).

교육과학기술부, 2012, 사회과 교육과정, 교육과학기술부 고시 제2012-14호(별책 7).

교육인적자원부, 2002, 고등학교 교육과정 해설- 국제에 관한 교과.

교육인적자원부, 2007, 국제계열 고등학교 전문교과 교육과정, 교육인적자원부 고시 제2007-79호(별책 28).

권정화, 1997, 지구화 시대의 국제 이해교육, 지리교육논집, 37, 1–12.
권정화, 2001, 부분과 전체: 근대 지역지리 방법론의 고찰, 한국지역지리학회지, 7(4), 81–92.
권정화, 2015, 지리교육학 강의노트, 푸른길.
김갑철, 2016a, 세계 시민성 함양을 위한 지리교육과정의 재개념화, 대한지리학회지, 51(3), 455–472.
김갑철, 2016b, 중학교 지리교육과정에 재현된 세계시민성 담론 분석, 사회과 교육, 55(4), 1–16.
김다원, 2010, 사회과에서 세계시민교육을 위한 문화 다양성 수업 내용 구성, 한국지역지리학회지, 16(2), 167–181.
김다원, 2011, 청소년 글로벌 리더십 교육의 문제점과 방향 논의: 글로벌 리더십 역량 및 교육 경험 분석을 중심으로, 한국지역지리학회지 17(4), 477–492.
김다원, 2015, 세계시민교육에서 여행의 교육적 의미 탐색, 국제 이해교육연구, 10(2), 131–162.
김다원, 2016, 세계시민교육에서 지리교육의 역할과 기여: 호주 초등 지리교육과정 분석을 중심으로, 한국지리환경교육학회지, 24(4), 13–28.
김다원·고아라 옮김, 2015, 글로벌 관점과 지리교육, 푸른길(Standish, A., 2007, *Geography perspectives in the geography curriculum*, Routledge, London).
김민성, 2013, 비판적 세계시민성을 통한 지리 교과서 재구성 전략: 르완다를 사례로, 사회과교육, 52(2), 59–72.
김정호·김왕근·성일제·이근님·이혁규·조도근·최석진·노희방·최병모, 1997, 제7차 국제계 고등학교 교육과정 개발 연구, 한국교육개발원 연구보고 CR 97–30.
김양명, 2000, 문명충돌론에 대한 비평적 고찰, 정신문화연구, 23(3), 195–213.
노혜정, 2008, 세계 시민 교육의 관점에서 세계 지리 교과서 다시 읽기: 미국 세계지리 교과서 속의 한국, 대한지리학회지, 43(1), 154–169.
박배균, 2012, 한국학 연구에서 사회–공간론적 관점의 필요성에 대한 소고, 대한지리학회지, 47(1), 37–59.
안종욱, 2012, 고등학교 경제지리 과목의 역사적 기원과 의미, 한국지리환경교육학회지, 20(3), 33–48.
이경한, 2010, 국제 이해교육의 매개체로서 지리교과서의 서술구조 및 내용 분석: 중학교 1학년 사회 교과서의 지역마다 다른 문화 단원을 중심으로, 한국지리환경교육학회지, 18(3), 297–307.
이경한, 2015, 유네스코 세계시민교육과 세계지리의 연계성 분석, 국제 이해교육연구, 10(2), 45–76.
이경한·김현덕·강순원·김다원, 2017, 국제 이해교육 관련개념 분석을 통한 21세기 국제 이해교육의 지향성에 관한 연구, 국제 이해교육연구, 12(1), 1–47.
이근님·전영석·김택천·김진엽·손민정·최준권·김경랑, 2005, 기타계 전문교과 교육과정 실태 분석 및 개선 방향 연구, 한국교육과정평가원 연구보고 CRC 2005–18.
이동민·고아라, 2015, 중등 지리 교육과정에 반영된 세계시민교육 관련 요소의 구조적 특성에 관한 연구: 2009 개정 교육과정 성취기준에 대한 내용분석을 중심으로, 사회과교육, 54(3), 1–19.
이명준·박인정·백영선, 2006, 고등학교 국제계열 전문교과 교육과정 개정 시안 연구 개발, 한국교육과정평가원 연구보고 CRC 2006–39.

이영희 옮김, 2002, 문명의 공존, 푸른숲(Müller, H., 1998, *Das Zusammenleben der Kulturen-Ein Gegenentwurf zu Huntington*, Fischer Taschenbuch Verlag).

이진석, 2011, (일사/지리) 교육과정 개정을 위한 시안 개발 연구, 교육과학기술부.

박은아, 김명정, 성경희, 장준현, 정석민, 최형우, 2015 개정 교과 교육과정 시안 개발 연구 II– 고교 국제교과 교육과정, 한국교육과정 평가원 연구보고 CRC 2015–25–20.

전홍석, 2010, 현대 문명 담론의 이해와 전망1: 서구패권적 문명패러다임 비판과 그 대안모색, 동서철학연구, 57, 173–198.

정문성, 류택형, 전종명, 이욱진, 강은희, 최경식, 2014, 고등학교 지역 이해, 인천광역시교육청.

정문성, 전영은, 성정원, 이욱진, 최유리, 2018, 고등학교 지역 이해, 인천광역시교육청.

조철기, 2013, 글로벌 시민성교육과 지리교육의 관계, 한국지역지리학회지, 19(1), 162–180.

조철기, 2015, 글로컬 시대의 시민성과 지리교육의 방향, 한국지역지리학회지, 21(3), 618–630.

조철기, 2017, 글로벌 교육과 지리교육의 관계 탐색. 한국지역지리학회지, 23(1), 178–194.

최병두, 2014, 한국의 신지역지리학: (1) 발달 배경, 연구 동향과 전망, 한국지역지리학회지, 20(4), 357–378.

최병두, 2016, 한국의 신지역지리학: (2) 지리학 분야별 지역 연구 동향과 과제, 한국지역지리학회지, 22(1), 1–24.

최정숙, 조철기, 2009, 지리를 통한 세계시민성교육의 전략 및 효과 분석: 커피와 공정무역을 사례로, 한국지리환경교육학회지, 17(3), 239–257.

한희경, 2011, 비판적 세계 시민성 함양을 위한 세계지리 내용의 재구성 방안: 사고의 매개로서 '경계 지역'과 지중해 지역의 사례, 한국지리환경교육학회지, 19(2), 123–141.

Fairgrieve. J., 1926, *Geography in School,* University of London Press.

Pattison, W. D., 1964, The four traditions of geography, *The Journal of Geography*, 63(5), 211-216.

Butt, G., 2011, Globalisation, geography education and the curriculum: what are the challenges for curriculum makers in geography?, *The Curriculum Journal,* 22(3), 423-438.

東京都立国際高等学校 http://www.kokusai–h.metro.tokyo.jp(2018년 9월 26일자 검색)

19.

개념 중심의 지역지리 강의하기: 위험경관 개념을 사례로

황진태 · 박지연 · 신수현 · 이현주(서울대학교)

1. 들어가며

이 장의 첫 번째 필자는 서울대학교 지리교육과에서 2016년부터 2018년까지 3년 동안 유럽지역연구를 강의했다. 이 과목을 맡게 된 이유를 추정하자면 필자가 독일에서 2012년부터 2015년까지 3년간 박사과정생으로 체류했고, 그 기간 동안 주변 유럽국가를 방문하여 적어도 유럽에 살지 않은 사람보다는 유럽에 대하여 좀 더 잘 알지 않을까라는 학과 측의 막연한 기대감이 있었을 것이다. 반면 강의를 맡아야 할 교수자인 필자의 입장에서 나는 유럽을 얼마나 알고 있는지 자문하게 되었다. 독일에서 고작 3년이라는 짧은 시간을 머무는 동안 3년 안에 졸업하기 위하여 바이로이트(Bayreuth)와 본(Bonn)이라는 두 도시에서 학교와 집을 오가는 데 대부분의 시간을 보냈고, 주변 유럽국가와의 교통 접근성이 좋다는 입지적 이점은 언제든 유럽의 다른 국가로 떠날 수 있다고 생각하게 되면서 도리어 여행을 미루는 핑계가 되었다. 여행을 가더라도 2박 3일 정도의 단기간으로 다녀오면서 요즘 대학생들의 방중 유럽배낭여행에 소요되는 한 달의 절반도 채우지 못하였다. 박사학위를 받자마자 귀국하여 처음 맡은 학부 강의이고, 유럽에 체류한 이력을 고려하여 학과 측에서 배려해 준 강의라는 점에서 영광이었지만, 3년 전 강의를 처음 맡았을 때는 유럽을 제대로 모르는 필자가 강의를 맡는 바람에 자칫 학생들에게 피해를 주는 것은 아닐까 걱정되었다. 즉, '나는 이 지역의 지리를 강의하기 위하여 이 지역을 얼마나 잘 알고 있는가?'라는 질문이 지역지리 강의를 시작하기에 앞서 심리적 문턱으로 놓여 있었다.

이러한 자문은 필자 개인만 하지는 않았다. 동료 연구자들과의 대화를 통해서 이들도 자신이 강의할 지역지리 과목에 대하여 교수자로서 과연 얼마나 해당 지역을 알고 있는가가 지역지리 교수자로서의 최우선의 자격요건으로 간주하였다. 물론 해당 지역의 전문가가 강의를 하는 것이 이상적이지만 국내 지리학계에서 해외지역전문가는 소수이며[대표적으로 엄은희(2018), 윤오순(2016), 한지은(2014), 임수진(2011)], 지역지리 강의를 맡을 국내 지리학자들이 해외연구를 추진하기에는 현실적으로 재정적, 시간적 제약이 있다.

여기서 필자는 '나는 이 지역의 지리를 강의하기 위하여 이 지역을 얼마나 잘 알고 있는가?'라는 질문에 구애를 받기보다는 학습자들이 구체부터 추상, 필연부터 우연, 일반부터 특수까지 추상화(abstraction) 사고훈련의 장(Sayer, 1991)으로서 지역지리의 활용에 주목할 것을 제안하고자 한다. 1980년대 영국의 로컬리티 논쟁에서 확인되듯이, 지역지리학은 지역 고유의 정보를 수집하는 개성기술적(ideographic) 접근뿐만 아니라 그 지역의 지리적 범위를 넘어서는 보다 보편적인 힘들을 추출하려는 법칙추구적(nomothetic) 접근도 연계되어야 한다(구동회, 2010). 이 글에서 제안한 '개념 중심의 지역지리 강의하기'는 학습자들이 교수자가 제시한 하나 혹은 몇 가지 개념들을 분석의 렌즈로 삼아 지역을 바라봄으로써 그 지역을 보다 다층적, 다면적으로 이해할 수 있는 지리학적 사고력의 함양을 목적으로 한다.

제5차부터 2015년 개정까지 한국지리 교육과정에서도 계통지리와 지역지리가 상호 연계되어 '선 계통적 주제 학습, 후 지역적 접근' 방식을 강조한다는 점에서 본 장의 문제의식이 상통한다(김병연, 2018: 224). 하지만 실제 학교현장에서는 지역지리교육이 계통지리와 연계되어야 한다는 원칙에는 동의하지만, 계통지리를 연계한 지역지리 수업은 학생들이 배워야 할 학습량이 "매우 늘어날 가능성이 높다"(조철기·이종호, 2017: 669)는 우려가 있다.

선행연구들은 중등교육에서 학생(이경한, 2001)이나 교사(류재명, 1993)에 초점을 맞추었지만, 교사를 양성하는 대학에서의 교육과정은 크게 주목하지 않았다. 대학교육과정에서 지역지리의 역할이 지리적 사실의 나열을 넘어서야 한다는 주장은 제기되었지만, 대학에서의 지역지리 강의에 대한 구체적인 고민은 여전히 미미한 실정이다(손명철, 2017: 653-654).

심광택(2018)은 밥 제솝(Bob Jessop)과 닐 브레너(Neil Brenner) 등(Jessop et al., 2008)이 제시한 사회와 공간의 변증법적 관계를 이해하기 위하여 영역, 장소, 네트워크, 스케일이라는 공간 개념들과 이들 간의 관계를 포착하려한 'TPNS(Territory-Place-Network-Scale)' 틀의 관점을 초중등 지리교과서의 지역 학습부분에 적극적으로 적용할 것을 제안하였다. 심광택의 제안이 필자에게 흥미롭게 다가온 이유는 필자는 학부 과정에서는 각각의 지리학적 개념들에 대한 명확한 이해와 개념들 간의 차이를 파악하는 것이 우선이고, 대학원 단계에서 개념들 간의 변증법적 관계를 이해하는 것이 적절하다고 생각했기 때문이다. 그런데 초중등교육과정을 오랫동안 연구해 온 중진학자인 심광택이 TPNS 틀을 초중등교육에도 반영할 수 있다고 보는 견해는 학습방식의 질적 혁신에 따라서 대학에서 다루는 추상적인 개념들도 얼마든지 초중등교육과정에 다뤄질 수 있음을 의미한다. 심광택의 학술적 제안이 초중등학교 현장에서 실질적인 탄력을 받기 위해서는 예비교사인 사범대학생들에 대한 대학교육에도 주목할 필요가 있다.

다음 2장에서는 대학에서 지역지리 강의의 핵심 개념으로 필자는 왜 위험경관을 선택했고, 지역지리를 강의하는 데 있어서 이 개념이 어떤 의미와 의의가 있는 지를 살펴본다. 3장에서는 필자가 언급한 위험경관 개념에 기반한 유럽지역연구 강의계획을 소개한다. 4장은 2018년 1학기 필자가 설계한 강의에 참여한 학습자들이 제출한 보고서들 중에서 한 편을 선택하여, 이를 바탕으로 필자와 학습자들이 국제학술지 게재를 목표로 공동 수정작업 중인 원고의 일부를 액자식으로 넣었다. 5장에서는 본문에서 다룬 논의들을 간략히 정리하고 몇 가지 제언을 하는 것으로 이 글은 마무리된다.

방법론적으로 본래 이 글은 연구자와 연구대상(학습자 포함) 간의 일정한 거리를 유지하면서 연구자가 제시한 이론으로 사례를 분석하는 통상적인 학술논문 형태의 글쓰기를 채택하려 했다. 하지만 분석 대상이 연구자 본인이 강의한 내용과 방식이라는 점에서 연구자와 연구대상 간의 일정 거리를 유지하는 것이 쉽지 않았다. 도리어 본 연구가 교수자의 역할에 초점을 맞추고 있다는 점에서 교수자로서 내면의 고민을 드러내려는 내재적 접근이 보다 효과적인 글쓰기라고 판단하였다. 그리하여 인류학에서 사용하는 연구자의 경험, 감정과 사고의 변화를 적극적으로 드러내는 자기민속지학(autoethnography)적 글쓰기를 차용하였다(Ellis et al., 2011).

결론적으로 이 글을 통하여 다음과 같이 세 가지 주장을 하고자 한다. 첫째, 해당 지역을 체류했거나 연구하지 않은 연구자라도 강의에서 다룰 지역을 강의할 수 있다. 둘째, 첫 번째 주장을 뒷받침하기 위해서 지역지리는 해당 지역정보를 백과사전식으로 학생들에게 전달하는 것이 주목적이 되어서는 안 되며, 학생들로 하여금 지리학적 개념을 사례 지역에 적용할 수 있는 지리학적 사고력을 키우는 방향으로 강의방식을 설계해야 함을 제언한다. 셋째, 앞서 제시한 강의방식을 바탕으로 최종적인 지역지리 지식의 생산에 있어서 교수자와 학습자가 공동으로 참여하는 방식에 대한 논의가 보다 활성화되어야 한다.

2. 지역지리학 강의를 위한 핵심개념으로서 위험경관 논의의 검토

유럽지역연구 강의를 위한 핵심개념으로 위험경관을 선택했다. 물론 개념의 선택은 강사자의 세부전공과 개인적 관심에 따라서 다양하게 제시될 수 있다. 필자가 이 개념을 선택한 이유는 두 가지를 들 수 있다. 첫째, 전지구적으로 기후변화의 심화, 자연재난의 증가, 인류세(Anthropocene)의 도래로 인하여 위험에 대한 관심이 높아지고 있는 상황에서 이러한 변화들을 설명하는 데 효과적일 수 있는 위험경관 개념이 학습자들의 흥미와 호기심을 자극할 수 있는 시의적절하고 신선한 개념으로 판단했다. 위험경관은 독일 지리학자인 데틀레프 뮐러만(Detlef Müller-Mahn)이 고안한 개념으로 독일 사회학자 울리히 벡(Ulrich Beck)의 위험사회(risk society) 개념에 내포된 공간적 감수성이 부족하다는 한계를 보완하고자 제시되었다(황진태 역, 2014; Müller-Mahn, 2012). 동아프리카가 주요 연구지역인 뮐러만은 동아프리카에서 발생하는 기후변화 및 자연재난을 분석하면서 위험경관 개념을 적용하였고, 필자는 뮐러만의 독어로 작성된 논문을 국문으로 번역하는 것을 시작으로 한국의 핵발전소 입지정책을 중심으로 위험경관 개념을 동아시아 맥락에서 이론화하는 작업을 해 오면서 위험경관 연구를 주도해 왔다(황진태 역, 2014; 황진태, 2016; Lee et al., 2018; 황진태 외, 2019). 이러한 관련 연구이력을 바탕으로 필자는 국내 학계에 소개된 지 얼마 안 된 개념이지만 강단에서 학생들의 눈높이에 맞추어 안정적으로 소개할 수 있을 것으로 예상했다.

둘째, 위험경관 개념은 우리가 알고 있던 유럽과는 다른 시각에서 낯설게 접근하도록 하는 효과가 있다. 대중들에게 그동안 유럽(특히, 서유럽)은 다른 대륙의 국가들에 비하여 정치, 경제, 문화적 수준이 높고, 안정적인 지역으로 인식되어 왔었다(뉴스 1, 2018.07.02.; 아시아투데이, 2018. 06.06.). 이러한 인식은 국내 여러 매체[단행본으로는 정여울(2014), 권상미 역(2008)과 방송 프로그램으로는 tvN의 〈꽃보다 할배〉 시리즈 등]를 통하여 견고해졌다. 하지만 필자는 유럽에서 박사과정을 밟았던 기간 동안 시리아 난민의 유럽 유입, 유럽 주요 도시에서의 테러발생을 접하였다. 특히, 독일 저먼윙스 비행기 테러사고(2015년 3월)는 필자가 재학 중인 대학의 연구소 동료가 탑승했다가 죽음을 맞이하고, 독일 본(Bonn) 중앙역에서의 폭탄테러 시도 불발(2013년 12월), 네오나치 시위 등의 사건들을 경험하면서 기존에 알고 있던 안전하고, 안정적인 유럽의 이미지와는 상반되는 위험하고, 불확실한 이미지가 투영된 유럽을 새롭고, 낯설게 인식하게 되었다. 이처럼 교수자 개인이 경험한 유럽에 대한 이미지의 변화는 학생들에게도 위험경관 개념을 통하여 유럽 지역을 다르게 볼 수 있을 것으로 기대했다.

위험경관 개념은 울리히 벡이 제시한 위험사회론에 대한 비판에서 출발했다. 벡은 자신이 살던 유럽이 1986년 우크라이나에서 발생한 체르노빌 원전사고로 인한 초국경적인 피해를 입는 것을 목격하면서 위험이 유럽사회를 설명하는 중요한 화두가 되었다고 보았다. 벡이 정의내린 위험사회론에 따르면, 기존에 경제적 부의 분배가 중요했던 산업사회에서 위험은 공장과 같은 특정 공간에서 국지적으로 발생하고, 부의 축적에 비하여 위험의 심각성은 중요하게 고려되지 않았다. 반면에 위험사회는 경제적 부의 분배 문제는 어느 정도 해결되었지만, 그간 산업사회의 고도화를 뒷받침했던 과학기술이 야기한 대기오염(예, 스모그 현상), 방사능 오염(예, 체르노빌 원전사고)의 광범위한 확산과 이로 인한 영향에 대한 예측 불확실성을 특징으로 하면서 산업사회와 구분된다. 국내에서 벡의 위험사회론 관련 서적이 번역되고, 위험사회 개념을 이용한 국내 학자들의 연구물이 상당히 축적되었다는 사실은 한국사회가 산업사회의 특성뿐만 아니라 위험사회로서의 특성이 나타나면서 벡의 논의가 유용하다고 판단했기 때문이다(홍성태 역, 2006; 한상진, 1998; 이재열·김동우, 2004).

이처럼 국내에서 접할 수 있는 국문문헌이 풍부한 벡의 위험사회론은 위험경관이라는 낯선 개념을 본격적으로 접하기에 앞서 학생들이 위험이라는 화두에 보다 수월하게 접근하는 것을 유도할 수 있다는 점에서 유용하다. 특히, 유럽지역연구의 사례지역이 유럽인 만큼, 벡의 위험사회론이 자신이 살았던 유럽에 기반하고 있다는 점에서 그의 논의를 통하여 자연스럽게 유럽사회를 접할 수 있다는 이점이 있다. 하지만 벡이 밝혔듯이 위험사회론은 벡 자신이 살고 있는 유럽에서의 경험에 기반하여 개념화가 되었지만 유럽에 국한된 논의는 아니다. 그는 유럽을 넘어선 "위험의 지구화 경향"(홍성태 역, 2006: 77)을 강조하기 위하여 세계위험사회(world risk society) 개념을 제시했다. 세계위험사회는 첫째, 공간적으로는 국민국가의 경계를 넘어선 위험(예, 오존층 구멍), 둘째, 시간적으로는 미래 세대에게까지 영향을 미칠 수 있으며(예, 방사능 반감기), 셋째, 사회적으로는 그러한 위험이 누구에게 책임이 있는지를 밝히는 것의 어려움을 특징으로 하고 있다. 그는 세계위험사회의 대표 사례로 글로벌 테러위험, 글로벌 금융위기, 기후변화를 손꼽았다.

벡이 구체적인 사례로 들었던 지구적 규모의 위험들은 현재 유럽에서 발생하고 있는 테러리즘,

브렉시트(Brexit), 기후변화 등의 사례를 설명하는 데 유용하다. 하지만 뮐러만은 벡의 개념의 의의와 함께 공간적 감수성이 부족하다는 맹점을 지적하면서 위험경관 개념의 필요성을 부각시키고자 했다. 지리학의 시각에서 벡의 (세계)위험사회론의 주요한 한계는 글로벌한 힘이 로컬에 하향적으로 영향을 미치는 것을 전제하면서 로컬을 글로벌한 요인들에 의하여 형성된 특정 위험이 발생하는 무대 정도로 이해한다는 점이다. 즉, 로컬에서 구성되는 힘과 요인들이 어떻게 글로벌 요인들과의 상호작용 속에서 특정한 위험으로 생산되는 지를 간과하는 '글로벌-로컬의 이분법'에 빠져 있다(황진태, 2016: 287).

위험경관은 특정한 위험에 대하여 글로벌한 힘은 필연적이고, 로컬은 우연적인 산물로 보는 시각을 지양하고, 위험을 인지하는 개인과 사회집단이 자신들을 둘러싼 인문·자연지리적 조건과 그들의 지식 및 목적 간의 상호작용 속에서 복합적으로 형성되는 사회-공간 이미지를 일컫는다(황진태, 2016). 즉, 위험경관은 벡의 (세계)위험사회와는 달리 위험이 발생한 로컬에서 특정 위험에 직면한 개인, 집단의 인식과 실천의 다양성에 주목한다. 이처럼 복수의 위험경관(multiple risk-scapes)이 존재함을 인지하는 동시에 복수의 위험경관들 중에서 특정 위험경관이 다른 위험경관들 보다 영향력을 갖고, 지배적이게 되는 과정에 주목함으로써 위험경관의 생산이 사회세력들 간의 권력관계와 긴밀히 연관되었음을 강조하고 있다(황진태, 2016: 288-289).

학부 3, 4학년은 인문지리학 강의에서 장소, 스케일, 영역, 네트워크 등의 지리학 개념을 학습하여 공간적 차별화(spatial differentiation)에 대한 이해도가 높다는 점에서 위험을 둘러싼 개인과 집단 간의 차별적인 인식을 강조하는 위험경관 개념에 대한 이해도 무리가 없을 것으로 예상한 필자는 아래와 같이 유럽지역연구 과목에 위험경관을 핵심 개념으로 하는 강의계획을 설계하였다.

3. 유럽지역연구 과목의 강의계획 설계

3년간 강의한 유럽지역연구에서 매해 강의계획서는 당시 주목할 만한 사건에 따라서 내용에 다소의 차이는 있지만 다음과 같은 체계를 기본적으로 유지해 왔다(표 1 참조). 1주차는 낯선 개념인 위험경관을 바로 소개하기에 앞서 본 강의의 연구지역인 유럽에 초점을 두고 기존에 알던 안전하고, 안정적인 유럽을 재현하는 텍스트들(『내가 사랑한 유럽 TOP10』(정여울, 2014), 〈꽃보다 할배〉 시리즈 등)을 학생들에게 보여 주는 동시에, 이러한 정형화된 유럽 이미지와는 상반되는 위험하

표 1. 유럽지역연구 강의계획

1주	강의 개관
2주	위험사회와 위험경관
3주	위험사회에 대한 대안적 인식론들: 코스모폴리탄 사회과학, 다중스케일적 인식론, 관계론적 장소론을 중심으로
4주	테러의 지리학
5주	이주의 지리학
6주	브렉시트의 지리학, 기말발표주제 발표 및 토론
7주	기후변화의 지리학, 기말발표주제 발표 및 토론
8주	유럽 국경도시 및 도시국가의 지리학
9주	조별 기말발표
10주	교생실습
11주	교생실습
12주	교생실습
13주	교생실습
14주	외부강사 초빙 혹은 유럽 관련 영상 시청
15주	강의 마무리

고, 불안정한 이미지의 유럽을 재현하는 사건들(서두에서 언급한 필자의 개인적인 일화를 포함)도 소개하면서 기존에 알던 유럽을 낯설게 볼 필요성을 강조하였다.

2주차는 앞서 2장에서 소개한 강의의 핵심개념인 위험사회와 위험경관을 면밀하게 설명하였다. 본 강의의 핵심은 학습한 개념을 가지고서 실제 사례를 분석하는 역량을 키우는 것이기 때문에 비교적 낯선 개념인 위험경관을 학생들이 명확하게 이해하는 것이 관건이었다. 그래서 강의의 후반부에는 뮐러만이 연구해 온 동아프리카 사례지역과 필자가 연구한 동아시아 지역 사례를 소개하여 위험경관 개념을 어떻게 사례에 적용하는지를 익숙하게끔 하는 데 집중했다. 강의가 끝나고서는 위험경관 개념을 개별 학생이 제대로 이해하는지를 확인하고자 학생들에게 위험경관 개념을 요약한 한 쪽 분량의 짧은 에세이를 제출하도록 했다.

3주차는 다중스케일적(multi-scalar) 접근(박배균, 2012; 황진태·박배균, 2014), 관계론적 장소론(황진태, 2011) 등의 기존 지리학 개념이 어떻게 위험경관 개념과 연관되는지를 주목하였다. 그리하여 학생들로 하여금 자신들이 본 강의 이전에 학습했던 지리학 개념들이 위험경관 개념과 별개가 아니라 상호 연관되어 있음을 인식하고, 앞으로 각자의 사례연구에서 위험경관을 중심으로 지리학 개념들을 사례에 적용할 수 있음을 환기시키고자 했다.

앞선 이론 강의를 바탕으로 4주부터 7주차까지는 이주, 테러, 경제위기, 기후변화 등의 사례들을 위험경관의 시각에서 강의하였다. 4학년 과목이라서 학기 중간(10~13주)에 예정된 교생실습으로 인하여 한 달 가량 휴강을 했다. 기말보고서 제출을 제외하면, 교생실습 이전에 학생들의 기말 발표평가까지 마쳐야 하는 빡빡한 일정이기 때문에 휴강을 앞둔 6주와 7주차에는 학생들이 기말 발표로 다룰 주제들을 발표하고, 교수자와 다른 학생들과 함께 토의하는 시간을 가지면서 발표할 주제와 내용을 구체화하는 기회를 갖게 하였다. 처음 강의를 한 2016년에는 기말발표를 개인 단위로 시켰지만, 2년 차부터는 2명에서부터 3명까지 단체발표 형식으로 진행했다. 단체발표를 준비하면서 발표 이전에 내부적으로 조원이 위험경관을 잘못 이해하더라도 조원 간 상호 검증을 거치면서 개념에 대한 오독을 줄이고, 발표의 수준도 전반적으로 높아졌다. 다음 4장에서는 3장에서 소개한 강의방식의 효과를 확인하기 위하여 강의에 참여한 학습자들이 제출한 기말보고서들 중에서 한편을 선택하여, 교수자와 학습자들이 국제학술지 게재를 목표로 공동으로 수정 중인 원고의 일부를 소개하고자 한다.[1]

4. 위험경관 개념을 적용한 사례연구: 지브롤터를 둘러싼 위험경관의 생산

1) 사례 선정의 배경

2016년의 가장 중요한 국제정치이슈 중 하나는 단연 브렉시트(Brexit)였다. 영국(Britain)과 탈퇴(exit)의 혼성어인 브렉시트는 영국의 유럽연합 탈퇴를 의미한다. 2015년 영국 총선에서 보수당이 승리하면서 영국 국회에 국민투표가 발의되었고, 2016년 6월 23일 영국 국민을 대상으로 유럽연합 탈퇴 국민투표가 실시되었다. 영국령인 맨 섬(Isle of Man)과 채널 제도(Channel Islands)는 EU에 속하지 않아 투표에서 제외되었지만, 지브롤터는 영국의 속령들 중 EU에 들어갔기 때문에 투표지역으로 지정되었다. 투표 결과, EU 탈퇴 표가 17,410,742표로 51.9%, EU 잔류 표가 16,141,241표로 영국의 EU 탈퇴가 확정되었다. 반면 지브롤터는 영국의 전 지역 중 83.5%로 가장 높은 투표율을 보였고, EU 잔류 표는 19,322표(95.9%), EU 탈퇴 표는 323표(4.1%)로 EU 잔류 찬

1 이 장에서는 수업에서 제출된 기말보고서에서 다룬 주제들에 대한 소개는 생략한다. 다만 지난 3년 동안 다양하고 흥미로운 주제들이 제출되었고, 그중 일부는 필자의 지도로 학술지에 출간되거나, 학술지 투고를 위하여 현재 준비 중에 있음을 밝힌다.

성률이 압도적이었다는 점에서 영국의 전반적인 투표 패턴과는 상반되는 결과를 드러냈다. 이러한 투표결과는 기존에 브렉시트를 바라보는 주요한 공간적 구도인 '영국 vs. EU'만으로는 설명되지 않는 다른 공간적 차원에서의 브렉시트를 둘러싼 행위자들과 공간적 긴장 관계가 존재하고 있음을 암시한다. 그리하여 필자들은 지브롤터에서 브렉시트를 둘러싼 다양한 위험경관이 나타날 것으로 예상하고 지브롤터를 사례 지역으로 선정하였다.

2) 지브롤터의 역사적, 지리적 특성

브렉시트로 인한 지브롤터의 다층화된 위험경관이 생산되는 것을 파악하기 위해서는 지브롤터의 역사적, 지리적 특성에 대한 이해가 선행적으로 요구된다. 지브롤터는 이베리아 반도 남부의 영국 직할 식민지이다. 스페인과 국경을 맞닿고, 지중해의 입구에 있다. 국토 면적은 대략 6.7km²이고, 인구는 3만 명가량으로 인구밀도가 전 세계 5위에 해당한다. 전체 국민 중 지브롤터인이 80%, 영국인이 10%를 차지하고 있으며, 국민들 대부분이 로마 가톨릭 신자이다. 공식 언어는 영어이지만, 국민 대부분이 스페인어도 능통하다. 또한 지브롤터에서는 야니토(Llanito)라는 혼성어가 사용된다.[2]

이베리아 반도의 끝자락에 위치하고, 아프리카 대륙과 마주한 지중해의 입구라는 점에서 지브롤터는 지정학적 가치가 높게 평가되지만(그림 1), 오히려 이로 인해 여러 왕조와 국가의 지배를 받았었다. 고대에는 페니키아, 카르타고를 거쳐 로마 비잔틴제국의 통치를 받았고, 로마제국의 멸망 이후에는 당시 스페인을 통치하던 서고트족의 지배를 받았다. 서고트족의 쇠락과 함께 서기 711년부터 1462년까지는 이슬람의 지배를 받았으며, 지브롤터는 스페인을 공격하기 위한 요새로 사용되었다. 1492년 스페인의 이사벨라

그림 1. 지브롤터 위치

2 네이버 지식백과 접속; Neville Chipulina의 블로그 접속

여왕과 페르난도가 이슬람 왕국을 완전히 정복하면서 약 200년 동안 스페인의 지배를 받게 된다. 그러나 스페인 왕위계승전쟁(1701~1714년) 중인 1704년, 영국과 네덜란드의 합동공격으로 영국에게 점령당하고, 1713년 전쟁을 종결하는 과정에서 체결된 위트레흐트(Utrecht) 조약으로 지브롤터는 스페인으로부터 영구적으로 영국에 양도되었다.[3]

한편, 스페인은 지브롤터가 영국령으로 넘어간 뒤에도 지브롤터에 대한 영유권을 지속적으로 주장하고 있다. 1967년 자체 주민투표에서 지브롤터의 스페인 귀속을 거부하고 영국령으로 남을 것을 확정 짓자, 프랑코 정권은 이에 반발하여 1969년 스페인과 지브롤터 간의 국경을 폐쇄하기도 했다(Geographical, 2017.09.05.). 폐쇄 조치는 프랑코 사후에도 지속되다가 1983년에 완화되는 조짐을 보였고, 스페인이 유럽연합에 가입한 1985년에 철회되었다. 지브롤터를 둘러싼 스페인과 영국 간의 긴장관계는 현재도 이어지고 있으며, 브렉시트를 기점으로 다시 스페인은 지브롤터의 공동주권을 주장하고 있다(The Guardian, 2018.04.05.).

지브롤터의 경제는 서비스업을 중심으로 발달하였으며, 영국의 속령 중 유일하게 EU에 속해 있어 EU 단일시장을 통해서 교역하고 있다. 지브롤터의 경제는 2008년의 세계금융위기에서도 성공적으로 살아남았다는 평가를 받을 정도로 견고하다(New Statesman, 2015.07.27.). 영국의 법체계 안에 있지만 영국 사법권의 영향을 직접적으로 받지 않아 독자적인 세금 체계를 갖고 있다. 지브롤터는 법인세가 10%로 매우 낮은 편이고, 양도소득세, 재산세, 소비세, 부가가치세가 존재하지 않는다(EY, 2018). 이는 지브롤터로 많은 기업들을 끌어들이는 주요 요인이 된다.

지브롤터의 산업은 크게 네 가지 부문에서 활발하다. 첫째, 법인세가 굉장히 낮고, 인터넷 접근이 탁월하여 온라인 도박산업이 발전하였다. 온라인 도박산업과 연관되어 고도로 숙련된 IT 전문가들도 모여들었다(BBC, 2006.08.14.). 이들 업체들은 EU 회원국 국민들을 대상으로 하여 온라인 도박 서비스를 제공하고 있다. 둘째, 보험산업을 들 수 있다. 1997년 지브롤터가 EU 단일 보험 시장에 진출한 이후, EU 내에서 보험산업을 강화해 왔다. 지브롤터에서 보험산업을 하는 회사들은 EU에서 보험업 관련 규제를 담당하는 금융감독위원회의 규제를 받음과 동시에 그들의 보험산업을 다른 EU 회원국에 수출할 수 있다. 즉, 국경을 넘어 다른 나라에서 발생하는 사고에 대해 사고가 발생한 국가의 허가 없이 보상할 수 있는 것이다. 특히, 지브롤터에서는 자동차보험업이 주력이다(New Statesman, 2014.11.25.). 셋째, 선박급유업이 있다. 대서양과 지중해를 잇는 지브롤터 항구

3 지브롤터 정부 홈페이지 접속

는 EU 단일시장 진출 이전에는 화물선의 교역 지점으로 이용되었고, EU 합의 이후에는 항구 이용료를 싸게 받으면서 급유업이 성장하였다. 또한 관광 유람선도 지브롤터 항구에 자주 정박하여 관광객들을 유치하고 있다.[4] 끝으로 관광업을 들 수 있다. 지브롤터의 영토는 매우 작지만, 매년 천만 명 이상의 관광객들이 관광을 목적으로 방문하고 있다. 영토가 넓은 편은 아니기 때문에 관광객들은 보통 2일에서 7일 정도 머물고, 영국 국민과 스페인 국민이 많다(HM Government of Gibraltar, 2016). 관광객의 93%가 스페인 국경을 통해서 지브롤터에 들어오고 있다(House of Lords, 2017: 8).

3) 위험경관의 생산

(1) 위험경관 1: 스페인의 주권 주장에 대한 지브롤터인들의 정체성 위기

지브롤터 항구는 영국령 중에서도 뛰어난 지정학적 가치로 인해 프랑스 혁명과 나폴레옹 전쟁 시기를 거치면서 주요 항구로 성장하였다.[5] 또한 항구를 통해 영국의 물자가 오가는 과정에서 영국으로부터 선진문물과 제도를 수입할 수 있었으며, 이를 지브롤터에 정착시키는 과정에서 오늘날의 정체성을 확립한 것으로 여겨진다. 정치적으로는 입법, 행정과 같은 국가운영제도를 들여왔으며, 영국의 역사를 학습하고 300년 동안 대영제국의 일부로 성장하면서 점차 영국의 역사를 자국의 역사로 받아들였다(Constantine, 2009). 이처럼 영국령으로서의 정체성을 확립해 온 지브롤터이지만, 지브롤터의 정체성은 영국 본토와는 다른 특성도 지니고 있다. 이는 본토로부터 원거리에 떨어져 있는 지브롤터의 위치성과 영국이 인정해 준 고도의 자치권에 기인한다. 지브롤터인들은 지브롤터가 영국령임을 인식하면서도 독립성을 강조한다. 이에 대한 일환으로 그들은 영국의 것이 아닌 자체적인 국기와 국가를 사용하며 자신들의 민족주의 성향을 꾸준히 드러내고 있다. 예컨대, 1990년대에는 FIFA로부터 자체 축구팀을 공인받았다(Geographical, 2017.09.05.).

이러한 민족주의적 성향을 내포한 지브롤터인들은 브렉시트 이전에도 스페인에서 영유권을 주장할 때마다 이를 강경히 거부해 왔다. 1967년의 주민투표 이후에 다시 치러진 2002년 11월 7일 투표가 대표적인 예이다. 2002년 7월, 영국 외무부는 2001년부터 스페인과 논의해 온 바에 따

4 지브롤터 정부 홈페이지 접속
5 지브롤터 정부 홈페이지 접속

라 스페인과 함께 지브롤터에 대한 공동주권을 가지는 방향을 고려한다는 입장을 발표했다. 이에 반발한 지브롤터 정부는 주민투표를 진행했고, 98.97%의 압도적인 반대표를 이유 삼아 영국령에 잔류하겠다는 입장을 피력했다(The Telegraph, 2002.11.08.). 이처럼 지브롤터인들은 스페인에 대한 심한 거부감을 갖고 있었고, 브렉시트 이후 다시 수면 위로 나온 스페인의 영유권 주장은 지브롤터인들에게 위협으로 다가왔다. 앞서 언급했듯이 지브롤터인들은 300여 년의 기간 동안 영국의 지배하에서 국방, 외교를 제외한 과세와 재정에서 고도의 자치권을 획득하여 영국민이자 지브롤터인으로 정체성을 규정하고 있었다. 따라서 스페인에 주권이 귀속된다면 300년 동안 형성된 영국민으로서의 정체성이 훼손되고, 기존에 누렸던 지브롤터인으로서의 자치권도 누리지 못할 것을 우려하고 있다.

현재 스페인으로부터 독립을 주장하고 있는 카탈루냐의 경우, 스페인 내에서 경제적으로 상당히 발전한 지역임에도 불구하고 고도의 자치권을 누리지 못하고 있는 실정이다. 또한 카탈루냐에 대한 스페인의 과잉진압은 프랑코 정부 이래로 심화된 배타적인 스페인 민족주의를 드러내고 있다(The Economist, 2017.11.02.). 지브롤터인들은 스페인에게 주권이 귀속될 경우 카탈루냐 지역처럼 기존의 자치권을 더 이상 누리지 못할 것으로 인식하고 있다. 스페인은 공동주권을 내세워 이러한 지브롤터인들의 우려를 일축하려 하지만, 스페인 민족주의를 직간접적으로 접한 지브롤터는 스페인으로의 귀속에 대한 강한 거부감을 가지고 있다. 특히, 뒤에서 살펴볼 1969년 국경 폐쇄를 겪은 지브롤터의 노년층은 스페인에 대한 반감이 매우 크다(Geographical, 2017.09.05.).

위트레흐트 조약에 따르면 영국이 지브롤터에 대한 주권을 포기할 경우 주권에 대한 우선권은 스페인에게 넘어간다. 그렇기 때문에 지브롤터인들은 경제적으로 커다란 위협이 되는 브렉시트를 달갑게 여기지 않으면서도, 스페인의 지배를 받는 상황을 피하기 위해 영국의 지배를 받는 현 상태를 유지하기를 바라고 있다. 영국의 지배하에서는 적어도 자치권을 유지할 수 있기 때문이다(Geographical, 2017.09.05.). 이와 같은 이유로 지브롤터인들은 스페인의 위협에 맞서는 반발의 일환으로 스스로가 영국인임을 드러내는 방식을 취한다. 스페인어를 활용하는 야니토어 대신 영어를 더욱 사용하고, 해외에서는 스페인어를 사용하지 못하는 것처럼 행동한다(르몽드 디플로마티크, 2016.09.30.).

스페인의 공동주권 주장은 역사적으로 영국령에 속하면서 영국과 지브롤터가 연계된 복합적인 정체성을 형성해 온 지브롤터인들에게 위협으로 다가오면서 영국 본토의 전반적인 투표행태와는 달리 지브롤터인들은 브렉시트에 반대하고, 스페인에 대한 반감을 드러내었다.

(2) 위험경관 2: 스페인의 주권 주장을 둘러싼 주변국과의 긴장관계

스페인의 지브롤터에 대한 주권 주장은 영국과 스페인 간의 정치적, 영역적 긴장관계를 드러냈지만, 동시에 지브롤터가 EU 단일시장에 참여할 수 있는가를 둘러싼 경제적 긴장관계도 교차된다. 아래서는 이러한 정치적, 경제적 긴장관계 속에서 영국, 스페인, EU, 지브롤터의 상이한 입장을 확인할 수 있다.

2018년 1월, EU는 "영국이 연합을 떠난 이후에는 스페인과 영국의 합의 없이는 지브롤터의 영토에 대해 연합과 영국의 어떤 합의도 이에 적용될 수 없다"라고 밝혔다(European Commission, 2018). 이에 대해 여러 언론에서는 EU가 지브롤터의 EU 단일시장 이용 및 공동주권과 관련한 영국의 브렉시트 협상에서 스페인에게 거부권(veto)을 부여했다고 해설한다(Business Insider, 2017.03.31.). 스페인은 EU의 입장 표명을 긍정적으로 받아들였지만, 영국과 지브롤터는 국제법에 위반된다고 반발하였다(The Week, 2017.08.04.). 표면적으로는 EU가 지브롤터 문제를 스페인과 영국 사이의 문제로 넘겨서 중립적인 입장을 취한 것으로 보이지만, 사실상 EU가 스페인에게 지브롤터의 운명을 결정할 권력을 준 것으로 평가된다(Reuters, 2017.04.01.; Business Insider, 2017.03.31.).

브렉시트 협상 시작 전부터, 스페인은 조세피난처 블랙리스트에 지브롤터를 올리자고 주장할 정도로 지브롤터의 낮은 세금 정책에 대해 경계심을 드러냈고(The Local, 2013.05.08.), 브렉시트 협상이 시작되면서 지브롤터에 대한 공동주권을 제안하였다. 스페인 외교부장관 알폰소 다스티스(Alfonso Dastis)는 이번 브렉시트 투표가 지브롤터에 대한 영유권을 주장할 수 있는 최종적인 기회로 판단했고, 공동주권이 지브롤터인들에게 "매우 이로울 것(deeply beneficial)"이며 공동주권에 대해서 어떠한 양보도 하지 않을 것이라고 밝혔다(The Olive Press, 2017.01.09.).

영국 정부는 지브롤터를 자국 영토로 명확히 인식하고 있다. 영국 총리 테레사 메이는 2017년 지브롤터의 국가기념일에 지브롤터 시민과 산업을 지킬 것이라고 언급하였고, 지브롤터인들이 원하지 않는 공동주권에 대한 합의 및 협상을 하지 않을 것이라는 입장을 고수하고 있다(The Olive Press, 2017.01.09.). 또한 영국의 상·하원의원들은 영국 정부에게 공동주권에 대한 협상에 참여조차 하지 않을 것을 강력히 촉구하였다. 영국 정부는 이에 대해서 지브롤터인들의 의사에 반하는 공동주권 협상을 진행하는 일은 없을 것이라고 답변하고, 지브롤터 경제가 직면할 위기에 대한 대응 방안을 모색하였다(Department for Exiting the European Union, 2017).

지브롤터 정부를 이끌고 있는 수석 장관 파비안 피카르도(Fabian Picardo)는 "영국의 지브롤터 영유권을 유럽 단일 시장 접근권 등 유럽연합의 일원으로서 받는 혜택을 위해 거래할 일은 절대로 없을 것이다", "지브롤터의 전체 혹은 일부는 절대로 스페인의 영토가 될 수 없다"는 입장을 표명하였다(The Guardian, 2018.03.16.). 영국 상원 위원회에서 그는 지브롤터는 마찰 없는 협상을 바라고 있고, 단일시장에 접근하여 물자 및 인력이 자유롭게 이동할 수 있는 현재의 상황유지를 바란다고 발언하면서 대립각을 세웠다(House of Lords, 2017). 또한 지브롤터 정부는 스페인의 거부권은 불법적이라고 주장하면서, 만약 거부권을 행사한다면 지브롤터 내의 EU 주민들에 대한 보호 권리에 대해서 재고하겠다고 경고하였다. 즉, 지브롤터에서 일하는 스페인인들의 권리를 취소시킬 수도 있다는 강경한 입장을 보인 것이다(The Guardian, 2018.03.16.).

(3) 위험경관 3: 스페인-지브롤터 국경 지역의 경제적 상호의존성

앞서 '위험경관 2'는 브렉시트라는 새로운 위기에 직면하면서 발생한 국가 간 정치적, 경제적 갈등구도에서 개별 국가들의 상이한 인식과 이해관계를 보여 준다. 이러한 '국가 vs. 국가' 구도는 마치 국가 경계 내부의 개인과 사회집단들은 동질한 이해관계와 동일한 인식을 갖고 있는 것으로 판단할 수 있다. 하지만 위험경관은 국가 스케일로 수렴되지 않는 다양한 지리적 스케일상에서 국가의 인식과 이해관계와 조응하지 않는 위험경관이 형성될 수 있다(황진태, 2016: 291).

1969년 프랑코 정권은 지브롤터와 접하는 국경을 완전 폐쇄하였다. 당시 지브롤터는 현재와 같은 경제발전을 이루지 못했고, EU 체제에도 속하지 않아 EU 단일시장을 매개로 교역의 이득을 누리지 못하였다. 따라서 국경 폐쇄는 육로로 유일하게 연결된 스페인과의 경제적 관계의 단절을 의미했고, 자원의 조달 중단은 그들에게 생존을 위협하는 문제였다. 현재도 지브롤터가 소비할 물적 자원의 88%는 국경을 경유하여 들어오고 있다(Gibraltar Chronicle, 2018.04.20.). 즉, 석유를 포함한 대부분의 농산품, 생필품을 스페인으로부터 수입하고 있다(House of Lords, 2017: 11). 하지만 현재 지브롤터 주민들은 1969년에 겪었던 것처럼 자원 조달의 어려움이 발생하더라도 이를 생존 문제로 심각하게 간주할 정도로 장기적이지는 않을 것으로 판단하고 있다. 오늘날 지브롤터는 금융 중심의 산업구조를 중심으로 경제가 발전하면서 유럽 내 높은 성장률을 기록하고, 국경의 폐쇄는 지브롤터뿐만 아니라 스페인에 속하는 접경지역의 경제에도 악영향을 미칠 수 있기 때문이다.

지브롤터와 국경을 맞닿고 있는 스페인의 라 리네아(La linea) 지방에서는 매일 만 명이 넘는 사람들이 지브롤터로 국경을 넘어 통근하고 있다(The Telegraph, 2017.05.09.). 스페인 사람은 지브롤터 온라인 게임 산업의 60%에 종사하며, 지브롤터의 사회복지 및 의료 종사자의 26%는 스페인 노동자이다(House of Commons, 2017: 19; Unite the Union, 2017).

2018년 현재, 라 리네아 지방은 35%의 실업률과 80%의 청년 실업률을 기록하고 있다(Independent, 2018.02.25.). 반면에 지브롤터의 나은 경제 상황은 스페인 노동자들이 지브롤터에서 소득을 얻고, 라 리네아 지역에서의 생계를 유지할 수 있게 한다. EU 시민권자이면서 스페인에서 지브롤터로 통근하는 외국인 근로자들도 국경 이동의 제한될 가능성에 대해 같은 이유로 염려하고 있다(Geographical, 2017.09.05.). 스페인 남부 지역의 관광은 지브롤터 주민들이 상당수를 차지하고, 호텔 및 서비스업도 지브롤터 투자자들의 비중이 높다는 사실은 브렉시트가 지브롤터와 국경을 접한 스페인 지역경제에 부정적인 영향을 미칠 수 있음을 시사한다(Express, 2018.01.10.).

이처럼 스페인 남부 지역과 지브롤터 간의 긴밀한 경제적 상호의존성은 스페인 남부지역 주민들로 하여금 스페인 중앙정부가 조장하는 영역적 긴장관계가 지역의 경제적 어려움을 가중시킬 것으로 보고 있다는 점에서 상반된 인식을 드러내고 있다(The Guardian, 2018.04.05.). 한편, 라 리네아의 지역경제는 밀거래를 통한 지하경제와 지브롤터에서 벌어들이는 수익이 상당부분을 차지하고 있다. 이 지역은 지브롤터로부터 값싼 담배를 제공받고 있으며, 아프리카에서 오는 마약을 유럽 내로 이동시키는 역할을 맡고 있다. 지하경제의 번성은 치안의 불안정으로 이어진다는 점에서 스페인 중앙정부도 예의주시하고 있다. 이러한 상황에서 국경이 폐쇄되어 지브롤터와의 교류가 막히게 된다면 지하경제의 비중이 더욱 높아지고, 치안상황도 악화될 것으로 예상되고 있다. 1969년 프랑코 정권의 국경폐쇄로 이 지역 40%의 인구가 경제 사정이 나은 곳으로 떠난 선례를 본다면, 브렉시트로 주민들의 소득 유지가 어려워질 경우, 과거의 상황이 재현될 가능성이 있다(Gibraltar Chronicle, 2018.04.20.). 이처럼 스페인 중앙정부는 국가 대 국가의 구도에서는 영역적 긴장관계를 표출하지만, 이러한 영역적 논리는 국가 대 지역의 구도에서는 안정적인 통치를 위해 필요한 경제적 상호의존의 논리와 충돌하는 상황에 직면해 있다.

(4) 위험경관 4: 지브롤터 기반 산업들의 위기 인식과 대응

앞서 살펴보았듯이, 지브롤터는 낮은 법인세를 비롯한 각종 세금 혜택과 기업 유치를 위한 제도적 인센티브를 통하여 온라인 도박산업, 보험산업 등을 발달시킬 수 있었다. 특히, EU 단일시장의 진입은 지브롤터 산업성장에 기여했고, 역내 국가 간의 교역을 증대시켰다. 그리하여 지브롤터는 교역을 뒷받침하는 금융 중심의 산업 체계로 재편할 수 있었다. 하지만 브렉시트와 스페인과의 영토 갈등은 EU 단일시장을 매개로 경제활동을 해 왔던 산업 분야에 큰 위협이 되었고, 지브롤터의 기업들은 아래와 같이 위기를 인식하고, 일부 기업들은 위기를 돌파하기 위한 대응을 모색한다.

먼저, 온라인 도박 산업은 지브롤터 총생산량의 4분의 1, 세수의 40%를 차지할 만큼 지브롤터 경제에 상당한 비중을 차지한다(Capital Business, 2017.07.12.). 온라인 도박 산업은 EU의 규제 원칙을 따르면서, EU 회원국 내 시민들에게 서비스를 제공하고 있다. EU와의 안정적인 관계 유지가 온라인 도박 사업의 매출에 직결된다는 점에서 브렉시트로 인하여 지브롤터가 EU 역외 지역으로 분류된다면, 온라인 도박 기업들은 지금까지 적용되지 않은 규제들을 받을 수 있다는 점에서 위기로 인식하고 있다. 또한 스페인과의 영토분쟁으로 인한 정치적 불안도 지브롤터 내 온라인 도박 기업의 해외이동을 부추기고 있다.

이러한 우려 속에서 일부 기업들은 몰타(Malta)로의 이동을 모색하고 있다(Independent, 2017.05.12.). 예컨대, 지브롤터에 기반한 온라인 도박업체 888 홀딩스는 몰타에서 게임면허 신청을 할 가능성을 내비쳤다(European Gaming, 2018). 브렉시트로 인한 지브롤터 기업들의 이동은 몰타의 입장에서는 좋은 기회이다(South EU Summit, 2018.04.25.). 한편 스페인은 세우타(Ceuta)와 멜리야(Melilla) 지역을 '도박 중심지'로 키울 계획을 세웠다. 두 지역의 세율은 10%로 지브롤터와 동일하며, 게임업체 수입에 대한 세금도 20%에서 10%로 낮췄다. 이러한 스페인의 계획에 대하여 지브롤터 금융 소식지는 자신들의 위기를 이용하여 경제적 이득을 챙기려 한다며 비판했다(Gibraltar Panorama, 2018.05.02.).

이처럼 지브롤터의 온라인 도박 시장은 브렉시트로 인해 EU와의 관계 변화와 정치적 불안으로 사업운영에 위협을 느꼈고, 기업들은 지브롤터에 잔류하거나 몰타 등의 새로운 국가로의 이동을 고민하고 있다. 스페인은 지브롤터 내의 위기감을 이용해 지브롤터에 기반한 기업을 유치하고자 하면서 동일한 위기에 대하여 한쪽은 경제적 위협으로, 다른 쪽은 기회로 인식하고 있음을 확인할 수 있다.

다음으로 보험산업이다. 지브롤터에 기반한 보험산업은 위기를 벗어나기 위하여 두 가지 방식을 고려한다. 첫 번째 방법은 영국 시장에 집중하는 것이고, 두 번째 방법은 다른 지역에 지사를 둠으로써 EU와의 보험 거래를 유지하는 것이다(Mondaq, 2018.02.16.). 영국 정부는 2020년까지 지브롤터 보험산업의 영국 본토 진출을 보장할 것을 약속했는데, 이 약속을 통해 영국과 지브롤터의 경제적 관계의 지속성을 재확인하였다. 영국 주권에 포함되어 있는 지브롤터의 입장에서 본국과의 교류는 많이 이루어질 수밖에 없으며, 지브롤터 보험기업들은 세계적으로 큰 영국 시장에 진출하려는 것은 합리적인 판단으로 볼 수 있다. 실제 지브롤터에 등록되어 있는 81개 기업들 중

29개가 지브롤터를 기반으로 하면서, 영국과 유럽 시장에 진출하였다.[6] 특히 영국 내 차량 중 지브롤터 보험을 이용하고 있는 비중은 전체의 20%에 달할 정도로 자동차 보험 시장에서 큰 영향력을 가지고 있다(The Guardian, 2018.04.05.). 앞으로도 지브롤터의 영국과의 교류는 계속될 것으로 예상된다. 가령, 몰타의 자동차보험기업인 St. Julians는 영국과의 거래를 위해 오히려 지브롤터로 본사이전을 타진하고 있다(Malta Today, 2017.07.07.).

두 번째 방법은 EU와의 교역을 유지하기 위해 보험 기업들이 라 리네아 또는 몰타 등지에 지사를 설립하는 것이다(Mondaq, 2018.02.16.). 몰타도 지브롤터와 보험법 체계가 비슷하여, 현지인이 자회사를 운영하는 형태로 EU 시장과의 관계를 유지하려는 의도이다. 다른 한편으로는 라 리네아가 고려되는데, 몰타와 달리 현지인을 통한 아웃소싱을 하지 않고, 지브롤터 직원이 라 리네아로 넘어가는 형태로 지사를 운영할 수 있다는 이점이 있기 때문이다.

끝으로 해운 산업을 들 수 있다. 브렉시트는 선박급유 산업을 포함한 지브롤터의 해운 산업에 부정적인 영향을 줄 가능성이 있다. 선박급유 산업은 앞에서 다뤘던 분야들과는 달리, EU 국가와의 교역의 문제가 아닌 인근 지역 간의 자원 수급의 측면에서 문제가 발생할 수 있다. 해운 산업은 지브롤터에서는 주로 선박에 연료를 주입하는 역할을 하며, 국경선 주변 지역은 선박 소유주에게 예비품, 상점 등의 추가 서비스를 제공한다. 추가 서비스 제공은 본 거래의 거래비율을 높여 해당 산업의 성장에 도움이 된다는 점에서 다른 경쟁 항구들도 주시하고 있다. EU 특별위원회에 따르면, 지브롤터가 제공하는 연료 중 30%가 스페인 영토인 알헤시라스(Algeciras)에 저장되어 있다(World Maritime News, 2017.03.02.). 알헤시라스에서 지브롤터로 연료의 이동이 어려워진다면, 지브롤터의 선박연료 공급비용이 상승할 수 있다. 또한 국경통과가 어려워지면 식량 및 상품의 물가가 올라갈 것이며, 이는 추가서비스를 제공하는 주변 지역의 입장에서 부담이 된다. 서비스와 물자의 이동의 어려움은 해운산업을 주력 산업으로 여기는 지브롤터 경제에 악영향을 끼칠 것으로 예상된다(Gibraltar Chronicle, 2017.03.01.).

4) 지브롤터 연구에 대한 결론

그간 언론에 보도된 브렉시트 위기의 심상지리(imagined geography)는 '유럽 vs. 영국'의 구도로

---

6 지브롤터 보험협회 홈페이지 접속

전개되었고, 이 위기를 주도한 행위자를 영국 정부로 한정하여 보는 시각이 지배적이었다. 하지만 본 사례연구에서 밝혔듯이, 이러한 지배적 심상지리는 실제 존재하는 브렉시트의 역동적인 지리를 파악하는 데 한계가 있다. 대안적으로 위험경관 개념을 통하여 필자들은 '유럽 vs. 영국'이라는 하나의 위험경관이 존재한 것으로 인식해 왔던 브렉시트 위기는 개별 행위자들이 위치한 정치적, 경제적, 사회적, 역사적, 지리적 위치성에 따라서 다채로운 위험경관이 형성되었으며, 그러한 위험경관을 바탕으로 자신들의 정치, 경제, 사회, 민족적 이해관계를 실현하려는 여러 실천들이 나타났음을 밝혔다. 이러한 분석은 해외이슈를 주로 서구주류언론을 통해 소개하는 국내 언론의 제한된 혹은 편향된 보도에 보다 풍부하고, 다면적 분석을 제공한다는 점에서 의의가 있다. 끝으로 다음과 같은 연구의 한계점도 밝힐 필요가 있다. 첫째, 필자들의 언어적 제약으로 인해 스페인의 방송 및 신문기사 자료를 활용할 수 없었다. 둘째, 지브롤터 지역을 답사하거나 주민 대상 인터뷰를 하지 못하고 문헌자료에 의존하였다.

5. 마치며

이 글은 지난 3년간 필자의 지역지리 강의 경험을 바탕으로 지역지리를 강의하는 교수자들은 해당 지역에 대한 정보를 학생들에게 전달하는 것이 강의의 주목적이 되어서는 안 되며, 학생들이 특정 지리학 개념을 해당 지역에 적용할 수 있는 지리학적 사고력을 키우는 방향으로 강의 방식을 설계할 것을 제언했다. 강의에서 학습자들은 위험경관이라는 개념을 이해하는 데 그치지 않고, 지역지리 과목의 취지에 맞추어 새롭고, 흥미로운 사건과 지역을 발굴하고자 했다. 즉, 계통지리적 요소를 연계한 지역지리 강의방식을 통하여 추상화 사고 훈련을 받은 학습자들은 교수자가 예상하지 못한 사례들을 발굴했다는 점에서 교수자 개인이 갖고 있는 지리정보의 범위를 넘어서 학습자 주도로 지역정보를 발굴하고, 공유하고, 토론하는 집합적인 학습경험을 할 수 있었다. 나아가 서두에서 언급한 지역지리 강의를 담당할 교수자들이 직면한 '나는 이 지역의 지리를 강의하기 위하여 이 지역을 얼마나 잘 알고 있는가?'라는 질문에 구애를 받기보다는 교수자와 학습자가 지역지리 지식의 공동 생산자가 되어가는 과정과 결과를 주목해야 할 것을 강조했다. 교수자와 학습자들이 공동으로 작성한 4장의 액자논문은 지역지리 지식의 공동생산이 경험적으로 가능함을 보여 준다.

물론 교수자와 학습자들이 지리적 지식의 공동생산자로서의 역할을 맡게 된다는 것이 교수자로 하여금 기존에 강의를 준비하는 데 들였던 시간과 노력이 줄어든다는 것을 의미하지는 않는다. 학습자들이 연구주제로 선정한 사건이 인터넷에서 떠도는 '가짜뉴스'로 불리는 허위정보인지를 확인하는 것에서부터 학습자들이 작성한 기말보고서를 논문 혹은 단행본과 같은 교수자와 학습자 공동의 최종 생산물들을 만드는 단계까지 교수자는 최종적인 책임을 진다는 점에서 기존에 했던 강의에 국한된 방식에 비하여 상당한 시간과 노력이 요구된다. 특히, 필자와 같은 시간강사는 담당 강의뿐만 아니라 연구 프로젝트를 수행하는 전임연구원, 다른 과목의 시간강사와 같은 여러 위치에 놓여 있다는 점에서 공식적인 학기가 끝난 이후에도 학습자들과 공동작업을 하는 것이 쉽지 않은 과제였다.[7] 학습자의 입장에서는 성적을 잘 받기 위한 목적의 보고서 수준을 넘어서 자신의 이름이 공식적으로 들어간 학계의 출판물을 만든다는 점에서 기대감만큼이나 부담감을 갖게 되었고, 교수자가 요구하는 학술적 글쓰기(참고문헌의 형식 맞추기, 교수자와의 소통 속에서 원고 수정 및 추가적인 자료 찾기 등)에 익숙해지기 위해 상당한 노력을 해야 했다.

이러한 어려움에도 불구하고, 3년 동안 교육자로서 학습자들을 지리적 지식의 공동생산자로 성장시키는 작업은 매력적이고, 보람차다는 점에서 앞으로도 이 방식을 고수하고, 동료 연구자들에게도 권유하고 싶다.

지역지리학의 위기는 독자들이 접할 흥미로운 지역지리학 대중서적과 학술서적이 부재했던 것도 기인한다. 비록 재정적, 시간적 제약으로 인하여 실제 해외지역을 답사하는 것은 어렵겠지만, 개념 중심의 지역지리 강의를 통해서 위험경관과 같은 지리학 개념이 독자들에게 지역을 바라볼 하나의 시각을 제공하고, 이 시각에 조응한 학생들의 보고서들을 바탕으로 다양한 사례들을 보여 준다면 지루한 백과사전이 아닌 흥미로운 지역지리학 서적이 출간될 수 있을 것이다. 국내(지역)지리학의 위기를 벗어나기 위해서 학술논문과 강의라는 단조로운 두 선택지를 넘어서는 보다 창의적이고, 유연하고, 다양한 실험들이 필요한 시점이다.

• 요약 및 핵심어

요약: 이 글은 학습자들이 교수자가 제시한 하나 혹은 몇 가지 개념들을 분석의 렌즈로 삼아 지역을 바라봄으로써 그 지역을 보다 다층적, 다면적으로 이해할 수 있는 지리학적 사고력을 함양시킬 수 있는 '개념

7 4절 이외에 필자가 학생들과 시도한 공동작업의 결과물로는 박지혁·황진태(2017), 장덕수·황진태(2017), 황진태 외(2019), 김연수 외(2019) 등이 있다.

중심의 지역지리 강의'를 제안한다. 결론적으로 이 글을 통하여 다음과 같이 세 가지 주장을 하고자 한다. 첫째, 해당 지역을 체류했거나 연구하지 않은 연구자라도 강의에서 다룰 지역을 강의할 수 있다. 둘째, 첫 번째 주장을 뒷받침하기 위해서 지역지리는 해당 지역정보를 백과사전식으로 학생들에게 전달하는 것이 주목적이 되어서는 안 되며, 학생으로 하여금 지리학적 개념을 사례 지역에 적용할 수 있는 지리학적 사고력을 키우는 방향으로 강의방식을 설계해야 함을 제안한다. 셋째, 앞서 제시한 강의방식을 바탕으로 최종적인 지역지리 지식의 생산에 있어서 교수자와 학습자가 공동으로 참여하는 방식에 대한 논의가 보다 활성화되어야 한다.
핵심어: 지역지리(regional geography), 지리교육(geography education), 지리학적 개념(geographical concept), 추상화(abstraction), 지리적 지식의 공동생산(co-production of geographical knowledge)

• 더 읽을거리

박미애·이진우 역, 2010, 글로벌 위험사회, 길, 서울 (Beck, U., 2008, *Weltrisikogesellschaft: auf der Suche nach der verlorenen Sicherheit,* Suhrkamp, Frankfurt).

이상헌·김은혜·황진태·박배균 편, 2017, 위험도시를 살다: 발전주의 도시화와 핵 위험경관, 알트, 서울.

참고문헌

권상미 역, 2008, 빌 브라이슨의 발칙한 유럽산책, 21세기북스, 파주(Bryson, Bill, 2001, *Neither Here Nor There,* William Morrow & Co, New York).

구동회, 2010, 로컬리티 연구에 관한 방법론적 논쟁, 국토지리학회지, 44(4), 509-523.

김병연, 2018, 지역지리 교육에서 '지역'이해의 한계와 대안 탐색, 한국지역지리학회지, 24(1), 222-236.

김연수·김선현·황진태, 2019, 행위자-연결망 이론으로 기후변화 적응의 공간을 번역하기: 서울시 수유동 빗물마을 사업을 사례로, 환경사회학연구ECO, 23(1), 159-196.

뉴스1, 2018, 신혼여행지 선호도 1위 '유럽' … 하와이·발리 순, 07.02.

류재명, 1993, 질문법을 활용한 개념학습 프로그램 개발에 관한 연구: 산업입지개념을 중심으로, 지리교육논집, 29, 11-35.

르몽드 디플로마티크, 2016, 유럽 최후의 식민지, 지브롤터의 운명, 09.30.

박배균, 2012, 한국학 연구에서 사회-공간론적 관점의 필요성에 대한 소고, 대한지리학회지, 47(1), 37-59.

박지혁·황진태, 2017, 수성구는 어떻게 '대구의 강남'이 되었나?, 지역사회학, 18, 43-77.

손명철, 2017, 한국 지역지리학의 개념 정립과 발전 방향 모색, 한국지역지리학회지, 23(4), 653-664.

심광택, 2018, 초기와 현행 사회과 지리 교과서에 반영된 지역 인식과 지역 기술 다시 보기, 한국지리환경교육학회지, 26(1), 59-71.

아시아투데이, 2018, 올 여름 휴가예정지 1순위 '동남아' … 선호도는 유럽이 가장 높아, 06.06.

엄은희, 2018, 흑설탕이 아니라 마스코바도, 따비.

윤오순, 2016, 커피와 인류의 요람, 에티오피아의 초대, 눌민.

이경한, 2001, 추상성 정도에 따른 지리교과의 개념학습방법 개발에 관한 연구: 자연지리의 개념과 인문지리의 개념을 중심으로, 지리환경교육, 9(1), 1-18.

이재열·김동우, 2014, 이중적 위험사회형 재난의 구조, 한국사회학, 38(3), 143-176.

임수진, 2011, 커피밭 사람들, 그린비.

장덕수·황진태, 2017, 한국에서 자연의 신자유주의화의 다중스케일적 과정에 대한 연구: 강원도 양양 케이블카 유치 갈등을 사례로, 공간과 사회, 60, 226-256.

정여울, 2014, 내가 사랑한 유럽 TOP10, 홍익출판사.

조철기·이종호, 2017, 세계화 시대의 세계지리 교육, 어떻게 할 것인가?, 한국지역지리학회지, 23(4), 665-678.

한상진, 1998, 왜 위험사회인가?, 사상, 38, 3-25.

한지은, 2014, 도시와 장소기억, 서울대학교출판문화원.

황진태, 2011, 장소성을 둘러싼 본질주의와 반본질주의적 이분법을 넘어서기: 하비와 매시의 논쟁을 중심으로, 지리교육논집, 55, 55-66.

황진태 역, 2014, 지리학적 위험연구의 관점들, 공간과 사회, 24(2), 287-302(Detlef Müller-Mahn, 2007, Perspektiven der geographischen Risikoforschung, *Geographische Rundschau*, 59(10), 4-11).

황진태, 2016, 동아시아 맥락에서 바라본 한국에서의 위험경관의 생산, 대한지리학회지, 51(2), 283-303.

황진태·김민영·배예진·윤찬희·장아련, 2019, 리슈만편모충은 어떻게 '하나의 유럽'에 균열을 가했는가?: '인간 너머의 지리학'의 시각에서 바라본 코스모폴리타니즘의 한계, 대한지리학회지, 54(3), 321-431.

황진태·박배균, 2014, 구미공단 형성의 다중스케일적 과정에 대한 연구: 1969-73년 구미공단 제1단지 조성과정을 사례로, 한국경제지리학회지, 17(1), 1-27.

홍성태 역, 2006, 위험사회: 새로운 근대(성)를 향하여, 새물결(Beck, U., 1992, *Risk Society: Towards a New Modernity*, Sage, London).

BBC, 2006, Gibraltar proves a winning bet, 08.14.

Business Insider, 2017, UK, Spain has the power to veto any Brexit deal that involves Gibraltar, Adam Payne, 03.31.

Capital Business, 2017, Brexit could threaten Gibraltar's online gaming sector, 07.12.

Constantine, S., 2013, *Community and Identity: The Making of Modern Gibraltar Since 1704*, Manchester University Press, Manchester.

Department for Exiting the European Union, 2017, Government response to 'Brexit: Gibraltar'.

Ellis, C., Adams, T. E., and Bochner, A. P., 2011, Autoethnography: an overview, *Historical Social Research/Historische Sozialforschung*, 36(4), 273-290.

European Commission, 2018, Questions & Answers: Publication of the draft Withdrawal Agreement between the European Union and the United Kingdom 28 February, http://europa.eu/rapid/press-release_MEMO-18-1361_en.htm

European Gaming, 2018, 888: Brexit means Malta could be alternative to Gibraltar, George Miller, 04.03.

Express, 2018, Spain fears for Gibraltar workers as holiday islands face tourism black hole after Brexit, 01.10.

EY, 2018, Gibraltar tax facts: 1 July 2017 to 30 June.

Geographical, 2017, Gibraltar: Borderline Blues, 09.05.

Gibraltar Chronicle, 2017, Brexit could 'severely' impact Rock's maritime sector, 03.01.

Gibraltar Chronicle, 2018, EU study ponders impact of Brexit on Campo, 04.20.

Gibraltar Panorama, 2018, Spain wants to lure Gibraltar business in wake of Brexit, 05.02.

HM Government of Gibraltar, 2016, Tourist Survey Report 2016.

House of Commons, 2017, Brexit and Gibraltar.

House of Lords, 2017, Brexit: Gibraltar.

Independent, 2017, Brexit: Malta set to benefit if gaming companies leave Gibraltar, 05.12.

Independent, 2018, Inside the drug capital of Spain and the 'gateway' for illicit substances entering the EU, 02.25.

Jessop, B., Brenner, N., and Jones, M., 2008, Theorizing sociospatial relations, *Environment and Planning D: Society and Space*, 26(3), 389-401.

Lee, S-H., Hwang J-T. Lee, J., 2018, The production of a national riskscape and its fractures: nuclear power facility location policy in South Korea, *Erdkunde*, 72(3), 185-195.

Malta Today, 2017, Brexit may see UK-focused motor insurer St Julians relocate to Gibraltar from Malta, 07.07.

Mondaq, 2018, Gibraltar: Post-Brexit 'Three-Way Strategy' For The Gibraltar Insurance Sector Explained, 02.16.

Müller-Mahn, D., ed., 2012, *The Spatial Dimension of Risk: How Geography Shapes the Emergence of Riskscapes*, Routledge. London and New York.

New Statesman, 2014, Rock steady: the story of Gibraltar's booming insurance sector, 11.25.

New Statesman, 2015, Gibraltar: a strong economy in choppy waters, 07.27.

Reuters, 2017, EU offers Spain veto right over Gibraltar after Brexit talks, 04.01.

Sayer, A., 1991, Behind the locality debate: deconstructing geography's dualisms, *Environment and Planning A*, 23(2), 283-308.

South EU Summit, 2018, Malta: The World's iGaming Hub, Kaitlin Lavinder, 04.25.

The Economist, 2017, The Catalan crisis adds to Gibraltar's Brexit concerns, 2017.11.02.

The Guardian, 2018, Gibraltar warns it could rescind citizens rights if Spain uses veto on Brexit deal, 2018.03.16.

The Guardian, 2018, Brexit: Gibraltar keeps calm but is ready to play hardball, 04.05.

The Local, 2013, Only Spain claims Gibraltar is a tax haven, 05.08.

The Olive Press, 2017, British we are, British we stay, 01.09.

The Telegraph, 2002, Gibraltar rejects Straw's deal, Andrew Sparrow and Isambard Wilkinson, 11.08

The Telegraph, 2017, Spaniards living beside Gibraltar angered by Madrid's attitude towards the Rock, 05.09

The Week, 2017, Spain's veto of Gibraltar Brexit 'could be illegal', 08.04

Unite the Union, 2017, Building solidarity across borders: Gibraltar & Brexit,

World Maritime News, 2017, Brexit could have severe impact on Gibraltar's bunkering, 03.02

[인터넷 사이트]

네이버 백과사전 홈페이지(https://terms.naver.com)

지브롤터 정부 홈페이지(www.gibraltar.gov.gi/new/history#ancla3_3)

지브롤터 항구 홈페이지(http://www.gibraltarport.com/bunkering)

지브롤터 보험협회 홈페이지(https://www.gia.gi/members)

Neville Chipulina의 블로그(http://gibraltar-intro.blogspot.com/2014/09/2012-llanito-language-of-gibraltar.html)

제3부

세계는 지역지리를 어떻게 교육하는가?

20.
미국 대학의 세계지리 수업 탐색[1]

김민성(부산대학교)

1. 서론

하트(Hart, 1982)는 장소, 영역, 지역에 대한 이해와 공감을 고양하는 지역지리는 지리학자들의 최고 예술작품이라고 주장하였다. 지리학자들은 지속적으로 지역에 대해 관심을 가져왔으며 지역의 개념 및 학습에 대한 논의는 끊임없는 논쟁거리가 되어 왔다. 지리학이라고 하면 지역에 대한 정보, 지역의 생성과 변화, 지역 발전의 방향 등 지역지리와 관련된 이미지가 떠오르는 것을 부인할 수 없다. 지역지리에 대한 비판에도 불구하고, 지역에 대한 관심은 지속적으로 지리학 및 관련 분야의 특징으로 이해된다(Cresswell, 2013). 대중들이 일상생활에서 맞닥뜨리는 다양한 문제들은 지역적 맥락과 연계된 경우가 많고, 이는 지역지리적 안목을 바탕으로 그 배경을 이해하고 답을 찾을 수 있다. 예를 들어, 지역지리적 시각은 중국의 경제 발전이 동남아시아에 미치는 영향, 사하라이남 아프리카의 민주화 전망, 열대 아마존 산림파괴의 원인과 결과, 해수면 상승이 남부아시아 해안 지역에 미치는 영향 등 전 세계가 직면한 다양한 문제들에 대한 통찰력을 제공한다(Murphy, 2006). 세계 곳곳에서 일어나는 수많은 일들은 지역적 맥락과 밀접한 연관성을 지니고 있으며, 일반 법칙의 관점에서 제시되는 대주제들도 지역적 맥락을 바탕으로 할 때 온전하게 이해

1 이 글은 김민성(2018)을 수정·보완한 것임.

될 수 있다(Hart, 1982; Murphy and O'Loughlin, 2009). 디트머(Dittmer, 2006)는 지리학에서 계통적 접근에 대한 관심이 증가하는 속에서도 지역지리적 접근이 지속적으로 명맥을 유지하는 이유를 다음과 같이 제시하였다. 첫째, 일반적으로 지리학이 지역에 대한 정보를 알려 주는 학문으로서의 이미지를 가지고 있고, 이에 대한 매력 또한 유지되고 있다. 둘째, 최근의 이론적 논쟁에서 지역에 대한 관심이 재조명되고 있다. 특히, 신지역지리학은 기존의 정태적, 수동적 지역 개념의 제한성을 지적하고, 광범위한 문화적, 정치적, 경제적 네트워크의 일부로 개방적, 다규모적, 역동적으로 작동하는 지역의 개념을 강조한다(최병두, 2016). 신지역지리학은 개인적·사회적 정체성의 지도화, 자본 축적의 구현체, 다양한 주체의 상호작용 장으로서 지역을 바라본다(Paasi, 2002). 이러한 새로운 관점의 지역지리는 정보를 단순히 나열하는 것이 아니라 지역에 대한 총체적이고 유기적인 접근을 통해 지역을 이해하는 통찰력을 제공한다(손명철, 2017a, 2017b).

지역지리 강좌들은 지리학의 역동성을 보여 주고, 지리적 탐구를 자극할 수 있기에 지리적 관점의 중요성을 논의하는 출발점이 될 수 있다(Halseth and Fondahl, 1998). 본 연구는 특히 미국 대학의 세계지리 수업에 관심을 둔다. 미국 대학에서 세계지리 강좌는 지리학 관련 강좌 중 가장 많은 학생들이 수강하고, 가장 널리 알려진 과목이다(Mueller, 2003). 일반적으로 세계지리 강좌는 미국 대학생들이 졸업 요건을 충족하기 위한 필수 강좌 중 하나에 포함되는 경우가 많고, 지리학 전공 학생들에게는 거의 필수 코스로 가르쳐진다(Klein, 2003; Jo et al., 2016; Korson and Kusek, 2016). 전공을 결정하지 않은 학생들에게 지리학의 매력과 가능성을 소개하고, 학생들을 모집하기 위한 강좌로서의 역할을 수행하기도 한다. 미국 대학의 세계지리 수업은 학생들이 지리학과 관련된 최소한의 교양을 함양하게 하고 지리학이라는 학문을 접하게 하는 관문이 된다는 점에서 그 중요성을 아무리 강조해도 지나침이 없다.

이러한 세계지리 강좌를 어떤 식으로 구성할 것인지는 오랜 논쟁의 대상이었다. 특히, 지역적, 계통적 접근은 세계지리 교육과정을 구성하는 주요한 틀로 작동했다. 지역적 접근은 지역에 대한 고유한 특성을 알고, 특정 지역을 종합적으로 이해하는 데 중점을 둔다. 이에 비해, 계통적 접근은 다양한 현상의 체계적이고 일반적인 공간 패턴을 이해하는 데 목적을 둔다(Steinberg et al., 2002). 계량혁명 이후, 계통지리학이 영향력을 키워 나가면서 많은 지리학 관련 강좌가 계통지리적 방식으로 구성되었다. 그러나 지역지리적 접근의 중요성을 주장하는 지리학자들 역시 지속적으로 존재해 왔다(Cresswell, 2013). 특히, 입문 교과로서의 세계지리 강좌에서는 지역지리적 접근이 상대적으로 폭넓게 활용되는 측면이 있었다(Korson and Kusek, 2016).

본 연구는 미국 대학의 세계지리 강좌들이 어떤 방식으로 구성되었는지를 주요 교재 및 강의계획서 분석을 통해 탐색하였다. 특히, 지역적 접근과 계통적 접근에 주목하여 어떤 접근 방식이 세계지리 강좌의 주요한 교수 전략 틀로 활용되고 있는지 살펴보았다. 또한 세계지리 수업 경험이 있는 교수자들과의 이메일 인터뷰를 통해 세계지리 강좌 구성 전략, 실행 전략의 한계 극복 방식, 세계지리 교육의 방향성에 대한 의견을 조사하였다. 이 연구는 세계지리 강좌가 대학 교육과정에서 중요한 위치를 차지하고 있는 미국의 상황을 이해하는 데 도움을 주고, 세계지리 수업의 구성 및 발전을 위한 논의에 통찰력을 제공해 줄 수 있을 것이다.

2. 세계지리 수업의 접근법

지역적, 계통적 접근은 세계지리 교육과정을 구성하는 주요한 틀로 작동했다. 지역적 접근은 지역에 대한 고유한 특성을 알고 특정 지역을 종합적으로 이해하는 데 중점을 둔다. 이에 비해, 계통적 접근은 다양한 현상의 체계적이고 일반적인 공간 패턴을 이해하는 데 목적을 둔다(Steinberg et al., 2002).

지역적 접근과 계통적 접근은 각각의 제한점이 존재하는데, 코올슨 · 쿠석(Korson and Kusek, 2016)이 수행한 미국 대학의 세계지리 수업 분석은 유용한 정보를 제공한다(표 1). 우선, 지역적 접근은 제한된 시간에 세계의 모든 지역을 가르칠 수 없는 상황에서 지역을 선정하는 문제, 지역별로 동일한 정보를 백과사전식으로 나열하게 되는 문제, 지역을 선정한다 하더라도 어떤 주제를 통해 지역성을 잘 드러낼 수 있도록 가르칠 것인가의 문제가 있다. 이의 해결을 위해 미국 대학 세계지리 수업에서는 상대적으로 학생들에게 친밀한 북미, 교과서 마지막 부분에 다루어지는 경향이 큰 오세아니아 관련 내용을 축소하거나 생략하는 경우가 많았다. 또한 백과사전식 나열을 피하기 위해 지역별로 특정한 사례 연구를 활용하여 수업을 진행하는 전략을 취하였다. 이때 선정하는 주제는 현대 사회와 밀접하게 관련되는 것으로 선택하여 지역성을 이해할 수 있도록 하였다(예: 라틴아메리카의 식민지주의, 동아시아의 경제 등).

계통적 접근은 적절한 주제 선정의 문제, 특정한 사실과 일반적 패턴의 조화 문제, 대부분의 세계지리 교과서가 지역적 접근으로 구성된 현실에서 계통적 관점에 맞는 입문용 읽기 자료 선정의 문제가 존재한다. 이에 교수자들은 적절한 주제 선정을 위해 현대 사회의 문제들을 이해하고 설명하는 데 효과적인 실제적 이슈들을 활용하는 경우가 많았다. 경제, 분쟁, 정치, 식민주의, 자원, 인구, 도시화 등 세계 여러 지역을 설명하는 데 기초가 되는 주제가 주를 이루었다. 일반적인 패턴을 중시하는 계통적 관점에서는 현실적인 사실이나 실례에 대한 적용이 미진할 수 있는데, 이를 위해 지도를 그려봄으로써 구체적 위치를 알게 하거나 상품사슬을 파악해 실제적 지역 맥락을 이해하게 하는 등 다양한 교수 전략을 도입하고 있었다. 마지막으로, 주제와 관련된 텍스트가 부족한 상황에서 블로그, 뉴스 기사, 영화 등 다양한 보충 자료를 활용하려는 시도가 이루어졌다.

요컨대, 세계지리 수업은 아메리카, 유럽과 같이 지역적으로 전체의 틀을 잡는 지역적 접근과 인구, 교통과 같은 주제를 중심으로 전체의 틀을 잡는 계통적 접근으로 구성될 수 있다. 그러나 두 접근법 모두 장점과 제한점이 있기에 일반적으로 지역적으로 전체의 틀을 잡는 경우, 각 지역과 관련된 특징적인 주제나 이슈에 집중하면서 백과사전식 나열을 피하고자 한다. 계통적으로 전체의 틀을 잡는 경우, 개념이나 원리와 관련된 실제 지역을 사례로 언급하고, 위치나 지역적 맥락을 파악할 수 있도록 다양한 교수학습 전략을 도입하는 경우가 많다. 교수 전략을 통해 지역적 접근과 계통적 접근을 결합하려는 시도 또한 이루어지고 있다. 그러나 어떤 접근을 전체적인 구조를 잡는 방식으로 활용할 것인가, 다시 말해, 지역으로 전체의 틀을 잡을지, 주제로 전체의 틀을 잡을지는 여전히 선택의 문제로 남는다.

표 1. 미국 대학 세계지리 강좌에서 지역적, 계통적 접근의 제한점과 활용된 해결책

	제한점	해결책
지역적 접근	• 지역 선정 문제	• 북미 및 오세아니아 관련 내용 축소
	• 백과사전식 나열	• 특정 주제 관련 사례 연구 도입
	• 지역성을 드러내는 주제 선정 어려움	• 현대 사회 이슈 선정(예: 도시 불평등과 도시화, 식민지주의, 국제 조직, 정치적 분쟁, 경제적 이슈, 천연자원 등)
계통적 접근	• 주제 선정 문제	• 현대 사회의 실제 이슈 선정
	• 핵심 사실과 일반적 패턴의 균형	• 과제 및 활동(예: 지도 그리기, 상품사슬 프로젝트 등)
	• 읽기 자료 선정 어려움	• 영화, 비디오 등과 북 챕터, 뉴스기사를 함께 활용

출처: 코올슨·쿠석(Korson and Kusek, 2016)

3. 미국 대학의 세계지리 강좌

1) 주요 교재 분석

대학교 수업에서 교재는 강좌를 구성하는 기본적인 틀이 된다. 따라서 미국 대학의 세계지리 강좌에서 활용되는 주요 교재들의 구성을 살펴보는 것은 세계지리 수업의 실제를 이해하는 데 도움이 될 수 있다. 이에 본 절에서는 미국 세계지리 강좌에서 주요하게 활용되는 교재 9종(Rees and Legates, 2013)의 내용을 분석하였다(표 2에서는 일부만 제시). 분석을 위해 원어 텍스트를 기본으로 하였으나 2권은 번역본을 활용하였다. 번역본의 경우, 원본과 비교하여 페이지 분할 등에 있어 약간의 차이가 있으나 그 차이가 크지 않아 전체적인 구성을 파악하는 데 무리가 없을 것으로 판단하였다.

표 2에서 확인할 수 있듯이 세계지리 강좌에서 활용되는 교재들은 대부분 초반부에 대주제 혹은 핵심개념을 제시하고(마지막 부분에 일부를 다루는 경우도 있음), 이후 세계를 몇 개의 주요한 지역으로 나누어 다루는 지역지리적 방법으로 구성되어 있다. 계통지리적 접근으로 이해될 수 있는 부분은 최소 6%에서 최대 19%의 페이지 비중을 차지하였고, 나머지 대부분의 내용은 지역지리적 접근에 의한 설명이 차지하고 있었다. 따라서 미국 대학교육에서 활용되는 세계지리 교재들은 지역적 접근을 주된 전략으로 채택하고 있다는 사실을 확인할 수 있다. 주요 교재들의 이러한 구성은 실제 수업의 조직과 구성에도 큰 영향을 미치게 된다.

2) 강의계획서 분석

강의계획서는 수업의 구성과 진행방식을 이해할 수 있도록 해 주는 자료이다. 동일한 교재를 활용하더라도 교수자의 철학이나 교수법에 따라 전체 수업의 일정과 방식이 조정될 수 있다. 따라서 앞서 논의된 주요 교재의 구성과 더불어 강의계획서 분석은 미국 대학 세계지리 수업의 실제를 살펴보는 전략이 될 수 있다. 본 연구에서는 미국 텍사스주에 위치한 9개 대학을 사례로 19개의 강의계획서를 분석하였다. 텍사스주는 주별 지리교육과정인 TEXS(Texas Essential Knowledge and Skills)를 개발할 정도로 지리교육에 대한 관심이 높고, 상대적으로 많은 인구로 인해 미국 교육에서 중요한 위상을 차지하는 곳이다. 이에 텍사스주를 사례지역으로 분석을 실시하였다.

표 2. 세계지리 주요 교재의 내용 체계 및 비중

<table>
<tr><th colspan="2">저자 및 교재명</th></tr>
<tr><th>대주제, 핵심개념</th><th>지역 구분</th></tr>
<tr><th>페이지 비중</th><th>페이지 비중</th></tr>
<tr><td colspan="2">Bradshaw et al.(2007), Contemporary World Regional Geography</td></tr>
<tr><td>• 세계화와 세계지역
• 세계지역지리의 개념
• 지리학의 세계</td><td>유럽, 러시아와 주변 국가들, 동아시아, 동남아시아와 남태평양, 남부 아시아, 북아프리카와 서남아시아, 사하라이남 아프리카, 라틴아메리카, 북아메리카</td></tr>
<tr><td>14%</td><td>86%</td></tr>
<tr><td colspan="2">de Blij et al.(2011), The World Today: Concepts and Regions in Geography(기근도 외(2016) 역)</td></tr>
<tr><td>• 전 지구적 관점에서 살펴본 세계 지역지리
국가로 이루어진 세계, 지도 위의 세계, 지리적 관점, 위치와 분포, 지리적 권역, 권역과 지역, 자연환경, 인구 지역, 문화권, 권역·지역·국가, 경제 발전 양상, 세계화, 지역 구도와 지리적 관점</td><td>유럽, 러시아, 북아메리카, 중부 아메리카, 남아메리카, 사하라이남 아프리카, 북아프리카/서남아시아, 남부 아시아, 동아시아, 동남아시아, 오스트랄 권역, 태평양 권역, 그리고 극지방의 미래</td></tr>
<tr><td>6%</td><td>94%</td></tr>
<tr><td colspan="2">Hobbs(2007), Fundamentals of World Regional Geography</td></tr>
<tr><td>• 세계지역지리의 목표와 도구
– 세계지리 입문, 지도의 언어, 지리학의 개념, 지리학, 지리학자, 그리고 당신
• 세계지역을 형성하는 자연·인문 프로세스
– 기후 및 식물의 패턴, 생물다양성, 세계 환경 변화, 지구를 변화시킨 혁명, 개발 지리, 인구 지리, 여기에서 어디로 가는가?</td><td>유럽, 러시아와 주변국가, 중동과 북아프리카, 몬순 아시아, 태평양 권역, 사하라이남 아프리카, 라틴아메리카, 미국과 캐나다</td></tr>
<tr><td>12%</td><td>88%</td></tr>
<tr><td colspan="2">Johnson et al.(2010), World Regional Geography: A Development Approach</td></tr>
<tr><td>• 세계화 시대의 지리학과 발전
– 개발과 세계화, 자연, 사회, 개발, 개발의 지리적 차원</td><td>미국과 캐나다, 라틴아메리카와 카리브제도, 유럽, 북유라시아, 중앙아시아와 아프가니스탄, 중동과 북아프리카, 사하라이남 아프리카, 남부아시아, 동아시아, 동남아시아, 오스트레일리아, 뉴질랜드, 태평양 섬들</td></tr>
<tr><td>12%</td><td>88%</td></tr>
<tr><td colspan="2">Marston et al.(2002), World Regions in Global Context: Peoples, Places, and Environments</td></tr>
<tr><td>• 세계지역
지리의 힘, 지리의 핵심 개념들, 세계지역, 변화하는 세계의 장소와 지역, 세계적 맥락에서 중요한 패턴
• 세계지역의 기초
– 변화하는 세계, 지리적 팽창·통합·변화, 핵심부의 형성, 주변부의 형성, 세계화와 경제발전
• 미래의 지역지리
– 세계화와 지역의 미래, 글로벌 계층화, 지역변화, 지속가능성과 지역변화, 미래에 적응하기</td><td>유럽, 러시아 정부, 중앙아시아, 트랜스코카서스, 중동과 북아프리카, 사하라이남 아프리카, 북아메리카, 라틴아메리카와 카리브해, 동아시아, 동남아시아, 남부아시아, 오스트레일리아, 뉴질랜드, 남태평양 지역</td></tr>
<tr><td>19%</td><td>81%</td></tr>
</table>

강의계획서는 홈페이지를 통해 다운로드하거나 교수자에게 파일을 요청하여 수합하였다.

분석 결과, 19개의 미국 세계지리 강좌는 대부분 지역지리적 접근을 주요한 전략으로 활용하고 있었다. 주요 교재의 구성과 유사하게 대부분의 수업은 초반부에 일반적인 개념이나 대주제를 설명하고, 이후 세계를 지역별로 구분하여 내용을 다루는 방식을 채택하고 있었다. 그림 1은 시간 배분에 따라 두 접근 방식의 비중 차이를 살펴본 것인데, 계통적 접근에 의한 내용이 최소 3%에서 최대 38%를 차지하였고, 나머지 대부분은 지역적 접근을 바탕으로 내용을 논의하고 있었다.

실제 수업에서 다루는 지역을 좀 더 구체적으로 알아보기 위해 강의계획서에 나타난 학습 지역이 강좌별로 어떻게 구성되었는지 살펴보았다(표 3). 다양한 강좌에 포함된 학습 지역은 유사한 모습을 보였다. 따라서 어느 정도는 일정한 기준에 의해 세계의 지역을 나누어 수업을 진행하고 있음을 알 수 있었다. 그러나 세부적으로 특정 지역의 포함 여부에는 차이가 있었으며, 특히 변이가 큰 지역도 있었다. 유사한 지역을 포함하는 경우가 많기에 표 3에서는 지역을 먼저 제시하고, 이 지역을 포함하지 않는 강의계획서의 개수를 표시하였다. 북아메리카와 라틴아메리카는 대부분의 강의계획서에 포함되었으나 내용이 다소 축소되거나 지역의 구분에 있어 약간의 변형이 있었다. 유럽은 하나의 강의계획서를 제외하고 모든 곳에 포함되어 주요하게 다루어지는 지역임을 알 수 있었고, 러시아와 주변 지역, 사하라이남, 동아시아, 남부아시아, 동남아시아 등도 거의 대부분의 수업에 학습 지역으로 포함되었다. 서남아시아와 북아프리카는 지역을 묶어서 제시하는 방식이나 포함 여부 등에 있어 가장 변이가 큰 지역으로 나타나 지역을 바라보는 관점이 다양한 지

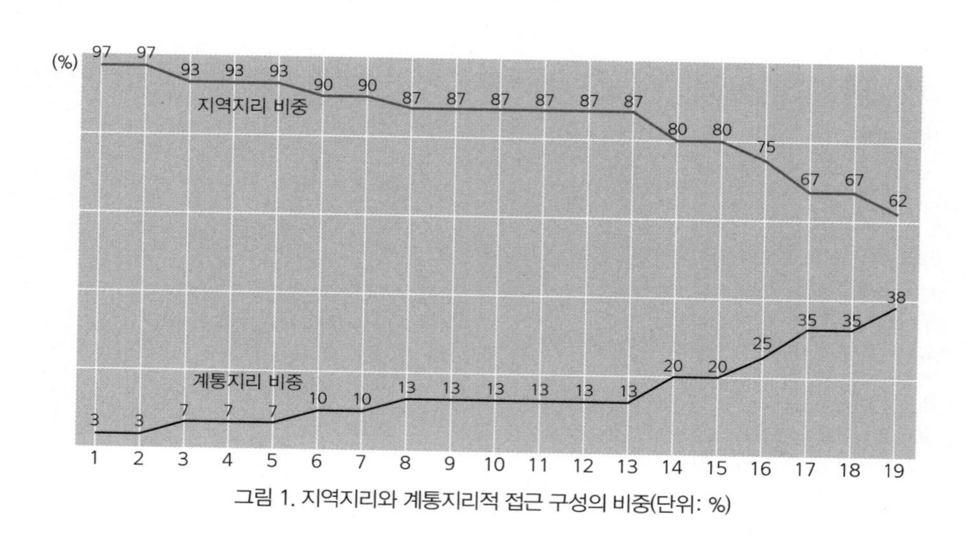

그림 1. 지역지리와 계통지리적 접근 구성의 비중(단위: %)

표 3. 강의계획서의 지역구분 현황

지역	현황
북아메리카	3개 미포함, 2개는 미국과 캐나다로 축소
라틴아메리카	3개는 라틴아메리카가 아니라 남아메리카와 중앙아메리카로 구분
카리브해 연안	7개 미포함
유럽	1개 미포함
러시아와 주변 지역	2개 미포함
사하라이남	3개는 사하라이남이 없으나 더 넓은 지역인 아프리카 포함
서남아시아와 북아프리카	– 9개는 두 지역을 묶어서 제시: 서남아시아와 북아프리카 – 4개는 두 지역을 독립적으로 제시: 서남아시아, 북아프리카 – 1개는 서남아시아와 아프리카 두 지역을 묶어서 제시: 서남아시아와 아프리카 – 1개는 서남아시아와 아프리카를 독립적으로 제시: 서남아시아, 아프리카 – 2개는 서남아시아 없고 중동(Middle East)과 아프리카로 제시 – 1개는 북아프리카 없이 서남아시아만 제시(사하라이남은 따로 제시) – 1개는 두 지역 모두 없음
동아시아	2개 미포함
남부아시아	3개 미포함
중앙아시아	6개 미포함
동남아시아	2개 미포함
오스트레일리아 혹은 오세아니아	5개 미포함

주: 분석 대상이 된 19개 강의계획서 중 미포함 개수를 표기함.

역임을 알 수 있었다. 카리브해 연안은 가장 많이 생략되는 지역이었으며, 중앙아시아, 오스트레일리아 혹은 오세아니아 지역도 포함되지 않는 경우가 상대적으로 많았다.

3) 세계지리 교수자와의 이메일 인터뷰 분석

이메일 인터뷰를 통해 미국 대학에서 세계지리를 가르친 경험이 있는 교수자들과 강좌 구성 전략, 실행한 전략의 한계를 극복하는 방식, 세계지리 교육의 방향성에 대한 논의를 진행하였다. 대상자는 앞선 절의 강의계획서 분석에 포함된 인원이었다. 우선, 강의계획서를 통해 해당 교수의 수업 구성 방식을 파악할 수 있었다. 해당 교수자 모두가 지역지리적 접근을 전체적인 구성 원리로 채택하고 있었고, 따라서 이를 바탕으로 표 4와 같은 질문을 메일로 보내 의견을 구하였다. 12명의 교수에게 이메일을 보냈고, 5명에게 답변을 받았다.

표 4. 주요 이메일 내용

구분	주요 질문
도입	본 연구자는 미국 대학의 세계지리 수업 구성에 관한 연구를 진행하고 있습니다. 교수님의 소중한 경험과 의견을 나누어 주시면 연구를 수행하는 데 큰 도움이 될 것입니다. 일반적으로 세계지리 수업을 구성하는 방식에는 지역적 접근(예: 아시아, 아프리카, 유럽 등으로 지역을 나눔)과 계통적 접근(예: 기후, 인구, 산업 등으로 내용을 나눔) 방식이 있습니다.
질문 1	교수님의 강의계획서를 보면 지역적 접근을 주된 방식으로 수업을 구성하고 있습니다. 이러한 방식을 선택한 이유가 있으신가요?
질문 2	수업 구성의 두 접근법에는 장점과 제한점이 존재합니다. 지역적 접근 방법의 경우, 지역 선택의 어려움이나 백과사전식 나열과 같은 문제에 직면하게 됩니다. 교수님의 수업에서 이러한 제한점을 극복하는 전략이 있으신가요?
질문 3	세계지리 수업이 지향해야 할 방향성은 어떤 것이라고 생각하십니까? 아이디어나 제안 등이 있으면 알려 주십시오. 여기에 덧붙여, 세계지리 수업과 관련하여 하시고 싶은 말씀이 있으시면 자유롭게 의견 주시면 감사하겠습니다.

(1) 왜 지역적 접근으로 수업을 구성하는가?

지역적 접근으로 수업을 구성하는 다양한 이유가 제시되었다. 지역적 접근이 가장 지리학적이기 때문이라는 의견이 있었고, 수업이 지역지리 강좌이고 교재 또한 지역적 접근으로 구성되어 있기에 현실적으로 지역적 전략을 택한다는 답변도 있었다. 학과에서 전통적으로 세계지리 수업이 지역적 접근 방식으로 제공되어 왔기에 그러한 분위기 속에서 동일한 방식으로 수업을 진행하는 경우도 있었다. 다음은 이와 관련된 답변의 발췌문을 보여 준다.

세계지리 수업은 거의 항상 지역적 접근을 바탕으로 구성된다고 봅니다. 저 역시 세계지리 강좌를 지역적 접근으로 구성하는데, 그것이 지리적인 유일한 접근이기 때문입니다. 주제적(계통적) 접근은 통상적으로 인문지리학과 같은 강의에서 선택합니다. 그런데 인문지리학 같은 과목은 보통 사회과학의 조사 영역이고, 대부분의 이론과 모델은 지리학자에 의해 발견되지 않았습니다.

이 수업의 강좌명이 "세계지역지리"이고, 따라서 지역적 접근이 더 적절합니다. 또한 미국에서는 지역적 접근에 의한 교재들이 더 잘 개발되어 있기 때문에 이러한 방식으로 수업을 구성하는 것이 효과적입니다.

우리 학과의 전통입니다. 이 강좌는 지난 30여 년 동안 지리학과 학생을 위한, 혹은 일반 학생들이 지리학을 전공하도록 유인하기 위한 기초 강좌였습니다. 다른 교수들도 이 수업을 진행하는데, 저만 다른 방식으로 강의를 진행하여 동료 교수들이나 수업을 듣는 학생들에게 혼란을 주고 싶지 않습니다.

(2) 지역적 접근의 제한점을 극복하는 전략은 무엇인가?

지역적 접근 방식으로 세계지리 수업을 진행하면서 직면하는 제한점을 극복하기 위한 다양한 전략이 있었다. 지도를 통해 정보를 통찰력 있게 이해하는 역량을 키워주는 방식을 강조하는 교수자가 있었고, 선택과 집중의 전략을 도입하는 경우도 있었다. 일반적으로는 모든 지역을 동일하게 가르치지 않고, 지역별로 주요한 이슈를 선정하여 강조점을 달리 하는 경우가 많았다.

백과사전식 접근이 문제이지만 이를 극복하는 것은 어렵지 않습니다. 저는 지도를 효과적으로 활용해야 한다고 생각합니다. 지리학자의 일은 지도를 설명하거나 지도를 활용해 무엇인가를 설명하는 것입니다. 모든 것은 연관되어 있습니다.

한 학기에 모든 지역을 다루는 것이 어렵기 때문에 투표를 통해 학생들이 주요 6개 지역을 선정하도록 하였습니다. 수업이 진행될 때, 다른 지역의 내용을 조금 덧붙이기는 하지만 이러한 전략은 학생들이 전체 커리큘럼 구성에 참여하는 기회를 제공하기에 효과적입니다.

학생들이 교재를 읽는다는 것을 전제로 하고, 각 지역에서 흥미로운 포인트를 강조합니다. 지역을 기후, 자연지리적 맥락에 놓고 가르치며, 역사적, 정치적, 경제적 측면에 대해서도 관심을 둡니다.

백과사전식 나열을 피하기 위해 특정한 이슈를 선택합니다. 학생들은 물리적, 인문적, 경제적 이슈를 다루기 위해 지도학적, 지리공간적 분석을 활용합니다. 또한 수업을 두 섹션으로 나누어 한 섹션에서는 강의를 진행하고, 나머지 섹션에서는 탐구기반학습을 통해 환경적, 정치적 이슈와 관련된 질문을 해결하도록 합니다.

(3) 추구해야 할 방향이나 전략, 혹은 세계지리 수업 관련하여 생각해 볼 점에는 어떤 것이 있는가?

세계지리 수업을 진행하는 교수자들은 수업의 구성이나 전략, 목표 등에 있어 자신만의 철학과 관점을 가지고 있었다. 한 응답자는 세계지리 수업을 통해 학생들이 지도, 경관을 이해하고 일상 생활에서 지리적 관점을 적용할 수 있도록 하는 교육을 강조하였다.

> 제가 지향하는 방향은 지도와 경관을 이해할 수 있고, 지리학이 흥미롭다는 생각을 가진 학생들을 배출하는 것입니다. 제 수업을 들은 학생이 어떤 경관을 보고 자연스럽게 그 경관이 왜 그런 모습을 보이는지에 의문을 가지거나, 뉴스나 책에서 어떤 이야기를 읽고 그 이야기에 나오는 곳들을 지도에서 찾아본다면, 그 수업은 성공적이었다고 평가할 수 있을 것 같습니다. 학생들은 자신만의 의견을 형성할 수 있어야 합니다. 제가 할 일은 학생들이 이러한 것들을 할 때 지리학의 도구들을 잊지 않도록 하는 것입니다.

다른 한 교수자는 수업에 참여하는 학생들을 "개념적으로" 정의하고 그들을 위한 맞춤 강의를 강조하였다. 현실적으로 지리학 전공의 매력을 어필하기 위한 입문 과목으로 세계지리 수업을 진행하고, 나아가 미래의 시민, 부모로서 필수 역량을 함양하며, 지리의 가치를 인식할 수 있도록 하는 데 주안점을 두었다.

> 세 종류의 '개념적 목표 청중'을 염두에 두고 수업을 진행합니다. 첫째, 저는 이 수업이 자신의 학문적, 직업적 방향을 결정하지 못한 학생들을 대상으로 한다고 보고, 이 수업이 그들에게 지리를 전공으로 생각할 기회를 제공할 수 있다고 생각합니다. 둘째, 저는 미래의 유권자, 납세자들인 학생이 강의실에 앉아 있다는 사실을 상기합니다. 이러한 두 가지의 역할을 수행함에 있어 학생들이 세계에 대해 잘 아는 시민이 되며, 자신의 지역사회, 크게는 세계를 대표하여 사려 깊고 비판적인 결정을 내릴 준비가 되어 있기를 바랍니다. 이러한 목표를 달성하는 데 있어 중요한 부분 중의 하나가 세계지리의 공유된, 혹은 고유한 특성을 이해하는 것이라고 생각합니다. 셋째, 저는 현재 혹은 미래의 부모들이 수업에 참여한다고 간주합니다. 그들이 세계지리를 학습하는 것이 가치있다고 생각하며, 이러한 생각을 자신의 자녀들에게 전파하고, 지리가 자녀들의 학교에서 가르쳐지기를 요구하는 사람이 되기를 희망합니다.

마지막으로, 세계지리 강좌에서 지역적 관점이 필수적이라는 점을 이야기한 경우도 있었다. 세계는 여전히 특정한 나라, 지역으로 구성되어 있기에 세계지리 수업에서는 기본적으로 지역적 접근의 중요성이 강조되어야 하며, 계통적 전략들은 학생탐구활동 등을 통해 도입되어야 한다는 것이었다.

교수자들이 세계지리를 계통적 접근으로 가르칠 때조차도 학생들이 자연·인문지리적 관점에서 세계의 지역들을 인지할 수 있도록 해야 한다고 봅니다. 세계지리 수업을 통해 계통적 분석에 입문할 수 있습니다. 그러나 세계는 여전히 나라와 지역들로 조직되어 있고, 세계화는 지역적 이슈들을 세계의 특정한 지역과 연계하도록 하고 있기에 세계지리에서 지역적 접근의 중요성을 강조하지 않을 수 없습니다. 결론적으로, 세계를 지역의 복합물(composite)로 보고 접근하는 것이 필수적이며, 주제적 전략은 탐구기반학습, 문제기반학습 등을 통해 부가될 수 있도록 하는 것이 좋다고 봅니다.

4. 논의 및 결론

이 연구에서는 미국 대학의 세계지리 강좌가 어떤 방식으로 구성되어 있는지를 주요 교재, 강의계획서, 이메일 인터뷰 분석을 통해 조사하였다. 주요 교재, 강의계획서 분석 결과, 미국 대학의 세계지리 강좌는 대부분 지역지리적 틀을 활용하여 구성되어 있었다. 거의 모든 강좌가 기본적으로 세계를 유럽, 아메리카, 아시아, 아프리카, 오세아니아 등의 지역으로 구분하고 지역별로 내용을 학습하는 방식을 채택하고 있었다. 그러나 모든 지역에서 동일한 체계로 지역 정보를 제공하는 방식은 아니었으며, 백과사전식 정보 나열을 피하기 위해 지역적으로 주요한 토픽, 이슈 등을 활용하는 전략을 채택하고 있었다. 이러한 경향성은 미국 대학의 세계지리 수업 관련 현황을 조사한 기존 연구와도 일치한다. 미국 대학의 세계지리 강좌 현황을 분석한 코올슨·쿠석(Korson and Kusek, 2016)의 연구에 따르면, 75% 이상의 수업이 지역적 접근에 기반한 방식으로 진행되고 있다. 이러한 결과들을 종합해 볼 때, 미국 대학의 세계지리 수업은 일반적으로 지역적 접근에 의해 구성된다고 할 수 있다.

세계지리를 가르치는 교수자들과의 이메일 인터뷰 결과, 지역적 방법을 통해 수업을 구성하는 이유는 그것이 가장 지리적이라고 생각하거나 세계지리 주요 교재의 구성, 전통적으로 수업이 진행되어 온 방식이 지역적 접근에 기반하고 있기 때문이었다. 그러나 지역적 접근의 한계를 극복하기 위해 지도를 통해 패턴을 인지하는 역량을 길러 주거나 학생들의 의견을 기반으로 학습할 지역을 축소, 선택하는 전략을 도입하기도 하였다. 또한 지역별로 주요한 주제, 이슈 등을 탐구기반학습을 통해 이해할 수 있도록 하고 있었다. 마지막으로, 세계지리 수업의 지향점과 관련된 질문에 교수자들은 학생들이 세계지리 수업을 통해 배운 내용과 기능을 일상생활에 적용할 수 있어야 한다는 점을 강조하였다. 또한 세계지리의 내용이 미래의 납세자, 부모인 학생들에게 지리의 중요성을 인지하는 계기가 되기를 희망하였다. 공간적 분석 역량, 계통적 주제에 대한 이해 등이 중요하지만 결국 세계가 여전히 지역적으로 구성되어 있고, 지역적 맥락의 역할을 무시할 수 없다는 점에서 세계지리 수업에서의 지역적 접근을 강조하기도 하였다.

세계지리 강좌를 어떤 식으로 구성할 것인지는 오랜 논쟁의 대상이었다. 계량혁명 이후, 계통지리학이 지리학계에서 그 영향력을 키워 나가면서 다양한 지리학 관련 강좌가 계통지리적 방식으로 구성되었다. 그러나 지역지리적 접근의 중요성을 주장하는 지리학자들이 지속적으로 존재해 왔다. 지역지리는 지리학의 중심이고, 지리학자의 존재 근거이기에 지역지리에 대한 관심은 기본으로 돌아가자는 의지의 표현이다(Kasala and Šifta, 2017). 지역지리 및 이에 대한 교육을 강화하는 것은 지리학이 당면한 가장 중요한 과제 중 하나이다(Murphy and O'Loughlin, 2009). 최근 영국의 지리교육과정 개정에서는 기존의 기능중심 교육과정이 '무엇'을 배울지 간과했다고 보면서, 지리교육의 정체성을 확보하기 위해 위치 및 지역지리 지식을 강조하였다(심승희·권정화, 2013). 손명철(2017a)은 지역적 접근에 대한 관심이 초중등 지리교육에 지역지리 지식과 관점을 제공해 공감과 지리적 감수성을 함양하는 데 기여할 것이며, 지역을 종합적으로 바라보는 시각은 융복합시대에 타학문에도 지적 파급효과가 있을 것이라 주장하였다. 그러나 지역지리 연구가 교육적 맥락에서 의도하는 바를 달성하기 위해서는 지역적 접근 방식이 단순히 사실(fact)들을 하나씩 쌓아올린 것이 아니라는 점을 보여 줄 수 있어야 한다(Cole, 2008).

미국 대학의 세계지리 강좌는 지리적 배경 지식이 부족한 학생들을 대상으로 기획된 입문 교과의 성격을 지닌다. 이러한 사실을 고려할 때, 미국의 세계지리 수업은 우리나라 맥락에서도 상대적으로 지리학에 대한 배경지식이 부족한 학생들을 대상으로 하는 교양 성격의 세계지리 강좌, 중고등학교 세계지리 교과 구성에 시사하는 바가 있다. 무엇보다 지역지리적 접근을 통해 세계를 바라보는 틀, 세계를 인지하는 구조를 제공할 수 있다. 역사학자들은 역사가 시간에 따른 "인간 삶과 현상의 변화, 다양성, 연속성을 중시"하고, 따라서 "학생들은 사건을 시간순서로 나열한 연대기"를 학습해야 한다고 주장한다(최상훈, 2000, 12). 연대기적 사고를 통해 학생들은 시간에 따른 다양한 양상의 흐름, 인과관계 등을 이해하고 역사적 사고를 위한 정신적 발판을 마련할 수 있다(김한종 외, 2005). 연대기적 사고를 제대로 발달시키지 못한 학생들은 역사를 파편적으로 인식할 우려가 크다(강선주, 2010). 이와 유사한 견지에서, 지리는 공간 속에서의 인간 삶과 현상의 다양성, 변화, 상호작용 등을 탐색하는 과목이기에 다양한 현상을 공간에 따라 조직한 지역지리를 이해할 필요가 있다. 세계 여러 지역의 위치, 조직, 연합 등에 대한 큰 그림을 가지지 못한 상태에서 분절된 주제와 사례만을 학습할 경우, 세계에 대한 파편화된 지식을 형성하고 공간적으로 큰 그림을 그리는 통찰력을 함양하지 못할 가능성이 크다. 지역적 접근은 특히 지리적 인식이 제대로 형성되지 않은 학생들에게 세계를 바라보는 틀을 제공하는 중요한 역할을 할 수 있다.

이 연구에서는 미국 대학의 세계지리 수업 구성을 탐색하고, 그 함의에 대해 논의하였다. 교육과정 개편 시마다 지리교육과정을 어떤 틀을 활용해 구성할 것인지에 대해 의견이 분분하다. 이 글에서는 미국 대학의 세계지리 교육에서 지역적 접근이 우세한 상황을 제시하고, 지역적 접근이 세계에 대한 인식의 기초 틀을 제공할 수 있다고 보았다. 세계지리교육에서 지역적 접근이 가지는 중요성과 가능성에도 불구하고, 지리교육과정에서 지역적 접근에 대한 관심은 단순히 "지역지리 중심으로 회귀하거나 지역지리에 계통적 주제를 어떻게 결합할 것인가의 문제로 환원될 만큼 단순하지 않다"(박선미, 2017, 798). 어떤 방식이 가장 효과적으로, 지리적 관점에서 의미 있게 세계를 바라보는 안목을 형성하는 데 도움이 될 수 있을지에 대한 지속적인 관심과 연구가 필요하다.

• 요약 및 핵심어

요약: 본 연구는 미국 대학의 세계지리 강좌가 어떤 방식으로 구성되었는지를 주요 교재, 강의계획서, 교수자들과의 이메일 인터뷰를 통해 탐색하였다. 미국 대학의 세계지리 강좌는 대부분 지역지리적 틀을 활용하여 구성되어 있었다. 교수자들이 지역적 접근을 선택하는 이유는 그것이 가장 지리적이라고 생각하거나 세계지리 주요 교재, 기존 세계지리 수업이 지역적 접근에 기반하고 있기 때문이었다. 지역적 접근의 한계를 극복하기 위해 지역별 주요 주제, 이슈 등을 탐구기반학습 전략을 통해 이해할 수 있도록 하고 있었다. 미국 대학의 세계지리 강좌가 입문 교과의 성격을 지닌다는 점을 고려할 때, 본 연구는 지리학에 대한 배경지식이 부족한 학생들을 대상으로 하는 교양 성격의 세계지리 강좌, 중고등학교 세계지리 교과 구성 등 우리나라 맥락에도 시사하는 바가 크다.

핵심어: 세계지리(world geography), 지역지리(regional geography), 지역적 접근(regional approach), 계통적 접근(thematic approach), 지리교육과정(geography education curriculum)

• 더 읽을거리

Del Casino, V. J., Jr, 2004, Scaling health and healthcare: Re-presenting Thailand's HIV/AIDS epidemic with world regional geography students, *Journal of Geography in Higher Education*, 28(2), 333-346.

Dittmer, J., 2006, Teaching the social construction of regions in regional geography course: Or, why do Vampires comes from Eastern Europe?, *Journal of Geography in Higher Education*, 30(1), 49-61.

Rees, P. W. and Legates, M., 2013, Returning "region" to world regional geography, *Journal of Geography in Higher Education*, 37(3), 327-349.

참고문헌

강선주, 2010, 역사교육의 내용 선정과 조직 연구의 현황 및 문제, 역사교육, 113, 71−101.

기근도 · 김영래 · 지리교사 모임 '지평'(역), 2016, 개념과 지역 중심으로 풀어 쓴 세계지리, 시그마프레스(de Blij, H. J., Muller, P. O., Nijman, J., and WinklerPrins, A. M. G. A, 2011, *The World Today: Concepts and Regions in Geography*, 5th ed., John Wiley & Sons, New York).

김민성, 2018, 미국 대학의 세계지리 수업과 한국 지리교육과정에의 시사점, 한국지역지리학회지, 24(4), 574−590.

김한종 · 이영효 · 양호환 · 최상훈 · 양정현 · 유용태 · 강선주, 2005, 역사교육과 역사인식, 책과함께.

박선미, 2017, 우리나라 중학교 지리교육과정의 지역 학습 내용과 그 조직 방법의 변화, 대한지리학회지, 52(6), 797−811.

손명철, 2017a, 지역지리 연구의 주요 원리와 제주 지역 연구에 주는 함의, 문화역사지리, 29(3), 78−91.

손명철, 2017b, 한국 지역지리학의 개념 정립과 발전 방향 모색, 한국지역지리학회지, 23(4), 653−664.

심승희 · 권정화, 2013, 영국의 2014 개정지리교육과정의 특징과 그 시사점, 한국지리환경교육학회지, 21(3), 17−31.

최병두, 2016, 한국의 신지역지리학: (2) 지리학 분야별 지역 연구 동향과 과제, 한국지역지리학회지, 22(1), 1−24.

최상훈, 2000, 역사적 사고력의 하위범주와 역사학습목표의 설정방안, 역사교육, 73, 1−35.

Bradshaw, M., White, G. W., Dymond, J. P., and Chacko, E., 2007, *Contemporary World Regional Geography*, 2nd ed., McGraw-Hill, New York.

Cole, R., 2008, The regionalization of Africa in undergraduate geography of Africa textbooks, 1953 to 2004, *Journal of Geography*, 107(2), 61-74.

Cresswell, T., 2013, *Geographic Thought: A Critical Introduction*, Wiley-Blackwell, Chichester, West Sussex,

UK.

Dittmer, J., 2006, Teaching the social construction of regions in regional geography course: Or, why do Vampires comes from Eastern Europe?, *Journal of Geography in Higher Education*, 30(1), 49-61.

Halseth, G., and Fondahl, G., 1998, Re-situating regional geography in an undergraduate curriculum: An example from a new university, *Journal of Geography in Higher Education*, 22(3), 335-346.

Hart, J. F., 1982, The highest form of the geographer's art, *Annals of the Association of American Geographers*, 72(1), 1-29.

Hobbs, J. J., 2007, *Fundamentals of World Regional Geography*, Brooks/Cole, Belmont, CA.

Jo, I., Hong, J., and Verma, K., 2016, Facilitating spatial thinking in world geography using Web-based GIS, *Journal of Geography in Higher Education*, 40(3), 442-459.

Johnson, D. L., Haarmann, V., Johnson, M. L., and Clawson, M. L., 2010, *World Regional Geography: A Developmental Approach*, 10th ed., Pearson, Upper Saddle River, NJ.

Kasala, K., and Šifta, M., 2017, The region as a concept: Traditional and constructivist view, *AUC Geographica*, 52(2), 208-218.

Klein, P., 2003, Active learning strategies and assessment in world geography classes, *Journal of Geography*, 102(4), 146-157.

Kasala, K., and Šifta, M., 2017, The region as a concept: Traditional and constructivist view, *AUC Geographica*, 52(2), 208-218.

Korson, C., and Kusek, W., 2016, The comparison of a thematic versus regional approach to teaching a world geography course, *Journal of Geography*, 115(4), 159-168.

Marston, S. A., Knox, P. L., and Liverman, D. M., 2002, *World Regions in Global Context: Peoples, Places, and Environments*, Pearson, Upper Saddle River, NJ.

Mueller, T. R., 2003, Introduction teaching world regional geography, *Journal of Geography*, 102(4), 139.

Murphy, A. B., 2006, Enhancing geography's role in public debate, *Annals of the Association of American Geographers*, 96(1), 1-13.

Murphy, A. B., and O'Loughlin, J., 2009, New horizons for regional geography, *Eurasian Geography and Economics*, 50(3), 241-251.

Paasi, A., 2002, Place and region: Regional worlds and words, *Progress in Human Geography*, 26(6), 802-811.

Rees, P. W., and Legates, M., 2013, Returning "region" to world regional geography, *Journal of Geography in Higher Education*, 37(3), 327-349.

Steinberg, P. E., Walter, A., and Sherman-Morris, K., 2002, Using the internet to integrate thematic and regional approaches in geographic education, *The Professional Geographer*, 54(3), 332-348.

21.
영국 지역지리 교육과정: '강한' 교육에서 '약한' 교육으로[1]

김갑철(대구 동변중학교)

1. 들어가며: 미래교육의 부상과 지역지리교육

최근 들어 '미래'교육 담론은 우리 사회를 포함하여 전 세계적인 이목을 끌고 있다. 이제 '미래 교육과정', '미래 역량', '미래 학급', '미래 인재' 등의 말은 교육계뿐만 아니라, 정치 및 대중 사회 전반에 걸쳐 널리 통용되고 있는 일상적인 용어가 되고 있다. 이러한 현상은 한편으로는, 급변하는 현대사회의 환경, 예를 들어 정보 통신의 발달로 인한 네트워크 사회, 과학기술의 발달로 인해 촉발될 4차 산업혁명 담론, 세계화와 지역화 시대 등에 맞는 새로운 교육에 대한 시대적 요구라고 말할 수 있다. 다른 한편으로는, 한 세기가 넘게 지속된 근대적 교육 전통 전반에 대한 비판과 자성의 또 다른 모습일 것이다.

시대적 변화에 의한 외부적 도전은 학교 지리 역시 피할 수 없다. 다양한 도전들과 대응들 중에서도 특히, 현대 사회가 직면한 세계화, 지역화라는 시대적 변화는 지리교육의 핵심 개념들, 예를 들어 '지역'을 바라보는 시각들에도 큰 변화를 초래하고 있다. 이와 관련하여, 지난 수십 년 동안 지역지리 학자들은 인류의 삶의 터전인 지역에 대한 분절적, 백과사전식의 이해 방식에 대해 문제를 제기해 왔다. 이러한 문제 제기는 지역을 우리가 살고 있는 사회의 형성에 대한 이해·생산

1 이 글은 김갑철(2019)을 수정·보완한 것임.

과 관련된 도구로 인식하고 따라서, 특정한 지역 담론에 의해 특정한 지역 세계가 만들어질 수 있다는 전제에 바탕을 둔다(Gregory, 2009; Paasi, 2002; Sidaway, 2013a). 즉, 최근의 지역지리 연구가 세계에 대한 지리학자들의 윤리적 책무성에 대해 관심을 갖기 시작했음을 의미한다. 하지만, 이러한 이슈는 지역지리 연구자들에게만 한정되지 않는다. 학교 지역지리 교육을 통해 학생들은 '지역에 대한 관점'을 구성하고, 이를 바탕으로 그들이 마주할 실제 세계를 특정한 방향으로 (재)생산되도록 영향력을 행사할 수도 있다. 본 연구는 지역과 함께, 지역 세계 속에서 살아갈 학생들의 미래를 고려한 교육에 주목하여, 대안적 지역지리교육과정의 방향성에 대해 소개한다. 이를 위해 첫 번째 절에서는 미래지향적 지역지리교육과정의 의미가 무엇인지에 대해 이론적으로 구체화하기 위해 교육철학의 '약한 교육'(weak education), 비판적 지역지리학 연구, 그리고 교육과정 분야의 후기구조주의 교육과정과 같은 진보적 아이디어들을 소개한다. 두 번째 절은 현대 지역지리 교육에 대한 비판적 성찰단계로서 '강한' 지역지리교육이 대표적 사례인 2014 영국의 국가지리교육과정 및 교과서에 수록된 지역지리의 특징을 소개한다. 마지막 단계에서는 지역지리교육과정을 '약하게' 구성할 수 있는 새로운 방향성을 지역지리 교육의 목적, 학습 내용의 선정 및 교수학습 방법의 측면에서 제안한다.

2. '약한' 지역지리 교육과정

교육과정은 사회적 요구뿐만 아니라, 학문적 내용, 학생의 요구 등을 균형 있게 고려한 결과물이다(Lambert and Morgan, 2010). 또한, 동시에, 다양한 철학적 가치 및 이에 따른 교육과정 관점에 따라 다양한 교육과정 개발과 실현 또한 가능하다. 이 장은 '미래 지향적인 지역지리교육과정'을 명료화하기 위해 교육철학, 지역지리학, 교육과정의 최근 논의들을 소개한다.

1) 사회와 주체, 그리고 교육

비에스타(Biesta, 2013: 3)에 따르면, 교육은 "창의적 행동의 주체로서 학생들이 세계 속에서 자신의 행동에 책임질 수 있는 존재가 되도록 지원하는 활동"이다. 하지만, 현실적인 교육활동은 이러한 규범적 정의와 괴리된 측면이 많았다(Ball, 1994; Apple, 1996). 비에스타(Biesta, 2013)에 따르면, 오늘날의 교육은 교육 공동체 안팎의 요구로 인해, '강력'하고, '확실'하며, '예측'이 가능한 존재가 될 것을 요구 받고 있다. 이러한 요구에 부응하여 학교는 제한된 교육적 지향, 예를 들어 국가시민성, 경제적으로 유능한 평생교육 등에 맞춰, 이미 상정된 학습 결과를 효과적으로 생산하는 데 몰입하고 있다. 정책입안자, 정치인들은 교육 통계나 수행성에 매몰되어 교육 현장을 단정적으로 평가한다. 하지만, 교육 밖에서 강조하는 이러한 '강력'하고, '확실'하며, '예측'이 가능한 교육은 다음 질문에 대해 간과한다. '교육은 '인간'과 관계를 맺고 있다는 측면에서 단순하게 단정할 수 있는 존재가 아니다'. 인간은 어떻게 존재하는가?

메리유(Meirieu, 2008)는 교육을 정해진 방향대로 통제할 수 있다는 전통적인 교육관하에서는, 세계 내 인간 존재에 대해 올바르게 이해하기 어렵다고 주장한다. 즉, 기존의 교육관의 지배하에서는 우리가 상정한 대로 세계가 그렇게 단순하지 않다는 사실을 인식하기가 쉽지 않다는 의미이다. 다시 말해, 세계에 대한 다양한 인간의 사고방식과 존재양식이 있음에도 불구하고, 기존의 관점하에서는 우리와는 다른 그들만의 사유와 동기가 존재할 수 있음을 쉽게 간과, 왜곡하기 쉽다(Biesta, 2013: 3). 전통적인 교육관은 마치 세계가 우리의 마음과 희망이 그대로 투영되어 존재하는 것을 당연시 한다. 비에스타(Biesta, 2010)는 이러한 관점이 인간의 이성 및 합리성을 강조한다는 측면에서 칸트의 근대 계몽주의에 천착해 있음을 주장한다. 즉, 인본주의 관점에서는 인간은 이성에 따라 유일하게 자율성이라는 본질을 가진 존재이며, 교육은 주체의 완전한 자율성을 확립시켜 주는 장치이다. 칸트의 관점은 인간 주체가 보여 주는 특성 즉, 주체성에 대한 해석 또한 지배한다. 즉, 인간 주체성은 이성에 기초하여 사유하고 스스로의 자유 의지에 따라서 행동하는 특성이다. 주체성에 대한 이러한 근대적 접근 방식은 세계를 보는 시각과 마찬가지로, 동질성 즉, '모든 인간 주체성의 본질은 동일하며 나와 '타자'는 다르지 않음'을 전제한다. 이러한 가정 속에서 주체는 이미 세계 공동체의 한 구성원으로서 동일한 인간성을 바탕으로 결속되어 있거나 결속될 수 있는 존재이다(Winter, 2017).

하지만, 비에스타(Biesta, 2013: 23)는 레비나스의 '타자성', '타자 윤리'를 참고하여, 인간의 주체성을 '본질'이 아니라, '사건'으로 이해할 것을 주장한다. 레비나스에 의하면 주체는 '타자'와의 윤리적 관계를 통해서 존재하며, 주체성은 타자와의 대화 관계에 의해 구성된다고 말할 수 있다. 레비나스에게 '타자'란 '나'의 존재 밖에 있는 절대적으로 환원하기 어려운 다름을 갖고 있는 타자성을 갖고 있다. 그러므로 세계 내 하나의 존재로서 '나'는 타자와 마주해야 하는 도덕적 필연성에 의해 소환된다. 독자적인 존재로서 '나'는 모든 일반화된 프레임 이전 혹은, 바깥에 서서 '타자'와 관계

맺기를 할 수 있도록 윤리적 책임을 다해야 한다. 여기에서 책임은 변화를 위한 이성적 관계도, 동질화라는 일반화된 프레임으로 수렴되는 것도 아니다(Winter, 2017). 왜냐하면 만약 근대적 프레임으로 '타자'와 '나'를 동일시하려고 시도한다면 '타자'가 갖고 있는 이타성과 차이들은 간과, 치환, 무시, 왜곡, 억압될 수 있기 때문이다. 레비나스는 '타자'의 타자성에 대해 수용 또는 '타자'의 말을 경청하여 그들의 요구에 '나'를 개방할 것을 강조한다. '나'는 '타자'의 독자적 특이성, 요구에 반응 가능하며, 여기에서 '나'의 주체성은 끊임없이 발전되어 간다. 메리유(Meirieu, 2008: 13)는 인간의 존재 및 주체성의 본질을 고려할 때, 교육은 우리가 갖고 있는 "근원적인 자기중심성"을 극복하는 것과 관련되어 있으며, 이것은 학생들이 갖고 있는 맥락을 제거함으로써 실현되는 것이 아니라 '타자'와의 '대화'를 위한 기회를 마련함으로써 가능하다고 주장한다. 대화를 강조하는 교육관은, 비에스타(Biesta, 2010)의 연구에서도 좀 더 구체화된다. 그는 "교육적 관심은 희망했던 것을 바람직한 것으로 변형하는 데 놓여 있어야 한다"라고 말한다. 여기에서 변형은 바로 '정당하다고 인정되는' 바람직한 것으로의 변형을 의미하는 것으로, '자아' 및 자아의 욕구가 반영된 어떤 관점에 기인한 것이 아니라, 항상 '타자'와의 관계를 필요로 하는 것이다. 비에스타(Biesta, 2013: 3)는 "교육활동의 결과가 보장되지도 확보되지도 않는다는 측면에서, 느린 방식, 어려운 방식, 좌절시키는 방식, 그리고, 주장컨대, 약한 방식이다"라고 말한다.

오늘날의 교육 풍토는 우리의 희망사항이 즉각적으로 실현되고, 긍정적인 효과가 나타나는지를 '성급하게' 평가하는 경향이 있다. 이런 조바심의 문화 속에서 소위 '강력한' 교육이란 점차 명확하고, 예측 가능한, 동시에 위험이 존재하지 않는 실체로 재현된다. 반면, '약한' 교육은 진정한 교육이 가능하게 하는 조건이라기보다는, 하나의 '결함'으로써 극복의 대상이 되어 왔다. 하지만, 비에스타(Biesta, 2013: 4)는, 전술한 인간 주체의 특성을 고려할 때, '약한' 교육이야 말로 장기적으로는 유일하게 '지속가능한' 방식의 교육임을 강조한다. 즉, 기존의 '강한' 교육에서 강조하는 방식의 해석, 대화, 교수, 학습 등과 '약하게' 연결될 때 교육은 비로소 작동한다는 것이다. 비에스타(Biesta, 2013: 5)는 교육을 기존에 이미 존재해 온 것들, 혹은 알고 있는 것들을 단지 재생산 하는 것이 아니라, 새로운 초보자들(학생들)이 세계에 나갈 수 있는 방법에 관심을 갖는 활동이라고 말한다. 즉, 바람직한 교육은 세계를 학생들에게 단지 제공하는 것에서 끝나는 것이 아니라, 어떻게 하면 학생들이 세계와 관계를 맺고 세계에 영향을 미치도록 조력하는 것과 관련된다.

요컨대, 미래사회를 살아가는 학생들의 주체성은 무한한 '타자'와의 만남을 통해 성장하는 사건과 같은 존재이다. 이것을 지원하는 교육은 예측 가능성, 안정성, 명확성으로 대변되고 있는 오늘날의 '강한' 교육 풍토 속에서 어쩌면 '위험한', '불완전한', '약한' 교육으로 간주될 수 있다. 하지만, 역설적이게도 이 '약한 교육'은 '타자'와의 민주적 관계 보장을 통해 현존에 대한 끊임없는 비판과 도전을 허용하여, 지금까지 보지 못했던 무한한 창조로 연결될 수 있다는 점에서 오히려 지속가능하며, '강력한' 교육이 될 수도 있을 것이다. 다음절에서는 지리학, 지리교육 내용에서 중요한 부분을 차지하고 있는 '지역지리' 분야의 논의를 바탕으로, '약한 교육'과 지리학이 상호 공유할 수 있는 공통분모가 무엇인지를 이론적으로 검토한다.

2) 지역과 지역지리

현대 사회는 어쩌면 '지역'(region)의 시대라고 말할 수 있다. 학문적으로는 그리스의 지리학자 스트라보 이후, 지역 및 이를 설명하는 분야(지역지리학)는 세계를 이해하는 창으로써 중요한 영역을 차지하고 있다(Gregory, 2009). 또한 서울지역, 경인지역, 한국지역, 동북아 지역처럼, 지역은 정치, 경제, 사회 전 분야를 걸쳐 매우 일상화된 '전문' 용어로 통용되고 있다. 나아가, 본 연구와 관련하여, 교육 분야에서 지역은 학생들이 세계를 이해하고 미래에 살아갈 무대로서 간주되면서 지역 이해의 중요성이 강조되고 있다(조철기·이종호, 2017). 예를 들어, 최근 많은 국가에서 초등에서 고등교육까지 향토교육, 다문화 교육, 지속가능교육, 세계시민교육 등의 이름으로 지역 관련 교육이 실천되고 있다. 그레고리(Gregory, 2009: 636)의 말처럼, 그 실체가 무엇이든, 지역은 "우리와 떨어져 있는 타자들의 요구와 그들의 삶과의 관계를 드러내는 것"이다.

현대 사회에서 통용되고 있는 지역에 대한 관점은 사전을 통해서 확인할 수 있다. 지역이란, "일정하게 구획된 어느 범위의 토지, 전체 사회를 어떤 특징으로 나눈 일정한 공간 영역"이다(표준국어대사전, 2018). 이러한 정의는 표면적으로 '경계성', '동질성', '영역성', '종합성'과 같은 요소를 강조하고 있다. 이러한 구성 요소들의 기원은 계보학적으로는 지역지리학의 발전사와 깊은 관련성이 있다(Gregory, 2009; Livingstone, 1993). 그레고리(Gregory, 2009: 633-634)에 따르면, 19세기 말 20세기 초 지리학자들은 지역을 핵심적인 연구대상으로 간주하기 시작했다. 당시 지리학자들에게 지역은 지리적 탐구를 위한 기본적인 '창조 구역'(building block)이며, 지역화(regionalization)라고 하는 것은 분절성(partitional)과 집합성(aggregative)의 과정이었다. 전자는 세계를 경계를 갖고 있는 공간들로 나누는 특성이며, 후자는 이러한 분절된 공간들이 합쳐져 하나의 전체성을 형성한다는 개념이다. 지역에 대한 이러한 인식은 프랑스 지리학자 블라슈(Vidal de la Blache)에 의해 뿌리를 내린다. 블라슈에게 있어 프랑스 지역들의 정체성은 "로컬 경관에서 볼 수 있는 로컬 문화(차별성)와, 프랑스라고 하는 국가 시스템 내에서 다른 장소들과의 연결성(순환)에 의해 만들어지는 것이다"(ibid: 633). 당시, 블라슈를 포함한 당시 많은 지리학자들은 지역 분석에서 지역을 공간적인 격자상에 존재하는 하나의 칸(cells)과 같은 존재이며, 지역화는 일련의 지역 창조의 알고리즘으로서 분류(classification) 작업과 유사한 개념으로 간주했다. 즉, 지역화는 기술적 과정을 통해 이루어지며, 이 과정에서 지역은 문제들의 결합, 배치 혹은 구획화로 간주되었다. 그 결과, 당시 지역은 지리 정보를 조직하는 가장 논리적이고 만족스러운 방식으로 평가받았다(Haggett, Cliff and Frey, 1977).

20세기 전반까지 블라슈 식의 지역지리–흔히 세계를 부동적, 로컬화된 문화로 창조하는 방식의 전통(Gregory, 2009: 635)–는 영미권의 지리학계를 중심으로 빠르게 확산되었다. 그 결과 지역지리는 세계의 다른 부분들에 대한 주요 자연, 경제, 인구, 그리고 사회적인 특징들의 나열을 강조하는 "백과사전식 거푸집"(encyclopedic cast)이라는 정체성을 확립해 나갔다(Murphy and O'Loughlin, 2009: 242). 하지만 이러한 접근법은 지역에 대한 올바른 이해 및 지역에 대한 비판적 성찰을 방해한다는 측면에서 많은 지리학자들로부터 비판을 받게 된다. 예를 들어, 사우어(Carl Sauer)는 기존 전통을 "진부한 지역 기술"(Livingstone, 1993: 298)이라고 혹평하였으며, 트리프트(Thrift, 1994: 209)는 1960년대까지의 지역지리를 "분류학적 호박"에 갇혀 있는 탈 역사적 기술이라고 비판하였다. 그 결과, 1980년대 이후 지역지리는 블라슈의 지역주의를 극복할 대안으로써 동시대에 유행하기 시작했던 비판 사회과학 연구를 지역지리 연구에 접목한 '신 지역지리'(new regional geography)로 급격하게 전환된다(Gilbert, 1988; Paasi, 1986; Soja, 1985; Thrift, 1991). 본 연구의 주제–미래 지역지리 교육–와 관련하여, 최근의 진보적 연구를 관통하는 지역에 대한 관점의 특징을 정리하면 크게 3가지 초점 즉, 관점(vantage point), 관계(relation), 맥락(context)이 관찰된다.

첫째, '관점'과 관련하여, 최근의 지역 인식 및 관련 연구들은 지역에 대한 '정치성'에 대해 주목하고 있다. 전술한 바와 같이, 오랫동안 지역은 '순수한', '중립적인' 기술 과정을 통해 드러난 구획화된 실체로 당연시되었다(Gregory, 2009). 하지만, 파시(Paasi, 2002: 804)는 지역을 사회적 구성체(social construct)로 간주될 것을 주장한다. 즉, 지역은 "역사에 의존적인 실천과 담론을 참고한 결과로서 이들을 구성하는 요소들은 특정한 [지역의] 의미를 구획화되고 상징화된 세계와 연결시킨다". 파시 이후 많은 학자들(Harrison, 2015; Murphy and O'Loughlin, 2009; Sidaway, 2013b)은 세계의 일부에서 유래한 특정한 관점(vantage point)이 '보편성'이라는 이름하에 지역의 다양한 의미를 왜곡하고 있음을 지적한다. 예를 들어, 펙(Peck, 2015)은 도시 지역 연구에 대한 비평에서, 지리학자들이 가지고 있는 우월한 '관점'이 도시지역 이론화를 특정한 방향으로 유도하고 있음을 비판한다. 시다웨이(Sidaway, 2013b: 992)는 서구 중심의 지역 인식 전통의 문제점을 지적한다. 즉, 서구 사회가 당연한 것처럼 사용하고 있는 지역 및 관련 기술이 역사적으로는 서구 중심주의 역사와 관련된다. 그에 따르면, 이 창작물들은 단순한 언어를 넘어 사람들로 하여금 "특정한 규준, 가정, 아이디어, 잘못된 보편성에 대한 감각"을 고착화시킨다. 이러한 관점에서, 학자들은, 지역에 대한 깊이 있는 이해를 위한 대안으로 지역에 대한 다른 관점의 논의와 토론이 필요함을 지적한다.

둘째, 지역 인식에 있어 최근 많은 학자들은 다층적이고 복잡한 '관계성'에 대해 주목하고 있다. 전통적인 지역지리 연구에서 지역의 정체성은 제한적인 스케일과 기술방식에 의해 확립된다. 즉, 전자와 관련하여 주로 국가(state) 및 그 하위(sub-state)에서 결정되는 경향이 강하였으며, 후자와 관련하여, 정해진 지역의 공간적 범위 내에서 분절된 지리적 특징들–정치, 경제, 문화, 역사 등–이 사전적으로 '열거'됨으로써 지역성이 확립된다고 보았다(Gregory, 2009). 하지만, 많은 진보적인 학자들 사이에서 지역의 형성은 다공적(porous), 혼성적(hybrid)임이 밝혀지고 있다(Amin, 2002; Murphy and O'Loughlin, 2009). 즉, 많은 지리학들 사이에서 지역의 형성은, "운영에 있어 긴밀하게 관련된, 그리고 로컬, 트랜스 로컬, 그리고 트랜스 지역 과정의 결과물인 제도, 객체, 인간, 실천들이 비항구적으로 응축한 것"으로 인식되고 있다(Gregory, 2009: 635, 필자 강조). 이러한 측면에서, 코흐(Koch, 2016: 810)는 지역지리 연구자들이 갖고 있는 스케일에 대한 "예상된 구조"(structures of expectations)의 함정에서 벗어나, 지역에 관한 대안적인 스케일링(scaling), 정의들을 심각하게 고려할 것을 주장 한다. 또한, 시다웨이(Sidaway, 2013a)는 '역 망원경(inverted telescope)' 방법–장소를 다중적, 원거리, 근거리 관점에서 동시에 보는 방법–을 통해 지역에 대한 연구와 이해가 이루어질 것을 제안한다. 그의 말처럼, 지역의 이해에 있어 과거와 달리 마법의 눈(magic eye), 하나의 해상도(resolution)는 존재하기 어렵다.

셋째, 지역 이해에 있어 '역사성'과 '맥락성'은 최근 더욱더 강조되고 있다. 오랫동안 연구자들은 중규모 이상의 세계 지역에 대한 인식 및 분석에서 거대 서사(grand narrative)에 의존하는 경향이 있었다. 이들은 거대 서사에 의존함으로서 글로벌 스케일에서 나타나는 지역의 사회·경제적 패턴을 설명하고자 했다(Murphy and O'Loughlin, 2009). 하지만, 시다웨이(Sidaway, 2013a: 167)는 다음과 같이 거대 서사적 관점에서의 지역 연구를 주장하는 것에 대해 반박한다. "거대 서사는 로컬 및 상황적인 타자들과의 관계를 거부한다. 거대 서사는 자체가 갖고 있는 한계 및 맹점에 무지하다. … 거시와 미시 사이의 경계는 더 이상 안정적이지 않다". 그는 다양한 사례들을 통해 거대 서사들은 분명히 특정한 곳에 기원을 두고 있는 '부분적', '상황적' 지식임을 증명해 보인다(Sidaway, 2013a, 2013b 참조). 그 결과, 지역이란 것은 구체적인 맥락 속에서 이해해야 하며, 이러한 맥락들은 반드시 비판적으로 (재)작도(mapping)될 것을 주장한다. 코흐(Koch, 2016)는 더 나아가, 지나치게 성급한 결론의 함정이 지역 이해의 역사성과 맥락성을 방해한다고 말한다. 즉, 비록 많은 연구자들이 로컬의 역사들이나 다양한 지리들을 고려함으로써 지역에 대한 올바른 이해를 시도하고 있지만, 지나치게 성급하게 결론지워–심지어 관계적 지역지리 연구들도–종국적으로 지역 이해를 방해하는 구속의 덫에 빠진다고 말한다. 이러한 관점에서 코흐(Koch, 2016)는 특정 장소에 대한 장기적인 관심과 경험적·맥락적·역사적 연구를 통해 널리 확산되어 있는 거대 서사 혹은 이론적 탐구 경향을 뛰어 넘어 진정한 지역 이해를 할 수 있다고 주장한다.

요컨대, 오랫동안 우리는 '전통'이라는 이름하에 지역을 백과사전적 틀 속에서 접근해 왔다. 하지만, 최근 비판적 지역지리연구의 성과 덕분에, 지역 세계는 결코 폐쇄적이며 고정된 경계를 가진 낱개의 공간이 아니라, 부분성, 다공성, 가변성, 혼성성이라는 특징이 있는 존재임을 알아 가고 있다. 앞 장에서는 우리는 세계 속에 주체가 어떻게 존재하는지에 관해 논의하였다. 그 결과, 주체성은 사건으로서 다중성과 차이의 세계에서 타자와의 '관계'를 통해 발전될 수 있다. 교육은 학생들과 지역 세계를 위해, 지역 세계와 관계를 맺고 '지역 세계에 영향력'을 행사할 수 있으며(Biesta, 2013), 그리고 이러한 자유가 나타나는 민주적 공간을 유지할 이중적 책임을 갖고 있다. 자연히, 본 연구에서 재개념화된 지역성과 관련하여, 지리교사들은 주체로서 학생들이 무엇을 통해, 어떻게 지역과 관계 맺기를 하고 지역 세계 속에서 주체성이 출현·성장할 수 있도록 할지 고민해야 한다. 이러한 고민은 바로 다음 장에서 논의할 '교육과정' 관점과 밀접하게 연결되어 있다.

3) 교육과정

교육과정(curriculum)은 교수할 내용, 대상, 교수법, 그리고 평가와 관련된 개념이지만 다양한 담론들이 존재한다(Carr, 1995). 하지만, 20세기 중반 타일러(Ralph Tyler)의 책 『Basic Principles of Curriculum and Instructions』(1949)의 출간 이후, 교육과정은 곧 다음과 같은 몇 가지 특징을 가진 것으로 일반화되어 한국을 포함한 전 세계 교육 현장에서 통용되고 있다. 첫째, 교육과정은 교육목표, 학습경험의 선정 및 조직, 평가에 이르기까지 논리적이고 과학적으로 개발되어야 한다.

둘째, 교육과정 개발 및 실행의 가장 중요한 준거는 '학습 목표'이며, 목표에 따라 학습 내용의 선정, 조직 및 평가가 선형적으로 이루어져야 한다. 셋째, 교육과정의 결과는 학습자의 행동에 근거하여 평가되어야 한다. 하지만, 과학성, 논리성, 합리성으로 대변되는 타일러 식의 교육과정 관점은 교육과정의 '정치성'과 '윤리성'을 간과하고 있다는 측면에서 오랫동안 많은 비판의 대상이 되고 있다(Biesta, 1995; Säfström, 1999).

우선, 전자와 관련하여, 비에스타(Biesta, 1995)는 교육과정은 '동의'를 통해 만들어진 '중립적인' 존재인 것 같지만, 사실은 일부 이익집단(정책 결정자, 정치인, 교육 전문가 등)에 의해 주도적으로 만들어진다는 점에서 항상 정치적임을 강조한다. 이 말은 교육과정은 특정 집단에 의해 정해진 제한적인 사회화, 지식의 재생산에 천착한 결과물이며, 이것은 다양한 '타자'들을 부정의하게 배제시키는 결과를 가져온다. 나아가 교육과정은 미리 설정해 놓은 정해진 방향대로 학생들의 주체성 및 인격 발달을 왜곡할 수도 있다. 요컨대, 학생들은 학교 교육과정을 통해 제한된 자기 창조의 과정을 경험하게 된다. 하지만, 모든 동의는 지역적, 맥락적, 상황적이며, 얼마든지 수정이 가능한 존재이다. 이러한 관점에서 비에스타는 '진리'의 정치학에서 벗어나, 교육과정은 '타자'와의 무한한 소통과 대화를 위한 '개방성', '비결정성'을 가진 진정한 '정치'의 공간이 될 것을 주장한다(김갑철, 2016: 465).

후자와 관련하여, 셰프스트롬(Säfström, 1999)은 전통적인 교육과정이 한편으로는, 합리주의, 보편주의에 기반하여 진리의 '가치 중립성', '외부성'을 강조하며, 다른 한편으로는 교사 및 학생을 이성적, 합리적으로 이러한 진리를 습득하는 존재로 가정한다. 하지만, 이러한 관점은 '진리'라는 이름으로 인간 및 세계를 둘러싼 다양한 '타자'와 그들의 차이들을 비윤리적으로 간과, 배제할 수 있다. 즉, 교육과정에서는 차이들을 일시적, 특수한 상태로 간주함으로써 극복이나 통합의 대상이 된다는 것이다(김갑철, 2016: 465). 셰프스트롬(Säfström, 1999: 224)은 전통적인 관점의 교육과정은 "무엇인가를 배제하며…[타자에 대한] 억압, 부정의, 폭력을 저지르고 있다"라고 말한다. 이러한 관점에서, 셰프스트롬(Säfström, 1999: 228)은 교육과정은 '진리'를 전달하는 활동에서 벗어날 것을 주장한다. 그는 오히려, 교육과정은 '타자' 및 그들의 차이들을 공평하게 다룰 '윤리'적 공간임을 주장한다.

요컨대, 전통적 교육과정과 '약한' 관계를 갖는 대안적 교육과정은 '진리'를 일반적, 선형적으로 전달하는 공간을 넘어, '정치적', '윤리적' 존재로서 '타자'와 그들의 차이들을 공평하게 마주하는 개방적 공간이어야 한다. 앞장에서 우리는 인간 주체로서 학생들은 '타자'와의 '관계'를 통해 세계 속에서 존재, 성장함을 논의하였다. 또한, 학생들이 실존하는 지역 세계는 우리의 일반적인 통념과는 달리, 결코 폐쇄적이며 고정된 경계를 가진 낱개의 공간이 아니라, 부분성, 다공성, 가변성, 혼성성이라는 특징이 있음을 확인하였다. 본 연구의 주제와 관련하여, 이러한 논의를 종합하면 다음과 같다. 새로운 지역지리 교육과정은 학생들이 살고 있고, 살아갈 지역 세계와 끊임없이 관계를 맺고, 나아가 지역 세계 속에서 영향력을 행사할 수 있도록 지원하는 공간이어야 한다. 구체적으로 지역지리교육과정은 전통적인 지역지리 지식의 범주, 상상력 속에서 지금까지 배제되어 온 지역에 관한 '타자' 및 그들의 차이들과 관련된 다양한 지역지리적 언어들을 경청하고, 대화함으로써, 학생들이 갖고 있는 왜곡된 지리적 상상력에 대해 도전할 기회를 제공할 수 있어야 한다. 이 과정에서, 세계는 일반적으로 알려진 바와 달리, 수많은 분기들(divergencies)을 가진 다중성과 복잡성을 갖고 있음을 비판적으로 성찰할 기회를 주어야 한다. 나아가, 성장하고 있는 학생들의 주체성을 바탕으로 보다 나은 세계 지역을 위해서 주체가 갖고 있는 책임은 무엇인지에 대해 숙의하고 실천할 공간을 지원할 수 있어야 한다. 필자는 이상의 관점이 기존의 '강한' 교육에서 강조하는 방식과 약하게 연결된다는 점에서 '약한 지역지리 교육과정'으로 명명한다. 다음 장에서는 '약한 지역지리 교육과정'의 관점에서 현 지리교육과정의 특징을 살펴보고, 이를 바탕으로 새로운 지역지리 교육을 향한 방향성에 대해 논의한다.

3. '강한' 지역지리 교육과정 사례: 영국 2014 국가지리교육과정

미래 지향적인 지역지리 교육의 대안을 찾기 위해, 필자는 최근 지역지리교육이 강화된 대표적 사례인 2014 영국 국가지리교육과정(DfE, 2013) 및 영국 『geog 3』(Gallagher and Parish, 2015) 교과서를 분석하였다. 구체적으로는 다양한 지역들 중에서 '중동' 단원에 주목했다. 왜냐하면, 다른 지역들의 경우, 비록 양은 적지만 과거 교육과정에서 단편적으로라도 다루고 있었으나, 중동 지역은 개정 교육과정에서 완전히 새롭게 등장하고 있기 때문이다. 한편, 해체적 분석은 지리적 텍스트가 갖고 있는 근원적 불안정성을 노출함으로써, 지금까지 간과, 배제되어 온 다양한 타자의 도래를 허용하는 접근법이다(Winter, 2011). 윈터(Winter, 2011)의 해체적 접근법을 이용하여 '중동' 관련 텍스트를 분석한 결과, 다음과 같이 3개의 전략들—경계, 중심, 비교—을 통해 영국의 지리교육과정이 전체화된 담론의 전통 지역지리와 강하게 연결되어 있었다. 그 결과 실제 지역 세계와 제한적 연결을 시도하고 있음을 보여 준다.

1) 경계

첫 번째 주제 '경계' 및 하위 주제 '등질', '국경'과 '계통'은, 세계의 '지역'에 대한 영국 지리교육과 정의 설명이 얼마나 전체화된 범주 속에서 중동 지역을 탈맥락적, 탈역사적, 탈정치적 기술로 인도하고 있는지를 보여 준다. 우선, 첫 번째 주제인 '등질'과 관련하여, 샘플 텍스트는 세 개의 대륙(아프리카, 아시아, 유럽)이 마주하고 있는 해당 지역의 의미, 범위 및 설명 등을 '이미' 존재해 왔던 고정된 실체로 간주하여 단정적으로 기술하고 있다. 이와 관련하여, 저자들은 세 가지 전략을 사용한다: (1) 규범적 정의; (2) 중동과 타자를 구분하는 장치 사용 (3) 용어의 역사성 강조. 첫 번째 하위 주제와 관련하여, 저자들은 '중동 소개하기' 장의 하위 절로 '지역으로써 중동'을 최우선적으로 배치해 두고 있다. 이 절에는 앞으로 전개될 중동에 대한 다양한 차원의 지리적 재현들에 대한 이해 및 상상의 틀로 기능할 '지역'에 대한 정의가 가장 먼저 제시되고 있다(Gallagher and Parish, 2015: 125): "지역이란 분명한 기후, 언어, 혹은 산맥과 같은 특징들을 공유하고 있는 구역이다". 두 번째 전략과 관련하여, 저자들은 중동을 설명하는 장의 시작을 중동과 다른 세계를 명확하게 구분하는 경계선을 사용하고 있다. 다양한 색상의 음영은 경계선과 함께, 중동이 다른 지역과 분명히 구별되는 차별성이 존재하는 곳으로 인식시키는 또 다른 재현의 전략이다. 마지막 전략과 관련하여, 저자들은 여러 차례에 걸쳐 해당 지역이 역사적 측면에서 특별한 곳임을 강조하고 있다: "… 중동이라는 이름은 100년 전부터 전해져 내려와 고정된 것이다"(Gallagher and Parish, 2015: 124); "중동은 오래된 공유의 역사를 갖고 있다. … 이슬람 오스만투르크제국의 지배를 받은 것은 대표적인 사례이다"(Gallagher and Parish, 2015: 125). 저자들은 중동 지역에 대한 지리적 재현에 앞서, 규범화된 지역의 정의, 지역의 분명한 구획화, 그리고 이를 뒷받침할 수 있는 역사적 설명을 통해 중동을 학습할 학생들의 지리적 인식의 틀을 확고하게 규정하고 있었다. 두 번째 하위 주제–국경–과 관련하여, 샘플 텍스트는 중동이라는 세계의 지역을 다시 '국가'라는 '일반화된' 기준으로 해당 지역의 세분화를 시도하고 있다(Gregory, 2009). 저자들은 중동 지역이 어떤 국가들로 구성되는지를 분명히 제시하고 있는데, 여기에는 총 16개 국가(사우디아라비아, 터키, 시리아, 이라크, 이란, 쿠웨이트, 바레인, 카타르, UAE, 오만, 예멘, 이집트, 요르단, 이스라엘, 레바논, 사이프러스)와 팔레스타인이 포함된다. 흥미로운 점은, '중동' 주제와 관련하여 지역의 역사성을 강조하고 있음에도 불구하고, 중동에 포함된 국가의 범위, 국가와 국가 사이의 경계 설정 등과 관련된 역사적 정당성은 간과하고 있다. 저자들은 역사적 설명을 선택적으로 취사선택함으로써, 중동이라는 중 규모(meso-scale)의 지역뿐만 아니라, 국가라는 규모의 지역 역시 하나의 '사실'로 고정화시키고 있다. 세 번째 하위 주제-계통-와 관련하여, 샘플 교과서는 중동 지역 및 중동 내 16개 영역들이라는 경계 틀 속에서, 다른 세계와 구분되는 중동만의 동질적인 특징들을 중복적으로 기술하고자 시도한다. 즉, 장의 서두에서 중동지역의 특징을 간략하게 지시된 후(ibid, 125),-"거대한 사막지역과 적은 강수량; 관개농업; 거대한 원유 매장지; 이슬람이 가장 많은 지역"-이어지는 절에서는 중동 지역을 경계로 계통지리적 사상들-지형, 기후 및 식생, 인구 등-이 분절화되어 구체적으로 기술되고 있다.

샘플 텍스트에 재현된 중동은 3중의 '경계'-경계, 국경, 계통-를 통해 '나(영국)'와 다른 지리적 특징들이 모여 있는 별개의 공간처럼 간주된다. 사실, 이러한 지역 인식 및 기술은 전혀 새로운 것이 아니다. 즉, 사이드(Said, 1980)가 이미 지적했듯이, 오랜 기간 다양한 대중 매체, 지정학 문헌, 대학 교재 및 세계 지도 등에서도 쉽게 확인할 수 있을 만큼 보편화되어 있다. 하지만, 최근 많은 연구에서 이러한 중동 지역 구분이 역사적으로 특정한 담론과 관련되어 있음이 지적된다. 이와 관련하여, 쿨카시(Culcasi, 2010)는 광범위한 문헌 자료에 대한 분석을 바탕으로 해당 지역의 경계화가 특정 집단(주로 영국과 미국)의 지정학적 이익과 관련되어 끊임없이 변화하고 있음을 보여 준다. 즉, 20세기 초 영국의 지정학적 관심에 의해 '중동'이라는 용어가 만들어질 당시(Smith, 1968), 중동은 대영제국의 방어 측면에서, 인도, 아프가니스탄, 러시아 등이 포함된 지역이었으나, 제1차 세계대전과 관련하여서는 시리아, 레바논, 아라비아반도, 터키, 이란은 관심의 대상이 아니었다. 나아가, 20세기 중반 이후부터는 영국의회, 영국 공군, 왕립지리학회, 나아가 UN 등에서 서로 다른 경계의 중동을 설정하기 시작했다. 심지어, 1948년 UN은 중동이라는 명칭을 공식화하면서 그리스를 중동에 포함시키기도 하였다(Davison, 1960). 미국 역시 예외가 아니다. 미국의 경우 냉전의 산물로써 중동에 관심을 가지기 시작했고, 해당 지역에 발생했던 사건들-1970년대 오일 쇼크, 이슬람 근본주의, 미군캠프 폭격사건 등-과 관련하여 점차 중동의 영역화에 몰입하기 시작했다. 쿨카시(Culcasi, 2010)는 미국에서 사용된 지도자료 분석을 바탕으로 중동의 경계가 최대 23개 국가에서 최소 5개 국가까지 다양하게 존재하고 있음을 보여 준다. 요컨대, "중동 지역은 존재하지 않는다"(Culcasi, 2010: 589)는 말처럼, 많은 연구들에서 서구에서 비롯된 중동의 불분명한, 부정의한 경계 설정은 문제시되고 있다.

또한, 최근 많은 연구들에서 자연, 경제, 문화 등의 측면에서 중동을 분명히 정의하기 어려운 사례들이 보고되고 있다(Lewis and Wigen, 1997; Culcasi, 2000). 예를 들어, 자연 주제와 관련하여, 전술한 교과서의 기술처럼, 많은 연구들에서 중동은 사막으로 이루어진 황량한 자연 지리적 조건을 강조한다. 하지만, 실제 이 지역의 수자원 분포는 매우 다양하다: 강수량이 영국보다 몇 배 많은 베이루트부터 거의 없는 사막까지 다양함(Lewis and Wigen, 1997). 하천, 바다, 산맥 등이 자연적 경계를 형성하기도 하지만, 중동의 경우에는 동질성으로써 분명한 의미가 없어 보인다. 또 다른 예인 종교와 관련하여도 일반화된 경계를 말하기 쉽지 않다. 전술한 교과서처럼, 비록 이슬람이 핵심적인 종교이지만, 인도네시아, 인도, 파키스탄, 방글라데시처럼 이슬람 인구 비율이 더 큰 나라들도 존재한다. 또한, 소말리아처럼 교과서가 제시한 경계에 근접해 있으면서도 제외된 사례도 존재한다. 나아가, 이슬람 내부에 존재하는 다양성, 예를 들어 수니파와 시아파, 나아가 각 종파 내에 존재하는 다양한 집단 및 개인적 해석들은 그 수를 헤아릴 수 없을 만큼 다양하게 상존한다. 케디(Keddie, 1962: 256)는 소위 말하는 중동 지역은 로컬, 국가, 지역 수준에서 통일성보다는 다양성이 더 많다고 말한다. 쿨카시(Culcasi, 2000: 593)는 중동 지역의 모순과 불일치에 대해 조금만 조사를 하면, 정해진 경계 속에서 제시되고 있는 공통적인 상상들이 얼마나 허구인지 쉽게 밝혀진다고 말한다.

2) 중심

두 번째 대 주제인 '중심'과 하위 주제 '제국' 및 '아랍'은 2014 영국교육과정 및 교과서가 얼마나 서구 중심적인 관점에서 세계의 지역들과의 선형적인 관계를 설정하고 있는가를 잘 보여 준다. 즉, 과거 영국과 영국의 지배를 받았던 국가들의 불평등한 관계가 이미 오래 전에 종식되었음에도 불구하고, 여전히 과거처럼 민족 중심주의적 관점으로 지역을 본다는 것이다. 여기에는 크게 두 가지 방법이 존재한다. 하나는 과거 식민지 역사 소개를 통한 중심성이며, 다른 하나는 중동지역 내 구획화를 통한 (재)중심성이다. 우선, '제국' 주제와 관련하여, 샘플 교과서는 중동지역의 식민 역사에 대해 간략히 소개한다. '중동 소개하기' 절을 보면(Gallagher and Parish, 2015: 125):

> 1914년 오스만제국은 전쟁을 겪으면서 이미 많은 영토를 상실했다. 그리고 나서 제국은 제1차 세계대전과 마주했고 동맹군(영국, 프랑스, 러시아 그리고 기타 국가들)과의 전투에서 패하였다. 전쟁 후, 영국과 프랑스는 제국의 남은 영토를 분할하여 통치 혹은 영향력을 행사하였다. 이후 이 지

역들 내에서는 많은 동요가 있었으며, 결국에는 완전히 독립하게 되었다.

이러한 설명은 표면적으로는 사례 지역에서 전개된 '중립적'으로 사실인 것 같지만, 저자들은 중동의 역사를 기술한 본문 오른쪽에 과거 영국의 지배하에 있었던 지역, 오늘날의 이집트, 예멘, 오만 및 이라크 등을 표시한 지도를 병치함으로써 다음과 같은 설명을 덧붙인다: "영국의 통치/보호를 받은 지역"(Gallagher and Parish, 2015: 125). 해당 지역의 지리적 특징을 지역의 역사성과 함께 제시함으로써 저자들은 학생들이 중동지역에 대한 보다 맥락적인 이해가 가능하도록 지원한다. 하지만, '보호', '동맹'과 같은 불평등한 언어들을 통해, 학생들은 세계의 중심부로서 혹은 보다 우월한 존재로서 자국을, 반면 세계의 주변부로서 중동 지역이라는 선입견을 가질 수 있다. 이러한 불평등한 지역 세계 인식은 다음과 같은 탐구활동을 통해 더욱 강화되고 있어 보인다: "제1차 세계대전 이후 어떤 국가들이 영국의 통치 혹은 영향하에 있었는지 찾아 표시하시오". 저자들은 식민지 역사라는 표면적 사실을 재차 강조함으로써, 대영제국과 식민지와의 불평등한 관계, 즉 식민지가 경험한 불공정과 억압, 맥락적 현실에 대한 관심으로부터 멀어지게 하고 있다.

영국을 중심으로 한 우월한 관점은 두 번째 주제인 '아랍'을 통해서도 재확인이 가능하다. 샘플 교과서의 저자들은 여러 가지 재현들을 통해서 중동지역은 곧 '아랍'이라는 등식을 강화하고 있다. 예를 들어, '중동의 사람'이라는 절에서는 해당 지역의 인구밀도, 민족, 종교에 대해 설명하고 있는데, 특히 민족 및 종교 구성과 관련하여 다음과 같은 점을 강조한다(Gallagher and Parish, 2015: 131): "아랍은 지금까지 가장 큰 집단이다. 그들은 아랍어를 쓴다. 지도에서 대부분이 아랍인 국가들을 찾아 보자. … 중동의 대다수 사람들은 무슬림이다". 흥미로운 점은, 저자들이 중동 지역의 여러 국가들 중에서 소위 말하는 아랍 주요국들–사우디아라비아, 이라크, 예멘, 오만 등–을 '핵심' 지역으로 설정하여 기술하고 있다는 점이다. 뿐만 아니라, 핵심에 해당하는 국가들을 지도의 가운데에 배치하여 이목을 집중시킨다. 나아가, 저자들은 이 지도를 중심으로 핵심 국가들이 갖고 있는 지리적 특징, 예를 들어 사막 지형, 건조한 기후, 자원 등을 주제별로 설명한다. 저자들은, 중동을 대표하는 사상으로써 일부 정련된 특징들을 설정하고, 여기에 해당하는 일부 국가들을 중심으로 자연 및 인문 지리학적 사상들을 연결함으로써 중동을 더욱 본질화하고 있다.

하지만, 최근 많은 연구들에서 중동에 대한 이러한 해석이 서구 중심적인 우월한 시점(vantage point)(Peck, 2015)에 기인한 것임이 보고되고 있다. 오리엔탈리즘 담론은 이러한 분석을 가능하게 한 대표적인 접근방식 중 하나이다. 사이드(Said, 1978)의 대표 저작 『Orientalism』에 따르면, 18세기 서양인들은 예술, 문학 등 다양한 재현들을 통해 '동양'과 동양 사람들을 '수동적', '이국적', '미개발', '야만인', '열등함', '낙후성', '폭력' 등으로 묘사하였다. 이러한 재현은 동양에 대한 타자화를 통해 '서양'와 다른 존재로 구별지었을 뿐만 아니라, 이후 동양에 대한 서구에 의한 간섭, 지배를 정당화시키는 이론적 토대로 역할을 하였다. 많은 연구들에서 수 세기 전에 확산된 이러한 서구 중심주의적 시각이, 중동과 관련하여 여전히 강력한 영향력을 미치고 있음이 확인된다. 예를 들어 리틀(Little, 2008)은 명칭만 동양에서 중동으로 바뀌었을 뿐, 미국 사회 내에서 오리엔탈리즘은 뿌리 깊이 착근되어 있다고 말한다. 즉, 오리엔탈리즘의 영향으로 중동에 대한 이미지가 '테러', '불안정', '폭력', '이슬람 근본주의', '여성에 대한 억압' 등으로 특정한 맥락에서 부정적으로 인식되고 있음을 지적한다. 쿨카시(Culcasi, 2010)는 동양으로서 중동이 여전히 사람들의 인식 형성에 있어 생명력이 유지되고 있으며, 이는 정치적 결정뿐만 아니라, 현실적 실천들에도 영향을 미칠 것이다.

중동에 대한 강조와, 아랍을 중동과 동일화시키는 지리적 상상은 이러한 오리엔탈리즘적 세계 지역 인식을 더욱 강화시킨다. 사실, 역사적으로 '중동'이라는 지역의 기원, 의미, 특징들은 서구, 특히 영국과 미국을 중심으로 생산된 자료에 기인한다(Culcasi, 2010; 2012). 기원과 관련하여서는 영국과 인도의 중간에 위치한 중동의 지정학정 중요성으로 인해 20세기 전후 영국에서는 '극동'이나 '근동'이라는 명칭이 사용되었다. 이후, 미국 해군의 장군이던 마한(Alfred Mahan)과 영국의 고든(Thomas Edward Gordon)에 의해 1900~1902년 처음 '중동'이라는 이름이 사용된 이후, 영국의 저널리스트 치롤(Valentine Chirol)의 『더 타임즈』 기고문 '중동에 대한 질문'을 통해, 중동이라는 상상 속의 지역이 구체적인 범위와 경계를 가진 존재로 영미 대중 사회 속으로 확산되었다. 이 과정에서, 아랍은 곧 중동이라는 담론적 수식이 정립되어 나갔다. 사실 민족이나 종교를 상징하는 '아랍'이라는 용어는 중동의 특징으로 익숙하게 다가온다. 하지만, 쿨카시(Culcasi, 2010: 591)는 다음과 같은 3가지 측면에서 아랍을 통해 중동을 본질화하는 서구의 시도가 갖는 허구성을 지적한다: (1) 역사적으로 오랜 기간 중동의 구성원으로 포함되었던 비아랍 국가들(이스라엘, 터키, 이란)의 존재; (2) 중동 지역 내 여러 국가에 산재해 있는 많은 비아랍(쿠르드, 베르베르) 민족의 인구수; (3) 동일한 아랍국이라 하더라도 역사, 로컬 실천, 방언 등의 차이로 인해 다양한 정체성이 상존. 쿨카시(Culcasi, 2010: 592)는 아랍을 중심으로 한 중동 지역의 서구화되고 범주화된 재현은, 지역 내의 광범위한 다양성–아랍 사이 혹은 다른 모든 민족이나 어족 집단 사이에 존재하는–을 무시하는 행위임을 비판한다.

3) 비교

대주제 '비교'와 하위 주제 '문제', '원시'는 중동 지역을 불평등하게 '타자화'(othering)시키는 전략과 관련된 것이다(Sidaway, 2013b). 즉, 한편으로는 영국을 중심으로 한 중동에 대한 타자화를, 다른 한편으로는 중동 내 일부 국가를 중심으로 한 나머지 지역들에 대한 타자화이다. 우선, 하부 주제 '문제'와 관련하여 저자들은 크게 2가지의 전략–교과서 배치와 부정적 이슈–을 활용한다. 전술한 바와 같이, 2014 국가지리교육과정에는 이전과는 달리, 다양한 세계 지역에 관한 지역지리 내용들–영국, 유럽과 북아메리카, 아프리카, 아시아, 러시아, 남아메리카, 중동 등–이 KS–3 과정에 새롭게 포함되어 있다(DfE, 2013). 주목할 점은, 지역지리 내용이 급증 자체를 넘어, 중 규모 이상의 세계 지역들에 대한 차별적 인식이다. 세계 지역에 대한 교육과정 문서 및 교과서의 배열순서는 이러한 인식에 대한 간접적인 표식이다. 예를 들어, 영국을 중심으로 지정학적으로 우호적인 관련성이 깊은 곳인 유럽, 북아메리카, 아프리카의 경우 전반부에 배치하고 있으며, 최근 들어 영국과 정치, 경제적 상호작용이 활발한 아시아, 그중에서도 중국이 뒤이어 부각된다. 마지막으로, 본 연구의 사례 지역인 중동의 경우, 영국과의 지리적 인접성 및 역사적 연관성에도 불구하고, 가장 마지막에 위치시킨다. 이러한 배열순서는, 영국의 지리교육과정 입안자들이 세계 지역을 인식하는 데 있어, 영국과 다른 지역 사이의 정치, 경제, 문화적 '친밀도'가 영향을 미치고 있음을 보여 준다.

지리교육과정에서 제시된 중동의 순서는 어떤 측면에서 해당 지역 인식에 있어 추상적, 선언적 성격이 강하다. 하지만, 교육과정에 대한 해석을 바탕으로 집필된 지리 교과서를 살펴보면, 현재 저자들이 중동을 얼마나 문제시하고 있는지를 쉽게 확인할 수 있다. 샘플 교과서에는 제7장의 중동 지역이 7개의 중단원으로 구성되어 있는데, 다른 장들과는 달리 2개의 단원을 최근 중동에서 발생한 분쟁 이슈의 설명에 할애한다. 예를 들어, 중단원 '7.6 중동에서 발생하는 갈등'에서는, 중동 지역에서 발생한 다양한 분쟁의 사례와 함께 분쟁의 원인–제1차 세계대전 이후 영국과 프랑스의 영향과 영토 분할, 수니파 및 시아파의 갈등, 아랍의 봄의 영향, 석유에 대한 서구 열강의 간섭, 이스라엘과 팔레스타인의 갈등 등–을 함께 제시하고 있다. 주목할 점은 중단원의 선언적 시작부분이다(Gallagher and Parish, 2015: 134): 즉, "중동은 역사적으로 오랜 기간 분쟁이 발생했고, 현재도 유효함 즉, 분쟁의 지역이다". 저자들은 중동은 곧 분쟁이라는 명제를 단원의 시작과 함께 미리 상정하고 이후 모든 기술들을 머리말에 맞추어 기술한다. 시리아의 난민 어린이나 이라크를 떠나는 난민 행렬 사진은 학생들로 하여금 중동이 본질적으로 '문제' 지역임을 더욱 강화시킨다. 더욱이, 단원의 후반부는 최근 등장한 이슬람 극단주의 단체 즉, ISIS에 대한 자세한 설명-의미, 반인륜적 테러활동 및 범죄활동, 다른 조직인 알카에다와의 비교 등-에 할애함으로써 중동에 대한 부정적 이미지를 더욱 고착화 시킨다. 여기에 덧붙여, 맞쪽 전체를 통해, 중동을 구성하는 각 국가별 분쟁 사례를 구체적으로 제시, 설명함으로써 중동에 대한 부정적 이미지에 방점을 찍고 있다.

두 번째 하위 주제인 '원시'는 중동을 바라보는 이중적 시선과 관련된다(그림 1). 한편으로는 중동을 시간적으로 무한하며 신비로운 장소로 표현하는 반면, 다른 한편으로는 정치적, 경제적으로 근대화된 일부 '핵심' 국가를 긍정적인 이미지로 묘사하면서, 미개발된 지역의 원시성과 낙후성을 부각시킨다. 전자와 관련하여, 저자들은 중동 지역을 상징하는 대표적인 텍스트를 통해 해당 지역의 독특한 지역성을 강조한다. 예를 들어, 중동을 상징하는 총 30장의 사진 중에서 11장의 사진이 다음과 같은 내용들을 담고 있다: 사막을 거닐고 있는 아랍 영양, 피라미드를 배경으로 낙타를 끌고 있는 아랍인, 광활한 스텝 초원에서 양 및 염소 떼를 몰고 있는 목동, 아랍의 전통 복장을 하고 있는 어린이들, 터키 이스탄불에 있는 거대한 블루 모스크, 군주제 등. 저자들은 정련된 사진을 통해, 중동은 기본적으로 주변에서 쉽게 볼 수 없는 이국적이면서, 동시에 시간을 초월한 정적인 모습을 간직한 곳임을 강조한다. 후자와 관련하여, 빠른 속도로 근대화된 국가들 예를 들어, 카타르, 사우디아라비아, UAE 등과 주변 지역들 간의 개발 격차에 대해 강조한다(그림 1). 이와 관련하여, 저자들은 '아라비아 반도의 공통점 찾기'라는 섹션에서 해당 지역을 설명하는 총 9장(A에서 I까지)의 일련의 사진-텍스트 세트를 제공하면서, 다음과 같은 질문을 한다: "왜 아라비아반도가 부유하게 되었는가?". 주목할 점은, 중동의 '핵심'에 위치한 7개국들과 관련하여, 오일 머니, 편리한 교통, 편안한 주거, 마천루, 건강, 선진 교육 환경 등과 같은 긍정적인 언어가 사용된 반면, 오만을 포함한 '주변'국들에 대해서는 '가난', '갈등', '부패', '낙후' 등과 같은 대조적인 텍스트를 통해 차별화를 시도하고 있다. 학생들은, 중동 지역 내 중심과 주변 지역 간의 대조적인 사진들-예를 들어 현대적인 해안 도시 대 오아시스 농업을 하고 있는 농촌, 쾌적한 교육환경에서 공부하고 있는 학생 대 당나귀를 타고 물을 옮기고 있는 소녀-사이에서 놓여 있는 두 장의 사진-사막 위의 불길을 내뿜는 유전, 오일 머니로 위상이 높아진 아랍 정상과 서구 백인 정상과의 만남-에 주목하도록 한다. 학생들은 탐구활동을 통해, 지역이 갖고 있는 천연 자원을 바탕으로 서구와의 활발한 교류는 곧, 근대화의 초석임이며, 조건을 갖추지 못한 주변 지역들은 전근대적, 낙후지로 당연시할 수도 있다.

전술한 바와 같이, 비교는 중동 지역과 타자 혹은, 중동 지역 내의 지역을 '동질성'을 가진 블록으로써 인식하도록 돕는다(Caprotti and Gao, 2014: 510). 하지만, 이러한 전략은 전체화된 지리적 상상력–전술한 문제, 원시, 낙후성–구성과 공모할 수 있다는 점에서 많은 연구자들(예를 들어, Sidaway, 2013b)로부터 비판을 받는다. 시다웨이(Sidaway, 2013b: 993)은 영국을 포함한 영미권 지리 연구에서 세계 지역의 다른 사람, 장소에 대한 지리들이 이국적, 초월적, 이례적, 비재현적 타자로 표시되는 경향이 있음을 지적한다. 그는 이러한 재현들이 근본적으로 '타자'와 '나'를 비교하는 기초로 기능하는 것을 넘어, 종국적으로는, 세계 '타자'에 대한 불공평한 판단의 계층성을 재생산한다고 말한다. 이러한 주장은 로빈슨(Robinson, 2003)의 연구에서도 제기된다: "많은 연구들에서 왜 유럽에서 아메리카 순으로, 특정 국가의 도시들을 비교의 사례로 사용하는가?". 로빈슨은 특정한

오아시스, 대수층, 혹은, 강수량이 많은 지역에서 농사를 짓는다. 사진은 토지의 집약도가 높은 예멘에서 촬영한 것이다.

100년 전 아라비아 반도는 가난했다. 석유가 발견되었고, 7개국 모두 유전을 갖고 있다(일부는 다른 국가보다 매장량이 많다).

석유로 인해 국가들은 부유하게 되었다. 평균적으로 카타르인은 세계에서 가장 부유하다(카타르는 막대한 석유 매장지를 갖고 있다).

오일 머니로 인해 반도의 국가들은 급속하게 발전할 수 있게 되었다. 교통, 주거, 의료, 교육–모든 부문이 향상되었다.

석유로 인해 국제사회에서 이들의 지위는 높아졌다. 해외 많은 나라들이 석유의 안정적인 확보를 위해 이들과 친분을 쌓으려 한다.

하지만, 예멘은 예외이다. 이 나라는 가난하다. 그리고 석유가 적다. 예멘 사람들은 수년간 분쟁과 정부 부패로 고통을 받고 있다.

그림 1. 아라비아반도의 공통점 찾기

출처: Gallagher and Parsh, 2015: 133

지역이나 장소가 '비교'의 대상이 된다는 것은 곧, 세계 '타자들'에 대한 희생에 근거한 것임을 강조한다.

물론, 샘플 교과서의 저자들이 중동 지역에 관한 모든 지리들을 하나의 동일한 특징들로 통합하고 있는 것은 아니다. 예를 들어, 저자들은 '아랍의 봄' 이슈−2010년에 튀니지에서 시작되어 중동 여러 국가들의 사회 변화를 촉발시킨 운동−에 대한 의미, 역사적 시점을 소개하면서, 현재 일부 지역에서 근대화를 위해 진행 중인 긍정적 영향들에 대해 관심을 환기시킨다. 하지만, 이러한 설명 역시 전술한 비교의 부작용에 대한 필자의 비판−'타자'에 대한 소외−에서 벗어나지 못하고 있어 보인다. 즉, 저자들은 '민주화'라는 서구의 정치적 기준을 중심으로 사례 지역이 전근대적인 군주제, 독제정치에서 벗어나 민주화가 진행되고 있음을 소개하고 있지만, 실제 아랍의 봄 운동은 단순히 민주화라는 인식의 틀을 넘어, "글로컬리즘, 계층, 민족, 사회경제적 상태 등"과 관련된 요인들이 복합적으로 작용하여 발생한 사건이다(Caprotti and Gao, 2012: 511). 비록, 아랍의 봄 이슈를 통해, 저자들은 중동은 곧 변화에 대해 비탄력적인, 부동적 '타자'라는 이미지를 재고할 수 있는 기회를 제공하고 있지만, 여전히 정치의 '선진국'은 영국이라는 관점에 천착한 지역 계층화를 통해 해당 지역에 대한 다층적인 이해−이데올로기, 문화, 권력, 경제−의 기회를 제거하고 있다.

요컨대, 2014 영국 국가지리교육과정에 따른 샘플 텍스트는 명목적으로는 학생들이 살아갈 세계의 맥락성과 복잡성 즉, 다중 스케일로 상호 연결된 세계에 대한 깊이 있는 이해를 지원하는 것을 목적으로 하고 있다(DfE, 2013). 하지만, 학습 내용으로 새롭게 추가된 세계 지역−중동−에 대한 특별한 접근 전략−경계, 중심, 비교−으로 인해, 세계 지역은 하나의 동질성을 지닌 전체화된 실체가 되고 있을 뿐만 아니라, 개별 주제별로 분절적, 고정된 이미지로 '타자화'되고 있었다. 비록 스케일의 변화, 지리와 역사의 통합 및 지역 내 다양한 '타자'의 존재를 일부 소개하고자 시도하였지만, 여전히, 세 가지 전략에 의해 역사적, 윤리적, 정치적으로 지역 세계에 대한 깊이 있는 경청, 대화로 이어지지 못했다. 이러한 한계는 한국의 지리교육과정 및 지리교과서 지역 연구에서도 유사한 것으로 보고된다(김갑철, 2016, 2017; 김민성, 2013, 조철기, 2013, Hong, 2013 참조). 그렇다면, 이 분석 결과가 미래 지역지리교육을 위해 어떤 시사점을 제공할 수 있을까? 다음 장에서는, 본 연구의 이론적 틀로 재개념화한 '약한 지역지리교육과정', 지역지리교육에 대한 선행연구, 본 연구의 분석 결과를 종합하여, 대안적 지역 교육을 위한 방안에 대해 논의한다.

4. 지역지리교육 새롭게 보기

이 장에서는 크게 '지역지리 교육의 목적', '지역지리 내용' 및 '지역지리 교수학습 방법' 측면에서 새로운 지역지리교육의 구체적인 방향에 대해 논의한다. 우선, 지리 교육의 목적과 관련하여, 새로운 지역지리교육은 '관계' 및 '책임'을 강조하는 교육에 대해 더욱 주목할 필요가 있다. 앞서, '약한' 지역지리 교육의 관점은 학생들이 살고 있고, 살아 갈 세계 지역과 관계를 맺고, 동시에 그러한 세계 지역에 대한 책임을 강조한다고 말했다. 사실, 이러한 관점-지리라는 학문(교과)이 갖는 세계에 대한 책임-은 지리학자, 지리교육학자들에 의해 최근 꾸준히 제기되어 오고 있다(Massey, 2014; Sidaway, 2013b; Winter, 2018 참조). 이러한 관점은 전통적인 지리 교육이 갖고 있는 맹점-교육의 정치화로 인해 제공되고 있는 특정한 관점의 '일반화'된 지식이 세계와 학생들을 단절시킬 가능성-에 대한 비판적 성찰을 다룬다. 본 연구에서 분석한 영국의 국가지리교육과정은 규범적인 측면에서, 다양한 세계 지역을 다룸으로써 상호 연결된 현실 세계에 대한 깊이 있는 이해를 제공하고자 한다. 하지만 분석 결과, 지역에 대한 '타자화'를 통해 타자에 대한 왜곡된 상상, 나아가 그들에 대한 공감과 책임 있는 행동으로까지 확장되지 않는다. 더욱이, 지리학 및 지리교육학자들이 문제점으로 제기하는 전통적 (지역)지리의 인식 틀과 매우 '강하게' 결합되어 있어, 인지적 측면에 한정하더라도, 여전히 지역에 대한 제한적인-서구화된-이해에 머무르고 있다. 거시적인 측면인 지역지리교육의 방향성과 관련하여, 기존의 인지적 측면을 넘어 세계 내 존재자로서 학생들이 지역과 어떻게 관계를 맺을 것이며, 이러한 관계를 바탕으로 학생들이 함께할 세계 지역에 대해 어떠한 책임을 다할 것인가에 대해 성찰할 수 있는 지역지리의 목적 및 하위 목표 설정이 필요해 보인다.

둘째, 교육과정 내용과 관련하여, 새로운 지역지리교육은 실존하는 세계의 복잡성, 다양성, 그리고 실재 차이들을 공평하게 다룰 수 있는 공간으로 구성될 필요가 있다. '약한' 교육 관점에서 강조하는 참여와 책임의 지역 교육은 기본적으로 세계의 다양한 '타자'와 대면할 수 있는 공간을 전제로 한다. 이러한 공간은 우리가 참여할 세계 지역이 실제로 우리가 아는 방식을 넘어 다양한 분기들이 존재할 수 있다는 것을 인식하고 경험할 수 있는 기회를 제공하는 곳이다(Biesta, 2013). 분석한 영국국가교육과정 및 지리교과서는 세계 지역에 대한 선형화되고, 단방향적인 재현을 통해, 다양한 서구 언론을 통해 만들어진 정형화된 지역성을 그대로 재생산하고 있었다. 즉, 서구 중심의 전통적인 지역 인식론과 '강한' 연결 고리를 여전히 유지함으로써, 세계 지역에 대해 정치적,

윤리적, 역사적인 측면에서 깊이 있게 성찰할 수 있는 기회가 근본적으로 제공되지 않고 있다. 어떻게 보면, 교육과정 내 세계 지역의 '타자화' 현상은, 최근 영국 사회 전반에 걸쳐 확산되고 있는 '국가주의'와도 무관해 보이지 않는다(Winter, 2018 참조). 하지만, 이러한 교육과정의 정치학(Ball, 1994)을 넘어, 보다 바람직한 지역지리교육을 위하여, 최근 지역지리학자들이 제안하는 연구방법론은 학교 지역지리교육과정의 내용구성에서도 참고할만하다. 예를 들어, 머피와 오로린(Murphy and O'Loughlin, 2009)은 다면적인 지역 이해 방식을 제안한다. 즉, 지역에 대한 깊이 있는 이해를 위해, 전통적인 기술방식이 아니라, 하나의 지역에 대한 종(로컬스케일에서 글로벌 스케일까지)과 횡(사회적 측면부터 경제적 측면까지)을 모두 고려한 제대로 된 '설명'을 할 수 있어야 한다고 말한다. 시다웨이(Sidaway, 2013b)은 맥락화, 탈중심화, 다면화 측면의 지역인식을 강조한다. 즉, 기존에 강조하는 고정화된 특징들의 집합으로써 지역이 아니라, 디아스포라 및 풀뿌리 세계화 등 경험적인 근거에 주목하고, 하나의 지역에 대한 다중적 접근을 강조한다. 이 방식들은 실제 세계 지역의 다양한 맥락을 깊이 있게 경청하고, 자신이 갖고 있는 왜곡된 지리적 상상력에 대해 비판적 성찰의 중요성을 강조한다는 점에서 새로운 지역지리 교육과정의 내용 구성에 있어 중요한 시사점을 제공한다.

셋째, 교수학습 방법 측면과 관련하여, 새로운 지역지리 교육은 전통 지역지리의 해체를 통해 학생들에게 비판적인 자기 성찰 및 자기 성장의 기회를 제공할 수 있어야 한다. 전술한 바와 같이, 약한 교육에서 강조하는 교수학습 내용은 지역에 대한 다양한 '타자'들이 공평하게 공존할 수 있는 민주적 공간이었다. 이러한 공간은 단순히 최근의 지역지리학 성과를 학교 지역지리교육과정에 도입하는 것을 의미하는 것이 아니다. 또한, 기존의 전통적인 지역지리 지식, 개념을 배제시키는 것은 더욱 아니다. 오히려, 기존의 전통적인 지역지리 인식의 틀을 보다 정의롭고 공정한 지역지리교육을 위한 중요한 출발점으로써 재인식할 필요가 있다. 즉, 기존의 전통적인 지역지리 내용이 갖고 있는 '균열'들을 학생들의 다양한 활동을 통해 직접 해체함으로써 실존하는 다양한 '타자'와 그들의 차이들이 교육과정 활동 속으로 들어올 수 있도록 지원할 필요가 있다는 의미이다. 이 활동은 그 자체로써 산토스(Santos, 2015)가 말한 '인식론적 정의'를 실현하는 방법이며, 나아가 진정한 세계 지역과 제대로 된 관계 맺기, 참여, 그리고 책임을 다할 수 있는 기초가 될 것이다.

5. 마치며

지금까지 필자는 대안적인 지역지리교육과정에 대한 이론적 재개념화를 바탕으로 한국의 지리교육과정 개발 시 자주 언급되는 영국의 국가지리교육과정 문서를 사례로 분석하였다. 그 결과, 한국적 맥락에서 진행될 필요가 있는 연구 관심들, 예를 들어 지역지리교육과정 개발과 관련된 이해 당사자들의 인식과 경험, 교실 현장에서 수행되고 있는 지역 교육 및 지역사회와 지역지리교육과의 관계 등에 대해 주목하지 못한 한계가 있다. 또한, 질적 분석의 특성상, 제한된 샘플(한 종류의 지리교과서 및 중동 지역 단원)을 분석하였다. 그 결과, 2014 영국 국가지리교육과정 및 개정 지리교과서 내 지역 서술과 관련하여 성급한 일반화와 같은 잘못된 메시지를 전달하는 것은 아닌지 우려된다. 그럼에도 불구하고, 샘플 텍스트에 재현된 지역 서술 방식은 '약한' 지역지리교육이 지향하는 가치와 방향성 측면에서 충분히 현재를 성찰할 촉매가 될 수 있다.

최근 전 세계적으로 확산되고 있는 다양한 교육적 가치들–미래 교육, 세계 시민교육, 정의 교육 등–은 학교 지리교육의 의미 및 방향성에 대해 다양한 논의들을 촉발시키고 있다. 이러한 논의들에 대해, 어떤 측면에서 보면 지리교육 및 지리학, 특히 인문지리학의 한 하위 연구 분야로 축소하여 소극적으로 대응할 수 있겠다. 하지만, 다른 한 편으로는 미래 학교교육이 지향하는 시대적 가치를 지원할 수 있는 중요한 교과라는 큰 틀 속에서 학교 지리를 재 정치시키고 적극적으로 대응할 수도 있다. 본 연구에서 제안한 '약한 지역 교육'의 핵심 가치는 지금까지 수행해 온 '강한' 지역 교육의 균열을 통해, 지금까지 간과되어 왔던 지리 교육의 진정한 의미를 찾는 데 있다. 국가지리교육과정의 개정 속에서 제기되는 지리교육의 위기론 앞에서, 필자가 논한 '약한' 교육 관점은 역설적이게도 지속가능한 '강한' 지리교육을 위해 고려해 볼 가치가 아닐까?

• 요약 및 핵심어

요약: 본 연구의 목적은 최근 개정된 영국 국가지리교육과정 및 개정 교과서의 지역지리 내용을 비판적으로 분석하고, 향후 우리나라의 미래 지역지리 교육과정 개발에 주는 시사점을 도출하는 데 있다. 이를 위해, 교육 철학, 지역지리학, 교육과정 내 최근 연구를 바탕으로 '약한 지역지리교육'을 세계 내 실존적 존재인 학생들이 세계 지역과 관계를 맺고, 세계 지역에 대한 책임에 주목하게 할 새로운 미래교육의 틀로 재개념화한다. 이론적 관점에 따라 개정 교육과정의 '중동' 지역 관련 텍스트를 샘플로 분석한 결과, '경계', '중심', '비교'와 같은 전략을 통해, 세계 지역을 하나의 동질성을 지닌 전체화된 실체로 재현하고 있으며, 개별 주제별로는 상호 분절, 고정된 이미지로 '타자화'시키고 있었다. 연구결과를 바탕으로, 세계 지역에 대한 참여

와 책임을 지원하는 미래 지역지리 교육을 위한 두 가지 시사점을 제안한다. 첫째, 교수학습내용 측면에서 지역의 복잡, 다양한 차이를 공평하고 정의롭게 다루어야 한다. 둘째, 교수학습방법 측면에서 전통적 지역지리의 균열 사이에 새로운 타자들의 도래를 민주적으로 허용할 해체적 전략이 필요하다.

핵심어: 지역지리 교육(region geography education), 중동(Middle East), 약한 교육(weak education), 책임(responsibility), 민주적 공간(democratic space)

• 더 읽을거리

권정화, 1997, 지역지리 교육의 내용 구성과 학습 이론의 조응, 대한지리학회지, 32(4), 511–520.

박배균 · 김동완, 2013, 국가와 지역: 다중스케일 관점에서 본 한국의 지역, 알트.

Santos, B., 2015, Epistemologies of the South: Justice against epistemicide, Oxon: Routledge.

참고문헌

김갑철, 2017, 세계지리 교과서의 '이주' 다시 읽기: 정의로운 글로벌 시민성을 향하여, 한국지리환경교육학회지, 25(3), 123–138.

김갑철, 2019, 영국 지리교육과정에 재현된 지역 서술의 특징과 시사점, 한국지역지리학회지, 25(1).

김민성, 2013, 비판적 세계시민성을 통한 지리 교과서 재구성 전략, 사회과교육, 52(2), 59–72.

조철기, 2013, 글로벌 시민성교육과 지리교육의 관계, 한국지역지리학회지, 19(1), 162–180.

조철기 · 이종호, 2017, 세계화 시대의 세계지리 교육, 어떻게 할 것인가?, 한국지역지리학회지, 23(4), 665–678.

국립국어원 표준국어대사전(http://stdweb2.korean.go.kr/main.jsp).

Amin, A., 2002, Spatialities of globalisation, *Environment and planning A: Economy and Space*, 34(3), 385-399.

Apple, M., 1996, *Cultural politics and education*, Buckingham: Open University Press.

Ball, S., 1994, *Education reform: A critical and post-structural approach*, Buckingham: Open University Press

Biesta, G., 1995, Postmodernism and the repoliticization of education. *Interchange*, 26(2), 161-183.

Biesta, G., 2010, A new logic of emancipation: the methodology of Jacques Rancière, *Educational Theory*, 60(1), 39-59.

Biesta, G., 2013, *The beautiful risk of education*, Boulder: Paradigm Publishers.

Caprotti, F., and Gao, E., X., 2012, Static imaginations and the possibilities of radical change: reflecting on the Arab Spring, *Area*, 44(4), 510-512.

Carr, W., 1995, *For Education,* Buckingham: Open University Press.

Culcasi, K., 2010, Constructing and naturalizing the Middle East, *Geographical Review*, 100(4), 583-597.

Davison, R. H., 1960, Where is the Middle East, *Foreign Affairs*, 38(4), 665-675.

Department for Education, 2013, *Geography programmes of study: key stage 3,* London: Department for Education.

Gallagher, R., and Parish, R., 2015, *geog.3* (4th ed.), Oxford: Oxford University Press.

Gilbert, A., 1988, The new regional geography in English and French-speaking countries, *Progress in Human Geography*, 12(2), 208-228.

Gregory, D., 2009, Regional geography (5th ed.), In D. Gregory, R. Johnston, G. Pratt, M. Watts and S. Whatmore (Eds.), *The Dictionary of Human Geography*, 632-636, Chichester: Wiley-Blackwell.

Haggett, P., Cliff, A. D., and Frey, A., 1977, *Locational analysis in human geography*, London: Edward Arnold.

Harrison, J., 2015, Introduction: New Horizons in Regional Studies, *Regional Studies*, 49(1), 1-4.

Hong, W.-P., and Halvorsen, A.-L., 2013, Teaching the USA in South Korean secondary classrooms: the curriculum of 'the superior other', *Journal of Curriculum Studies*, 46(2), 249-275.

Keddie, N. R., 1973, Is There a Middle East?, *International Journal of Middle East Studies*, 4(3), 255-271.

Koch, N., 2016, Is a "critical" area studies possible?, *Environment and Planning D: Society and Space*, 34(5), 807-814.

Lambert, D, and Morgan, J., 2010, *Teaching geography 11-18 a conceptual approach*, Maidenhead: Open University Press.

Lewis, M. W., and Wigen, K. E., 1997, *The myth of continents: A critique of metageography*, Berkeley: University of California Press.

Little, D., 2008, *American orientalism: the United States and the Middle East since 1945*, Chapel Hill: University of North Carolina Press.

Livingstone, D., 1993, *The geographical tradition: episodes in the history of a contested enterprise*, Oxford: Wiley-Blackwell.

Massey, D., 2014, Taking on the world, *Geography*, 99(1), 36-39.

Meirieu, P., 2008, Le maître, serviteur public»: Sur quoi fonder l'autorité des enseignants dans nos sociétés démocratiques. *Conférénce donnée dans le cadre de l'École d'été de Rosa Sensat, Université de Barcelone, juillet 2008.*

Murphy, A. B., and O'Loughlin, J., 2009, New Horizons for Regional Geography, *Eurasian Geography and Economics*, 50(3), 241-251.

Paasi, A., 1986, The institutionalization of regions: a theoretical framework for understanding the emergence of regions and the constitution of regional identity, *Fennia*, 164(1), 105-146.

Paasi, A., 2002, Place and region: regional worlds and words, *Progress in Human Geography*, 26(6), 802-811.

Peck, J., 2015, Cities beyond compare?, *Regional Studies*, 49(1), 160-182.

Robinson, J., 2003, Postcolonialising geography: tactics and pitfalls, *Singapore Journal of Tropical Geography*, 24(3), 273-289.

Säfström, C. A., 1999, On the Way to a Postmodern Curriculum Theory-Moving from the Question of Unity to the Question of Difference, *Studies in Philosophy and Education*, 18(4), 221-233.

Said, E., 1978, *Orientalism*, New York: Vintage Books.

Said, E., 1980, Islam through Western eyes, *The Nation*, 26(April), 1-9.

Santos, B., 2015, *Epistemologies of the South: Justice against epistemicide*, Oxon: Routledge.

Sidaway, J. D., 2013a. Advancing what kind of geographical understanding for whom?, *Dialogues in Human Geography*, 3(2), 167-169.

Sidaway, J. D., 2013b, Geography, globalization, and the problematic of area studies, *Annals of the Association of American Geographers*, 103(4), 984-1002.

Smith, C. G., 1968, The Emergence of the Middle East, *Journal of Contemporary History*, 3(3), 3-17.

Soja, E. W., 1985, Regions in context: spatiality, periodicity, and the historical geography of the regional question, *Environment and Planning D: Society and Space*, 3(2), 175-190.

Thrift, N., 1991, For a new regional geography 2, *Progress in Human Geography*, 15(4), 456-466.

Thrift, N., 1994, Taking aim at the heart of the region, In D. Gregory, R. Martin & G. Smith (Eds.), *Human Geography: Society, Space, and Social Science,* 200-231, Minneapolis: University of Minnesota Press.

Tyler, R., 1949, *Basic Piniples of Curriculum and Instruction*, Chicago: The University of Chicago Press.

Winter, C., 2011, Curriculum knowledge and justice: content, competency and concept, *The Curriculum Journal*, 22(3), 337-364.

Winter, C., 2017, Curriculum policy reform in an era of technical accountability: 'fixing'curriculum, teachers and students in English schools, *Journal of Curriculum Studies*, 49(1), 55-74.

Winter, C., 2018, Disrupting colonial discourses in the geography curriculum during the introduction of British Values policy in schools, *Journal of Curriculum Studies*, 50(4), 456-475.

22. 오스트레일리아 지리교육과정과 지역지리의 위치[1]

조철기(경북대학교)·김현미(한국교육과정평가원)

1. 들어가며

한 국가의 교육과정은 그 나라의 교육의 방향을 보여 주는 나침반과 같은 역할을 한다. 최근 선진국 교육과정에서 핵심 키워드는 '핵심역량'과 '핵심개념'이라고 할 수 있다. 이를 반영하듯 우리나라는 2009 개정 교육과정부터 핵심역량에 대한 관심을 표명하였고, 현행 2015 개정 교육과정은 본격적으로 핵심역량을 총론뿐만 아니라 각론 차원에서도 명확하게 제시하고 있으며, 각 교과에서는 핵심개념을 제시하고 있다. 이러한 핵심역량 및 핵심개념에 대한 강조는 지리교육과정의 내용 구성에 직접적인 영향을 미쳤다고 단언할 수는 없지만, 그 영향은 매우 크다고 할 수 있다. 2009 개정 교육과정 이후 중등학교 지리교육과정의 내용구성은 계통적 접근 또는 주제적 접근이 주류를 이루면서, 전통적인 지역지리의 흔적을 찾아볼 수 없게 되었다. 중학교뿐만 아니라 고등학교 세계지리 역시 지역적 방식에서 계통적 방식으로 일대 전환을 했다. 지역지리의 흔적은 고등학교 한국지리의 한 단원만 남아, 그 명맥을 겨우 유지해 오고 있는 실정이다.

시계를 과거로 돌려보면, 1950년대 이후 신지리학의 출현은 학문의 방향을 지역지리 중심에서 계통지리 중심으로 급격하게 변화시켰다. 비단 이러한 현상은 지리학의 문제가 아니라 지리교육

1 이 글은 조철기·김현미(2018)를 수정·보완한 것임

으로도 급속하게 전파되었다. 1960년대 이후 지리교육에서 실증주의에 의한 신지리학적 지식과 개념을 적극 수용하면서 지리교육과정은 전통적인 지역적 방식과 새롭게 출현한 계통적 접근 사이에서 경합이 나타나기 시작했다. 그러한 경합 과정에서 우위를 차지하던 지역적 방식을 계통적 접근에 점차 자리를 내주기 시작했다. 이제 지역지리는 지리학 및 지리교육의 유산으로만 남아야 할 상황으로 치닫고 있는 실정이다.

이러한 상황 속에서 지리학에서는 신지역지리학을 통해서 지역지리를 복원하는 데 관심을 기울였고(Sayer, 1989; Gilbert, 1988), 우리나라 2015 개정 지리교육과정에서 세계지리는 다시 지역지리를 복원하는 데 노력을 기울여, 전통적인 지역지리의 방식에서 벗어나 빅아이디어를 결합하는 방식으로 그 활로를 찾고 있다. 지리학과 지리교육에서 지역을 버리는 순간 다른 인문학 및 사회과학과의 차별화는 불가능할지 모른다. 계통적 접근으로 주제나 핵심개념 아래 꼭꼭 숨겨온 지역을 다시 불러내는 것은 요원한 것일까?

이 연구에서는 현재와 같은 핵심역량 및 핵심개념이 강조되는 상황 속에서 지리교육과정에서 어떻게 지역지리를 복원시킬 수 있을지 그 가능성을 찾아보고자 한다. 그리하여 핵심역량에 기반한 오스트레일리아 초등학교와 중학교 지리교육과정을 대상으로 내용구성이 어떻게 이루어지고 있으며, 지역적 방법은 어떤 방식으로 이루어지고 있는지를 검토해 보고자 한다.

2. 오스트레일리아 국가교육과정에서 지리의 위치

오스트레일리아는 전통적으로 6개의 주별(뉴사우스웨일스, 빅토리아, 퀸즐랜드, 사우스오스트레일리아, 웨스턴오스트레일리아, 태즈메이니아) 교육과정 체제를 유지하면서, 각 지역 내에서도 학교마다 서로 다른 교육과정을 자율적으로 개발 및 운영해 왔다. 그러나 전 세계적으로 신자유주의가 창궐하기 시작한 1980년대 후반 이후 국가 수준의 교육과정을 만들려는 움직임이 나타나기 시작했으며, 그동안 여러 논의를 통해 2010년대에 들어 본격적으로 국가 수준 교육과정 개발 작업에 착수하게 되었다(김현미, 2014b, 34-35).

오스트레일리아 교육과정(the Australian Curriculum)은 우리나라 한국교육과정평가원에 해당하는 기관인 ACARA(The Australian Curriculum, Assessment and Reporting Authority)가 초·중등 교육과정 개발과 개정 작업을 해 오고 있다. 오스트레일리아 국가교육과정의 경우 동시 개발이 아니라 교과별로 시간차를 두고 개발되며, 심지어 동일 교과도 학년군별로 달리 개발된다(김현미, 2014a; 2014b). 지리의 경우 2009년 9월에 개발을 착수하여 2013년 5월까지 진행되었다. 지리 교육과정이 개발에서부터 고시되기까지 약 4년이 소요되었으며, 이후 부분적인 개정이 이루어져 왔다.

오스트레일리아 국가교육과정에서 지리는 유치원에서 중학교 10학년까지 '인문학 및 사회과학(HASS, Humanities and Social Science)'의 한 영역으로 존재한다.[2] 그러나 고등학교에 들어오면 이러한 영역은 무의미해지며, 지리를 비롯한 각 교과는 독립적인 위치를 차지한다. 오스트레일리아 국가교육과정의 인문학 및 사회과학 영역은 5개 교과로 이루어져 있다. F–6/7 인문학 및 사회과학, 7–10학년 역사, 지리, 공민 및 시민성, 경제 및 경영이 그것이다. 모든 5개의 교과에서, 교육과정은 '지식과 이해'와 '탐구와 기능'이라는 두 개의 폭넓은 상호관련된 스트랜드로 조직되어 있다(ACARA, 2013a, b). 여기서 유의해야 할 것은 인문학과 사회과학이 사회과 교과를 포괄하는 하나의 영역인 동시에, 초등학교 단계에서는 하나의 교과라는 점이다.

초등학교에 해당하는 F–6/7학년 인문학 및 사회과학 교과목에서 역사, 지리, 공민 및 시민성, 경제 및 경영은 지식과 이해 스트랜드의 하위 스트랜드로 제시된다(ACARA, 2013a). 이들 학년에서 학생들은 기초학년(Foundation)부터 역사와 지리를, 3학년부터 공민 및 시민성을, 5학년부터 경제와 경영을 접하게 된다. 즉, F–2학년에는 지리와 역사, 3–4학년에는 지리, 역사, 공민 및 시민성, 5–6/7학년에는 지리, 역사, 공민 및 시민성, 경제 및 경영 영역으로 구성되어 있다. 중학교에 해당하는 7~10학년 인문학 및 사회과학 교육과정은 교과별로 구성된다. 그리고 7학년과 8학년에 해당하는 교육과정은 학교에서 반드시 이수해야 하지만, 9학년과 10학년 때는 학교 당국이나 개별 학교에서 지리, 공민 및 시민성, 경제 및 경영에 대한 학생들의 접근을 결정한다(ACARA, 2013a)(표 1).

인문학 및 사회과학 교육과정은 '지식과 이해 스트랜드'와 '탐구와 기능 스트랜드'라는 두 개의

---

2 인문학 및 사회과학(HASS)은 사회적, 문화적, 환경적, 경제적, 정치적 맥락에서 인간 행동과 상호작용에 대해 학습을 목적으로 한다. 인문학 및 사회과학은 개인적인 맥락에서 글로벌 맥락에 이르는 역사적이고 현대적인 사건에 초점을 두며, 미래를 위한 도전을 고려한다. 학생들은 인문학 및 사회과학을 공부함으로써 질문을 제기하고, 비판적으로 생각하며, 문제를 해결하고, 효과적으로 의사소통하며, 의사결정을 내리고, 변화에 적응할 수 있는 능력을 발달시킬 수 있다. 학생들은 쟁점에 대해 생각하고 대응하기 위해서는 관련된 주요 역사적, 지리적, 정치적, 경제적, 사회적 요소를 이해하고 이러한 다양한 요소들이 어떻게 상호연관되는지 이해해야 한다. 이상과 같이 인문학 및 사회과학은 우리가 살고 있는 세계에 대한 폭넓은 이해를 비롯하여, 사람들이 21세기에 필요한 고차 기능을 가진 능동적이고 현명한 시민(active and informed citizens)으로 어떻게 참여할 수 있는지에 대한 폭넓은 이해를 제공한다(ACARA, 2013a, b).

표 1. F-10학년 교육과정에서 인문학 및 사회과학

<table>
<tr><th></th><th>F-2학년</th><th>3-4학년</th><th>5-6/7학년</th><th>7-10학년</th></tr>
<tr><td>역사</td><td rowspan="2">인문학과 사회과학</td><td rowspan="3">인문학과 사회과학</td><td rowspan="4">인문학과 사회과학</td><td>역사</td></tr>
<tr><td>지리</td><td>지리</td></tr>
<tr><td>공민 및 시민성</td><td>–</td><td>공민 및 시민성</td></tr>
<tr><td>경제 및 경영</td><td>–</td><td>–</td><td>경제 및 경영</td></tr>
</table>

출처: ACARA, 2013a, b

표 2. 인문학 및 사회과학의 학문적 사고의 개념

하위 스트랜드	학문적 사고의 개념
역사	사료, 연속성과 변화, 원인과 결과, 중요성, 관점, 공감과 경합성(역사적 사고력을 발달시키기 위한 개념들 참조)
지리	장소, 공간, 환경, 상호연결, 지속가능성과 변화, 이러한 이해를 로컬에서 글로벌에 이르는 스케일과 일련의 위치에서의 다양한 장소와 환경에 적용하기(지리적 사고를 발달시키기 위한 개념들 참조)
공민 및 시민성	정부와 민주주의, 법과 시민, 시민성, 다양성과 정체성
경제 및 경영	자원 할당과 선택하기, 기업 환경, 소비자와 금융 문해력

출처: ACARA, 2013a, b

상호관련된 스트랜드로 조직되어 있다. 이와 더불어 인문학 및 사회과학 교육과정은 학년별 성취기준(성취기준 해설에 해당하는 elaboration 포함), 핵심질문, 성취수준을 제시하고 있다. 이 연구는 오스트레일리아 인문학 및 사회과학 교육과정의 내용구성 방식에 초점을 두고 있기 때문에, '지식과 이해 스트랜드'를 중심으로 학년별 성취기준, 핵심질문을 중심으로 살펴본다.

지식과 이해 스트랜드에서는 '학문적 사고의 개념(concepts of disciplinary thinking)'과 '학제적 사고의 개념(concepts of interdisciplinary thinking)'을 제시하고 있다. 먼저, 인문학 및 사회과학의 4개의 하위 스트랜드(역사, 지리, 공민과 시민성, 경제와 경영)은 각각 학문적 사고의 개념들 방식을 가지고 있다(표 2). 지리의 학문적 사고의 개념은 장소, 공간, 환경, 상호연결, 지속가능성과 변화, 스케일이다.

다음으로, 오스트레일리아 국가교육과정은 이러한 학문적 사고의 개념을 끌어와서, 인문학과 사회과학 이해를 떠받치는 7개의 학제적 사고의 개념을 제시하고 있다. 그것은 중요성, 연속성과 변화, 원인과 결과, 장소와 공간, 상호연결, 역할 · 권리 · 책임성, 관점과 행동이다. 이들 개념들 중 일부 개념들은 단지 하나의 하위 스트랜드와 관련되지만, 많은 개념들은 하나의 하위 스트랜드 이상에 적용된다. 예를 들면, 상호연결은 지리의 상호연결에서 끌어왔지만, 또한 공민 및 시민성의 사회체계 및 구조와 관련되며, 경제 및 경영의 자원 체계와 관련된다. 유사하게, 중요성은 역사에서 끌어왔지만, 지리, 공민 및 시민성, 경제 및 경영에 적용할 수 있다. 이들 개념들은 또한 상호 관련된다. 예를 들면, 관점과 별개로 중요성을 고찰하기는 어려우며, 변화와 별개로 원인과 결과를 고찰하기는 어렵다(ACARA, 2013a, b).

3. F-6학년 인문학 및 사회과학(HASS)의 내용 구성 방식

인문학 및 사회과학 교육과정은 학년별 성취기준, 학년별 내용(탐구 및 기능, 지식과 이해), 학년별 성취수준로 구성되어 있다. 여기서는 학년별 내용을 중심으로 내용구성의 특징을 살펴보고자 한다. 학년별 내용은 4개의 하위 스트랜드 공통적으로 적용되는 탐구 및 기능 스트랜드와, 4개의 하위 스트랜드 각각에 대해 진술하고 있는 지식 및 이해 스트랜드로 구분되는데, 여기서 분석 대상이 되는 것은 지리 스트랜드의 지식 및 이해 스트랜드이다. 지식 및 이해 스트랜드는 '이해도 증진을 위한 개념들', '탐구 질문', '성취기준'으로 구성되어 있는데, 표 3은 그중 성취기준만을 추출한 것이다. 표 3을 통해 볼 때, F-6/7학년의 내용 구성은 학년별로 지역지리와 계통지리가 혼재해 되어 있는데, 기본적인 내용구성 원칙은 지평확대법을 따르고 있다. 이를 좀 더 구체적으로 살펴보면 다음과 같다.

1) F-1학년: 나의 개인적 세계, 로컬에 대한 학습

F(기초과정, Foundation)는 학생들의 자신의 주변의 개인적 세계(personal world)에 대한 탐색에 초점을 둔다. '장소는 어떤 모습인지, 장소를 특별하게 만드는 것은 무엇인지, 우리는 우리가 사는 곳을 어떻게 돌볼 수 있을지'에 대한 질문을 통해 자신이 살고 있는 장소와 나와의 관계를 탐색한다. 이를 통해, 학생들은 장소, 공간, 환경에 대해 이해하는 방법, 그들이 살고 있는 소속된 장소를 탐구하고, 그 장소의 특징을 관찰하고 기술하는 법을 배우며, 왜 그것이 그들에게 중요한지를 배운다. 또한 자신의 특별한 장소, 장소에 대한 그들의 느낌, 장소를 특별하게 만드는 것, 그리고 그들이 어떻게 장소를 돌볼 수 있는지를 탐구한다. 그리고 학생들은 그들의 장소가 원주민 또는 토레스 해협 섬 주민들의 장소이기도 하다는 것을 알게 된다. 어떤 장소가 어디에 위치할 수 있는지

표 3. F-6/7 인문학 및 사회과학(HASS) 지리 스트랜드의 '지식 및 이해 스트랜드'의 성취기준

F	1	2	3
로컬		국가-글로벌	
• **장소**의 위치와 특징을 간단한 지도와 모형에 표현 • **사람들이 거주하고 소속된 장소, 장소의 친숙한 특징과 장소**가 사람들에게 중요한 이유 • 학교가 위치한 원주민 또는 토레스 해협 섬 주민의 국가/장소, 원주민 및 토레스 해협 섬 주민들에게 **국가/장소**가 중요한 이유 • 어떤 **장소**가 사람들에게 특별한 이유와, 장소를 돌볼 수 있는 방법	• **장소**의 자연적 특징, 장소의 인문적(관리되고 구축된) 특징, 장소의 위치, 장소는 어떻게 변화하며, 장소는 어떻게 관리될 수 있는가 • **장소**의 날씨와 계절, 그리고 원주민과 토레스 해협 섬 주민들을 비롯한 다른 문화 집단이 장소와 날씨를 묘사하는 방식 • **로컬 장소**에서의 활동과 **로컬 장소의 위치**에 대한 이유	• 세계가 지리적 구분으로 표현되는 방식과 이러한 **지리적 구분과 관련한 오스트레일리아**의 위치 • 장소는 사람들에 의해 명명된 지표면의 일부이며, **장소가 다양한 스케일**로 정의될 수 있는 방법에 대한 아이디어 • **원주민과 토레스 해협 섬 주민들이 특정 국가/장소에** 특별한 연계를 유지하는 방법 • **오스트레일리아의 사람들과 오스트레일리아의 다른 장소 및 전 세계의 사람들과의 연결** • 사람들이 **장소**를 방문하는 빈도에 대한 목적, 거리 및 접근성의 영향	• **오스트레일리아**를 자연과 인문적 측면에서 **주와 준주, 원주민 및 토레스 해협 주민들의 국가/장소, 그리고 오스트레일리아의 주요 장소들**로서 표현 • **오스트레일리아 이웃 국가들의 위치**와 그들 장소의 다양한 특성 • **세계의 주요 기후 유형과 서로 다른 장소의 기후** 사이의 유사점과 차이점 • 그곳에 살고 있는 사람들의 주거 형태, 인구 통계학적 특성, 생활, 그리고 이러한 장소에 대한 사람들의 인식의 관점에서 장소들 간의 유사점과 차이점
4	**5**	**6**	**7**
글로벌-국가			
• **아프리카와 남아메리카 대륙의 주요 특징과 오스트레일리아와 관련한 그 대륙의 주요 국가들의 위치** • 자연 식생을 포함하여, 동물과 사람에 대한 환경의 중요성 • 원주민과 토레스 해협 섬 주민들이 국가/장소에 대해 가지는 관리 책임, 그리고 이것이 지속가능성에 대한 견해에 어떻게 영향을 미치는지 • 천연자원 및 폐기물의 사용과 관리, 이를 지속가능하게 하는 방법에 대한 다양한 견해	• **유럽과 북아메리카에 있는 장소의 환경적 특성과 오스트레일리아와 관련한 그 대륙의 주요 국가의 위치에 대한 사람들의 영향** • 원주민과 토레스 해협 섬 주민들을 포함한 사람들이 오스트레일리아에 있는 장소의 환경적 특성에 미치는 영향 • 환경과 인간이 어떤 장소의 위치와 특성 그리고 장소 내의 공간 관리에 미치는 영향 • 환경 및 지역사회에 대한 산불 또는 홍수의 영향 그리고 사람들이 그에 대응하는 방법	• **아시아 지역의 지리적 다양성과 오스트레일리아와 관련된 아시아의 주요 국가의 위치** • 세계 각국의 경제적, 인구 통계학적, 사회적 특성의 차이 • **세계의 원주민 문화를 포함하여, 세계의 문화다양성** • **오스트레일리아와 다른 나라의 연결, 그리고 이들이 사람들과 장소를 변화시키는 방법**	☞ 중학교 7-10학년에서 분석하므로 생략

출처: ACARA, 2013b에 의해 재구성

에 대한 표현을 배우고 스토리 맵을 그리고 친숙한 장소와 특징이 어디에 있는지를 보여 주는 모형을 만드는 것을 통해 위치 아이디어를 배운다. 표 3의 성취기준을 통해, 여기서 지역의 범위가 학생들 자신이 살고 있는 학교 주변의 장소에 한정되어 있다는 것을 알 수 있다.

1학년은 나의 개인적 세계가 과거와 어떻게 다르고 미래에는 어떻게 변화할지에 대해 학습한다. 학생들은 '장소의 다른 특징들은 무엇이며, 우리는 어떻게 장소를 돌볼 수 있는지, 장소의 특징이 어떻게 달라졌는지'에 통한 질문을 통해 자신이 살고 있는 장소의 변화에 대해 탐색한다. 학생들은 장소, 공간, 환경과 변화에 대해 이해할 수 있는 기회를 제공받고, 장소의 자연적 특징과 인문적 특징 그리고 이러한 특징이 변화의 증거를 어떻게 제공하는지를 배운다. 학생들은 중요한 활동이 장소에 위치해 있다는 것을 이해하고, 그것들이 어디에 위치해 있는지, 그 이유를 탐구한다. 학생들은 서로 다른 문화에 따라 계절 변화가 어떻게 인식되는지를 포함하여, 자신의 장소와 다른 장소의 일일 및 계절별 날씨 패턴을 학습한다. 그들은 장소가 어떻게 관리되는지 이해하게 된다. 표 3의 성취기준을 통해, 장소의 자연적 특징과 인문적 특징, 그리고 위치, 변화, 관리 등 로컬 장소에 대한 학습에 중점을 두고 있음을 알 수 있다.

2) 2-3학년: 국가 스케일에 대한 학습

2학년이 되면 공간 스케일이 국가 스케일로 확대된다. 2학년에서는 인간과 장소에 대한 과거와 현재의 연결에 대해 배우게 된다. 학생들은 '장소란 무엇이며, 그들의 장소가 다른 장소에 어떻게 연결되어 있는지, 장소와 나의 연결에 영향을 미치는 요인은 무엇인지'에 대한 질문을 통해 국가 스케일에서 자신의 장소와 다른 장소의 연결에 대해 학습하는 데 초점을 둔다. 학생들은 장소, 공간, 환경과 상호연결에 대한 이해를 개발할 수 있는 기회를 제공받고, 지구상의 주요한 지리적 구분과 그것들이 오스트레일리아와 관련하여 어디에 위치하고 있는지를 배움으로써 세계의 심상지도를 개발하며, 그들의 집이라는 개인 스케일에서 그들의 국가라는 국가 스케일(스케일)에 이르기까지 장소가 정의되는 스케일의 계층 구조에 대해 배운다. 학생들은 거리와 접근성이 그들이 얼마나 자주 장소를 방문하고 어떤 목적을 위해 방문하는지에 영향을 미치는지를 탐구하고, 로컬 및 전 세계의 장소와 그들의 연결을 조사한다. 그리고 그들은 장소가 사람들에게 어떤 의미를 갖는지 그리고 원주민과 토레스 해협 주민들이 국가/장소와 관련되는 연결을 파악한다. 표 3의 성취기준을 통해 볼 때, 2학년 학생들은 세계의 지역구분을 통해 오스트레일리아의 위치를 파악하고, 오스트레일리아가 다른 장소 및 전 세계의 사람들과 연결되는 것을 탐색하도록 하는 것이다.

3학년은 그들의 로컬 공동체와 그를 넘어 존재하는 공동체와 장소의 다양성과 사람들이 그들의 공동체에 어떻게 참가하는지에 초점을 둔다. 학생들은 '오스트레일리아의 주요한 자연적 특징과 인문적 특징은 무엇이며, 장소들이 어떻게 그리고 왜 유사하거나 다른지, 이웃 나라에 사는 것은 어떨지?'에 대한 탐구질문에 답하게 된다. 학생들은 장소, 공간, 환경과 상호연결에 대한 이해를 개발할 수 있는 기회를 제공받고, 환경과 인간의 특성에 대한 학습을 통해 오스트레일리아 국내외 장소들 간의 유사점과 차이점에 대한 이해를 발달시킨다. 그들은 오스트레일리아, 원주민 및 토레스 해협 섬 주민들의 국가/장소와 오스트레일리아의 이웃 국가의 기후와 주거 유형을 검토한다. 그리고 학생들은 사람들이 장소에 대해 어떻게 느끼고 어떻게 돌보는지를 이해하며, 오스트레일리아에 대한 표현과 오스트레일리아의 이웃 국가의 위치에 대해 학습함으로써 심상지도를 더욱 발전시킨다. 표 3의 성취기준을 볼 때, 국가 스케일에서의 학습이 이루어지고 있음을 알 수 있다.

3) 4-6학년: 세계 스케일에 대한 학습

4학년은 시간과 공간에 걸친 인간, 장소와 환경 간의 상호작용과 이러한 상호작용의 결과에 초점을 둔다. 4학년 학생들은 '환경이 어떻게 사람들과 다른 생물들의 삶을 지탱해 주는지, 환경에 대한 다른 관점이 지속가능성에 대한 접근방식에 어떻게 영향을 미치는지, 어떻게 하면 사람들이 환경을 더 지속적으로 사용할 수 있을지'에 대한 질문에 답하게 된다. 학생들은 그들의 세계 지식을 확장할 기회를 얻는다. 학생들은 장소, 공간, 환경, 상호연결과 지속가능성에 대한 이해를 개발할 수 있는 기회를 제공받는데, 이는 지속가능성, 즉 인간의 삶과 웰빙을 유지하기 위한 환경의 지속적인 능력에 대한 이해에 초점을 맞춘다. 학생들은 인간과 다른 생물을 지탱하는 환경의 특징과 기능을 탐구하고, 원주민과 토레스 해협 섬 주민들의 그들의 국가/장소에 대한 관리 책임을 포함하여, 자원과 폐기물의 사용과 관리, 지속가능성을 달성하기 위한 방법에 대한 견해를 검토한다. 학생들의 세계에 대한 심상지도는 남아메리카와 아프리카, 그리고 그 대륙의 주요 국가와 특성으로 확대된다. 표 3의 성취기준을 보면, 4학년은 지역적 관점에서 볼 때, 세계 스케일로 공간이 확대되며, 세계 스케일 중에서 상대적으로 낙후된 남아메리카와 아프리카 대륙의 주요 국가와 특성으로 확장된다는 것을 알 수 있다.

5학년은 오스트레일리아 공동체의 과거, 현재, 가능한 미래에 대해 초점을 두며, 학생들의 오스트레일리아와 세계에 대한 지리적 지식은 상대적으로 발전된 유럽과 북아메리카 대륙으로 확장된다. 5학년 학생들은 '사람과 환경이 서로에게 어떤 영향을 미치며, 사람들이 장소의 인문적 특성과 장소 내의 공간 관리에 어떻게 영향을 미칠지, 산불이나 홍수가 사람들과 장소에 미치는 영향을 어떻게 줄일 수 있을지'에 대한 질문에 답변하게 된다. 학생들은 장소, 공간, 환경, 상호연결, 변화와 지속가능성에 대한 이해를 개발할 수 있는 기회를 제공받는다. 이 교육과정은 장소의 특성을 형성하는 요소에 중점을 둔다. 학생들은 기후와 지형이 장소의 인문적 특성에 어떻게 영향을 미치는지, 인간 행동이 장소의 환경적 특성에 어떻게 영향을 미치는지 탐구하며, 장소 내의 공간이 조직되고 관리되는 방법과 사람들이 자연재해를 어떻게 예방하고, 완화하고, 대비하는 지를 검토한다. 학생들의 세계에 대한 심상지도는 유럽과 북아메리카, 그리고 그 대륙의 주요 국가와 특성으로 확대된다.

6학년은 과거와 현재의 오스트레일리아의 다양한 세계와의 연결에 초점을 둔다. 6학년 학생들은 '장소, 사람들과 문화가 전 세계적으로 어떻게 다른지, 오스트레일리아의 사람과 장소 사이의 세계적인 연결 고리는 무엇인지, 장소에 대한 사람들의 연결은 그러한 연결에 대한 그들의 지각에 어떻게 영향을 미치는지'에 대한 탐구질문에 답하게 된다. 6학년 교육과정은 특히 1900년 이후 한 국가로서 오스트레일리아의 사회적, 경제적, 정치적 발달과, 다양하고 상호연결된 오늘날의 세계에서 오스트레일리아의 역할에 초점을 둔다. 오스트레일리아와 세계에 대한 지리적 지식은 지리적으로 가까울 뿐만 아니라 정치적, 경제적으로 서로 긴밀한 관계를 유지하고 있는 아시아 대륙으로 돌아온다. 학생들은 장소, 공간, 환경, 상호연결과 변화에 대한 이해를 개발할 수 있는 기회를 제공받고, 아시아 지역과 전 세계 수준에서 다양한 환경, 사람과 문화를 탐구하고, 세계에 대한 그들의 심상지도를 확장한다. 학생들은 전 세계의 다른 국가 및 장소와 오스트레일리아의 다양한 연계, 이러한 연계가 변화하는 방식, 이러한 상호연결의 영향을 검토한다.

이상과 같이, 인문학 및 사회과학(HASS) 교육과정의 지리 스트랜드의 내용구성은 F(기초과정)에서부터 6학년에 이르기까지 지평확대법을 따르고 있다. F–1학년에서는 로컬 스케일, 2–3학년에서는 국가 스케일, 4–6학년에서는 글로벌 스케일을 다룬다. 그리고 성취기준을 통해 볼 때, 이러한 지평확대법을 근간으로 하면서 주로 핵심개념 위주로 내용을 구성하고 있으며 일부 지역 사례로 다루도록 규정하고 있다. 특히, 4–6학년에서 지역이 각각 남아메리카와 아프리카, 북아메리카와 유럽, 아시아로 구성되어 있는데, 이는 경제적으로 유사한 대륙(선진국과 개발도상국)을 함께 묶고, 오스트레일리아와 경제적으로 밀접히 관련이 있는 아시아를 맨 뒤에 학습하는 방식을 취하고 있다. 뿐만 아니라 이러한 지역학습에 있어서 다른 장소, 국가, 대륙과의 관계 속에서 학습하도록 함으로써 분절되고 파편화된 전통적 지역학습이 아니라 탄력적 지평확대법을 통해 관계적 지역학습에 초점을 두고 있음을 알 수 있다. 또한 우리나라 초등 지리교육과정과 차별화되는 지점은 계통적 주제에만 함몰되기보다는 지역지리 학습에도 중요성을 부과하고 있다는 것이다.

4. 인문학 및 사회과학(HASS) 7-10학년 지리의 내용구성 방식

7학년부터 인문학 및 사회과학 교육과정은 하위 스트랜드를 횡단하는 통합의 기회와 함께 학문특정 지식과 이해 그리고 기능을 심화한다. 즉, 7학년부터 10학년까지의 중학교 과정에서는 역사, 지리, 공민 및 시민성, 경제 및 경영이 인문학 및 사회과학 교육과정의 우산 속에 있지만, 독립적인 교과로 운영된다. 따라서 여기서는 하위 스트랜드 중 지리의 내용구성 방식에 초점을 두어 접근한다.

7학년부터 10학년에서는 학년별로 각각 학습해야 할 초점 또는 학습단원이 주제 또는 핵심개념 형식으로 두 개씩 제시하고 있는데, 이는 쉽게 말해 교과서 대단원의 주제 또는 핵심개념이라고 할 수 있다. 오스트레일리아 인문학 및 사회과학 교육과정에 따라 Pearson Australia 출판사가 출판한 7-10학년용 지리 교과서를 보면, 학년별로 각각 한권씩 총 네 권이며 학습해야 할 초점이 곧 단원명이다. 즉, 학년별로 각각 두 개의 단원으로 구성되어 있다. 7학년 지리에서 학습해야 할 초점 또는 학습단원은 '세계 속에서의 물'과 '장소와 살기좋음(livability)', 8학년의 경우 '지형과 경관'과 '변화하는 국가들', 9학년의 경우 '바이옴(생물군계)와 식량안보'와 '상호연결성의 지리', 10학년의 경우 '환경 변화와 관리'와 '인간 웰빙의 지리'이다(표 4).

먼저, 7학년 지리 교육과정의 경우, 단원 '세계 속에서의 물'과 '장소와 살기좋음'을 통해 학생들은 '장소와 환경에 대한 사람들의 의존도가 장소와 환경에 대한 그들의 인식에 어떻게 영향을 미치는지, 자원과 서비스의 불균등한 분포가 사람들의 삶에 어떤 영향을 미치는지, 자원의 가용성과 서비스에 대한 접근을 개선하는 데 어떤 접근방식을 사용할 수 있는지'에 대한 질문에 답해야 한다. 그리고 8학년 지리 교육과정의 경우, '지형과 경관'과 '변화하는 국가들'을 통해 학생들은 '환경과 인간의 프로세스는 장소와 환경의 특성에 어떻게 영향을 주는지, 장소, 인간, 그리고 환경 간의 상호연결성은 인간의 삶에 어떻게 영향을 끼치는지, 장소와 환경에 대한 변화의 결과는 무엇이며, 이러한 변화는 어떻게 관리될 수 있는지'에 대한 질문에 답해야 한다. 다음으로 9학년 지리 교육과정의 경우, '바이옴(생물군계)와 식량안보'와 '상호연결성의 지리'을 통해 학생들은 '장소와 환경 변화의 원인과 결과는 무엇이며 어떻게 이 변화를 관리 할 수 있는지, 장소와 환경 변화의 미래적 함의는 무엇인지, 장소와 환경의 미래를 위해 상호연결성과 상호의존성이 중요한 이유는 무엇인지'에 대한 질문에 답해야 한다. 마지막으로 10학년 지리 교육과정의 경우, '환경 변화와 관리'와 '인간 웰빙의 지리'를 통해 학생들은 '장소 간의 공간적 차이와 환경 변화를 어떻게 설명할 수 있는지, 인간 시스템과 자연 시스템을 미래에 유지하기 위해 어떤 관리 옵션이 존재하는지, 세계관은 환경 변화와 사회 변화를 관리하는 방법에 대한 결정에 어떤 영향을 미치는지'에 대해 답해야 한다.

표 4. 7-10학년 인문학 및 사회과학(HASS) 지리 교육과정의 단원과 성취기준

학년	단원	성취기준
7	세계 속에서의 물	• 환경 자원의 분류와 물이 자원으로서 취하는 형태 • 물의 흐름이 환경을 통과할 때 장소가 연결되는 방식과 장소에 영향을 주는 방식 • 다른 대륙에 비해 오스트레일리아의 수자원의 양과 가변성 • 오스트레일리아와 서아시아 그리고/또는 북아프리카로부터 도출된 연구를 포함하여, 물 부족의 성격과 그것을 극복하는 방법 • 원주민과 토레스 해협 섬 주민들 그리고 아시아 지역 사람들을 포함한 사람들을 위한 물의 경제적, 문화적, 영적, 미학적 가치 • 대기 또는 수문학적 위험에 대한 원인, 영향 및 대응
	장소와 살기좋음(liveability)	• 사람들이 사는 곳과 장소의 살기좋음(거주 가능성)에 대한 인식을 결정하는 데 영향을 미치는 요소 • 서비스 및 시설에 대한 접근성이 장소의 살기좋음에 미치는 영향 • 환경적 질이 장소의 살기좋음(거주 가능성)에 미치는 영향 • 사회적 연대성과 공동체 정체성이 장소의 살기좋음에 미치는 영향 • 오스트레일리아와 유럽의 사례를 포함하여, 특히 청소년들을 위한 장소의 살기좋음(거주 가능성)을 향상시키는 데 사용되는 전략
8	지형과 경관	• 다양한 유형의 경관과 그것들의 뚜렷한 지형적 특징 • 원주민과 토레스 해협 섬 주민을 포함하여, 사람들을 위한 경관과 지형의 영적, 미적, 문화적 가치 • 적어도 하나의 지형에 대한 사례 연구를 포함하여, 지형을 생성하는 지형학적 프로세스 • 경관 파괴에 대한 인간의 원인과 결과 • 중요한 경관의 보호 방법 • 지형학적 위험에 대한 원인과 영향 그리고 대응
	변화하는 국가들	• 인도네시아 또는 아시아 지역의 다른 국가의 연구로부터 도출한 도시화의 원인과 결과 • 오스트레일리아와 미국의 도시 집중과 도시 주거 패턴의 차이, 그리고 그 원인과 결과 • 오스트레일리아와 중국에서 국내 이주의 원인과 결과 • 오스트레일리아에서 국제 이주의 원인과 결과 • 오스트레일리아 도시의 미래에 대한 관리 및 계획

9	바이옴과 식량안보	• 독특한 기후, 토양, 식생과 생산성을 지닌 지역으로서의 바이옴의 분포와 특성 • 식품, 산업 자재 및 섬유를 생산하기 위한 바이옴의 인위적 변경과, 이러한 인위적 변경의 환경적 영향을 분석하기 위한 시스템적 사고의 사용 • 오스트레일리아와 전세계에서 작물 수확량에 영향을 미치는 환경적, 경제적, 기술적 요인 • 오스트레일리아와 다른 지역에서 토양과 수질 악화, 담수 부족, 경쟁적인 토지 이용, 기후 변화 등을 포함한 식량 생산에 대한 도전들 • 오스트레일리아와 세계를 위한 식량 안보를 달성하기 위해 미래의 인구를 지속적으로 먹여 살릴 수 있는 세계의 환경 역량
9	상호연결성의 지리	• 사람들이 장소에 대해 갖고 있는 인식과 이것이 서로 다른 장소에 대한 연결에 어떻게 영향을 미치는지 • 교통, 정보와 통신 기술이 사람들을 다른 장소의 서비스, 정보 및 사람들과 연결시키는 방법 • 장소와 사람들이 모든 스케일에서 상품과 서비스 무역을 통해 다른 장소와 상호연결 되는 방식 • 동북아 국가를 비롯하여 전 세계의 장소와 환경에 상품 생산 및 소비가 미치는 영향 • 사람들의 여행, 레크리에이션, 문화 또는 여가 선택이 장소에 미치는 영향, 그리고 이들 장소의 미래에 미치는 영향
10	환경 변화와 관리	• 지속가능성에 도전하는 인간에 의해 유발된 환경 변화 • 사람들의 환경적 세계관과 그것이 환경 관리에 미치는 영향 • 오스트레일리아의 여러 지역에서 원주민과 토레스 해협 섬 주민들의 양육 책임과 환경 관리에 대한 접근 • 조사 중인 환경 변화의 원인과 가능한 결과를 이해하기 위해 시스템적 사고의 적용 • 조사 중인 환경 변화의 관리에 지리적 개념과 방법의 적용 • 변화에 대한 관리 대응을 평가할 때 환경적, 경제적, 사회적 기준의 적용
	인간 웰빙의 지리	• 인간의 웰빙과 개발을 측정하고 지도화하는 다양한 방법과, 이들이 장소 간의 차이를 측정하는 데 적용될 수 있는 방법 • 인간 웰빙의 선별된 지표에서 국가 간 공간적 차이의 이유 • 아프리카, 남아메리카 또는 태평양 제도의 개발도상국 연구를 토대로 인간의 웰빙에 미치는 장소 개발과 그 영향에 미치는 쟁점 • 인도 또는 아시아 지역의 다른 국가 내의 지역 스케일에서의 인간의 웰빙에 대한 공간적 차이의 원인과 결과 • 로컬 스케일에서 오스트레일리아의 인간의 웰빙에 대한 공간적 차이의 원인과 결과 • 오스트레일리아와 다른 국가의 인간의 웰빙 향상을 위한 국제 및 국가 정부 및 비정부기구의 역할

출처: ACARA, 2013a에 의해 재구성

표 5. Pearson Geography 7-10학년 교과서의 단원별 사례학습

학년	단원	중단원	사례(지역)학습
7	세계 속에서의 물	날씨와 기후	• 없음
		날씨 재해 및 재앙	• 퀸즐랜드의 홍수, 2010~2011 • 오스트레일리아의 가뭄
		물: 재생가능한 자원	• 발리의 관개 • 갠지스
		물 자원 관리	• 아프리카의 뿔의 가뭄 • 아프리카의 빅댐 프로젝트 • 에티오피아
		오스트레일리아의 물 자원	• 머리-달링 분지 • 퀸즐랜드의 자연 하천들

7	장소와 살기좋음	(의사)결정과 살기좋음	• 없음
		사람들이 사는 장소들	• 스위스 베른
		변화와 살기좋음	• 제링공 • 나티묵 • 파라버두 • 이탈리아 베니스 • 스페인, 코스타델솔해안
		살기좋음을 향상시키기	• 영국, 맨체스터 • 오스트레일리아의 '빅' 타운들
8	지형과 경관	경관과 지형	• 애버리지와 토레스 해협 섬 주민들 • 캐나다 스쿼미시족 • 미국 평원인디언
		경관에 미치는 인간의 영향	• 세계유산 목록 • 마추픽추
		쉬지 않는 지구	• 없음
		경관 재해	• 아시아의 쓰나미
		산불	• 없음
		산지 지형	• 없음
		해안 지형	• 쿠롱 • 포트캠벨
		하천 지형	• 보강 유역
		사막 지형	• 사하라 • 미국 모뉴먼트 벨리
	변화하는 국가들	도시화	• 없음
		오스트레일리아와 미국의 도시들	• 퍼스 • 뉴욕시 • 라스베가스
		오스트레일리아로의 이주	• 멜버른 • 다윈
		오스트레일리아에서의 국내 이동	• 원주민 오스트레일리아인의 이동 • 보웬 베이즌 • 노스웨스트 쉘프
		전환기의 중국	• 중국 선전
		오스트레일리아의 도시 관리	• 캔버라 • 브리즈번의 도시 재개발 • 애들레이드의 중심업무지구(CBD) 개선
9	바이옴과 식량안보	바이옴	• 조간대 습지 • 남극 • 글로벌 곡물 생산 • 면화 • 글로벌 어업
		식품과 섬유소(food and fibre) 생산	• 나의 데님은 어디에서 오는 걸까? • 오스트레일리아-시푸드 수입 • 농장에서 슈퍼마켓까지 • 대안적 식품공급 • 육류 수출
		곡물 수확량에 영향을 주는 요인	• 유전자 및 녹색 혁명 • 심플로트
		식량안보	• 화훼생산 • 팜유 • 오리건의 시장 판매용 원예
		수십억 명을 먹여 살리기	• 다년생 다종재배
	상호연결성 탐색	장소들과 관계맺고 연결하기	• 없음
		장소들과의 연결	• 개발도상국에서 ICT 사용하기
		생산과 소비	• 미국의 쿠퍼티노-세계를 위한 디자인 • 애플 • 세계의 공장-선전 • 나이키 • 빌라봉(Billabong)
		여행, 레저 및 연결	• 대조적인 관광 장소 • 멜버른의 그랑프리(Grand Prix) • 리우 올림픽 및 패럴림픽(2016) • 록 뮤직의 확산

10	환경 변화와 관리	환경 변화와 인간 웰빙	• 없음
		삼림	• 캐나다의 위협받는 삼림 • 오스트레일리아의 동해안 삼림 • 멕시코의 유카탄 반도
		해안 환경	• 그레이트 샌디 지역 • 캐나다 펀디만
		해양 환경	• 배스해협 • 멕시코만
		내수면	• 그레이트 아르트시안 베이슨 • 판가니강 유역
		도시 환경	• 맬버른의 생물다양성 • 브라질의 상파울로
	인간 웰빙의 지리	인간 웰빙	• 인도의 식민지 유산 • 인도의 급증하는 인구 • 인도의 카스트 제도 • 남부아시아의 물 분쟁
		인간 웰빙의 이슈	• 인도의 물에 대한 접근 • 인도 뭄바이의 위생시설에 대한 접근 • 인도의 아동 착취 • 인도의 무허가 정착촌과 슬럼
		인간 웰빙: 인도	• 월드비전(World Vision)–차이 만들기
		인간 웰빙: 오스트레일리아	• 없음

출처: Kleeman et al., 2014a, 2014b, 2014c, 2014d

표 4와 표 5를 토대로, 7–10학년 인문학 및 사회과학(HASS) 지리 교육과정의 내용구성 특징을 살펴보면 다음과 같다. 먼저, 학습해야 할 초점이 주제 및 핵심개념에 토대하고 있으며, 성취기준 역시 이러한 주제 및 핵심개념을 계통적으로 학습하도록 하고 있다. 그러나 특이한 것은 계통적으로 접근을 하되 사례 지역을 설정하여 지역학습이 될 수 있도록 하고 있다는 점이다. 즉 대주제 및 핵심개념에 토대한 계통적 접근을 주로 하고 있고, 사례 지역에 대한 학습을 보완하는 형식으로 이루어져 있다. 표 5에서처럼, 교과서 수준에서 사례학습의 경우 세계유산 목록, 조간대 습지, 글로벌 곡물 생산, 면화, 글로벌 어업 등 일부를 제외하면 대개 지역에 기반한 사례학습이라는 것을 알 수 있다.

7학년의 경우 '세계 속에서의 물' 단원에서의 사례 지역은 오스트레일리아, 서아시아, 북아프리카, 아시아의 지역이나 국가이며(그림 1의 예시 참조), '장소와 살기좋음' 단원에서의 사례 지역은 오스트레일리아와 유럽이다. 즉, 학습 초점과 매우 밀접한 관련이 있는 대륙을 사례로 하여 자국인 오스트레일리아와 연계하여 학습하도록 하고 있다. 여기서도 지역학습이 관계적 사고를 촉진하는 관점에서 이루어지고 있음을 알 수 있다. 8학년의 경우 '지형과 경관' 단원은 지역적 사례를 구체적으로 명시하지 않고, '변화하는 국가들' 단원에서는 인도네시아 또는 아시아 지역의 다른 국가들의 도시화, 오스트레일리아와 미국의 도시 비교, 오스트레일리아와 중국의 인구이동 비교, 오스트레일리아의 국제인구인동과 도시계획 등 구체적 지역을 설정하고 있다.

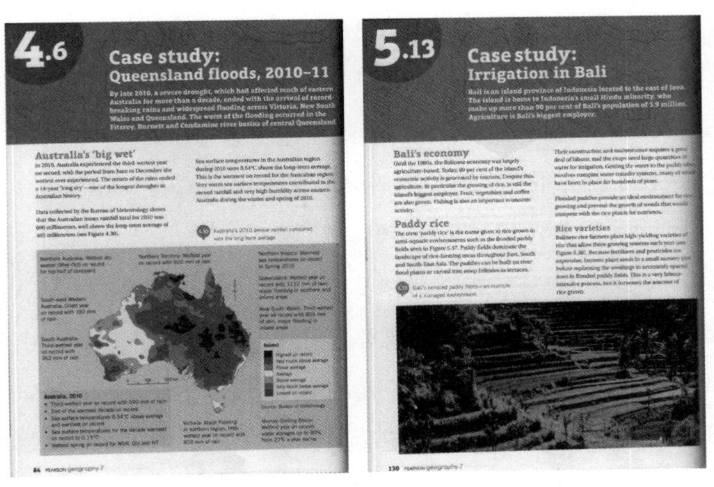

그림 1. Pearson Geography 7학년 교과서 '세계 속에서의 물' 단원 사례학습의 일부 사례
출처: Kleeman et al., 2014a, 84, 130

9학년 지리는 특정 대륙을 사례지역으로 하지 않고, 다양한 스케일 간 즉, 오스트레일리아와 전 세계의 상호의존성과 상호연결성 그리고 관계적 사고에 초점을 두고 있다. 10학년의 내용구성은 '환경 변화와 관리'의 경우 계통적 접근에 치중하고 있으며, '인간 웰빙의 지리'의 경우 개발교육의 일환으로 그 특성상 제3세계, 즉 아프리카, 남아메리카 또는 태평양 제국의 개발도상국, 인도 또는 아시아의 다른 국가 내의 지역 스케일, 오스트레일리아의 로컬 스케일 등에서 비교를 통한 학습을 강조한다. 표 5에서처럼, '인간 웰빙의 지리'의 경우 중단원에서도 인도와 오스트레일리아를 사례지역으로 하여 내용을 구성하고 있을 뿐만 아니라, 소단원 전체가 인도를 사례지역으로 하여 사례학습을 하고 있음을 알 수 있다.

이상과 같이 7-10학년 지리의 내용구성은 전체적으로 계통지리를 유지하면서 사례학습으로 지역지리에 기반하여 다루게 함으로써 계통적 주제에서 배운 내용을 지역에 기반한 사례학습을 통해 종합적으로 파악하도록 하고 있다는 것이 가장 큰 특징이다. 뿐만 아니라 성취기준 진술에 특정 지역을 사례로 할 것을 구체적으로 명시하고 있다는 것이 우리나라 성취기준 진술과 큰 차이점을 보이는 것이라고 할 수 있다. 또한 전통적 지역학습에서 이루어지는 파편화된 지역 학습에서 탈피하여 지역 간 관계적 사고에 초점을 두고 있는 것이 특징적이라고 할 수 있다.

5. 논의: 계통지리냐 지역지리냐

지리는 전통적으로 계통지리와 지역지리의 이중적 성격을 지니고 있다. 계통지리는 한 시점에서의 지표면의 하나의 지리적 현상 또는 '층위'에 초점을 두며, 그것이 다른 지리적 층위들과 관련하여 어떻게 다른지를 탐색한다. 반면 지역지리는 지리적 현상 또는 층위의 총체성을 검토하며, 그것들이 주어진 로케일 또는 지역에서 어떻게 관련되는지를 검토한다(Standish, 2018). 거스멜(Gersmehl, 2008)은 이러한 계통지리 또는 주제중심 지리와 지역지리의 관계를 '가위의 양날'에 비유했다. 그는 이들은 각각 지표면을 분석할 수 있는 잠재력을 가진 고유한 분석적 도구이지만, 양날은 함께 작동할 때 훨씬 더 날카롭게 된다고 주장한다. 또한 거스멜(Gersmehl, 2008)은 학교교육의 관점에서 지리 교육과정이 어떻게 조직되는지는 그렇게 중요하지 않으며, 계통적 접근을 취할 수 도 있고 지역적 접근을 취할 수도 있다고 주장한다. 다만 중요한 것은 학생들이 이 두 가지 접근에 입문하여 어떻게 서로 보완적인지를 이해할 수 있도록 해야 하는 것이라고 주장한다. 나아가 그는 '가위의 양날이 함께 작동하도록 하는 것'은 지역적 접근을 취하지만 지역적 접근 내에 계통지리를 끼워 넣든지 아니면 계통지리로 조직되지만 광범위한 사례학습(case studies)과 지역적 방법이 포함되도록 하는 것이라고 한다. 스탠디시(Standish, 2018) 역시 학교지리의 관점에서 두 접근의 결합이 지리교육과정 내용구성에서 취해져야 한다고 주장한다.

그러나 지역지리가 추구하는 다양한 지식을 횡단한 종합적 사고를 끌어내는 것은 쉽지 않다. 그리하여 스탠디시(Standish, 2018)는 중등 초기 단계에서는 오히려 하천, 빙하, 인구와 개발 등과 같은 계통적 접근 또는 개념적 또는 주제적 접근이 더 권장된다고 주장한다. 왜냐하면 개념들이 계층적으로 조직되고 추론적인 연결을 더 유지할 수 있기 때문이다. 그리고 그는 이러한 주제적 학습 이후에 중등 후기 단계에서는 지역지리를 통해 지리적 지식의 다양한 양상들을 종합해야 한다고 주장한다. 거스멜(Gersmehl, 2008, 32) 역시 계통지리에서 지역지리로 나아가는, 즉 계통적 또는 주제적 관점과 지역적 관점 간의 상호작용이 사고를 더욱 자극한다고 주장한다. 따라서 지리 교육과정을 구성할 때, 계통지리와 지역지리의 어떤 영역을 포함할 것인지에 대한 결정이 이루어지는 것이 중요하다.

가위의 양날에 해당하는 계통지리와 지역지리는 지리교육과정 구성 차원에서 중요한 고려 대상이지만, 한편으로는 교사가 수업을 계획할 때도 일어날 수 있다. 교사들은 이 두 방법을 어떻게 조합할 것인지에 관심을 두어야 한다. 교사들은 두 접근을 고려하는 데 있는 창의적일 수 있지만,

학생들이 지리의 층위 간의 관계를 탐색하도록 가르쳐야 한다. 예를 들면, 한 수업은 계통적 접근을 취하고 다른 한 수업은 지역적 접근을 취거나, 지역 단원에서 계통적 주제를 다루고 계통적 주제 단원에서 지역을 다룰 수도 있다.

결론적으로 법칙추구적인 전통의 계통지리와 개성기술적인 전통의 지역지리는 모두 중요하다. 계통지리에 대한 강조는 지리의 파편화를 가져올 수 있고, 지리의 본질에서 벗어날 위험을 내포하고 있다. 헤트너는 지역지리를 이해하지 않는 사람은 진정한 지리학자가 아니라고 했다(Hartshorne, 1939, 458). 계통지리와 지역지리는 대립적인 관계가 아니라 밀접하게 관련된다. 따라서 지리교사들은 계통지리와 지역지리의 보완적인 본질을 이해하고, 학생들이 성장함에 따라 가위의 양날인 두 접근을 학생들에게 모두 사용할 수 있는 방법을 찾아야 한다. 학생들이 계통지리에 대한 지식을 확장함에 따라 종합적 접근을 요구하는 지역지리를 더 수월하게 수행할 수 있다.

6. 마치며: 계통지리와 지역지리의 보완적 구성

본 연구는 오스트레일리아 국가교육과정에 의한 인문학 및 사회과학(HASS) 영역의 초등학교에 해당하는 F−6/7 인문학과 사회과학 교과를 비롯하여, 중학교에 해당하는 인문학과 사회과학의 지리 교육과정의 내용구성에 대해 살펴보았다.

초등학교에 해당하는 F−6/7 인문학과 사회과학 교과목의 내용구성은 나의 개인적 세계에서 지역, 국가, 그리고 글로벌로 이어지는 지평확대법을 따르면서, 학년이 높아짐에 따라 탄력적 지평확대법을 사용하고 있다. 세계 대부분의 나라에서 초등의 경우 지평확대법을 따르고 있다는 점에서 큰 차이점을 발견하기는 어렵다. 그러나 초등 고학년으로 갈수록 단순한 지평확대법에 의존하지 않고 탄력적 지평확대법을 적용함으로써 파편화되고 분절화된 공간인식에서 관계적 사고를 촉진하는 방향으로 나아가고 있음을 알 수 있었다. 따라서 우리나라의 초등학교 사회과에서 지리의 내용구성 역시 단순한 지평확대법에만 의존하지 않고, 탄력적 지평확대법을 도입하는 것이 세계를 인식하는 바람직한 방향이라고 할 수 있다. 뿐만 아니라 성취기준의 내용이 주제 및 개념에 한정되지 않고 지역을 사례로 하고 있다는 것이 특징적이었다.

중학교에 해당하는 인문학과 사회과학 지리 교육과정의 내용구성은 핵심역량 및 핵심개념에 기반한 계통지리로 조직되었지만 광범위한 사례학습과 지역적 방법을 포함한 교육과정이라고 할 수 있다. 계통지리를 통해 개념을 학습한 후, 지역기반 사례학습을 통해 개념을 종합적으로 파악할 수 있도록 하고 있다. 따라서 이제는 지역지리와 계통지리를 이분법적으로 바라보는 관점에서 벗어나, 거스멜(Gersmehl, 2008)을 비롯한 스탠디시(Standish, 2018)가 주장하는 것처럼, 그리고 오스트레일리아의 중학교 지리 내용구성에서처럼 계통지리와 지역지리를 보완적인 관점으로 바라보고 각각의 학년군에 계통지리와 지역지리를 결합한 교육과정을 구성할 필요가 있다. 이때 계통지리를 주로 하여 개념과 프로세스를 학습한 후, 사례지역을 통해 이러한 개념과 프로세스를 적용하여 지역을 종합적으로 바라볼 수 있는 안목을 기르도록 할 필요가 있다(Jones, 2014).

• 요약 및 핵심어

요약: 이 장은 오스트레일리아 교육과정에 의한 인문학 및 사회과학(HASS) 영역의 초등학교와 중학교 지리교육과정의 내용구성 방식을 분석하였다. 그 결과 초등학교에 해당하는 F-6/7학년 인문학 및 사회과학 교과목의 경우 내용구성 방식이 우리나라와 유사하게 지평확대법을 따르고 있지만, 고학년으로 갈수록 탄력적 지평확대법을 통해 관계적 사고를 함양하도록 하고 있다. 또한 우리나라 사회과 교육과정이 지평확대법을 위주로 하면서 내용은 주제를 중심으로 하는 데 비해, 오스트레일리아는 내용이 주제와 지역이 함께 결합되어 있는 것이 특징적이다. 그리고 중학교에 해당하는 7-10학년 인문학 및 사회과학의 지리교육과정의 경우, 각 학년별로 두 개의 큰 주제가 대단원을 구성하여 계통적 방식 또는 주제적 방식을 취하고 있으며, 중단원 역시 전체적으로 주제적 접근을 취하고 있다. 그러나 중단원의 성취기준이 단순히 주제 또는 개념에만 초점을 둔 것이 아니라 세계 각 지역을 사례로 하여 해당 주제 또는 개념을 종합적으로 학습하도록 하고 있다. 뿐만 아니라 중학교 역시 다양한 스케일의 관계적 사고에 초점을 두고 있다. 이는 지리교육과정에 따라 개발된 교과서 수준에서도 나타나고 있음을 확인할 수 있었다. 이처럼 전체적으로 주제중심 접근을 취하되, 중단원 수준에서 주제 및 개념에 대한 학습 후 이를 지역기반 사례학습을 통해 종합적으로 학습하도록 하는 대안을 고려할 수 있다.
핵심어: 지평확대법(widening horizon method), 탄력적 지평확대법(flexible widening horizon method), 관계적 사고(relational thinking), 지역기반 사례학습(region-based case study)

• 더 읽을거리

전종한, 2002, 지역 학습 내용 구성의 대안적 논리 구상, 사회과교육연구, 9(2), 223-244.
전종한, 2016, 2015 개정 세계지리 교육과정의 개발 과정과 내용, 한국지리환경교육학회지, 24(1), 71-85.

참고문헌

김현미, 2014a, 21세기 핵심역량과 지리 교육과정(1); 21세기 핵심역량과 지리 교육과정 탐색, 한국지리환경교육학회, 21(3), 1−16.

김현미, 2014b, 21세기 핵심역량과 지리 교육과정(2): 오스트레일리아의 핵심역량 기반 국가 수준 지리 교육과정 탐색, 한국지리환경교육학회, 22(1), 33−43.

조철기·김현미, 2018, 오스트레일리아 지리교육과정과 지역지리의 위치, 한국지역지리학회지, 24(4), 529−541.

ACARA(Australian Curriculum, Assessment and Reporting Authority), 2013a, The Australian Curriculum-HASS, ACARA.

ACARA(Australian Curriculum, Assessment and Reporting Authority), 2013b, The Australian Curriculum-HASS, History, Geography, Civics and Citizenship, Economics and Business, ACARA.

Gersmehl, P., 2008, *Teaching Geography* (2nd edn), Guilford Press, New York.

Gilbert, A., 1988, The new regional geography in England and French-speaking countries, *Progress in Human Geography*, 12(2), 208-228.

Hartshorne, R., 1939, *The Nature of Geography*, Lancaster, PA: Association of American Geographers.

Jones, M.C., 2014, Seeking synthesis: an integration exercise for teaching regional geography, *The Geography Teacher*, 11(1), 25-28.

Kleeman et al., 2014a, *PEARSON geography 7 S.B.*, Pearson Australia, Melbourn and Sydney.

Kleeman et al., 2014b, *PEARSON geography 8 S.B.*, Pearson Australia, Melbourn and Sydney.

Kleeman et al., 2014c, *PEARSON geography 9 S.B.*, Pearson Australia, Melbourn and Sydney.

Kleeman et al., 2014d, *PEARSON geography 10 S.B.*, Pearson Australia, Melbourn and Sydney.

Matthews, J., and Herbert, D., 2008, *Geography: A Very Short Introduction*, Oxford University Press, Oxford.

Sayer, A., 1989, The "new" regional geography and the problem of narrative, *Environment and Planning: Society and Space*, 7, 253-276.

Standish, A., 2018, The Place of Regional Geography, In Jones, M and Lambert, D. (eds.), *Debates in Geography Education* (second edition), Routledge, London.

23.
독일 지리교육의 발달: 지리교육과정의 변천을 중심으로[1]

안영진(전남대학교)

1. 머리말

1945년 광복 이후 우리나라에서는 미국의 교육학이 폭넓게 도입되는 동시에 사회과가 크게 확산되었으며, 지리교육에 관한 기존의 국제비교 연구들도 미국과 일본에 치우친 분석을 많이 행해 왔다. 최근 들어 미국은 물론이고 이를테면 영국이나 프랑스 등의 지리교육에 관한 연구도 종종 이루어지고 있으나(이상균 등, 2011; 권정화, 2012; 조철기, 2012), 이와 다른 교육문화를 지닌 국가들의 지리교육에 관한 사례를 접할 기회는 여전히 많지 않은 것으로 알려져 있다(곽철홍, 2000; 강창숙, 2012; 조철기, 2013; 金玄辰, 2012). 이런 까닭에 국제적으로 비교하여 명확히 단언하기 어려우나 상대적으로 오랜 교육전통을 지니고 있으며, 이와 더불어 학교교육에서 지리교과의 위상을 나름대로 확립하고 있는 독일의 지리교육에 관한 연구는 대단히 희소한 편이었다(홍윤경, 2013; 남선애, 2017).

이처럼 독일의 지리교육에 관한 구체적인 연구들은 매우 드물뿐만 아니라(金會穆, 1986), 기존의 연구도 단편적이고 부분적으로 충분한 검토가 행해지지 않은 채 설명된 경우도 없지 않았다. 다시 말해, 독일의 지리교육에 대한 구체적인 연구도 독일의 지리교육과정에 관한 부분적인 고찰을 크게 넘어서지 못하고, 독일 지리교육의 실상에 관한 오해마저 불러일으킬 소지가 있는 것으

1 이 글은 안영진(2019)을 수정·보완한 것임

로 판단된다. 예를 들어 "지리를 고등학교 1학년까지 필수로 가르치는 튀링겐주의 교육과정을 중심으로 지리교육 목적을 살펴보면 독일 튀링겐주의 경우 앞서 살펴본 네 국가(미국, 영국, 프랑스, 일본 – 필자 보충)와는 다른 방향에서 지리교육의 목적을 설정한다. 독일은 지리교육에서 세계화 시대에 지리적 경쟁력을 갖춘 인간보다는 지속가능한 환경에 대한 인식과 실천 능력을 갖춘 인간을 기르기를 요구한다. 즉 독일의 지리교육에서 함양하고자 하는 목적은 지속가능한 환경을 유지하는 것이다. 미국, 영국, 프랑스, 일본의 경우 세계화 시대에 경쟁력을 갖춘 인간을 기르기 위한 지리교육을 표방하고 있으나 독일은 인간 삶의 기초인 자연환경을 이해하고 인간과 자연환경 간의 상호관계를 인식하는 것을 강조한다"(박선미, 2004: 212–3; 김창환, 2001)는 것인데, 이는 독일 연방주의 하나인 튀링겐주의 1990년대 초반 지리교육과정을 설명한 것으로, 독일의 지리교육과정 전체를 이해하기에는 충분하지 않다.

주지하다시피, 독일은 근대 지리교육의 전통을 확고히 확립해 오고 있으며, 이와 함께 독일 지리교육학계는 세계 지리교육학계에서도 선도적인 역할을 수행하고 있다. 이를테면, 1992년 국제지리학연합(IGU)에서 지리교육의 진흥을 위한 국제적 가이드라인인 '지리교육 국제헌장'(International Charter on Geographic Education)은 물론이고 2007년 지속가능한 발전을 위한 지리교육 국제선언인 '루체른선언'(Lucerne Declaration on Geographical Education for Sustainable Development)도 독일 지리교육학계의 주도로 성안되어 추진되는 등 국제적 지위도 높은 편이다.

이러한 맥락에서 이 글은 전 세계적으로 학교에서 지리를 가르치고 있는 여러 많은 국가들 가운데서도 독일을 사례로 지리교육이 어떻게 발달해 왔는지를 고찰하고자 한다. 이 글은 무엇보다도 독일 지리교육과정에 초점을 맞추어 그 변천과정을 설명하고자 한다.[2] 이에 이 연구는 독일의 지리교육과정에 대한 분석을 통하여 독일 지리교육의 변화와 함께 지리교육의 지향점과 주요 특성을 살펴보려고 한다. 이상과 같이 독일의 지리교육과정의 역사적 변천에 관한 분석은 앞으로

2 독일에서 '교육과정'을 지칭하는 용어로 '교수계획'(Lehrplan)이 가장 일반적이며, 이 밖에 'Curriculum', 'Rahmenplan', 'Rahmenlehrplan', 'Richtlinie', 'Bildungsplan' 등과 같은 표현도 사용되고 있다. 교수법 문헌에서 '커리큘럼' 개념은 '교수계획'이 철저히 목표, 즉 성취해야 할 능력이라는 관점에서 구상되고 학습과정의 논리 정연한 진전을 함축하고 있을 경우에 주로 사용된다. 그런데, 독일에서 지리교수계획, 즉 지리교육과정을 통일적으로 제시하는 것은 쉽지 않는데, 왜냐하면 교육 연방주의에 따라 주별로 교수계획이 서로 다르고, 특히 1980년대 초반 이후 교수계획이 주별로 한층 분화된 형태로 발전해 왔기 때문이다. 독일의 연방주들은 독자의 교수계획을 수립할 뿐만 아니라, 개별 주 내에서도 학교 종별로 서로 다른 교수계획을 설정하여 실행하고 있다. 따라서 독일은 국가적으로 통일된 지리교수계획을 갖고 있는 것이 아니라, 50여 종을 넘어서는 서로 다른 지리교수계획을 갖고 있다. 이 글에서 독일의 지리교육과정에 관한 설명은 개별 주의 지리교육과정을 뛰어넘어 시대별로 공통적인 요소를 중심으로 개괄적인 형태로 진행할 수밖에 없다.

우리나라 지리교육과정의 발전방향을 모색하는 데에도 적잖은 참고가 될 것으로 사료된다.

2. 근대 독일 지리교육의 성립과 지리교육과정의 전개

독일의 학교에서 지리를 가르치기 시작한 것은 15~16세기의 인문주의 시대로까지 거슬러 올라갈 수 있는데, 예를 들어 1510년 바이에른 뉘른베르크의 상트 로렌츠 김나지움(Gymnasium St. Lorenz)과 같은 저명 학교에서는 지리를 정규 교과목의 하나로 가르쳤으며, 1550년 이래 튀링겐의 일펠트(Ilfeld) 등지에서도 학교에서 지리 수업을 행하였다. 따라서 16세기 이후 독일에서는 지리가 여러 학교에서 교과목의 하나로 자리 잡았으며, 대체로 17세기 후반을 거치면서 지리적 내용에 관한 교육이 각급 학교에서 폭넓게 행해졌다(Banse, 1953; Schmithüsen, 1970). 19세기 중반에 들어서면서 독일에서는 이상과 같이 개별 (사립)학교 차원의 지리교육과 별도로 지리가 국가 차원의 학생교육에서 명시적인 교과목의 하나로 성립하게 되었는데, 이를테면 1850년 안할트 데사우(Anhalt-Dessau)와 쾨텐(Köthen), 1854년 프로이센의 초등학교에서 이른바 '조국지리'(Vaterland-kunde)와 '자연지리'(Naturkunde)라는 이름으로 그리고 이와 거의 같은 시기에 작센과 튀링겐 공국 등에서도 '향토지리'(Heimatkunde)라는 이름으로 지리수업이 의무적으로 이루어졌다. 그리고 독일 프로이센과 프랑스와의 전쟁 직후인 1872년 프로이센의 교육개혁에 따른 학제개편으로, 지리는 마침내 '에르트쿤데'(Erdkunde)라는 이름으로 초등학교는 물론이고 중등학교의 초·중급 학년에서 ('역사' 교과에서 분리된) 독립적으로 이수해야 할 필수 교과가 되었다. 그리고 1882년에는 지리가 대학입학 자격이 주어지는 고등학교 졸업시험인 '아비투어'(Abitur)의 수험과목으로도 인정을 받게 되었다(Schrettenbrunner, 1990).

1872년 독립 교과로 설치된 지리는 위에서 언급한 '향토지리'와 '조국지리'라는 지역 및 국가 스케일의 지역지리에 더하여 '일반 세계지리'(allgemeine Weltkunde)라는 계통지리적 내용을 포함한 형태로 수업을 행하였다. 이때부터 1960년대 말에 이르기까지 약 100년 동안 독일의 지리교육과정은 지지(Länderkunde, 지역지리)를 바탕으로 한 '지지적 연속'(Länderkundlicher Durchgang)을 교과 내용조직의 구성원리로 삼았다. 지지적 연속은 독일 각주와 세계 각국을 백과사전적인 나열적 혹은 망라적(網羅的) 고찰을 특징으로 삼은 것으로, 이는 유럽인들에 의한 '세계발견'의 탐험정신을 간접적으로 체험한다는 사고에 바탕을 둔 것이자 18세기에 학교지리가 본격적으로 확립되기 이

전부터 활용된 학습법이기도 하였다. 우선 학습의 대상인 공간의 순서와 관련하여 향토('고장')에서 국가로, 이 국가가 속한 대륙에서 멀리 떨어진 대륙으로 그리고 마지막으로 지구 전체로, 다시 말해 '가까운 데서 먼 곳으로'(vom Nahen zum Fernen)라는 지평확대법의 배열원칙이 지지적 연속에 가장 적절한 것으로 여겨졌다. 이렇듯 '동심원'의 진행방식에 따라 향토→개별 주→독일→인접 국가들→유럽→비(非)유럽대륙의 순차가 구성될 수 있었다.[3] 이와 함께 개별 지역은 키르히호프(A. Kirchhoff)와 헤트너(A. Hettner) 등을 거쳐 확립된 '지지도식'(Länderkundliches Schema)에 따라 논구되었는데, 각 지역의 지리는 자연지리적 요소에서 출발하여 인문지리적 요소로 이어지는 순서, 즉 위치, 크기, 지질, 토양, 지형, 기후, 식생, 인구, 취락, 경제 등의 순서로 고찰되었다(Hausmann, 1988; Hoffmann, 2006). 그리고 이는 결국 특정 공간의 전형적이고 본질을 형성하는 모든 자연 및 인문 요소들이 총괄적으로 상호 연계될 수 있도록 한 것이었다. 이러한 지지적 연속은 김나지움의 초·중급 학년과 상급 학년에서 각각 한 차례씩 모두 두 차례에 걸쳐 가르쳐지기도 했다.

지지적 연속은 지리교과의 통일성을 보장한다는 점 외에도 여러 가지 이유에서 당시 폭넓은 동의를 얻었는데, 이는 먼저 공간적 연속을 구성할 수 있다는 것으로, 세계와 일회적(一回的)으로 존재하는 각 지역들에 대한 가능한 한 포괄적인 형상을 학생들에게 전수할 수 있다는 것이었다. 그리고 '가까운 데서 먼 곳으로'의 지평확대법은 인지학상으로 논리적인 것으로 간주되었는데, 왜냐하면 수업을 학생들에게 이미 알려져 있는 생활공간 및 관찰 가능한 공간에서 시작하여 멀리 떨어져 있고 잘 알지 못하는 지역으로 진행할 수 있기 때문이라는 것이었다. 또한 동심원 원리에서는 점점 큰 공간이 필연적으로 보다 높은 일반화에 의거하여 고찰된다는 것으로, 일반화는 추상적 이해를 전제로 함으로써 스케일의 축소는 단순한 것에서 복잡한 것으로의 진행을 함축하고 있다는 것이었다. 끝으로 지지도식에서 무생물적 요소에서 생물적 요소를 거쳐 인문적 요소로 진행되는 고찰 순서는 배열원리로서 실재적 현상에서 추상적 현상으로의 자연적 순차를 일컫는다

3 지리 학습법에서 '분석적 교수법'(Analytischer Lehrgang), 곧 우선 지구를 전체로 고찰하고, 그다음 지구를 대륙별로, 이들 대륙을 다시 국가와 지역 등으로 구획하여 접근하는 방식인 '먼 데서 가까운 곳으로'(vom Fernen zum Nahen)라는 '역(逆)지평확대법'이 제기되었으나, 학교 교육에서는 이와 달리 지역상을 가산적으로 확대할 수 있으며 최종적으로 세계 전체로 통합할 수 있기 때문에 '종합적 교수법'(Synthetischer Lehrgang)으로 불린 '지평확대법'이 관철되었다(Hausmann, 1988). 전자는 리터(C. Ritter)의 스승이었던 구츠무츠(J.C.F. Gutsmuths) 및 구츠무츠 이전의 네안더(M. Neander)와 코메니우스(J.A. Comenius) 등에 의해 주장되었다. 반면, 리터학파의 방법론자인 오버랜더(H. Oberländer)는 후자의 종합적 교수법을 주장하고, 루소(J.J. Rousseau)와 페스탈로치(J.H. Pestalozzi)는 향토 관찰에서 출발하는 종합적 교수법을 추천하였다. 즉, '가까운 데서 먼 곳으로', '개별 지역에서 세계 전체로'(von den Einzellandschaften zum Erdganzen) 그리고 '알려진 것에서 알려지지 않은 것으로'(vom Bekannten zum Unbekannten)라는 것으로, 헤트너는 이 모든 방식을 '동심원 원리'(Prinzip der konzentrischen Kreise)로 표현하기도 했다(Nohn, 2001: 15-6; 안영진, 2013: 491).

표 1. 1945년 이전 독일 중등학교 지리 교과의 주당 시수

학년	독일 프로이센													독일제국		학년
	1882년			1892년			1901년			1924년				1938		
	G	RG	OR	G	RG	OR	G	RG	OR	G	RG	OR	DG	G	OS	
VI																
V																8
IV																7
IIIb																6
IIIa																5
IIb																4
IIa																3
Ib																2
Ia																1
합계	8	12	12	9	11	11	9	11	14	12	13	14	18	16	16	합계

주: ■(2시간), □(1시간); G(Gymnasium, 김나지움), RG(Realgymnasium, 실과김나지움), OR(Oberrealschule, 상급실과학교), DG(Deutsches Gymnasium, 독일김나지움), OS(Oberschule, 상급학교)
출처: Schultz(1993: 5)에 의거하여 일부 수정함

는 것 등이었다(Hausmann, 1997). 그렇지만 개별 지역에 관한 지식이 증가하고 세계의 발견이 진척되면 될수록, 이러한 지지적 연속에 입각한 지리교육과정의 단점도 그 만큼 더 명백히 드러나게 되었다. 각 지역을 설명함에 있어서 지지도식에 의한 항상 동일한 주제의 가산적(加算的) 반복, 과정이나 상호 의존성이 아니라 사실에 초점을 맞춘 지나치게 포괄적인 사실지식의 전달, 앞서 내다볼 수 없는 전이(轉移)할 수 있는 지식생산의 한계 그리고 학생들의 연령과 그들의 관심사에 대한 타당한 고려의 결여 등 지지적 연속에 바탕을 둔 지리교육과정에 대한 비판이 제기되었을 뿐만 아니라, 특정 장소기술('Topographie')에 대한 과도한 강조로 이른바 '우체부지리'(Briefträger-geographie) 혹은 '언급지리'(Erwähnungsgeographie)[4]가 빈번히 지적되기도 하였다(Rinschede, 2003).

제1차 세계대전 이후 독일의 학교지리는 독일인의 의식을 고양하는 '독일학'(Deutschkunde)에

4 '우체부지리'는 우리의 생활공간을 이해하고 위치와 방향을 잡기 위한 전제의 하나이지만, 실제 지리수업은 주요 산, 하천, 해양, 도시, 국가 등의 위치나 그 특성 등을 파악하는 것을 위주로 진행되는 것을 비판적으로 지칭한 것이다. 그리고 '언급지리'는 활용 가능한 수업시간에 비추어 공간 또는 지역이 멀수록 학습해야 할 지역은 대륙으로 확대됨에도 불구하고, 수업 시간 자체가 늘어나지 않는다는 측면에서 단순히 지명이나 사상을 언급하는 데 그치는 지리수업을 비하한 표현이었다. 따라서 제2차 세계대전 이전까지만 해도 독일의 지리수업에서는 독일을 고찰하는 데에는 1년을 충당하였으나, 유럽 전역을 1년 만에 다루고 세계 전체를 7~8학년의 2년 동안 살펴볼 뿐이라는 측면에서 '지지적 연속'에 입각한 지리수업의 문제점을 제기한 것이었다(Schreiber, 1981).

해당하는 교과로 자리매김 되었다. 이와 관련하여 지리는 복합적인 역사철학적 실상의 자연적 조건을 밝히는 데 도움을 주어야 한다고 하였다. 1922년 프로이센의 중등지리 교육방침(Richtlinien zur Aufstellung von Lehrplänen von 1922 — Preußische Volksschule)은 "초등학교에서 터득한 것을 바탕으로 하여 우선 조국지리를 그리고 이어서 유럽과 여타 세계 각국의 지지를 가르치고, 특히 유럽과 세계 각국을 학습함에 있어서 독일인들이 거주하고 독일과 밀접한 관계를 맺고 있는 국가들을 가르쳐야 한다"(Hausmann, 1997: 115에서 재인용)고 제시하고, 지표의 자연적 상태를 고찰하는 것 외에 "문명국가의 경관의 모습은 인간 활동의 산물임을 이해시키고, 지구상의 인류, 특히 독일인민들의 활동 스케일을 파악할 수 있도록 한다"(Schultz, 2012: 82에서 재인용)고 서술하였다. 이 시기에 독일에서는 중등학교 상급 학년의 모든 학교에서도 독자의 지리수업이 실행되었으며, 비록 주당 2시간 이내로만 허용되지 않았지만 세계를 그 전체와 권역 그리고 독일제국이라는 관점에서 배우는 계통지리 수업이 강조되기도 하였다. 뒤이은 나치시대(1933~1945년)에는 중등학교에서 지리수업은 중단 없이 비로소 주당 2시간씩 행해졌으며, 지리는 '독일학'의 틀 속에 여전히 머물러 있었다. 물론 이 시기의 지리수업에서는 국가사회주의적 이데올로기화가 크게 진행되었으며, 특히 지정학적·지전략적 접근을 중심으로 한 지리교육의 내용이 강조되었다[5](Hoffmann, 2006; Brucker, 2018: 59).[6]

---

5 1938년 중등학교 지리교수계획('Erziehung und Unterricht in der höheren Schule. Amtliche Ausgabe des Reichs- und Preußischen Ministerium für Wissenschaft, Erziehung und Volksbildung')을 살펴보면, "그는(학생은) 유럽 국가 내에서 우리의 정치적 위치의 귀결을 파악해야 하며, 독일 문화경관의 창조와 방어 그리고 확장에 있어서 우리 선조들의 업적을 주목하여 학습하고, 우리 국방지리적 위치의 자연적 유·불리를 살펴보고, 독일제국의 여타 세계와의 경제적 연관성을 평가할 수 있어야 한다"(Hausmman, 1988: 105에서 재인용)고 서술하고 있다. 따라서 지리는 중등학교 학생들을 전체 독일인 및 국가사회주의자로 교육하는 사명을 부여받았다.

6 제2차 세계대전 이전 독일의 근대 지리교육의 역사적 전개에 대한 보다 자세한 내용은 슐츠(H.-D. Schultz)의 일련의 논저를 참고할 수 있다. Schultz, H.-D., 1995, Mit oder gegen die Geschichte? Die Tücken des geographischen Paradigmas beim Kampf des Faches um die Oberstufe der höheren Schule Preußens vor dem Ersten Weltkrieg, in Wardenga, U. & Hönsch, I.(Hg.), *Kontinuität und Diskontinuität der deutschen Geographie in Umbruchphasen* (= Münstersche Geographische Arbeiten 39), Münster, 29-50; Schultz, H.-D., 1995, Weg von der Geschichte! Das zähe Ringen der Geographie um die Stundentafel der höheren Schule Preußens im letzten Drittel des 19. Jh., *Geographie und ihre Didaktik*, 23(2), 61-91; Schultz, H.-D., 1999, Geographieunterricht und Gesellschaft: Kontinuitäten und Variationen am Beispiel der klassischen Geographie, in Köck, H.(Hg.), *Geographieunterricht und Gesellschaft* (= Geographiedidaktische Forschung 32), Nürnberg, 35-47; Schultz, H.-D., 1999, Geographische Bildung schafft politische Geltung: Bezugspunkte, Ansprüche und Ziele der Schulgeographie im 19./20. Jahrhundert, in Schultz, H.-D.(Hg.), *Quodlibet Geographicum: Einblicke in unsere Arbeit* (= Berliner Geographische Arbeiten 90), Berlin, 181-211; Schultz, H.-D., 2004, Brauchen Geographielehrer Disziplingeschichte? *geographische revue*, 2, 43-57; Schultz, H.-D., 2014, Fach und Fächer

3. 제2차 세계대전 이후 독일 지리교육과정의 발달

1) 1945년 이후 지리교육과정의 개편: 학습목표 및 계통지리 지향 교육과정의 등장

제2차 세계대전 직후 독일의 지리교육과정은 세계대전 이전과 마찬가지로 '지지적 연속'으로 규정되고 있었으며, 이에 따른 지리교육과정의 문제점들도 크게 해소되지 않고 있었다.[7] 특히 이러한 지리 교수학습법에서는 각 지역이 특색을 지니고 있어 그 특성을 배워야 한다는 생각에 따라 지리수업을 행하는 한계를 안고 있었다. 즉, 지역의 특색을 이해하는 것이 목적이 되어 버리고, 그것을 이해하는 의의를 찾기 어려운 점 등의 문제점이 표면화되었으며, 결과적으로 백과사전적인 나열적 혹은 망라적 지리 학습법에서 크게 벗어나지 못하고 있었다(Schreiber, 1981). 이렇듯, 1950년대 초반에 지지도식과 '가까운 데서 먼 곳으로'의 지평확대법의 경직적인 적용에 대하여 문제를 제기하는 시도들이 나타나기 시작했으며, 동심원 원리의 적용에 대한 비판으로서 학생들에게 저학년 단계에서 독일을 적절히 가르칠 수 없으며, 또한 10~12세, 즉 '로빈슨 연령'(Robinson-Alter)에 있는 학생들의 낯선 대륙에 대한 호기심을 충분히 감안하지 못하고 있다는 비판도 제기되었다. 더욱이 외래 과일이나 외국인의 형태로 구체적 현실세계와의 일상적 조우도 향토가 더 이상 외국과 동떨어진 공간이 아니라는 사실을 보여 준다는 지적이 나오기도 하였다.

1950년대 이후 독일의 지리교육과정은 지지('지역지리')의 학습 내용량을 줄이기 위한 범례 위주 학습법에서 출발하여, 두 가지 차원에서 지지도식의 수정이 이루어졌다. 그 흐름의 하나는 이미 학교지리 100년의 후반기를 시작할 즈음인 1928년에 슈페트만(H. Spethmann)이 제창한 '동태지지'(Dynamische Länderkunde)의 도입을 주장하는 개혁적인 노력이었다. 동태지지가 1920년대에는 큰 반향을 불러일으키지 못했으나 1950년대 말에 다시 등장하였는데, 슈페트만은 동태지지에서 중점을 요구하고, 어느 한 지역의 본질적인 특성 뒤에 놓여 있는 지배적 영역(營力)을 부각시키

---

oder was sonst? Eine disziplinhistorische Skizze zur deutschen Geographie, *geographische revue*, 16, 20-54; Schultz, H.-D., 2016, Ordnungs muss sein! Wohin mit der Geographie im System der Wisseschenschaften? Eine disziplinhistorische Skizze, in Otto, K.-H.(Hg.), *Geographie und naturwisschenschaftliche Bildung* (= Geographiedidaktische Forschung 63), Hochschulverband für Geographiedidaktik, 41-83; Schultz, H.-D., 2016, Staatsbürgerkunde und Geographie: zur Geschichte eines Scheiterns (Schwerpunkt Weimarer Republik), in Budke, A. und Kuckuck, M.(Hg.), *Politische Bildung im Geographieunterricht*, Stuttgart, 27-36.

7 분단을 겪은 독일의 구 동독 시기의 지리교육 및 지리교육과정에 관한 개괄적인 서술은 Bagoly-Simó(2017)를 참조할 수 있다.

고자 하였다. 이에 따라 지지 학습법과 관련하여 지지의 내용은 '주력'(지배적 영역)에 따라 전개되어야 한다는 '지배요인에 따른 지지'(Länderkunde nach dominierenden Faktoren)와 함께 '유형지지'(Typisierende Länderkunde)가 제시되었다. 이는 공간을 더 이상 그 총체성에 비추어 고찰할 것이 아니라, 동일하게 반복되는 요소와 규칙성에 의거하여 규명되어야 한다는 것이었다. 지리수업의 목표는 지리학적 기본개념과 규칙성을 지향해야 하며, 이들 개념과 규칙성은 새로운 관련성에 의거하여 원용된 상황에 전이될 수 있어야 한다(예컨대, 스페인의 사례로 아열대 동계습윤기후의 특성과 원인을, 그리고 쿠웨이트의 사례로 자원수출국의 특징을 파악할 수 있어야 한다는 것 등)는 것이었다. 이와 함께 1950~60년대에 걸쳐 또 하나의 흐름으로서 '범례지지'(Exemplarische Länderkunde)가 출현하였다. 지지적 연속에 의거한 지리교육과정은 학생들에게 일차적으로 세계의 각 지역과 주민들에 관한 적확한 정보, 특히 유일한, 따라서 전용('전이')하기 쉽지 않는 개별 지식들을 전달해야 한다는 것이었다. 이에 반해, 범례 학습법은 각각 하나의 (지리적) 유형(예컨대, 사막과 고산지대, 지중해지역)을 대표하는 지역이나 경관을 선별된 개체(예컨대, 사하라와 알프스, 이탈리아)에 의거하여 가르치고, 동일한 유형의 또 다른 대표물(예컨대, 고비, 히말라야, 스페인)을 다루는 것을 최소한으로 축소('유형개체체계')하거나 전적으로 배제('제유체계' 혹은 '유사범례체계')할 수 있다는 것이었다(Hoffmann, 2006). 따라서 '모범사례' 중심의 범례 학습법은 지지 학습법의 폭넓게 배우는 것을 중시하는 것과 달리 학습의 심화에 목표를 둔 것이었다.[8]

이러한 와중에 1960년 독일에서는 연방 각주의 교육 관계 장관들의 상설 협의체인 교육장관회의(Kultursminister Konferenz: KMK)에 의해 '(중등학교) 상급 학년에서 지리·역사·사회를 횡단하는

8 높은 철저성을 통한 학업성취 제고를 요구하면서 학습 소재('교재')의 과잉과 폭넓게 알아야 한다는 점 때문에 1950년부터 1969년에 걸쳐 독일에서는 '범례 교수학습'(Exemplarisches Lehren und Lernen)의 본질과 실현에 대한 일반 교육학자와 교과 교육자들 간에 격렬한 논쟁이 있었다. 1951년 9월 튀빙겐에서 개최된 회의에서 김나지움 교육개혁에 관한 결의('튀빙겐결의')를 계기로 등장한 범례방식과 관련하여 바겐샤인(M. Wagenschein)은 범례고찰을 '틈새에 대한 용기'(Mut zur Lücke), 즉 과잉 교재를 극복하는 방법으로 학습내용에 빈틈이 발생하는 것을 두려워하지 않고 교재를 축소해야 한다는 것과 '철저성에 대한 용기'(Mut zur Gründlichkeit) 혹은 '근원적인 것에 대한 용기'(Mut zum Ursprünglichen), 즉 교재에 대한 양적 사고에서 질적 사고로의 전환, 다시 말해 최소한의 학습 소재로 최대한의 도야 효과를 목표로 하는 것 그리고 한정된 부문에 관한 심화학습으로 규정하였다. 따라서 범례방식은 다른 사실관계에 적용할 수 있고 이에 대해 추론적 영향을 미치는 하나의 사례('exemplum')에 바탕을 둔 인식 혹은 통찰을 가르치는 것을 의도한 것이었다. 이처럼 일반 교육학적 학습법은 수업의 구성원리가 아니라, 수업의 교과내용의 강조에도 영향을 미친 '내용정선 원리'(Prinzip der Stoffauswahl)에 관한 것이었다(Wagenschein, 1956; Rinschede, 2003). 어쨌든 범례방식은 지지 학습을 기초로 하여 지역을 사례로 다룬다는 점에서 지지 학습의 내용축소, 즉 학습 내용량을 줄이는 데 성공하였다. 하지만 학습내용의 선정 기준에 관해 통일된 견해가 제시되지 않았다는 사실과 특정 국가나 지역에 대한 고정관념을 조장할 수 있다는 점 등의 범례방식의 문제점을 지적하는 논의도 제기되었다(山本隆太, 2015).

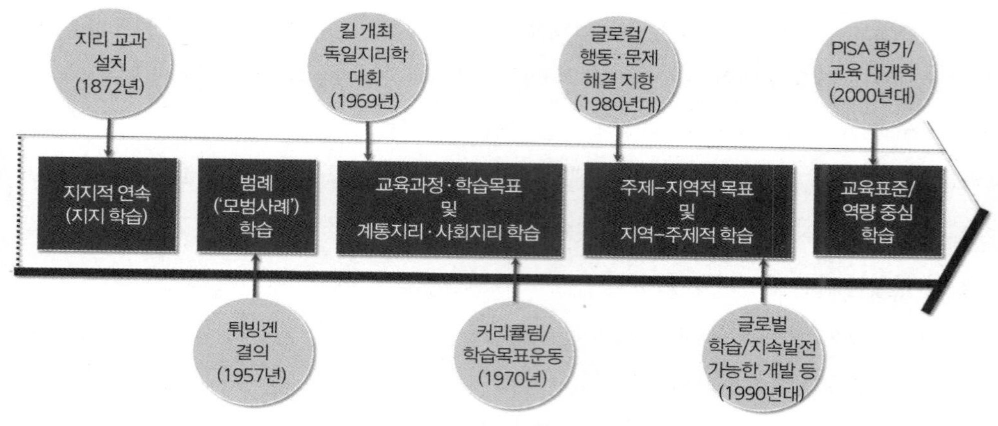

그림 1. 독일 지리교육과정의 변천

출처: Schultze(1979: 3), Birkenhauer(1988: 8), Rinschede(2003: 117), Hoffmann(2006: 81), Kestler(2015: 78) 등을 참고하여 재구성함.

내용을 포함한 새로운 교과, 즉 사회과(Gesellschaftskunde 또는 Gemeinschaftskunde)의 설치'가 결의되면서 지리교과뿐만 아니라 역사 및 사회 교과도 적잖은 영향을 받게 되었다(Schultz, 2012). 이와 함께 1960년대부터 학교지리에 배당된 수업시간도 점차 감소하였으며,[9] '사회과'의 틀에서 인문지리(특히 사회지리와 경제지리)의 내용이나 개념이 학습 상 우선시되는 반면, 자연지리가 옆으로 밀려나게 되는 결과가 초래되었다.

이처럼 시대적 환경의 변화 속에서 1960년대 말에 독일의 지리교육과정은 그 근본적인 개편과 연결된 '지지적 연속'으로부터의 완전한 전환을 겪게 되었는데, 당시 몇 가지의 발전 흐름이 동시적으로 나타났다(그림 1 참고). 그 하나는 교육학에서 '교육과정이론'(Curriculumtheorie) 또는 '학습목표운동'(Lernzielbewegung)이었으며, 또 다른 하나는 지리학에서 지지에 대한 비판과 함께 계통지리의 강조 및 존재기본기능을 통한 사회지리학의 재개념화였다. 우선 1960년에 들어 독일 교육

9 독일의 지리교과는 중등교육 전기단계(Sekundarstufe I)의 거의 모든 학교에서 독립의 필수('의무') 교과로, 통상 12주 단위의 한 학기 동안 시수는 주(州)별로 그리고 학교 종별로 총 6시수에서 11시수로 차이가 있으며, 평균적으로는 총 8.5시수로 지리수업이 진행되고 있다. 1960년대 이전까지만 해도 중등교육 전기단계 6년 동안 주당 평균 2시간씩 총 12시간과 비교하여, 1970년대 초반 이후 지리교과의 시수는 축소되어 왔다. 지리교과는 초등교육 단계에서 사실교육(Sachunterricht)으로, 중등교육 전기 및 후기 단계(Sekundarstufe II)에서 사회계 교과로 자리 잡고 있으며, 독일의 16개 주들 가운데 중등교육 단계('김나지움')에서 통합교과 혹은 연합교과의 틀을 채택하고 있는 주는 니더작센과 바덴-뷔르템베르크 등 5개 주에 지나지 않으며, 나머지 11개 주는 단독교과의 지리과로 운영하고 있다. 그리고 김나지움 상급학년 단계에서는 지리가 의무, 기본, 성취 과정 중 어디에 해당하느냐에 따라 주별로 시수는 3~13시간으로 큰 편차를 보이고 있기도 하다(Hemmer, 2011).

학에서는 영어권으로부터 유래한 교육과정운동의 영향을 받아 독일 전래의 '교수계획'(Lehrplan)을 '학습목표'를 지향하는 방향으로 개편하려는 시도가 등장하였다. 과거 지지 중심의 지리교육과정은 각 지역과 국가의 내용을 중첩시킨 교육과정을 구성하였으며, 왜 그 지역과 현상들을 배우느냐는 학습목표가 모호하여 많은 비판을 받았다. 당시에 제시된 여러 교육과정이론 가운데서도 교육은 학생들이 현재와 미래의 생활에서 진정으로 필요로 하는, 다양한 행동선택에 의해 과제를 극복할 수 있는 '자질'(Qualifikation)을 획득하는 것을 목표로 한 교육과정('커리큘럼')을 구성해야 한다는 접근방법이 수용되었다. 다시 말해, 학생들이 성장하여 성인이 되었을 때에 중요하다고 여겨지는 실천적인 생활상황을 파악하고, 그것을 극복하기 위한 자질을 검토하여 그러한 자질을 획득할 수 있도록 하는 교육과정을 구성해야 한다는 것이었다. 생활상황을 바탕으로 하여 먼저 보편타당한 학습목표를 설정하고, 이러한 학습목표로부터 교과 특수적 (학습)목표를 도출할 수 있을 것이라는 것이었다. 그러므로 교육과정은 학문분야의 체계를 따르는 것이 아니라 자질에 의거하여 구성되어야 한다는 것이며, 이러한 자질은 작동하고 전이할 수 있는 지식과 문제를 해결할 수 있는 사고를 전제로 한다고 보았다. 따라서 위에서 언급된 범례 원리의 적용이 그 수행방법으로서 제안되기도 하였다(Rinschede, 2003).[10]

다른 한편으로, 1960년대 말을 거치면서 독일 지리교육과정의 형식이 학습목표를 지향하는 교육과정에 의거하여 개편된 반면, 교육과정의 주요 내용은 계통지리와 사회지리를 위주로 하여 재

10 교육학자 로빈존(S.B. Robinsohn)이 1967년에 출간한 『교육과정의 개정으로서 교육개혁』(Bildungsreform als Revision des Curriculum)은 지리뿐만 아니라 타 교과에서도 상당히 파격적인 것으로 받아들여졌는데, 왜냐하면 당시까지만 해도 학생들에게 임의의, 가능한 포괄적인 교과지식을 전달하는 것이 교육과정의 핵심이었기 때문이었다. 로빈존에 따르면, 학교수업은 학생들이 자신의 생활에서 실질적으로 필요로 하며 그들에게 (지리적) 행동연출을 가능케 하는 자질을 한층 구속력 있게 지향해야 한다고 주장하였다. 따라서 지리 수업과 교육과정은 지리학의 학문체계가 아니라 자질에 의거하여 구조화되어야 한다고 주장하였다. 로빈존은 교육과정이 세 단계를 거쳐 수립될 수 있는데, 먼저 학생들에게 현재와 미래에 어떤 '생활상황'(Lebenssituation)이 기대되는가? 다음으로 이러한 생활상황을 극복하기 위해 어떤 '자질'(Qualifikation)이 수업을 통해 학생들에게 가르칠 수 있는가? 그리고 이러한 자질을 학생들에게 전달하는 데 어떤 학습내용(Lerninhalt)이 적합한가? 라는 것이었다. 이러한 연쇄적 질문들은 생활상황에서 출발하여 학습목표, 학습내용 그리고 학습조직에 관한 의사결정 간의 상호 관련성을 요구한다는 점을 보여 주었다. 즉, 학습 소재계획과 내용 목록 위주인 과거의 교수계획과 달리 교육과정론은 하나의 주제가 어떤 목표설정과 함께 다루어져야 하며, 각각의 교육내용에서 학생들이 어떤 인식과 통찰 그리고 능력을 획득해야 하는지를 설명하도록 하였다. 그런데, 로빈존의 교육과정이론이 기존의 학문 중심 교육과정에 대한 비판으로 제시된 것이라고도 해도, 교육과정 연구는 현재의 생활상황에 관한 분석과 장래의 생활상황에 대한 타당하고 구속력 있는 목록을 설정하는 데에는 성공하지 못했다. 이러한 점에서 현재 및 미래의 생활상황에 대한 분석으로부터 도출되는 자질 혹은 학습목표와 이에 상응하는 학습 내용 및 방법을 설정하는 것도 불가능하였다. 따라서 1970년대의 학습목표 지향의 교수계획은 로빈존이 말하는 의미에서도 생활상황에 대한 범교과적 분석도 행해지지 않았고, 상위의 자질도 도출될 수 없었다. 다만, 규율적 학습목표라는 최상위 차원에서 로빈존의 접근방법이 논의를 규정하였다. 이와 반해, 유관 적합한 학습목표는 교과의 학문구조를 여전히 지향할 수밖에 없었다(Rindschede, 2003).

구성되었다(Hoffmann, 2017). 독일 지리학에서도 1969년 북부 독일 킬(Kiel)에서 개최된 독일지리학대회(Deutscher Geographentag)를 계기로 정태적이고 기술적인 지지(Länderkunde)를 대신하여 계통지리(Allgemeine Geographie)를 강조하는 패러다임의 전환이 일어났다. 이와 같이 독일 지리학의 사조 변화는 지리교육과정의 변화에도 중대한 전환점이 되었는데, 지리교육에서도 범례 원리의 실현과 함께 학습목표 중심의 교육과정 개편은 지역지리에서 계통지리로의 내용적 전환을 통하여 가능한 것으로 인식되었다.

이러한 변화과정에서 이미 1970년 이전에도 계통지리적 주제를 지리교육과정의 구성에 활용해야 한다는 제안이 있었으나, 슐체(A. Schultze)의 "지지 대신에 계통지리를"(Allgemeine Geographie statt Länderkunde, 1970)이라는 논문은 이러한 변화, 곧 지역지리 학습에서 계통지리 학습으로의 전환에 이정표 역할을 하였다. 지지는 어느 한 지역을 전체적인 "사실의 모자이크로 파악하는데, 그러한 모자이크는 복합성으로 인하여 필연적으로 일회적인 것이다. 이러한 점에서 지지는 유일한 것의 진퇴양난에 빠지고 있다. … 그런데, 계통지리는 전용 가능한 구조('통찰')를 지향하며, 따라서 범례 교육과 연관 관계를 맺고 있다"(Schultze, 1970: 2, 8). 슐체는 지지는 공간의 수평적인 배열로 인하여 높아지는 학습 요구수준에 따른 교육과정을 단계별로 적절히 구성하는 순위배열 원리를 결여하고 있으며, 이때부터 '가까운 데서 먼 곳으로'라는 순서는 더 이상 견지될 수 없다고 주장하였다. 하지만, 슐체는 종래의 계통지리의 체계도 난이도와 복합성의 정도에 의거한 학습내용의 선정 및 배열에 적합하지 않기 때문에, 이를 학교지리와 관련하여 높아지는 학습 요구수준에 맞춘 네 개의 계통지리적 범주로 개편하였다. 즉, 슐체는 학습내용의 선택은 더 이상 지역이 아니라 지리적 구조를 따른다고 지적하고, 다음과 같은 네 개의 지리적 유형구조에 의거한 지리교육과정의 편성을 제시하였는데, 즉, ① 산맥의 형성이나 기후 및 식생의 지대분포 등 자연의 인과관계에 초점을 맞춘 자연구조(Natur-Strukturen), ② 인간에 의한 자연자원의 이용과 보호 그리고 파괴와 같은 인간과 자연 간의 상호작용구조(Mensch-Natur-Strukturen), ③ 도시와 그 주변지역의 관계 및 천연자원의 과잉지역과 부족지역 간의 관계와 같은 인간 활동지역 간의 기능적 구조(Funktionale Strukturen), 그리고 ④ 다양한 문화나 이념에 의해 특징 지워지는 도시와 같은 사회와 문화의 공간적인 영향을 고찰하는 사회문화적 구조(Gesellschaftlich-kulturell bedingte Strukturen) 등이었다. 선정된 주제들은 학생들로 하여금 전이할 수 있는 구조에 대한 통찰을 가능케 하며, 모든 학년의 수업에서 '(공간)사례'를 통하여 대표되어야 한다고 하였는데, 이때 가까운 곳의

소재와 먼 곳의 소재가 상호 연계될 수 있다고 주장하였다(Rinschede, 2003).[11]

1970년대에 이상과 같이 지지에서 벗어난 계통지리 위주의 지리교육과정 편성으로의 전환 외에 학습목표를 지향하며 주제 중심 지리의 또 다른 발전 흐름이 나타났는데(水岡不二雄, 1981), 즉 1960년대 말 이래 '뮌헨사회지리학파'에 의해 성립한 사회지리학은 공간에 작용하는 힘으로서 사회집단의 존재기본기능(Daseinsgrundfunktionen)인 거주, 노동, 수급, 교육, 휴양, 교통참여 그리고 공동생활 등과 같은 개념을 갖고서 지리교육과정을 구성하려고 시도하였다. 이와 관련하여 관건은 생활(상황)을 극복하기 위한 활동에 의거하여 공간을 각인하고 형성하는 사회집단의 공간과 관련된 요구였다(박영한 등, 1998). 앞서 살펴본 교육과정이론은 학습목표를 도출하기 위한 탐색도구로서 로빈존(S.B. Robinsohn)이 말하는 사회적 생활상황을 우선시하였는데, 이를 지리교과 교육학자들은 사회지리학의 존재기본기능에서 발견하였다. 이 존재기본기능은 모든 학년 단계에 결쳐 학습주제와 관련한 원주(Säulen)로 활용하기에 충분하였다. 보통 원주구조는 '학습나선'(Lern-spirale)을 통하여 학습목표의 형식에 결합되며, 이 학습목표는 높아지는 복잡성에 의하여 난이도의 상승을 실현하는데, 이는 '나선형교육과정'(Spiralcurriculum)으로 일컬어지고 있다.[12] 이렇듯 1970년에 독일 바이에른(Bayern)주의 초등학교에서 향토과(Heimatkunde) 및 사실과(Sachkunde)의

---

11 지지 학습과 달리 계통지리 학습은 다음과 같은 이점을 지닌 것으로 이해되었는데, 첫째 계통지리에서는 지지('지역지리')에서 요구되는 총체적 인식과 달리 경관과 특정 공간을 한정적이고 개관할 수 있는 기초 요소들을 학습할 수 있으며, 둘째 교수계획에서 주제를 '가까운 데서 먼 곳으로'가 아니라 '간단하고 기초적인 것에서 복잡한 것으로' 진행되는 형식으로 순차적으로 편성할 수 있으며, 셋째 이들 (네 가지의 유형) 구조는 지속적으로 높아지는 학습요구를 보장할 수 있는데, 이렇듯 단순한 자연지리적 상호 관련성을 학습하는 것에서 출발하여 기능적 관련성을 터득하는 것을 거쳐 최종적으로 복잡한 사회문화적 상호 관련성을 배우는 '원추경사로구조'(Rampenstruktur) 모델의 형태로 학습이 가능하다는 것 등이었다. 계통지리 위주의 교수계획 개념은 지역적 단위(국가)를 계통지리로 대체하는 것이 아닌데, 다시 말해 계통지리의 개별 학문분과를 체계적으로 다루는 것이 아니었다. 전용 가능한 구조에 대한 통찰을 가능케 하는 학습 주제들을 선정하고, 지지적 연속에서처럼 지역적 순서 대신에 치환 가능한 사례와 함께 주제 구성을 제공한다는 것이었다. 이에 따라 계통지리적 인식은 구체적인 공간과 분리되는 것이 아니라, 오히려 결합되어 전달될 수 있도록 한다고 보았다. 기본적으로 모든 학년단계에서 전 세계가 시야에 들어오게 되고, 이러한 전 세계적으로 펼쳐져 있는 모범사례('범례')의 선정에서 모든 지역들이 적정하게 대표되고, 따라서 공간적 연속의 관점에 도달할 수 있도록 주의를 기울여야만 했다. 하여튼 계통지리 위주의 교육계획 개념은 1970년대 지리수업의 발전에 결정적인 영향을 미쳤으며, 지지적 연속을 종결시키게 되었다. 슐체의 테제는 학습목표 지향의 지리로 나아가는 데 본질적인 걸음을 내딛었으며, 현재의 독일 지리교육과정 구성에서도 여전히 중요한 논리로 자리 잡고 있다(Rinschede, 2003: 120-1).

12 1970년대를 전후하여 독일에서는 지지 학습에서 벗어나 지리교수계획을 구조화한 일련의 학습 모델들이 개발되었는데, 가이펠(Geipel, 1969)의 '원추경사로모델'(Rampen-Modell)을 비롯하여 리히터(Richter, 1976)의 원주모델(Säulen-Modell), 비르켄하우어(Birkenhauer, 1978)의 단계모델(Stufen-Modell), 브루너(Bruner, 1979)의 나선스프링모델(Spiralfeder-Modell) 그리고 쾨크(Köck, 1979)의 광원추모델(Lichtkegel-Modell) 등이 제시되었다(Hoffmann, 2006: 90).

표 2. 패쇄적 교육과정에서 개방적 교육과정으로의 변화

13학년 (김나지움 9학년) – 기본과정 지리(1977년) 중심 주제: 현재의 인구이동과 공간계획 · 정책의 지리적 측면			
학습목표	학습내용	수업방법	학습통제
도시화의 원인, 형태, 그리고 공간 작용적 영향에 대한 개관	인접공간(국가) 및 유럽의 (가까운 과거 및 현재의) 도시화과정에 관한 사례들(예컨대, 공업화시기의 결과에 따른 도시의 성장, 기능적으로 상이한 도시지구의 형성, 도시와 주변 배후지 관계의 발달, 도시 내부의 교통 및 환경 문제)	• (예컨대, 사례 도시의 발달에 관한) 교사의 강의 그리고/또는 학생들의 발표 • 교사의 지도 아래 제2의 사례 도시(유럽의 대도시)의 도시 시가지도 해석 • 팀별 학습으로 학교 소재지역의 토지이용도 해석	• 인구 통계의 활용 평가 (두 표본연도 간의 비교) • 도시지구 형성의 관점에서 도시 시가지도의 일부 구역에 대한 평가 (두 표본연도 간의 비교)

13학년(김나지움 9학년) – 기본과정 지리(1988년) 중심 주제: 제3세계 – 열대의 개발지역(약 3~5시간)		
학습목표	학습내용	수업의 유의사항
서로 다른 열대지역의 기후적 그리고 생태적 특수성에 대한 개관	• 연중습윤 열대, 건조습윤 열대, 건조지역 • 열대의 생태계(기후, 토양, 식생 간의 상호 관계)	• 열대의 구분, 기후순환 체계에 따른 배열 • 생태계의 지속가능성에 관한 토론

13학년(김나지움 9학년) – 기본과정 지리(1991년) 중심 주제: 제3세계 – 열대의 개발지역(약 6시간)	
주요 학습목표: 서로 다른 열대 및 건조아열대 지역의 기후적, 생태적 특성 및 특수성에 대한 인식	
학습내용	수업의 유의사항
• 열대 및 건조아열대의 식생지리학적, 기후지리학적인 포괄적 구분 • 열대 생태계의 특색	• 간략한 지구적 순환도식에 있어서의 배열 • 주제도의 참고, 기후 다이어그램의 해석, 지속가능성의 비교

11학년(김나지움 8학년) – 지리(2008년) 중심 주제: 생태계와 인간의 개입 – 열대(약 10시간)
주요 학습목표: 열대 생태계의 자연공간적 발전 잠재력 및 한계에 대한 인식
학습내용
• 연중습윤 열대에서의 자연생태계에 대한 학습 • 연중습윤 열대에 적응하지 못한 토지이용의 생태적 귀결 • 건조습윤 열대에서의 경관생태적 체계의 교란

주: 독일 바이에른주(州) 김나지움의 지리 교수계획(Erdkunde-bzw. Geographielehrpläne)을 사례로 살펴보면, 1977년의 이른바 '사분체계'의 폐쇄적 교육과정의 경우 각 학년 단계의 학습목표 및 학습내용은 10페이지 이상으로 서술되었으나, 1988~1991년에는 4~5페이지로, 그리고 2008년 이후로는 학년 단계별로 2페이지 내외로 줄어들었음

출처: Kestler(2015: 83, 85)

교육과정은 거주, 노동, 휴양, 교통참여, 공동생활 등 다섯 개의 교수계획 원주를 중심으로 구성되었다(Hausmann, 1988; 1997). 사회적 활용가능성 및 이와 결부된 자연지리적 주제들의 점진적 배제라는 측면에서 사회지리적 주제의 강조는 오늘날까지 지속적으로 영향을 미치고 있는 지리교육

과정 상의 불균형을 초래하기도 하였다.[13]

이상에서 알 수 있듯이, 1970년대 독일의 새로운 지리교육과정('Curriculum' 혹은 'Curricularer Lehrplan'으로 일컬어짐)은 이전의 순수하게 수업내용과 관련된 소재(素材) 중심의 교수계획과 달리 도달하려는 학습목표 혹은 자질을 지향하게 되었다. 이러한 방향전환은 교수계획에서 '사분체계'(4-Spalten-System)를 통하여 가시화되었는데, 여기서는 학습목표가 맨 앞자리에 적시되고, 이에 해당하는 학습내용과 학습방법 그리고 학습목표의 조정(통제)이 뒤따라 서술되었다. 암묵적인 학습 목표-내용-방법-조정의 상호 관련성에 의해 사전에 구조화된 학습과정을 상세히 확정하고 이에 대하여 높은 구속력을 부여함으로써, 이는 '폐쇄적' 교육과정으로도 일컬어지기도 하였다. 그럼에도 불구하고, 이 시기에 독일의 지리교육과정이 도달해야 할 교육목표, 능력 또는 역량을 입각하여 구상되어야 한다는, 이후에도 계속하여 영향을 미친 패러다임 전환이 발생하였다. 따라서 비록 교육 당국에서는 그 사이에 다시금 '교수계획'이라는 표현으로 되돌아가지도 하였지만, 교수법적 견지에서는 '교육과정'(커리큘럼) 개념이 적절한 것으로 여겨졌다. 목표 중심의 교육과정과 연계하여 지리교수계획의 재구성에 대한 요구도 높아지고, 교수계획은 급속도록 변화하는 상황조건으로 인하여 가능한 여러 많은 사회집단들과의 합의하에 지속적으로 개발되고 보다 빈번히 현실화되어야만 하였다(Kestler, 2015).

2) 1980년대 중반 지리교육과정의 변화: 주제-지역 및 지역-주제 교육과정의 확립

이미 1980년대 중반에 와서 독일에서는 1970년대의 폐쇄적 교육과정의 경직성, 공리주의적·조작 가능한 학습목표에의 제한 그리고 지리에서의 소홀히 다루어지게 된 공간적·지역적 구성요소 등과 같은 곧장 가시화된 단점들로 인하여 폐쇄적 교육과정을 개방적 교육과정으로 전환하려는 움직임이 나타났으며, 지리에서 순수한 계통지리적 접근방법을 지역지리적 요소를 갖고서

13 바이에른주에서 존재기본기능을 바탕으로 한 사회지리적 접근법이 중등학교 단계에서 확립되기 전에 이미 성찰이 나타났다. 우선 존재기본기능은 범교과적 기초학교에서 교육과정의 일정 학습영역에 대한 탐색도구의 역할을 할 수 있으며, 학생들의 생활상의 필요성과 직접적인 경험세계와 연결되고 있다는 점, 중요한 문제나 관련성을 파악하고 그것을 발전시켜 응용과 연관된 그리고 공간 중심적인 고찰을 행할 수 있다는 점, 그리고 각 사회적·문화적 집단이 지닌 가치관을 수용하는 태도를 기를 수 있다는 점 등에서 긍정적인 평가를 받았다. 반면, 존재기본기능의 엄격한 적용은 과거의 지지도식을 대체하는 새로운 도식주의로 연결될 수 있다는 점, 일반적으로 동일한 장소에 여러 가지 존재기본기능들이 중첩되고 현실에서 이들 존재기본기능을 정연하게 구별할 수 있는 경우는 드물다는 점, 그리고 지리수업의 본질적인 학습대상은 존재기본기능이 아니라 이와 연결된 (공간)구조와 과정이라는 점 등의 비판이 제기되었다(Rinschede, 2003: 123-4).

보완하고자 하는 흐름도 등장하았다. 이처럼 지리에서 폐쇄적 교육과정을 개방적 교육과정으로 전환하려는 노력과 병행하여 계통지리적 교육과정 혹은 교수계획에 지역지리적 구성요소가 다양한 정도로 회귀하기에 이르렀다(Rinschede, 2003: 125). 보다 일반론적이며 개략적으로 서술된 규정을 담고 있는 교수계획이 확대되면서 형식적으로 보아 분량이 한층 적은 교수계획이 등장하고 이전의 '사분(四分)서술' 체계도 점차 해체되었다(표 2 참조).

한편으로, 1980년대 중반 이후 독일 지리교육과정에 지역지리적 구성요소가 회귀하였는데, 그 배경에는 가시화된 학습목표 지향 교수법의 한계뿐만 아니라 지역지리 또는 계통지리의 개성 기술적 혹은 법칙 추구적 고찰방법에 대한 과거와 크게 달라진 평가도 한몫하였다. 여기서 특히 후자와 관련하여, 첫째 단순한 것에서 복잡한 것으로의 보편타당한 단계화가 계통지리적 목표 및 내용 체계만으로 성취될 수 없다는 점, 둘째 지역지리도 법칙 추구적 고찰의 일면을 지니고 있다는 점, 셋째 개성 기술적 그리고 법칙 추구적 고찰방법은 사실을 설명함에 있어서 상호 보완적인 구성요소라는 점, 넷째 순수한 개성 기술적 고찰방법도 하나의 고유한 가치를 지니고 있다는 점, 다섯째 계통지리적 요소가 지역지리에 총괄적으로 연계될 수 있다는 점, 그리고 끝으로 개별 장소나 지역에 대한 기술적 이해능력의 기초로서 공간적 연속을 구축하는 것이 지역지리와 더불어 한층 명확히 실현될 수 있다는 점 등이었다(Kestler, 2015: 84). 따라서 '계통지리인가' 아니면 '지역지리인가'라는 질문에 대한 답변은 곧 '계통지리와 지역지리'라는 것이었다. 즉, 계통지리와 지역지리를 더 이상 이항대립으로서 간주할 필요가 없으며, 이론으로부터 도출된 질문을 던지지 않는 지역지리는 인식상의 빈곤을 보여 주며, 구체적인 공간현상과 연계되지 않은 계통지리는 '예술을 위한 예술'일 뿐이라는 것이었다. 지역지리와 계통지리의 상호작용도 학습내용의 선정 원칙에 조절적으로 작용하며, 이는 한편으로 실제를 이론적 모델에 부적절하게 환원시키는 것을 저지하고, 다른 한편으로 과도한 백과사전주의로의 도피를 방지할 수 있다는 것이었다(Storkebaum, 1990: 11). 물론 그 어떤 고찰방법이 상위의 배열기준으로서 교육의 중심 주제를 규정하는지에 관해서는 의견의 불일치가 여전히 해결되지 않은 채 남아 있다. 따라서 지리교수계획이 일차적으로 계통지리·주제 측면 아니면 지역지리 측면에 의해 구성되어야 하는가? 전자의 경우는 주제-지역 지리교수계획(thematisch-regionaler Geographielehrplan)으로, 후자의 경우는 지역-주제 지리교수계획(regional-thematischer Geographielehrplan)으로 일컬어졌다.

우선, 주제-지역 지리교수계획에서는 선정된 목표 및 주제 영역에 두 번째 단계에서 이들 주제와 기본적인 통찰을 가장 잘 설명해 주는 사례공간이 배열되었다. 이 경우에 자질을 획득하

표 3. 주제-지역 교수계획 구성의 사례

<table>
<tr><th>단계 목표</th><th>학년</th><th colspan="3">주제의 중점</th><th>지역의 중점</th><th>주요 고찰방법</th><th>주요공간단위</th></tr>
<tr><td rowspan="2">1단계:
인간-공간의 관계에 대한 기본적 인식</td><td>5</td><td rowspan="2">공간과 관련한 노동과 수급</td><td rowspan="6">지리적 학습 도구의 터득, 방법 교육</td><td rowspan="6">지세와 방향 인식</td><td>세계와 독일</td><td rowspan="2">주로 자연 형태적, 이때 기술</td><td rowspan="2">사례는 생활공간과 경관</td></tr>
<tr><td>6</td><td>독일과 유럽</td></tr>
<tr><td rowspan="2">2단계:
공간 작용적, 공간 변동적 요인의 분석</td><td>7</td><td>자연조건의 분석</td><td>유럽과 아프리카</td><td rowspan="2">주로 인과/발생적, 이때 분석</td><td rowspan="2">사례는 광역공간</td></tr>
<tr><td>8</td><td>문화공간의 형성</td><td>아시아와 라틴아메리카</td></tr>
<tr><td rowspan="2">3단계:
현재적 문제와 과제의 논의</td><td>9</td><td>산업국가</td><td>앵글로아메리카, 러시아, 일본과 유럽</td><td rowspan="2">주로 기능적, 이때 문제화</td><td rowspan="2">사례는 지역, 국가, 광역공간, 세계</td></tr>
<tr><td>10</td><td>지역적 및 지구적 문제</td><td>향토공간, 유럽 속의 독일, 세계</td></tr>
</table>

주: '단순한 것에서 복합한 것으로'의 순서에 따른 중등학교 전기단계 주당 2시간 지리수업을 위한 독일지리교사연맹(VDS)의 주제-지역 중심의 '기본교수계획 지리'(Grundlehrplan Geographie)

출처: Verband Deutscher Schulgeographen(1999)

는 것은 일반적으로 전용할 수 있는 지식을 갖고 계통지리적 주제에 대한 범례 학습을 통하여 실현될 수 있다는 견해가 설득력을 얻었다.[14] 독일에서도 전통적으로 계통지리·주제를 중시하는 경향이 보이는 것은 예를 들어 노르트라인-베스트팔렌(Nordrhein-Westfalen)과 라인란트-팔츠(Rheinland-Pfalz)주 등의 지리교수계획으로, 이는 과거 독일지리교사연맹(Verband Deutscher Schulgeographen)이 제안한 이른바 '기본교수계획 지리'(Grundlehrplan Geographie)에 크게 의존한 것이기도 했다(표 3 참고).[15] 다음으로 지역-주제 지리교수계획에서는 지역의 순서가 상위의 구성 원리로 확립되었다. 이 배열은 중등학교 전기단계(Sekundarstufe I)에서 잘 알려져 있는 원리인 '가까운 데서 먼 곳으로'의 지평확대법에 다시금 다가선 것이었다. 이를테면, 학생들이 5학년에서 세

14 주제와 지역이 결합된 교수계획 구상에서 한편으로 계통지리가 수행하는 기능에는 계통지리가 학생들과 장래의 시민들에게 지리적 내용을 범주화하고 지리적 구조를 파악하는 데 도움을 준다는 점, 계통지리가 학습 대상을 범례로 제한할 수 있도록 해 준다는 점 그리고 계통지리는 계통지리적 지식을 부분적으로 타 사례와 지역에 전용할 수 있는 선정된 사례로 다룬다는 점 등이 거론되었으며, 다른 한편으로 지역지리는 불가결한 것으로서 세계가 지역으로 구분되어 있다는 점(계통지리적 지식의 전이는 지역 특수성에 의해 제한적으로만 가능하다는 점), 지역지리적 연구는 계통지리의 개별 학습내용을 총괄적으로 상호 조합할 수 있다는 점 그리고 지역적 지식은 학생들에게 필요하고 사회로부터 요청되고 있다는 점 등이 언급되었다(Böhn, 1988: 11-12).

15 1999년 독일지리교사연맹(Verband der Deutschen Schulgeographen)은 국제지리학연합 지리교육위원회가 1992년에 제정한 '지리교육 국제헌장' 등을 참고하여 개별 주의 지리교육과정 작성에 참조할 수 있는 '기본교수계획 지리'(Grundlehrplan Geographie)를 제안하였다(Verband Deutscher Schulgeographen e.V., 1999).

계개관에 이어 인접공간과 독일을 배우고, 후속 학년에서 유럽에서 시작하여 비유럽의 멀리 떨어진 공간을 학습하며, 중등학교 전기단계 마지막에 다시 인접공간으로 되돌아와 학습하는 방식이었다. 이러한 지역의 순서는 '가까운 데서 먼 곳으로, 계속하여 먼 곳으로 그리고 가까운 곳으로의 회귀'로 정리될 수 있을 것이다(Rinschede, 2003: 130). 그러고 나서 선정된 공간에 의거하여 계통지리적 구조가 다루어졌다. 때때로 중등학교 전기단계를 마칠 즈음에 세계적 관련성을 배우거나 계통지리적 주제를 학습하기 위하여 지역적 순서를 해체하기도 했다. 특정 학년에 일정 지역을 엄격히 배열하는 것은 반드시 내용적으로 연역될 수 있는 성질의 것이 아니며, (주와 학교 종별에 따른) 상이한 시수 때문에도 실행될 수도 없었다. 그 어떤 경우라도 모든 학년에서 인접공간과 원격공간은 '세계 속의 창'(Fenster in die Welt), '향토 속의 확대경'(Lupe in die Heimat)의 원리를 통하여 상호 연결되어야만 했다(표 4 참조). 이를 통하여 국지 차원에서 글로벌 차원에 이르는 모든 스케일에 대한 고찰이 행해질 수 있게 되었다. 일반적으로 지역을 보다 중시하는 지역-주제 학습법을 축으로 하는 것은 독일에서도 예를 들어 바덴-뷔르템베르크(Baden-Württemberg)와 바이에른주 등의 지리교수계획에서 찾아볼 수 있었다(Kestler, 2015: 86-88).

이상에서 살펴 본 것처럼, 독일 지리교육과정의 내용적 구성에서는 1970년대의 지지 위주 학습인가 아니면 계통지리 위주의 학습인가라는 양자택일적 논의에서 서서히 벗어나서 학교지리에서는 지역지리도 계통지리도 공히 필요하다는 인식하에 양자를 지리교육과정에서 상호 연계하거나 통합하려는 노력이 폭넓게 나타났으며, 그 결과 지리교육과정에서 주제-지역 학습법과 함께 지역(글로벌)-주제 학습법이 등장하였다(Bagoly-Simó, 2017). 이후에도 이러한 지리교육과정의 학습모델은 유지되어 왔으며, 1990년대 중반 이후 독일의 지리교육과정에서 '가까운 데서 먼 곳으로'의 진행방식이 한층 광범위하게 회귀하기도 했다.[16] 이처럼 지역지리적 배열원리에 기울어지는 경향은 2000년대 초반 이후에 등장하는 후술할 역량중심 지리교육과정의 진전과 함께 또다

16 이와 무관하게 지역지리-주제 접근법은 여전히 양립적으로 평가되고 있다. 이에 대한 비판론자들은 지지적 연속에 의한 과거의 접근방법으로의 퇴행을 지적하고 있다. 이 견해는 '가까운 데서 먼 곳으로'의 도식적 순서는 가산적 특성을 지닐 뿐이며, 공간구조 및 그 과정에 대한 통찰에 아무런 진척도 허용하지 않으며, 인접공간에서의 고유한 경험이 먼 곳에서의 낯선 것과 전혀 관련이 없으며, 이전의 통상적인 내용 중심 교수계획에 다가서고 그 어떤 전이할 수 있는 지식도 전달할 수 없다는 것 등을 지적하고 있다. 이는 단지 주제의 배열원리로서만 가능할 뿐이라고 지적한다. 이와 달리, 찬성론자들은 개성 기술적 그리고 법칙 추구적 고찰방법에 관한 차별화된 평가를 요청하고 있다. 더군다나 이들은 지역지리-주제 접근법이 공간적 배열원리로서 한층 적절한 것으로 파악하고 있는데, 왜냐하면 교과내용에 대한 이해할 수 있는 보다 명확한 구성을 가능케 하며, 공간적 차원의 강조는 지리교과에 혼동을 일으킬 수 없는 특성을 부여하는 데 가장 적합하며, 학생들과 대중의 관심사를 보다 양호하게 고려한 것이기 때문이라고 한다(Kestler, 2015: 89-90).

표 4. 지역-주제 교수계획 구성의 사례

구분	학년 단계				
	5	6	7	8	9
사례 공간 (+'지세') / 주제적 학습계획 원주	지구, 독일, 향토지역	유럽	(사하라 이남)아프리카, 오리엔트, 러시아	앵글로아메리카, 라틴아메리카, 남아시아, 동아시아, 동남아시아	인접공간, 독일, 세계
세계로의 창	지구의 모습, 지구의 어린이	독일인의 먼 여행 목적지, 전 세계로부터 온 식량	다양한 자연적, 문화적 조건에서의 생활	아메리카화, 남북 격차	자연 지리적, 인문 지리적 주제의 설정
지형과 식생의 변화	내생적, 외생적 힘의 개관	눈사태, 식생	식생대	지진	내생적, 외생적 영역(힘)의 상호작용
날씨와 기후	날씨 요소	기후다이어그램, 기후의 영향	기후요소, 기후인자, 기후대	돌풍, 몬순	미기후 및 대기후, 기후변화
경제	지표의 농업적, 산업적 이용	농가, 제조업체	경제요인으로서의 석유, 자원의 유무	산업화된 농업, 신흥공업국과 개발도상국에 관한 구조자료	경제부문의 의의, 첨단기술 산업의 입지, 세계화
도시	향토공간 속의 도시	유럽의 대도시	오리엔트의 도시, 모스크바	아메리카의 도시, 도시화	연방수도 베를린, 대도시 공간, 세계적 도시화
지속가능성 / 환경교육	토양 등의 보존을 위한 조치들	개인의 여행 및 소비 행동	공적개발지원 프로젝트	자연에의 개입과 문화	위협받는 환경, 지하자원의 한계, 지속가능한 발전
학습기법	지리정보의 파악, 서술, 해석	예를 들어 기후다이어그램의 작성, 비교, 항공사진 판독	예를 들어 기후다이어그램 배열, 항공사진에 대한 기술 및 간단한 해석의 시도	예를 들어 항공사진 감정, 통계데이터 해석, 인과단면도의 작도와 감정	지리적 연구의 독자적인 기록 및 결과의 표현

주: 바이에른주의 6년제 실과학교의 지리교수계획
출처: Bayerisches Staatministerium für Unterricht, Kultus, Wissenschaft und Kunst(2001)

시 상대화되고 있는데, 왜냐하면 역량중심 교육과정은 계통지리적 지향을 한층 강조하고 있기 때문이다. 독일의 지역지리-주제 교수계획과 주제-지역지리 교수계획의 개략적인 구별을 최고의 구성차원에서 살펴본다면, 현재에는 이 두 접근방법의 적용과 관련하여 대체로 균형을 이루는 모습을 찾아볼 수 있다(Kestler, 2015: 89).

다른 한편으로, 1980년대 중반 이후 독일의 지리교육과정은 교과내용의 차원에서 새로운 다양한 주제들과 목표를 채택하고, 교수법적 차원에서 특히 행동 중심 요소와 전체 교육이상에 맞춘 문제해결 역량을 크게 강화해 오고 있다(Hoffmann, 2006). 특히 전자의 학습 주제 및 목표와 관련하여 하나의 원리로서 독자의 주제영역에 속한다고 볼 수 없는 지속가능성(Nachhaltigkeit) 원리를

표 5. 김나지움 지리교육과정의 내용적 유형 (2003년 10개 연방주를 중심으로)

구분	학년 단계					
	5	6	7	8	9	10
바덴-뷔르템베르크	계통 / 지역-주제					
바이에른	지역-주제			(계통)	지역-주제 / 계통	
함부르크	계통 / 지역-주제			계통 / 주제-지역	계통	
헤센	주제-지역	지역-주제 / 주제-지역		주제-지역		
니더작센			계통-주제			지역-주제
노르트라인-베스트팔렌	주제-지역		주제-(계통)주제-지역			
라인란트-팔츠	계통 / 주제-지역 / 계통	지역-주제	계통 / 지역-주제			계통 / 지역-주제
자르란트	지역-주제 (개별 계통지리적 모듈 산재)					계통 / 지역-주제
작센-안할트	지역-주제 (개별 계통지리적 모듈 산재)					
튀링겐	지역-주제 (개별 계통지리적 모듈 산재)					

주: ( )는 명확하게 유형이 확인되지 않는 경우
출처: Köck(2006: 21)

비롯하여 범교과 또는 통합교과 학습(Fächerverbindes Lernen), 환경교육(Umwelterziehung)뿐만 아니라 다문화 학습(Interkulturelles Lernen), 글로벌 학습(Globales Lernen) 등도 교육과정에 고려되기 시작하였으며, 이와 함께 자연지리 혹은 유럽 등과 같은 계통지리적 그리고 지역지리적 주제영역도 이전보다 한층 명확히 포함시켜 다루어지게 되었다(Kirchberg, 2005; Haubrich, 2006).

3) 2000년대 이후 지리교육과정의 발달: 역량중심 교육과정으로의 개편

2000년대에 독일의 지리교육과정은 1960년 말과 1970년대 초에 걸쳐 경험한 것과 비교할 수 있는 또 한 번의 근본적인 개편을 겪고 있는데, 독일 교육장관회의(KMK)가 일부 교과의 국가교육표준을 개발하여 실행하면서 지리교과도 역량중심 교육과정으로 개편되기에 이르렀다. 2001년 12월 PISA 학력진단평가 결과가 발표되면서 독일 학생들의 학력이 국제적 비교에서 평균에 미치

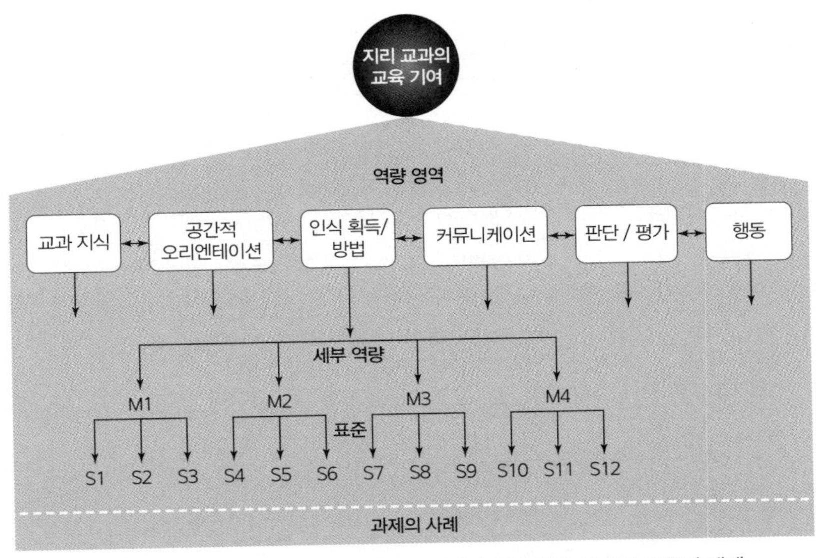

그림 2. 지리교과 교육표준에 있어 역량 영역과 세부 역량 그리고 표준의 체계

출처: Deutsche Gesellschaft für Geographie(2017); Hemmer et al.(2007: 4)

지 못할 정도로 저조한 것으로 밝혀지고, 그 원인과 배경 그리고 해결방안을 둘러싼 격렬한 논의가 있었다. 이에 교육장관회의는 PISA의 결과로 드러난 문제점 등을 극복하기 위하여 학교교육 개혁방안의 일환으로 7개의 중점과제를 추진하기로 하였으며, 그중 하나가 구속력 있는 국가교육표준을 설정하고 결과 지향적인 평가를 통한 학교수업의 질을 획기적으로 개선하고자 한 것이었다(Klieme, 2003). 2005년 교육장관회의는 실제로 중등학교 전기단계의 독일어, 수학, 제1외국어(영어 및 프랑스어) 그리고 생물, 물리, 화학 등의 자연과학계 교과들에 대한 독일 최초의 국가교육표준(Nationale Bildungsstandards)을 개발하여 실행하게 되었다(Kultusministerkonferenz, 2005).

이러한 상황에서 독일지리학회(Deutsche Gesellschaft für Geographie: DGfG)는 높은 재정적 소요를 이유로 국가교육표준이 제정되지 않은 '지리'(Erdkunde/Geographie) 교과와 관련하여 비(非)표준교과로서의 평가절하의 위험에 대처하기 위한 목적에서 독자적인 교육표준의 개발에 나서게 되었으며, 그 성과물로서 2006년에 결의된 '중등단계 졸업을 위한 지리교과 교육표준'(Bildungsstandards im Fach Geographie für den Mitteren Schulabschluss)을 공표하였다(Deutsche Gesellschaft für Geographie, 2017). 비록 독일지리학회(DGfG)에 의해 개발된 지리 교과의 교육표준은 교육장관회의로부터 인증을 받은 것이 아니며, 따라서 교육 정책적으로 구속력을 지닌 것은 아니지만, 이는 각 연방주의 교육과정위원회(Lehrplankommission)에 의하여 지리교과의 교육과정 작성

표 6. 독일 지리교과 교육표준에 있어 역량 영역과 핵심역량

역량 영역	핵심역량
교과 지식 (Fachwissen: F)	자연지리학적, 인문지리학적 체계로서 공간을 다양한 스케일에서 파악하고, 인간과 환경 간의 상호관계를 분석할 수 있는 능력
공간적 오리엔테이션 (Räumliche Orientierung: O)	공간상에서 자신의 위치를 확인할 수 있는 능력(지세적 위치지식, 지도를 읽을 수 있는 능력, 현실 공간에서의 위치 파악, 공간 인지의 숙고)
인식획득/방법 (Erkenntnisgewinnung/Methoden: M)	지리학적으로 그리고 지구과학적으로 관련 정보를 현실 공간과 미디어로부터 획득하고 활용하며, 지리에서 인식 획득의 순서를 기술할 수 있는 능력
커뮤니케이션 (Kommunikation: K)	지리학적 사실을 이해하고 표현하고 발표할 수 있으며, 이에 대하여 사실에 입각하여 타인과 의견을 나눌 수 있는 능력
판단/평가 (Beurteilung/Bewertung: B)	공간과 연관된 사실과 문제, 미디어상의 정보, 지리학적 인식을 판단 기준에 근거하거나 기존의 가치를 고려하여 평가할 수 있는 능력
행동 (Handlung: H)	다양한 행동 분야에서 자연 공간적, 사회 공간적으로 적절하게 행동할 수 있는 능력과 자세를 가짐

출처: Deutsche Gesellschaft für Geographie(2017: 9)

에 준거의 틀이 되어 왔으며, 그 동안 독일의 거의 모든 연방주는 지리교과의 교육과정을 역량 중심으로 개편하기에 이르렀다(Schöps, 2017).

이러한 독일의 새로운 지리교육과정은 일반적으로 다양한 '역량'(Kompetenz) 영역을 제시하며 지리교과의 교육기여(전체 교육에 대한 지리교과의 의의)를 설명하는 서문으로 시작한다. 역량 영역의 구성과 관련해서는 사실역량, 방법역량, 도덕역량 그리고 사회역량 등 일반 교수법의 통상적인 역량 구분을 따르거나(예컨대, 메클렌부르크-포어포메른, 슐레스비히-홀슈타인, 튀링겐주), 독일지리학회의 6대 역량 영역을 준용하거나(예컨대, 니더작센, 자르란트, 작센-안할트주), 이것도 아니면 공간오리엔테이션, 공간분석, 공간이해, 공간평가 그리고 공간적 책임 등과 같이 지리교과 특유의 역량 영역을 창안하여(예컨대, 베를린과 브란덴부르크주) 제시하고 있기도 하다(표 6 참고). 그리고 이를 뒤이어 지리교수계획에는 종종 전체 또는 여러 학년 단계에 따른 하위(또는 세부) 역량이 포괄적으로 기술되어 있다. 제반 역량에 따른 자질 특성은 '서술', '비교', '설명', '논증', '장소화' 또는 '평가'와 같이 작용요소의 적용을 통하여 표현되고 있다. 이들 자질 특성은 1년 혹은 여러 해를 걸쳐 누적적으로 다양한 학습내용을 통하여 개발되어야 하므로, 매우 일반적으로 규정되어 있다. 위에서 제시된 역량의 목록은 종종 서론의 성격을 띠고 있으며, 이를테면 뒤이어 언급되는 (교육표준이 개발될 수 있는) 내용 부문과 직접적으로 연결되어 있지 않은 채 영향을 미칠 수도 있다. 몇몇 소수의 사례에서는 역량과 내용 간의 명시적인 연관성이 드러나고 있는데, 이는 교육과정이론에서 일반적으로 그

러한 것과 동일하다. 그런데, 독일의 역량중심 교육과정에서도 역량에 배열되는 교과의 학습내용은 기본적으로 지역-주제 학습법 혹은 주제-지역 학습법을 따르고 있다. 물론 역량을 지향함으로써 독일지리학회의 교육표준에 의해서도 권고되고 있는 계통지리적 접근방법으로 기울어지는 경향이 확인되고 있다. 왜냐하면, 독일지리학회의 교육표준은 계통지리적 체계를 공간분석의 기초개념으로 채택하였기 때문이다. 이렇듯 그동안 슐레스비히-홀슈타인, 튀링겐, 작센-안할트 주 등은 이제까지의 지역-주제 위주의 학습 내용적 접근법을 주제-지역 위주의 접근법으로 수정 개편하기도 하였다. 따라서 독일 지리교육과정의 초점은 오늘날 계통지리-주제 위주의 학습법으로 바뀌어 나가고 있다고 할 수 있다(Kestler, 2015: 91-92).

4. 맺음말

이상에서 이 연구는 독일의 지리교육과정의 역사적 변천을 살펴보았다. 모든 국가의 교육과정은 기본적으로 학교의 모든 교육행위에 대한 사회적으로 결정된 조정수단이라고 할 수 있다. 교육과정은 다루어야 할 학습 내용과 주제, 도달해야 할 학습 목표와 역량은 물론이고 교수법적, 교육방법론적 그리고 교육학적 주의사항과 제안, 구속력 있는 규정 등을 포괄하고 있다. 교육과정은 그 임무를 충족시키기 위해서는 시대를 반영해야 하며, 따라서 지속적인 발전과 변화를 겪지 않을 수 없다. 이러한 변화의 과정이 때때로 교육과정의 제한적인 개편에 그치기도 하지만, 때로는 근본적인 단절과 진정한 패러다임의 전환을 가져오기도 한다.

독일의 지리교육은 오랜 전통을 지니고 있는데, 그 시작은 16세기로까지 거슬러 올라갈 수 있다. 17세기 이래 지리적 내용이 학교에서 가르쳐지고, 루소(1762)와 페스탈로치(1801)의 교육학적 논저가 출간된 이후 학교지리는 점차 체계화되었으며, 1872년에 지리는 국가 차원에서 독립적인 필수 교과가 되었다. 당시의 지리는 지역 및 국가 스케일의 지역지리에 더하여 '일반 세계지리'의 형식으로 수업이 이루어졌으며, 지평확대법을 토대로 하여 헤트너에 의해 구상된 지지도식의 의미에서 우선 독일과 유럽 국가들이 그리고 비유럽 국가들이 세계에 관한 백과사전적 사실지식을 전수한다는 목적에서 가르쳐 졌다. 1920년대에 '동태지지'와 같은 지리교육과정의 개혁을 위한 제안에도 불구하고, 이러한 '지지적 연속'의 지리학습은 1960년대 말까지 큰 변화 없이 지속되었다. 물론 1950년대를 거치면서 지리교육과정은 '범례 학습'에 따라 부분적으로 개정되었다. 범례 원리가 발전하면서 보다 소수의, 요소로서 인정된, 다시 말해 일반적인 것을 구체화한 사례에 의거하여 지리학습의 내용은 크게 축소될 수 있었다. 이러한 의미에서 범례 원리는 지리교육과정의 개발에 있어서 교육과정론적 접근의 선구로서 역할을 수행하였다고 평가할 수 있으며, 이 범례 원리는 후대의 계통지리-범례 또는 지역-주제 학습법을 따르는 개념적 구조에 근간을 형성하기도 했다.

1970년대에 들어서서 독일의 지리교육과정은 근본적인 전환을 맞게 되는데, 그 변화는 지리학에서 시작되었으나 그에 따른 영향으로 독일 학교지리의 교육과정은 전면적으로 개편되기에 이르렀다. 1969년 독일 지리학대회에서 지지의 폐기가 제기되는 동시에 이를 대신하여 계통지리를 강화할 것이 요구된 후, 지리학은 물론이고 학교지리에서도 1970년대 말까지 교육과정의 대개편으로 나타난 패러다임의 전환이 이루어졌다. 이 시대적 전환 이후 독일의 지리교육과정에서 다양한 교수법적 혁신들이 나타났으며, 이때부터 지리적 구조(자연구조, 인간자연구조, 기능구조, 사회문화구조)를 파악하고 전달하는 것이 중시되었다. 이와 관련하여 1960년대 말 이래 확립되어 온 사회지리는 공간 형성적 힘으로서 사회집단의 존재기본기능의 개념을 통하여 지리교육과정에 중요성을 얻게 되었다. 이러한 발전과 함께 정태적 이해방법 대신에 과정적 이해방법을 강조하고, 교육과정의 내용에 있어서 과거에 비하여 자연지리적 요소를 점차 축소하는 변화도 나타났다. 마침내 학생들을 가르친다는 목표는 교수 내용 혹은 소재를 통해서가 아니라 명확히 정의된 인지적, 정서적, 도구적 학습목표를 갖고서만 달성될 수 있다는 점이 분명해 졌다. 이러한 전환의 결과, 당시까지 일반적인 교육목표 설정을 통하여 보완된 교수내용 위주의 교육과정은 세분화하여 정식화된 교육과정으로 대체되었다. 이러한 지리교육과정은 학습 목표, 내용, 방법, 매체, 학습과정의 조정 등으로 구성된 체계를 포괄하게 되었다. 학생들에게 현재 및 미래의 도전을 극복하는 데 필수적인 능력이 지리교육과정의 전면에 서게 되었다. 학생들은 수업을 통하여 전달받은 인식과 통찰에 의해 사회적, 경제적, 생태적, 정치적으로 적절하게 자신의 환경 속에서 행동할 수 있어야 한다는 것이었다('공간행동역량', '공간관련 행동역량'). 이처럼 1970년대는 독일 지리교육과정의 근본적인 전환기로 파악될 수 있으며, 그러한 변화의 새로운 접근방법은 학습목표 중심의 지리교육과정으로 집약되었다. 교육과정 개념을 둘러싼 씨름은 전통적인 지지에서 공간 및 지역의 문제 지향적인 고찰로의 진화로 이어졌으며, 그러한 발전은 오늘날까지 독일의 지리수업에서 추구되고 있다.

1980년대 중반 이후 새롭게 개편된 독일의 지리교육과정은 교수법적 차원에서 행동 중심적 요소들과 전체 교육이상을 지향한 문제해결 중심의 역량을 강화하는 한편, 교과내용 차원에서는 일련의 새로운 학습 주제 및 목표들을 수용하였다. 특히 후자와 관련하여 지속가능성 원리를 비롯하여 환경교육뿐만 아니라 다문화학습 또는 유럽연합의 출범에 따른 유럽인교육 등도 포함하게 되었다. 물론 독일 지리교육과정의 학습내용의 구성 측면에서는 1970년대의 지지 위주 학습인가 아니면 계통지리 위주의 학습인가라는 양자택일적 논의에서 서서히 벗어나 학교지리에서는 지역지리도 계통지리도 공히 필요하다는 인식하에 양자를 교육과정에서 연계하거나 통합하려는 많은 시도들이 광범위하게 나타났다. 그 결과 독일의 지리교육과정에서는 주제-지역 학습법과 함께 지역(글로벌)-주제 학습법도 등장하였으며, 이러한 교육과정의 학습모델은 오늘날까지 대체적으로 유지되고 있다.

2000년대에 들어서서 독일의 지리교육과정은 교육표준의 도입과 함께 또 한 번의 근본적인 패러다임의 전환을 맞이하게 되었다. 경제협력개발기구(OECD)의 PISA 학력진단평가 결과로 2002년 이래 독일의 학교교육 개혁을 둘러싼 논의가 일어났으며, 이에 따른 학교교육 개혁방안의 일환으로 교육장관회의(KMK)는 주요 교과의 교육표준을 개발하여 실행하기로 결의하였다. 2005년 실제로 몇몇 교과의 교육표준이 개발되어 역량중심 교육과정의 개편이 진행되는 상황에서 독일지리학회는 지리교과의 교육표준을 직접적으로 개발하게 되었다. 2007년에 공표된 지리교과의 교육표준에 의해 그 동안 독일의 거의 모든 연방주에서는 지리교과의 교육과정을 역량중심 교육과정으로 개편하였다. 오늘날 독일의 지리교육과정은 과거와 전혀 다른 큰 변화를 보이고 있는데, 그 동안의 지리교육과정은 학생들이 배우는 내용이나 그 순서를 서술한 것인데 반하여 '교육표준'에서는 학생들이 각급 학교 졸업 시점에서 성취해야 할 역량을 바탕으로 하여 교육과정을 구성하고 있다는 점에서 주목을 받고 있다. 더군다나 '투입' 지향에서 '산출' 지향으로의 전환으로 평가되고 있듯이, 내용 위주 교과과정에서 목표 위주 교과과정으로의 개편이 다시금 진행되고 있다. 즉, 이제까지의 지리교과과정은 여러 차례에 걸친 개편에도 불구하고, 결국 학습내용이 중심으로 기술되어 학습목표는 어디까지나 형식적인 것에 지나지 않았으나, 이제 일정 학년단계에서 학생이 습득해야 할 역량을 서술함으로써 목표, 즉 지리수업을 거친 뒤 학생들의 모습이 구체적으로 그려지게 된 것이며, 여기서 학습목표에 의한 학습내용의 정선도 이루어지게 되었다.

이상에서 이 연구는 독일 지리교육과정의 시대적 변화와 동향을 중점적으로 고찰함으로써 지리교육과정의 역사적 변천에 따른 지리교육의 지향점과 특성 등을 충분히 설명하지 못한 한계를 지니고 있다. 하지만, 이 연구는 독일 지리교육과정 변천의 시대적 배경과 당면과제 등을 개괄적으로나마 살펴봄으로써, 그 동안 여러 가지 이유에서 적잖게 소홀히 분석되어온 우리와 다른 교육전통을 가진 독일의 지리교육에 대한 이해에 한걸음 더 다가설 수 있는 계기가 되었으며, 아울러 우리나라 지리교육과정의 미래 발전방향을 모색하는 데에도 참고가 될 것으로 사료된다.

• 요약 및 핵심어

요약: 이 글은 독일의 지리교육의 역사적 발전, 특히 지리교육과정의 변천을 고찰한 것이다. 독일의 지리교육은 16세기까지 소급되지만, 국가 차원에서 지리가 학교에서 독자의 필수 교과로 설치된 것은 1872년이었다. 프로이센을 시작으로 독일 전역에 지리수업이 행해지면서 '지지적 연속'이라는 지리교육과정이 성립하였으며, 이러한 지지('지역지리') 위주의 교육과정은 1960년대 말까지 대체로 유지되다가, 1970년대에 일련의 지리교육과정의 개혁을 통해 큰 변화를 겪게 되었다. 1970년대에 학습목표 지향의 교육과정이 도입되면서 계통('주제')지리가 강화되는 방향으로 지리교육과정의 개편이 이루어졌으며, 또한 나선형 지리교육과정의 기본구조가 형성되기에 이르렀다. 그 후 1980년대와 1990년대를 거치면서 독일의 지리교육과정은 지역지리가 회귀하는 방향으로 변화가 나타났으며, 이와 함께 지속가능한 발전, 국제이해, 환경교육 등의 학습내용이 강조되었다. 그리고 2000년대에 들어서서 독일의 지리교육과정은 또 한 번 근본적인 개편을 겪고 있는데, 국가 교육표준에 입각한 역량중심 지리교육과정이 실행되고 있다.
핵심어: 지리교육과정(geography curriculum), 지역지리 학습(regional geography learning), 국가교육표준(national educational standards), 역량중심 교육과정(competence-based curriculum), 독일(Germany)

• 더 읽을거리

Kanwischer, D., 2013, *Geographiedidaktik: Ein Arbeitsbuch zur Gestaltung des Geographieunterrichts*, Borntraeger, Stuttgart.

Krautter, Y.(Hg.), 2019, *Bibliografie zur Didaktik der Geographie 2019*, Hochschulverband für Geographiedidaktik.

Reinfried, S. und Haubrich, H.(Hg.), 2015, *Geographie unterrichten lernen: Die Didaktik der Geographie*, Cornelsen Verlag, Berlin.

Rolfes, M. und Uhlenwinkel, A.(Hg.), 2013, *Metzler Handbuch 2.0 Geographieunterricht: Ein Leitfaden für Praxis und Ausbildung*, Westermann, Braunschweig.

참고문헌

강창숙, 2012, 중국의 지리교육과정 변천과 지리과정표준의 구성체계, 한국지역지리학회지, 18(2), 217-231.

곽철홍, 2000, 벨지움의 중등학교 지리교육 내용과 교사양성제도: 프랑코폰 공동체를 사례로, 한국지역지리학회지, 6(3), 101-115.

권정화, 2012, 영국과 프랑스의 지리교육 비교연구, 社會科學教育研究, 第14號, 181-195.

김창환, 2001, 독일의 사회과 교육, 사회과교육학연구, 40, 58-88.

金會穆, 1986, 中學校 地理教育의 動向, 大韓地理學會報, 第23號, 1-4.

남선애, 2017, 세계 각국의 지리교육 내용 분석에 관한 연구, 성신여자대학교 박사학위논문.

박선미, 2004, 지리교육 목표와 내용의 국제비교, 인하교육연구 논문집, 10, 209-233.

박영한·안영진 옮김, 1998, 사회지리학: 사회공간이론과 지역계획의 기초, 법문사, 서울 (Maier, J. et al., 1977, *Sozialgeographie*, Westermann, Braunschweig).

안영진, 2019, 독일 지리교육의 발달, 한국지역지리학회지, 25(1), 72-89.

안영진 옮김, 2013, 지리학 2: 역사본질방법, 아카넷, 서울 (Hettner, A., 1927, Die *Geographie: Ihre Geschichte, Ihre Wesen und Ihre Methoden*, Ferdinand Verlag, Breslau).

이상균·권정화, 2011, 프랑스 지리교육사 150년의 전통과 최근 동향 그리고 전망, 한국지리환경교육학회지, 19(2), 185-204.

조철기, 2012, 영국 국가교육과정의 개정과 새로운 지리 학습프로그램의 특징, 한국지역지리학회지, 18(2), 232-251.

조철기, 2013, 오스트레일리아 NSW 주지리 교육과정 및 교과서의 개발교육 특징, 한국지역지리학회지, 19(3), 551-565.

홍윤경, 2013, 한국과 독일의 지리교과서 내용분석: 중학교 수준의 자연지리단원을 중심으로, 이화여자대학교 석사학위논문.

金玄辰, 2012, 地理教育の世界的動向: カリキュラム分析を通して, *E-Journal GEO*, 7(1), 82-89.

山本隆太, 2015, ドイツの地理教育史: 概要, 教育と研究(早稲田大学本庄高等学院研究紀要), 第33号, 53-69.

水岡不二雄, 1981, ドイツ連邦共和国の地理教育改革, 地理学評論, 54(4), 177-195.

Bagoly-Simó, P., 2017, Exploring comparative curricular research in geography education, *Documents d'Anàlisi Geogràfica*, 63(3), 561-573.

Banse, E., 1953, *Entwicklung und Aufgabe der Geographie: Rückblicke und Ausblicke einer universalen Wissenschaft*, Humboldt-Verlag, Stuttgart.

Birkenhauer, J., 1988, Aufgaben der Geographiedidaktik, *Praxis Geographie*, 18(7/8), 6-9.

Böhn, D., 1988, Allgemeine und/oder Regionale Geographie, *Praxis Geographie*, 18(7/8), 10-13.

Brucker, A., 2018, Entwicklungs des Geographieunterrichts, in Brucker, A. et al.(Hg.), *Geographie-Unterricht*

102 Stichworte, Schneider Verlag Hohengehren, Baltmannsweiler, 58-61.

Deutsche Gesellschaft für Geographie(Hg.), 2017, *Bildungsstandards im Fach Geographie für den Mittleren Schulabschluss* (9. Aufl.), Selbstverlag Deutsche Gesellschaft für Geographie, Bonn.

Haubrich, H. et al.(Hg.), 2006, *Geographie unterrichten lernen: Die neue Didaktik der Geographie konkret*, Oldenbourg, München.

Haubrich, H., 1997, Zielsetzungen des Geographieunterrichts in Deutschland seit der Jahrhundertwende, in Haubrich, H. et al.(Hg.), *Didaktik der Geographie konkret* (3. Neubearbeitung), Oldenbourg, München, 22-25.

Hausmann, W., 1988, Die Entwicklung der Geographie-Lehrpläne, in Haubrich, H. et al.(Hrsg.), *Didaktik der Geographie konkret*, Oldenbourg, München, 103-128.

Hausmann, W., 1997, Die Entwicklung der Geographielehrpläne, in Haubrich, H. et al.(Hg.), *Didaktik der Geographie konkret* (3. Neubearbeitung), Oldenbourg, München, 113-132.

Hemmer, I und Hemmer, M., 2007, Nationale Bildungsstandards in Fach Geographie: Genese, Standortbestimmung, Ausblick, *Geographie heute*, 255/256, 2-9.

Hemmer, M., 2011, Geographie als Unterrichtsfach in der Schule, in Gebhart, H. et al.(Hg.), *Geographie: Physische Geographie und Humangeographie* (2. Aufl.), Spektrum Akademischer Verlag, Heidelberg, 64-66.

Hoffmann, R., 2017, Entwicklung des Geographieunterrichts in Deutschland, in Brucker, A.(Hg.), *Geographiedidkatik in Übersichten* (4. aktualisierte Aufl.), Aulis Varlag, Seelze, 20-21.

Hoffmann, T., 2006, Geographische Lehrpläne in die Praxis Umsetzen, in Haubrich, H. et al.(Hg.), *Geographie unterrichten lernen: Die neue Didaktik der Geographie konkret*, Oldenbourg, München, 79-106.

Kestler, F., 2015, *Einführung in die Didaktik des Geographieunterrichts* (2. überarbeitete und erweiterte Aufl.), Klinkhardt-Verlag, Bad Heilbrunn.

Kirchberg, G., 2005, Die Geographielehrpläne in Deutschland heute: Bestandsaufnahmen und Ausblick, *Geographie und Schule*, 156, 2-9.

Klieme, E., 2003, *Zur Entwicklung nationaler Bildungsstandards: Eine Expertise*, Bonn/Berlin.

Köck, H., 2006, Curriculum Geographie: Theorie und Realität, *Geographie und Schule*, 156, 10-22.

Kultusministerkonferenz, 2005, *Bildungsstandards der Kultusministerkonferenz. Erläuterungen zur Konzeption und Entwicklung*, Luchterhand, Berlin.

Nohn, G., 2001, *China und Seine Darstellung im Schulbuch*, eine Dissertation der Universität Trier, Trier.

Rinschede, G., 2003, *Geographiedidaktik*, Schöningh, Paderborn.

Robinsohn, S. B., 1967, *Bildungsreform als Revision des Curriculum*, Luchtrhand, Berlin.

Schmithüsen, J., 1970, *Geschichte der geographischen Wissenschaft: von den ersten Anfängen bis zum Ende des 18. Jahrhunderts*, Hochschultaschenbücher-Verlag, Mannheim.

Schöps, A., 2017, The Paper Implementation of the German Educational Standards in Geography for the Intermediate School Certificate in the German Federal States, *Review of International Geographical Education Online*, 7(1), 94-117.

Schreiber, T., 1981, *Kompendium Didaktik Geographie*, Ehrenwirth, München.

Schrettenbrunner, H. L., 1990, Geography in General Education in the Federal Republic of Germany, *Geo-Journal*, 20(1), 33-36.

Schultz, H.-D., 1993, Mehr Geographie in die deutsche Schule! Anpassungsstrategien eines Schulfaches in historischer Rekonstruktion, *Geographie und Schule*, 84, 4-14.

Schultz, H.-D., 2012, Disziplingeschichte des Schulfachs Geographie, in Haversath, J.-B.(Hg.), *Geographiedidaktik: Theorie-Themen-Forschung*, Westermann, Braunschweig, 70-89.

Schultze, A., 1970, Allgemeine Geographie statt Länderkunde! Zugleich eine Fortsetzung der Diskussion um den exemplarischen Erdkundeunterricht, *Geographische Rundschau*, 22(1), 1-10.

Schultze, A., 1979, Kritische Zeitgeschichte der Schulgeographie, *Geographische Rundschau*, 31(1), 2-9.

Schultze, A, 1996, *40 Texte zur Didatktik der Geographie*, Justus Perthes Verlag, Gotha.

Sperling, W.(Hg.), 1981, *Theorie und Geschichte des geographischen Unterrichts*, Westermann, Braunschweig.

Storkebaum, W., 1990, Länderkunde als curricularer Baustein, *Praxis Geographie*, 20(4), 8-12.

Verband Deutscher Schulgeographen, 1999, *Grundlehrplan Geographie: Ein Vorschlag für den Geographieunterricht der Klassen 5 bis 10*, Hirsch GmbH Bretten, Bretten.

Wagenschein, M., 1956, Zum Begriff des exemplarischen Lehrens, *Zeitschrift für Pädagogik*, 3, 129-153.

24.
20세기 이래 중국 지역지리 과정의 변화

동위지(옌볜대학교 사범대학)·김석주(옌볜대학교)

1. 들어가며

지역지리는 특정지역의 지리환경의 특징, 구조, 발전 변화 및 지역 내부 변이와 지역 간 연계를 연구하는 과학이다(당문아(唐文雅, 1997, 16)).지역지리는 지리학의 핵심 부분으로서 지형, 기후, 수문, 토양과 식물 등의 자연 요소가 포함될 뿐만 아니라 인구, 도시, 경제, 교통 및 문화 등의 인문 요소도 포함되어 지리학에 있어 매우 중요한 지위를 점한다. 중국은 제8차신교육과정 개혁 이후 지역지리과정 내용은 새로운 발전을 가져왔다. 본 고에서는 지리과정의 시대적 배경, 학과발전, 내용설치 등의 측면에서 지역지리의 발전 과정을 지방지시기, 맹아시기, 모방시기, 정체시기, 발전시기 및 개혁시기 등 6개로 나누어 살펴보고자 한다.

2. 지방지시기(1902~1928년)

20세기 초의 지역지리는 "지방지'라고 불렀다. 당시 지방지의 특징은 "지역지리라고 부르지는 않았지만 그 뜻은 포함되었다". 중국의 지방지 발전 역사는 비교적 오래 되었다. 일찍 진한시기에 가장 대표적인 지방지인 《우공(禹貢)》과 《산해경(山海經)》 등이 있었다. 1904년 청조는 황제에게 아뢰는 《주정중학당장정(奏定中學堂章程)》을 제정하였는데 여기에는 지리과정의 학습 기간과 교학내용을 규정하였다. 이 장정에 의하면 도합 14년에 달하는 중등학교와 초등학교 과정 중에서 매 주 강의 시간은 중국 역대 교육사상 가장 많았다. 먼저 지리총론을 강의하고 다음은 중국지리, 외국지리, 지문학[1]의 순으로 가르쳤다. 1909년에는 독일을 본받아서 중등과정을 문과와 실과(實科)로 구분하고 지리는 문과 중의 주요한 과목으로 지정하였다. 1, 2학년은 매주 3시간 동안 중국지리를 학습하고; 3, 4, 5학년은 매주 2시간 동안 외국지리를 학습하였다. 실과 중의 중등지리는 공통과목으로서 각 학년은 매주 1시간씩 강의를 받는데 1, 2, 3학년은 중국 지리를 학습하고 4, 5학년은 외국지리를 학습하였다. 현재까지 전해 온 중등학교 지리교재는 도합 10여 세트에 달하는데, 그중에서 청말민초의 저명한 교육가 도기(屠寄)(1906)가 편집한 《중국지리학교과서(中國地理學教科書)》 중의 제3권은 중국의 지방지를 수록하였다. 여기서 중국은 다시 관동(關東), 서역(西域), 북번(北蕃), 서번(西蕃) 등 4개 지역으로 나누고 이 외의 내륙 지역은 유역에 따라 북대황하유역(北帶黃河流域), 중대양자강유역(中帶杨子江流域), 남대주강유역(南帶珠江流域) 등 3개 부분으로 나누었다. 역시 청말민초의 저명한 학자인 사홍뢰(謝洪賚)(1903)가 편찬한 최신지리교과서인 《영환전지(瀛寰全志)》는 7개 부분으로 나누었는데 첫 번째 부분은 총론이고 두 번째부터 일곱 번째 부분은 차례로 아시아, 유럽, 아프리카, 북아메리카, 남아메리카, 오세아니아를 다루었다(楊堯, 1991, 43-44). 국가별 지리에서는 먼저 전국의 개황을 소개하고 다음에 지방지를 다루었다. 예를 들면 일본의 경우 먼저 지리위치와 강역을 적고 다음에 지방지를 다루었으며 산세에 따라 전국을 경기 8도로 나누었다.

1912년 9월에 북양정부 교육부에서 반포한 《중학교령(中學校令)》에서는 중등학교 과정을 4년으로 줄이고 문과와 실과를 취소하였다. 같은 해 12월에 교육부에서는 "지구의 형태와 운동을 파악하고, 지구표면과 인류의 생활 상태를 이해하며, 중국과 외국의 국정을 장악해야…"(楊堯(上), 1991, 69-70)라는 취지의 중등학교 "지리요지(地理要旨)"를 규정하였다. 중등과정은 학년마다 매주 수업시수를 2시간으로 정하였다. 그중 1학년은 지리개요와 분국 지리를 학습하고 2학년은 중국지리와 외국지리를 학습하도록 정했다. 그중 외국지리 부분은 아시아, 유럽, 아프리카, 아메리카와 오세아니아 총론과 각 주 사이의 비교가 포함되었다. 3학년은 외국지리를 학습하는데 주로 각 대주 국가의 총론과 지방지를 학습한다. 4학년은 자연지리 개론과 인문지리 개론을 학습하

1 지구와 다른 천체와의 관계와 암석권, 대기권, 수권 및 지구상에 일어나는 여러 현상에 관하여 연구하는 학문.

였다.

1913년 교육부에서 발표한 중등학교과목표준에서 각 학년은 모두 지리과목을 설치하였다.1, 2, 3학년은 지리개론과 중국지리 및 외국지리를 학습하고 4학년은 자연지리와 인문지리개론을 학습하였다.

1922년 11월에 신학제는 미국을 모방하여 633제[2]를 실행하고 학점제를 실시하였다(課程教材研究所, 2000,1). 중학교의 지리와 역사 및 공민 과목은 사회과로 통합하고 고등학교에서 지리는 선택과목으로 지정하였다.

1923년 6월에 전국교육회연합회 신학제과정 표준초안 집필위원회에서는 《신학제과정표준요강중학교지리과정요강(新學制課程標準綱要初級中學地理課程綱要)》를 발표하였다. 이는 중국에서 처음으로 되는 비교적 완벽한 지리 교과과정 요강이다. 이 요강에서는 지리와 인간과의 관계를 이해할 것을 요구하고, 지역지리 측면에서는 세계지리 개관(육지와 해양의 위치, 기후와 하천, 인구와 물산 및 교통상황)을 파악하고, 국과 외국의 중요한 문화와 교통, 도시 및 명승고적을 이해할 것을 요구하였다.

지방지시기는 청조가 멸망하고 군벌이 통치한 15년으로서 교육사업이 시련을 겪은 시기였다. 그런 와중에도 중국의 교육은 주로 외국 교육사상의 영향을 받으면서 새로운 교육제도와 교학방법을 도입하여 일정한 발전을 가져왔다. 그중 설계 교학법에는 죤 듀이(John Dewey)의 실용주의 교육학설이 도입되었다. 지방지 시기에는 "지역지리"라는 용어가 아직 사용되지 않았지만 그 이념은 중국지리와 외국지리의 각 부분에 침투되었다. 지리과목 교학 내용은 주로 "지역지리" 중심으로 진행되었다. 즉, 과거에 정치지역 중심의 강의 방식을 탈피하여 지역지리로 중심의 강의를 진행하였다. "지역지리" 내용에 있어서는 인문지리 요소와 자연지리 요소를 병행하면서 지방지 방식으로 지리 사물을 묘사하여 지방지적 특징을 나타내었다.

3. 맹아시기(1929~1948년)

지역지리 맹아시기의 특징은 "지방지와 흡사하지만 지역지리의 실마리가 보였다"로 귀납할 수

2 중국에서 진행하는 초등학교 6년,중학교 3년,고등학교 3년 학제를 뜻한다.

있다. 1929년에 중학교 지리 잠정과정표준에서는 중학교 지리는 3학년 모두 설치하며 매 주마다 2시간 강의한다고 규정하였다. 그중 중국지리가 주이고 2년 동안 강의하고 세계지리는 부차적이며 1년 동안 강의한다. 내용에 있어 3민주의[3] 교육을 실현하기 위하여 중국 여러 지역의 풍토와 인정을 강의하여 민족정신을 배양하고 정부의 방침과 정책을 확실히 전달하고 애국주의 국민의식을 배양하고 국민의 의식주행을 확실히 강의하여 학생의 적극성과 낙관주의 정신을 고양 시켜야 한다고 요구하였다. 당시 고등학교에서는 지리를 선택과목으로 지정하였다. 중국의 저명한 지리학자인 축가정(竺可楨)은 이와 같은 조처에 대해 비판하였다(課程教材研究所, 2000, 2). 같은 해 8월에 국민당정부 대학원은 3민주의에 근거하여 《중학지리잠정과정표준(中學地理暂行課程標准)》을 반포하였는데 여기서는 고등학교 지리를 다시 필수과목으로 지정하였으며 학년은 1년이었다. 그중 중국 지리가 3학점을 점하고 외국지리가 3학점을 점하였으며 매 주 3시간 강의하였다. 강의 내용은 주로 중국과 외국의 지리학 여러 측면에서 존재하는 문제들을 이해하고 중국이 국제적으로 처한 지위를 이해하는 것이었다. 그러나 3민주의 교육방침은 중국의 당시 교육상황과 맞지 않아 빛 좋은 개살구에 지나지 않았다. 그리하여 교육과정을 실시하는 과정에서 3민주의를 버린거나 마찬가지였다.

1932년에 교육부에서는 《중학지리과정표준(中學地理課程標准)》을 제정하였는데 내용 수정폭이 비교적 컸다. 먼저 학점제를 취소하고 고등학교 지리학과목을 3년으로 증가하였다. 중학교는 중국 지리와 외국 지리를 강의하는데, 중 중국 지리는 2년 강의하며 지구 개설부터 시작하여 주로 지방지를 강의한다. 지방은 주로 중부지방, 남부지방, 북부지방, 동북지방, 막남북(漠南北)지방, 서부지방 등 7개의 자연지역으로부터 시작하여 각 성에 이르기까지 지형과 기후 등의 지리문제를 소개하며 인문지리 개설을 마감으로 총결 지었다. 외국지리는 세계 개설부터 시작하여 주로 중국과 관계가 밀접한 22개 국가와 지역의 개관을 강의하였다. 고등학교 지리는 3학년에 걸쳐 강의하는데 매주 평균 2시간이다. 제1, 2, 3학기는 중국지리를 강의하고 제4와 5학기는 외국지리를 강의하고 제6학기는 자연지리를 강의한다. 중국지리 부분은 각 지역의 지방지를 소개하는데 각각 서북구, 중앙구, 동남구, 서남구, 동북구, 고원구 등 6개 지역으로 나누고 주로 교통, 경제, 지세, 국방 등을 강의하고 외국지리는 33개 국가와 지역의 지방지를 강의하는데 주로 위치와 강역, 지형과 기후, 도시와 물산, 민족과 인구 등이 포함된다. 이 시기에도 여전히 지방지 중심이었지만 지역

3 쑨원이 제창한 중국 근대 혁명의 기본 이념으로 민족주의, 민권주의, 민생주의로 이루어져 있다.

을 나눔에 있어 자연지리와 인문지리는 일정한 체계를 갖추었으며 지방지는 지역지리의 맹아 역할을 하였다.

일제의 침략으로 교육부에서는 과정표준을 1936년과 1940년에 2차 수정하였는데 국방과 국방건설 내용을 증가하였으며 중국지리의 강의 시수와 내용도 증가하여 학생들의 국토사랑을 고양하였다. 항일전쟁이 승리한 이후, 각 지역에서는 실정에 따라 적당히 내용을 줄였다.

1941년에 교육부에서는 제3차 전국 교육회의에서 정한 "6년제 중등학교를 설치하고 중학교와 고등학교를 폐지"규정에 따라 6년제 중등학교 지리과정표준 초안을 제정하였다. 초안에서는 2학년과 3학년 및 제4학년 제1학기에 중국지리를 가르치고 제4학년 제2학기와 제5학년 제1학기에 외국지리를 가르치며 마지막 학기에는 자연지리를 가르치도록 규정하였다. 중국지리부분에서는 먼저 향토지리와 중국의 개설을 강의하고 다음에 각 성의 지방지와 각 성의 지리환경과 특징을 강의한다. 마지막으로 전국의 위치, 지형, 기후, 토양, 경제, 교통, 북방 등을 강의한다. 외국지리부분에서는 총론과 분론으로 나누어 소개하는데 먼저 세계개설을 강의하고 다음에 각 주 및 주내의 주요국가의 지방지를 강의한다.

1948년에 교육부에서는 세 번째로 수정한 《중학지리과정표준(中學地理課程標准)》을 반포하였다. 이 표준에 의하면 교학 내용은 줄어들었으며 여전히 지역지리가 중심이었으며 고등학교 자연지리 단독 설치를 폐지하였다. 중학교에서는 매주 12시간의 강의 시수를 10시간으로 줄였고 고등학교도 원래의 12시간에서 8시간으로 줄였다. 중학교 지리는 중국지리와 세계지리로 나누었는데 중국지리는 향토지리, 성과 지역의 지방지와 전국 총론 3개 부분으로 구성되었다. 그중 성과 지역의 지방지는 6개 지역과 39개 성으로 나누었으며, 세계지리 부분은 주로 중국의 인접국인 소련, 조선, 일본, 남양군도, 인도, 중남반도와 서남아시아 등 7개의 국가와 지역을 다루고 다음으로 기타 대주를 다루었다. 고등학교 지리는 중국지리와 세계지리로 나누었는데 중국 지역지리의 지역구분은 중학교와 같았으나 성급 단위는 따로 다루지 않고 지세와 유역에 따라 지역을 나누어 강의하였다. 세계지리는 대주를 단위로 각 주의 지역지리를 강의하는데 주로 각 주의 지리상황, 세계 경제와 정치 상황 및 중국의 국제적인 지위 등을 다루었다.

맹아 시기 지역지리교육은 주로 본국과 외국 지역지리 내용을 중심으로 하고 지리과정은 국가정책과 정치제도 발전의 제약을 받았다. 국민당정부는 지리과목을 매우 중시하였다. 이 시기는 비록 지방지 중심이었지만, 획분한 지역 중에서 자연지리와 인문지리는 일정한 체계를 갖추었으며 지역지리 구색을 갖추기 시작하였다. 중고등학교 지리는 매주 2시간 강의하는데 전체 광의시수에서 점하는 비중은 6~6.5%를 유지하였다. 이와 같은 장기간 동안 지리교육의 온정적인 국면은 지리교육사상 이 시기에만 보인다(楊堯(上), 1991, 329-330). 그러나 "지역지리"라는 용어는 30년대 말에서 40년대 초에 이르러서야 비로소 보급되기 시작하였으며 지리 분야에서 "지역지리"는 비로소 "지방지"를 철저하게 대체하게 되었다.

4. 모방시기(1949~1956년)

이 시기 지역지리의 특징을 한마디로 요약하면 "내용에서는 소련을 모방하고 정치적 색채가 농후하다"고 할 수 있다. 1949년 중국이 건국한 초기, 지리과목은 당분간 건국전의 과목체계를 유하여 매주 12시간 강의하였다. 중고등학교 1, 2학년은 모두 중국지리를 강의하고 3학년은 모두 외국지리를 강의하였다.

1956년에 중국은 건국 이후 처음으로 《중학지리교학대강(초안)(中學地理教學大綱(草案))》을 제정하였다. 이 대강은 기본적으로 소련의 대강에 따라 제정한 것이다(課程教材研究所, 2000, 2). 이 대강에서는 중학교에서 차례로 자연지리, 세계지리, 중국지리를 강의하도록 규정하였다. 그중 지역지리 중의 세계지리에서는 차례로 아시아, 유럽, 아프리카, 남북아메리카, 오세아니아와 남극주 및 각 대주에 분포된 여러 국가를 학습하였다. 그리고 대주를 강의함에 있어서는 일반적으로 지리위치, 면적과 강역, 지형과 광산, 기후, 하천과 호수, 주요 동식물, 주민과 정치지도 등의 순으로 진행했다. 중학교 중국지리에서는 주로 중국의 자연지리개황, 중국 각 지역의 자연환경과 경제적 특징을 강의하였다. 그중 중국지역지리 부분은 57시간 강의하였다. 중국은 동북구, 황하하류구, 장강하류구, 장강중류구, 동남연해구, 양광구, 운귀구, 사천구, 서장구, 섬감청구, 신강구, 내몽고구 등 12개 지역으로 나누고 각 지역의 지리위치, 지형, 기후, 하천, 토양, 식생, 농업과 광산, 뚜렷한 특징이 있는 도시 등에 대해 강의하였다.

고등학교 1, 2학년의 지리과목은 주로 외국의 경제지리와 중국의 경제지리를 가르쳤다. 그중 외국의 경제지리는 41시간 강의하는데, 내용 순서는 주로 국가 유형에 따라 배열하였다. 제1학기는 주로 소련 및 그 주변의 인민민주국가를 다루었는데 교학목적은 학생들에게 소련과 인민민주국가의 생산력 배치와 경제발전의 특징을 이해시켜 학생들로 하여금 사회주의와 인민민주제도의 우월성을 인식케 하여 국제주의와 애국주의 사상을 고양하는 것이다(楊堯(下), 1991, 425-426). 이와 같은 과정체계는 중국에서 전후무후 한 것이었다. 중국의 경제지리 부분도 도합 41시간 강의하는데, 주로 동북구, 내몽고자치구, 화북구, 화동구, 화중구, 화남구, 서남구, 서장구, 서북구, 산강위그루자치구 등 10개 지역으로 나누고 각 지역의 지리위치와 자연조건, 주민과 경제발전상황 등을 강의하였다.

모방시기는 중국의 신민주주의에서 사회주의로 전이하는 과도 단계로서 지리교육도 "신민주주의"에서 "사회주의"로 전환하는 과도 단계에 처했다. 제2차 세계대전의 결과 소련과 미국을 위시한 냉전체제가 형성되면서 중국의 지리과정도 "서양 모방"에서 "소련 모방"으로 바뀌었다. 이 시기 강의 내용의 특징은 "강의 내용은 전적으로 소련을 모방하고 정치적 특징이 뚜렷"하며 지역지리 과목 비중이 가장 컸으며 내용도 구체적이었다. 그러나 경제지리와 자연환경의 중요성을 더욱 강조함으로써 종합적인 지역지리에 속한다고 하겠다.

5. 정체시기(1957~1976년)

지역지리 정체시기의 특징을 한마디로 요약하면 "무절제한 정선과 거의 정체된 상태"라고 할 수 있다. 중국의 지리교육은 자국 사정을 무시하고 소련의 교육 경험을 지나치게 모방함으로써 점차 중국의 현실 수요와 괴리되었다. 그리하여 불가피하게 교육개혁이 의사일정에 오르게 되었다. 1957년에 학생들의 부담을 덜기 위하여 교육부에서는 "중등학교 역사, 지리, 물리, 생물 등 과목의 교과서 정선방법"을 발표하였으며 중학교 지리를 1년 줄이고 너무 어렵고 중복되는 교재도 정선하도록 했다(課程教材研究所, 2000, 152).

1959년에는 고등학교 경제지리는 중학교의 지리와 정치 교과목의 내용과 중복되는 부분이 많아 취소되었다. 1960년에 교육부에서는 재차 지리과목의 강의 시간을 재차 줄였다. 그중 중국지역지리 부분의 지형과 기후 부분을 많이 줄였으며 자연지리는 모두 취소되었다. 세계지리 부분은 취소된 내용이 가장 많아 원래의 1개 학기의 강의가 3~4시간으로 줄었다. 예를 들면 일본과 관련된 내용은 원래 1시간 분량이었으나 몇 마디로 대폭 줄였다(楊堯(下), 1991, 485-486).

1963년 5월에 교육부는 《전일제중등학교지리교학대강(초안)(全日制中學地理教學大綱(草案))》을 반포하였다. 대강에서는 중학교 1학년에 중국지리를 배정하고 중국지역지리 부분은 중국의 국토와 인민을 강의하고 각 성급 행정구역은 각 지역의 환경의 개관과 특징, 주요한 생산정황 및 주요 도시의 지리환경과 발전을 다루었다. 각 성급 지역은 69시간을 할애했다. 여기에는 흑길료(黑吉遼) 3개성, 황하중하류의 5개성과 1개 직할시, 장강중하류의 6개 성과 1개 직할시, 민대오계(閩臺粵桂) 3개성과 1개 자치구, 천검전(川黔滇) 3개성, 몽녕감신(蒙寧甘新) 3개 자치구와 1개 성, 청해성과 서장자치구(티벳) 등 7개 지역으로 나누고 각 지역의 지리위치, 지형특징, 기후와 하천, 자연자원 등의 내용을 다루었다. 고등학교 1학년 지리는 세계지리와 세계지역지리 부분으로 나뉘는데 주로 세계 주요국가의 지리환경 개황, 주요 도시의 분포와 특징 등을 강의한다. 그중 각 대주의 국가 선택은 다음의 3가지 조건을 만족시켜야 한다. 첫째는 국제 정세에 뚜렷한 영향을 주는 국가, 둘째, 지리적으로 뚜렷한 특징이 있는 국가, 셋째, 중국과 인접한 국가 등이다.

1966년에서 1976년 사이는 소위 "문화대혁명" 기간이어서 중국의 지리교육은 여타 부분과 마찬가지로 심한 타격을 받았으며 발전이 정체되다시피 되었다.

이상에서 알 수 있는 바, 1957~1966년 사이에 교육 개혁에서 문제점들이 속출함에 따라 지리 교과목이 정선되면서 많은 내용이 삭제되어 내용의 연속성이 결여되었으며 거의 정체되다시피 되었다. 1966~1976년 10년 문화대혁명을 거치면서 전반 사회가 혼란상태에 빠지면서 지리교육은 실질적인 발전이 거의 없었으며 정체기에 처하게 되었다.

6. 발전시기(1977~2000년)

이 시기 지역지리교육의 특징을 한마디로 요약하면 "지역지리를 중심으로 하고 인간과 자연과의 관계를 골자로 하는 것"이었다. "문화대혁명"이 결속된 후, 1978년부터 중국의 교육계통은 이전의 혼란스러운 국면을 바로잡으면서 일련의 개혁을 실시하였다. 당해에 교육부에서는 《전일제10년제중소학교학계획(시행초안)(全日制十年制中小學教學计划(试行草案))》을 반포하였다. 이 교학계획에서는 초등학교 5, 6학년에 지리과목을 개설하고 중학교와 고등학교에서도 지리교과목을 개설하도록 규정하였다. 과목 내용은 지역지리를 기본 내용으로 하고 서로 다른 지역의 지리 사실과 특징을 중심으로 강의하였다.

중학교 1학년에서는 중국지리를 가르치는데 도합 96시간을 배정하였다. 먼저 중국 총론을 다루는데 여기에는 강역과 행정구역, 인구와 민족, 지형과 기후, 하천 등이 포함된다. 다음으로 분론을 다루는데 중국의 각 지역을 지리적 위치에 따라 차례로 동북3성, 황하중하류 5개성 1개 직할

시, 장강중하류 6개 성 1개 직할시, 남부 연해 3개 성 1개 자치구, 서남 3개 성, 청해와 서장, 신강, 북부내륙 2개 자치구와 1개 성 등의 8개 지역으로 나누었다. 각 지역은 다시 지리위치, 지형이 기후에 끼치는 영향 등을 다루었다.

중학교 2학년에서는 세계지리를 가르치는데 도합 64시간을 배정하였다. 먼저 세계 전체의 개관을 다루고 7대주 4대양의 분포, 세계지형, 기후, 주민과 국가 등을 다루었다. 분론 부분은 각 대주의 지리 내용과 중점이 달랐다.

1981년에 중소학교 학제는 다시 12년으로 회복하였으며 고등학교와 소학교는 선후로 강의를 시작하였다. 그리고 고등학교에서는 문과와 이과로 나누었다.1982년에 중학교에서는 지역지리를 중심으로 하였으며 상대적으로 어렵거나 내용이 많은 부분을 줄였다. 중학교에서는 1, 2학년에서만 지리과목을 개설하였기 때문에 교육부의 "매 과목을 수강 한 다음 시험치거나 고찰"하는 규정에 따라 중학교 2학년에는 회고(會考)[4]제도를 진행했다.

1986년 국가 교육위원회의에서는 "난이도를 적당히 낮추고 학생들의 부담을 줄이며 될 수록 구체적이고 명확히 요구"하는 원칙에 따라 12월에 《전일제중등학교교학대강(全日制中學地理教學大綱)》을 반포하였다. 이 교학대강은 그 이전의 것과 비교하여 일부 변화가 있을 뿐 전체적으로는 변화가 없었다(課程教材研究所, 2000, 3). 중학교는 여전히 지역지리가 주요한 내용으로서 1978년의 8개 지역구분을 그대로 따랐다. 각 지역 중에서 수도가 소재한 황하중하류 지역과 학생이 소속한 지역은 필수이고 여타 지역은 교사가 선택하여 강의하거나 학생들이 자습하도록 했다. 중국지리는 도합 96시간 배정했는데 먼저 전국의 개황을 다루고 다시 각 지역의 지리를 다루었으며 마지막으로 지역의 특징과 지역 차이, 교통운수와 무역, 자연자원의 합리적인 개발과 환경보호를 다루었다. 세계지리는 도합 64시간을 배정했는데 먼저 세계 지리개황을 다루고 다음으로 각 대주와 주내의 여러 지역 및 여러 국가의 지리를 다루었으며 마지막으로 세계 육지의 자연대, 해양과 교통운수 등에 대해 다루었다. 이는 학생들이 지역의 전반과 부분과의 관계를 이해하기 쉽고 세계 각 국가 사이의 관계와 지위를 파악하기 용이하며 지역 분석의 방법을 학습하는 데 커다란 도움이 되었다. 고등학교 지리과목은 계통지리학을 기본내용으로 하고 인간과 자연과의 관계를 주축으로 하면서 지리환경구조, 인간이 환경이용 과정에서 존재하는 주요한 문제 및 해결 방법 등의 순서로 내용을 안배하였다.

4 일정한 범위 내에서 동일한 문제로 측정용 시험을 치르는 것을 지칭함.

1988년 국가교육위원회의에서는《9년제의무교육전일제중소학교과정계획(시행초안)(九年制義務教育全日制小學, 初中課程計劃(試行草案))》을 반포하였다. 이 "과정계획"에서는 중학교 1, 2학년에 지리과목을 설치하고 세계지리와 중국지리를 강의하였다. 같은 해에는《9년제의무교육중학교지리교학대강(송심고)(九年制義務教育初中地理教學大綱(送审稿))》를 반포하였다. 이 "교학대강"에서는 세계지리에서는 먼저 세계적 범위에서 자연환경과 자연자원 등을 이해하도록 하고 다시 세계의 각 대주와 각 지역의 대표적인 국가의 개황을 다루었다. 중국지리는 먼저 중국의 지리환경과 자연환경, 동부계절풍기후구, 서북 건조 반건조구, 청장고한구 등의 3대 자연지역을 이해시키고 다음으로 중국의 자연자원, 인구와 민족, 도시와 교통, 3개 경제지대(동부연해지역, 중부지역, 서부지역), 대만과 홍콩 및 마카오의 개황을 다루며 마지막으로 향토지리를 다루었다.

1990년에 국가교육위원회에서는《전일제중학지리교학대강(수정본)(全日制中學地理教學大綱(修訂本))》을 반포하였다. 이 "교학대강"에서는 9년제 의무교육 교학대강의 취지에 따라 과다한 내용을 삭감하고 과도한 요구도 낮추었다. 고등학교 지리에서는 선택과목을 증설하고 중학교 지리와 고등학교 선택과목에서는 지역지리를 기본 내용으로 하였다. 중학교 지리에서는 주로 지구와 지도 관련 초보적인 지식 및 중국지리와 외국지리의 기초지식을 다루었다. 지역지리 내용은 각 지역의 지리 위치에 따라 순차적으로 배열한다. 중국지리는 일반적으로 인접하고 자연조건이 비슷한 성과 자치구를 조합하여 다루는데 이렇게 하면 지역의 공통성과 특성을 서술하기 쉽기 때문이다. 세계지리는 먼저 세계의 지리 개황을 다루고 다음으로 각 대주와 주 내의 주요 국가의 지리를 다루며 세계 주요 국가의 자연지리와 인문지리 개황 및 일부 지리 사물과 현상의 형성 원인을 강의한다. 마지막으로 세계의 해양, 교통운수 등을 강의한다.

고등학교 선택 3은 일반적으로 중학교 지역지리의 기초 상에서 주로 중국의 기본 국정과 지역 차이 및 세계 일부 국가(일본, 싱가포르, 인도, 사우디아라비아, 이집트, 니제르, 영국, 프랑스, 독일, 러시아, 캐나다, 미국, 브라질, 호주 등)의 지리환경과 환경적 특징을 다룬다.

1991년에는 강택민의 "초등학교와 중등학교 및 대학교에 이르기까지 중국근대사와 현대사 및 국정교육을 얕은 데로부터 깊은 데로 지속적으로 가르쳐야 한다"는 지시에 따라《중소학교지리학과국정교육요강(中小學地理學科國情教育綱要)》을 특별히 제정했다. 이 "요강"은 중소학교 지리교학대강의 중요한 보충으로서 학생들의 애국심과 사회주의 건설의 책임감을 고양함에 있어서 매우 중요하다(課程教材研究所, 2000,356). 1992년에 반포한《9년의무교육전일제중학교지리교학대강(시용)(九年義務教育全日制初級中學地理教學大綱(試用)》에서는 학생들이 지구와 지도 및 세계지리, 중국지리(향토지리 포함)를 이해하고 정확한 자원관, 환경관, 인구관을 수립하며, 인간과 자연의 조화로운 발전과의 관계를 이해하는 데에 초점을 두었다.

1996년 교육부에서는 새로운 고등학교 과정계획을 제정하였는데 여기서는 고등학교 지리는 필수와 선택과정으로 나누고 2, 3학년은 선택과목으로 배치하였다. 그중 3학년에서 중국지역지리를 가르치는 데 주요한 내용은 지리 지역연구 개설, 중국의 지역차이, 중국 국토정비와 개발, 향토지리의 조사연구 등이었다. 이런 과정을 통하여 학생들이 지역의 기본적인 요소와 특징을 파악하고 중국 내에서의 자연조건과 경제발전 측면에서 존재하는 지역 차이를 이해하며 지속가능한 발전관을 수립하도록 한다.

2000년에 교육부에서는 《9년의무교육전일제중등학교지리교학대강(九年義務教育全日制中學地理教學大綱)》을 수정하였다. 이 "교학대강"에서는 종합성과 지역성을 강조하고 인간과 자연과의 관계와 지속가능한 발전을 주축으로 하며 소양교육을 전면적으로 추진하며 21세기 현대화 건설에 수요되는 사회주의 신인을 배양하는 것을 주 목적으로 하고 있다. 그중 중학교 지리는 여전히 지역지리를 핵심으로 하였다. 교재는 내용 상 약간의 변동이 있었는데 지구와 지도, 세계지리, 중국지리(향토지리 포함) 등의 부분으로 구성되었다. 세계지리 부분에서 일부 국가의 첨삭(增删)이 있었다. 동아시아 국가 중 새로 증가된 국가는 인도네시아, 남아시아 국가 중 새로 증가된 국가는 파키스탄, 중아시아에서 새로 증가된 국가는 카자흐스탄, 서아시아에서 새로 증가된 국가는 팔레스타인과 이스라엘이다. 북아프리카에서 삭제한 국가는 나이지리아, 유럽 서부에서 새로 증가된 국가는 이태리, 라틴아메리카에서 새로 증가된 국가는 멕시코 등이다. 중국지리에서는 "중국의 강역과 행정구역", "중국의 인구와 민족", "중국의 지형", "중국의 기후", 중국의 하천과 호수", "중국의 자연자원의 특징", "중국의 농업", "중국의 공업", "중국의 교통운수업", "중국의 상업과 관광업", "중국지리 분구", "중국이 세계에서의 지위" 등을 다루었다. 그중 중국 지리부분은 북방지역, 남방지역, 청장이역, 서북지역으로 나누었으며 각 지역의 지리위치와 자연특징을 다루었다.

고등학교 지역지리 선택부분은 중국의 지역 차이와 국토정비, 중국 국토정비와 지역발전의 사례연구 등 2개 부분으로 나누고 주로 중국이 자연조건과 경제발전 측면에서의 지역차이와 중국이 각 지역의 국토정비와 지역발전에서 부딪힌 문제와 해결방법을 다룸으로써 지속가능한 발전관념을 수립하도록 하였다.

이 시기 중국의 교육은 개혁개방의 길을 걸으면서 중국특색이 있는 사회의주의 이론체계를 설립하여 교육 사업이 꾸준히 발전하였다. 동시에 국제 교육개혁의 새대적배경 속에서 여타 국가와 마찬가지로 지리과정의 개혁을 거치면서 지역지리교육은 거족적인 발전을 거듭하였다.

7. 개혁시기(2001년~현재)

발전시기 지역지리의 특징은 "내용이 개방적이고 증감에 절제 있는" 것으로 요약할 수 있다. 국제 교육개혁의 배경하에 2001년 가을에 개최된 중국기초교육사업회의에서는 인재배양 패턴을 바꿀 것을 제시하였다. 그리하여 교육부에서는 중국은 제8차 기초교육과정개혁을 정식 가동하였다. 새로운 과정개혁이 지속적으로 진행됨에 따라 2011년 중국 교육부에서는 2001에 반포한 《의무교육지리과정표준(실험판)(義務教育地理課程標准(实验版))》을 바탕으로 《의무교육지리과정표준(2011판)(義務教育地理課程標准)》을 반포하였다. 이 "과정표준"에서는 학생의 발전을 근본으로 하고 교육 이념과 방식을 혁신하며 학생들의 지리혁신정신과 지리실천능력 발전을 주축으로 하였다(朱雪梅, 张晓芳, 2018, 6). 중학교 지리는 2년 배정했는데 지역지리를 중심으로 한다. 내용 상 지구와 지도, 세계지리, 중국지리, 향토지리 등 4개 부분으로 되었다. 세계지리부분은 총론과 분론으로 나누는데 총론은 주로 해양과 육지, 기후, 주민, 지역발전 차이 등을 다루고, 분론은 대주, 지역, 국가구성 등을 다룬다. 대주에는 아시아, 아프리카, 북아메리카와 남아메리카 등이 포함된다. 각 대주는 주로 지리위치, 지형, 기후특징 등을 다룬다. 지역에는 동남아, 서아시아, 유럽서부 및 남북극 지역이 포함된다. 각 지역은 주로 지리위치, 자연환경의 특징 및 자연자원 우세 등을 다룬다. 국가에는 일본, 인도, 이집트, 러시아, 프랑스, 미국, 브라질, 호주 등이 포함된다. 각 국가는 지리위치, 자연환경특징, 자연자원 우세 및 경제발전 상황 등을 다룬다. 중국지리 부분은 총론에서는 강역과 인구, 자연환경과 자연자원, 중국의 경제발전, 지리차이 등을 이해시킨다. 이를 통하여 학생들로 하여금 중국의 자연자원은 총량은 많지만 인구당은 적으며 시공간적인 분포가 불균등하다는 특징을 파악하도록 하여 중국의 국정을 더욱 객관적으로 파악하도록 하며 자원을 보호하고 절약하는 의식을 갖도록 한다. 중국의 분론은 북방지역, 남방지역, 서북지역, 청장지역 등의 4개 지역으로 나누고 내용상 지리적 지역성과 종합성 특징을 나타내도록 하며 각 지역의 지리위치, 기후, 하천, 지역연계와 차이, 환경과 발전 등의 내용을 다룬다.

2003년 교육부에서는 《보통고등하교지리과정표준(실험)(普通高中地理課程標准(實驗))》을 반포하였다. 이 "과정표준"에서는 학생들의 사회적 책임감을 높이고 인구, 자원, 환경, 사회가 조화롭게 발전하는 지속가능한 발전관을 갖도록 요구하였다. 과목 구조는 필수1, 필수2, 필수3 및 선택 7 등으로 구성된다. 필수부분은 각각 2학점, 36시간이다. 그중 필수 3에는 지리환경과 지역발전, 지역 생태환경 건설, 지역 자연자원 종합개발과 이용, 지역 경제발전, 지역 간 연계와 조화로운 발전 등이 포함된다. 필수 3의 내용은 대체적으로 3개 부분으로 나뉜다. 첫 번째 부분은 주로 지역의 지리환경과 인류활동을 다루는데 구체적으로 서로 다른 지역과의 비교를 통하여 지역차이와 지리환경이 농업, 공업, 인간의 생산과 생활에 미치는 영향을 분석한다. 제2부분은 지역의 지속가능한 발전 부분으로서 서로 다른 지역과 결합하여 본 지역의 환경과 발전문제를 분석하며 본 지역에 존재하는 문제에 근거하여 해결방안을 제시한다. 제3부분은 지리정보기술의 응용부분으로서 실례를 통하여 RS, GPS, GIS 등의 기술과 응용을 이해한다. 경제와 기술의 급속한 발전으로 인해 새로운 시기에 전체 국민 소양을 높이고 인재 양상의 질을 높여야 하는 새로운 시대적 요구에 의해 2013년 교육부에서는 보통고등학교 지리과정의 수정사업을 시작하였다(中華人民共和國教育部, 2017, 1). 결과 2017년에 교육부에서는 새로운《보통고등학교지리과정표준(普通高中地理課程標准)》을 반포하였다. 이 "표준"에서는 인간과 자연과의 조화로운 관점, 종합적인 사유, 지역인지, 지리실천 능력 등 4가지 핵심적인 소양을 고양하는 데에 중점을 두었다. 2017년판 고등학교 지리는 내용과 구조에 있어 매우 큰 변화가 있었는데 여기에는 필수 2개 모듈, 선택성 필수 3개 모듈, 선택 9개 모듈 등 3가지 과정이 포함되었다. 그중 선택성 필수과정 중의 2번째 모듈은 지리 지역의 발전을 다루어 지역의 함의와 유형을 이해시키고 실질적인 사안들과 결합하여 서로 다른 지역의 차이와 영향을 비교함으로써 지역발전의 다양성을 이해시킨다. 이를 통하여 학생들이 인간과 자연간의 조화로운 지역 발전관을 수립하고 지역의 혁신발전과 전환적인 발전을 인식시키는 것이 이 "표준"의 목적이다.

지역지리 개혁시기 지역지리과목은 주로 중학교에 설치하였다. 여기에는 세계와 중국 지역지리가 포함된다. 그중 세계지리에서는 교사와 교재 편찬자들이 세계 범위에서 적어도 1개의 대주와 5개 지역 및 5개 국가를 선택하여 교재를 편찬하여 교학을 할 권리를 부여하였다. 그러나 과정 표준의 과정 내용 요구를 준수해야 한다. 향토지리는 각 지역의 실정에 따라 본 지역의 지리 혹은 본성(本省)의 지리를 강의할 수 있다. 이로부터 알 수 있는 바, 지역지리 개혁시기의 특징은 내용이 개방적이고 내용의 구성의 증감이 절제가 있다고 하겠다.

8. 나오며

상기 중국 지역지리 과목 내용의 변화와 발전 과정에서 알 수 있듯이 이는 국가의 정치, 경제 및 문화의 영향을 받을 뿐만 아니라 지리학과의 발전과 교육개혁과 밀접한 관계가 있었다. 중국의 지역지리 과목은 20세기 1980년대에 본격적으로 발전하기 시작하여 새 과목개혁을 통해 점차 구색을 갖추면서 중학교는 지역지리과목(필수)을 중심으로 하고 고등학교는 지역발전(선택과 필수)을 보조로 하는 패턴을 나타내었다. 과목 내용에 있어서는 지리적 시각에서 학생들에게 우리가 생존하는 세계를 이해시킴으로써 삶의 질을 높이고 학생들의 지리환경에 대한 이해력과 적응력 및 인간과 자연과의 조화로운 지속가능한 발전관을 고양시켰다고 하겠다.

• 요약 및 핵심어

요약: 지역지리는 지리학의 중요한 구성부분이다. 중국에서는 지리교육의 지위가 상승함에 따라 지역지리의 중요성이 더해지고 있다. 본 고에서는 지리과정(課程)의 시대적 배경, 학과 발전, 내용 설치 등의 측면에서 지역지리 과정의 발전 과정을 지방지시기, 맹아시기, 모방시기, 정체시기, 발전시기, 개혁시기 등의 6개 시기로 구분하고 각 시기 과정 내용의 특색과 변화에 대해 고찰하였다.

핵심어: 중국 지리교육(china geographical education), 지역지리(regional geography), 지리과정(geography curriculum), 국가교육표준(national educational standards)

• 더 읽을거리

赵济·王静爱·刘慧平·赵金涛, 2002,《中國區域地理》教學改革趋向, 海南師範學院學报(自然科學版), Z1: 115-118.

张家辉·覃燕飞, 2015, 百年地理教科书中區域地理内容選擇的变迁特点, 教育理論与實践, 35: 41-43.

李文田, 2011, 改革开放30年我國中學地理教科书变革研究, 華中師範大學碩士學位論文.

참고문헌

唐文雅, 1997, 論地方志与區域地理, 中國地方志, 3: 16-21.

屠寄, 1906, 中国地理教科书, 商务印书馆.

謝洪賚, 1903, 最新中学教科书瀛寰全志, 商务印书馆.

杨尧, 1991, 中國近現代中小學地理教育史(上), 西安: 陕西人民出版社.

杨尧, 1991, 中國近現代中小學地理教育史(下), 西安: 陕西人民出版社.

課程教材研究所, 2000, 20世纪中國中小學課程標准·教學大綱汇编·地理卷, 北京: 人民教育出版社.

中華人民共和國教育部, 2017, 普通高中地理課程標准(2017), 北京: 人民教育出版社.

朱雪梅·张晓芳, 2018, 地理基础教育改革开放40年回顾与展望(连载二)历史嬗变与价值诉求−中學地理課程標准(教學大綱)改革40年, 中學地理教學参考, 6, 上: 15−19.

25.
프랑스 지리 교육과정 내용구성 방식의 변천사[1]

이상균(동북아역사재단)·김병연(대구 다사고등학교)

1. 머리말

한국은 지정학적으로 가장 민감하고도 중요한 지역들 중 하나임에도 불구하고, 국가·사회적으로는 지리교육에 큰 관심이 없는 것처럼 보이며, 학교 교육에서 차지하는 지리의 위상은 낮은 편이다.[2] 교과 외적으로는 지리교과가 국가교육과정에서 주요 교과군에 포함되는 것이 중요한 문제이지만, 교과 내적으로 보면 지리교육을 통해 어떤 내용을 가르칠 것인가에 관한 고민 또한 간과할 수 없는 관심사이다. 내용조직에 관한 연구는 서태열(1993)로부터 시작되어 지금까지 여러 연구자들에 의해 꾸준하게 이루어졌는데, 대부분의 연구는 한국지리, 경제지리, 세계지리 등 특정 영역의 내용조직에 관한 연구이며,[3] 해외 사례의 경우, 내용조직의 근본적인 원리를 도출하기

1 이 글은 이상균·김병연(2019)을 수정·보완한 것임.

2 한국에서 지리는 체계적으로, 지속적으로 가르쳐지고 있지 않다. 초등학교와 중학교에서는 지리가 사회과의 일부 영역에 포함되어 있으나, 고등학교 수준에서는 한국지리와 세계지리가 선택과목으로 편성되어 있어서 학생들이 지리를 제대로 배울 수 있는 환경이 갖추어져 있지 않다.

3 이와 관련된 연구는 류재명(1998)의 지리교육 내용의 계열적 조직방안에 관한 연구, 송호열(1999)의 중등학교 기후 단원의 내용 선정과 조직 원리에 관한 연구, 조성욱(2000)의 고등학교 경제지리 교육내용의 선정과 조직에 관한 연구, 류재명(2002)의 한국 지리교육과정의 개선 방향 설정에 관한 연구, 이희열·주미순(2005)의 고등학교 한국지리의 교육내용 선정 및 조직에 관한 연구, 서주실(2011)의 초등학교 세계지리 단원의 내용조직 방법에 관한 연구, 조성욱(2014)의 경제지리 교육내용 구성 방법의 문제점과 대안 검토, 전종한(2015)의 세계지리에서 권역 단원의 조직 방안과 필수 내용 요소의 탐구 등이 있다.

보다는 단편적인 내용구성 특징을 소개하는 정도에 그치고 있다.[4]

최근 들어, 해외의 지리교육 사례가 다양한 관점에서 더 많이 소개되고 있다. 예컨대, 심승희·권정화(2013)는 영국의 개정 지리교육과정의 특징을 도출하는 시도를 하였으며, 조철기는 오스트레일리아 빅토리아주(2013a)와 캐나다 퀘벡주(2013b)를 사례로 지리교육과정을 분석한 바 있다. 또한, 조철기·김현미(2018)는 오스트레일리아를 사례로 지리교육과정과 지역지리의 위상에 관한 연구를 하였으며, 안영진(2019)은 독일의 지리교육과정 변천사를 연구한 바 있다.

특히, 조철기·김현미(2018)의 연구에 따르면, 지역지리와 계통지리를 이분법적으로 바라보던 기존의 관점으로부터 벗어나 이제는 계통지리와 지역지리를 결합하는 교육과정을 구성할 필요성이 제기되고 있다. 오스트레일리아의 경우, 계통지리를 통해 개념을 학습한 후 지역기반 사례학습을 통해 개념을 종합적으로 파악할 수 있도록 구성되어 있다. 이러한 내용조직의 관점은 프랑스 지리교육에서도 유사하게 나타나고 있는 바, 구체적인 내용은 이 글을 통해 면밀히 살펴보고자 한다.

프랑스는 독일과 함께 근대 지리교육의 문을 연 국가로 학문적 전통과 교육적 유산이 축적되어 우리에게는 좋은 지리교육 모델을 제시해 줄 수도 있을 것으로 사료된다. 프랑스에서 지리교육은 역사교육과 함께 국가교육과정에서 중핵교과 중 하나로서 인식되고 있으며, 초등학교부터 고등학교까지 체계적으로 가르쳐지고 있다.[5] 프랑스 지리교육은 보불전쟁 직후부터 지역지리와 계통지리가 결합된 방식으로 유지되다가 1970년대에 접어들어 신지리학의 영향으로 쟁점/주제 중심 내용방식이 부분적으로 채택되었다. 1980년대를 지나면서 지역지리와 계통지리의 형식은 사라지고, 쟁점/주제 중심 방식이 강조되면서 사례학습 형태의 지역학습이 시도되었다. 1990년대 후반부에 잠깐 지역지리 형식이 재등장하다가 2008 개정 교육과정에서는 쟁점/주제 중심 방식으로 완전히 전환되었다. 이 글에서 다루고 있는 계통지리와 쟁점/주제 중심 내용구성 방식은 완전히 다른 개념으로 이에 관해서는 다음 절에서 구체적으로 논하고자 한다.

프랑스의 지리학 연구 및 지리교육 전통은 세계적 수준임에도 불구하고, 그동안 한국에서는 주

4 해외 사례로는 박선미(2001)의 한·미 지리교육의 내용과 조직 비교, 손용택(2002)의 외국 지리교과서 교수-학습 내용의 조직에 관한 연구, 문남철(2002)의 프랑스 중학교 지리교육의 내용구성과 학습지도방법 등이 있다.

5 프랑스 지리교육은 초등학교부터 고등학교까지 이루어지는데, 초등학교 저학년에서는 통합교과의 성격인 『세계의 발견(Découverte du monde)』에서 하나의 영역으로 지리교육이 이루어지며, 초등학교 고학년인 3-5학년 과정부터 중학교까지는 각 학년마다 역사와 지리가 한 권의 교과서로 구성된 형식으로 가르쳐지며, 고등학교 3년 과정은 각 학년마다 지리교과서가 단독으로 구성되고, 지리를 전공한 교사가 이 교과를 가르친다.

로 영미권과 일본 등 일부 국가들의 사례 위주로 소개되었으며, 프랑스 지리교육에 관한 연구는 일부 연구자들에 의해 이루어지고 있다. 국내에서 프랑스 지리교육에 관해서는 지리교과서 관련 연구로 홍창표(2001)로부터 시작되었으며, 문남철(2002)이 그 뒤를 이어 프랑스 중학교 지리교육의 내용구성과 학습지도 방법을 분석하였고, 이간용(2013)은 프랑스의 지리평가 특성을 다룬 바 있다. 특히, 이상균(2010)은 '프랑스 지리교육과정과 교과서 분석' 등 다양한 측면에서 프랑스 지리교육에 관한 전반적인 동향을 국내에 소개하고 있다(2008, 2009a, 2009b, 2010a, 2010b, 2011, 2012, 2014, 2017).

이 연구의 목적은 150년의 역사를 자랑하는 프랑스 지리교육의 내용구성 방식이 어떻게 변천되었는가를 파악하는 것이다. 프랑스 지리교육사 연구는 영국의 지리교육 전문가인 그라브(Graves, 1957)의 연구가 대표적이며, 프랑스 지리교육 전문가인 르포르(Lefort, 1992)의 연구가 그 뒤를 잇고 있다. 대표적인 두 연구자의 관점이 상당 부분은 일치하는데, 부분적으로는 차이가 나는 측면도 있다. 예컨대, 그라브는 프랑스 지리교육의 변천사를 보불전쟁 이전의 시기, 보불전쟁 직후부터 1902년까지, 그리고 1957년까지의 시기로 대분류했던 반면, 르포르(1998)는 1871년부터 1902년, 1902년부터 1977년, 그리고 1977년 이후를 세 번째 시기로 구분하였다.

필자는 선행연구의 성과를 비판적으로 검토하면서 최신의 연구성과를 반영하여 1872년 개정부터 1945년 개정까지를 지역지리와 계통지리의 결합시기로, 1960년 개정부터 1993년 개정까지를 지역의 계통지리화와 쟁점/주제 중심 구성방식의 시기로, 그리고 1996년 개정부터 2008년 개정 이후의 시기를 쟁점/주제 중심 구성방식의 시기로 구분하면서 프랑스 지리교육 내용구성 방식의 변천사를 고찰하고자 하였다.

분석대상은 본질적으로 각 시기별 프랑스 지리 교육과정과 교과서이며, 프랑스 지리교육에 관한 영국 및 프랑스 연구자들의 논고를 검토하면서 국내에서 이루어진 프랑스 지리교육에 관한 연구성과도 종합적으로 활용하고자 한다.[6] 이 글에서는 각 시기별로 당시 프랑스에서는 어떤 국가·사회적 요구가 있었는지, 그리고 지리학계에서는 어떤 고민과 논쟁이 있었는가에 관하여 추적해 보고, 그러한 국가·사회적 요구나 관심사, 그리고 학계의 논쟁이 지리교육과정 개정에 어떤 영향을 미쳤는가에 관하여 검토한 후, 지리교과서의 내용구성 방식의 특징을 파악하고자 한다. 특히, 학습주제와 스케일, 그리고 사례지역의 제시 방법의 변화를 구체적으로 살펴보고자 한다.

---

6 90년대 이전의 프랑스 교육과정과 교과서 분석에 관한 자료는 Graves(1957)와 Lefort(1992, 1998)의 연구성과를 주로 활용하였으며, 90년대 이후의 교육과정과 교과서 자료는 필자가 직접 찾아서 분석하였다.

2. 계통지리와 지역지리의 결합: 1872년 개정부터 1945년 개정까지

프랑스 학교에서 지리는 1830년 무렵부터 가르쳐지기 시작하였는데, 당시의 지리교육은 역사를 이해하기 위한 배경적 지식으로만 존재했을 뿐 실제로는 거의 가르쳐지지 않았다. 예컨대, 당시의 프랑스 지리교육은 곶과 만의 개념을 전달하는 형태의 무미건조한 목록의 나열 수준에 머물렀으며, 보불전쟁의 패배 이후에 이르러 비로소 지리가 국가교육과정에서 확고한 위상을 갖기 시작하였다(Graves, 1957, 168).

프랑스에서 지리교육은 보불전쟁에서 패배한 이후, 독일식 모델로부터 이 교과의 가치가 인식되었고, 정치적인 결단으로 이 교과는 필수적이고 본질적인 분야로 자리잡게 되었다(Lefort, 1998, 147). 그동안 국내 학계에서는 일반적으로 프랑스 지리교육이 지역지리 형태로 구성되다가 최근에 계통지리 형태로 완전히 전환된 것으로 알려졌는데, 본 연구를 통해 확인한 결과, 19세기 후반에도 이미 계통지리[7]는 교육과정에서 부분적으로 자리잡고 있었으며, 의미 있게 받아들여졌던 것으로 파악된다.

따라서 두 번째 장에서는 당시 프랑스 지리교육 관계자들 사이에서 논의되었던 계통지리와 지역지리의 관점과 인식에 대해 살펴보고, 교육과정 상에서는 구체적으로 어떻게 세부 내용이 구성되었는가를 검토하고자 한다.

프랑스 지리학 연구에서 비달(Vidal de la Blache)은 지역 개념의 발달에 지대한 공헌을 한 것으로 알려져 있는데, 당시 프랑스 지리교육 관계자들이 계통적 측면의 학습내용을 다루고자 했던 시도가 결과적으로는 비달의 영향력을 오랫동안 지속되게 한 것으로 볼 수 있다. 다시 말하면, 비달의 연구가 근본적으로 지역지리에 기여했음에도 불구하고, 지리 교육과정에는 언제나 계통적 요소가 포함되었으며, 더욱이 지역에 관한 내용 또한 종종 계통적이었다(Graves, 1957, 171).[8]

그라브(1957)에 따르면, 계통지리 과목에서 계통적 개념을 미리 배우면, 각각의 지역에 관해 배울 때 그러한 개념들을 다시 설명할 필요가 없으며, 학습의 효율성을 높일 수 있었던 것으로 평가

---

7 당시 프랑스에서는 계통지리, 인문지리, 경제지리 등의 용어가 학자들에 따라 다른 뉘앙스로 해석되기도 하였다(Lefort, 1992, 127).

8 19세기 후반 당시 프랑스 지리교육에서 어떤 지역에 관한 정보가 제시되더라도 (1) 자연적 특징, (2) 기후, (3) 식생, (4) 경제지리 또는 인문지리 등과 같은 요소들로 표준화되어 있었다. 이것은 말하자면, 각각의 지역에 대해 계통적 접근을 해야만 하는 상황으로 이해된다(Graves, 1957, 171).

표 1. 19세기 후반, 프랑스 지리 교육과정 변천사

연도	중1	중2	중3	중4	고1	고2	고3
1872	아시아, 아프리카, 아메리카, 오세아니아	유럽	프랑스	유럽의 자연지리, 정치지리, 경제지리	계통지리, 아시아, 아프리카, 아메리카, 오세아니아의 자연지리, 정치지리, 경제지리	프랑스 및 그 식민지의 자연지리, 정치지리, 경제지리	–
1880	유럽 및 지중해 연안	아프리카, 아시아, 아메리카, 오세아니아	프랑스	유럽의 자연지리, 정치지리, 경제지리	계통지리, 아시아, 아프리카, 아메리카, 오세아니아의 자연지리, 정치지리, 경제지리	프랑스 및 그 식민지의 자연지리, 정치지리, 경제지리	–
1890	세계 및 지중해 연안의 계통지리	프랑스	계통지리, 아메리카	아시아 아프리카 오세아니아	유럽	프랑스와 그의 식민지에 대한 자연지리, 정치지리, 경제지리	–

출처: Lefort(1992, 1998), Adoumié(2001)의 자료를 재구성한 것임.

된다. 실제로 19세기 후반의 지리 교육과정 변천사를 보면, 계통지리는 주로 중학교 1학년과 고등학교 1학년에 배치된 것을 알 수 있다(표 1).

당시 프랑스 지리교육에서 계통지리와 지역지리에 관한 전문가들의 입장을 확인하는 것은 흥미로운 일이 될 것이다. 예컨대, 피에르 프랑수아 외젠 꼬떵베흐(Pierre-François Eugène Cortambert)는 '학생들이 지리적 용어에 대한 선행지식 없이 경관에 대한 다양한 관점을 통찰하는 것은 어렵다'고 지적한 바 있으며, 에밀 르바쐬흐(Emile Levasseur)는 '학생들이 배우는 정의와 일반적인 아이디어들은 이르면 이를수록 좋다'는 입장을 내놓았다. 반면, 당시 지리교사였던 마샤(J. Machat)는 '중학교 1학년 학생들의 경우, 계통지리의 원리를 제대로 이해하지 못하는 것 같다. 가능한 많은 개별 사례들에 대한 체계적이고도 정확한 지식으로부터 시작해야 할 필요가 있다'고 지적한 바 있다(Graves, 1957에서 재인용).[9]

20세기 전반부 동안의 프랑스 중등 지리 교육과정 변천사를 보면, 계통지리는 중학교와 고등학교 교육이 시작되는 중학교 1학년과 고등학교 1학년에 각각 정착된 것을 확인할 수 있다(표 2). 이러한 배경은 꼬떵베흐나 르바쐬흐 등의 전문가들이 언급한 바와 같이, 개별 지역에 대해 본격적으로 학습하기 이전에 선행학습의 측면에서 계통지리를 미리 배우도록 조치가 취해졌던 것으로 파악된다.

9 계통지리를 별도의 과목으로 가르쳤던 것에 대해 일부 긍정적인 논평도 있었지만, 대다수의 전문가들은 부정적이었으며, 1925년 교육과정 개정 무렵부터는 계통지리에 대한 관심이 크게 떨어지기 시작하였다(Graves, 1957, 178).

표 2. 20세기 전반부, 프랑스 지리 교육과정 변천사

연도	중1	중2	중3	중4	고1	고2	고3
1902	계통지리, 아프리카, 호주	아시아, 인도반도, 아프리카	유럽	프랑스와 그 식민지	계통지리	프랑스	–
1905	계통지리, 아프리카, 호주	아시아, 아프리카	유럽	프랑스 식민지	계통지리	프랑스	주요 경제 대국들
1925	계통지리, 아프리카, 호주	아시아, 인도반도, 아프리카	프랑스와 그의 식민지	유럽	계통지리	프랑스	주요 경제 대국들
1938	계통지리	아시아에 속한 러시아를 제외한 세계와 프랑스의 식민지	프랑스를 제외한 유럽과 러시아의 아시아	프랑스와 그 식민지	계통지리	프랑스	주요 경제 대국들
1943	세계와 프랑스, 계통지리의 첫 번째 개념	프랑스와 유럽, 지역지리의 첫 번째 개념	아프리카	아시아와 태평양 세계	아메리카와 극지방	프랑스와 그의 제국	계통지리, 대지와 인간, 주요 경제 대국들
1945	자연지리, 지표에서의 삶, 대지의 발견에 대한 주요 단계	세계(아시아에 속한 러시아와 프랑스의 식민지 제외)	유럽(프랑스 제외), 러시아의 아시아	프랑스 본토와 해외 영토	계통지리 자연지리 인문지리	프랑스와 그 식민지	주요 경제 대국들, 주요 원료, 국제교통의 경유

출처: Lefort(1992, 1998), Adoumié(2001)의 자료를 재구성한 것임.

지금까지 살펴본 바와 같이, 보불전쟁 직후인 1872년 교육과정 개정부터 1945년 개정까지 지리 교육과정 변천사를 보면, 본격적으로 지역지리 학습이 시작되기 전 단계인 중학교 1학년과 고등학교 1학년에서 계통지리가 가르쳐진 것을 확인할 수 있다. 한편, 비달학파는 계통지리에 근거를 두면서도 다른 한편으로는 지역지리적 철학에 뿌리를 둠으로써 전성기를 누렸다(Lefort, 1998, 147).

3. 지역의 계통지리화와 쟁점/주제 중심 내용구성: 1960년 개정부터 1993년 개정까지

1960년대에 접어들면서 학문중심 교육의 바람은 프랑스에도 밀려들었고, 지리교육 분야에서도 기존의 불완전했던 측면의 문제는 명백하게 드러나, 결국 과학적인 교과분야로 전환되어야 할 상황에 놓이게 되었다(Lefort, 1998, 147). 50년대까지는 지역지리와 계통지리적 측면에서 학습 내용이 구성되었다면, 1960년대 교육과정은 지역지리와 계통지리 이외에 쟁점/주제 중심 내용구성

방식이 추가된 것이 특징이라 할 수 있다.[10]

1960년대 교육과정 구성에 새로 적용된 쟁점/주제 중심 내용구성 방식은 명백히 신지리학의 등장과도 맥을 같이 한다고 볼 수 있다(Lefort, 1998, 147).[11] 이는 기존의 지역지리, 계통지리의 단조로운 구성방식을 넘어 외부 세계에 대한 문제 제기의 성격이 강한 주제나 쟁점이 학습내용의 테마로 등장했던 것으로 볼 수 있다.[12] 따라서 1960년에 개정된 교육과정의 경우, 기존에 존재했던 계통지리와 지역지리 방식 이외에도 '현대 세계의 주요 문제(고3)' 등과 같은 형태의 주제가 교육과정에 추가되었던 것을 확인할 수 있다(표 3). 문제와 쟁점에 관한 주제는 지속적으로 늘어나 1981년 개정 교육과정의 경우 '환경문제', '발전의 불평등'의 수준까지 확대되었다.

1985년 개정 교육과정부터는 교육과정 구성방식이 또 한 단계 크게 진화되는 것을 알 수 있다.[13] 예컨대, 1982년 개정 교육과정까지 존재했던 지역지리 내용구성 방식은 1985년 개정에 따라 단순한 지역의 제시가 아닌 '지역의 계통지리화'의 특성을 보이고 있다. 중학교 2학년의 경우, 1977년부터는 제시된 지역의 목록 뒷부분에 '– 문제'의 형태로 전환되었던 형태가, 1982년 개정부터는 해당 지역에 대한 계통적 측면이 훨씬 더 구체화된 것을 확인할 수 있다. 이때부터 단순한 형태의 지역지리는 프랑스 지리 교육과정에서 소멸된다.[14] 이러한 변화는 '각각의 지역에 대한 계

---

10 현대 프랑스 지리교육은 쟁점과 관련된 주제를 채택함으로써 서로 다른 입장에서 토론할 수 있게 구성되어 있다. 즉, 과거의 지리교육은 인간과 사회에 관한 갈등이나 대립에 대해서는 덮어둔 채 모든 사람들이 공통적으로 인식하는 세계에 관해서만 교육하였다(Audigier, 1995, 71–72). 그러나 오늘날 프랑스 지리교육은 '삶의 조건', '빈부문제', 사회발전 과정에서 드러나는 '불평등'에 관하여 다루고 있다.

11 사회과학에 근거를 둔 신지리학적 관점에서 지리 교과의 목적과 내용의 측면에서도 수정이 이루어졌다. 또한, 학문적인 지리학 연구와 교사의 전문성 사이에서 드러나는 문제들을 조정하는 데 어려움도 있었지만, 개혁은 꾸준하게 지속되었다(Lefort, 1992, 118–119).

12 1960년대는 프랑스 지리학과 지리교육에서 한 단계 크게 진보하는 시기라 할 수 있다. 특히, 신지리학의 등장 무렵에 부상한 프랑스 지리교육의 대표적인 학습활동인 〈크로키(Le Croquis)〉는 당시의 상황을 쉽게 이해할 수 있게 해 준다. 즉, '크로키는 한 장의 지도 위에서 지리적인 현상, 그들 간의 위계와 위치 관계를 동시에 보여주면서 한 지역에 관한 모든 측면을 파악할 수 있는 통찰력을 갖게 해 준다. 따라서 크로키는 분석, 종합, 비교를 가능하게 해 주는 수단이다(Armand, 1963).' 따라서 크로키는 '공간조직의 이해'라고 하는 현대 프랑스 지리교육의 목적에 가장 부합되는 학습활동이라 할 수 있으며, 이러한 크로키의 성격은 프랑스 지리교육에서 크로키가 핵심역량에 근접하는 학습활동으로 활용될 수 있었던 주요한 근거가 되는 것으로 볼 수 있다(이상균·마갈리 아흐두앙, 2017, 378).

13 1985년 개정 교육과정을 보면, 고등학교 2학년에서 '유럽경제공동체에서 1–2개 국가'를 사례로 학습하도록 진술되어 있는데, 오늘날 프랑스 지리교육에서 사례학습은 스케일별로 제시되는데, 이러한 전통은 이 시기부터 시작된 것으로 볼 수 있다. 사례학습에 대해서는 4장에서 구체적으로 다루고자 한다.

14 1985년 개정 교육과정부터 사라진 단순한 형태의 지역지리 구성방식은 약 10년간 자취를 감추었다가 1996년 개정 교육과정부터 부분적으로 다시 등장하였다가 2008년 개정 교육과정부터는 완전히 사라지게 되었다. 이에 관해서는 다음 장에서 구체적으로 다루고자 한다.

표 3. 프랑스 지리 교육과정 변천사: 60년대부터 90년대 초반까지

연도	중1	중2	중3	중4	고1	고2	고3
1960	계통지리 아프리카	극지방, 아메리카, 아시아, 오세아니아	유럽(프랑스 제외), 러시아의 아시아	프랑스 본토와 해외영토	계통지리	프랑스 본토와 해외영토	현대 세계의 주요 문제, 주요 경제 대국들, 경제생활의 기술적 토대
1963	계통지리 아프리카	아시아, 오세아니아	유럽(프랑스 제외)	프랑스	계통지리	프랑스 공동체	현 세계의 주요 문제들
1969	계통지리 아프리카	아시아, 오세아니아	유럽(프랑스 제외)	프랑스	계통지리	프랑스 공동체	현 세계의 주요 문제들
1977	지리적으로 다른 환경의 인간	아프리카, 아시아, 아메리카의 문제	오늘날 유럽의 활동과 문제	프랑스, 유럽경제공동체, 미국과 구소련, 세계의 주요 국제기구 유엔	계통지리	프랑스: 지역지리, 프랑스어권의 아프리카 국가들과 마다가스카르	현대 세계의 문제, 주요 경제 대국들.
1981	지리적으로 다른 환경의 인간	아프리카, 아시아, 아메리카의 문제	오늘날 유럽의 활동과 문제	프랑스, 유럽경제공동체, 미국과 구소련, 세계의 주요 국제기구 유엔	계통지리(환경, 사회 중심으로 구성) / 지구와 인구, 자원, 삶의 원천, 지표의 삶, 인구와 인구학적 역동성, 도시와 농촌, 생산과 교역, 환경문제	프랑스: 지역지리, 프랑스어권의 아프리카 국가들과 마다가스카르	4대 강대국 (미국, 구소련, 중국, 일본), 교역의 세계화, 발전의 불평등
1982	지리적으로 다른 환경의 인간	아프리카, 아시아, 아메리카의 문제	오늘날 유럽의 활동과 문제	프랑스, 유럽경제공동체, 미국과 구소련, 세계의 주요 국제기구 유엔	계통지리(환경, 사회 중심으로 구성) / 지구와 인구, 자원, 삶의 원천, 지표의 삶, 인구와 인구학적 역동성, 도시와 농촌, 생산과 교역, 환경문제	유럽공간(자연적 요소 포함). 인구, 경제, 사회적 변천. 생산의 주요 요인과 교통경제. 지역적인 관점. 유럽 경제공동체와 세계속에서의 프랑스. 유럽경제공동체에서 1–2개 국가 학습.	4대 강대국 (미국, 구소련, 중국, 일본), 교역의 세계화, 발전의 불평등
1985	지구: 대륙과 해양; 온대기후 환경에서의 인간; 사막 및 한대 기후 환경에서의 인간; 열대환경에서의 인간; 극지방 환경에서의 인간; 온대 및 열대 환경속에서의 인간과 산지; 기후대 개념 및 인구분포; 경제입문.	현대 세계에서 아프리카, 아시아, 라틴아메리카, 발전, 경제입문.	유럽: 유럽공간; 유럽의 4개국; 유럽경제공동체; 유럽의 통일성과 다양성; 세계속에서 유럽의 영향력; 경제입문.	프랑스: 공간과 인간; 지역적 다양성과 국토개발; 산업화된 지역들; 변화하고 있는 촌락 지역들; 유럽공동체 및 세계속에서 프랑스의 지위와 영향력; 미국; 소련; 국력의 개념; 국가들의 상호의존; 경제입문.	계통지리(환경, 사회 중심으로 구성) / 지구와 인구, 자원, 삶의 원천, 지표의 삶, 인구와 인구학적 역동성, 도시와 농촌, 생산과 교역, 환경문제	유럽공간(자연적 요소 포함). 인구, 경제, 사회적 변천. 생산의 주요 요인과 교통경제. 지역적인 관점. 유럽 경제공동체와 세계속에서의 프랑스. 유럽경제공동체에서 1–2개 국가 학습.	4대 강대국 (미국, 구소련, 중국, 일본), 교역의 세계화, 발전의 불평등

1987	지구: 대륙과 해양; 온대기후 환경에서의 인간; 사막 및 한대 기후 환경에서의 인간; 열대환경에서의 인간; 극지방 환경에서의 인간; 온대 및 열대 환경속에서의 인간과 산지; 기후대 개념 및 인구분포; 경제입문.	현대 세계에서 아프리카, 아시아, 라틴아메리카, 발전; 경제입문.	유럽: 유럽공간; 유럽의 4개국; 유럽경제공동체; 유럽의 통일성과 다양성; 세계속에서 유럽의 영향력; 경제입문.	프랑스: 공간과 인간; 지역적 다양성과 국토개발; 산업화된 지역들; 변화하고 있는 촌락 지역들; 유럽공동체 및 세계속에서 프랑스의 지위와 영향력; 미국; 소련; 국력의 개념; 국가들의 상호의존; 경제입문.	대지와 자원; 삶의 원천; 지표에서의 삶과 교역의 대순환; 지표의 삶; 인간집단과 인구학적 역동성; 인간의 활동과 지리공간과의 관계; 도시와 촌락.	유럽공간 (자연적 요소 포함). 인구, 경제, 사회적 변천. 생산의 주요 요인과 교통경제. 지역적인 관점. 유럽 경제공동체와 세계속에서의 프랑스. 유럽경제공동체에서 1-2개국가 학습.	4대 강대국 (미국, 구소련, 중국, 일본), 교역의 세계화, 발전의 불평등
1988	지구: 대륙과 해양; 온대기후 환경에서의 인간; 사막 및 한대 기후 환경에서의 인간; 열대환경에서의 인간; 극지방 환경에서의 인간; 온대 및 열대 환경속에서의 인간과 산지; 지표에서의 기후대의 개념 및 인구의 분포; 경제입문.	현대 세계에서 아프리카, 아시아, 라틴아메리카, 발전, 경제입문.	유럽: 유럽공간; 유럽의 4개국; 유럽경제공동체; 유럽의 통일성과 다양성; 세계속에서 유럽의 영향력; 경제입문.	프랑스: 공간과 인간; 지역적 다양성과 국토개발; 산업화된 지역들; 변화하고 있는 촌락 지역들; 유럽공동체 및 세계속에서 프랑스의 지위와 영향력; 미국; 소련; 국력의 개념; 국가들의 상호의존; 경제입문.	대지와 그 자원; 삶의 원천; 지표에서의 삶과 교역의 대순환; 지표의 삶; 인간집단과 인구학적 역동성; 인간의 활동과 지리공간과의 관계; 도시와 촌락.	프랑스와 프랑스인들: 프랑스 공간; 인간과 인간 활동; 프랑스 공간의 대구분; 프랑스, 유럽경제공동체, 그리고 세계.	세계 공간에 대한 이해: 세계 공간에서의 대조와 변화; 상호의존적인 공간들: 관점과 요인; 두 초 강대국에서의 인구와 공간조직.
1992	지구: 대륙과 해양; 온대기후 환경에서의 인간; 사막 및 한대 기후 환경에서의 인간; 열대환경에서의 인간; 극지방 환경에서의 인간; 온대 및 열대 환경속에서의 인간과 산지; 지표에서의 기후대의 개념 및 인구의 분포; 경제입문.	현대 세계에서 아프리카, 아시아, 라틴아메리카, 발전, 경제입문.	유럽: 유럽공간; 유럽의 4개국; 유럽경제공동체; 유럽의 통일성과 다양성; 세계속에서 유럽의 영향력; 경제입문.	프랑스: 공간과 인간; 지역적 다양성과 국토개발; 산업화된 지역들; 변화하고 있는 촌락 지역들; 유럽공동체 및 세계속에서 프랑스의 지위와 영향력; 미국; 소련; 국력의 개념; 국가들의 상호의존; 경제입문.	지구, 인간의 행성; 공간적 어려움에 직면한 인간사회 및 공간적 자원을 보유한 인간사회; 공간을 개조하는 인간사회.	프랑스와 프랑스인들: 프랑스 공간; 인간과 그 활동; 프랑스 공간의 대구분; 프랑스, 유럽경제공동체, 그리고 세계.	세계 공간에 대한 이해: 세계 공간에서의 대조와 변화; 상호의존적인 공간들: 관점과 요인; 두 초 강대국에서의 인구와 공간조직.
1993	지구: 대륙과 해양; 온대기후 환경에서의 인간; 사막 및 한대 기후 환경에서의 인간; 열대환경에서의 인간; 극지방 환경에서의 인간; 온대 및 열대 환경에서의 인간과 산지; 기후대의 개념 및 인구분포; 경제입문.	현대 아프리카, 아시아, 라틴아메리카, 발전, 경제입문.	유럽: 유럽공간; 유럽 4개국; 유럽경제공동체; 유럽의 통일성과 다양성; 세계속에서 유럽의 영향력; 경제입문.	프랑스: 공간과 인간; 지역적 다양성과 국토개발; 산업화된 지역들; 변화하고 있는 촌락 지역들; 유럽공동체 및 세계속에서 프랑스의 지위와 영향력; 미국; 소련; 국력의 개념; 국가들의 상호의존; 경제입문.	지구, 인간의 행성; 공간적 어려움에 직면한 인간사회 및 자원을 보유한 인간사회; 공간을 개조하는 인간사회.	세계속에서 프랑스와 유럽; 지역적, 국가적, 유럽적, 세계적 스케일에서 프랑스 공간; 국가적, 유럽적, 세계적 스케일에서 유럽공동체 국가들(1-2 개 국가)	세계 공간에 대한 이해: 세계 공간에서의 대조와 변화; 상호의존적인 공간들: 관점과 요인; 두 초 강대국에서의 인구와 공간조직.

출처: Lefort(1992, 1998), Adoumié(2001)의 자료를 재구성한 것임.

통적 접근을 하고자 했던 것'이라는 그라브(1957, 172)의 논평을 통해 더욱 명확히 이해된다.

한편, 1987년 개정 교육과정부터는 고등학교 1학년 과정에 오랫동안 자리잡고 있던 '계통지리'란 타이틀이 사라진 것이 주목할 만한 특징이라 할 수 있다. 타이틀은 사라졌지만, 지역에 대한 계통지리화가 정착됨에 따라 이 시기부터는 더 이상 계통지리라는 표제를 붙일 필요가 없어진 것일 수도 있다. 1992년 개정부터는 이슈와 쟁점에 관한 내용이 강화된 것을 알 수 있다. 예컨대, 이 시기의 고등학교 1학년 과정에는 '어려움에 직면한 인간사회', '공간을 개조하는 인간사회'와 같은 주제가 등장하기 시작하였는데, 이는 오늘날까지 고등학교 1학년 과정의 본질적인 내용으로 자리잡고 있는 내용이다.

지금까지 3절에서 살펴본 바와 같이, 1960년 개정부터 1993년 개정까지는 지역지리가 사라지는 대신 지역의 계통지리화가 이루어지고, 쟁점/주제 중심 내용구성 방식이 강화되는 경향을 보였다. 이러한 변화는 1970년대 전후에 붐을 일으킨 신지리학의 영향에 기인한 것으로 볼 수 있다.

4. 쟁점/주제 중심 내용구성으로 전환: 1996년 개정부터 2008년 개정 이후

프랑스 지리교육과정 내용구성 변천사의 마지막 단계는 OECD에서 추진한 〈DeSeCo 프로젝트〉와도 맥을 같이 한다고 볼 수 있다. 즉, 프랑스는 2006년 7월 11일 〈지식과 역량에 관한 공통과정(le socle commun de connaissances et de competences)〉에 대한 시행령을 공포함으로써 학생들이 의무교육 과정 중에 습득해야 할 7가지 핵심역량을 제시한 바 있다.[15]

핵심역량이 국가적인 관심사가 되던 시기에 프랑스 지리교육은 탈교과적인 단계에 진입한 것으로 파악된다. 즉, 다양한 공간과 사회를 단순 분류하기보다는 그들 간의 상호관련성에 관심을 갖고, 영토를 단순히 구분하고 기술하기보다는 영토를 관리하는 쪽으로 인식의 전환이 이루어졌으며, 의미없는 말을 되풀이하는 수업 대신에 사회적 쟁점을 다루도록 지리교육 내용이 크게 바뀌었다(이상균·Jean-François Thémines, 2014, 47).

특히, 2006년 이후에는 지리, 생명과학, 지구과학, 물리, 화학 등의 수업시간에 '지속가능한 발

15 7가지 핵심역량은 다음과 같다. 1. 프랑스어의 숙달, 2. 실용 외국어 구사 능력, 3. 수리능력 숙달과 과학기술 소양, 4. 정보통신 기술 습득, 5. 인문적 소양, 6. 사회적/시민적 역량, 7. 자율과 솔선수범.

전'에 관한 내용이 본격적으로 다뤄지면서 학교지리는 이러한 측면에서 절대적인 우위를 차지하게 되었다. 즉, 지리교육은 발전에 관한 문제를 활성화시키고, 이러한 주제를 논쟁의 장으로 끌어냄으로써 지속가능한 발전에 관한 논의에 상당한 기여를 한 것으로 평가된다(이상균·정프랑수아 떼민느, 2014, 49). 본 장에서는 2008년 개정 교육과정을 언급하기 전에 새로운 변화가 감지되기 시작한 1996년 개정 교육과정의 특징부터 다루고자 한다.

3절에서 언급한 바와 같이, 1985년 개정 교육과정부터 지역지리의 형태는 사라지고, 대신에 지역의 계통지리화로 전환되었는데, 1996년과 2002년 교육과정에서는 지역지리의 형태가 다시 복원된 것이 특징이다. 그렇지만, 1992년 개정 교육과정부터 등장하기 시작한 이슈와 쟁점 형태의 주제('어려움에 직면한 인간사회', '공간을 개조하는 인간사회')는 2008년 개정에서 보여 주는 완벽한 변화의 서막을 울리는 의미심장한 변화의 흐름으로 평가할 수 있다.

2002년 개정 교육과정은 지역지리와 쟁점/주제 중심 내용구성 방식에 따라 구성된 것이라 할 수 있다. 1996년 개정 교육과정 내용과 크게 차이는 나지 않지만, 지역적 스케일로 봐서는 세계지리(중1), 아프리카/아시아/아메리카 지리(중2), 유럽/프랑스(중3), 오늘날의 세계(중4), 인간과 대지(고1), 유럽/프랑스(고2), 세계공간(고3)의 행태를 띠며, 중학교 1학년과 고등학교 1학년은 계통지리의 성격이 강하게 드러난다. 또한 기존의 다소 장황하게 진술되었던 학습주제는 비교적 단순화된 형태로 제시된다.

현대 프랑스 지리교육 내용구성 방식의 혁신적인 변화는 2008 개정 교육과정에서 드러난다. 다시 말하면, 2008 개정 교육과정에서는 전통적인 계통지리나 지역지리 형태의 내용구성 방식을 탈피하여 완벽하게 쟁점/주제 중심 구성방식을 채택한 것이다. 예컨대, 중학교 2학년에서 '지속가능한 발전'이 포함되고, 중학교 3학년에 '세계화'가 포함된 것은 대단히 파격적인 변화라 할 수 있다(이상균, 2010b, 201).

2008년 개정 교육과정은 학습내용이 비교적 간명하게 제시된 것이 특징인데, 교육과정 문서도 기존의 것과는 큰 차이를 보인다(표 5). 즉, 학년별로, 주제(단원)별로 문서의 형식과 내용이 간략하게 기술되어 있다.[16] 2008년 개정 교육과정은 같은 해에 시행령이 공포된 〈지식과 역량에 관한 공통과정〉의 정신을 반영하여 문서에도 기능목표에 능력(Capacités)이란 용어가 명시되어 있다.

2008년 개정 교육과정이 쟁점/주제 중심 내용구성 방식을 채택하고 있는데, 기존의 지역지리

16 2006년 개정 교육과정의 특징은 대주제별로 학습시간이 전체 시수 대비 퍼센티지로 표시되어 교사의 재량을 최대한 존중하는 것으로 보인다.

표 4. 프랑스 지리 교육과정 변천사: 90년대 중반부터 현재까지

연도	중1	중2	중3	중4	고1	고2	고3
1996	세계의 경관과 지도: 세계의 주요 지리적 지표; 경관의 대 유형	아프리카, 아시아, 아메리카	유럽, 프랑스, 독일	오늘날의 세계, 경제 대국들, 프랑스	인간과 대지: 지구, 인간들의 행성; 자원이 풍부한 인간사회와 어려움에 직면한 인간사회; 인간사회는 자신들의 영토를 조직하고 개발한다.	세계속에서의 프랑스와 유럽: 향후 프랑스, 프랑스 국토와 조직; 프랑스와 유럽에서의 국가와 지역	세계 공간: 세계적 스케일에서 지리적 조직; 세계의 3대 경제대국, 미국, 일본, 독일; 대륙적인 스케일에서의 지리적 문제.
2002	세계의 경관과 지도	아프리카, 아시아, 아메리카	유럽, 프랑스	오늘날의 세계	인간은 땅에 거주하고 땅을 개발한다.	유럽, 프랑스	세계 공간
2008	인간이 살아가는 지구상의 대지	인류와 지속가능한 발전	세계화에 대한 접근	현대 세계 속에서의 프랑스와 유럽	사회와 지속 가능한 발전	세계화 속에서의 영토들	유럽연합 내에서의 프랑스
2015	1. 대도시에 살기 2. 인구밀도가 낮은 곳에 살기 3. 연안지대에 살기 4. 인간이 거주하는 세계	1. 인구문제와 불평등한 발전 2. 관리와 재생에 한계가 있는 자원 3. 지구적 변화에 적응하고, 위험에 대비하기	1. 세계의 도시화 2. 인간의 초국가적 이동성 3. 세계화로 인하여 변화되는 공간들	1. 현대 프랑스 영토의 역동성 2. 왜, 어떻게 국토(영토)를 정비하나? 3. 프랑스와 유럽연합	(개정중)	(개정중)	(개정중)

출처: Lefort(1992, 1998), Adoumié(2001), Ministère de l'Education Nationale, de l'Enseignement Supérieur et de la Recherche(2015)의 자료를 재구성한 것임.

는 각 주제별 사례지역 형태로 제시되는 것을 확인할 수 있다. 예컨대, 표 5의 주제 3에서 볼 수 있듯이, 동일한 자연재해에 대한 사례지역은 부유한 국가와 그렇지 않은 국가를 비교하도록 제시된다. 2008년 개정 교육과정에 따르면, 사례학습은 학생들이 세계의 다양한 부분에 관한 학습경험을 수행할 수 있도록 선정된다(이상균, 2012, 356).[17]

한편, 프랑스 국가교육과정은 2015년에 초등학교와 중학교 수준에서 개정이 완료되었는데, 고등학교 과정의 개정은 아직 진행 중이다. 2015년 개정 교육과정에서는 학년별 대주제가 사라지고, 학습 후 기대되는 역량(compétence)이 강조되었다. 즉, 개정 전 교육과정에서는 능력(capacité)이란 용어가 도입되었는데, 개정 교육과정에서는 역량이란 표현으로 용어의 의미가 한층 더 강조된 것으로 파악된다.

또한, 개정 교육과정에서는 교과 간 연계가 강화된 것을 들 수 있다. 개정 전 교육과정에서는 특

17 오늘날 프랑스 지리교과서를 보면, 동일한 주제에 대한 사례지역이 프랑스의 어느 지역, 유럽연합의 한 지역, 기타 대륙의 한두 지역으로 선정되는 것을 알 수 있다.

표 5. 2008 개정 교육과정 문서 형식(중학년 2학년 지리, 두 번째 대주제)

<table>
<tr><td colspan="2">Ⅱ. 불평등하게 발달된 사회
(지리에 할애된 시간의 약 35%)
처음에 나오는 세 가지 주제 중에서 두 가지만 다루고, 맨 마지막의 네 번째 주제는 필수로 다뤄야 한다.</td></tr>
<tr><td colspan="2">주제 1. 건강의 불평등</td></tr>
<tr><td>○ 지식목표(connaissances)
세계적 수준에서의 건강 증진은 발전의 불평등과 관계가 설정되는 모든 스케일에서 보건의 불평등과 공존한다.</td><td>○ 학습안내(Démarches)
다음과 같은 한 가지 사례학습:
– 유행성 질병과 그것의 세계적인 확산.
– 선진국과 후진국에서의 보건관련 인프라.
이러한 학습은 세계 보건관련 불평등에 대한 기록(사실)을 통해 전개된다.</td></tr>
<tr><td colspan="2">○ 기능목표(capacités)
▷ 위치찾기 및 확인하기: 보건 인프라 구축과 관련하여 학습한 두 국가.
▷ 기술하기:
– 유행성 질병 / – 주제와 관련된 평면구형도로부터 치료를 위한 접근에서의 주된 불평등(예방접종, 의사 수).
▷ 읽기와 기술하기: 평균수명, 어린이 사망률, 유행성 질병 관련 평면구형도에서.</td></tr>
<tr><td colspan="2">주제 2. 문맹률 앞에서의 불평등</td></tr>
<tr><td>○ 지식목표(connaissances)
– 교육과 발전
: 교육과 지식에 대한 고르지 않은 접근은 발전의 주된 걸림돌이 되는데, 특히 여성들의 경우 그러하다. 이러한 영역에서의 불평등은 발전의 불균등과 관계가 설정된다.</td><td>○ 학습안내(Démarches)
우리는 세계적인 스케일에서 교육에 대한 접근을 나타낸 지도와 부유함을 나타내는 지도를 대조한다.
그러한 것들은 가난한 나라와 잘사는 나라에서 문맹률 및 교육에 대한 접근을 비교한 사례로부터 설명된다.</td></tr>
<tr><td colspan="2">○ 기능목표(capacités)
▷ 위치 찾기와 확인하기: 학습한 두 국가
▷ 기술하기: 가난한 국가와 잘사는 국가에서 문맹률과 교육에 대한 접근 상황.
▷ 읽기와 기술하기: 문맹률 및 교육에 대한 접근을 나타내는 평면구형도에서 주된 불평등.</td></tr>
<tr><td colspan="2">주제 3. 위험 앞에서의 불평등</td></tr>
<tr><td>○ 지식목표(connaissances)
– 위험과 발전
: 위험에 직면한 사회의 고르지 않은 취약함은 발전수준이 주된 지위를 점하는 것들 사이에서 다양한 요인들의 결과이다. 영토개발에 있어서 인간의 행위 및 위험에 대한 그들의 인식은 위험에 노출되는 것을 가중시키거나 감소시킨다.</td><td>○ 학습안내(Démarches)
다음과 같은 두 가지 사례학습: 하나의 자연재해
– 잘 사는 국가에서 / – 가난한 국가에서
비교를 통해, 서로 다른 두 사회를 엄습하는 두 가지 위험성의 강도는 고르지 않은 규모의 자연재해를 유발할 수도 있다는 것을 보여 준다.
이러한 사례학습은 우리가 대조해보았던 평면구형도를 바탕으로 하여 세계적 수준에서 상황이 설정된다(인구분포, 자연적 위험, 발전지수 등).</td></tr>
<tr><td colspan="2">○ 기능목표(capacités)
▷ 위치 찾기 및 확인하기: 학습한 두 국가.
▷ 기술하기: 자연재해와 그 결과
▷ 설명하기:
– 선진국과 후진국에서 일어나는 자연재해의 결과 간의 차이점 / – 취약함과 발전 간의 관계</td></tr>
</table>

주제 4. 세계에서의 가난	
ㅇ **지식목표(connaissances)** – 가난과 발전 : 인류의 중요한 한 부분은 가난 속에서 살고 있다. 가난은 발전 및 환경적 위기를 극복하는데 걸림돌이 된다.	ㅇ **학습안내(Démarches)** 경관을 근거로 하는 사례들은 가난한 사람들의 삶의 조건을 기술할 수 있게 해 준다. 사회–공간적인 불평등은 다양한 스케일에서 고려된다. 세계적인 스케일에서 지도나 공간지수는 발전에 대한 불평등을 명시하기 위해 대조된다.
ㅇ **기능목표(capacités)** ▷ 기술하기: – 가난한 사람들의 삶의 조건 / – 다양한 스케일에서의 불평등 ▷ 읽기와 기술하기: 세계적인 공간에서 부유함과 가난을 나타내는 지도 ▷ 위치 찾기 및 확인하기: 세계에서 가장 가난한 국가들	

출처: Ministère de l'Education Nationale, 2008, Programmes du collège.

정 교과 분야의 세부 내용을 기술하면서 해당 학습내용과 연계되는 타 교과분야의 관련 주제를 간단히 적시하는 형태를 취했는데,[18] 2015 개정 교육과정의 경우 각각의 시끌르(Cycle)[19]가 끝나는 부분에서 'Croisement entre enseignements(교과 간 연계)'와 같은 새로운 용어가 추가되고, 관련 내용을 문단의 형태로 모아서 제시하고 있다.

마지막으로, 개정 전 교육과정에서는 대주제(대단원) 별로 연간 총 수업시수 중 해당 단원에 대한 학습 비중이 어느 정도 되는지 구체적으로 제시되어 있었는데, 2015 개정 교육과정에서는 그러한 지표가 사라졌다.[20] 이는 특정 단원에 대한 시수를 확정하지 않음으로써 교사의 재량을 더 많이 인정해 준 것에 기인한 것으로 볼 수 있다(홍용진, 2017).

18 예) '시민교육과 관련하여' 또는 '역사와의 관계' 등과 같이 표현.

19 프랑스 학교 교육에서는 학년 단위 외에도 학생들의 발달수준에 근거하여 학습과정을 기초학습, 심화학습 등 비슷한 수준의 학년을 묶어 시끌르(Cycle) 형태로 운영하고 있는데, 2015 교육과정에서는 기존의 시끌르 체계가 일부 변경되었다. 예컨대, 개정 전 교육과정에서는 유치원부터 초등학교 2학년까지를 기초학습과정으로 묶고, 초등학교 3학년부터 5학년까지를 심화학습과정으로 묶었는데, 2015 개정 교육과정에서는 유치원만을 첫 번째 시끌르(Cycle 1)로 두고, 초등학교 1학년부터 3학년까지를 두 번째 시끌르(Cycle 2)로, 초등학교 4학년부터 중학교 1학년까지를 세 번째 시끌르(Cycle 3)로 묶은 것이 큰 변화라 할 수 있다.

20 예) "지리에 할당된 시간의 약 35%"

5. 맺음말

프랑스 지리 교육과정 구성방식에 관한 기존의 연구에 따르면, 전통적으로 프랑스 지리교육은 지역지리 방식을 취하다가 1970년대 이후 계통지리가 강화되었던 반면 지역지리가 약화되었던 것으로 파악되었다(이상균·권정화, 2011). 하지만, 이 연구를 통해 프랑스 지리 교육과정 변천사를 분석한 결과, 선행연구와는 다소 차이가 나는 결론을 도출하였다.

이 글에서는 프랑스 지리 교육과정 변천사를 1872년 개정부터 1945년 개정까지를 지역지리와 계통지리의 결합시기로, 1960년 개정부터 1993년 개정까지를 지역의 계통지리화와 쟁점/주제 중심 구성방식의 시기로, 그리고 1996년 개정부터 2008년 개정 이후의 시기를 쟁점/주제 중심 구성방식의 시기로 구분하여 분석하였다. 연구결과는 다음과 같다.

첫째, 보불전쟁 직후인 1872년 개정부터 1945년 개정까지는 지역지리와 계통지리가 결합되는 방식으로 교육과정이 구성되었다. 당시 프랑스 지리교육 전문가들은 학생들이 계통적 개념을 미리 배우면, 각각의 지역에 관해 배울 때 그러한 개념들을 다시 설명할 필요가 없으며, 학습의 효율성을 높일 수 있었던 것으로 여겼다. 따라서 당시에 계통지리는 주로 중학교 1학년과 고등학교 1학년에 배치되었다.

둘째, 1960년 개정부터 1993년 개정까지는 지역지리가 사라지는 대신 지역의 계통지리화가 이루어지고, 쟁점/주제 중심 내용구성 방식이 강화되는 시기로, 이러한 변화는 1970년대 전후에 붐을 일으킨 신지리학의 영향에 기인한 것이라 할 수 있다. 이는 기존의 지역지리나 계통지리의 단조로운 구성방식을 넘어 외부 세계에 대한 문제 제기의 성격이 강한 주제나 쟁점이 학습내용의 테마로 등장했던 것으로 볼 수 있다.

셋째, 1996년 개정부터 2008년 개정 이후는 교육과정 구성방식이 쟁점/주제 중심으로 완전히 전환되는 시기로, 기존의 지역지리적 전통은 각 주제별 사례지역의 형태로 제시되는 특징을 보여준다. 특히, 2008년 개정 교육과정을 기점으로 프랑스 지리교육은 쟁점/주제 중심으로 구성되고 있다.

이 연구는 프랑스 지리 교육과정 변천사를 심층 분석함으로써 오늘날 쟁점/주제 중심 구성방식으로 이행하게 된 시대적 배경과 지리교육적 요구 및 관심사를 파악하였다. 프랑스의 사례는 한국의 지리 교육과정 개발 과정에 시사하는 바가 크다 할 수 있다. 특히, 이슈와 쟁점 중심 구성방식은 탈교과 시대의 역량기반 교육과정의 측면에서도 시의성이 큰 것이라 사료된다.

• 요약 및 핵심어

요약: 본 연구의 목적은 프랑스 중등 지리 교육과정 구성방식의 변천사를 특징별로 분류하는 것이며, 한국 지리교육계에 주는 시사점을 도출하기 위함이다. 연구결과를 살펴보면 다음과 같다. 첫째, 보불전쟁 직후인 1872년 개정부터 1945년 개정까지는 지역지리와 계통지리가 결합되는 방식으로 교육과정이 구성되었다. 당시 프랑스 지리교육 전문가들은 계통지리가 지역학습의 효율성을 높여줄 것으로 여겼다. 둘째, 1960년 개정부터 1993년 개정까지는 지역지리가 사라지는 대신 지역의 계통지리화가 이루어졌고, 쟁점/주제 중심 내용구성 방식이 강화되는 시기로, 이러한 변화는 1970년대 전후에 붐을 일으킨 신지리학의 영향에 기인한 것이라 할 수 있다. 셋째, 1996년 개정부터 2008년 개정 이후는 교육과정 구성방식이 쟁점/주제 중심으로 완전히 전환되는 시기로, 기존의 지역지리적 전통은 각 주제별 사례지역의 형태로 제시되는 특징을 보여 준다.

핵심어: 프랑스 지리교육(france geographical education), 지역지리(regional geography), 계통지리(systematic geography), 쟁점-주제 중심 구성방식(way of issue/theme centered composition)

• 더 읽을거리

Armand, G., 1963, Le Croquis de Géographie Régionale et Economique, Revue de géographie alpine, 51(1), 187-188.

Adoumié, V., 2001, Enseigner la Géographie en Lycée, Hachette, Paris.

Lefort, I., 1992, La Lettre et l'Esprit, Géographie scolaire et géographie savante en France, Editions du CNRS, Paris.

참고문헌

류재명, 1998, 지리교육 내용의 계열적 조직방안에 관한 연구, 한국지리환경교육학회지, 6(2), 1-18.

류재명, 2002, 한국 지리교육과정의 개선 방향 설정에 관한 연구, 한국지리환경교육학회지, 10(1), 27-40.

문남철, 2002, 프랑스 중학교 지리교육의 내용구성과 학습지도방법, 국토지리학회지, 36(4), 265-282.

박선미, 2001, 한·미 지리교육의 내용과 조직 비교, 대한지리학회지, 85(2), 191-210.

서태열, 1993, 지리교육과정의 내용구성에 대한 연구, 서울대학교 박사학위논문.

손용택, 2002, 외국 지리교과서 교수-학습 내용의 조직에 관한 연구, 한국사회과교육연구학회지, 41(3), 91-108.

서주실, 2011, 초등학교 세계지리 단원의 내용조직 방법에 관한 연구, 글로벌교육연구학회지, 3(2), 45-74.

송호열, 1999, 중등학교 기후 단원의 내용 선정과 조직 원리에 관한 연구, 한국지리환경교육학회지, 7(1), 255-282.

심승희·권정화, 2013, 영국의 2014 개정 지리교육과정의 특징과 그 시사점, 한국지리환경교육학회지, 21(3), 17-31.

안영진, 2019, 독일 지리교육의 발달: 지리교육과정의 변천을 중심으로, 한국지역지리학회지, 25(1), 72-89.

이간용, 2013, 프랑스의 지리 평가 특성 분석: 바칼로레아 지리 시험을 중심으로, 대한지리학회지, 48(5), 786-801.

이상균, 2008, "프랑스 해외영토 누벨깔레도니에서 본 지리교육의 특색, 지리과교육, 11, 23-43.

이상균, 2009a, "말하기와 글쓰기 형식의 프랑스 지리교육: 누벨깔레도니의 누메아 고등학교 지리수업을 사례로", 청주지리, 21, 131-147.

이상균 역, 2009b, "프랑스와 영국에서의 중등 지리교육의 목적: 19-20세기 중반 시기를 사례로(Norman Johns Graves 저)", 한국지리환경교육학회지, 17(3), 273-288.

이상균, 2010a, 프랑스 지리 교육과정과 교과서 분석: 지리탐구논리와 공화국의 시민의식 형성, 한국교원대학교 대학원 박사학위논문.

이상균, 2010b, "현대 프랑스 지리교육의 연구동향: 정-프랑수아 떼민느 교수와의 대담", 한국지리환경교육학회지, 18(2), 199-206.

이상균, 2012, 프랑스 지리교육의 이해, ㈜한국학술정보.

이상균·권정화, 2011, "프랑스 지리교육사 150년의 전통과 최근 동향, 그리고 전망", 지리환경교육학회지, 19(2), 185-204.

이상균·김병연, 2019, 프랑스 중등 지리 교육과정 구성방식의 시기별 특징 고찰, 한국지역지리학회지, 25(3), 392-404.

이상균·Jean-François Thémines, 2014, 최근 프랑스 지리 교육과정 개정 동향과 지리과 핵심역량, 한국지리환경교육학회지, 22(1), 45-56.

이상균·마갈리 아흐두앙, 2017, 프랑스 지리교육에서 크로키의 등장배경과 제도적 위상, 그리고 활용사례, 한국지리학회지, 6(3), 369-380.

이희열·주미순, 2005, 고등학교 한국지리의 교육내용 선정 및 조직에 관한 연구, 한국지리환경교육학회지, 13(3), 317-332.

전종한, 2015, 세계지리에서 권역 단원의 조직 방안과 필수 내용요소의 탐구, 한국지역지리학회지, 21(1), 192-205.

조성욱, 2000, 고등학교 경제지리 교육내용의 선정과 조직에 관한 연구, 대한지리학회지, 35(3), 455-471.

조성욱, 2014, 경제지리 교육내용 구성 방법의 문제점과 대안 검토, 한국지리학회지, 3(1), 1-15.

조철기, 2013a, 오스트레일리아 빅토리아 주 지리교육과정과 내러티브 지리교과서의 특징, 한국지리환경교육학회지, 21(1), 49-63.

조철기, 2013b, 캐나다 퀘벡주 지리교육과정과 지리과의 핵심역량, 한국지리환경교육학회지, 21(3), 61-73.

조철기·김현미, 2018, 오스트레일리아 지리교육과정과 지역지리의 위치, 한국지역지리학회지, 24(4), 529-541.

홍용진, 2017, 2010~2015년 개정 프랑스 초·중등 역사 교육과정 분석, 역사교육연구, 29, 133−174.

홍창표, 2001, 한국·프랑스의 고등학교 지리 교과서 비교: 1차 산업과 생활공간 단원을 중심으로, 관동대학교 교육대학원 석사학위논문.

Armand, G., 1963, Le Croquis de Géographie Régionale et Economique, Revue de géographie alpine, 51(1), 187-188.

Audigier, F., 1995, Histoire et géographie: des savoirs scolaires en question entre les definitions officielles et les constructions des élèves, Spirale, Revue de recherches en éducation, N° 15, 61-89.

Adoumié, V., 2001, Enseigner la Géographie en Lycée, Hachette, Paris.

Graves, N. J., 1957, Some Historical and Comparative Aspects of the Teaching of Geography in French Public Secondary School During the 19th and 20th Centuries, Thesis (M.A.), University of London.

Lefort, I., 1992, La Lettre et l'Esprit, Géographie scolaire et géographie savante en France, Editions du CNRS, Paris.

Lefort, I., 1998, Deux siècle de géographie scolaire, Espaces Temps, 66-67, 146-154.

Ministère de l'Education nationale, Programmes du collège, *Bulletin officiel spécial* n°6 du 28 août 2008.

Ministère de l'Education Nationale, de l'Enseignement Supérieur et de la Recherche, 2015, Le Bulletin Officiel de l'Education Nationale, Bulletin officiel spécial n° 11 du 26 novembre 2015.

프랑스 교육부, https://www.education.gouv.fr